普通高等教育“十一五”国家级规划教材

大学物理（少学时）

第4版

主　编　张　宇　任延宇　韩　权
参　编　吴　琦　石　光　王本阳　毛晓芹

机械工业出版社

本书根据教育部高等学校物理基础课程教学指导分委员会制定的《理工科类大学物理课程教学基本要求》以及本书的适用对象特点，在编者多年教学实践的基础上，同时参考了国内外的优秀教材编写而成。

全书包括力学、热学、电磁学、波动和量子物理学基础，共五篇。本书配有多媒体电子课件，教师可在机械工业出版社教育服务网（www.cmpedu.com）自行注册下载；部分重点、难点内容的讲解视频以二维码的形式呈现，读者可扫码观看学习。选用本书作为授课教材的教师可填写书后所附《教学支持申请表》，获取与本书配套的教材样章、教学基本要求、习题解答、补充习题及解答、补充思考题及解答等教学资源。

本书可作为理、工、农、林等专业64~96学时的大学物理课程教材，也可供文科、管理类相关专业选用。

图书在版编目（CIP）数据

大学物理：少学时/张宇，任延宇，韩权主编．—4版．—北京：机械工业出版社，2021.11（2024.12重印）
普通高等教育“十一五”国家级规划教材
ISBN 978-7-111-69390-1

Ⅰ.①大…　Ⅱ.①张…②任…③韩…　Ⅲ.①物理学-高等学校-教材　Ⅳ.①O4

中国版本图书馆CIP数据核字（2021）第212344号

机械工业出版社（北京市百万庄大街22号　邮政编码100037）
策划编辑：张金奎　责任编辑：张金奎
责任校对：张晓蓉　封面设计：王　旭
责任印制：郜　敏
三河市宏达印刷有限公司印刷
2024年12月第4版第7次印刷
184mm×260mm・21.75印张・523千字
标准书号：ISBN 978-7-111-69390-1
定价：59.80元

电话服务
客服电话：010-88361066
010-88379833
010-68326294

网络服务
机　工　官　网：www.cmpbook.com
机　工　官　博：weibo.com/cmp1952
金　书　网：www.golden-book.com
机工教育服务网：www.cmpedu.com

第 4 版前言

物理学为现代高新技术的发展奠定了理论基础，并促进着高新技术不断发展。大学物理课程不仅传授基础物理学知识和方法，而且传授科学思想和科学文化，弘扬科学家追求真理的科学精神，使其成为高校教育中的一门重要课程。据不完全统计，《大学物理（少学时）》自 2003 年第 1 版出版以来，已被全国 80 多所高校选作课程教材，这说明本书的架构和内容能够满足读者的需求，广大师生给予的好评也激励着编者不断对其进行修订。

本次修订基本保持了前三版的风格，全书贯彻了科学性、逻辑性、重难点突出以及文字严谨的基本要求，结合具体内容，引导学生学习科学的思维方法。本书配有多媒体电子课件，教师可在机械工业出版社教育服务网（www.cmpedu.com）自行注册下载；基于信息技术的有力支撑，本书增加了重点、难点内容讲解视频，引导学生深入浅出地分析物理问题，读者可扫描相应二维码观看学习。选用本书作为授课教材的教师可填写书后所附《教学支持申请表》，获取与本书配套的教材样章、教学基本要求、习题解答、补充习题及解答、补充思考题及解答等教学资源。

第 4 版由张宇负责修订，参加本版修订工作的还有任延宇、韩权、吴琦、石光、王本阳、毛晓芹。

本次修订得到了机械工业出版社高等教育分社的大力支持和帮助，编者在此深表谢意。

由于编者学识所限，书中难免有不当之处，敬请广大读者批评、指正。

编　者

2021 年 10 月

目　录

第一篇　力　学

第二篇　热　学

第三篇　电　磁　学

第四篇 波 动

第五篇　量子物理学基础

第一篇　力　　学

自然界是由物质组成的，一切物质都在不停地运动着。物质运动中最简单、最普遍的运动形式之一是机械运动。机械运动是指各物体之间或同一物体各部分之间相对位置的变化。例如天体的运行、大气和河水的流动、机器中各部件的运转等都是机械运动。研究物体机械运动的规律及其应用的科学称为力学。通常把力学分为运动学、动力学和静力学。运动学只研究物体在运动过程中位置和时间的关系；动力学研究物体的运动与物体间相互作用的关系；静力学研究物体相互作用下的平衡问题，也可以认为它是动力学的一部分。

本篇只介绍运动学和动力学，不专门讨论静力学。

第一章　质点运动学

在研究物体做机械运动时，为了便于研究和突出物体的运动，在一般情况下，我们可以根据问题的性质和运动情况，将物体看成没有大小和形状、具有物体全部质量的点，称其为质点。因此，质点是实际物体经过科学抽象而形成的一个理想化模型。同一物体在不同的问题中，有时可看成质点，有时就不能。例如地球，在讨论它绕太阳做公转时，由于地球至太阳的平均距离约为地球半径的 10^4 倍，因此地球上各点相对于太阳的运动可近似看作是相同的，此时，可以将地球的大小忽略不计，看成质点；但在讨论地球自转时，其本身就不能被当作质点了。因此，将物体当作质点是有条件的、相对的。另外，是否将物体看作质点，与物体的形状和大小无关，只与物体的运动情况有关。

下面讨论如何描述质点在机械运动中其位置随时间变化的规律。

第一节　参考系　位置矢量

一、参考系和坐标系

运动是物质存在的形式，一切物体都在做各种形式的运动，特别是机械运动（在本篇中，简称运动）。我们坐在教室里看黑板，似乎黑板并未运动，其实，我们和黑板都伴随着地球在自转及绕太阳公转，并且太阳、银河系也都在运动。所以，在宇宙中绝对静止的物体是不存在的，这就是所谓的运动的绝对性。

我们都有过这样的经验：当乘船在平静的江河中航行时，如果不看船外境景（树、岸等）的话，往往不能确定船是否在航行。于是，为了观察某个物体的运动，就要选择一个或几个其他物体作为参考，假定它们不动，相对于它们来描述、讨论物体的运动。这些被选择作为参考的物体或物体系称为参考系。显然，这样所描述的运动是相对于该参考系的。对于同一个物体的运动来说，选择不同的参考系，将给出不同的描述。这就是运动描述的相对性。例如，在水平面上相对于地面做匀速直线运动的车厢里有一个自由下落的物体，以车厢为参考系，物体做直线运动；若以地面为参考系，物体则做抛物线运动。参考系的选择是任意的，通常选地球表面为参考系。

为了对物体的运动做定量的描述，只确定参考系是不够的，还需选用适当的坐标系。

通常将坐标系的原点 O 固定在参考系中的一点上，用通过原点并标有长度单位、且有方向的直线作为坐标轴，并按一定的规律将坐标轴构成一个坐标系。最常用的是用三条在原点相交、且相互垂直的有向直线组成的坐标系，称为空间笛卡儿坐标系。本书主要采用笛卡儿坐标系，如图1-1所示，它的三条坐标轴分别称为 x 轴、y 轴和 z 轴，沿三个坐标轴正方向分别取大小为单位长度的矢量 $\boldsymbol{i}$、$\boldsymbol{j}$、$\boldsymbol{k}$，称为单位矢量，用来标示相应坐标轴的正方向。

由于坐标系与参考系是固连在一起的，所以物体相对于坐标系的运动，其实就是相对于参考系的运动。因此，当我们建立了坐标系时，就意味着也已选定了参考系。

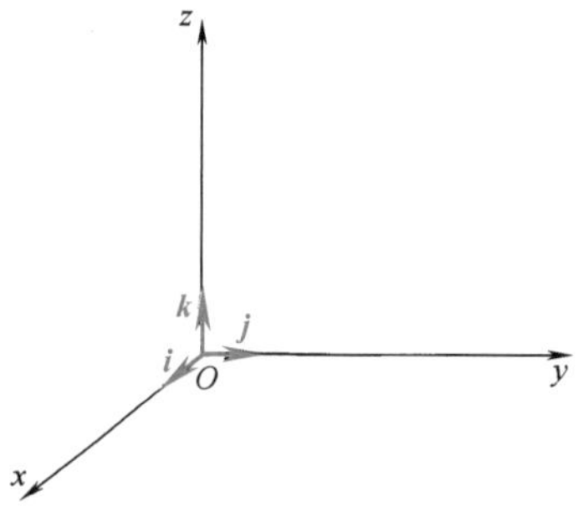

图1-1 笛卡儿坐标系

二、位置矢量 运动函数 轨迹方程

设某时刻 t 质点在空间的 P 点位置如图1-2所示，我们可以用由参考系上 O 点指向 P 点的矢量 $\boldsymbol{r}$ 表示，由于 $\boldsymbol{r}$ 是确定质点在空间位置的矢量，所以称为质点在该时刻 t 的位置矢量，简称位矢。我们也可以采用固定在 O 点的笛卡儿坐标系 $Oxyz$ 中 P 点的坐标（x，y，z）来描述质点的位置，坐标 x、y、z 实际上就是位矢 $\boldsymbol{r}$ 在相应坐标轴的投影，称为位矢 $\boldsymbol{r}$ 的分量。这样，位矢 $\boldsymbol{r}$ 便可沿 x 轴、y 轴和 z 轴的正向分解为三个分矢量 $x\boldsymbol{i}$、$y\boldsymbol{j}$ 和 $z\boldsymbol{k}$，从而有

$$\boldsymbol{r}=x\boldsymbol{i}+y\boldsymbol{j}+z\boldsymbol{k} \tag{1-1}$$

则位矢 $\boldsymbol{r}$ 的大小为

$$r=|\boldsymbol{r}|=\sqrt{x^2+y^2+z^2} \tag{1-2}$$

设位矢 $\boldsymbol{r}$ 与 x、y、z 轴之间的夹角分别是 α、β 及 γ，那么，位矢 $\boldsymbol{r}$ 的方向可由下列的方向余弦来确定，即

$$\left.\begin{aligned}\cos\alpha&=\frac{x}{r}\\ \cos\beta&=\frac{y}{r}\\ \cos\gamma&=\frac{z}{r}\end{aligned}\right\} \tag{1-3}$$

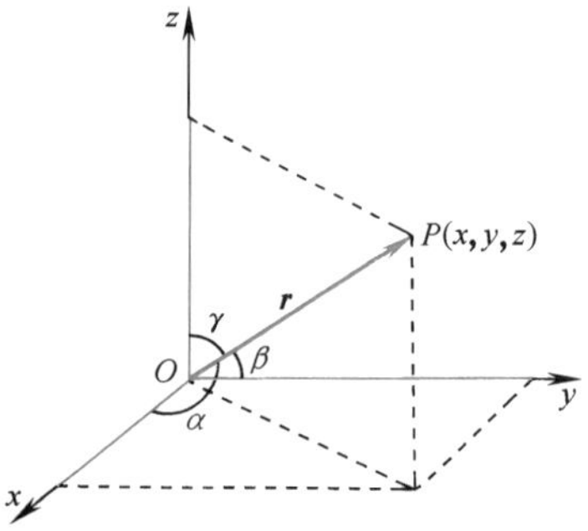

图1-2 位置矢量

这样，在笛卡儿坐标系中，对于位矢 $\boldsymbol{r}$，我们既可用式（1-1）表示，也可用式（1-2）和式（1-3）来表示。两者是等同的。

当质点运动时，它在空间的位置是随时间而变化的，$\boldsymbol{r}$ 或 x、y、z 都是时间的函数，即

$$\boldsymbol{r}=\boldsymbol{r}(t)=x(t)\boldsymbol{i}+y(t)\boldsymbol{j}+z(t)\boldsymbol{k} \tag{1-4a}$$

或

$$\left.\begin{aligned}x&=x(t)\\ y&=y(t)\\ z&=z(t)\end{aligned}\right\} \tag{1-4b}$$

式（1-4a）和式（1-4b）都称为质点的运动函数。因为如果知道了式（1-4a）或式（1-4b）的函数形式，也就可以确定质点在任意时刻的位置了。运动学研究的目的之一就是要找出各

种具体运动所遵循的运动函数。

式（1-4b）也可以看成是运动质点轨迹的参数方程，若在式（1-4b）中消去时间 t，就可得到运动质点的轨迹方程。运动质点的轨迹是一条空间曲线。前面我们已经说过，描述运动是相对的，对同一质点的运动来说，选择不同参考系，它的运动函数是不相同的。但对于同一质点的运动，在选定了一个参考系后，即使在不同的坐标系中，轨迹曲线应是相同的一条，虽然运动函数的形式在不同的坐标系中不尽相同。

式（1-4a）和式（1-4b）还反映了运动叠加原理。

物体运动的一个重要特征是独立性（或叠加性）。从大量事实中人们发现，一个运动可以看成是由几个同时进行的、且各自独立进行的运动叠加而成的。这就是运动叠加原理，或称为运动独立性原理。

运动叠加原理在日常生活和工作中随处可见，例如一台塔式起重机把楼板从地面运送到房架上，楼板的运动可以看作是垂直上升运动与水平运动叠加而成的。

三、位移

质点在运动时，它的位置在不断地变化，设 t 时刻质点在 A 点，它的位矢是 $\boldsymbol{r}(t)$，经过 Δt 时间后，在 $t+\Delta t$ 时刻，质点运动到 B 点，这时位矢是 $\boldsymbol{r}(t+\Delta t)$，则在时间 Δt 内，它的位置变化是

$$\Delta \boldsymbol{r}=\boldsymbol{r}(t+\Delta t)-\boldsymbol{r}(t) \qquad (1\text{-}5)$$

称为质点在 Δt 时间内的位移，位移是矢量，它只表示 Δt 时间内质点的位置变化，并不真正反映 Δt 时间内质点经过的路程。路程 Δs 是指在 t 到 $t+\Delta t$ 这一段时间内，质点所经过的轨迹的长度。路程是标量。一般来说，$|\Delta \boldsymbol{r}| \neq \Delta s$，这在图 1-3 中可明显看出。但当时间 Δt 趋于零时，B 点无限接近 A 点，亦即：当 $\Delta t \to 0$ 时，路程 $\mathrm{d}s$ 和位移的大小 $|\mathrm{d}\boldsymbol{r}|$ 是相等的。位移的大小和路程的单位在国际单位制（SI）中都用 m（米）来表示；时间的单位是 s（秒）。

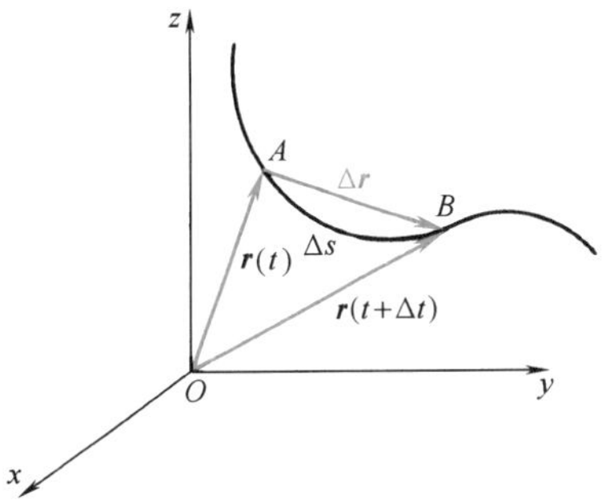

图 1-3　位移和路程

第二节　速度　加速度

为了进一步描述质点在每个时刻的运动方向和运动快慢及其变化情况，本节将引入质点的速度和加速度这两个物理量。

一、速度

1. 平均速度

设质点按运动规律 $\boldsymbol{r}=\boldsymbol{r}(t)$ 沿曲线运动，如图 1-4 所示，从时刻 t 经时间 Δt，质点的位移是 $\Delta \boldsymbol{r}$，我们定义 $\Delta \boldsymbol{r}$ 和 Δt 的比值为质点在 t 时刻起 Δt 时间内的平均速度，用 $\bar{\boldsymbol{v}}$ 表示，即

$$\bar{\boldsymbol{v}}=\frac{\Delta \boldsymbol{r}}{\Delta t} \tag{1-6}$$

平均速度是矢量，其方向与位移 $\Delta\boldsymbol{r}$ 的方向相同，其大小等于$\frac{|\Delta \boldsymbol{r}|}{\Delta t}$。由于 $\Delta\boldsymbol{r}$ 的大小和方向不仅与时刻 t 有关，还与时间 Δt 的长短有关，所以，平均速度的大小和方向也与 t 及 Δt 有关。这样，用平均速度来描写质点的运动是比较粗糙的，它不能精确地说明质点在某一时刻 t（或空间某点）的运动快慢程度和运动方向。

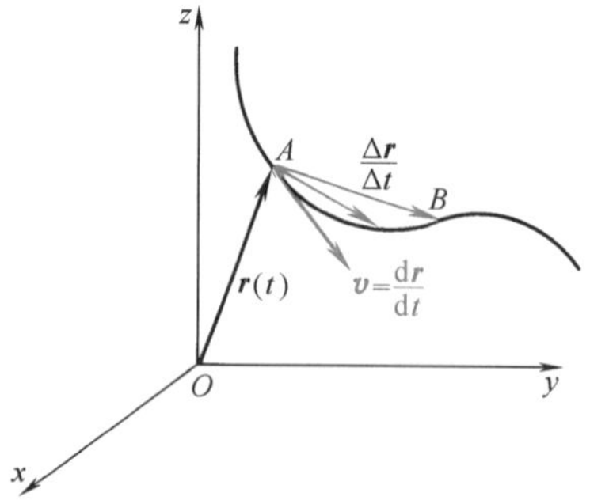

图 1-4 平均速度和瞬时速度

有时我们也用平均速率来表示质点运动的快慢，它是质点从某时刻 t 到 $t+\Delta t$ 的时间内所经历的路程 Δs 与时间 Δt 的比值，即 $\bar{v}=\frac{\Delta s}{\Delta t}$，由于 $\Delta s\neq|\Delta\boldsymbol{r}|$，所以 $\bar{v}\neq|\bar{\boldsymbol{v}}|$。

2. 瞬时速度

为了精确地描述质点在运动过程中某一时刻（或某一位置）的运动状态，我们令 Δt 趋于零，位移 $\Delta\boldsymbol{r}$ 也相应地趋于零，但它们的比值$\frac{\Delta \boldsymbol{r}}{\Delta t}$却趋近于某一极限值$\boldsymbol{v}$，称为**瞬时速度**，简称**速度**，即

$$\boldsymbol{v}=\lim_{\Delta t\to 0}\frac{\Delta \boldsymbol{r}}{\Delta t}=\frac{\mathrm{d}\boldsymbol{r}}{\mathrm{d}t} \tag{1-7}$$

亦即，质点在某时刻（或某位置）的速度$\boldsymbol{v}$ 等于运动函数 $\boldsymbol{r}$ 对时间 t 的一阶导数。前面提到，平均速度的方向就是该段时间内位移 $\Delta\boldsymbol{r}$ 的方向，而瞬时速度的方向是平均速度的极限方向，也就是轨迹在该位置的切线方向，且指向运动前方。需要指出，某一时刻的位矢 $\boldsymbol{r}$ 和速度$\boldsymbol{v}$ 是描述质点运动状态的两个物理量。

与瞬时速度相仿，瞬时速率（简称速率）的定义是 t 时刻起，当 Δt 趋于零时，平均速率 $\bar{v}$ 的极限值，即

$$v=\lim_{\Delta t\to 0}\bar{v}=\lim_{\Delta t\to 0}\frac{\Delta s}{\Delta t}=\frac{\mathrm{d}s}{\mathrm{d}t}$$

由于当 Δt 趋于零时，$|\mathrm{d}\boldsymbol{r}|$ 和 $\mathrm{d}s$ 的值趋于相等，所以，瞬时速度的大小与同一时刻的瞬时速率相同。

3. 笛卡儿坐标系中的瞬时速度

在笛卡儿坐标系 $Oxyz$ 中，按式（1-1）及速度矢量的定义，有

$$\boldsymbol{v}=\frac{\mathrm{d}\boldsymbol{r}}{\mathrm{d}t}=\frac{\mathrm{d}x}{\mathrm{d}t}\boldsymbol{i}+\frac{\mathrm{d}y}{\mathrm{d}t}\boldsymbol{j}+\frac{\mathrm{d}z}{\mathrm{d}t}\boldsymbol{k} \tag{1-8}$$

并记作

$$\boldsymbol{v}=v_x\boldsymbol{i}+v_y\boldsymbol{j}+v_z\boldsymbol{k} \tag{1-9}$$

其中

$$\left.\begin{aligned} v_x &= \frac{\mathrm{d}x}{\mathrm{d}t} \\ v_y &= \frac{\mathrm{d}y}{\mathrm{d}t} \\ v_z &= \frac{\mathrm{d}z}{\mathrm{d}t} \end{aligned}\right\} \tag{1-10}$$

这三者即为速度$\boldsymbol{v}$在相应的三个坐标轴上的分量。由此，可具体计算速度的大小和方向（用$\boldsymbol{v}$与x、y、z轴之间的夹角α'、β'及γ'的方向余弦表述），即

$$v = |\boldsymbol{v}| = \sqrt{v_x^2 + v_y^2 + v_z^2} = \sqrt{\left(\frac{\mathrm{d}x}{\mathrm{d}t}\right)^2 + \left(\frac{\mathrm{d}y}{\mathrm{d}t}\right)^2 + \left(\frac{\mathrm{d}z}{\mathrm{d}t}\right)^2} \tag{1-11}$$

及

$$\cos\alpha' = \frac{v_x}{v} \qquad \cos\beta' = \frac{v_y}{v} \qquad \cos\gamma' = \frac{v_z}{v}$$

在国际单位制中，速度的单位是$\mathrm{m \cdot s^{-1}}$（米·秒$^{-1}$）。

综上所述，速度具有矢量性和瞬时性。此外，由于运动的描述还与参考系的选择有关，所以速度还具有相对性。

速度既指出运动物体的运动方向，又反映了物体运动的快慢程度，所以，速度是运动学中描述物体运动状态的物理量。在表 1-1 中择要列出一些物体运动速度的大小。

表 1-1　一些物体运动速度的大小

名　　称	速度/$\mathrm{m \cdot s^{-1}}$	名　　称	速度/$\mathrm{m \cdot s^{-1}}$
高速铁路列车运行速度	约 1.00×10^2	第二宇宙速度	1.12×10^4
超声速飞机的巡航速度	3.40×10^2	第三宇宙速度	1.67×10^4
0℃空气分子热运动的平均速度	4.50×10^2	地球绕太阳公转的线速度	2.98×10^4
地球自转时赤道上一点的线速度	4.60×10^2	太阳绕银河系中心旋转的线速度	2.50×10^5
步枪子弹离开枪口时的速度	约 7.00×10^2	光子在真空中的速度	299792458
第一宇宙速度	7.91×10^3		

二、加速度

1. 平均加速度

一般情况下，质点在运动中的速度$\boldsymbol{v}$的大小和方向都可能随时间变化，如图 1-5 所示。

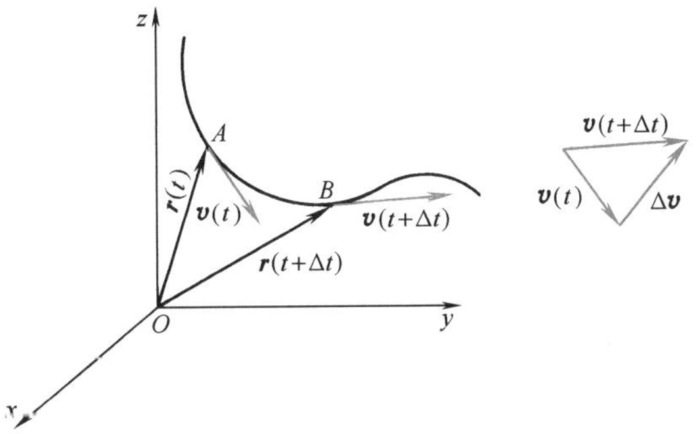

图 1-5　平均加速度和瞬时加速度

设质点在t时刻（A点位置）的速度为$\boldsymbol{v}(t)$，在$t+\Delta t$时刻（B点位置）的速度为$\boldsymbol{v}(t+\Delta t)$，那么，在$\Delta t$时间内，质点速度的增量为

$$\Delta\boldsymbol{v} = \boldsymbol{v}_B - \boldsymbol{v}_A = \boldsymbol{v}(t+\Delta t) - \boldsymbol{v}(t)$$

我们定义，质点速度的增量 $\Delta\boldsymbol{v}$ 与其所需时间 Δt 的比值称为这段时间内质点的平均加速度，即

$$\bar{\boldsymbol{a}}=\frac{\Delta\boldsymbol{v}}{\Delta t}$$

与平均速度一样，平均加速度不能精确地描述质点在任一时刻（或任一位置）的速度变化情况。为此，必须引入瞬时加速度。

2. 瞬时加速度

质点在某时刻（或某位置）的瞬时加速度 $\boldsymbol{a}$ 等于在该时刻起的一段时间 Δt 趋于零时平均加速度的极限值，即

$$\boldsymbol{a}=\lim_{\Delta t\to 0}\frac{\Delta\boldsymbol{v}}{\Delta t}=\frac{\mathrm{d}\boldsymbol{v}}{\mathrm{d}t}=\frac{\mathrm{d}^2\boldsymbol{r}}{\mathrm{d}t^2} \tag{1-12}$$

可见，瞬时加速度 $\boldsymbol{a}$（简称加速度）是速度 $\boldsymbol{v}$ 对时间 t 的一阶导数，或者是位矢 $\boldsymbol{r}$ 对时间 t 的二阶导数。加速度是矢量，加速度的方向是当时间间隔 $\Delta t\to 0$ 时，速度变化量 $\Delta\boldsymbol{v}$ 的方向。一般情况下，加速度的方向与速度方向不相同。在国际单位制中，加速度的单位是 $\mathrm{m\cdot s^{-2}}$（米·秒$^{-2}$）。

显然，加速度也具有矢量性、瞬时性以及相对性。加速度是一个描述质点运动状态变化的物理量。

3. 笛卡儿坐标系中的加速度

在笛卡儿坐标系中，加速度可写成

$$\boldsymbol{a}=a_x\boldsymbol{i}+a_y\boldsymbol{j}+a_z\boldsymbol{k} \tag{1-13}$$

其中

$$\left.\begin{aligned}a_x&=\frac{\mathrm{d}v_x}{\mathrm{d}t}=\frac{\mathrm{d}^2x}{\mathrm{d}t^2}\\a_y&=\frac{\mathrm{d}v_y}{\mathrm{d}t}=\frac{\mathrm{d}^2y}{\mathrm{d}t^2}\\a_z&=\frac{\mathrm{d}v_z}{\mathrm{d}t}=\frac{\mathrm{d}^2z}{\mathrm{d}t^2}\end{aligned}\right\} \tag{1-14}$$

为加速度沿相应坐标轴的分量。由式（1-14）可具体计算加速度的大小

$$a=|\boldsymbol{a}|=\sqrt{a_x^2+a_y^2+a_z^2} \tag{1-15}$$

加速度的方向亦可仿照前述，用 $\boldsymbol{a}$ 与各轴之间夹角的方向余弦来确定。如果已知质点的运动函数，那么，根据上述定义，就可求得速度和加速度。

【例 1-1】 质点沿 x 轴运动，运动函数 $x=3t^3$，求：

（1）时间在 1 ~ 1.1s、1 ~ 1.01s、1 ~ 1.001s 内的平均速度和 $t=1\mathrm{s}$ 时的瞬时速度。

（2）上述时间和时刻的平均加速度和瞬时加速度。

【解】（1）由于是一维运动，可以将矢量运算简化为标量计算，于是，由平均速度的定义，有

$$\bar{v}=\frac{\Delta x}{\Delta t}=\frac{3t_2^3-3t_1^3}{t_2-t_1}=3(t_2^2+t_2t_1+t_1^2)$$

将 $t_1=1\text{s}$ 和 $t_2=1.1\text{s}$、1.01s 及 1.001s 分别代入上式，得

$$\bar{v}_1=3\times(1.1^2+1.1\times1+1^2)\text{m}\cdot\text{s}^{-1}=9.93\text{m}\cdot\text{s}^{-1}$$
$$\bar{v}_2=3\times(1.01^2+1.01\times1+1^2)\text{m}\cdot\text{s}^{-1}=9.0903\text{m}\cdot\text{s}^{-1}$$
$$\bar{v}_3=3\times(1.001^2+1.001\times1+1^2)\text{m}\cdot\text{s}^{-1}\approx9.009\text{m}\cdot\text{s}^{-1}$$

按瞬时速度的定义，有

$$v=v_x=\frac{\mathrm{d}x}{\mathrm{d}t}=9t^2$$

将 $t=1\text{s}$ 代入上式，得

$$v=9\times1^2\text{m}\cdot\text{s}^{-1}=9\text{m}\cdot\text{s}^{-1}$$

（2）对于一维运动，平均加速度可写成

$$\bar{a}=\frac{\Delta v}{\Delta t}=\frac{9t_2^2-9t_1^2}{t_2-t_1}=9(t_2+t_1)$$

代入数字，即可得

$$\bar{a}_1=9\times(1.1+1)\text{m}\cdot\text{s}^{-2}=18.9\text{m}\cdot\text{s}^{-2}$$
$$\bar{a}_2=9\times(1.01+1)\text{m}\cdot\text{s}^{-2}=18.09\text{m}\cdot\text{s}^{-2}$$
$$\bar{a}_3=9\times(1.001+1)\text{m}\cdot\text{s}^{-2}=18.009\text{m}\cdot\text{s}^{-2}$$

而瞬时加速度为

$$a=a_x=\frac{\mathrm{d}v}{\mathrm{d}t}=\frac{\mathrm{d}^2x}{\mathrm{d}t^2}=18t$$

将 $t=1\text{s}$ 代入上式，得

$$a=a_x=18\times1\text{m}\cdot\text{s}^{-2}=18\text{m}\cdot\text{s}^{-2}$$

比较上述结果，可以看出：平均速度和平均加速度的大小与时间 Δt 的长短有关（更一般的情况下，它们的方向也和时间有关）。Δt 越小，平均速度和平均加速度就越接近于该时刻的瞬时速度和瞬时加速度。

【例 1-2】 已知质点的运动函数为

$$\boldsymbol{r}=(A\cos\omega t)\boldsymbol{i}+(B\sin\omega t)\boldsymbol{j}$$

其中，A、B、ω 均为正的恒量。求：

（1）质点的速度和加速度。

（2）质点的运动轨迹。

【解】（1）由速度的定义，将 $\boldsymbol{r}$ 对时间求一阶导数，可得

$$\boldsymbol{v}=\frac{\mathrm{d}\boldsymbol{r}}{\mathrm{d}t}=\frac{\mathrm{d}}{\mathrm{d}t}[(A\cos\omega t)\boldsymbol{i}+(B\sin\omega t)\boldsymbol{j}]$$
$$=(-A\omega\sin\omega t)\boldsymbol{i}+(B\omega\cos\omega t)\boldsymbol{j}$$

再由加速度的定义，将 $\boldsymbol{v}$ 对时间求一阶导数，得

$$\boldsymbol{a}=\frac{\mathrm{d}\boldsymbol{v}}{\mathrm{d}t}=\frac{\mathrm{d}}{\mathrm{d}t}[(-A\omega\sin\omega t)\boldsymbol{i}+(B\omega\cos\omega t)\boldsymbol{j}]$$
$$=-[(A\omega^2\cos\omega t)\boldsymbol{i}+(B\omega^2\sin\omega t)\boldsymbol{j}]$$

（2）将运动函数写成参数方程

$$x=A\cos\omega t\qquad y=B\sin\omega t$$

合并上述两式，消去参数 t，即可得轨迹方程为

$$\frac{x^2}{A^2}+\frac{y^2}{B^2}=1$$

这是一个长、短半轴分别为 A 和 B 的椭圆。

【例1-3】 试推导质点沿 x 轴做匀变速直线运动的运动函数、速度和加速度间的关系式。设已知质点的加速度 a 为恒量；初始条件为 $t=0$ 时刻，$x=x_0$，$v=v_0$。

【解】 对于直线运动，如果质点的加速度始终保持不变，则质点做匀变速直线运动。

将加速度定义式 $a=\frac{\mathrm{d}v}{\mathrm{d}t}$ 改写为

$$\mathrm{d}v=a\mathrm{d}t$$

式中，a 是恒量。对上式两边积分，由题设的初始条件，有

$$\int_{v_0}^{v}\mathrm{d}v=\int_0^t a\mathrm{d}t$$

得

$$v=v_0+at$$

再由定义式 $v=\frac{\mathrm{d}x}{\mathrm{d}t}$，将上式改写为 $\frac{\mathrm{d}x}{\mathrm{d}t}=v_0+at$，即得

$$\mathrm{d}x=(v_0+at)\mathrm{d}t$$

对上式两边积分，由题设的初始条件，有

$$\int_{x_0}^{x}\mathrm{d}x=\int_0^t(v_0+at)\mathrm{d}t$$

得

$$x=x_0+v_0t+\frac{1}{2}at^2$$

这就是匀变速直线运动的运动函数。另外，也可将 $a=\frac{\mathrm{d}v}{\mathrm{d}t}$ 改写为

$$a=\frac{\mathrm{d}v}{\mathrm{d}t}=\frac{\mathrm{d}v}{\mathrm{d}x}\frac{\mathrm{d}x}{\mathrm{d}t}=v\frac{\mathrm{d}v}{\mathrm{d}x}$$

则

$$a\mathrm{d}x=v\mathrm{d}v$$

对上式两边积分，由题设的初始条件，有

$$\int_{x_0}^{x}a\mathrm{d}x=\int_{v_0}^{v}v\mathrm{d}v$$

从而得

$$v^2-v_0^2=2a(x-x_0)$$

从上面几个例子可以看到，质点运动学的基本习题就内容来说，可分为两类：已知质点的运动函数，求它的速度、加速度；已知质点的加速度或速度及其初始条件，求质点的运动函数、轨迹方程。解题时，除选择合适的参考系、坐标系外，前者是求导过程，后者是积分过程，并进而可判断出是什么运动。

第三节 圆周运动

质点的运动轨迹是固定的圆周的运动称为圆周运动。做圆周运动的物体，位矢、速度和

加速度的方向是随时间不断变化的，因此利用这些物理量来描述圆周运动不方便。物理学中常引入角位移、角速度及角加速度来描述圆周运动。

一、描述圆周运动的物理量

1. 角位移

设质点在平面内绕 O 点做圆周运动，圆周半径为 R，过圆心 O 点任意作一条射线作为 x 轴，如图 1-6 所示。如果在 t 时刻质点在 A 点，位矢 $\overrightarrow{OA}$ 与 x 轴成 θ 角，θ 角称为该时刻质点的角位置。$t+\Delta t$ 时刻质点位于 B 点，位矢 $\overrightarrow{OB}$ 与 x 轴成 $\theta+\Delta\theta$ 角，显然，在 Δt 时间内，质点相对于 O 点经历了角位移 $\Delta\theta$。对于平面圆周运动来说，角位移可视为一个标量，一般规定沿逆时针转向的角位移是正值；沿顺时针转向的则取负值。在国际单位制中，角位移的单位是 rad（弧度）。

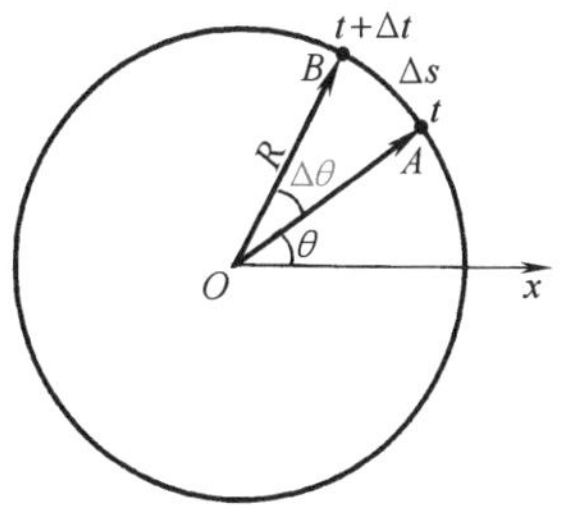

图 1-6　角位移

2. 角速度

为了描述质点在做圆周运动时的快慢程度，需引入角速度这个物理量。

我们把质点从 t 时刻起、在 Δt 时间内经历的角位移 $\Delta\theta$ 与 Δt 之比称为 t 时刻起、在 Δt 时间内质点相对于 O 点的平均角速度，即

$$\overline{\omega}=\frac{\Delta\theta}{\Delta t}$$

当 Δt 趋于零时，平均角速度的极限值称为质点在 t 时刻相对于 O 点的瞬时角速度，简称角速度，即

$$\omega=\lim_{\Delta t\to 0}\frac{\Delta\theta}{\Delta t}=\frac{\mathrm{d}\theta}{\mathrm{d}t} \tag{1-16}$$

在国际单位制中，角速度的单位是 $\mathrm{rad\cdot s^{-1}}$（弧度·秒$^{-1}$）。有时也用单位时间内质点转过的圈数来描述质点做圆周运动的快慢程度，称为转速 n，单位是 $\mathrm{r\cdot s^{-1}}$ 或 $\mathrm{r\cdot min^{-1}}$（转·秒$^{-1}$或转·分$^{-1}$）。

3. 角加速度

当质点的角速度随时间变化时，可用角加速度来描述角速度的变化情况。设在 t 和 $t+\Delta t$ 时刻质点的角速度分别为 ω_1 和 ω_2，则在 Δt 时间内角速度的增量为 $\Delta\omega=\omega_2-\omega_1$。我们称 $\Delta\omega$ 与 Δt 的比值为 Δt 时间内质点相对于 O 点的平均角加速度，即

$$\overline{\beta}=\frac{\Delta\omega}{\Delta t}$$

当 Δt 趋于零时，平均角加速度的极限值称为质点在 t 时刻相对于 O 点的瞬时角加速度，简称角加速度，即

$$\beta=\lim_{\Delta t\to 0}\frac{\Delta\omega}{\Delta t}=\frac{\mathrm{d}\omega}{\mathrm{d}t} \tag{1-17}$$

在国际单位制中，角加速度的单位是 $\mathrm{rad\cdot s^{-2}}$（弧度·秒$^{-2}$）。

二、法向加速度和切向加速度

加速度反映速度随时间的变化情况，而速度既有方向的变化，又有大小的变化。所以，

只要是两者之一有变化，就有加速度存在。那么，能否将加速度 $\boldsymbol{a}$ 分解为两部分，分别描述速度的这两方面变化呢？为此，我们通过对圆周运动的讨论，将引出法向加速度和切向加速度这两个分量，来描述速度在这两方面的变化。

1. 匀速率圆周运动和法向加速度

质点运动轨迹是固定的圆周，而且速度大小保持不变，这种运动称为匀速率圆周运动。

在匀速率圆周运动中，质点的速度大小始终保持不变，但速度方向不断地在变化，因而存在着加速度。

设质点沿一个圆心在 O 点、半径为 R 的圆周运动，速度大小 v 保持不变。在 t 到 $t+\Delta t$ 时间内质点由 A 点运动到 B 点，其位移大小为 $|\overrightarrow{AB}|$，弧长$\overset{\frown}{AB}$则是这段时间内质点经过的路程。质点的速度由$\boldsymbol{v}_A$ 变为$\boldsymbol{v}_B$，如图 1-7 所示。于是由加速度定义，有

$$\boldsymbol{a}=\lim_{\Delta t\to 0}\frac{\Delta \boldsymbol{v}}{\Delta t}=\lim_{\Delta t\to 0}\frac{\boldsymbol{v}_B-\boldsymbol{v}_A}{\Delta t}$$

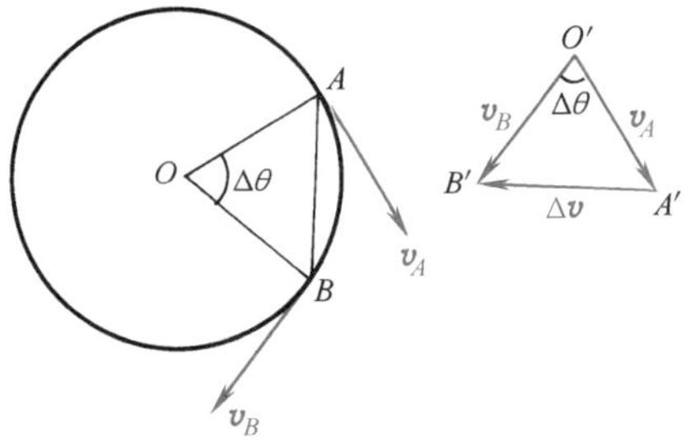

图 1-7 匀速率圆周运动

为了求上式中的 $\Delta\boldsymbol{v}$，将$\boldsymbol{v}_A$ 和$\boldsymbol{v}_B$ 平移到同一点 O'，就可画出 $\Delta\boldsymbol{v}$。从图中可见，两个等腰三角形 OAB 和$O'A'B'$相似，由此可得关系式

$$\frac{|\Delta\boldsymbol{v}|}{v}=\frac{\overline{AB}}{R}$$

当时间 Δt 趋于零时，B 点无限趋近于 A 点，弦长$\overline{AB}$趋近于弧长$\overset{\frown}{AB}$，于是，加速度大小为

$$a=\lim_{\Delta t\to 0}\frac{|\Delta\boldsymbol{v}|}{\Delta t}=\lim_{\Delta t\to 0}\frac{v}{R}\frac{\overline{AB}}{\Delta t}=\frac{v}{R}\lim_{\Delta t\to 0}\frac{\overset{\frown}{AB}}{\Delta t}=\frac{v^2}{R}\tag{1-18}$$

加速度的方向可以这样确定：在等腰三角形 $O'A'B'$中，$\angle A'=\angle B'=\frac{1}{2}(180^\circ-\Delta\theta)$，当 Δt 趋于零时，$\triangle O'A'B'$的顶角 $\Delta\theta$ 也趋于零，所以$\angle A'=\angle B'=90^\circ$，即 $\Delta\boldsymbol{v}$ 的极限位置与 $\boldsymbol{v}_A$ 相垂直，而 $\boldsymbol{a}$ 的方向正是 $\Delta\boldsymbol{v}$ 在 Δt 趋于零时的方向，可见，$\boldsymbol{a}$ 的方向为沿圆周的半径指向圆心，故称为向心加速度，或称为法向加速度。

上述结果表明，在匀速率圆周运动中，质点的速度大小保持不变，速度方向却随时在变，但始终沿轨迹的切线方向；质点的加速度大小亦保持不变，加速度方向却时刻在变，但始终沿半径指向圆心。法向加速度是由于速度方向在不断变化所引起的。

2. 变速率圆周运动和切向加速度

质点的速率在不断变化的圆周运动称为变速率圆周运动。

设质点沿一个圆心在 O 点、半径为 R 的圆周运动，在 t 到 $t+\Delta t$ 时间内，质点由 A 点运动到 B 点，速度也由$\boldsymbol{v}_A$ 变为$\boldsymbol{v}_B$（图 1-8），我们也可将$\boldsymbol{v}_A$、$\boldsymbol{v}_B$ 平移至同一点 O'，构成矢量三角形 $O'A'B'$，画出速度增量 $\Delta\boldsymbol{v}$（即，$\boldsymbol{v}_B-\boldsymbol{v}_A$）。考虑到在匀速率圆周运动中速度增量的特点，作线段 $O'C'=O'A'$，将这里的 $\Delta\boldsymbol{v}$ 分解为两个分量 $\Delta\boldsymbol{v}_\mathrm{n}$ 和 $\Delta\boldsymbol{v}_\mathrm{t}$。

$$\Delta\boldsymbol{v}=\Delta\boldsymbol{v}_\mathrm{n}+\Delta\boldsymbol{v}_\mathrm{t}$$

显然，式中 $\Delta\boldsymbol{v}_\mathrm{n}$ 相当于匀速率圆周运动中的 $\Delta\boldsymbol{v}$。

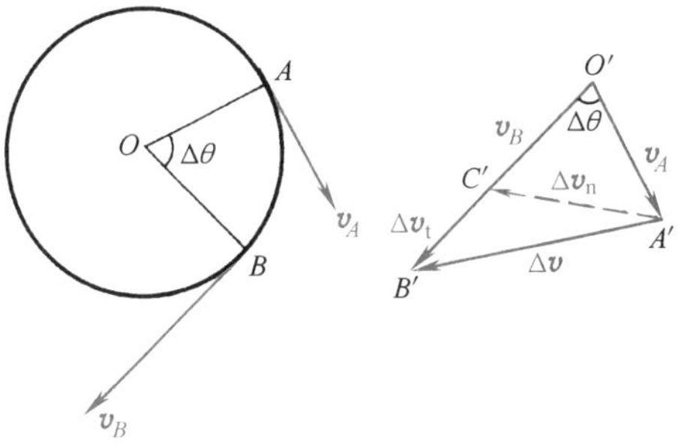

图 1-8　变速率圆周运动

1　法向、切向加速度（张宇）

加速度可以写成

$$\boldsymbol{a}=\lim_{\Delta t\to 0}\frac{\Delta\boldsymbol{v}}{\Delta t}=\lim_{\Delta t\to 0}\frac{\Delta\boldsymbol{v}_{\mathrm{n}}}{\Delta t}+\lim_{\Delta t\to 0}\frac{\Delta\boldsymbol{v}_{\mathrm{t}}}{\Delta t}=\boldsymbol{a}_{\mathrm{n}}+\boldsymbol{a}_{\mathrm{t}} \tag{1-19}$$

引入两个单位矢量 $\boldsymbol{n}_0$ 和 $\boldsymbol{t}_0$，则有

$$\begin{aligned}\boldsymbol{a}_{\mathrm{n}}&=\lim_{\Delta t\to 0}\frac{\Delta\boldsymbol{v}_{\mathrm{n}}}{\Delta t}=a_{\mathrm{n}}\boldsymbol{n}_0\\ \boldsymbol{a}_{\mathrm{t}}&=\lim_{\Delta t\to 0}\frac{\Delta\boldsymbol{v}_{\mathrm{t}}}{\Delta t}=a_{\mathrm{t}}\boldsymbol{t}_0\end{aligned} \tag{1-20}$$

$\boldsymbol{a}_{\mathrm{n}}$ 就是匀速率圆周运动中的向心加速度，或称法向加速度，它的大小为 v^2/R（v 为质点在该时刻的速率），方向沿轨迹的法线方向，用单位矢量 $\boldsymbol{n}_0$ 表示，它只反映速度在方向上的变化。

当 Δt 趋于零时，$\boldsymbol{v}_B$ 的方向趋于 $\boldsymbol{v}_A$ 的方向，因为 $\Delta\boldsymbol{v}_{\mathrm{t}}$ 与 $\boldsymbol{v}_B$ 方向一致，所以 $\Delta\boldsymbol{v}_{\mathrm{t}}$ 的极限方向就是 $\boldsymbol{v}_A$ 的方向，亦即 $\boldsymbol{a}_{\mathrm{t}}$ 的方向与 $\boldsymbol{v}_A$ 的方向一致，沿 A 点的切线方向，用 $\boldsymbol{t}_0$ 表示轨迹切线方向的单位矢量，故称 $\boldsymbol{a}_{\mathrm{t}}$ 为切向加速度。它的大小等于速率对时间的变化率，即

$$a_{\mathrm{t}}=\lim_{\Delta t\to 0}\frac{\Delta v_{\mathrm{t}}}{\Delta t}=\frac{\mathrm{d}v}{\mathrm{d}t} \tag{1-21}$$

可见，切向加速度只反映速度大小的变化。必须注意，这里的 $\frac{\mathrm{d}v}{\mathrm{d}t}$ 不是 $\frac{\mathrm{d}\boldsymbol{v}}{\mathrm{d}t}$ 的大小。

这样，变速率圆周运动中的加速度 $\boldsymbol{a}$ 等于反映速度方向变化的法向加速度 $\boldsymbol{a}_{\mathrm{n}}$ 与反映速度大小变化的切向加速度 $\boldsymbol{a}_{\mathrm{t}}$ 的矢量和。

3. 线量和角量之间的关系

在图 1-6 中，弧长 $\overset{\frown}{AB}=\Delta s$，是 Δt 时间内质点经历的路程，对应的角位移是 $\Delta\theta$，它们之间有如下的关系，即

$$\Delta s=R\Delta\theta$$

两边同除以 Δt，当 Δt 趋近于零时，由速率与角速度的定义，可得

$$v=R\omega \tag{1-22}$$

这就是线速度和角速度大小之间的关系式。

如果在 t 时刻开始经历时间 Δt，速率的增量为 $\Delta v = v_2 - v_1$，相应的角速度增量是 $\Delta\omega = \omega_2 - \omega_1$，由式（1-22）可得两者关系为 $\Delta v = R\Delta\omega$，对此式两边同除以 Δt，当 Δt 趋于零时，根据定义可得质点切向加速度与角加速度之间的关系式为

$$a_t = R\beta \tag{1-23}$$

将式 $v = R\omega$ 代入式 $a_n = \dfrac{v^2}{R}$，可得质点法向加速度与角速度之间的关系式为

$$a_n = \frac{v^2}{R} = R\omega^2 \tag{1-24}$$

三、对曲线运动的描述

任何曲线运动都可以看作是由若干个半径不同的圆周运动组成的，如图1-9所示。因此，做任意曲线运动的质点，仍然可以采用角位移、角速度和角加速度来描述它的运动状态。角位移、角速度及切向加速度的定义与圆周运动中的定义相同。在变速圆周运动中，反映运动质点速度方向变化的法向加速度 $a_n = v^2/R$，这里 R 是圆周运动的半径。对于曲线运动来说，利用曲率半径 ρ 代替 R 就可以得到曲线运动的法向加速度，即

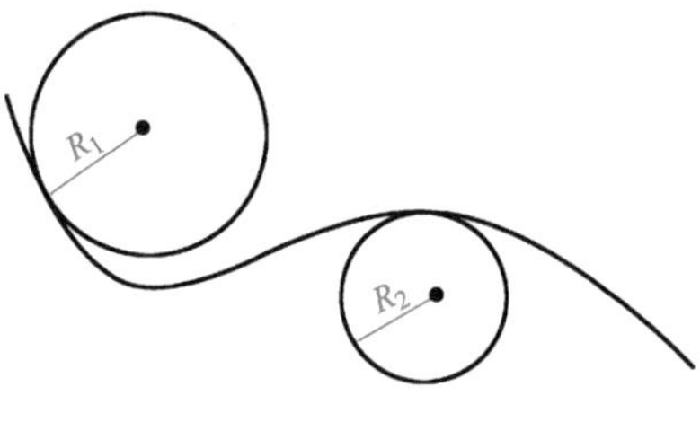

图1-9 曲线运动

$$a_n = \frac{v^2}{\rho}$$

【例1-4】 一小球在水平面上以倾角 θ 斜抛出去，不计空气阻力，试求任意时刻小球的切向加速度和法向加速度。

【解】 选取笛卡儿坐标系如图1-10所示，物体做抛物线运动，根据运动叠加原理，物体可看作在水平方向做匀速直线运动，同时在铅垂方向做匀变速直线运动，加速度为 g，于是有

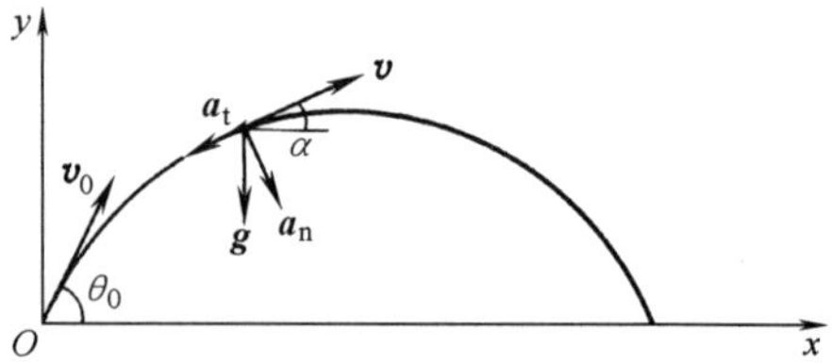

图1-10 例1-4图

$$v_x = v_{0x} = v_0\cos\theta_0$$
$$v_y = v_0\sin\theta_0 - gt$$

即

$$v = (v_x^2 + v_y^2)^{1/2} = (v_0^2 + g^2t^2 - 2v_0gt\sin\theta_0)^{1/2}$$

设速度 $\boldsymbol{v}$ 与 x 轴方向的夹角为 α，由图可知

$$\cos\alpha = \frac{v_x}{v}$$

$$\sin\alpha = \frac{v_y}{v}$$

以及

$$a_n = g\cos\alpha$$
$$a_t = -g\sin\alpha$$

于是可得

$$a_n = g\cos\alpha = \frac{gv_x}{v} = \frac{gv_0\cos\theta_0}{(v_0^2 + g^2t^2 - 2v_0gt\sin\theta_0)^{1/2}}$$

$$a_t = -g\sin\alpha = -\frac{gv_y}{v} = \frac{g^2t - gv_0\sin\theta_0}{(v_0^2 + g^2t^2 - 2v_0gt\sin\theta_0)^{1/2}}$$

讨论：在轨迹的最高点，$\alpha = 0$，$a_n = g$，$a_t = 0$。

第四节　相 对 运 动

描述某个物体的运动时，必须指明是相对于哪个参考系。这是因为，即使是同一物体的运动，相对于不同的参考系的运动形式也可能不同。物体的运动形式随着参考系的不同而不同，这就是运动的相对性。在运动学范畴内，参考系的选择是任意的，因此我们在处理实际问题时常常需要处理参考系之间的变换问题。对于不同的参考系而言，同一个质点的位移、速度和加速度都可能不同。

如图 1-11 所示，分别在两个存在相对运动的参考系 S、S′内建立笛卡儿坐标系 xOy、$x'O'y'$，设 S′系相对于 S 系运动。在 $t = 0$ 时刻，两个坐标系的原点 O、O'重合。

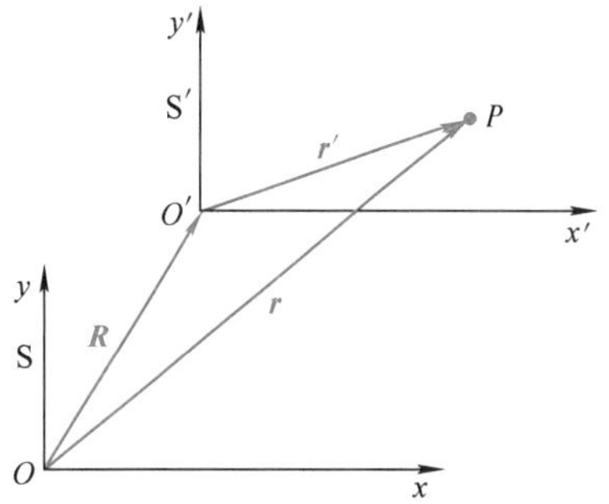

图 1-11　相对运动

在 t 时刻，O'点相对于 O 点的位移为 $\boldsymbol{R}$。设空间一质点 P 在 t 时刻相对于 S 系的位矢为 $\boldsymbol{r}$，相对于 S′系的位矢为 $\boldsymbol{r}'$。根据运动叠加原理可知，质点 P 相对于 S 系的运动可以看成是它相对于 S′系的运动与 S′系相对于 S 系的运动的合成。因此有

$$\boldsymbol{r} = \boldsymbol{r}' + \boldsymbol{R} \tag{1-25}$$

随着时间的变化，$\boldsymbol{r}$、$\boldsymbol{r}'$、$\boldsymbol{R}$ 可看成运动函数，对式（1-25）两端取时间的微分，得到

$$\boldsymbol{v} = \boldsymbol{v}' + \boldsymbol{u} \tag{1-26}$$

式中，$\boldsymbol{v}$ 和$\boldsymbol{v}'$分别为质点 P 相对于 S 和 S′系的速度；$\boldsymbol{u}$ 为 S′系相对于 S 系运动的速度。

如果质点的运动速度是随时间变化的，对式（1-26）两端取时间的导数，可以得到同一个质点在两个相对运动的参考系中加速度之间关系：

$$\frac{d\boldsymbol{v}}{dt} = \frac{d\boldsymbol{v}'}{dt} + \frac{d\boldsymbol{u}}{dt}$$

即

$$\boldsymbol{a} = \boldsymbol{a}' + \boldsymbol{a}_0 \tag{1-27}$$

式中，$\boldsymbol{a}$ 表示质点相对于 S 系的加速度；$\boldsymbol{a}'$表示质点相对于 S′系的加速度；$\boldsymbol{a}_0$ 表示 S′系相对于 S 系的加速度，又称为牵连加速度。

如果 S′系相对于 S 系的运动是匀速的，那么相对速度 $\boldsymbol{u}$ 应是一个恒矢量，该矢量随时间的变化率

$$\boldsymbol{a}_0 = \frac{\mathrm{d}\boldsymbol{u}}{\mathrm{d}t} = 0$$

此时

$$\boldsymbol{a} = \boldsymbol{a}'$$

也就是说，在两个相对静止或做匀速直线运动的参考系中观测同一个运动质点的加速度时，测量结果是相同的。

小 结

本章讨论了质点运动学，引入了描述质点运动特征的物理量速度和加速度，阐述了它们与质点位置的相互关系，在此过程中，着重分析了质点运动的瞬时性、矢量性和相对性。瞬时性就是描述质点运动的物理量是随时间而变的，某一时刻的物理量反映了该时刻质点运动的特征，也包含该时刻附近短时间内质点运动的信息。本章介绍了描述质点运动的四个基本矢量，体现了运动的矢量性，其大小、方向都可以变化。质点的运动是相对一定的参考系而言的，对不同的参考系，质点运动情况不同，但其又以一定的方式相互关联。

本章涉及的重点概念和理论有：

（1）质点　形状、大小可以忽略，集中了物体的全部质量，可以表征物体的运动特征的点。

（2）参考系　为描述物体运动而选作参考的物体或者物体系。

（3）坐标系　在选定参考系内，为定量描述物体的运动而选定的一组有刻度的射线、角度系统。

（4）位置矢量 $\boldsymbol{r}$

（5）位移　$\Delta\boldsymbol{r} = \boldsymbol{r}(t+\Delta t) - \boldsymbol{r}(t)$

（6）速度　$\boldsymbol{v} = \dfrac{\mathrm{d}\boldsymbol{r}}{\mathrm{d}t}$

（7）加速度　$\boldsymbol{a} = \dfrac{\mathrm{d}\boldsymbol{v}}{\mathrm{d}t} = \dfrac{\mathrm{d}^2\boldsymbol{r}}{\mathrm{d}t^2}$

（8）角位移　$\Delta\theta = \theta(t+\Delta t) - \theta(t)$

（9）角速度　$\omega = \dfrac{\mathrm{d}\theta}{\mathrm{d}t}$

（10）角加速度　$\beta = \dfrac{\mathrm{d}\omega}{\mathrm{d}t} = \dfrac{\mathrm{d}^2\theta}{\mathrm{d}t^2}$

（11）切向加速度　$a_{\mathrm{t}} = \dfrac{\mathrm{d}v}{\mathrm{d}t} = R\beta$

（12）法向加速度　$a_{\mathrm{n}} = \dfrac{v^2}{R} = R\omega^2$

习 题

1-1　一质点做直线运动，其坐标 x 与时间 t 的关系曲线如题 1-1 图所示。问该质点在第几秒时，其速度为零？在哪段时间内，速度和加速度方向相同？

1-2　小球沿斜面向上运动，其运动函数为 $s=8+8t-t^2$（SI），求小球运动到最高点的时刻。

1-3　一质点沿 x 轴做直线运动，其 v-t 曲线如题 1-3 图所示。设 $t=0$ 时，质点位于坐标原点，则求在 $t=4.5\text{s}$ 时，质点在 x 轴上的位置。

1-4　一质点沿 x 轴运动，其加速度 a 与位置坐标 x 的关系为 $a=3+9x^2$（SI）。如果质点在原点处的速度为零，试求其在任意位置处的速度。

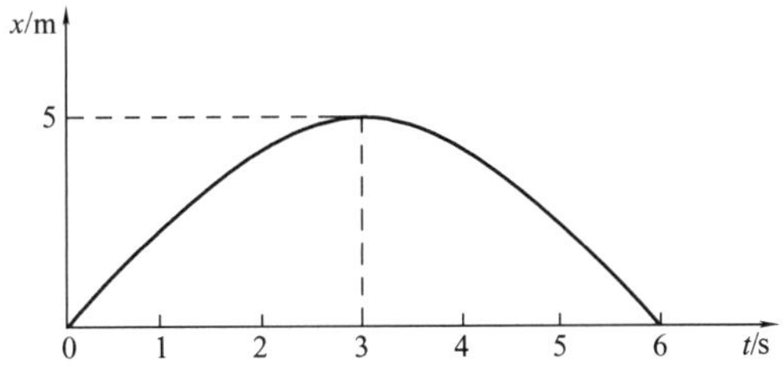

题　1-1 图

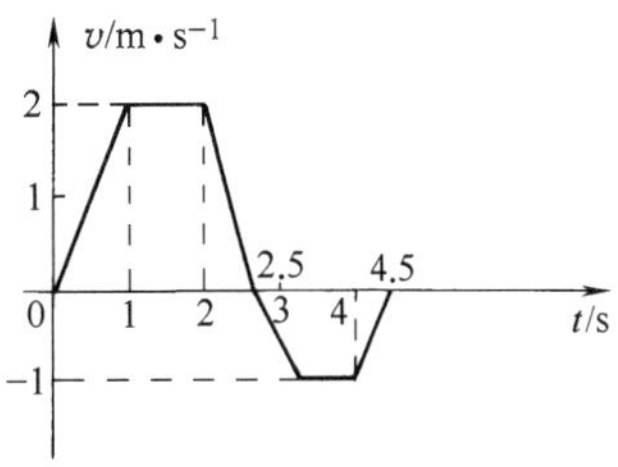

题　1-3 图

1-5　有一质点沿 x 轴做直线运动，t 时刻的坐标为 $x=4.5t-2t^3$（SI）。试求：

（1）第二秒内的平均速度。

（2）第二秒末的瞬时速度。

（3）第二秒内的路程。

1-6　一艘正在行驶的快艇，在发动机关闭后，有一个与它速度方向相反的加速度，其大小与它的速度平方成正比，即 $\dfrac{\mathrm{d}v}{\mathrm{d}t}=-kv^2$，其中 k 为恒量。试证明：快艇在关闭发动机后又行驶 x 距离时的速度为 $v=v_0\mathrm{e}^{-kx}$，其中 v_0 是发动机关闭时的速度。

1-7　在 Oxy 平面内有一个运动的质点，其运动函数为 $\boldsymbol{r}=3t\boldsymbol{i}+10t^2\boldsymbol{j}$（SI），求：

（1）t 时刻的速度。

（2）切向加速度和法向加速度的大小。

（3）该质点运动的轨迹方程。

1-8　一物体以速度 $\boldsymbol{v}_0$ 开始下落，该物体可视为质点，其加速度与速度关系为 $a=A-Bv$，这里 A、B 为常量。从物体开始下落时计时，并设开始下落点为坐标原点。求物体的运动方程。

1-9　小船从岸边 A 点出发渡河，如果它保持与河岸垂直向前划，则经过时间 t_1 到达对岸下游 C 点；如果小船以同样的速率划行，但垂直河岸横渡到正对岸 B 点，则需要与 A、B 两点连成的直线成 α 角逆流划行，经时间 t_2 到达 B 点。若 B、C 两点间距为 s，求此河的宽度及 α 的数值。

1-10　一质点沿半径为 R 的圆周轨迹运动，如题 1-10 图所示，任意时刻走过的路程 s 与时间 t 的关系为 $s=v_0t-\dfrac{1}{2}bt^2$，这里 v_0 和 b 均为常量。求：

（1）任意时刻质点的加速度。

（2）t 为何值时，质点的加速度大小为 b？

1-11　如题 1-11 图所示，轮船 B 在江面上相对于岸边向东行驶，其速度大小为 $25\text{km}\cdot\text{h}^{-1}$，该船上观察者看到一小船 A 以相对于轮船的速度 $40\text{km}\cdot\text{h}^{-1}$ 向北行驶，试求岸上观察者观察到小船 A 的速度是多少？

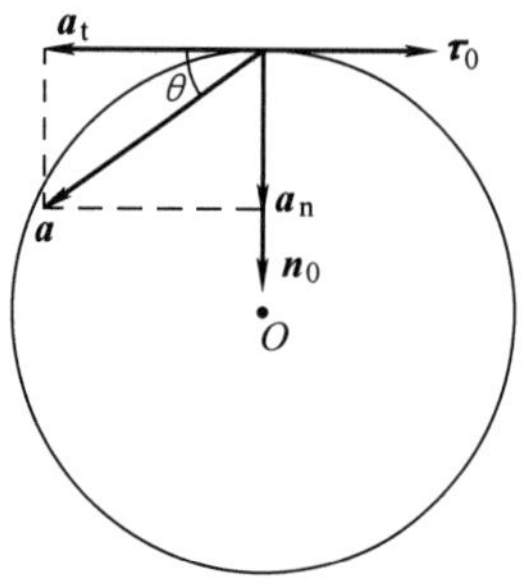

题 1-10 图

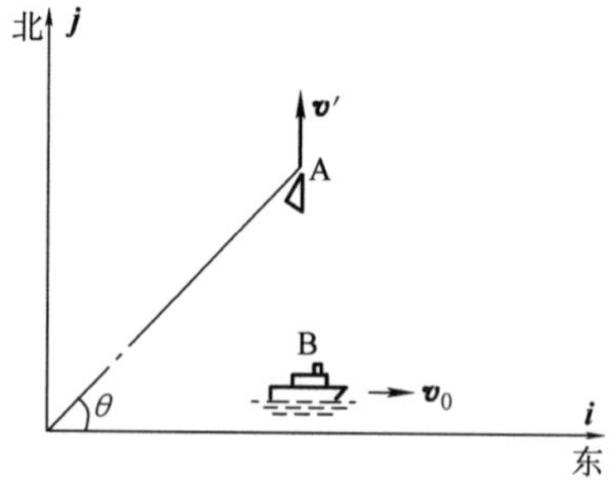

题 1-11 图

1-12 在相对于地面静止的坐标系内，A、B 两船都以 $2\mathrm{m}\cdot\mathrm{s}^{-1}$ 的速率匀速行驶，A 船沿 x 轴正向，B 船沿 y 轴正向。今在 A 船上设置与静止坐标系方向相同的坐标系（x、y 轴的单位矢量分别用 $\boldsymbol{i}$、$\boldsymbol{j}$ 表示），那么从 A 船看 B 船，它相对于 A 船的速度为多少？

第二章　质点动力学

在学习运动学时我们知道，可以用位矢和速度描述物体的运动状态，用位移和加速度描述物体运动状态的变化。但是，使物体的运动状态发生变化的原因是什么呢？怎样才能保持物体的运动状态不变呢？这是动力学需要探讨的内容。在这一章中，我们将讨论动力学中的一些基本定律及其应用。

第一节　牛顿运动定律

以大量事实为基础，在总结了前人的研究结果后，英国科学家牛顿（I. Newton）于1687年在他的名著《自然哲学的数学原理》一书中，归纳出物体做机械运动时所遵循的基本规律，即牛顿运动三定律。

一、牛顿运动三定律

第一定律　任何物体都保持静止或匀速直线运动的状态，直到它受到其他物体的作用力而被迫改变这种状态。

第二定律　受到外力作用时，物体所获得的加速度大小与其所受合外力的大小成正比，而与物体的质量成反比；加速度的方向与合外力的方向相同。其数学表达式为

$$\boldsymbol{F}=km\boldsymbol{a}$$

式中，$\boldsymbol{F}$ 为物体所受合外力；m 为物体的质量；k 为比例恒量，其值决定于力、质量和加速度的单位，若选用国际单位制，则 $k=1$。这样，上式成为

$$\boldsymbol{F}=m\boldsymbol{a} \tag{2-1}$$

第三定律　两个物体之间的作用力 $\boldsymbol{F}$ 和反作用力 $\boldsymbol{F}'$，在两物体连线上，大小相等而方向相反，分别作用在两个物体上。作用力与反作用力如图2-1所示。数学表达式为

$$\boldsymbol{F}=-\boldsymbol{F}' \tag{2-2}$$

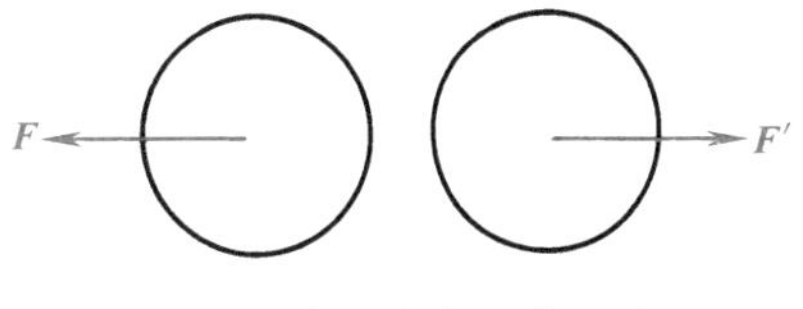

图2-1　作用力与反作用力

自从牛顿发表了运动定律后，人们对此三条定律的解释与讨论始终没有停止过，同时，人们的认识得到了不断的深化。

牛顿运动三定律中的物体应该理解为质点，所以牛顿运动三定律是质点动力学的基本定律。若把物体看作质点的组合，那么，牛顿运动三定律可以说也是刚体力学、弹性力学和流体力学等学科的基础。

牛顿运动三定律包含着丰富的物理概念和哲学内涵。下面仅就惯性、质量、力和惯性参考系做一些讨论。

二、惯性、质量

第一定律指出，任何物体都具有保持其原有运动状态不变的特性——惯性。第一定律也称为惯性定律。第二定律进一步指出，不同物体的惯性有大小，在一定的外力作用下，物体的惯性大小可以决定物体运动状态改变的程度：物体的惯性越大，要使它改变运动状态就越难，所获得的加速度也越小。所以，第二定律用质量的大小来量度物体的惯性。这样定义的质量也称为惯性质量。在国际单位制中，质量的单位是 kg（千克）。

三、力

第一定律说明改变物体运动状态的原因是物体间的相互作用——力。第二定律进一步明确了力、质量和加速度三者定量的、瞬时的关系。同时，第二定律还指出了力的叠加性（或独立性），即几个力同时作用在一个物体上所产生的加速度，应等于每个力单独作用时所产生的加速度的叠加（线性矢量加法）。而第三定律则肯定了物体间的作用力具有相互作用的特点，即作用力与反作用力同时存在、同时消失，属于同一性质的力，且大小相等、方向相反，作用在两个不同的物体上。于是，人们对力有了较为完整的认识：力是物体间的相互作用，力的作用效果是使受力物体改变运动状态。

到目前为止，人们发现自然界中存在四种基本的力：万有引力相互作用、电磁力相互作用、强相互作用及弱相互作用。

力是矢量，在国际单位制中，力的单位是牛顿，简称牛，符号为 N。

四、惯性参考系

在运动学中，我们可以选择任何一个参考系来讨论某物体的运动。但实验表明，牛顿运动定律并不是在所有的参考系中都适用。例如，在一列以水平方向加速度 $\boldsymbol{a}$ 相对于地面做直线运动的车厢内，有一质量为 m 的小球放在桌面上，两者表面均光滑。对于以地面为参考系的观察者来说，小球所受合外力为零，小球相对地面保持静止状态，这是符合牛顿运动定律的；但若以车厢为参考系，那么这个物体所受合外力仍为零，却相对车厢具有加速度 $-\boldsymbol{a}$，可见，牛顿运动定律对于这个车厢参考系是不成立的。所以，我们规定：凡是牛顿运动定律成立的参考系就叫惯性参考系，简称惯性系；凡是牛顿运动定律不成立的参考系叫非惯性参考系，简称非惯性系。所有相对于任何一个惯性系做匀速直线运动的参考系也都是惯性系，而相对于任何一个惯性系做变速运动的参考系则是非惯性系。

一个参考系是否是惯性系需由实验确定。在力学中，太阳参考系被认为是惯性系。地球虽然相对于太阳有加速度，但其加速度的数值很小，所以，在一定精度范围内，地球可以近似地看作惯性系。

五、万有引力定律

人类对行星运动规律进行了长时间的深入研究。在古希腊，人们把地球作为宇宙的几何中心，认为所有星体都围绕着地球运动，这就是“地心说”。16 世纪，哥白尼提出了日心说，他认为太阳才是宇宙的中心。17 世纪初，开普勒对前人观察行星运动时所得的大量数据进行分析，提出了描述行星运动的开普勒定律。开普勒的工作给哥白尼的日心说提供了有力的支持，也为牛顿发现万有引力定律提供了基础。

1. 万有引力定律

牛顿在其著作《自然哲学的数学原理》一书中指出：无论是宇宙中两质点之间，或者是地球上两质点之间，或者是宇宙中的质点与地球上的质点之间，都存在一种具有相同性质的引力，这种引力称之为万有引力，它的性质可用万有引力定律来描述，即：在相距为 r、质量分别为 m_1、m_2 的两个质点间存在着万有引力，其方向沿着它们的连线，其大小与它们的质量乘积成正比，与它们之间距离 r 的平方成反比。其数学表达式为

$$\boldsymbol{F}_G = -G\frac{m_1 m_2}{r^2}\boldsymbol{e}_r \tag{2-3}$$

式中，G 为一普适常量，叫作引力常量，其值可通过实验测定，目前公认值为 $G = 6.67259\times10^{-11}\mathrm{N\cdot m^2\cdot kg^{-2}}$；$\boldsymbol{e}_r$ 表示两质点连线方向上的单位矢量，它等于 $\boldsymbol{r}/|\boldsymbol{r}|$（$\boldsymbol{r}$ 是质量为 m_1 的质点指向质量为 m_2 的质点的有向线段）；负号“－”表示质量为 m_1 的质点施于质量为 m_2 的质点的万有引力的方向始终与单位矢量 $\boldsymbol{e}_r$ 的方向相反。

万有引力定律是人类认识自然、了解宇宙天体运动规律的重要工具，是人类首次把地球上的物体之间的相互作用与天体之间的相互作用统一起来，用统一的观点研究宇宙万物之间的引力作用。

2. 引力场

万有引力定律指出，两质点间的引力与它们之间距离的平方成反比，而与质点周围的介质无关。力是物体之间相互作用的结果，似乎力都是接触力，但是具有引力作用的两个质点却不需相互接触，那么，万有引力是如何传递的呢？有人认为引力作用是瞬时的、超距的，然而超距作用的概念是科学所不能接受的。直到 20 世纪爱因斯坦才在引力理论中明确指出，任何物体周围都存在着引力场，处在引力场中的物体都将受到引力作用，故引力是依赖于引力场来传递的，且传递速度为光速。因此，可以说两质点间的引力是通过引力场的作用来实现的。地球对物体作用的引力，通常叫作重力，所以地球的引力场又可叫作重力场。

需要说明的是，若考虑惯性离心力的影响，地球表面附近物体的重力与引力可能有一定的偏差。两极处偏差为零，赤道处偏差最大。这种偏差小于千分之二。

第二节　牛顿运动定律应用举例

牛顿运动定律是力学的基本定律，所以从原则上讲，运用牛顿运动定律可以解决所有的质点动力学问题。质点动力学问题主要有两类：一类是在已知质点运动情况下，求作用于质点上的力；另一类是已知质点受力的情况，求质点的运动情况。在后一类问题中，往往不是明确知道每一个作用力，而是需要通过分析才能确定所研究的质点的受力情况，而且有时不仅要求解物体的加速度，还需进一步求解物体的速度，甚至运动函数。

在力学中，我们要求读者能够求解下述两类问题。一类是连接体问题，即多个物体用各种方式连接在一起，相互作用。对于这类问题，我们有时需要将其中各个物体隔离开来进行求解，这就是所谓的隔离体法。另一类是求解单个物体在恒力或变力作用下的运动情况，这

类问题往往需要借助于高等数学。但上述两类问题中，分析物体受力情况是至关重要的。为简化运算，对于所有的力学问题，我们都需要建立一定的坐标系。下面举几个例子来说明解题过程。

一、连接体问题

在许多力学问题中，互有联系的物体往往有好几个，但解题时需讨论的物体一般只是其中的一个或几个。最好的解题程序是先确定研究对象，即哪几个物体需要讨论，然后将这些物体逐个隔离出来，单独分析每个物体的受力情况，根据受力情况及加速度的方向，建立适当的坐标系，然后对每个对象按式（2-1）列出牛顿运动方程，最后对方程组求解，这就是“隔离体法”。

【例2-1】 如图2-2所示，有三节质量都是 $m=1\text{kg}$ 的玩具车厢连接在一起，由水平拉力 $F_T=3\text{N}$ 牵引，在水平轨道上做直线运动。摩擦及阻力可以忽略。试求作用于中间一节车厢上的合力。

【分析】 为了求解中间一节车厢受的力，应该把它作为研究对象，但因为它的加速度也不知道，无法求解。为此考虑到若以三节车厢作为一个整体，它仅受一个已知的水平拉力 $\boldsymbol{F}_T$，这样，就可以求出共同加速度。

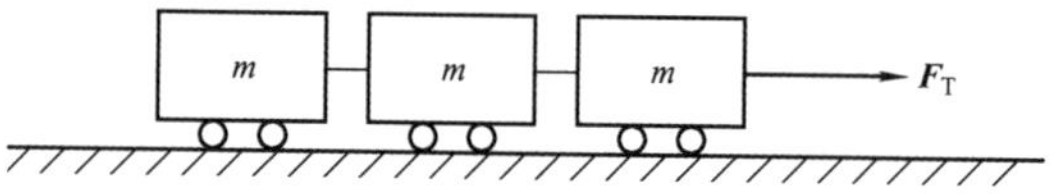

图2-2 例2-1图（1）

【解】 把三节车厢作为一个整体分析它的受力情况，并选定坐标系如图2-3a所示。设加速度为 $\boldsymbol{a}$，与拉力同方向，即沿 x 轴正方向；在 y 轴方向物体无运动，加速度为零，但受重力 $\boldsymbol{W}$ 与支持力 $\boldsymbol{F}_N$ 作用。于是，可按牛顿第二定律列出运动方程，即

$$F_T=3ma$$
$$F_N-W=0$$

可得

$$a=\frac{F_T}{3m}$$

再以中间车厢为研究对象，作隔离体，分析其受力情况。如图2-3b所示，中间车厢除受重力 $\boldsymbol{W}_2$ 及支持力 $\boldsymbol{F}_{N2}$ 外，还分别受到前、后两节车厢对它的作用力 $\boldsymbol{F}_{T12}$ 及 $\boldsymbol{F}_{T32}$。选坐标系如图2-3b所示，则可列出牛顿运动方程

$$F=F_{T12}-F_{T32}=ma$$
$$F_{N2}-W_2=0$$

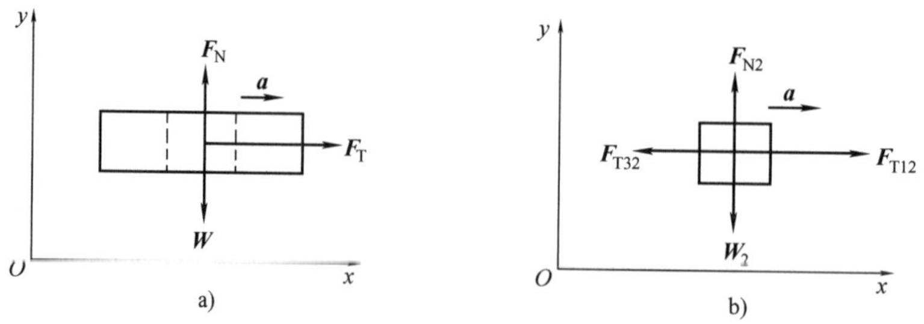

图2-3 例2-1图（2）

可得合力为

$$F = ma = m\frac{F_{\mathrm{T}}}{3m} = \frac{F_{\mathrm{T}}}{3} = \frac{3}{3}\mathrm{N} = 1\mathrm{N}$$

方向为沿 x 轴正方向。

【讨论】（1）本题解中沿垂直方向的两个方程 $F_{\mathrm{N}} - W = 0$ 及 $F_{\mathrm{N2}} - W_2 = 0$ 虽与答案无直接关系，但在题解过程中不妨交代一下。如果车厢与轨道间存在摩擦力，那么，这两个方程就必不可少了。

（2）若本题还需求 F_{T12} 及 F_{T32}，则只需再分析第三节车厢的受力情况并列出牛顿运动方程即可解得。

【例 2-2】 在夹角 $\theta = 30°$ 的固定斜面上有一质量为 m_1 的物体 A，用一跨过定滑轮的细绳[⊖]与质量为 m_2 的物体 B 相连，如图 2-4 所示。已知物体 A 与斜面之间的滑动摩擦因数 $\mu = 0.6$，不计滑轮的质量和轮轴的摩擦力。若已知 $m_1 = 4\mathrm{kg}$，$m_2 = 5\mathrm{kg}$，试问：物体将如何运动？绳中的张力是多少？

【分析】 虽然题中共有五个物体，但滑轮质量不计，也就可以不管它；斜面不运动，也可以不讨论。至于跨过定滑轮的绳子，其两端的张力 $\boldsymbol{F}_{\mathrm{T1}}$ 及 $\boldsymbol{F}_{\mathrm{T2}}$ 也因绳子质量不计而大小相等，即 $F_{\mathrm{T1}} = F_{\mathrm{T2}} = F_{\mathrm{T}}$。所以本题的研究对象只是质量分别为 m_1 和 m_2 的两个物体 A、B。

【解】 以这两个物体 A、B 为研究对象，隔离出来分析其受力情况，并分别选取坐标系，如图 2-5 所示，则可列出牛顿运动方程。其中，设 A 的加速度沿斜面向下，则 B 的加速度为铅垂向上。

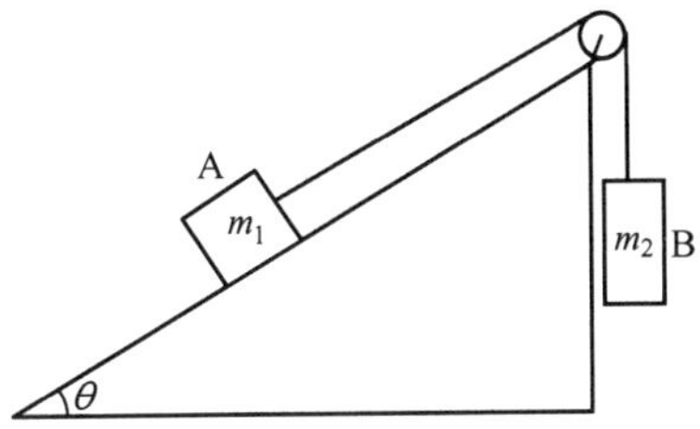

图 2-4　例 2-2 图（1）

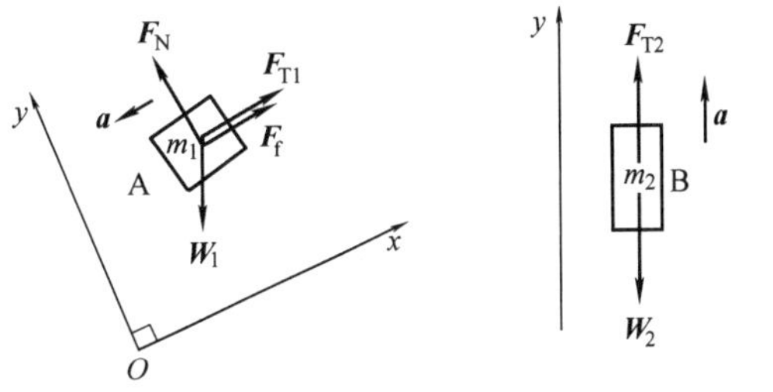

图 2-5　例 2-2 图（2）

对 A

$$W_1\sin\theta - F_{\mathrm{T1}} - F_{\mathrm{f}} = m_1 a$$

$$F_{\mathrm{N}} - W_1\cos\theta = 0$$

$$F_{\mathrm{f}} = \mu F_{\mathrm{N}}$$

对 B

$$F_{\mathrm{T2}} - W_2 = m_2 a$$

$$F_{\mathrm{T1}} = F_{\mathrm{T2}}$$

在上述各式中，$W_1 = m_1 g$，$W_2 = m_2 g$；F_{N} 是斜面对物体 A 的支持力，数值上等于物体 A 对斜面的正压力 F_{N}'，故摩擦力 $F_{\mathrm{f}} = \mu F_{\mathrm{N}}' = \mu F_{\mathrm{N}}$。

联立求解上述五式，并设 $F_{\mathrm{T1}} = F_{\mathrm{T2}} = F_{\mathrm{T}}$，可解得

$$a = \frac{-m_2 g + m_1(\sin\theta - \mu\cos\theta)g}{m_1 + m_2} \tag{a}$$

$$F_{\mathrm{T}} = \frac{m_1 m_2(1 + \sin\theta - \mu\cos\theta)}{m_1 + m_2}g \tag{b}$$

⊖ 注意：今后凡提到“细绳”或“轻绳”，都是指绳的质量可以忽略不计。对于“轻杆”“细杆”“轻弹簧”“轻滑轮”等也都可这样理解。也就是说，它们都被理想化了。

代入题设数据，读者可自行算出 $a=-5.53\text{m}\cdot\text{s}^{-2}$。$a$ 是负值，说明 $\boldsymbol{a}$ 的方向假设错了。m_1 应该沿斜面上滑，由于牵涉到摩擦力 $\boldsymbol{F}_f$ 的方向，所以应重新作隔离体图受力分析（图2-6）。

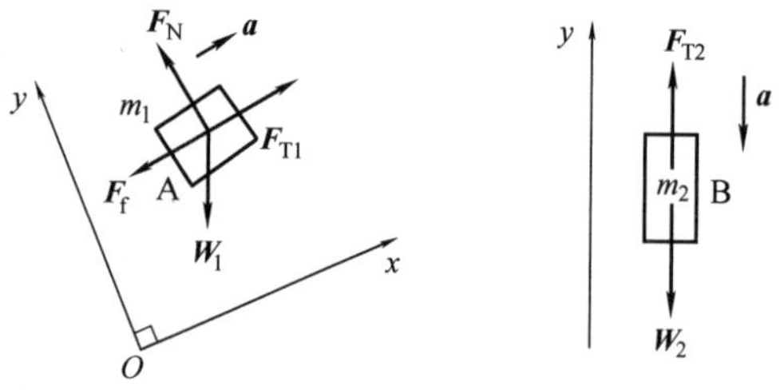

图2-6 例2-2图（3）

对A

$$F_{T1}-F_f-W_1\sin\theta=m_1a$$

$$F_N-W_1\cos\theta=0$$

$$F_f=\mu F_N$$

对B

$$F_{T2}-W_2=-m_2a$$

$$F_{T1}=F_{T2}$$

联立此五式，可得

$$a=\frac{m_2-m_1(\sin\theta+\mu\cos\theta)}{m_1+m_2}g \tag{c}$$

$$F_T=\frac{m_1m_2(1+\sin\theta+\mu\cos\theta)}{m_1+m_2}g \tag{d}$$

由题设数据，读者可自行计算出

$$a=1.003\text{m}\cdot\text{s}^{-2}$$

$$F_T=44.0\text{N}$$

【讨论】（1）本题中若已知条件是 $m_1=5\text{kg}$，$m_2=4\text{kg}$，则上述两组方程的解 a 均为负值，这说明整个系统静止不动。

（2）本题若让A沿斜面加速下滑、B加速上升，则由式（a）可知，已知条件必须满足关系

$$\frac{m_1}{m_2}(\sin\theta-\mu\cos\theta)>1$$

（3）本题解中式（c）、式（d）也适用于当 $\theta=0$ 或 $\theta=90°$的情况。

（4）为使解题简便一些，往往选择某一条坐标轴与物体的加速度同方向。

二、解析法

牛顿运动定律可写成

$$\boldsymbol{F}=m\frac{\mathrm{d}\boldsymbol{v}}{\mathrm{d}t}=m\frac{\mathrm{d}^2\boldsymbol{r}}{\mathrm{d}t^2} \tag{2-4}$$

在笛卡儿坐标系 $Oxyz$ 中可以等效地写为三个分量式，即

$$F_x=m\frac{\mathrm{d}v_x}{\mathrm{d}t}=m\frac{\mathrm{d}^2x}{\mathrm{d}t^2} \tag{2-5a}$$

$$F_y=m\frac{\mathrm{d}v_y}{\mathrm{d}t}=m\frac{\mathrm{d}^2y}{\mathrm{d}t^2} \tag{2-5b}$$

$$F_z=m\frac{\mathrm{d}v_z}{\mathrm{d}t}=m\frac{\mathrm{d}^2z}{\mathrm{d}t^2} \tag{2-5c}$$

这里的 $\boldsymbol{F}$ 可以是恒力，也可以是变力。若是变力，就较简单的一维运动而言，变力可

以分别是 x、v 或 t 的函数，即 $F=F(x)$、$F=F(v)$ 或 $F=F(t)$，以此代入牛顿运动方程，就成为微分方程了，一般可以用积分方法求解，但必须已知初始条件，即 $t=0$ 时物体所在的位置和速度。

【例 2-3】 一质量为 m 的物体，最初静止于 x_0 处，在力 $F=-k/x^2$ 的作用下沿 x 轴做直线运动，证明它在 x 处的速度为

$$v=\sqrt{\frac{2k}{m}\left(\frac{1}{x}-\frac{1}{x_0}\right)}$$

【证明】 按牛顿第二定律，由题意，并因 $a=\mathrm{d}v/\mathrm{d}t$，可得此质点的加速度为

$$\frac{\mathrm{d}v}{\mathrm{d}t}=\frac{F}{m}=-\frac{k}{mx^2}$$

为了便于积分，可用微分学中的链导法，将加速度化为

$$\frac{\mathrm{d}v}{\mathrm{d}t}=\frac{\mathrm{d}v}{\mathrm{d}x}\frac{\mathrm{d}x}{\mathrm{d}t}=v\frac{\mathrm{d}v}{\mathrm{d}x}$$

把它代入前式，得

$$v\mathrm{d}v=-\frac{k}{mx^2}\mathrm{d}x$$

为了求物体在 x 处的速度 v，可根据初始条件：$v\big|_{x=x_0}=0$，对上式两边积分，有

$$\int_0^v v\mathrm{d}v=-\int_{x_0}^{x}\frac{k}{mx^2}\mathrm{d}x$$

即

$$\frac{1}{2}v^2=\frac{k}{m}\left(\frac{1}{x}-\frac{1}{x_0}\right)$$

于是可得

$$v=\sqrt{\frac{2k}{m}\left(\frac{1}{x}-\frac{1}{x_0}\right)}$$

第三节　功与动能定理

牛顿第二定律反映了力和加速度的瞬时关系，但在实际问题中，大多数情况是一个力或几个力对物体的持续作用。这种持续作用，既可以是空间方面的，也可以是时间方面的。为了研究力对运动物体在空间的累积效果，我们引入功这个物理量。

人们通过长期的生产和生活实践，建立了功和能的概念。如果用功和能来讨论力的持续作用及其结果，将使问题大大简化。在进一步研究功和能的关系后，人们还发现并总结出自然界中普遍遵循的一条规律——能量守恒定律。

一、功

1. 恒力的功

如图 2-7 所示，当一个大小和方向都不变的恒力 $\boldsymbol{F}$ 作用在质点上时，质点做直线运动，

位移为 $\Delta\boldsymbol{r}$，且 $\boldsymbol{F}$ 与 $\Delta\boldsymbol{r}$ 的夹角为 θ。那么，力 $\boldsymbol{F}$ 对质点在该段位移 $\Delta\boldsymbol{r}$ 上所做的功 A 定义为力与位移的标积，即

$$A=\boldsymbol{F}\cdot\Delta\boldsymbol{r}=F\,|\Delta\boldsymbol{r}|\cos\theta \qquad (2\text{-}6)$$

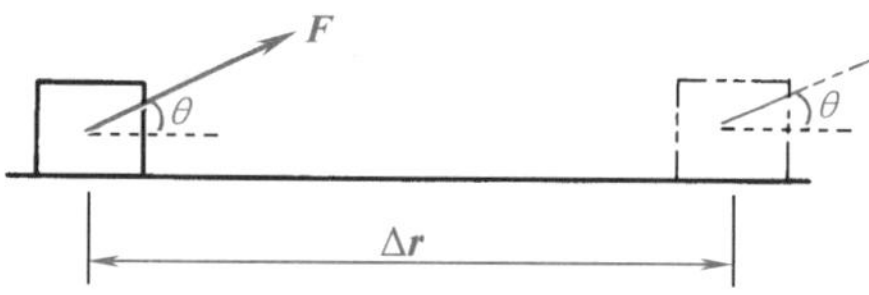

图 2-7 恒力的功

功是标量，它的量值与作用力的大小、质点位移的大小及作用力与物体运动方向之间夹角有关。在国际单位制中，功的单位是 N·m（牛·米）或 J（焦）。

当 $0<\theta<\dfrac{\pi}{2}$ 时，$A>0$，即力对质点做正功；当 $\dfrac{\pi}{2}<\theta<\pi$ 时，$A<0$，则力对质点做负功；当 $\theta=\dfrac{\pi}{2}$ 时，$A=0$，力对质点不做功。

2. 变力的功

在一般情况下，当质点在变力作用下，沿曲线运动时，可将质点所经历的全部路程分成许多微小位移，在每一个微小位移内，质点所受力的变化甚小，以至可以认为是恒力。在如图 2-8 所示的位移 $\Delta\boldsymbol{s}_i$ 上，力 $\boldsymbol{F}_i$ 可视为恒力，两者间夹角为 θ_i，则此力对质点所做的元功 ΔA_i 可由功的定义式（2-6）给出，即

$$\Delta A_i=\boldsymbol{F}_i\cdot\Delta\boldsymbol{s}_i=F_i\Delta s_i\cos\theta_i$$

在质点沿曲线 l 由 a 点运动到 b 点的整个路程中，力对质点所做的总功是力在各个无限小位移上所做的元功 ΔA_i 之代数和，即

$$A=\sum_i \Delta A_i=\sum_i \boldsymbol{F}_i\cdot\Delta\boldsymbol{s}_i$$

或者用积分式表示为

$$A=\int_l \mathrm{d}A=\int_l \boldsymbol{F}\cdot\mathrm{d}\boldsymbol{s}=\int_l F\mathrm{d}s\cos\theta \qquad (2\text{-}7)$$

2 变力做功
（张宇）

由于位移 $\mathrm{d}\boldsymbol{s}$ 取得无限小，所以它的大小 $|\mathrm{d}\boldsymbol{s}|$ 可认为等于质点运动轨迹上的微小路程的长度。式（2-7）是变力做功的定义式。

如果我们以 $F\cos\theta$ 为纵坐标，质点运动的路程 s 为横坐标，画出 $F\cos\theta$ 随 s 变化关系的曲线，则曲线下的面积就代表力 $\boldsymbol{F}$ 对质点在这段路程上所做的功，此图线称为**示功图**，如图 2-9 所示。示功图在工程上常被用来计算功。

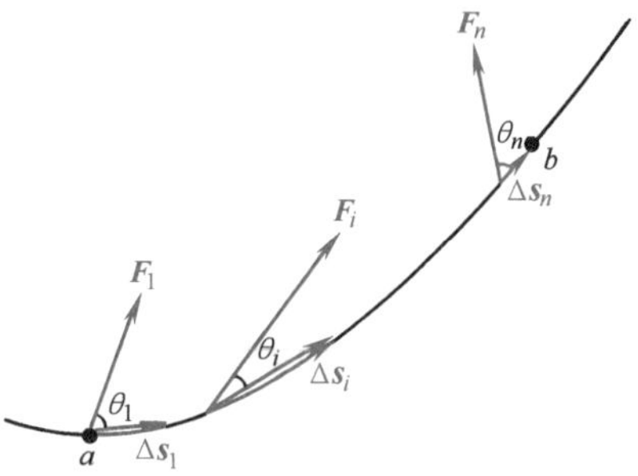

图 2-8 功的计算

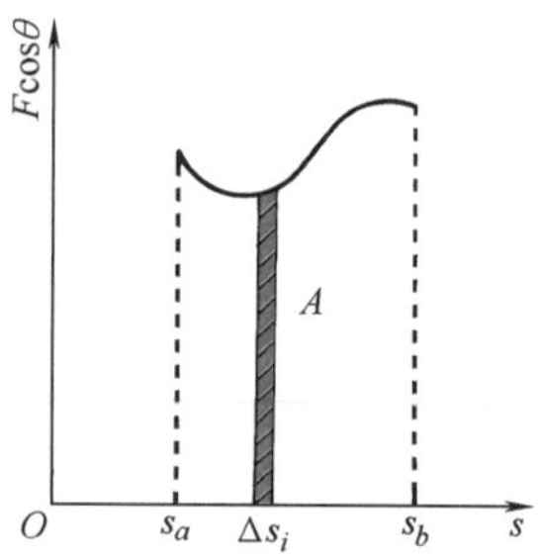

图 2-9 示功图

可以证明，当一个质点同时受到几个力作用时，合力所做的功等于其中每个力单独所做功的代数和。

二、功率

功的大小固然重要，但有时做功的快慢也是我们十分关心的。例如，把一块预制楼板从地面升到楼顶，既可以用起重机在几分钟内完成；也可以人工抬几十分钟才完成。为此，我们用功率这个物理量来表征做功的快慢。

如果完成 ΔA 的功所需时间为 Δt，那么 Δt 时间内的**平均功率** $\overline{P}$ 就是 ΔA 和 Δt 的比值，即

$$\overline{P}=\frac{\Delta A}{\Delta t}$$

$\Delta t\to 0$ 时，平均功率的极限值称为 t 时刻的**瞬时功率**，即

$$P=\lim_{\Delta t\to 0}\frac{\Delta A}{\Delta t}=\frac{\mathrm{d}A}{\mathrm{d}t} \tag{2-8}$$

或

$$P=\frac{\mathrm{d}A}{\mathrm{d}t}=\frac{\boldsymbol{F}\cdot\mathrm{d}\boldsymbol{s}}{\mathrm{d}t}=\boldsymbol{F}\cdot\frac{\mathrm{d}\boldsymbol{s}}{\mathrm{d}t}=\boldsymbol{F}\cdot\boldsymbol{v} \tag{2-9}$$

式（2-9）表明，瞬时功率等于力在速度方向的分量和速度大小的乘积。

式 $P=\boldsymbol{F}\cdot\boldsymbol{v}$ 称为功率的“牛马特性”，就是说，对于功率一定的机器，其牵引力与速度成反比例。汽车在上坡时，需减速以加大牵引力就是这个原因。

功率的单位是 W（瓦）或 kW（千瓦）。

【例 2-4】 一劲度系数为 k 的细弹簧，一端固定在 A 点，另一端连一质量为 m 的物体，弹簧原长为 AB。在变力 $\boldsymbol{F}$ 作用下，此物体沿着半径为 a 的光滑半圆柱体表面，极缓慢地从位置 B 移到 C，如图 2-10a 所示。求力 $\boldsymbol{F}$ 所做的功。

【解】 题中未直接给出变力 $\boldsymbol{F}$ 的解析式，所以我们需分析物体在运动过程中任意位置 D 点处的受力情况，此时弹簧伸长 s，对应的中心角为 θ，所受各力方向如图 2-10b 所示，其中重力 $W=mg$，弹性力 $F_T=ks=ka\theta$。

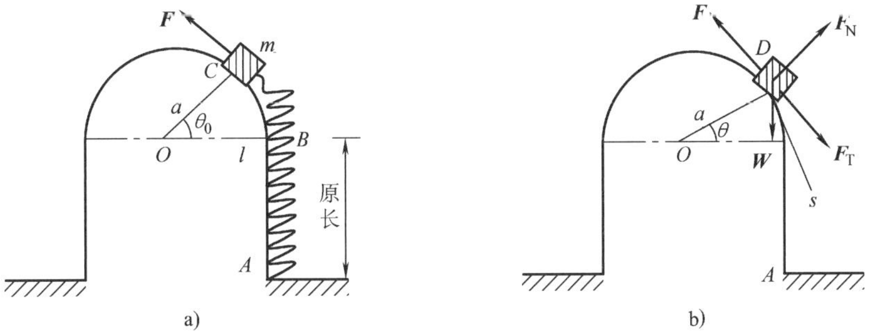

图 2-10 例 2-4 图

据题意，切向加速度 $a_t=0$，则沿切向的牛顿运动方程为

$$F-F_T-W\cos\theta=0$$

即

$$F = F_T + W\cos\theta = ka\theta + mg\cos\theta$$

按变力做功计算，有

$$A = \int_l \boldsymbol{F}\cdot d\boldsymbol{s} = \int_l F ds = \int_l (ka\theta + mg\cos\theta) ds$$

考虑到

$$ds = a d\theta$$

则

$$A = \int_0^{\theta_0} (ka\theta + mg\cos\theta) a d\theta = \frac{1}{2}ka^2\theta_0^2 + mga\sin\theta_0$$

三、动能定理

一个质点受到合外力作用时，物体的运动状态将发生变化，现在我们探讨合外力对质点做的功与质点运动状态变化之间的关系，并进一步讨论质点系的情况。

1. 恒力情况

一个质点沿直线由 a 点运动到 b 点的过程中，经过的位移为 $\boldsymbol{s}$，所受的合外力 $\boldsymbol{F}$ 是恒力，当然，加速度 $\boldsymbol{a} = \boldsymbol{F}/m$ 也是恒定的。设速度相应地由 $\boldsymbol{v}_a$ 变化为 $\boldsymbol{v}_b$，如图 2-11 所示。由于是匀变速直线运动，应有关系式 $2as = v_b^2 - v_a^2$，合外力对质点做功为

$$A = \boldsymbol{F}\cdot\boldsymbol{s} = Fs = mas = \frac{1}{2}mv_b^2 - \frac{1}{2}mv_a^2 \qquad (2\text{-}10)$$

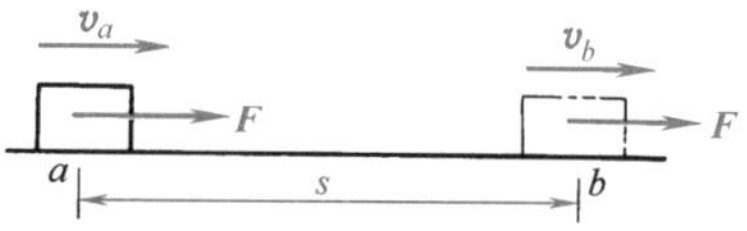

图 2-11 恒力情况

2. 变力情况

当合外力 $\boldsymbol{F}$ 是变力时，质点做曲线运动，如图 2-12 所示，据功的定义，有

$$A = \int_l \boldsymbol{F}\cdot d\boldsymbol{s} = \int_l F\cos\theta ds$$

考虑到 $F\cos\theta = F_t$ 是合外力 $\boldsymbol{F}$ 在轨迹切线方向的分力，而切向加速度 $a_t = \frac{dv}{dt}$、速度大小 $v = \frac{ds}{dt}$，当质点从 a 点沿路径 l 运动到 b 点时，速度相应地由 $\boldsymbol{v}_a$ 变为 $\boldsymbol{v}_b$，就可改写上式为

$$\begin{aligned} A &= \int_l F\cos\theta ds = \int_l m a_t v dt = \int_l m\frac{dv}{dt} v dt \\ &= \int_{v_a}^{v_b} mv dv = \frac{1}{2}mv_b^2 - \frac{1}{2}mv_a^2 \end{aligned} \qquad (2\text{-}11)$$

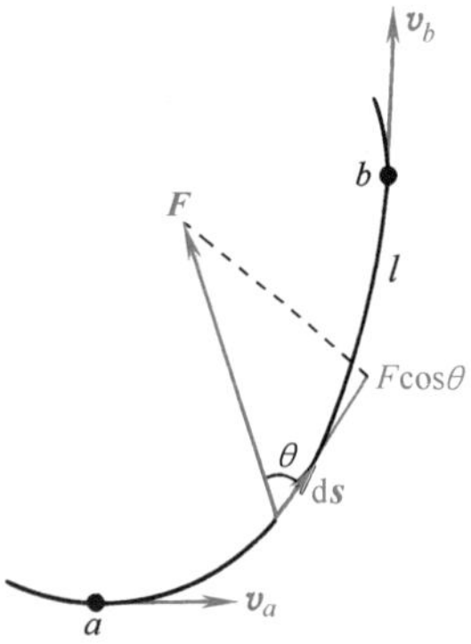

图 2-12 变力情况

在式（2-10）及式（2-11）中，都出现 $\frac{1}{2}mv^2$ 这个量，我们称它为质点的动能，用 E_k 表示，即

$$E_k = \frac{1}{2}mv^2$$

对于质点从速度为 $\boldsymbol{v}_a$ 时的 a 点运动到速度为 $\boldsymbol{v}_b$ 的 b 点来说，$E_{ka} = \frac{1}{2}mv_a^2$ 及 $E_{kb} = \frac{1}{2}mv_b^2$ 分别

称为质点在该段位移中的初动能和末动能，而 $E_{kb}-E_{ka}=\Delta E_k$ 则称为质点在这段位移中动能的增量。则式（2-10）及式（2-11）都可写成

$$A_{合}=E_{kb}-E_{ka}=\Delta E_k \tag{2-12}$$

即：合外力对质点所做的功，数值上等于质点动能的增量，这一结论称为动能定理，它表征了功和能之间的关系。

动能 $E_k=\dfrac{1}{2}mv^2$ 是质点的质量与速度平方的乘积的一半。从式（2-12）可见，动能的变化反映了合外力对质点的做功情况。如果合外力做正功，即 $A>0$，则质点的动能增加；如果合外力做负功，即 $A<0$，则质点的动能减少，这时也可以说是质点克服外力做功。由此可以说，质点具有动能，就是质点由于运动而具有做功的本领。在国际单位制中，动能的单位是 J(焦)。

功和能是两个不同的概念。功是能量变化的量度，是一个过程量；而能量是一个状态量。

【例 2-5】 如图 2-13 所示，一个质量为 m 的小球被长为 $l=0.50\text{m}$ 的细绳悬挂起来，今将小球拉到水平位置伸直后由静止放手，求小球摆动到路程中任意位置与最低点时的速率。

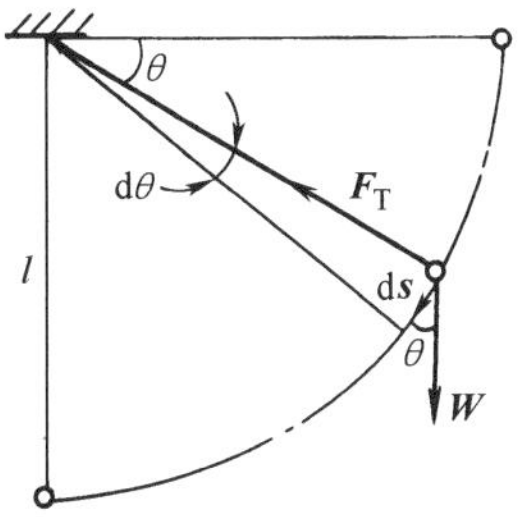

图 2-13　例 2-5 图

【解】 先研究小球下摆的过程，在细绳与水平成 θ 角时，小球受张力 $\boldsymbol{F}_T$ 和重力 $\boldsymbol{W}$。设小球有一小位移 $\mathrm{d}\boldsymbol{s}$，其大小为 $\mathrm{d}s=l\mathrm{d}\theta$。$\boldsymbol{F}_T$ 虽然是变力，但总垂直于位移 $\mathrm{d}\boldsymbol{s}$，所以不做功。$\boldsymbol{W}$ 虽然是恒力，但它与位移间的夹角在改变。由此可知，小球在摆动到任意位置过程中，合外力做的功就是重力的功。

$$A=\int_l \boldsymbol{W}\cdot\mathrm{d}\boldsymbol{s}=\int_l W\cos\theta\mathrm{d}s=\int_0^\theta Wl\cos\theta\mathrm{d}\theta=mgl\sin\theta$$

设 v 为小球摆到任意位置时的速度，由动能定理，有

$$A=mgl\sin\theta=\frac{1}{2}mv^2-0=\frac{1}{2}mv^2$$

由此，可解得

$$v=\sqrt{2lg\sin\theta}$$

小球摆到最低点时，$\theta=\dfrac{\pi}{2}$，故

$$v=\sqrt{2lg\sin\frac{\pi}{2}}=\sqrt{2\times0.50\times9.8\times1}\text{m}\cdot\text{s}^{-1}=3.13\text{m}\cdot\text{s}^{-1}$$

第四节　势能　机械能守恒定律

一、保守力的功

自然界中有一些力，例如万有引力、重力、弹性力和库仑力等，虽然形式上不一样，但在做功方面却有相同的特点，我们讨论如下。

1. 万有引力的功

万有引力是两个质量分别为 m_1 和 m_2、相距为 r 的质点间的相互作用力，其方向沿两者的连线且相互吸引，作用力的大小为

$$F_G = G\frac{m_1 m_2}{r^2} \tag{2-13}$$

设质量为 m_1 的质点静止，而质量为 m_2 的质点有一小位移 $\mathrm{d}\boldsymbol{s}$，则万有引力 $\boldsymbol{F}_G$ 对质点 m_2 在此小位移内做的元功为

$$\mathrm{d}A = \boldsymbol{F}_G \cdot \mathrm{d}\boldsymbol{s} = F_G \mathrm{d}s\cos\theta$$

由图 2-14 可知，其中

$$\mathrm{d}s\cos\theta = -\mathrm{d}s\cos(\pi-\theta) = -\mathrm{d}r$$

于是

$$\mathrm{d}A = -F_G\mathrm{d}r = -G\frac{m_1 m_2}{r^2}\mathrm{d}r$$

在质量为 m_2 的质点从 a 点（其位矢为 $\boldsymbol{r}_a$）经过路径 l 到达 b 点（其位矢为 $\boldsymbol{r}_b$）的过程中，万有引力对此质点所做的功为

$$A = \int_l \mathrm{d}A = -Gm_1m_2\int_{r_a}^{r_b}\frac{1}{r^2}\mathrm{d}r = -Gm_1m_2\left(\frac{1}{r_a}-\frac{1}{r_b}\right) \tag{2-14}$$

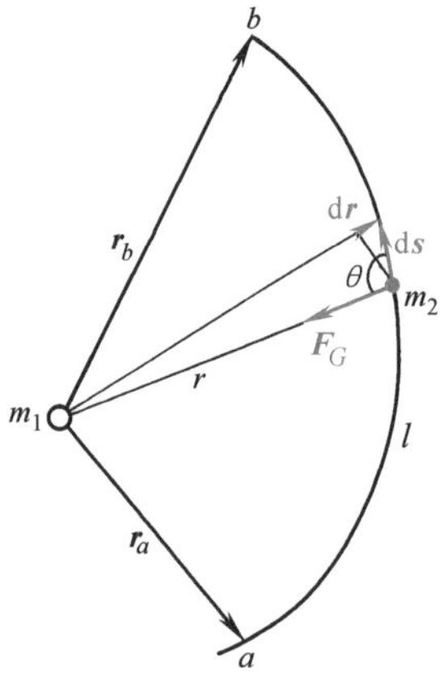

图 2-14 万有引力的功

式（2-14）表明，万有引力对运动质点所做的功与质点运动的路径无关，只与其始、末位置有关。显然，若质点沿任意闭合路径 l 运动一周，又回到原来位置时，万有引力对它做功为零，即

$$A = \oint_l \mathrm{d}A = 0 \tag{2-15}$$

式中，符号 $\oint$ 表示沿闭合路径的积分。

重力是地球表面附近物体受到的地球的吸引力。物体在运动过程中，重力所做的功也具有上述做功的特点。设地球的质量为 m_e，并将地球视为质量集中在地心的质点，另一个质量为 m 的物体在运动前、后离地面的高度分别为 h_a 和 h_b，用 R 表示地球的半径，则 $r_a = R+h_a$ 及 $r_b = R+h_b$ 分别为物体运动前、后到地心的距离，代入式（2-14），有

$$A = -Gm_em\left(\frac{1}{R+h_a}-\frac{1}{R+h_b}\right) = -\frac{Gm_em(h_b-h_a)}{(R+h_a)(R+h_b)}$$

由于物体只在地球表面附近，因此有 $(R+h_a)(R+h_b)\approx R^2$，按式（2-13），由于地面附近的物体重力为 $mg = G\frac{m_em}{R^2}$，故有

$$g = G\frac{m_e}{R^2}$$

则上式可改写为

$$A = mgh_a - mgh_b \tag{2-16}$$

这就是在地球表面附近运动的质量为 m 的质点，重力对它所做的功，它只与质点离地面的高度的变化有关，而与质点运动的路径无关。

2. 弹性力的功

弹性力是在弹性限度内，发生形变的物体作用于迫使其形变的其他物体上的力。

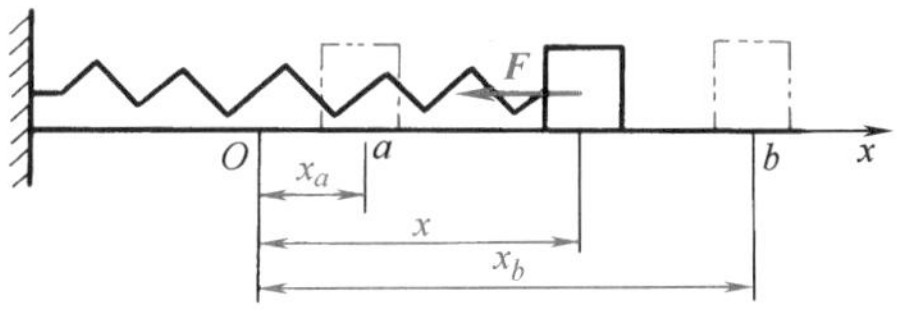

图 2-15　弹性力的功

我们以水平放置的轻弹簧为例，计算弹性力所做的功。如图 2-15 所示，设原长为 l 的弹簧，一端固定，另一端连一物体，在光滑水平面上运动，选取 x 轴正向向右，平行于弹簧，并以弹簧处于原长时质点所在位置为 x 轴的原点 O。当弹簧伸长（或压缩）x 时，其位移是 $\boldsymbol{x}$，弹簧对质点作用一弹性力 $\boldsymbol{F}$ 为

$$\boldsymbol{F} = -k\boldsymbol{x}$$

式中，k 为弹簧的劲度系数。弹性力 $\boldsymbol{F}$ 与位移 $\boldsymbol{x}$ 两者方向相反。

设质点在弹簧伸长量为 x 的位置处，有一沿 x 轴正向的微小位移 $\mathrm{d}\boldsymbol{x}$，弹性力在此位移中对质点所做的元功为

$$\mathrm{d}A = \boldsymbol{F} \cdot \mathrm{d}\boldsymbol{x} = -kx\mathrm{d}x$$

物体自 a 点运动到 b 点的过程中，弹性力做功为

$$A = \int \mathrm{d}A = -\int_{x_a}^{x_b} kx\mathrm{d}x = \frac{1}{2}kx_a^2 - \frac{1}{2}kx_b^2 \tag{2-17}$$

式（2-17）表明，弹性力对运动质点所做的功，只与质点的始、末位置有关，而与它所经过的路径无关。

总而言之，万有引力、重力及弹性力等对质点所做的功仅与质点的始、末位置有关，而与路径无关。数学上将这一特点表示为

$$\oint \boldsymbol{F} \cdot \mathrm{d}\boldsymbol{s} = 0$$

这种力被称为保守力。而另一类力，如摩擦力、磁场力等，它们对运动质点所做的功与质点所经过的路径有关，这类力被称为非保守力。

二、势能

从动能定理我们知道，功是能量变化的量度。那么，从保守力做功的公式：

万有引力做功　$$A = \left(-G\frac{m_1 m_2}{r_a}\right) - \left(-G\frac{m_1 m_2}{r_b}\right)$$

重力做功　$$A = mgh_a - mgh_b$$

弹性力做功　$$A = \frac{1}{2}kx_a^2 - \frac{1}{2}kx_b^2$$

我们看到，保守力做功也是等于两项之差，与动能定理相比较，显然式中每一项也应是能量。如果我们引进势能 E_p，定义两质点系统的引力势能、物体与地球所组成的系统的重力

势能和弹簧系统的弹性力势能分别为

$$\left.\begin{aligned}E_{\mathrm{p}} &= -G\frac{m_1 m_2}{r}\\ E_{\mathrm{p}} &= mgh\\ E_{\mathrm{p}} &= \frac{1}{2}kx^2\end{aligned}\right\} \tag{2-18}$$

则上述各保守力做功可用一个公式表示，即

$$A_{保守力} = E_{pa} - E_{pb} = -\Delta E_{\mathrm{p}} \tag{2-19}$$

式中，ΔE_{p} 为势能的增量。式（2-19）表明，保守力所做的功等于物体系统势能增量的负值。

尽管不同保守力的势能表达式不一样，但它们有共同之处。势能属于以保守力相互作用的物体所组成的系统，而不是只属于某个物体。例如重力势能，它是属于所研究的物体与地球共同具有的，因为如果没有地球，也就没有重力，更没有重力势能了。再者，从式（2-19）可知，有实际意义的是势能差，势能的绝对值并不重要。也就是说，我们可以任意选择零势能的位置，但零势能一经确定，就不应再变。此时，势能和势能差就有确定的值了。在式（2-18）中，我们选择无限远作为引力势能的零势能点；选择地面为重力势能的零势能点；选择弹簧原长位置为弹性势能的零势能点。

式（2-19）表明，如果保守力做正功，$A>0$，势能减少；保守力做负功，$A<0$，则势能增加；保守力做功为零，$A=0$，则势能不变。这也使我们了解了势能的物理意义：由于存在有保守力相互作用的物体间的相对位置，而使物体具有做功的本领。

与动能一样，势能是标量，是状态量，单位是 J(焦)。

三、功能原理

我们把彼此之间有相互作用的质点组成的系统，称为质点系。对一个给定的系统而言，就有内、外之分，我们把系统外质点对系统内质点的作用力，称为外力；系统内部各质点之间的相互作用力称为内力。此外，内力还可根据是不是保守力而分为保守内力与非保守内力。

如果对系统内每个质点应用动能定理，然后综合起来，则不难发现，动能定理对整个系统仍然适用，于是，就可推出质点系的动能定理，其表达式为

$$A_{总} = E_{\mathrm{k}b} - E_{\mathrm{k}a}$$

我们把系统内各质点动能之和，称为系统的动能。在上式中 $E_{\mathrm{k}a}$、$E_{\mathrm{k}b}$ 分别是系统在运动始、末状态时的动能；$A_{总}$ 是系统中各质点所受作用力的总功。总功包括外力所做的功 $A_{外}$ 及内力所做的功，其中内力的功又可分为保守内力的功 $A_{保内}$ 和非保守内力的功 $A_{非保内}$，即

$$A_{总} = A_{外} + A_{保内} + A_{非保内}$$

应该指出：虽然系统内力是成对出现的，每一对内力的矢量和是零，但是可以证明（从略），内力做功的代数和可以不为零。例如炸弹爆炸时的情况就是如此。

如前所述，保守力的功等于势能增量的负值，则系统内所有保守内力的总功应等于系统在始、末状态时总势能增量（$E_{pb}-E_{pa}$）的负值，即

$$A_{保内} = -(E_{pb} - E_{pa})$$

将此式代入质点系的动能定理表达式，就可改写为

$$A_{外} + A_{非保内} = (E_{pb} + E_{kb}) - (E_{pa} + E_{ka})$$

我们把系统某时刻的动能和势能之和称为该时刻系统的机械能 E，即

$$E = E_p + E_k$$

若以 E_a、E_b 分别表示质点系在某段时间内运动始、末状态的机械能，那么，上式又可写为

$$A_{外} + A_{非保内} = E_b - E_a \tag{2-20}$$

式（2-20）表明，所有外力和非保守内力对系统内各质点所做的总功，等于系统总机械能的增量。这一结论称为质点系的功能原理。

四、机械能守恒定律

如果所有外力和非保守内力对系统都不做功，即 $A_{外}=0$，$A_{非保内}=0$，则在系统运动的全过程中，它的机械能保持不变，这就是机械能守恒定律。其表达式为

$$E_p + E_k = 恒量 \tag{2-21}$$

它是普遍的能量转换与守恒定律在机械运动情况下的特例。

应该注意，机械能守恒定律表明，质点系在满足"所有外力和非保守内力对系统都不做功"的条件下，系统的动能和势能的总和保持不变，但系统内各质点的动能和势能却仍可变化、相互转换。例如，做自由落体运动的物体，由于不受任何阻力，所以，物体与地球组成的系统的机械能守恒，它们的动能与重力势能之和不变，但动能与势能随着高度的变化而在不断地相互转化。

利用机械能守恒定律求解力学问题时，必须确定系统，并判断是否满足守恒条件。

【例 2-6】 如图 2-16 所示，用一根细线悬挂着质量为 m 的小球，线的长度为 l，所能承受的最大张力 $F_T = 1.5mg$。现将线拉直至水平位置然后放手，求悬线与水平线夹角 θ 为何值时，细线裂断？（细线不可伸长、各种阻力不计）

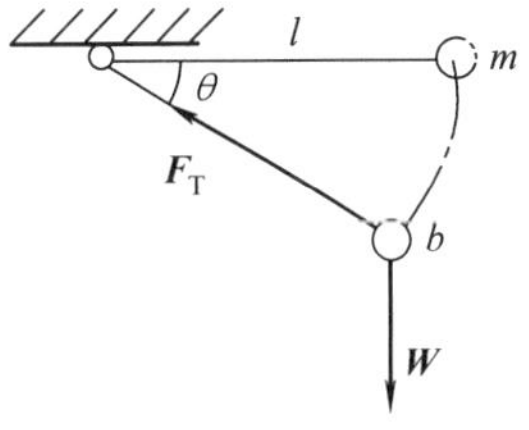

图 2-16 例 2-6 图

【解】 设小球摆至位置 b 处，细线断了，此时其速度大小为 v，选取 b 处为重力势能零点。以小球及地球为系统，绳子对小球的拉力 $\boldsymbol{F}_T$ 是系统的外力，由于它在小球运动过程中处处垂直于小球的轨迹，故不做功，即 $A_{外}=0$。又据题意，不计各种阻力，则 $A_{非保内}=0$，因而系统机械能守恒。即在水平位置时系统的重力势能为 $mgl\sin\theta$，在 b 点处时系统的动能为 $\frac{1}{2}mv^2$，则按机械能守恒定律的表达式，有

$$0 + mgl\sin\theta = \frac{1}{2}mv^2 + 0$$

又在 b 点处，对小球列出牛顿第二定律的法向分量式，即

$$F_T - mg\sin\theta = m\frac{v^2}{l}$$

考虑到此时 $F_T = 1.5mg$，则联立上述两式，可求得

$$\sin\theta = \frac{1}{2}$$

即

$$\theta = 30°$$

【例 2-7】 以初速度 $v_0 = 5\text{km} \cdot \text{s}^{-1}$ 由地面垂直向上发射一物体，若不计空气阻力和地球自转的影响，此物体能上升的最大高度是多少？（已知地球半径 $R = 6370\text{km}$，地球质量 $m_e = 5.98 \times 10^{24}\text{kg}$）

【解】 选取物体与地球为系统，设地球及物体的质量分别为 m_e、m。据题意可知，此系统在物体上升过程中，$A_{外} = 0$，$A_{非保内} = 0$，故系统的机械能守恒。若取无穷远处引力势能为零，则有

$$\frac{1}{2}mv_0^2 - G\frac{m_e m}{R} = 0 - G\frac{m_e m}{R+h}$$

可得

$$h = \frac{1}{\dfrac{1}{R} - \dfrac{v_0^2}{2Gm}} - R$$

$$= \frac{1}{\dfrac{1}{6.37 \times 10^6} - \dfrac{(5 \times 10^3)^2}{2 \times 6.67 \times 10^{-11} \times 5.98 \times 10^{24}}}\text{m} - 6.37 \times 10^6\text{m}$$

$$= 1.59 \times 10^6\text{m} = 1.59 \times 10^3\text{km}$$

由此可见，物体上升高度 h 与地球半径 R 是同一数量级。所以本题不能用重力势能解题，因为在从引力势能推导到重力势能时用了近似公式 $(R+h_a)(R+h_b) \approx R^2$，在本题中，此近似公式不成立。

第五节 动量定理 动量守恒定律

一、动量与冲量 动量定理

现在我们将讨论力的时间累积作用。

（1）恒力情况 设质量为 m 的质点所受的合外力 $\boldsymbol{F}$ 为恒力，则按牛顿第二定律，质点将做匀加速度运动，若在 Δt 时间内质点的速度由 $\boldsymbol{v}_1$ 变为 $\boldsymbol{v}_2$，则牛顿运动方程可写为

$$\boldsymbol{F} = m\boldsymbol{a} = m\frac{\boldsymbol{v}_2 - \boldsymbol{v}_1}{\Delta t}$$

或

$$\boldsymbol{F}\Delta t = m\boldsymbol{v}_2 - m\boldsymbol{v}_1 \tag{2-22}$$

式（2-22）中，质点的质量与某时刻的速度之乘积 $m\boldsymbol{v}$，称为质点在该时刻的**动量**。一般用 $\boldsymbol{p}$ 表示动量，即 $\boldsymbol{p} = m\boldsymbol{v}$。动量是矢量，是描述质点运动状态的一个物理量。单位是 $\text{kg} \cdot \text{m} \cdot \text{s}^{-1}$（千克·米·秒$^{-1}$）。

（2）变力情况 设质点所受合外力 $\boldsymbol{F}$ 是随时间变化的变力，质量为 m 的质点在合外力 $\boldsymbol{F}$ 的作用下沿曲线运动，在任一时刻，牛顿第二定律的表达式可写成

$$\boldsymbol{F} = m\boldsymbol{a} = m\frac{\mathrm{d}\boldsymbol{v}}{\mathrm{d}t} = \frac{\mathrm{d}}{\mathrm{d}t}(m\boldsymbol{v}) = \frac{\mathrm{d}\boldsymbol{p}}{\mathrm{d}t}$$

在足够短的时间内，力 $\boldsymbol{F}$ 可近似看作恒力，此时，上式还可改写为

$$\boldsymbol{F}\mathrm{d}t = \mathrm{d}(m\boldsymbol{v}) = \mathrm{d}\boldsymbol{p} \tag{2-23}$$

如果质点从 t_1 时刻到 t_2 时刻的这段时间内，受变力 $\boldsymbol{F}$ 的作用，它的动量由 $m\boldsymbol{v}_1$ 变到 $m\boldsymbol{v}_2$，我们对式（2-23）积分，有

$$\int_{t_1}^{t_2}\boldsymbol{F}\mathrm{d}t = \int_{\boldsymbol{p}_1}^{\boldsymbol{p}_2}\mathrm{d}\boldsymbol{p} = \boldsymbol{p}_2 - \boldsymbol{p}_1 = m\boldsymbol{v}_2 - m\boldsymbol{v}_1 \tag{2-24}$$

式中，$\int_{t_1}^{t_2}\boldsymbol{F}\mathrm{d}t$ 称为力 $\boldsymbol{F}$ 在（$t_2 - t_1$）时间内对质点作用的冲量，用 $\boldsymbol{I}$ 表示，则

$$\boldsymbol{I} = \int_{t_1}^{t_2}\boldsymbol{F}\mathrm{d}t \tag{2-25}$$

冲量是矢量，单位是 N · s（牛 · 秒）。显然，当力 $\boldsymbol{F}$ 是恒量时，式（2-25）写为

$$\boldsymbol{I} = \int_{t_1}^{t_2}\boldsymbol{F}\mathrm{d}t = \boldsymbol{F}(t_2 - t_1) = \boldsymbol{F}\Delta t$$

在式（2-22）中，量 $\boldsymbol{F}\Delta t$ 就是恒力的冲量。所以，式（2-22）和式（2-24）都可写成

$$\boldsymbol{I} = \boldsymbol{p}_2 - \boldsymbol{p}_1 \tag{2-26}$$

式（2-26）表明，质点在某段时间内所受合外力的冲量，等于质点在该段时间内动量的增量。这一结论称为质点的动量定理，式（2-26）是它的表达式。动量定理指出，力对质点的时间累积作用，引起了质点运动状态的变化。

动量定理的表达式是矢量式，在应用时，常选用笛卡儿坐标系 $Oxyz$，以便用其分量式求解，即

$$\left.\begin{aligned} I_x &= \int_{t_1}^{t_2}F_x\mathrm{d}t = p_{2x} - p_{1x} = mv_{2x} - mv_{1x} \\ I_y &= \int_{t_1}^{t_2}F_y\mathrm{d}t = p_{2y} - p_{1y} = mv_{2y} - mv_{1y} \\ I_z &= \int_{t_1}^{t_2}F_z\mathrm{d}t = p_{2z} - p_{1z} = mv_{2z} - mv_{1z} \end{aligned}\right\} \tag{2-27}$$

二、平均冲击力

在诸如打击、碰撞、爆炸等一类问题中，作用力是冲击力，它们的特点是作用时间极为短暂，但力的变化很大，峰值也很大，如图 2-17 所示。冲击力的瞬时值很难确定，所以难以用牛顿定律求解。而应用动量定理时，可由力作用前、后质点动量的变化确定冲击力的冲量。虽然冲击力不能确定，但我们可用一个平均冲击力 $\overline{\boldsymbol{F}}$ 代表冲击力，至少它可用来比较各种冲击力对物体的作用效果。平均冲击力的定义基于数学中的积分中值定理：如果函数 $f(x)$ 在 $[a, b]$ 上连续，那么在区间 $[a, b]$ 上至少存在一点 c（即 $a \leqslant c \leqslant b$），使得

$$\int_a^b f(x)\mathrm{d}x = f(c)(b - a)$$

据此定理，如图 2-18 所示，可得

$$\boldsymbol{I} = \int_{t_1}^{t_2}\boldsymbol{F}\mathrm{d}t = \overline{\boldsymbol{F}}(t_2 - t_1) \tag{2-28}$$

于是，由动量定理的表达式（2-26）可求出平均冲击力为

$$\overline{\boldsymbol{F}} = \frac{\boldsymbol{p}_2 - \boldsymbol{p}_1}{\Delta t} \tag{2-29}$$

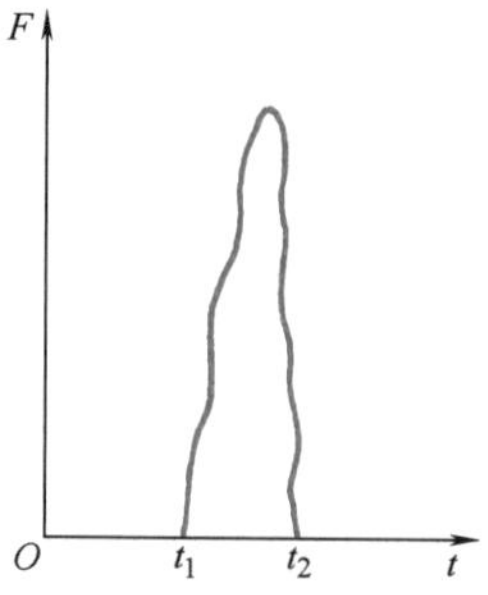

图2-17 冲击力

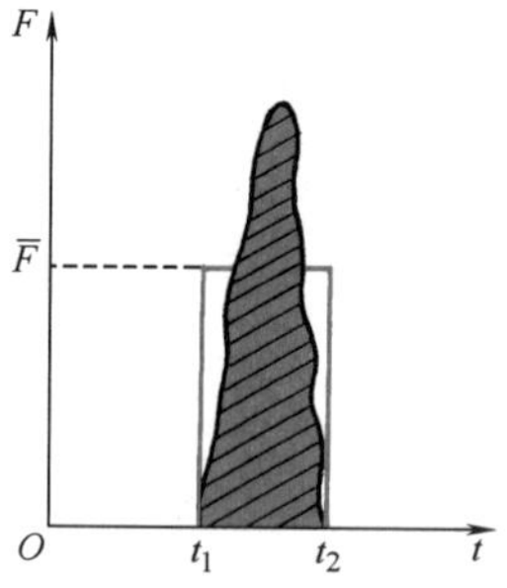

图2-18 平均冲击力

式（2-29）表明，当物体的动量变化一定时，平均冲击力 $\overline{\boldsymbol{F}}$ 与作用时间成反比。作用时间越短，平均冲击力越大，这就是用锤子敲击钉子，容易将其钉入木板的原因。若力的作用时间延长，就可减小平均冲击力。例如，运输易碎品时往往包裹上轻软弹性物，以延长力的作用时间，减小冲击力，防止物品受损。从动量定理也可看出，当平均冲击力一定时，作用时间越长，物体的动量变化越大。

【例2-8】 以与水平面成 $\theta=45°$ 的仰角、大小为 $v_0=20.0\mathrm{m\cdot s^{-1}}$ 的初速度抛射一质量为 $m=1.0\mathrm{kg}$ 的物体，求经过 $t=1.0\mathrm{s}$ 时此物体的动量。空气阻力不计。

【解】 选取平面坐标系 Oxy 如图2-19所示。设物体由坐标系原点 O 被抛出，初动量为 $m\boldsymbol{v}_0$。经 t 时间后，物体到达轨迹上 A 点，动量为 $\boldsymbol{p}=m\boldsymbol{v}$。在时间 t 内，物体仅受重力 mg 作用，由动量定理可得：

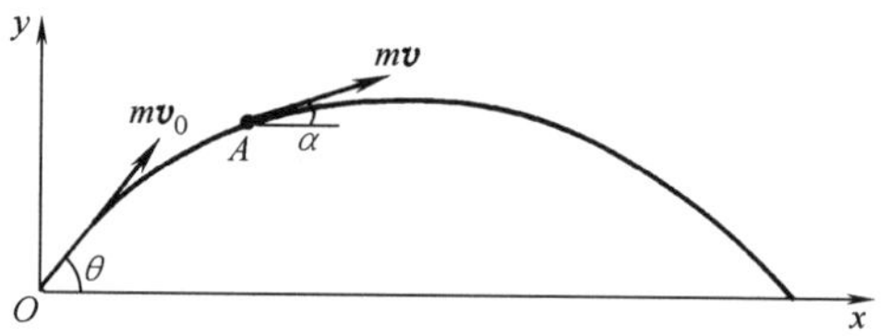

图2-19 例2-8图

沿 x 轴方向

$$0=mv\cos\alpha-mv_0\cos\theta$$

沿 y 轴方向

$$-mgt=mv\sin\alpha-mv_0\sin\theta$$

解此两式，可求得经过 $t=1.0\mathrm{s}$ 时物体的动量大小为

$$p=mv=m\sqrt{v_0^2-2v_0gt\sin\theta+g^2t^2}$$

$$=\left(1.0\times\sqrt{20.0^2-2\times20.0\times9.8\times1.0\times\frac{\sqrt{2}}{2}+9.8^2\times1.0^2}\right)\mathrm{kg\cdot m\cdot s^{-1}}$$

$$=14.8\mathrm{kg\cdot m\cdot s^{-1}}$$

其方向角 α 可由

$$\tan\alpha=\frac{v_0\sin\theta-gt}{v_0\cos\theta}=\frac{20.0\times\frac{\sqrt{2}}{2}-9.8\times1.0}{20.0\times\frac{\sqrt{2}}{2}}=0.3$$

求得

$$\alpha=17.1°$$

三、质点系的动量定理

下面研究质点系的动量定理。

对于由 n 个质点组成的质点系，我们用 $\boldsymbol{F}'_i$表示质点系中第 i 个质点受到质点系内其他质点所作用的合力，即内力；用 $\boldsymbol{F}_i$ 表示系统外物体对第 i 个质点所作用的合力，即外力。对第 i 个质点应用动量定理，有

$$\boldsymbol{F}'_i+\boldsymbol{F}_i=\frac{\mathrm{d}}{\mathrm{d}t}(m_i\boldsymbol{v}_i)$$

对整个质点系，可求其矢量和，即

$$\sum_i \boldsymbol{F}'_i+\sum_i \boldsymbol{F}_i=\frac{\mathrm{d}}{\mathrm{d}t}\left(\sum_i m_i\boldsymbol{v}_i\right)$$

式中，$\sum_i \boldsymbol{F}'_i$为系统内所有内力的矢量和；$\sum_i \boldsymbol{F}_i$ 为系统所受合外力；$\sum_i m_i\boldsymbol{v}_i$ 为系统的总动量。

按牛顿第三定律，系统内质点之间的内力为作用力和反作用力，它们等值、反向、共线并且成对出现，所以，对整个系统而言，有 $\sum_i \boldsymbol{F}'_i=0$，于是得到

$$\sum_i \boldsymbol{F}_i=\frac{\mathrm{d}}{\mathrm{d}t}\left(\sum_i m_i\boldsymbol{v}_i\right) \tag{2-30}$$

式（2-30）表明，质点系的总动量对时间的变化率，等于作用于该系统上的外力的矢量和。这一结论称为质点系的动量定理，式（2-30）是它的表达式。

四、动量守恒定律

如果系统不受外力或所受外力的矢量和为零，即 $\sum_i \boldsymbol{F}_i=0$，则式（2-30）成为

$$\frac{\mathrm{d}}{\mathrm{d}t}\left(\sum_i m_i\boldsymbol{v}_i\right)=0$$

从而得

$$\sum_i m_i\boldsymbol{v}_i=\text{恒量} \tag{2-31}$$

可见，当系统不受外力或所受外力的矢量和为零时，系统的总动量保持不变。这就是动量守恒定律，式（2-31）为其表达式。大量事实证明，动量守恒定律是自然界普遍遵循的守恒定律之一，不仅对宏观物体适用，对微观世界也适用。

动量守恒定律表明，系统的内力不能改变系统的总动量。这一点很易解释：你用手向上拉自己的头发，却不能将自己提离地面。因为对一个人整体来说，手与头发的相互作用力是内力。

动量守恒定律也表明，当质点系满足动量守恒的条件时，质点系的总动量守恒。但是质点系中各个质点的动量通过系统的内力可以相互交换，可以变化。总而言之，系统的内力只能改变系统内质点的动量，却不能改变整个系统的动量。

式（2-31）中各质点的速度必须是相对于同一惯性参考系的。

动量守恒定律的表达式（2-31）是矢量式，在应用它做计算时，若采用笛卡儿坐标系，

就可改写成如下的三个分量式：

$$\left.\begin{aligned}\sum_i m_i v_{ix} &= \text{恒量}\\ \sum_i m_i v_{iy} &= \text{恒量}\\ \sum_i m_i v_{iz} &= \text{恒量}\end{aligned}\right\} \tag{2-32}$$

每个式子都是代数和，其中各动量分量沿坐标轴正向者取正号；反之，取负号。

上述三个分量式是各自独立的，当质点系受到的合外力不为零时，虽然质点系的总动量不守恒，但若合外力在某个方向的分量等于零，则质点系的总动量在该方向的分量是守恒的。

在碰撞问题中，虽然组成系统的质点还受到诸如重力等外力的作用，但这些外力与质点间碰撞力相比往往可忽略不计。所以，对于像碰撞、爆炸这样的问题，一般认为它们的总动量守恒。

【例2-9】 一小船质量为140kg，船头到船尾共长4.0m，静止于静水中。现有一质量为60kg的人从船尾走到船头时，船头将移动多少距离？（假定水的阻力不计）

【解】 设人相对于地面的速度为$\boldsymbol{v}_1$，质量为m_1；船相对于地面速度为$\boldsymbol{v}_2$，质量为m_2。

确定人与船为一系统，选水平方向为x轴，如图2-20所示。据题意知，此系统至少在x轴方向不受外力作用，所以在x轴方向动量守恒，即

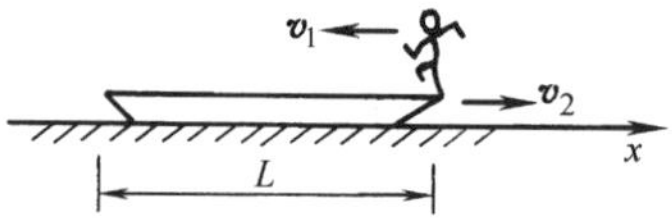

图2-20 例2-9图

$$-m_1v_1+m_2v_2=0$$

于是

$$v_1=\frac{m_2v_2}{m_1}$$

可求得人相对于船的速度大小

$$u=v_1+v_2=\frac{m_1+m_2}{m_1}v_2$$

因已知船长L，所以，人从船尾走到船头共花时间

$$\Delta t=\frac{L}{u}=\frac{m_1L}{(m_1+m_2)v_2}$$

于是可求得船头移动距离

$$x=v_2\Delta t=v_2\frac{m_1L}{(m_1+m_2)v_2}=\frac{m_1L}{m_1+m_2}=\frac{60\times4.0}{60+140}\text{m}=1.2\text{m}$$

五、碰撞

当几个物体相遇时，如果物体之间的相互作用仅持续极为短暂的时间，这种相遇称为碰撞。在碰撞过程中，物体之间相互作用的内力远大于其他物体对它们作用的外力，因此，在研究物体之间的碰撞问题时，可忽略作用在它们上的外力，所以碰撞物体组成的系统的总动量守恒。如果在碰撞前后，系统的总动能没有损失，这种碰撞称为完全弹性碰撞。由于非保守力

的作用，在实际碰撞过程中，机械能会转化为热能、声能、化学能等其他形式的能量，这种碰撞就是非完全弹性碰撞。如果碰撞后的物体以同一速度共同运动，则系统的动能损失在所有碰撞中最大，称为完全非弹性碰撞。完全非弹性碰撞的例子很多，如子弹打入物体中等。

下面以一个例题来讨论完全弹性碰撞。

【例 2-10】　速度为 v 的 α 粒子 $^4_2$He 与一静止的 $^{20}_{10}$Ne（氖）原子做对心碰撞，若碰撞是弹性的，试证明碰撞后 $^{20}_{10}$Ne 具有的速度为 $\frac{v}{3}$。

【证明】　设 α 粒子与 Ne 原子的质量分别为 m_1、m_2；碰撞前、后两者速度分别为 $\boldsymbol{v}_{10}$、$\boldsymbol{v}_{20}$ 及 $\boldsymbol{v}_1$、$\boldsymbol{v}_2$，如图 2-21 所示，沿 Ox 轴方向，动量守恒和动能守恒分别由下述两式表示：

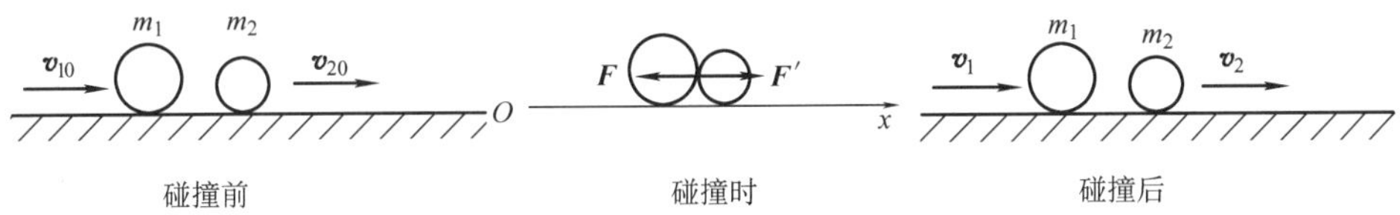

图 2-21　例 2-10 图

$$m_1v_{10}+m_2v_{20}=m_1v_1+m_2v_2$$

$$\frac{1}{2}m_1v_{10}^2+\frac{1}{2}m_2v_{20}^2=\frac{1}{2}m_1v_1^2+\frac{1}{2}m_2v_2^2$$

由此两式可解得

$$v_1=\frac{(m_1-m_2)v_{10}+2m_2v_{20}}{m_1+m_2}$$

$$v_2=\frac{(m_2-m_1)v_{20}+2m_1v_{10}}{m_1+m_2}$$

代入已知数据

$$v_{10}=v$$

$$v_{20}=0$$

$$m_1=4\text{ 原子质量单位}$$

$$m_2=20\text{ 原子质量单位}$$

可得

$$v_2=\frac{2m_1v_{10}}{m_1+m_2}=\frac{2\times4}{4+20}v_{10}=\frac{1}{3}v_{10}=\frac{1}{3}v$$

得证。

小　结

本章讨论质点动力学，其根本任务是研究在周围其他物体的作用下，所研究的物体（质点）如何运动。本章依据牛顿定律解决动力学问题，利用初始条件求解被研究物体在力作用下的运动，并且分别讨论了力的空间积累效应和时间积累效应。力的空间积累效应，即力对物体做功，使物体的动能发生变化，这就是质点的动能定理。对质点系进行做功分析时，我们对内力做功考虑有保守内力和非保守内力之分。分析保守内力做功时，我们引入了势能，由此导出质点系的功能原理和机械能守恒定律。机械能守恒定律使我们对保守体系的力学问题的求解大大简化。力对时间的积累，引起了质点的动量发生变化，这就是质点的动量定理，由此引出质点系的动量定理。当质点系所受的合外力为零时，得到质点系的动量守恒定律。利用这两个守恒定律，我们简单讨论了碰撞问题。

本章涉及的重点概念和理论有：

（1）牛顿运动定律

第一定律　物体在不受外力作用的情况下将保持静止或者匀速直线运动的状态。

第二定律　$\boldsymbol{F}=m\boldsymbol{a}$

第三定律　$\boldsymbol{F}=-\boldsymbol{F}'$

（2）功　$A=\int_l \boldsymbol{F}\cdot \mathrm{d}\boldsymbol{s}=\int_l F\mathrm{d}s\cos\theta$

（3）动能　$E_\mathrm{k}=\dfrac{1}{2}mv^2$

（4）保守力　做功与路径无关。

（5）势能　属于以保守力相互作用的物体所组成的系统。

（6）机械能　$E=E_\mathrm{k}+E_\mathrm{p}$

（7）动能定理　合力对物体所做的功，数值上等于质点动能的增量，即 $A_{总}=\Delta E_\mathrm{k}$

（8）功能原理　$A_{外}+A_{非保内}=\Delta E$

（9）机械能守恒定律　如果所有外力和非保守内力对系统都不做功，则在系统运动的全过程中，它的机械能保持不变。即

$$A_{外}+A_{非保内}=0 \text{ 时}，E_\mathrm{k}+E_\mathrm{p}=\text{恒量}$$

（10）冲量　$\boldsymbol{I}=\int_{t_1}^{t_2}\boldsymbol{F}\mathrm{d}t$

（11）动量　$\boldsymbol{p}=m\boldsymbol{v}$

（12）动量定理　$\boldsymbol{I}=\Delta\boldsymbol{p}=\boldsymbol{p}_2-\boldsymbol{p}_1$

（13）动量守恒定律　当系统不受外力或所受外力的矢量和为零时，系统的总动量保持不变，即　$\boldsymbol{F}_{合}=0$ 时，$\boldsymbol{p}=\sum_i m_i\boldsymbol{v}_i=$ 恒量

习　题

2-1　一人在平地上拉一质量为 m 的木箱匀速前进，木箱与地面间的摩擦因数 $\mu=0.6$。设此人前进时，肩上绳的支撑点距地面高度为 $h=1.5\mathrm{m}$，问绳长 l 为多长时最省力？

2-2　质量 $m=2.0\mathrm{kg}$ 的匀质细绳，长为 $L=1.0\mathrm{m}$，两端分别连接重物 A 和 B，$m_\mathrm{A}=8.0\mathrm{kg}$，$m_\mathrm{B}=5.0\mathrm{kg}$，今在 B 物上施以大小为 $F=180\mathrm{N}$ 的向上拉力，使绳和两物体向上运动，求距离 A 为 x 处绳中的张力 $F_\mathrm{T}(x)$ 的大小。

2-3　质量分别为 $m_\mathrm{A}=4\mathrm{kg}$ 和 $m_\mathrm{B}=8\mathrm{kg}$ 的两个物体 A 和 B 叠置在一起，放在水平桌面上，并用一细绳跨过定滑轮将两物体相连，如题 2-3 图所示。设物体 A 和 B 以及 B 和桌面之间的静摩擦因数均为 $\mu_0=0.25$。试求：用多大的水平力 $\boldsymbol{F}$ 拉物体 B，才能刚好使它开始向右运动？这时绳子的张力 $\boldsymbol{F}_\mathrm{T}$ 有多大？

2-4　质量分别为 $m_\mathrm{A}=1\mathrm{kg}$ 和 $m_\mathrm{B}=2\mathrm{kg}$ 的两物体 A 和 B，用细绳连接后放在倾角为 $\alpha=30°$ 的斜面上，

如题 2-4 图所示。已知 A 和 B 与斜面间的滑动摩擦因数分别为 $\mu_A=0.20$ 和 $\mu_B=0.30$。求两物体的加速度和绳中的张力。

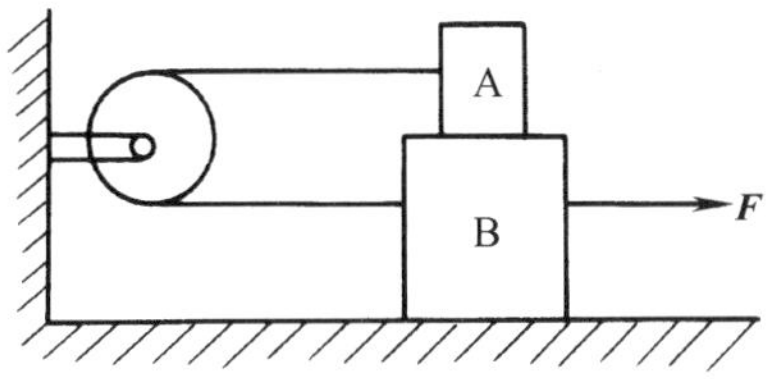

题 2-3 图

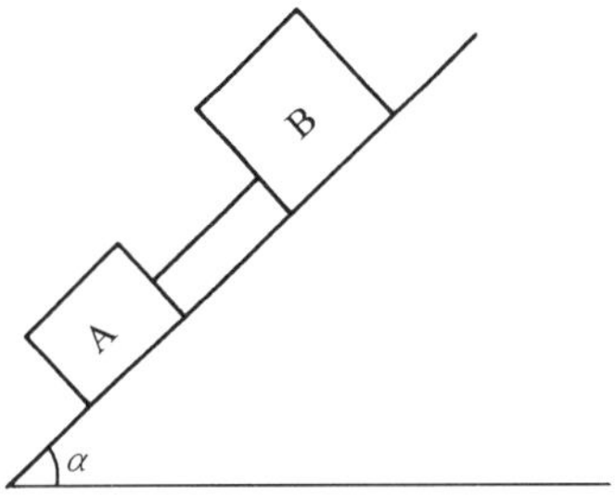

题 2-4 图

2-5 求题 2-5 图所示的四种情况下物体的加速度以及平面或斜面受到的正压力。假定各种情况下摩擦因数均为 μ。

2-6 如题 2-6 图所示，质量为 m 的小物块沿圆心在 O 点、半径为 R 的光滑半圆形槽下滑。当滑到图示位置时，其速度为 $\boldsymbol{v}$，此时小物块与 O 点的连线 OA 和铅垂方向成 θ 角，求这时小物块的切向加速度和它对槽的压力。

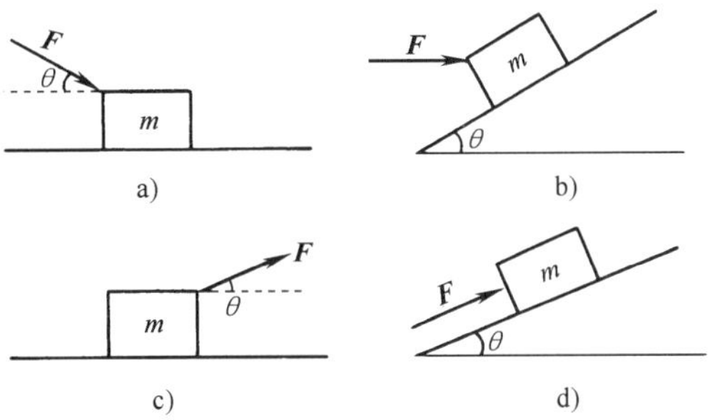

题 2-5 图

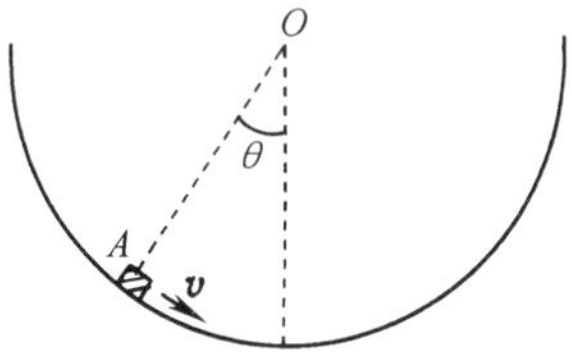

题 2-6 图

2-7 质量分别为 m_A 和 m_B 的滑块 A 和 B 叠置在一起，放在光滑水平面上（A 置于 B 之上）。A、B 间静摩擦因数为 μ_s，滑动摩擦因数为 μ_k。系统原先处于静止状态。今将水平力 $\boldsymbol{F}$ 作用于 B 上，要使 A、B 间不发生滑动，证明：$F\leqslant\mu_s(m_A+m_B)g$。

2-8 在半径为 R 的光滑半球形容器内，质量为 m 的小球以角速度 ω 在一水平面内做匀速圆周运动，如题 2-8 图所示。试求该小球圆周运动平面距碗底的高度 H。

2-9 地球同步卫星质量为 m，每 24 小时绕质量为 m_e 的地球一周，因此它相对于地面站是静止的，如题 2-9 图所示。试求环绕地球的同步卫星的轨道半径。

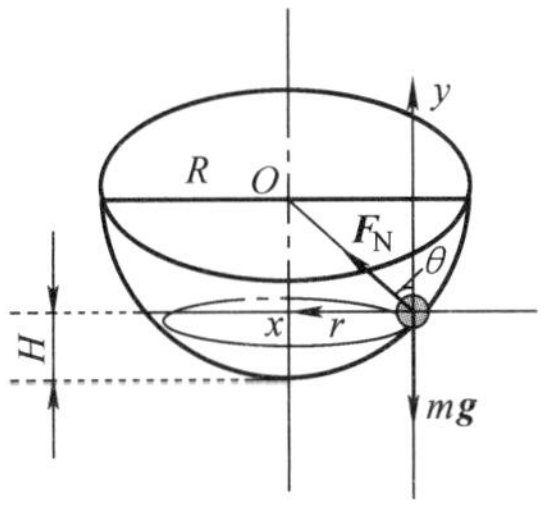

题 2-8 图

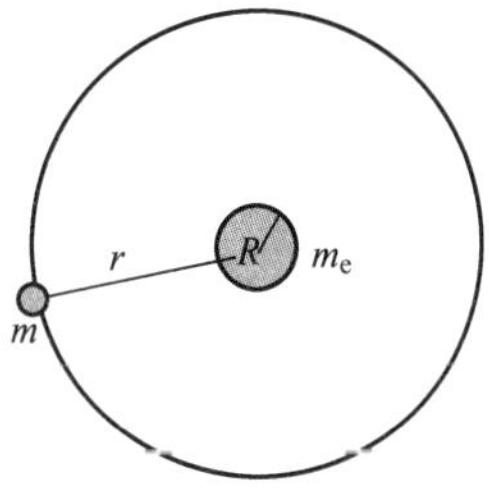

题 2-9 图

2-10 如题2-10图所示，一质点在几个力的作用下，沿半径为 R 的圆周运动，其中一个力是恒力 $\boldsymbol{F}_0$，力方向始终沿 x 轴正向，即 $\boldsymbol{F}_0=F_0\boldsymbol{i}$。求当质点从 A 点沿逆时针方向经过3/4圆周到 B 点时，力 $\boldsymbol{F}_0$ 所做的功。

2-11 一质点在题2-11图所示的坐标平面内做半径为 R 的圆周运动，有一力 $\boldsymbol{F}=F_0(x\boldsymbol{i}+y\boldsymbol{j})$ 作用在质点上。求在该质点从坐标原点运动到（0，2R）位置过程中，力 $\boldsymbol{F}$ 所做的功。

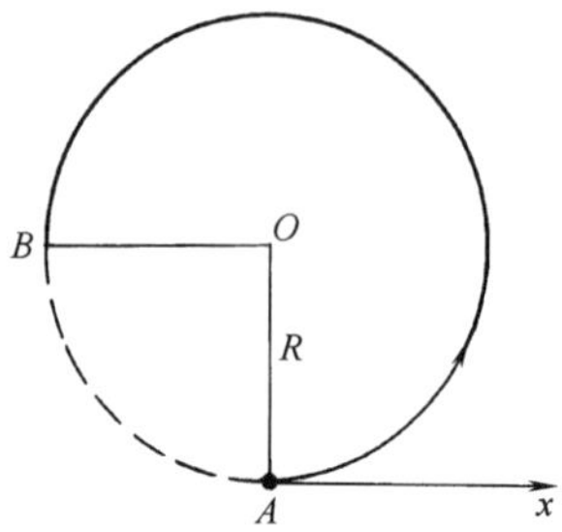

题 2-10图

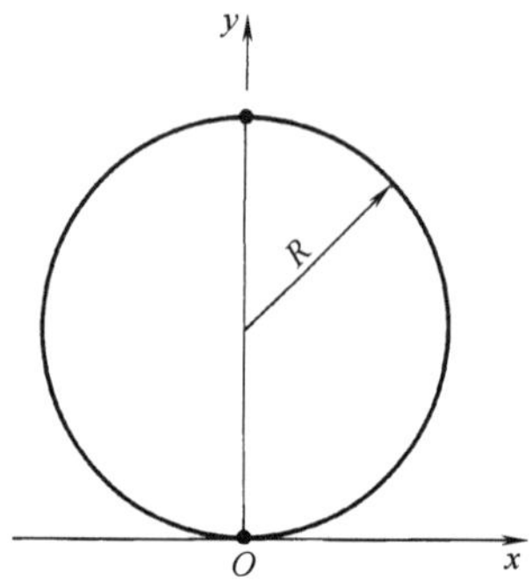

题 2-11图

2-12 井水水面离地面2m，一人用质量为1kg的桶从井中提10kg的水，但由于水桶漏水，每升高0.5m要漏去0.2kg的水。求水桶匀速地从井中上升到地面的过程中人所做的功。

2-13 质量为 $m=0.5$kg的质点，在 Oxy 坐标平面内运动，运动的参数方程为 $x=5t$，$y=0.5t^2$(SI)。求从 $t=2$s 到 $t=4$s 这段时间内，外力对质点所做的功。

2-14 设地球质量为 m_e，引力常量为 G，质量为 m 的宇宙飞船在返回地球时，可以认为它只是在地球引力场中运动（此时发动机已关闭）。当它从距地球中心 R_1 处下降到 R_2 处时（$R_2<R_1$），它的动能增加了多少？

2-15 如题2-15图所示，质量为 m 的小球系在劲度系数为 k 的弹簧一端，弹簧原长为 l_0，弹簧另一端固定在 O 点。开始时弹簧在水平位置，处于自然状态，小球由位置 A 释放，下落到 O 点正下方位置 B 点时，弹簧的长度变为 l。求小球到达 B 时的速度大小。

2-16 如题2-16图所示，一个质量 $m=2$kg的物体，从静止开始沿1/4圆弧从 A 滑到 B。在 B 点速度的大小为 $v=6\text{m}\cdot\text{s}^{-1}$，已知圆半径 $R=4$m。求物体从 A 到 B 的过程中摩擦力所做的功。

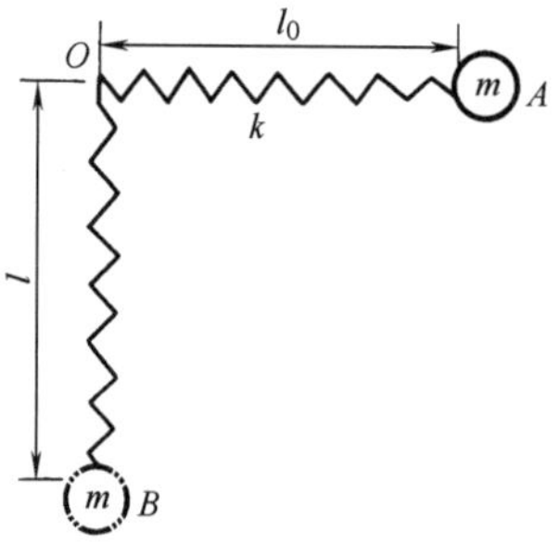

题 2-15图

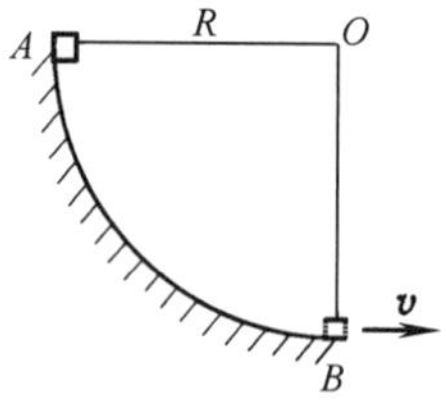

题 2-16图

2-17 一个空气阻尼器，阻力 $F=-kx^3$，k 为阻力系数，x 为长度相变量。现将阻尼器水平放置于光滑的平面上，一端固定，另一端与质量为 m 的滑块相连而处于自然状态。今沿阻尼器长度方向给滑块一个冲量，使其获得一速度 v。求阻尼器被压缩的最大长度。

2-18 一质量为0.5kg的球，系在长为1m的轻绳的一端，绳不能伸长，绳的另一端固定在横梁上。移动小球，使绳与铅垂方向成30°角，然后放手让它从静止开始运动。求：

（1）在绳索从30°角到0°角的过程中，重力和张力所做的功。

（2）小球在最低位置时的动能和速率。

（3）在最低位置时绳的张力。

2-19　质量为 m 的小球在高为 y_0 处沿水平方向以速率 v_0 抛出，与地面碰撞后跳起的最大高度为 $y_0/2$，水平速率为 $v_0/2$。求碰撞过程中

（1）地面对小球的铅垂冲量的大小。

（2）地面对小球的水平冲量的大小。

2-20　如题2-20图所示，在光滑水平面上，一质量为 m 的质点以角速度 ω 沿半径为 R 的圆周轨迹做匀速运动。试分别用动量定理和积分法，求出质点转过的角度 θ 在从0到 $\pi/2$ 过程中合力的冲量。

2-21　有两辆停在平直公路上的车，它们之间连接一根绳子。设第一辆车和人的总质量为250kg，第二辆车的总质量为500kg（一切阻力和绳子的质量均不计）。现在站在第一辆车上的人用 $F=50$N 的水平力来拉绳子，求5s后这两辆车的速度的大小各是多少？（未碰撞）

2-22　如题2-22图所示，两块并排的木块A和B，质量分别为 m_1 和 m_2，且 $m_1>m_2$，静止放在光滑水平面上，一子弹穿过两木块，设子弹穿过两木块所用的时间分别为 Δt_1 和 Δt_2，木块对子弹的阻力为恒力 F。求子弹穿过后，两木块各自的速度。

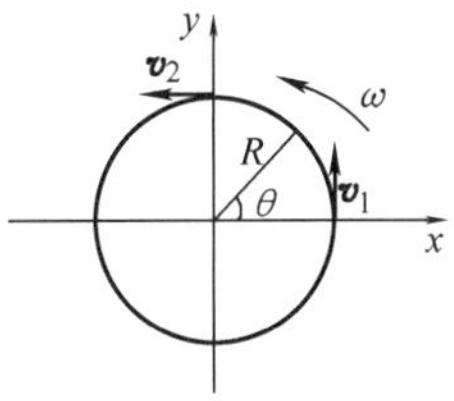

题　2-20图

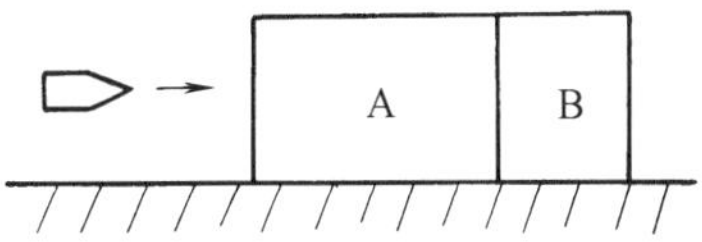

题　2-22图

2-23　质量为 m 的小球自距离斜面高度为 h 处自由下落到倾角为30°的固定光滑斜面上。设碰撞是完全弹性的，求小球对斜面的冲量大小和方向。

2-24　在以匀速度 $\boldsymbol{v}$ 行驶、质量为 m_0 的船上，分别向前和向后同时水平抛出两个质量都是 m 的物体，抛出时两物体相对于船的速率相同，都是 u。试写出该过程中船与物这个系统动量守恒定律的表达式。（不必化简，以地为参考系）

2-25　如题2-25图所示，质量 $m_0=1.0$kg 的木板，放置在一个轻弹簧上。当平衡时，弹簧压缩 $x_0=0.10$m，今有 $m=0.2$kg 的油灰由距离木板高 $h=0.3$m 处自由落到木板上。求油灰撞到并粘在木板上后，木板向下移动的最大距离。

2-26　如题2-26图所示，在光滑水平面上，放一倾角为 θ 的楔块，质量为 m_0。在楔块的光滑斜面上 A 处放一质量为 m 的小物块（可视为质点），开始时小物块与楔块均静止。当小物块沿斜面运动，在铅垂方向下降 h 时，试证：楔块对地的速度为 $v=\sqrt{\dfrac{2m^2gh\cos^2\theta}{(m+m_0)(m_0+m\sin^2\theta)}}$。

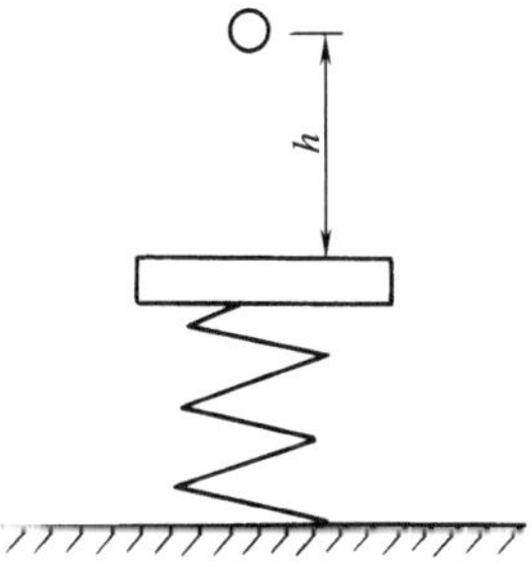

题　2-25图

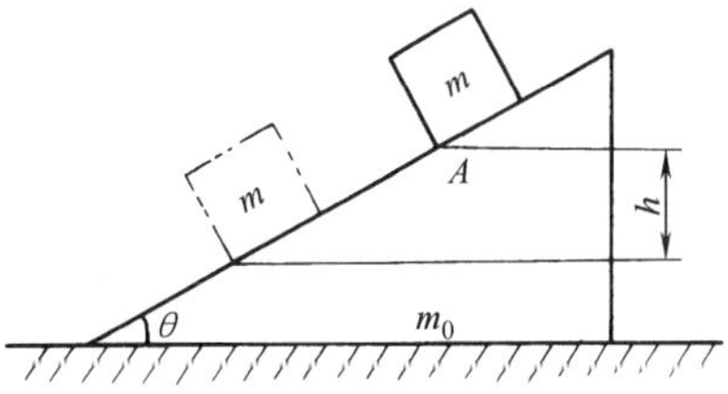

题　2-26图

2-27 一辆停在水平直轨道上、质量为 m' 的平板车上站着两个人，当他们从车上沿同一方向跳下时，车获得一定速度。设两个人的质量均为 m，跳车时相对于车的速度均为 $\boldsymbol{u}$，如题 2-27 图所示。试计算下列两种情况下车所获得的速度大小各为多少？

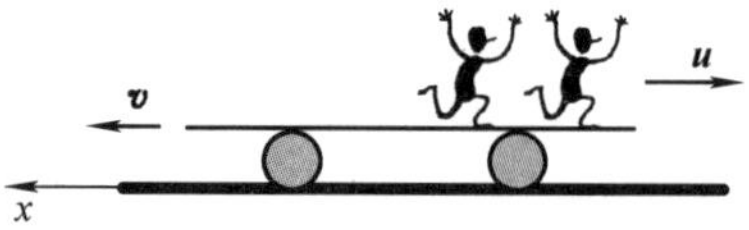

题 2-27 图

（1）两个人同时跳下。

（2）两个人依次跳下。

第三章　刚体的定轴转动

前两章已经讨论了质点动力学。而实际的物体是具有大小和形状的，甚至还有形变，使问题变得很复杂。如果所讨论的物体不能忽略其大小和形状，这时，为了便于研究，可把物体视作其大小和形状保持不变，这样的物体被称为刚体。刚体也是一种抽象的理想模型，在现实中是不存在的，但由于它避免了形变所带来的困难，使问题的讨论大大地简化了。

质量均匀、连续分布的刚体总可以看作是由无数个小体积元所组成的，而每个小体积元称为质量为 dm 的质元，由刚体的定义又可确定这些质元在运动中彼此间的距离始终保持不变。这样，若每个质元可视作质点，则对刚体的讨论就可归结为对质点系的研究了。于是，我们可以用前面学过的知识，分析和研究刚体的运动规律。

第一节　刚体的运动

刚体的基本运动形式有两种：平动和转动。刚体的一般运动则可以看成是平动和转动的叠加。

若刚体内任意一条给定的直线在运动中始终保持其方向不变，这种运动就称为刚体的平动，如图 3-1 所示。在平动时，组成刚体的各个质点的运动轨迹的形状及位移都相同；任何时刻，它们的速度和加速度也都相同。所以，刚体的平动情况就可以由刚体内任何一个质点的运动所代表。这样，质点运动学和动力学的知识皆适用于研究刚体的平动。

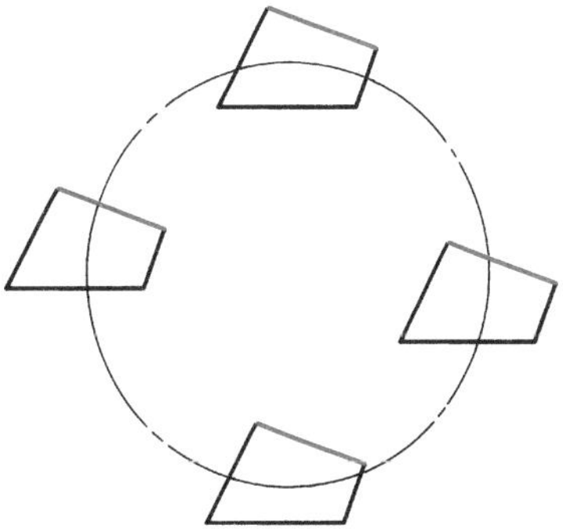
图 3-1　刚体的平动

刚体的另一种基本运动是转动。当组成刚体的各质点都绕某一条直线做圆周运动时，我们就说刚体在转动。这条直线为转轴。转轴可以是刚体上的一条直线，也可以是不在刚体上的一条直线。车轮的旋转、地球的自转都是转动。当刚体转动时，如果转轴相对于给定的参考系固定不动，则称为刚体的定轴转动。以下我们将只讨论刚体的定轴转动。

当刚体做定轴转动时，刚体内不在转轴上的任何一个质元都在垂直于转轴、且通过该质点的平面上做圆周运动，此平面称为转动平面。转动平面是描述刚体转动时的一个参考平面。转动平面与转轴的交点 O 是该平面内各质点做圆周运动的圆心。对于一个刚体来说，相对于一个转轴可以作无数个转动平面，但对刚体内某个指定的质元而言，它相对于某个转轴只处在一个相应的转动平面内。

我们选择任意一个转动平面来研究，从 O 点出发，在此转动平面上任意画一条直线作为参考方向 Ox，如图 3-2 所示，参考方向一经选定就固定不动。设在任一时刻 t，转动平面上某一质元 P 的位矢 $\boldsymbol{r}$ 与参考方向 Ox 间的夹角为 θ，角 θ 称为角坐标，它可表示刚体的位置。由于刚体在转动，所以角坐标 θ 随时间 t 而变，即

$$\theta=\theta(t) \tag{3-1}$$

这就是刚体做定轴转动时的运动函数，它描述了刚体位置随时间而变化的规律。

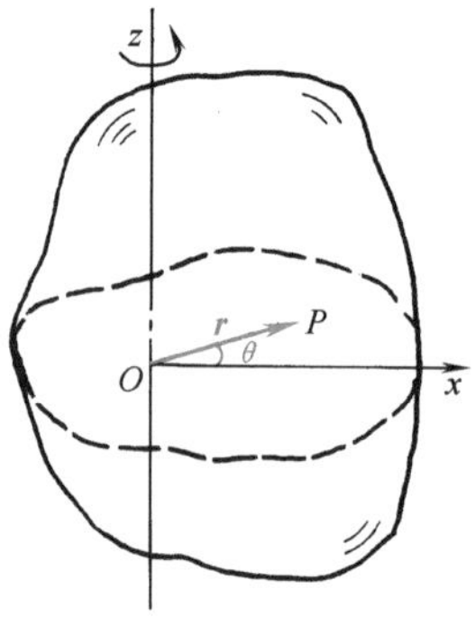

图 3-2 刚体的定轴转动

设在 t 到 $t+\Delta t$ 的时间内，刚体从 $\theta(t)$ 转到 $\theta(t+\Delta t)$，于是，转过的角位移为

$$\Delta\theta=\theta(t+\Delta t)-\theta(t)$$

角位移和角坐标的单位都是 rad（弧度）。关于角速度 $\omega=\dfrac{\mathrm{d}\theta}{\mathrm{d}t}$和角加速度 $\beta=\dfrac{\mathrm{d}\omega}{\mathrm{d}t}=\dfrac{\mathrm{d}^2\theta}{\mathrm{d}t^2}$，可参阅式（1-16）和式（1-17）来表示。

需要指出，在刚体的定轴转动中，角加速度、角速度和角位移通常用代数量表述。一般规定，当刚体绕轴做逆时针转动时，这些角位移、角速度取正值；反之，做顺时针转动时，则取负值；而角加速度的正负视角速度的变化情况而定，当角速度增加时，角加速度取正，反之取负。

第二节 刚体的定轴转动定律

一、力矩

对一个具有固定转轴的刚体来说，如果它所受力的方向与转轴平行或指向转轴，那么，这个力纵然很大，也不能转动刚体，这在人们转动门窗时都可体察到。所以必须引入一个新的物理量来表征这个使刚体从静止开始转动的作用，或者说，改变刚体转动状态的作用。这个物理量称为力矩。

如图 3-3 所示，对定轴转动的刚体，设其所受的外力 $\boldsymbol{F}$ 在转动平面内，转轴和转动平面的交点为 O，$\boldsymbol{r}$ 为 O 点到力的作用点 P 的矢径，则力矩的定义为

$$\boldsymbol{M}=\boldsymbol{r}\times\boldsymbol{F} \tag{3-2}$$

可知，力矩是一矢量，不仅有大小，也有方向，可用右手螺旋法判定。力矩的大小为

$$M=Fr\sin\varphi \tag{3-3}$$

在国际单位制中，力矩的单位是 N · m（牛 · 米）。

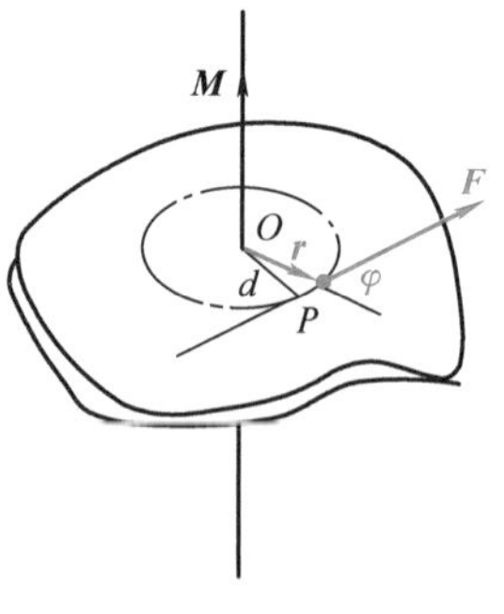

图 3-3 力矩

对于定轴转动而言，力矩也不必用矢量形式，而只需要由正、负来确定其两个方向之一。通常，力矩使刚体绕轴循逆时针

改变运动状态的规定为正，反之为负。

若一个刚体受几个力矩的作用，实验告诉我们，合力矩是这些力矩的矢量和。在定轴转动的情况下，合力矩是各力矩的代数和。

二、转动定律

刚体受到力矩作用时，其转动状态将发生变化，亦即有角加速度。

如图 3-4 所示，刚体的固定转轴为 z 轴，在刚体内 P 点处取一质元 Δm_i，它距 z 轴为 r_i。设此质元受到的合外力 $\boldsymbol{F}_i$ 及刚体内其他质元对它作用的合内力 $\boldsymbol{F}'_i$均在转动平面内。它们也可相对于 $\boldsymbol{r}_i$ 分解成切向分力 $\boldsymbol{F}_{it}$、$\boldsymbol{F}'_{it}$及法向分力 $\boldsymbol{F}_{in}$、$\boldsymbol{F}'_{in}$。

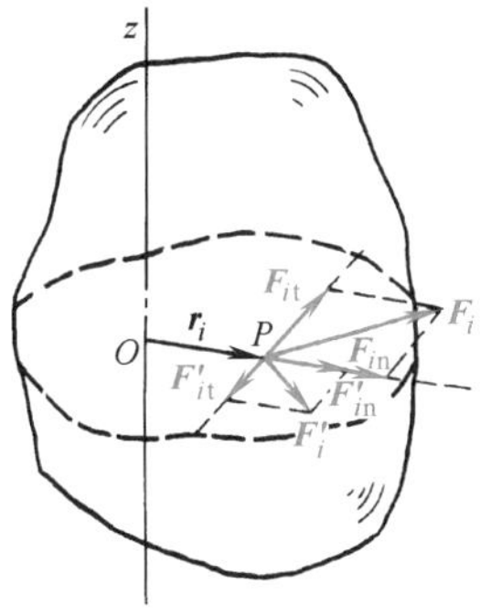

图 3-4　转动定律

3　刚体定轴转动定律（张宇）

若将质元视作质点，则根据牛顿第二定律，可列出关系式

$$\boldsymbol{F}_i + \boldsymbol{F}'_i = \Delta m_i \boldsymbol{a}_i \tag{3-4}$$

或分量式

$$F_{it} + F'_{it} = \Delta m_i a_{it} \tag{3-5a}$$

$$F_{in} + F'_{in} = \Delta m_i a_{in} \tag{3-5b}$$

由于法向分力 F_{in}及 F'_{in}对此转轴的力矩为零，所以对式（3-5b）可不予讨论。对切向分量式（3-5a）两边同乘以 r_i，并考虑到 $a_{it} = r_i\beta$，则有

$$(F_{it} + F'_{it})r_i = \Delta m_i r_i a_{it} = \Delta m_i r_i^2 \beta$$

我们对刚体的所有质元都可建立同样的关系式，所以，对整个刚体应有

$$\sum_i F_{it} r_i + \sum_i F'_{it} r_i = \left(\sum_i \Delta m_i r_i^2\right)\beta$$

显然，$\sum_i F_{it} r_i = M_{合}$是作用在刚体上的合外力矩。而 $\sum_i F'_{it} r_i$ 是所有力力矩之和，由于每一对作用力与反作用力大小相等、方向相反，且作用在同一条直线上，对转轴的力臂也相同，所以 $\sum_i F'_{it} r_i$ 恒为零。若令 $J = \sum_i \Delta m_i r_i^2$ ，称为刚体对此转轴的转动惯量，且角加速度的方向与所受合外力矩的方向相同，则上式便成为

$$\boldsymbol{M}_{合} = J\boldsymbol{\beta} \tag{3-6}$$

式（3-6）表明，刚体绕定轴转动时，它的角加速度与所受合外力矩成正比，而与刚体

对转轴的转动惯量成反比。这一结论称为刚体的定轴转动定律，式（3-6）是它的表达式。应该指出，式中 $\boldsymbol{M}_{合}$、J、$\boldsymbol{\beta}$ 三者的关系是瞬时关系。

刚体的转动定律是刚体力学的基本定律。

三、转动惯量

对于质量连续分布的刚体来说，可把刚体分成无限多个质量为 dm 的质元，则转动惯量 J 应该写为

$$J = \int_V r^2 \mathrm{d}m \tag{3-7}$$

其单位是 kg · m^2（千克 · 米^2）。式（3-7）中积分号下方的 V 表示整个刚体在空间所占有的区间。

从转动定律可以看出，转动惯量是刚体在转动时转动惯性大小的量度。

根据转动惯量的定义，一个刚体的转动惯量的大小取决于：①刚体质量的多少；②刚体质量分布情况；③转轴与刚体的相对位置。显然，不同质量、不同质量分布的刚体对同一转轴的转动惯量是不同的；而同一刚体相对于不同转轴，其转动惯量一般也不同。所以，说到转动惯量应同时说明这是哪个刚体、相对于哪个转轴的转动惯量。表 3-1 列出了几个几何形状简单、质量连续均匀分布的刚体相对于某个转轴的转动惯量。读者需用时可查取。至于形状复杂的刚体的转动惯量，可以用实验测定。

表 3-1 几种常见刚体的转动惯量

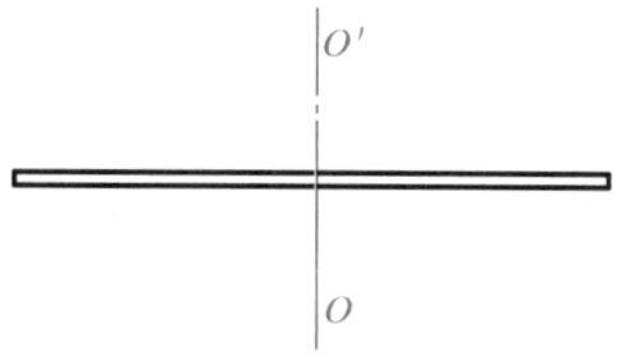 均匀细杆，长 l，质量 m。 转轴 OO' 过中心且垂直于杆 $J = \frac{1}{12}ml^2$	 均匀细杆，长 l，质量 m。 转轴 OO' 过一端且垂直于杆 $J = \frac{1}{3}ml^2$	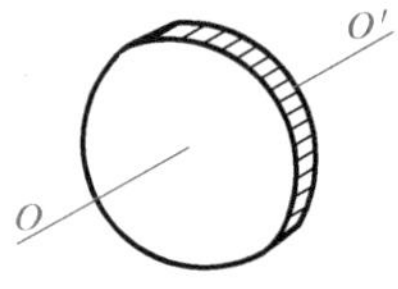 均匀薄圆盘，半径 R，质量 m。 转轴 OO' 通过圆心且垂直于圆盘 $J = \frac{1}{2}mR^2$
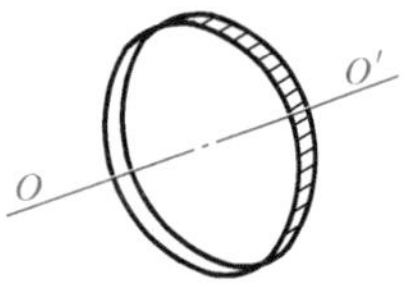 均匀薄圆环，半径 R，质量 m。 转轴 OO' 通过环心且垂直于环面 $J = mR^2$	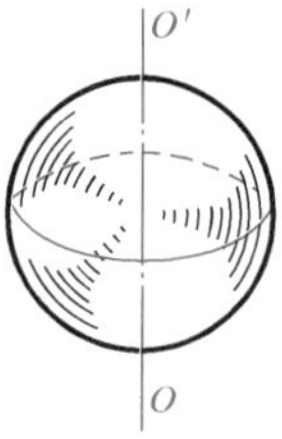 均匀球体，半径 R，质量 m。 转轴 OO' 沿一条直径 $J = \frac{2}{5}mR^2$	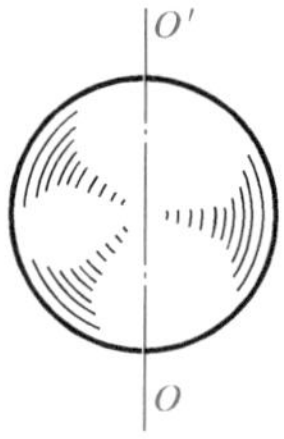 均匀球壳，半径 R，质量 m。 转轴 OO' 沿一条直径 $J = \frac{2}{3}mR^2$

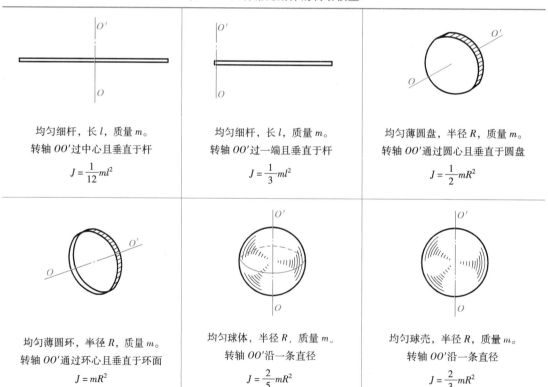

将刚体的转动定律与牛顿第二定律相比较，可发现，两者在形式上十分相似，就各物理量在各自关系式中的作用来说，定轴转动中的 M、J、β 分别对应于质点动力学中的 F、m 及 a。

四、转动定律的应用

在应用刚体的定轴转动定律解题时，要求用隔离法分析其受力情况，然后按此定律列出方程求解。在问题中涉及质点时，就需应用相应的牛顿定律，下面举例说明。

【例 3-1】 一细绳跨过定滑轮，两端分别挂有质量为 $m_A=1.5\times10^{-1}$kg 和 $m_B=2.0\times10^{-2}$kg 的物体 A 和 B，如图 3-5 所示。定滑轮是质量为 $m=1.0\times10^{-2}$kg 的匀质圆盘。细绳与滑轮之间无相对滑动。试计算两物体 A 和 B 的加速度及绳中的张力。

【解】 对定滑轮和物体 A、B 作隔离体图，分析其受力情况，并选取 y 轴如图 3-6 所示。

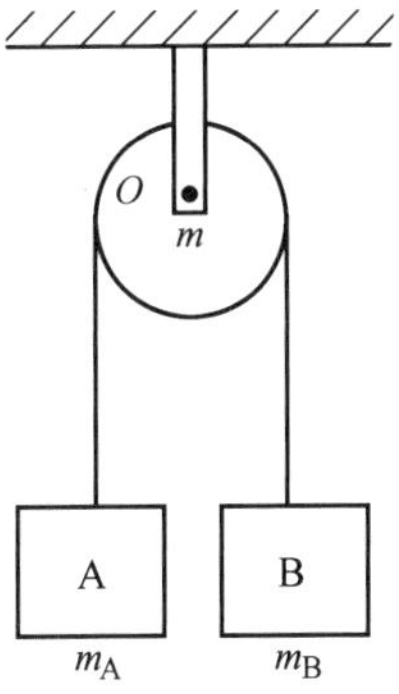

图 3-5　例 3-1 图（1）

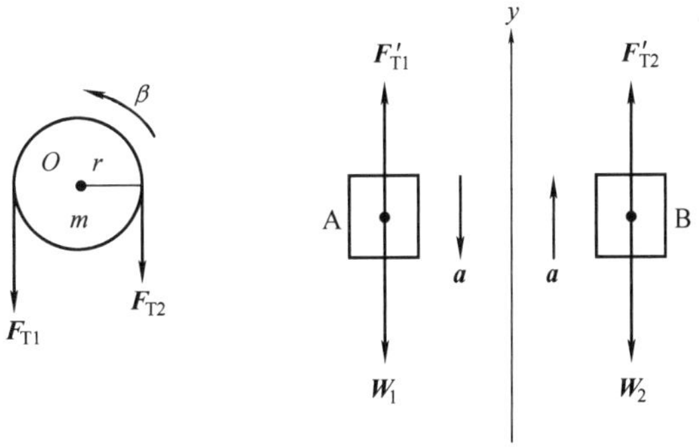

图 3-6　例 3-1 图（2）

设定滑轮半径为 r，由表 3-1 可知，它的转动惯量为 $J=\frac{1}{2}mr^2$，又设它的角加速度为 β，则由转动定律可列出方程

$$F_{T1}r-F_{T2}r=\frac{1}{2}mr^2\beta$$

对 A、B 两物体，设两者加速度大小为 a，由牛顿第二定律可列出方程

$$F'_{T1}-W_1=-m_Aa$$

$$F'_{T2}-W_2=m_Ba$$

且

$$a=r\beta \qquad W_1=m_Ag \qquad W_2=m_Bg$$

及

$$F_{T1}=F'_{T1} \qquad F_{T2}=F'_{T2}$$

联立上述各式，即可解得

$$a=\frac{m_A-m_B}{m_A+m_B+\frac{1}{2}m}g=\frac{0.15-0.02}{0.15+0.02+\frac{1}{2}\times0.01}\times9.8\text{m}\cdot\text{s}^{-2}=7.28\text{m}\cdot\text{s}^{-2}$$

$$F_{T1}=\frac{m_A\left(2m_B+\frac{1}{2}m\right)}{m_A+m_B+\frac{1}{2}m}g=\left[\frac{0.15\times\left(2\times0.02+\frac{1}{2}\times0.01\right)}{0.15+0.02+\frac{1}{2}\times0.01}\times9.8\right]\text{N}=0.378\text{N}$$

$$F_{T2}=\frac{m_B\left(2m_A+\frac{1}{2}m\right)}{m_A+m_B+\frac{1}{2}m}g=\left[\frac{0.02\times\left(2\times0.15+\frac{1}{2}\times0.01\right)}{0.15+0.02+\frac{1}{2}\times0.01}\times9.8\right]\mathrm{N}=0.3416\mathrm{N}$$

如果本题定滑轮质量可忽略不计，即 $m=0$，那么，由上述各式便可解出

$$a=\frac{m_A-m_B}{m_A+m_B}g=\frac{0.15-0.02}{0.15+0.02}\times9.8\mathrm{m\cdot s^{-2}}=7.49\mathrm{m\cdot s^{-2}}$$

$$F_{T1}=F_{T2}=\frac{2m_Am_B}{m_A+m_B}g=\left(\frac{2\times0.15\times0.02}{0.15+0.02}\times9.8\right)\mathrm{N}=0.35\mathrm{N}$$

这就是质点动力学中解出的结果。

注：在分析定滑轮的受力情况时，还应有它所受的重力及约束力，而这两个力对转轴的力矩为零，所以就从简不画出来了。在其他题中若遇到类似情况，也可同样处理。

第三节　刚体定轴转动动能定理

一、刚体定轴转动动能

刚体可以看成是由若干个质元组成的。所以，刚体定轴转动时的转动动能应等于所有质元绕转动轴转动时的动能总和。在刚体上任选一小质元，设其质量为 dm，其线速度大小为 v，该质元到转轴的距离为 r。当刚体以角速度 ω 转动时，该质元的转动动能为

$$\frac{1}{2}\mathrm{d}mv^2=\frac{1}{2}\mathrm{d}mr^2\omega^2$$

整个刚体的转动动能为

$$E_k=\int_V\frac{1}{2}r^2\omega^2\mathrm{d}m=\frac{1}{2}\left(\int_V r^2\mathrm{d}m\right)\omega^2$$

式中，$\int_V r^2\mathrm{d}m$ 为刚体的转动惯量。故有

$$E_k=\frac{1}{2}J\omega^2$$

二、力矩的功

力矩可使刚体转动，在此过程中，力矩对刚体做了功。下面将讨论力矩的功。

如图3-7所示，一个在转动平面内的外力 $\boldsymbol{F}$ 作用在刚体上 P 点处，使之绕定轴转动。力的作用点 P 到转轴的距离为 r（相应的位矢为 $\boldsymbol{r}$）。设在 dt 时间内，刚体绕 z 轴转过角位移 dθ，使 P 点产生位移 d$\boldsymbol{r}$。由于 dr 很小，可认为

$$\mathrm{d}r=|\mathrm{d}\boldsymbol{r}|=\mathrm{d}s=r\mathrm{d}\theta$$

ds 是 P 点在 dt 时间内移动的路程。由功的定义可知，力 $\boldsymbol{F}$ 在位移 d$\boldsymbol{r}$ 中对刚体做的功为

$$\begin{aligned}\mathrm{d}A&=\boldsymbol{F}\cdot\mathrm{d}\boldsymbol{r}=F\cos(90^\circ-\varphi)\mathrm{d}r\\&=F\cos(90^\circ-\varphi)r\mathrm{d}\theta=Fr\sin\varphi\mathrm{d}\theta\end{aligned}$$

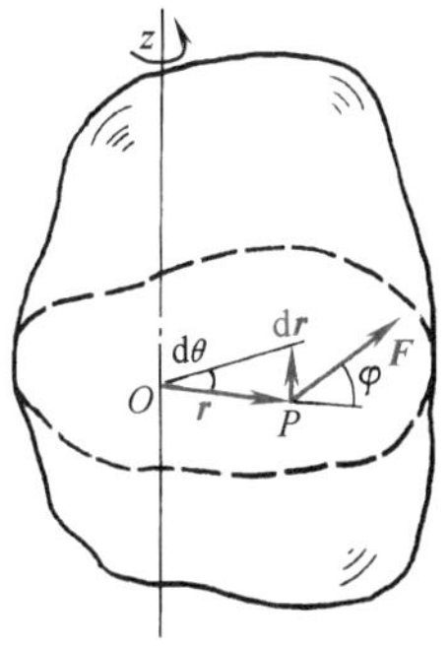

图 3-7　力矩的功

由于力矩 $M = Fr\sin\varphi$，所以上式可改写为

$$dA = Md\theta \tag{3-8}$$

可见，力矩 M 和角位移 $d\theta$ 的乘积即为力矩对刚体所做的元功。

当刚体在力矩 M 作用下，从角坐标 θ_1 转到 θ_2 时，力矩对刚体所做的功为

$$A = \int_{\theta_1}^{\theta_2} M d\theta \tag{3-9}$$

对于大小和方向都不变的恒力矩，则有

$$A = \int_{\theta_1}^{\theta_2} M d\theta = M\int_{\theta_1}^{\theta_2} d\theta = M(\theta_2 - \theta_1)$$

三、刚体定轴转动的动能定理

我们在质点动力学中已知，外力对质点所做的功等于质点的动能增量。当然，质点只是具有平动动能。

在刚体受到合外力矩 M 作用时，根据刚体的转动定律，有 $\boldsymbol{M} = J\boldsymbol{\beta}$，即

$$M = J\beta = J\frac{d\omega}{dt}$$

又由角速度定义 $\omega = \dfrac{d\theta}{dt}$可知，在 dt 时间内，刚体转过的角位移 $d\theta = \omega dt$。这样，合外力矩对刚体所做的元功

$$dA = Md\theta = J\frac{d\omega}{dt}\omega dt = J\omega d\omega$$

设在 t_1 到 t_2 这段时间内，刚体的角速度由 ω_1 变到 ω_2，则合外力矩 M 在这段时间内对刚体做功

$$A = \int_{\omega_1}^{\omega_2} J\omega d\omega = \frac{1}{2}J\omega_2^2 - \frac{1}{2}J\omega_1^2 \tag{3-10}$$

式（3-10）表明，合外力矩对刚体所做的功数值上等于刚体转动动能的增量。这就是刚体定轴转动的动能定理。其中，力矩所做的功反映它在空间的累积效应，而刚体的转动动能则是刚体由于转动而具有的做功的本领。

刚体受到阻力矩作用时，这些力矩的功是负值，此时刚体将克服阻力矩做功转动动能减少。

【例 3-2】　一根质量为 m、长为 l 的均质细棒 OA，可绕通过其一端的水平光滑转轴 O 在铅垂平面内转动（图 3-8a）。今使棒在水平位置从静止开始绕 O 轴转动，不计空气阻力。求：

（1）棒在水平位置上刚启动时的角加速度。

（2）棒转到铅垂位置时的角速度、角加速度。

（3）棒在铅垂位置时，棒的 A 端和中点的速度及加速度。

【解】　分析细棒的受力情况（图 3-8b）：细棒受重力 $\boldsymbol{W}$，作用在棒的中点 C，铅垂向下；还受轴对细

棒的支承力 $\boldsymbol{F}_N$，但因其通过 O 点，所以对轴的力矩为零，可以不考虑；细棒不受摩擦力、空气阻力。

（1）棒在水平位置上刚启动时，受重力矩为 $M=mg\dfrac{l}{2}$，棒的转动惯量 $J=\dfrac{1}{3}ml^2$。于是，由转动定律可求得此时棒的角加速度

$$\beta=\frac{M}{J}=\frac{mg\dfrac{l}{2}}{\dfrac{1}{3}ml^2}=\frac{3g}{2l}$$

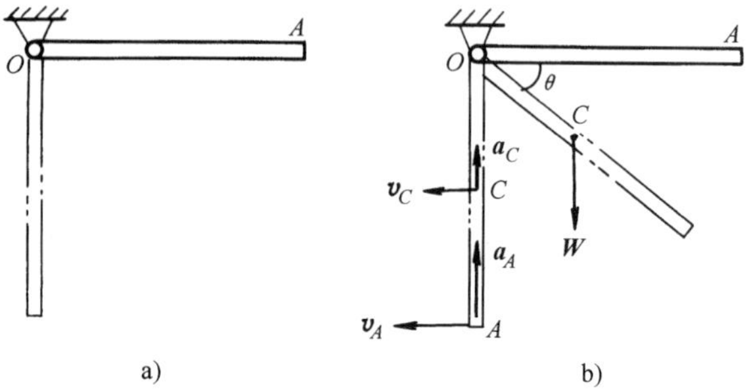

图3-8 例3-2图

（2）棒在与水平位置成 θ 角时，重力矩为 $M=mg\dfrac{l}{2}\cos\theta$，则在 θ 从 $0\to\dfrac{\pi}{2}$ 的过程中，重力矩对细棒做功

$$A=\int_0^{\frac{\pi}{2}}M\mathrm{d}\theta=\int_0^{\frac{\pi}{2}}\frac{1}{2}mgl\cos\theta\mathrm{d}\theta=\frac{1}{2}mgl$$

已知棒在水平位置时角速度 $\omega_0=0$（静止），则由刚体定轴转动的动能定理，可求得棒转到铅垂位置时的角速度

$$\omega=\sqrt{\frac{2\left(A+\dfrac{1}{2}J\omega_0^2\right)}{J}}=\sqrt{\frac{3g}{l}}$$

棒在铅垂位置时，所受重力矩为零，所以角加速度亦为零。

（3）棒在铅垂位置时，棒的 A 端和中点的速度 v 及加速度 a 分别为

$$v_A=\omega l=\sqrt{3gl}\qquad（向左）$$

$$v_C=\omega\cdot\frac{l}{2}=\frac{1}{2}\sqrt{3gl}\qquad（向左）$$

$$a_A=\omega^2l=3g\qquad（指向\ O\ 点）$$

$$a_C=\omega^2\frac{l}{2}=\frac{3}{2}g\qquad（指向\ O\ 点）$$

当包括刚体在内的系统在不受外力或外力与非保守内力做功为零的情况下，系统的机械能（包括刚体的转动动能）将保持不变，亦即，对于定轴转动的刚体，机械能守恒定律仍然成立。

第四节　角动量守恒定律

一、角动量

1. 质点的角动量

如图 3-9 所示，设质量为 m 的质点做曲线运动，在某一时刻质点的速度为$\boldsymbol{v}$，动量为 $m\boldsymbol{v}$，相对于参考点 O 的位矢为 $\boldsymbol{r}$，我们定义位矢 $\boldsymbol{r}$ 与其动量 $m\boldsymbol{v}$ 的矢积为质点对定点 O 的角动量 L（亦称为动量矩），即

$$\boldsymbol{L}=\boldsymbol{r}\times m\boldsymbol{v}=\boldsymbol{r}\times\boldsymbol{p} \tag{3-11}$$

$\boldsymbol{L}$ 的方向为垂直于$\boldsymbol{v}$ 和 $\boldsymbol{r}$ 组成的平面，按右手螺旋法则确定指向。

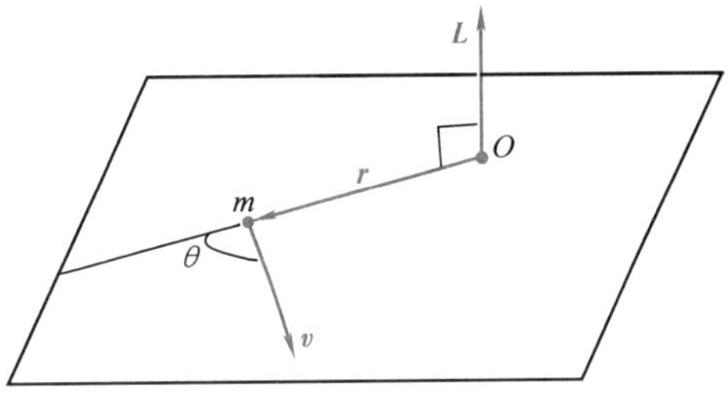

图 3-9　质点的角动量

显然，如果质点做圆周运动，那么，此质点相对于圆心的角动量大小为

$$L=mvr$$

在国际单位制中，角动量的单位是 $\mathrm{kg\cdot m^2\cdot s^{-1}}$（千克·米^2·秒$^{-1}$）。

2. 质点系的角动量

质点系内所有质点对同一定点的角动量的矢量和，称为质点系对此定点的角动量，即

$$\boldsymbol{L}=\sum_i(\boldsymbol{r}_i\times\boldsymbol{p}_i)$$

3. 刚体的角动量

对于定轴转动的刚体，由于组成刚体的所有质元都做相同角速度 ω 的圆周运动，因而其角动量为

$$\boldsymbol{L}=\sum_i(m_ir_i^2)\boldsymbol{\omega}=J\boldsymbol{\omega}$$

式中，角速度矢量 $\boldsymbol{\omega}$ 的方向满足右手螺旋定则，即四指沿刚体转动角度增加的方向弯曲，拇指指向的方向即为 $\boldsymbol{\omega}$ 的方向。

二、定轴转动的角动量定理

今将定轴转动定律改写成

$$M=J\beta=J\frac{\mathrm{d}\omega}{\mathrm{d}t}=\frac{\mathrm{d}}{\mathrm{d}t}(J\omega)$$

两边同乘以 $\mathrm{d}t$，得

$$M\mathrm{d}t=\mathrm{d}(J\omega)$$

我们知道 $L=J\omega$ 称为刚体对定轴的角动量或动量矩，而对同一定轴的力矩与其所作用时间的乘积 $M\mathrm{d}t$ 称为对定轴的力矩的冲量矩，那么，上式可写成为

$$M\mathrm{d}t=\mathrm{d}L \tag{3-12}$$

式（3-12）说明，**定轴转动的物体所受力矩的冲量矩等于该物体在这段时间内对定轴的角动量的增量，此即为物体定轴转动的角动量定理**。式（3-12）为此定理的微分表达式。

读者一定会注意到，这里用了“物体”，而不是刚体，原因是转动定律写成 $M=J\frac{d\omega}{dt}$ 与 $M=\frac{d}{dt}(J\omega)$ 对刚体而言是一样的，因为刚体的 J 不变。但对于 J 可变的非刚体而言，式 $M=\frac{d}{dt}(J\omega)$ 可适用，而式 $M=J\frac{d\omega}{dt}$ 就不适用了。所以经过上述改动，就可以扩展到包括非刚体在内的任何物体了。当然，改动后的公式是经过事实验证确实可用的。

若在 t_0 时刻到 t 时刻的这段时间内，物体的角动量、转动惯量及角速度分别由 L_0、J_0 及 ω_0 变为 L、J 及 ω，则有

$$\int_{t_0}^{t} M\mathrm{d}t = \int_{L_0}^{L} \mathrm{d}L = L - L_0 = J\omega - J_0\omega_0 \tag{3-13}$$

角动量和冲量矩应该都是矢量，但在定轴转动情况下，都可用标量表示，且以正、负号表示其方向。冲量矩的单位是 N·m·s（牛·米·秒）。

质点绕一定的中心做曲线运动，在自然界中十分普遍，例如行星绕太阳运行、玻尔模型中原子中的电子绕原子核的运动等。角动量是描述它们运动状态的重要物理量之一。

三、刚体定轴转动的角动量守恒定律

4 角动量守恒定律（张宇）

如果刚体所受的合外力矩 $M=0$，则由式（3-12）可知

$$\mathrm{d}L = \mathrm{d}(J\omega) = 0$$

或

$$J\omega = \text{恒量} \tag{3-14}$$

这就是**刚体定轴转动的角动量守恒定律**。亦即，**当刚体所受的合外力矩等于零时，刚体的角动量保持不变**。

角动量守恒定律是物理学中普遍的守恒定律之一。它既适用于宏观物体的机械运动，也适用于原子、原子核、其他基本粒子等微观粒子的运动。

当做定轴转动的刚体不受外力矩作用时，角动量守恒，由于刚体的转动惯量不变，所以要求此刚体的角速度也保持其大小和方向不变。回转仪（也称陀螺仪）就是应用这一原理制成的定向仪器，它被广泛地应用于船只、飞机和导弹的导向装置。

如果几个刚体组成一个系统，那么只要整个系统满足角动量守恒的条件，即系统所受合外力矩为零，则系统的总角动量也守恒。其公式为

$$\sum_i J_i\omega_i = \text{恒量}$$

对于非刚体，在满足合外力矩为零的条件下，它的角动量也守恒，但由于它的转动惯量可变，所以它的角速度也可变化，从而滑冰运动员、跳水运动员可在改变身体姿势的同时，改变其旋转速度。

微观粒子的角动量只能取某些不连续的分立值。

【例 3-3】 一质量为 $m=1.2\text{kg}$、长为 $l=0.50\text{m}$ 的均匀细棒 OA，可绕通过棒的端点 O 且与棒垂直的轴在水平面内转动，如图 3-10 所示。开始时棒是静止的，一质量为 $m'=0.2\text{kg}$ 的小球，以水平速度 $v_0=15\text{m}\cdot\text{s}^{-1}$ 运动，并与棒的另一端 A 垂直于棒做弹性碰撞。求碰撞后的小球弹回的速度 v 和棒的角速度 ω。摩擦阻力不计。

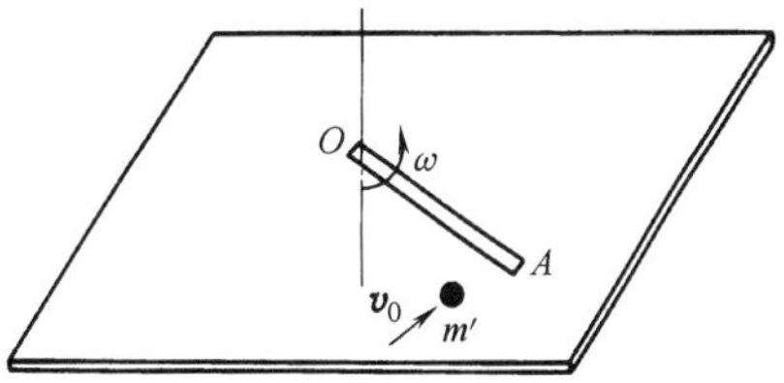

图 3-10　例 3-3 图

【解】 以棒和小球为研究系统。在碰撞过程中，系统不受外力矩作用，所以系统的角动量守恒。碰撞前，小球相对于转轴的角动量为 $m'v_0l$，棒的角动量为零；碰撞后，小球相对于转轴的角动量为 $-m'vl$，棒的角动量为 $J\omega$，其中 $J=\frac{1}{3}ml^2$。可列方程

$$m'v_0l=\frac{1}{3}ml^2\omega-m'vl \tag{a}$$

又因是弹性碰撞，系统的动能也守恒，就有

$$\frac{1}{2}m'v_0^2=\frac{1}{2}\left(\frac{1}{3}ml^2\right)\omega^2+\frac{1}{2}m'v^2 \tag{b}$$

联立上述两式，可得解

$$v=\frac{2m-3m'}{2m+3m'}v_0=\frac{2\times1.2-3\times0.2}{2\times1.2+3\times0.2}\times1.5\text{m}\cdot\text{s}^{-1}=0.9\text{m}\cdot\text{s}^{-1}$$

$$\omega=\frac{12m'}{(2m+3m')l}v_0=\left(\frac{12\times0.2}{2\times1.2+3\times0.2}\times\frac{15}{0.5}\right)\text{rad}\cdot\text{s}^{-1}=24\text{rad}\cdot\text{s}^{-1}$$

从上述内容可以看到，刚体的定轴转动与质点的直线运动有很多相似之处。如果我们用“类比”的方法来处理问题的话，刚体定轴转动中的一些物理量、公式、定律都可以与质点的直线运动类比。表 3-2 列出了刚体定轴转动中一些物理量和质点直线运动（沿 x 轴运动）中一些物理量之间的类比关系。至于一些定律、公式的类比关系，请读者自行列出。

表 3-2　类比关系

刚体定轴转动	质点直线运动（沿 x 方向）	刚体定轴转动	质点直线运动（沿 x 方向）
角位移　$\Delta\theta$	位移　Δx	转动惯量　J	质量　m
角速度　$\omega=\frac{d\theta}{dt}$	速度　$v=\frac{dx}{dt}$	力矩的功　$A=\int M d\theta$	力的功　$A=\int F dx$
角加速度　$\beta=\frac{d\omega}{dt}=\frac{d^2\theta}{dt^2}$	加速度　$a=\frac{dv}{dt}=\frac{d^2x}{dt^2}$	转动动能　$E_k=\frac{1}{2}J\omega^2$	（平动）动能　$E_k=\frac{1}{2}mv^2$
力矩　M	力　F	角动量　$L=J\omega$	动量　$p=mv$

但是我们要强调一点：类比不是相等，它们只是形式上的相似。

综上所述，刚体力学的研究方法有两个要点：

1）把刚体看成是由大量质元所组成的。

2）每个质元都可按质点动力学定律处理。

小 结

本章讨论刚体的运动。刚体的运动可以看成平动和转动的组合。刚体平动时，可以用质心运动定律描述。刚体的转动中最基本的是定轴转动。定轴转动可以用一个变量即角度来描述，与质点的直线运动相仿。定轴转动的动力学规律是转动定律，与直线运动的牛顿定律相对应。定轴转动刚体的角动量方向一般与角速度方向并不相同，只有在转轴是对称轴时，两者才同方向。转动定律实际上是角动量定理沿转轴方向的分量形式。本章最后引入了质点和质点系的角动量守恒定律。

本章涉及的重点概念和规律有：

（1）刚体　一个特殊的质点系，组成刚体的各个质点没有相对运动，即大小和形状保持不变。

（2）刚体的定轴转动　刚体转动的转轴相对于给定的参考系固定不动。

（3）力矩　$\boldsymbol{M}=\boldsymbol{r}\times\boldsymbol{F}$

（4）转动惯量　$J=\int_V r^2\mathrm{d}m$

（5）转动定律　$\boldsymbol{M}_{合}=J\boldsymbol{\beta}$

（6）转动动能　$E_k=\dfrac{1}{2}J\omega^2$

（7）力矩的功　$A=\int_{\theta_1}^{\theta_2}M\mathrm{d}\theta$

（8）动能定理　$A=\int_{\theta_1}^{\theta_2}M\mathrm{d}\theta=\dfrac{1}{2}J\omega_2^2-\dfrac{1}{2}J\omega_1^2$

（9）质点的角动量　$\boldsymbol{L}=\boldsymbol{r}\times\boldsymbol{p}$

（10）刚体定轴转动的角动量　$\boldsymbol{L}=J\boldsymbol{\omega}$

（11）角动量定理　$\boldsymbol{M}=\dfrac{\mathrm{d}\boldsymbol{L}}{\mathrm{d}t}$

（12）角动量守恒定律　当物体所受的合外力矩等于零时，物体的角动量保持不变，即

$$\boldsymbol{M}_{合}=0\text{ 时，}J\boldsymbol{\omega}=\text{恒量}$$

习 题

3-1　半径为 $r=0.5\mathrm{m}$ 的飞轮，初角速度 $\omega_0=12\mathrm{rad}\cdot\mathrm{s}^{-1}$，角加速度 $\beta=-6\mathrm{rad}\cdot\mathrm{s}^{-2}$。问：飞轮在何时，其角位移为 0，并求此时轮缘上一点的线速度的大小 v。

3-2　一砂轮直径为 0.2m，质量为 5.0kg，以 $900\mathrm{r}\cdot\mathrm{min}^{-1}$ 的转速转动。一工件以 10N 的正压力作用在轮边缘上，使砂轮在 11.8s 内停止。求砂轮和工件间的摩擦因数。（砂轮轴的摩擦可忽略不计，砂轮可按匀质圆盘计算其转动惯量）

3-3　如题 3-3 图所示，固定在一起的两个同轴薄圆盘，可绕通过盘心且垂直于盘面的光滑水平轴 O 转动。大圆盘质量为 m_0、半径为 R；小圆盘质量为 m、半径为 r，在两圆盘边缘上都绕有细线，分别挂有质量为 m_1、m_2 的物体（$m_1>m_2$）。系统从静止开始在重力作用下运动，不计一切摩擦。求：

（1）圆盘的角加速度β。

（2）各段绳的张力F_{T1}、F_{T2}。

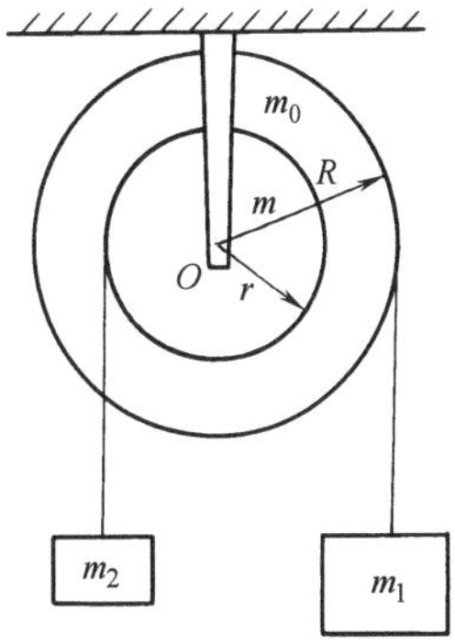

题　3-3图

3-4　一定滑轮半径为0.1m，相对中心轴的转动惯量为1.0×10^{-3}kg·m^2。一个随时间t变化的变力$F=0.5t$(SI) 沿切线方向作用在滑轮的边缘上。如果滑轮最初处于静止状态，试求它在1s末的角速度。

3-5　一根长为l、质量为m的均匀直棒可绕其一端，且与棒垂直的水平光滑固定轴转动。抬起另一端使棒向上与水平面成60°，然后无初转速地将其释放。已知棒对轴的转动惯量为$\frac{1}{3}ml^2$，设$l=1$m，求：

（1）放手时棒的角加速度。

（2）棒转到水平位置时的角速度。

3-6　一飞轮的转动惯量为J，在$t=0$时角速度为ω_0。此后飞轮经历制动过程。阻力矩M的大小与角速度ω的平方成正比，比例系数$k>0$，求当$\omega=\frac{1}{2}\omega_0$时，飞轮的角加速度$\beta$。

3-7　如题3-7图所示，两飞轮A和B的轴杆在同一中心线上，设A轮、B轮的转动惯量分别为$J_A=1.0$kg·m^{2}和$J_B=2.0$kg·m^2。开始时，A轮转速为3π rad·s^{-1}，B轮静止，然后两轮“啮合”，使两轮转速相同，啮合过程中无外力矩作用，求：

（1）两轮啮合后的共同角速度ω。

（2）两轮各自所受的冲量矩。

3-8　如题3-8图所示，游乐场中一个大型平面圆转台可绕某通过圆心的铅垂光滑轴转动，转台对轴的转动惯量为1200kg·m^2。一质量为60kg的人，开始时站在台的中心，此时转台每10s转一圈，随后他沿半径向外走去，问当人离转台中心2m时，转台的角速度为多少？（设整个过程中无其他外力矩作用，也不计阻力）

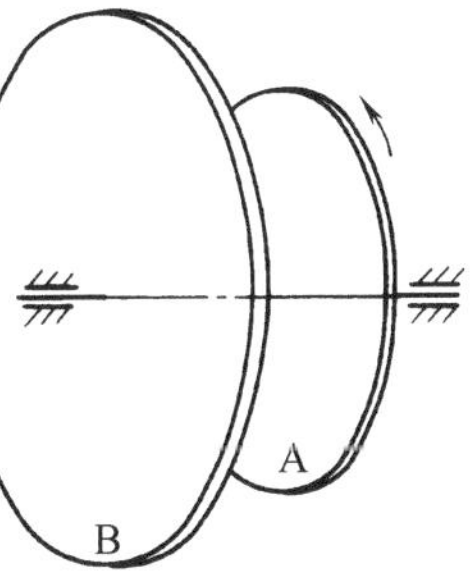

题　3-7图

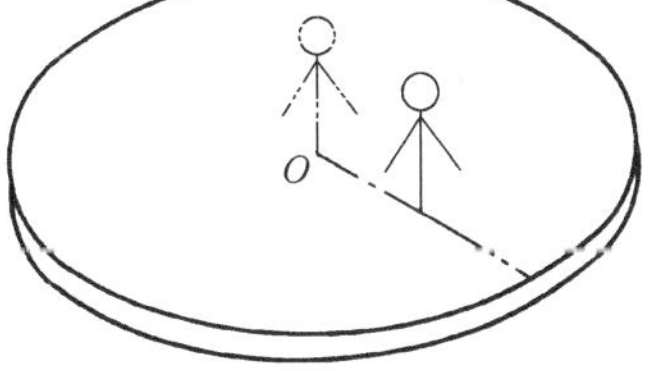

题　3-8图

3-9　一个骑摩托车的人沿半径为R的光滑半球形表演场的内表面水平运动。试求骑车人正好能抵达场的最高点位置所需的初速度。（写出v_0、θ_0变化关系式）

3-10　如题3-10图所示，在光滑水平面上，质量为m_0的小木块系在劲度系数为k的轻弹簧一端，弹簧的另一端固定在O点。开始时，木块与弹簧静止在A点，且弹簧为原长l_0。一颗质量为m的子弹以初速度$\boldsymbol{v}_0$击入木块并嵌入其中。当木块到达B点时，弹簧的长度为l，且$OB\perp OA$。求木块到达B点时的速度。

3-11　如题3-11图所示，一质量为m_1、长为l的均匀细棒，静止平放在滑动摩擦因数为μ的水平桌面上，它可绕通过其端点O、且与桌面垂直的固定光滑轴转动。另有一水平运动的质量为m_2的小滑块，从侧面垂直于棒与棒的另一端A相碰撞，设碰撞时间极短。已知小滑块在碰撞前、后的速度分别为$\boldsymbol{v}_1$和$\boldsymbol{v}_2$。求碰撞后从细棒开始转动到停止转动过程所需的时间。

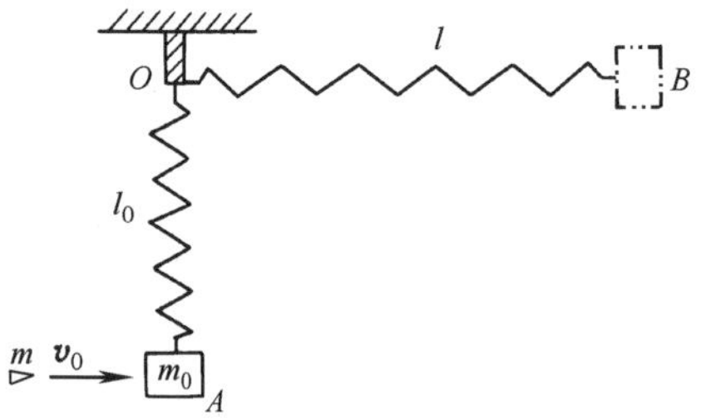

题 3-10 图

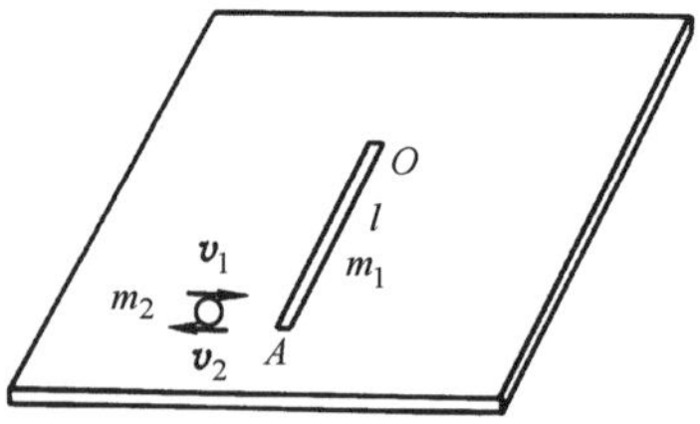

题 3-11 图

3-12 如题3-12图所示，一质量为 m、半径为 R 的匀质薄圆盘，可绕通过其一直径的轴 AA' 转动，转动惯量 $J=\frac{1}{4}mR^2$。该圆盘从静止开始在恒力矩 M 作用下转动，求经过时间 t 后位于与轴 AA' 相垂直的半径端点 B 点的切向加速度和法向加速度。

3-13 如题3-13图所示，在半径为 R 的水平圆形转盘上，有一人静止站立在距转轴为 $R/2$ 处，人的质量 m 是圆盘质量 m' 的1/10，开始时盘载人相对于地以角速度 ω_0 匀速转动。如果此人垂直于圆盘半径相对于盘以速率 v 沿与盘转动相反方向做圆周运动，已知圆盘对中心轴的转动惯量为 $m'R^2/2$，求：

（1）圆盘对地的角速度 ω。

（2）欲使圆盘对地静止，人沿着半径为 $R/2$ 的圆周对圆盘的速度 $\boldsymbol{v}$ 的大小和方向。

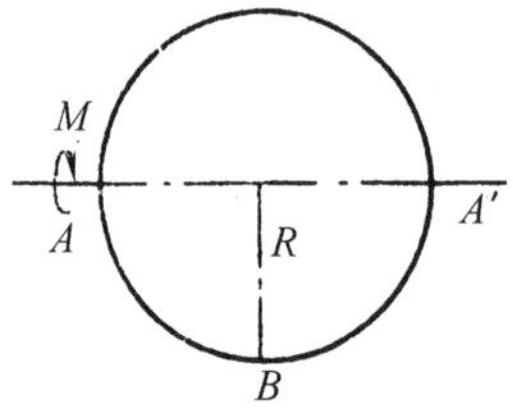

题 3-12 图

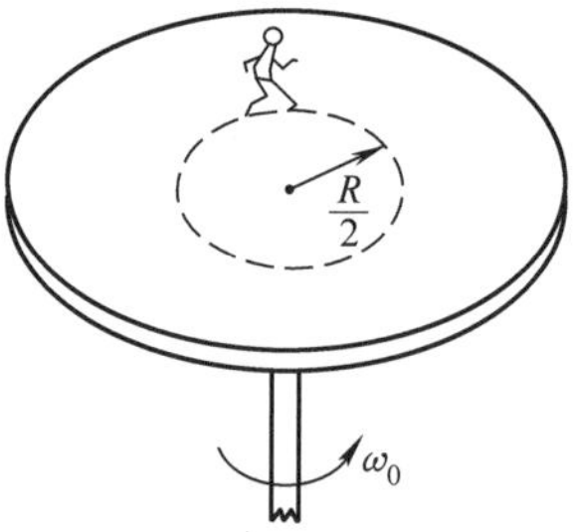

题 3-13 图

3-14 宇航技术的发展已使人们从地球向更远的宇宙空间发射探测器成为可能，其中一种发射方案叫双切轨道方案，即使探测器在椭圆轨道长轴远端进入大半径圆轨道。如题3-14图所示，一宇宙探测器在环绕地球的圆轨道上运行，它的质量为3000kg，轨道半径为地球半径 R_e 的三倍。现在，利用双切轨道方案，使宇宙探测器经大椭圆轨道转换到半径为 $13R_e$ 的圆轨道上来。试问：

（1）在两个交点处的速度需要改变多少？

（2）这两次轨道转换所需要的最小能量消耗是多少？

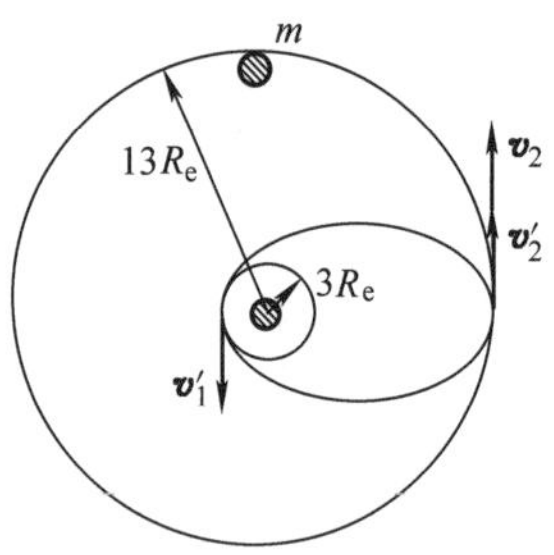

题 3-14 图

第四章　狭义相对论基础

1905 年，爱因斯坦（A. Einstein）在德国《物理学年鉴》上发表了《论动体的电动力学》一文，标志着相对论的诞生。相对论是 20 世纪物理学最重大的成就之一，它的诞生源于人们对于电磁场理论的进一步探索。1904—1905 年，爱因斯坦在洛伦兹（H. A. Lorentz）、斐索（A. H. L. Fizeau）等人研究的基础上，进一步探索麦克斯韦（J. C. Maxwell）电磁理论和洛伦兹电动力学方程的一致性时，提出了光速不变原理和相对性原理，从而建立了相对论。这一理论通常被称为狭义相对论。在狭义相对论中，他用少量简单的数学理论建立起的相对论打破了旧的绝对时空观，建立起新的相对论时空观，并在此基础上给出了高速运动物体的力学规律。狭义相对论直接或间接地得到了大量实验事实的支持，是迄今已被证实的成功的物理学理论，主要应用于基本粒子、原子能及宇宙星体的研究领域。

1916 年前后，爱因斯坦和格罗斯曼（M. Grossmann）等人又进一步地发展了狭义相对论，提出了广义相对论，广义相对论主要应用于宇宙学的研究。狭义相对论和广义相对论统称为相对论。

在本章中只扼要地介绍狭义相对论最基本的思想。

第一节　伽利略变换　经典力学的相对性原理

一、伽利略变换

在经典力学中，当描述物体的运动时，首先要选取一个参考系。一般地讲，在不同的参考系中，对于同一物体运动规律的描述是不相同的，但这两种不同的描述之间又有一定的联系，两者并非彼此独立。

考虑一个惯性参考系（简称惯性系）S′相对于另一惯性系 S 做匀速直线运动，在 S′系上取坐标系 $O'x'y'z'$，在 S 系上取坐标系 $Oxyz$。为方便起见，设各对应坐标轴互相平行，S′相对于 S 系以速度沿 $\boldsymbol{v}x$ 轴方向运动，如图 4-1 所示。以 O' 和 O 重合的时刻作为计时起点（在本章中凡提到 S 系和 S′系就有上述关系），则同一质点 P 在 S 系和 S′系内的坐标有如下对应关系：

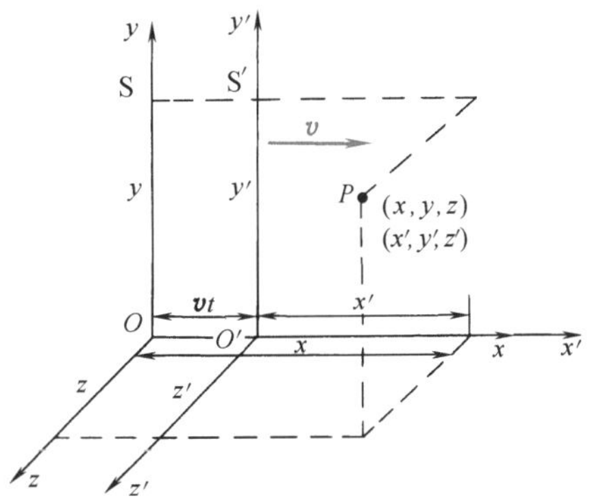

图 4-1　相互做匀速直线运动的两个惯性参考系

$$\left.\begin{aligned} x' &= x - vt \\ y' &= y \\ z' &= z \end{aligned}\right\} \tag{4-1a}$$

$$\left.\begin{aligned} x &= x' + vt \\ y &= y' \\ z &= z' \end{aligned}\right\} \tag{4-1b}$$

这是经典的伽利略坐标变换公式，它集中地反映了绝对的时空观，这个观点是建立在空间距离和时间间隔绝对性的基础上的。

二、经典力学的相对性原理

将式（4-1a）对时间取导数，就得到了经典的速度变换关系，称为伽利略速度变换式，即

$$\left.\begin{aligned} u_x' &= u_x - v \\ u_y' &= u_y \\ u_z' &= u_z \end{aligned}\right\} \tag{4-2}$$

再将式（4-2）对时间取导数，就得到了经典的加速度变换关系，即

$$\left.\begin{aligned} a_x' &= a_x \\ a_y' &= a_y \\ a_z' &= a_z \end{aligned}\right\} \tag{4-3}$$

式（4-3）表明，在不同惯性系中，质点的加速度是相同的。

经典力学认为，物体的质量与参考系无关。由式（4-3）可知，在相互做匀速直线运动的不同惯性系内，牛顿第二定律的形式是相同的，即

$$\left.\begin{aligned} F_x' &= F_x = ma_x \\ F_y' &= F_y = ma_y \\ F_z' &= F_z = ma_z \end{aligned}\right\} \tag{4-4}$$

或

$$\boldsymbol{F}' = \boldsymbol{F} = m\boldsymbol{a}$$

可见，即使质点的速度、动量和能量在不同的惯性系中是不同的，加速度、质量和力在不同的惯性系内仍是相同的，牛顿运动定律在一切惯性系内是完全相同的。由于力学中各种守恒定律都可以由牛顿第二定律推得，因而得到力学的相对性原理：力学定律在一切惯性系内是相同的，并不存在一个比其他惯性系更为优越的惯性系。在一个惯性系内部所做的任何力学实验，均不能确定这个惯性系本身是处于静止状态还是做匀速直线运动。力学的相对性原理亦称伽利略相对性原理。

三、绝对时空观

设惯性系 S 及 S′的原点 O 与 O'重合的时刻为时间的起点，即 $t_0' = t_0 = 0$，根据式（4-1），由于 $t' = t$，$\Delta t' = t' - t_0'$，$\Delta t = t - t_0$，有 $\Delta t' = \Delta t$，此式表明，在任何两个惯性系 S 和 S′中的时钟校准以后，两惯性系中的时钟所显示的时间总是一致的，即它们所测出的同一事件所经

历的时间间隔是相同的。因此，在一切惯性系中，时间的量度是一致的，即在牛顿力学中，时间是绝对的。如此，在 S 惯性系中同时发生的两个事件 $\Delta t=0$，在 S′惯性系中，有 $\Delta t'=\Delta t=0$，说明两个事件也是同时发生的，即在牛顿力学中，“同时”也是绝对的，不因惯性系而变。

如果在惯性系 S 中同时测一直杆两端点的空间坐标为（x_1，y_1，z_1）及（x_2，y_2，z_2），而在惯性系 S′中同时测该直杆两端点的空间坐标为（x_1'，y_1'，z_1'）和（x_2'，y_2'，z_2'）。设该直杆在惯性系 S 及 S′中的长度分别为 L 和 L'，即

$$L=\sqrt{(x_2-x_1)^2+(y_2-y_1)^2+(z_2-z_1)^2}$$

$$L'=\sqrt{(x_2'-x_1')^2+(y_2'-y_1')^2+(z_2'-z_1')^2}$$

由式（4-1）可知 $L=L'$。可见，在牛顿力学中，在不同惯性系中的同一物体，它们的长度是相同的。即：长度是绝对的，与惯性系的选取无关。

在牛顿力学中，把随惯性系而变的量看成是“相对”的，把不随惯性系而变的量看成是“绝对”的，则物体的坐标、速度和动量等是相对的，同一地点也是相对的；而时间、质量、长度则是绝对的，同时性也是绝对的。这便是绝对时空观。

绝对时空观基于这样的哲学思想——空间只是物质运动所占据的区域，该区域独立于任何物质之外，是无限大的、永恒不变的、绝对静止的。因此，空间距离的量度就应该与参考系无关，是绝对不变的。另外，时间也是与物质及物质的运动无关的，永恒地、均匀地流逝着。因此，对于不同的参考系，用以计量时间的标准是相同的，由此导致了时间的绝对性及同时的绝对性。随着人们认识的发展，绝对的时空观逐渐地暴露出了它的局限性。相对论的建立否定了这种绝对的时空理论，建立了新的时空理论——相对论时空观。

四、迈克尔逊-莫雷实验

伽利略相对性原理确定了所有惯性系在力学规律上的等价性。人们不禁要问，除了力学规律之外的其他诸如电磁学等物理定律在伽利略变换下是不是对于所有惯性系也都等价呢？

1865 年麦克斯韦总结电磁场理论时，曾预言了电磁波的存在，同时指出光就是一种电磁波，它在真空中以 $3\times10^8\,\mathrm{m\cdot s^{-1}}$ 的速度传播。1888 年赫兹在实验中证实了电磁波的存在。当时，一些物理学家认为电磁波和机械波一样，都是在弹性介质中传播的，这种传播电磁波的弹性介质是绝对静止的，被称为“以太”。“以太”充满整个宇宙空间，即便是真空也不例外，因而可以用“以太”来作为绝对参考系。任何一个物体都应当有相对这一绝对静止参考系的“绝对运动”。

根据“以太”假说，由于地球是在运动着的，如果能用某种方法测出地球相对于“以太”的速度，那么，作为绝对参考系的“以太”也就被确定了。历史上，曾有许多物理学家做过探测地球在“以太”中运动速度的实验。迈克尔逊（A. A. Michelson）探测地球在以太中运动速度的实验，以及后来迈克尔逊和莫雷（E. W. Morleg）在 1887 年所做的更为精确的探测地球在以太中运动速度的实验是最具代表性的。

迈克尔逊-莫雷实验结果表明，光速在各个方向是一不变的常量，这明显与伽利略变换相矛盾，说明“以太”这种绝对坐标系是不可取的。然而，当时很多物理学家为了从经典力学角度解释迈克尔逊-莫雷实验的结果，同时又保留“以太”参考系的概念，曾提出了许多理论

和假说，其中“以太拖曳理论”在保留“以太”概念的基础上，解释了迈克尔逊-莫雷实验的结果，但却与光行差现象相矛盾。另外，爱尔兰物理学家斐兹杰惹（G. F. Fitzgtrald）和荷兰物理学家洛伦兹于1889年和1892年分别独立提出了所谓收缩假说，但都没有能够给出令人满意的结果。

1905年，年轻的爱因斯坦以崭新的时空观，研究了电磁理论以及电磁波在真空中传播的独特性质，提出了光速不变原理和相对性原理，创立了狭义相对论。爱因斯坦创立狭义相对论乃是由于他深信物体在磁场中运动所产生的电动力实际上是一种电场，同时也受到了斐索的流水中光速实验及光行差现象的启发。

另外，迈克尔逊-莫雷实验在狭义相对论的创立过程中也具有重要的意义，虽然根据这个实验事实并不能直接得到相对论，但没有这个实验，相对论就缺少了一个强有力的实验基础。

第二节　狭义相对论的基本假设　洛伦兹变换

一、狭义相对论的基本假设

爱因斯坦于1905年提出的狭义相对论是建立在两个基本的假设之上的，这两个基本假设是：

1. 光速不变原理

真空中的光速与光源或接收器的运动无关，在各个方向上都等于一个常量 c。目前，光速的精确测量值为 $c=(2.99792458\pm0.00000001)\times10^{8}\mathrm{m\cdot s^{-1}}$，通常取近似值 $c=3\times10^{8}\mathrm{m\cdot s^{-1}}$。也就是说，在一切相对于光源做匀速直线运动的惯性参考系中，所测得的真空中的光速都是相同的。

2. 相对性原理

在一切惯性参考系中，物理学定律都是相同的。也就是说，所有的惯性参考系都是等价的，在一个惯性参考系的内部，不能通过任何实验确定该惯性参考系相对于其他惯性参考系是静止的还是做直线运动的。该原理是伽利略相对性原理的推广。

狭义相对论的创立极大地促进了实验和理论的研究。在其后几十年的时间里，物理学家们就这两个假设进行了许多实验性的探索。1970年伊萨克（G. R. Issak）利用穆斯保尔（Mossbauer）效应，测定装在迅速转动的圆盘直径两端的放射源与吸收剂之间的 γ 射线频移来确定地球的绝对速度。实验给出这个速度的极限仅为 $0.05\mathrm{m\cdot s^{-1}}$，就是说，实际上测不出地球的运动。这一实验的精确度超过了最好的迈克尔逊-莫雷实验的结果300倍，从而更有力地支持了狭义相对论的相对性原理。

1964年在欧洲核子研究组织（CERN），测量了由同步加速器产生的高速运动 π^0 介子衰变时产生的光子的速度。π^0 介子的速率为 $0.99975c$，通过测量光子飞行50m所需时间，得到从高速的 π^0 介子辐射出来的光子的速率仍等于 c，这就更加明确地支持了狭义相对论的光速不变原理。

狭义相对论的两个基本假设构成了狭义相对论的基础，并为一些重要的实验事实所证明。从这两个原理出发，可以推出狭义相对论的全部内容；承认了这两个基本假设，必将引起时空观念的新变革。这种变革意味着要对经典的时空理论进行修改，即修改经典的伽利略变换，寻求更合适、更准确的相对论变换公式。

二、洛伦兹变换

实验结果表明，经典的伽利略变换已不再适用于高速运动，同时，狭义相对论的两个基本假设又彻底地否定了经典的时空理论，那么新的时空理论是什么？而满足狭义相对论的两个基本假设的新的时空变换形式又将如何？

1. 狭义相对论的时空变换式

需要明确指出，这一新的变换式必须满足一些合理的要求：（1）因为时空是均匀的，因而惯性参考系间的时空变换必须是线性的；（2）由于伽利略变换在低速情况下是适用的，所以新的时空变换式在低速情况下必须能够转化为伽利略变换式；（3）新的时空变换必须能够体现光速 c 为一常量的思想；（4）新的时空变换对于不同的惯性系应该地位等价，无优越权，符合相对性原理的要求。

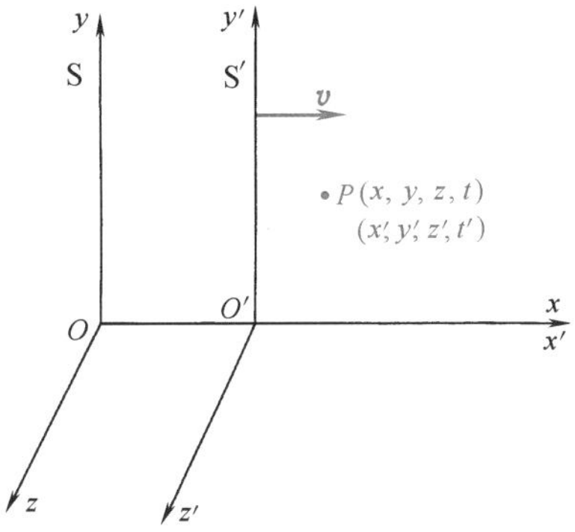

图 4-2 洛伦兹变换

如图 4-2 所示，惯性系 S′相对于惯性系 S 沿 x 轴方向以速度 $\boldsymbol{v}$ 做匀速直线运动，位于 S 系和 S′系上的两个笛卡儿坐标系 $Oxyz$ 和 $O'x'y'z'$ 的三个对应坐标轴永远平行。则可推导出洛伦兹变换式（推导从略）：

从 S 系的时空坐标导出 S′系的时空坐标，有

$$\left.\begin{aligned} x' &= \frac{x - vt}{\sqrt{1 - v^2/c^2}} \\ y' &= y \\ z' &= z \\ t' &= \frac{t - \dfrac{v}{c^2}x}{\sqrt{1 - v^2/c^2}} \end{aligned}\right\} \tag{4-5}$$

从 S′系的时空坐标导出 S 系的时空坐标，有

$$\left.\begin{aligned} x &= \frac{x' + vt'}{\sqrt{1 - v^2/c^2}} \\ y &= y' \\ z &= z' \\ t &= \frac{t' + \dfrac{v}{c^2}x'}{\sqrt{1 - v^2/c^2}} \end{aligned}\right\} \tag{4-6}$$

式（4-5）及式（4-6）即狭义相对论的时空变换式——洛伦兹变换。

实际上，在狭义相对论建立以前，洛伦兹在研究电子论时就已提出了这组公式，因此我们今天仍然把这一适用于相对论的时空变换公式称为洛伦兹变换。但是，当时洛伦兹并没有意识到这个变换公式在时空观念上变革性的意义。相对论指出，自然界的任何法则，如果应

用洛伦兹变换式，则对于任何惯性系来说都是不变的。这就是狭义相对论的基础之一的相对性原理。

从式（4-5）和式（4-6）可以看出，当 $v \ll c$ 时，$\gamma=(1-v^2/c^2)^{-1/2}$ 趋近于1，则洛伦兹变换式又变成了伽利略变换式，这说明经典的牛顿力学是相对论力学的一个极限情形，只有在物体的运动速度远小于光速时，经典的牛顿力学才是正确的。由于日常所遇到的现象中，物体的速度大都是比光速小得多，所以牛顿定律仍能准确地应用。如果 $v>c$，则 γ 变为虚数，此时洛伦兹变换失去了意义，所以，物体的运动速度不能超过真空中的光速。特别需要着重指出的是，式（4-5）和式（4-6）两组时空坐标（x，y，z，t）和（x'，y'，z'，t'）是对于同一物理事件而言的。

2. 狭义相对论的速度变换式

利用洛伦兹变换可以得到狭义相对论的速度变换关系。

设一质点在S系中以 $\boldsymbol{u}(u_x, u_y, u_z)$ 的速度运动，而从S′系来看，其速度为 $\boldsymbol{u}'(u_x', u_y', u_z')$。则从S′系的速度导出S系的速度为

$$\left.\begin{aligned} u_x &= \frac{u_x'+v}{1+\dfrac{v}{c^2}u_x'} \\ u_y &= \frac{u_y'\sqrt{1-v^2/c^2}}{1+\dfrac{v}{c^2}u_x'} \\ u_z &= \frac{u_z'\sqrt{1-v^2/c^2}}{1+\dfrac{v}{c^2}u_x'} \end{aligned}\right\} \tag{4-7a}$$

同理从S系的速度导出S′系的速度为

$$\left.\begin{aligned} u_x' &= \frac{u_x-v}{1-\dfrac{v}{c^2}u_x} \\ u_y' &= \frac{u_y\sqrt{1-v^2/c^2}}{1-\dfrac{v}{c^2}u_x} \\ u_z' &= \frac{u_z\sqrt{1-v^2/c^2}}{1-\dfrac{v}{c^2}u_x} \end{aligned}\right\} \tag{4-7b}$$

式（4-7a）及式（4-7b）即狭义相对论的速度变换式，通常又称为爱因斯坦速度变换式。

当 $v \ll c$ 时，式（4-7a）及式（4-7b）即转化为经典的伽利略速度变换式。若 $u_x'=c$ 则必有 $u_x=c$，$u_y=u_z=0$，即在任何一个惯性系中，任何一质点的速度不会超过光速。

【例4-1】 一粒子在S′系中以 $u'=c/2$ 的恒速率相对于S′运动，它的轨迹在 $x'O'y'$ 平面内，且与 x' 轴夹角为60°，如果S′系在 xx' 方向上相对于S系的速度是 $v=0.60c$。求由S系所确定的粒子的运动方程。

【解】 依题意画图如图4-3所示：

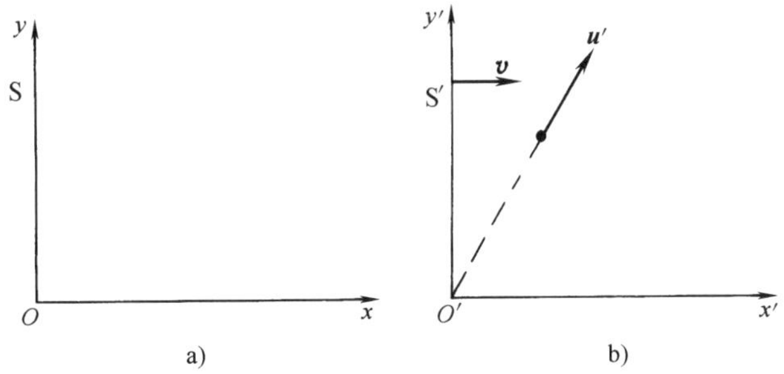

图 4-3　例 4-1 图

S′系中

$$x' = v_x' t' = \frac{c}{2}\cos 60° t' = \frac{c}{4}t' \qquad ①$$

$$y' = v_y' t' = \frac{c}{2}\sin 60° t' = \frac{\sqrt{3}}{4}ct' \qquad ②$$

根据洛伦兹变换，由 S 系变换到 S′系，有

$$x' = \frac{x - vt}{\sqrt{1 - v^2/c^2}} = \frac{x - 0.6ct}{0.8} \qquad ③$$

$$y' = y \qquad ④$$

$$t' = \frac{t - \frac{v}{c^2}x}{\sqrt{1 - v^2/c^2}} = \frac{t - \frac{0.6}{c}x}{0.8} \qquad ⑤$$

联立式①、式③和式⑤，可得

$$x = 0.739ct \qquad ⑥$$

联立式②、式④、式⑤和式⑥，可得

$$y = 0.30ct$$

所以

$$\boldsymbol{r} = x\boldsymbol{i} + y\boldsymbol{j} = 0.739ct\boldsymbol{i} + 0.30ct\boldsymbol{j}$$

第三节　狭义相对论的时空观

一、同时的相对性

5　相对论时空观（韩权）

在牛顿力学中，根据伽利略变换可以很容易地看出，对于两个事件，如果在一个惯性参考系中是同时发生的，不论同地与否，则在另一个惯性参考系中也一定是同时发生的，它是牛顿力学中时间绝对性的体现，而与空间无关。然而，根据狭义相对论，如果在某一惯性参考系 S 中有两个事件在同一地点同时发生，或在不同地点同时发生，那么在另一惯性参考系 S′中观察，它们是不是同时发生的呢？下面应用洛伦兹变换来研究这一问题。

设在惯性参考系 S 中发生了两个事件，它们发生的时刻分别是 t_1 和 t_2，发生的地点分别

是 x_1 和 x_2（y、z 坐标相同）。在另一惯性参考系 S′中观察，对应的时刻分别是 t_1' 和 t_2'，对应的坐标分别是 x_1' 和 x_2'（y'、z' 坐标亦相同）。

如果在惯性参考系 S 中，两个事件发生在同一地点，即 $x_1=x_2$，又发生于同一时刻，即 $t_1=t_2$，则由洛伦兹变换式（4-5）可知：$x_1'=x_2'$，$t_1'=t_2'$。这表明这两个事件在另一惯性参考系 S′中（即在任一惯性参考系中）也是在同一地点，并且是同时发生的。

如果在惯性参考系 S 中两个事件是在不同地点同时发生的，即 $x_1\neq x_2$（y、z 相同），$t_1=t_2$，则由洛伦兹变换式（4-5）可得

$$\left.\begin{aligned} x_1' &= \frac{x_1 - vt_1}{\sqrt{1-v^2/c^2}} \qquad & x_2' &= \frac{x_2 - vt_2}{\sqrt{1-v^2/c^2}} \\ t_1' &= \frac{t_1 - \dfrac{v}{c^2}x_1}{\sqrt{1-v^2/c^2}} \qquad & t_2' &= \frac{t_2 - \dfrac{v}{c^2}x_2}{\sqrt{1-v^2/c^2}} \end{aligned}\right\} \tag{4-8}$$

式（4-8）中 v 为惯性参考系 S′相对于惯性参考系 S 运动的速度。因为 $x_1\neq x_2$，$t_1=t_2$，所以

$$x_1' \neq x_2' \qquad t_1' \neq t_2' \tag{4-9}$$

这表明在惯性参考系 S 中不同地点同时发生的两个事件，在惯性参考系 S′中（即在除 S 系以外的任一惯性参考系中），不仅在不同地点，而且在不同时刻发生。因此，在一个惯性参考系中不同地点同时发生的事件，根据狭义相对论，在其他一切惯性参考系中来看，将不再是同时发生的。这就是“同时”的相对性。

例如，设想一列匀速行驶的火车，速度很大，车厢很长。当地面上的观察者见到车的首尾两点 A'、B' 与地面上的 A、B 两点重合时，车上中点处 C' 与 AB 的中点 C 重合，如图 4-4a 所示。正在这时，若自 A、B 两点发出光信号，地面上 C 点处的观察者见到光信号从 A、B 两点是同时发出的。现在要问，车上 C' 点处的观察者所见的光信号是否也是由 A、B 两点同时发出的？光的传播需要时间，因为在光信号到达 C' 和 C 所需时间内，C' 已向右移动了一段距离，所以从 A 点发出的光先到达 C'，然后到达 C，从 B 点发出的光信号则先到达 C，后到达 C'，如图 4-4b、c 所示。于是 C' 处的车上的观察者先看见 A 点发出的光信号，后看见 B 点发出的光信号。因此，车上的观察者观察到光信号从 A、B 两点不是同时发出的，A 点发出光信号比 B 点早。这正是对式（4-9）的定性解释。

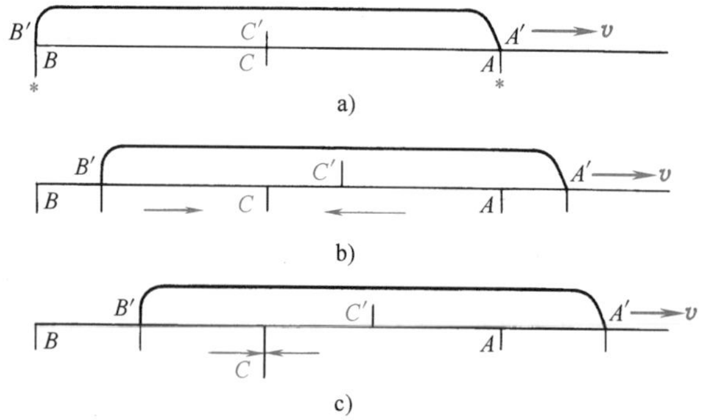

图 4-4 同时的相对性

二、长度的相对性

在伽利略看来，物体的长度是绝对不变的，与物体或观察者的运动无关，与惯性参考系亦无关。那么，根据狭义相对论，如果在洛伦兹变换下，同一物体的长度在不同惯性参考系中量度时是否变化呢？

1. 物体在与运动垂直方向上长度不变

如图 4-5 所示，一根细棒被置于惯性参考系 S′中，且棒与 y'轴平行，棒的两端在 y_1'和 y_2'处，$L_0 = y_2' - y_1'$。当两个惯性参考系 S 和 S′相对静止时，在两个惯性系中测出棒的长度均为 L_0。但当 S′系相对于 S 系以$\boldsymbol{v}$ 的速度沿 x-x'轴运动时，由于棒置于 S′系中，因而在 S′系中测量棒长仍为 L_0，而在 S 系中同时测量得棒两端点坐标为 y_1、y_2，长 $L = y_2 - y_1$。根据洛伦兹变换式（4-5）有

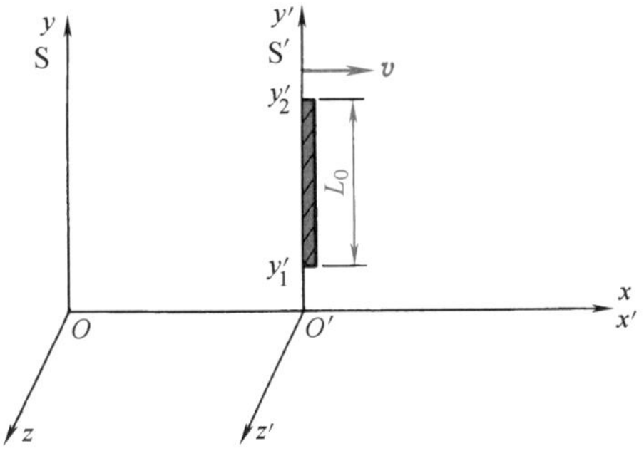

图 4-5　垂直于运动方向的长度不变

$$L = y_2 - y_1 = y_2' - y_1' \tag{4-10}$$

同理，若把棒放在 z 轴方向上，也有同样的结果。因此有结论：当棒放在与运动方向垂直的方向时，相对于棒而言，运动的观察者和静止的观察者都认为棒有相同的长度，即棒长不变。

2. 物体在运动方向上长度缩短

设有两个惯性参考系 S 和 S′。如图 4-6 所示，一根细棒被固定于 S′系中，且棒与 x'轴平行，棒两端分别在 x_1'和 x_2'处，S′系上测得棒的长度为 $L_0 = x_2' - x_1'$。当 S′系相对于 S 系以速度 $\boldsymbol{v}$ 沿 x-x'轴方向向右运动时，在 S′系中测量棒的长度仍为 L_0，而在 S 系中同时测量棒两端点的坐标分别为 x_1、x_2（y、z 相同），则棒长 $L = x_2 - x_1$。根据洛伦兹变换式（4-5），有

$$x_1' = \frac{x_1 - vt_1}{\sqrt{1 - v^2/c^2}}$$

$$x_2' = \frac{x_2 - vt_2}{\sqrt{1 - v^2/c^2}}$$

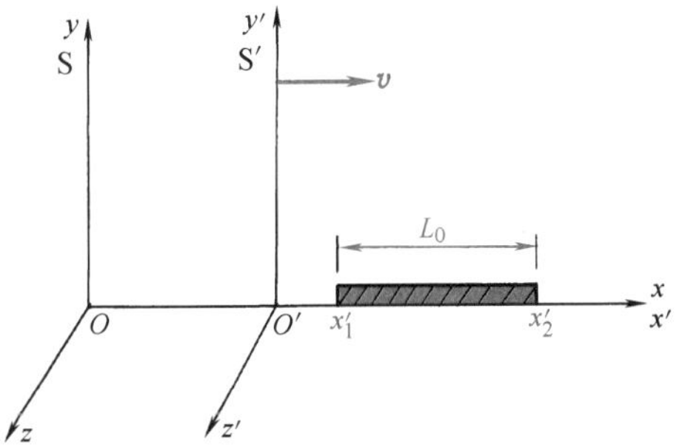

图 4-6　运动方向上的长度缩短

由于在 S 系中测棒的长度时，两端点的坐标必须是相对于 S 系而言，且在同一时刻测出的，因此 $t_1 = t_2$。令上述两式相减，可得

$$x_2' - x_1' = \frac{x_2 - x_1}{\sqrt{1 - v^2/c^2}}$$

即

$$L_0 = \frac{L}{\sqrt{1 - v^2/c^2}}$$

或

$$L = L_0 \sqrt{1 - v^2/c^2} \tag{4-11}$$

由于$\sqrt{1 - v^2/c^2} < 1$，故 $L < L_0$，这就是说，从 S 系中来看，静止于 S′系中的棒的长度要缩短

一些。由此得出结论：当一个惯性参考系相对于另一惯性参考系以速度$\boldsymbol{v}$运动时，从静止惯性系将测得运动惯性系中的物体长度在运动的方向上以因子$\sqrt{1-v^2/c^2}$缩短。通常称这一现象为洛伦兹-斐兹杰惹长度收缩。长度的收缩完全是一种相对论效应，它与人们习以为常的经验完全不同。在通常情况下，由于$v \ll c$，则$\sqrt{1-v^2/c^2}\approx 1$，即$L\approx L_0$，因而人们未能体会到长度收缩的现象。长度收缩现象在宇宙航行及基本粒子实验中被完全证实，而且理论计算结果与测量结果精确吻合。

【例4-2】 如图4-7所示，长为1m的棒静止地放在$x'O'y'$平面内，在S′系的观察者，测量得此棒与$O'x'$轴成45°角。试问从S系的观察者来看，此棒的长度以及棒与Ox轴的夹角分别是多少？设S′系以速率$v=\frac{\sqrt{3}}{2}c$沿x-x'轴相对S系运动。

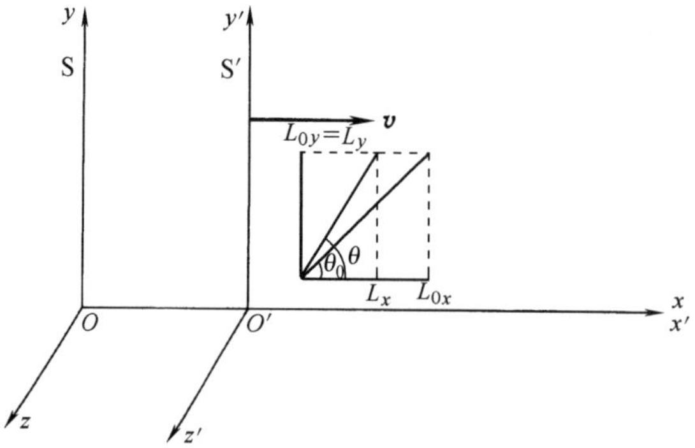

图4-7 例4-2图

【解】 设棒静止于S′系的长度为L_0，它与$O'x'$轴的夹角为θ_0，此棒长在$O'x'$和$O'y'$轴上的分量分别为$L_{0x}=L_0\cos\theta_0$，$L_{0y}=L_0\sin\theta_0$。

从S系的观察者来看，此棒长在Oy轴上的分量L_y与L_{0y}相等，即

$$L_y=L_{0y}=L_0\sin\theta_0$$

而棒长在Ox轴上的分量，由式（4-11）决定，即

$$L_x=L_{0x}\sqrt{1-v^2/c^2}=L_0\cos\theta_0\sqrt{1-v^2/c^2}$$

因此，从S系中的观察者看来，棒的长度为

$$L=\sqrt{L_x^2+L_y^2}=L_0\sqrt{1-\frac{v^2}{c^2}\cos^2\theta_0}$$

而棒与Ox轴的夹角可由下式确定：

$$\tan\theta=\frac{L_y}{L_x}=\frac{L_0\sin\theta_0}{L_0\cos\theta_0\sqrt{1-v^2/c^2}}=\frac{\tan\theta_0}{\sqrt{1-v^2/c^2}}$$

依题意$\theta_0=45°$，$L_0=1\text{m}$，$v=\frac{\sqrt{3}}{2}c$，所以

$$L=0.79\text{m}$$

$$\tan\theta=2 \quad 或 \quad \theta=63°27'$$

可见，从S系的观察者看来，运动着的棒不仅长度要缩短，而且棒的倾角也发生变化。

三、时间的相对性

在相对论中，既然长度具有相对性，那么，一个事件的发生所经历的时间是否也具有相对性呢？即在不同惯性系中测量同一事件的发生所经历的时间是否也有所不同？这个问题仍然要由洛伦兹变换出发来讨论。

如图4-8所示，在S′系中的A'处有一静止的时钟，有一事件于t_1'时刻于此地发生，而于t_2'时刻终止于此地，则从S′系来看，该事件在A'处所经历的时间为$\Delta t' = t_2' - t_1'$。

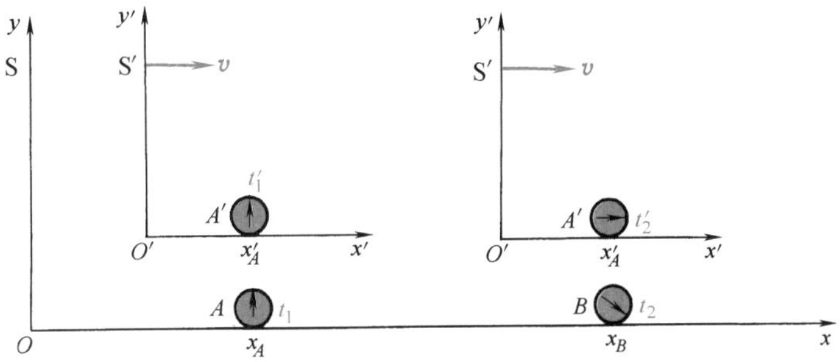

图4-8　时间的相对性

设S′系以速度$\boldsymbol{v}$相对于S系沿x-x'轴方向向右运动，事件发生时，A'点位于S系的A处，而静止于S系上的时钟指示t_1时刻；事件终止时，A'点位于S系的B处，而此处静止于S系上的时钟指示t_2时刻。考虑到S系上的时钟都是统一对准的，则该事件的发生在S系上来看，它所经历的时间为$\Delta t = t_2 - t_1$。根据洛伦兹变换式（4-6）有

$$t_1 = \frac{t_1' + \frac{v}{c^2}x_A'}{\sqrt{1 - v^2/c^2}}$$

$$t_2 = \frac{t_2' + \frac{v}{c^2}x_A'}{\sqrt{1 - v^2/c^2}}$$

上两式相减，则有

$$\Delta t = t_2 - t_1 = \frac{t_2' - t_1'}{\sqrt{1 - v^2/c^2}} = \frac{\Delta t'}{\sqrt{1 - v^2/c^2}}$$

或

$$\Delta t = \frac{\Delta t'}{\sqrt{1 - v^2/c^2}} \tag{4-12}$$

由式（4-12）可见，由于$\sqrt{1 - v^2/c^2} < 1$，故$\Delta t > \Delta t'$，即在S系中所记录的该事件发生所经历的时间要大于在S′系中所记录的该事件发生所经历的时间。换句话说，S系的时钟记录S′系内某一地点发生的事件所经历的时间，比S′系的时钟所记录的时间要长一些。由于S′系是以速度$\boldsymbol{v}$沿x-x'轴方向相对于S系运动的，因此可以说，运动着的时钟走慢了。同理，若观察者站在S′系中观察S系中某一地点发生的同一事件，也会得出相同的结论。上述这种现象称为时间延缓效应。它也完全是一种相对论效应。由此可见，时间已不再是绝对的了，亦具有相对性。

与一事件的发生地点相对静止的时钟所记录的该事件所经历的时间称为该事件的**固有时间**或**本征时间**，用 τ_0 表示；而在相对于此事件发生地点以速度 v 运动的其他惯性参考系中，记录该事件所经历的时间称为**测量时间**或**相对时间**，用 τ 表示，则

$$\tau = \frac{\tau_0}{\sqrt{1 - v^2/c^2}} \tag{4-13}$$

时间延缓效应完全是从相对运动的角度来描述的。相对于时钟静止的任一观察者，用这只时钟测得的时间都是固有时间，而以速度 v 相对于观察者运动的时钟，则走得慢一些，我们不能说哪一只时钟更准确。同一只时钟，对于携带它的人可测出固有时间，而对于迅速经过它的人，所测出的时间，总要比固有时间长一些。

当然，当 $v \ll c$ 时，$\sqrt{1-v^2/c^2} \approx 1$，则 $\Delta t = \Delta t'$（或 $\tau = \tau_0$），上述时间延缓效应便不复存在了。

【例 4-3】 π^+ 介子将衰变为 μ^+ 介子和 μ 中微子，π^+ 介子固有寿命为 2.6×10^{-8}s。若某个 π^+ 介子的速率 $v=0.90c$，试求在实验室坐标系中此 π^+ 介子的寿命和飞行路程各是多少？

【解】 在随同 π^+ 介子运动的惯性参考系 S′中测得的是固有寿命 $\Delta t' = 2.6\times10^{-8}$s，此时 π^+ 介子相对于 S′系静止。

π^+ 介子相对实验室坐标系 S 运动，$v=0.90c$，所以在实验室中测得运动 π^+ 介子的寿命为

$$\Delta t = \frac{\Delta t'}{\sqrt{1-v^2/c^2}} = \frac{2.6\times10^{-8}}{\sqrt{1-(0.9c/c)^2}}\text{s} = 6.0\times10^{-8}\text{s}$$

Δt 是 π^+ 介子固有寿命的两倍多。在 π^+ 介子生存期间，于实验室坐标系中通过的路程为

$$s = v\Delta t = 0.90\times3\times10^8\times6.0\times10^{-8}\text{m} = 16.2\text{m}$$

结论：同一种不稳定粒子，其运动寿命要比静止寿命长。这一理论预言已在高能物理实验中得到了证实。

【例 4-4】 离太阳系最近的恒星距太阳系约 4.3×10^{16}m。光速为 $3\times10^8\text{m}\cdot\text{s}^{-1}$，所以光脉冲从地球到达该恒星所需时间至少是 1.43×10^8s（约 4.5 年）。当宇宙飞船的速率达到 $0.9990c$ 时，问：按照地球的时钟计算，飞船往返旅行一次所需时间为多少？按飞船上的时钟计算，所需时间又是多少？

【解】 若近似地把宇宙飞船的速率看作是光速 c，则按地球上的时钟计算，往返一次需 $\Delta t = 9$ 年时间。若在飞船上，根据时间延缓效应，有

$$\Delta t = \frac{\Delta t'}{\sqrt{1-v^2/c^2}}$$

即

$$\Delta t' = \Delta t\sqrt{1-v^2/c^2} = 9\times\sqrt{1-(0.9990)^2}\text{年} = 0.4\text{年}$$

可见，宇宙飞船上把相当于地球上 9 年的时间仅指示为 0.4 年，也就 5 个月吧，对于宇航员来说，5 个月要比 9 年容易过得多了。

下面讨论一个有趣的话题：假设宇航员有一孪生兄弟留在地球上，在上述旅行过程中，地球上的兄弟长了 9 岁，而宇航员仅度过了 5 个月，年龄增长不足一岁。对于这种称为“孪生子佯谬”的现象，科学家曾经进行了详细地讨论，他们认为这个结果应该是真实的，宇航员回到地球后，两孪生兄弟的生理年龄的确是不同的。

第四节 狭义相对论动力学基础

物理规律在不同惯性参考系间的变换具有不变性，称为协变性。

在绝对时空理论中，牛顿力学定律在伽利略变换下具有协变性，但在洛伦兹变换下就不是协变的了。根据狭义相对论的相对性原理，物理定律在一切惯性参考系中都应具有协变性。为了使力学的基本方程经洛伦兹变换后在各惯性参考系中也都是协变的，必须把牛顿力学的公式做适当的改造，改造的结果便产生了相对论力学。

相对论力学的公式必须满足下列要求：（1）必须符合相对论的基本假设，即光速不变原理和相对性原理；（2）当运动物体的速率 $v \ll c$ 时，它们变为牛顿力学的公式，也就是说，牛顿力学是当 $v \ll c$ 时相对论力学的一级近似。以下将对力学中的基本物理量，诸如质量、动量、动能、能量以及动力学方程加以讨论，给出适合狭义相对论并且在洛伦兹变换下协变的表达形式。

一、相对论质量与动量

当质量为 m_0 的物体相对于观察者以速度$\boldsymbol{v}$ 运动时，观察者测量出物体的质量为 m，在相对论中 m 与 m_0 的关系为

$$m = \frac{m_0}{\sqrt{1 - v^2/c^2}} \tag{4-14}$$

上式即相对论质量表达式，又称为质-速关系。式中的 m_0 为物体相对于观察者静止时的质量，一般称为物体的静质量；m 为物体相对于观察者以速度 $\boldsymbol{v}$ 运动时，观察者测量出的质量，一般称为物体的动质量。物体的动质量已不再是一个常量，它与观察者所属的惯性参考系有关。

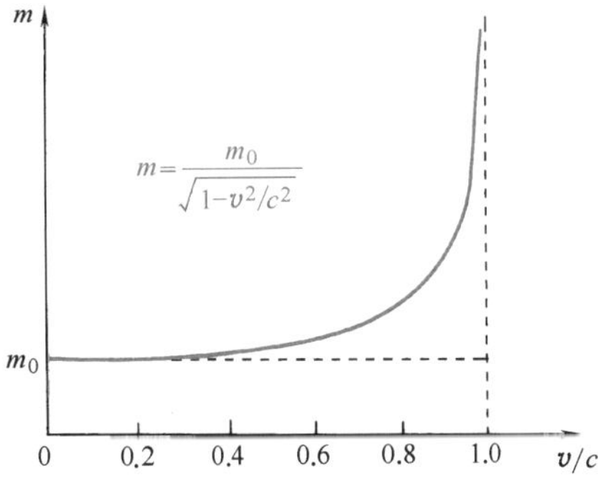

图 4-9 质-速关系

图 4-9 表示物体的质量与其运动速度的关系。当物体的速率趋近于零时，物体的动质量趋近于静质量。当物体的速率 v 接近于光速 c 时，物体的质量变化尤为显著，如 $v = 0.1c$ 时，$m = 1.0005m_0$；$v = 0.866c$ 时，$m = 2m_0$；$v = 0.98c$ 时，$m = 5m_0$。在电子偏转实验中以及在高能粒子加速器的实验中，大量实验结果都证明了式（4-14）的正确性。从质-速关系可见，对于静质量不为零的物体，当 $v \to c$ 时，$m \to \infty$；当 $v > c$ 时，m 变为虚数。所以，静质量不为零的物体，其速度不可能等于或超过光速。运动速度等于光速的粒子，如光子、中微子等，它们的静质量只能是零。

在狭义相对论中，相应的动量定义为

$$\boldsymbol{p} = m\boldsymbol{v} = \frac{m_0\boldsymbol{v}}{\sqrt{1 - v^2/c^2}} \tag{4-15}$$

此时动量守恒定律在不同惯性参考系中保持协变性。

因为相对论中质量与速度有关，所以动量已不再与速度成正比，这有别于牛顿力学中的结论，图4-10表示动量与速度的关系在相对论力学和在牛顿力学中的差异。

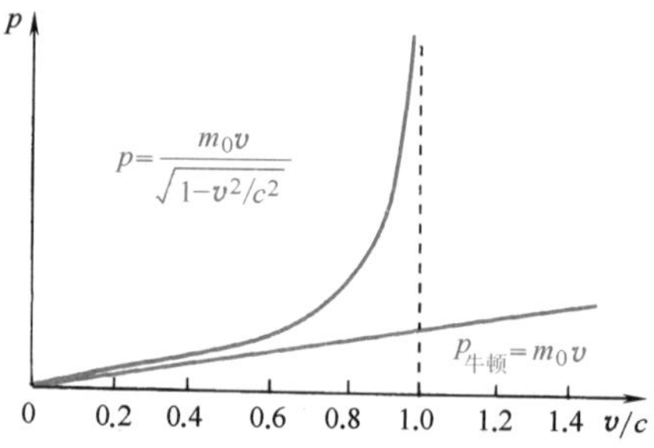

图4-10 动量与速度的关系

二、相对论动力学的基本方程

在狭义相对论中，因为质量是随速度而变化的，牛顿第二定律不能再取 $\boldsymbol{F}=m\boldsymbol{a}$ 的形式，而应该写成如下形式：

$$\boldsymbol{F}=\frac{\mathrm{d}\boldsymbol{p}}{\mathrm{d}t}=\frac{\mathrm{d}}{\mathrm{d}t}\left(\frac{m_0\boldsymbol{v}}{\sqrt{1-v^2/c^2}}\right) \tag{4-16}$$

式中，t、$\boldsymbol{F}$、$\boldsymbol{p}$ 是在同一惯性参考系中的观测值。

当 $v \ll c$ 时，$\sqrt{1-\frac{v^2}{c^2}} \to 1$，则式（4-16）又恢复了经典牛顿第二定律的表述形式。

三、相对论的能量

现在来讨论，在无耗散力、无任何势场作用情况下，物体的相对论能量的形式。这种情况下的物体称为自由物体。动能定理在相对论中表述形式不变，当一自由物体受一外力作用时，物体动能的增量等于外力所做的功。

设有一自由物体，初始时刻静止于某一惯性参考系中，物体在 x 轴方向上由于受到一外力 $\boldsymbol{F}$ 作用而产生运动，此外力 $\boldsymbol{F}$ 所做的功为

$$A=\int F\mathrm{d}x=\int\frac{\mathrm{d}p}{\mathrm{d}t}\mathrm{d}x=\int v\mathrm{d}p=\int\frac{m_0 v}{(1-v^2/c^2)^{3/2}}\mathrm{d}v=\int\mathrm{d}\left(\frac{m_0c^2}{\sqrt{1-v^2/c^2}}\right)$$

取上述积分上限为 $v=v$，下限为 $v=0$，则有

$$A=\frac{m_0c^2}{\sqrt{1-v^2/c^2}}-m_0c^2$$

如前所述，外力对自由物体所做的功等于物体动能的增量。由于物体初始时刻静止于惯性参考系中，初动能为0，所以上式所表示的外力对自由物体所做的功，就是自由物体在速度为 v 时动能 E_k 的大小，即

$$E_k=\frac{m_0c^2}{\sqrt{1-v^2/c^2}}-m_0c^2 \tag{4-17}$$

表面上看来，相对论的动能表达式（4-17）与经典力学的动能表达式 $\frac{1}{2}m_0v^2$ 毫无相同之处，但当 $v \ll c$ 时，$\frac{v}{c} \ll 1$，此时，从展开式

$$\frac{1}{\sqrt{1-v^2/c^2}}=1+\frac{1}{2}\frac{v^2}{c^2}+\frac{3}{8}\frac{v^4}{c^4}+\frac{5}{32}\frac{v^6}{c^6}+\cdots$$

略去 $\frac{v^2}{c^2}$ 以上的高次项，则得

$$\frac{1}{\sqrt{1-v^2/c^2}}=1+\frac{1}{2}\frac{v^2}{c^2}$$

把上式代入式（4-17），则有

$$E_{\mathrm{k}}=m_0c^2\left(1+\frac{1}{2}\frac{v^2}{c^2}\right)-m_0c^2=\frac{1}{2}m_0v^2$$

可见，当$\frac{v}{c}\ll 1$时，式（4-17）所表达的相对论动能便简化为牛顿力学中的动能表达式。

考虑到质-速关系式（4-14），式（4-17）还可以写成下列形式：

$$E_{\mathrm{k}}=mc^2-m_0c^2 \tag{4-18}$$

式中，mc^2 称为自由物体的相对论总能量，用 E 表示，即

$$E=mc^2=\frac{m_0c^2}{\sqrt{1-v^2/c^2}} \tag{4-19}$$

而 m_0c^2 称为自由物体的静止能量，简称静能，用 E_0 表示，即

$$E_0=m_0c^2 \tag{4-20}$$

由式（4-18）可以得出结论：自由物体的相对论动能等于其相对论总能量与其静能之差，即

$$E_{\mathrm{k}}=E-E_0 \quad \text{或} \quad E=E_{\mathrm{k}}+E_0 \tag{4-21}$$

式（4-21）表明，自由物体的相对论总能量等于其相对论动能与静能之和。

图 4-11 展示了不同速度下，自由物体的相对论总能量 E、相对论动能 E_{k}、静能 E_0 和牛顿力学中的动能$\frac{1}{2}m_0v^2$。可以看出，当$\frac{v}{c}\ll 1$时，相对论的动能 E_{k} 和牛顿力学动能$\frac{1}{2}m_0v^2$几乎重合。当$\frac{v}{c}$增大时，相对论动能要比牛顿力学动能增加得快。

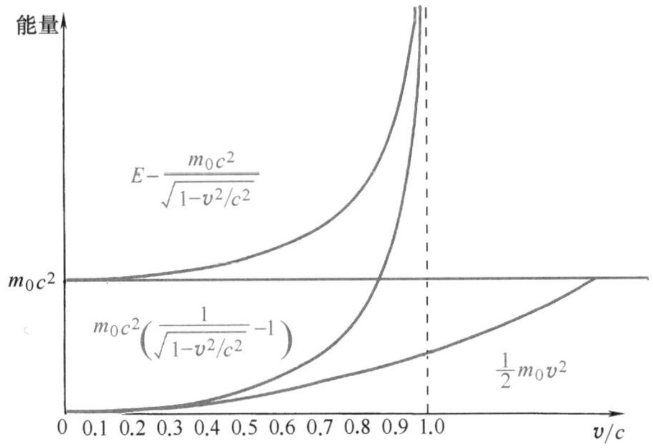

图 4-11　不同速度下自由物体的能量和动能

四、相对论质能关系

在狭义相对论中，一般把

$$E = mc^2 \tag{4-22}$$

称为相对论的质能关系式。它反映了物质的两个基本属性——质量和能量之间的不可分割的联系。它表明自然界中没有脱离质量的能量，也没有脱离能量的质量，相对论总能量与相对论质量总是成正比的。

式（4-18）又可以写成

$$E_k = mc^2 - m_0c^2 = (m - m_0)c^2 \tag{4-23}$$

式（4-23）表明，当物体的动能由零增加到 E_k 时，其质量从 m_0 增加到 m；或者说，当物体的质量随物体的运动由 m_0 增加到 m 时，其动能由零增加到 E_k，即物体动能的增量与质量的增量成正比：

$$\Delta E_k = \Delta mc^2 \tag{4-24}$$

由于物体的静能与物体的静质量成正比，且为常量，它不随物体的运动而变化，那么，物体动能的变化即为总能量的变化。故式（4-24）可以更普遍地写为

$$\Delta E = \Delta mc^2 \tag{4-25}$$

式（4-25）表明，一个系统、一个物体、一个质点或一个粒子能量变化的同时都伴随着质量的变化，任何质量的变化都同时相应地有能量的变化。

式（4-22）及式（4-25）的正确性已被大量实验所证实，它们正是人类开发利用核能的理论依据。

五、相对论动量与能量的关系

在狭义相对论中，建立动量与能量的关系是必要的，它可以解释很多物理现象。

由式（4-19）可得

$$\left(\frac{E}{m_0c^2}\right)^2 = \frac{1}{1 - v^2/c^2}$$

由式（4-15）可得

$$\frac{p^2}{(m_0c)^2} = \frac{v^2/c^2}{1 - v^2/c^2}$$

上述两式相减，并稍加整理，有

$$E^2 = m_0^2c^4 + p^2c^2 \tag{4-26}$$

或

$$E = \sqrt{m_0^2c^4 + p^2c^2}$$

式（4-26）便是相对论中动量与能量的关系。

对于光子，其静质量及静能量均为零。由式（4-26）知，光子的能量为

$$E = pc \tag{4-27}$$

能量为 E 的光子具有动量

$$p = \frac{E}{c} \tag{4-28}$$

能量为 E 的光子具有动质量 m，由式（4-22）有

$$m = \frac{E}{c^2} = \frac{p}{c} \tag{4-29}$$

光子没有静质量和静能量，却有动质量和动量，这已被大量实验所证实。例如，光线经

过大星体旁时会发生弯曲，是由于光子具有动质量，而受大星体的万有引力作用所致。又如，实验中观察到当光照射到物体表面时，会产生光压，这也是由于光子具有动量的缘故。在太阳系中，彗星的彗尾的形成便是太阳光压作用的结果。

【例 4-5】 一静止质量为 m_0、以 $0.8c$ 速率运动的粒子，与一静止质量为 $3m_0$、开始时处于静止的粒子发生完全非弹性碰撞，这样组成的粒子的静止质量是多少？

【解】 已知 $m_{10}=m_0$，$v_{10}=0.8c$；$m_{20}=3m_0$，$v_{20}=0$。设组成的粒子的静质量为 m，动质量为 m'，运动速度为 v，则根据动量守恒定律有 $p_1=p_2$，又

$$p_1=\frac{m_0v_{10}}{\sqrt{1-v_{10}^2/c^2}}=\frac{m_0\times0.8c}{\sqrt{1-0.8^2}}=\frac{4}{3}m_0c$$

$$p_2=m'v$$

所以
$$m'v=\frac{4}{3}m_0c$$

即
$$\frac{mv}{\sqrt{1-v^2/c^2}}=\frac{4}{3}m_0c \quad ①$$

又根据能量守恒定律有 $E_1=E_2$，而

$$E_1=\frac{m_0c^2}{\sqrt{1-v_{10}^2/c^2}}+3m_0c^2=4.67m_0c^2$$

$$E_2=\frac{mc^2}{\sqrt{1-v^2/c^2}}$$

所以
$$\frac{m}{\sqrt{1-v^2/c^2}}=4.67m_0 \quad ②$$

式①除以式②有

$$v=0.286c \quad ③$$

把式③代入式②有

$$m=4.67m_0\sqrt{1-v^2/c^2}=4.47m_0$$

即组成的粒子的静止质量为 $4.47m_0$。

【例 4-6】 已知质子和中子的静止质量分别为 $m_p=1.00728\text{u}$，$m_n=1.00866\text{u}$。两个质子和两个中子结合成一个氦核${}_2^4\text{He}$，实验测得其静止质量 $m_{{}_2^4\text{He}}=4.00150\text{u}$。试计算形成一个氦核时放出的能量是多少？（u 为原子质量单位，$1\text{u}=1.660\times10^{-27}\text{kg}$）

【解】 两个质子和两个中子组成氦核前的总质量 $m=2m_p+2m_n=4.03188\text{u}$，结合成氦核后，质量减少量为

$$\Delta m=m-m_{{}_2^4\text{He}}=0.03038\text{u}=0.03038\times1.660\times10^{-27}\text{kg}=5.04\times10^{-29}\text{kg}$$

释放的能量

$$\Delta E=\Delta mc^2=0.4539\times10^{-11}\text{J}$$

小　结

本章介绍了相对论的基本原理。爱因斯坦在对绝对时空观进行深入思考的基础上，提出

光速不变原理和相对性原理两条基本假设。本章介绍了狭义相对论的时空变换式——洛伦兹变换，按照此变换，时间和空间不再是相互独立的，而是相互关联、相互依存的，由此导出“同时性不是绝对的，而与参考系有关”这一与日常经验相悖的观念，继而得出长度收缩和时间延缓效应两个重要结论。在相对论运动学基础上，讨论了质量、动量、力和能量等相对论动力学问题，得出了重要的质能关系式。

本章涉及的重要概念和原理有：

（1）相对论的基本假设 光速不变原理和相对性原理。

（2）洛伦兹变换

$$\text{S 系}\to\text{S}'\text{系}\begin{cases}x'=\dfrac{x-vt}{\sqrt{1-v^2/c^2}}\\ y'=y\\ z'=z\\ t'=\dfrac{t-\dfrac{v}{c^2}x}{\sqrt{1-v^2/c^2}}\end{cases}\qquad \text{S}'\text{系}\to\text{S 系}\begin{cases}x=\dfrac{x'+vt'}{\sqrt{1-v^2/c^2}}\\ y=y'\\ z=z'\\ t=\dfrac{t'+\dfrac{v}{c^2}x'}{\sqrt{1-v^2/c^2}}\end{cases}$$

（3）狭义相对论的时空观

同时的相对性 在一个惯性参考系中不同地点同时发生的事件，在另一惯性参考系中来看，将不再是同时发生的。

长度的相对性 物体在与运动垂直的方向上长度不变，在运动方向上长度发生收缩，即 $L=L_0\sqrt{1-v^2/c^2}$

时间的相对性 $\Delta t=\dfrac{\Delta t'}{\sqrt{1-v^2/c^2}}$

（4）狭义相对论动力学

相对论质量和动量 $m=\dfrac{m_0}{\sqrt{1-v^2/c^2}}$，$\boldsymbol{p}=\dfrac{m_0\boldsymbol{v}}{\sqrt{1-v^2/c^2}}$

相对论能量

动能 $E_k=\dfrac{m_0c^2}{\sqrt{1-v^2/c^2}}-m_0c^2$

自由物体相对论总能量 $E=mc^2=\dfrac{m_0c^2}{\sqrt{1-v^2/c^2}}$

静能 $E_0=m_0c^2$

相对论质能关系 $E=mc^2$

相对论动量和能量关系 $E^2=m_0^2c^4+p^2c^2$

习 题

4-1 宇宙飞船相对于地面以速度$\boldsymbol{v}$做匀速直线飞行，某一时刻飞船头部的宇航员向飞船尾部发出一个光信号，经过 Δt（飞船上的钟）时间后，被尾部的接收器收到，则由此可知飞船的固有长度为多少？

（c 为真空中的光速）

4-2　已知惯性系 S′相对于惯性系 S 以 $0.5c$ 的速度沿 x 轴负方向匀速运动，若从 S′系的坐标原点 O' 沿 x 轴正方向发出一光波，则 S 系中测得此光波的波速为多少？（c 为真空中的光速）

4-3　π^+ 介子是不稳定的粒子，如果它相对实验室参考系以 $0.8c$ 的速度运动，在它自己的参考系中测得平均寿命是 2.6×10^{-8}s，那么在实验室参考系中测得的 π^+ 介子的寿命是多少？

4-4　S 系与 S′系是坐标轴相互平行的两个惯性系，S′系相对 S 系沿 Ox 轴正方向匀速运动。一根刚性尺静止在 S′系中，它与 $O'x'$ 轴成 30°角。今在 S 系中观察得该尺与 Ox 轴成 45°角，求 S′系相对 S 系的速度。

4-5　一艘宇宙飞船的船身固有长度为 $L_0=90$m，相对于地面以 $v=0.8c$（c 为真空中光速）的速度在一观测站的上空飞过。求：

（1）观测站测得飞船的船身通过观测站的时间间隔。

（2）宇航员测得船身通过观测站的时间间隔。

4-6　在惯性系 S 中，有两事件发生于同一地点，且第二事件比第一事件晚发生 $\Delta t=2$s；而在另一惯性系 S′中，观测第二事件比第一事件晚发生 $\Delta t'=3$s。那么在 S′系中发生两件事的地点之间的距离是多少？

4-7　在 S 系中的 x 轴上相隔为 Δx 处有两个同步的钟 A 和 B，读数相同，在 S′系的 x' 轴上也有一个同样的钟 A′，若 S′系相对于 S 系的运动速度为 $\boldsymbol{v}$，沿 x 轴方向，且当 A′与 A 相遇时，刚好两钟的读数均为 0。那么，当 A′钟与 B 钟相遇时，在 S 系中 B 钟的读数是多少？此时在 S′系中 A′钟的读数是多少？

4-8　在惯性系 S 中发生两事件，它们的位置和时间的坐标分别是（x_1，t_1）及（x_2，t_2），且 $\Delta x>c\Delta t$；若在相对于 S 系沿 x 轴正方向匀速运动的 S′系中发现这两事件却是同时发生的。试证明在 S′系中发生这两事件的位置间的距离是

$\Delta x'=(\Delta x^2-c^2\Delta t^2)^{1/2}$　　（其中 $\Delta x=x_2-x_1$，$\Delta t=t_2-t_1$，c 为真空中的光速）

4-9　设电子静止质量为 m_e，将一个电子从静止加速到速率为 $0.6c$（c 为真空中光速），需做多少功？

4-10　当粒子的动能等于它的静止能量时，它的运动速度是多少？

4-11　在参考系 S 中，有两个静止质量都是 m_0 的粒子 A 和 B，分别以速度 v 沿同一直线相向运动，相碰后合为一个粒子，则其静止质量 m 的值应为多少？

4-12　设快速运动的介子的能量约为 $E=3000$MeV，而这种介子在静止时的能量 $E_0=100$MeV，若这种介子的固有寿命是 $\tau_0=2\times10^{-6}$s，求它运动的距离是多少？（真空中光速 $c=3\times10^8\text{m}\cdot\text{s}^{-1}$）

4-13　一静止质量为 $m_e=9.11\times10^{-31}$kg 的电子，以 $0.99c$ 的速率运动。试求：

（1）电子的总能量。

（2）电子的牛顿力学动能与相对论动能之比。

第二篇 热 学

人们在长期的生产实践中，积累了许多有关热现象的知识，特别是在发明了蒸汽机等热力机械后，对热现象做了更为深入的研究。科学家从微观和宏观两个方面对热现象做了研究，并进而建立了统计物理学与热力学两门学科。

统计物理学的基本出发点是，认为物质是由大量相互作用的分子构成的，而分子又是在不停地做热运动，于是必须用统计的方法及一些理想的模型来研究宏观现象与微观现象之间的关系。统计物理学是研究热现象的微观理论。

热力学则通过观察和实验，对某个热力学系统与外界的能量交换及其状态变化进行研究，从而得到一些规律，并确认一些可能或不可能发生的变化。热力学是研究热现象的宏观理论。

本篇介绍统计物理学中的气体动理论以及热力学中的一些基本内容。

第五章　气体动理论

第一节　理想气体状态方程

一、气体的分子构成

宏观物体（固体、液体和气体等）是由大量的、彼此间有一定距离的分子（分子泛指原子、分子等）组成的。

组成物质的分子或原子的数目是十分巨大的。例如，1g 水中就含有 3.34×10^{22} 个水分子，1mol 气体就含有 6.022×10^{23} 个分子。物质的分子不是连续分布的，彼此间有一定距离。分子的质量和体积都很小。例如，氧的摩尔质量是 $0.032\text{kg}\cdot\text{mol}^{-1}$，所以一个氧分子的质量为 $m=5.31\times10^{-26}\text{kg}$。氧分子本身的体积只有 10^{-29}m^3 量级，但在标准状态下，每个氧分子平均占有的体积约为 $3.72\times10^{-26}\text{m}^3$。可见，气体分子间的距离是相当大的。如果将分子看成是球体，它的平均有效直径是 10^{-10}m 的量级，而气体分子间的距离则是分子直径的几十倍。

物体的可压缩性也说明分子间有一定距离。气体比液体和固体的可压缩性大得多，也说明气体分子间的距离远比液体和固体的分子间距大得多。

分子永不停息地做无规则热运动，但由于分子太小，故很难直接观察到它们的运动，有一些间接的实验足以说明分子运动特点，扩散现象是重要的实验之一。

在物体内部，每个分子是以各种大小不同的速度、沿各种可能的方向运动的。从这个意义上说，分子的运动是“无规则”的。实验证明，热现象是物体内大量分子无规则运动的集体表现，而且这种运动的剧烈程度与物体的温度有关。所以，通常将分子的这种运动称为热运动。

分子间有相互作用力。根据分子运动论的观点，分子的热运动和分子间的相互作用力是决定物质各种性质的两个基本因素。

分子间的作用力称为分子力。分子是一个复杂的带电系统，分子力的性质主要是电磁相互作用力。分子力的规律比较复杂，但在分子运动论中，一般是在实验基础上采用一些简化模型，即假定两分子间的作用力只和它们之间的距离 r 有关，分子间有斥力和引力，斥力和引力随分子间距离 r 的变化关系如图 5-1a 所示。图中 r 轴以上和以下的虚线分别表示斥力和引力，实曲线表示斥力和引力的合力，即分子间总的作用力 F。由图可知：当 r 很大时，分子间吸引力很小，可以忽略；当 r 逐渐减小时，分子间的吸引力逐渐增大；当 $r=r_0$ 时，斥力和引力的大小相等。r_0 的数量级大约是 10^{-10}m。当 $r<r_0$ 时，曲线很陡，说明随距离 r 的减小，分子间表现出很大的斥力。

分子力是保守力，通常可用分子间的势能曲线来说明分子间的相互作用，如图5-1b所示。根据势能曲线很容易说明两个分子间的相互“碰撞”，假定一个分子在坐标原点 O 静止不动，另一个分子在极远处以动能 E_{k0} 接近，E_{k0} 也就是两个分子系统的总能量。当 $r>r_0$ 时，分子间是引力，随着 r 的减小，势能 E_p 不断减小，动能 E_k 不断增加；当 $r=r_0$ 时，势能最小，动能最大；当 $r<r_0$ 时，势能很快增大而动能减小；当 $r=d$ 时，两分子系统的总能量全部转变为势能，动能为零，分子不能再相互接近，而且在很大斥力作用下又被分开。两分子的这种相互接近的过程被认为是分子间的“弹性碰撞”过程，分子被看成是一个“弹性球”，d 称作分子的有效直径。

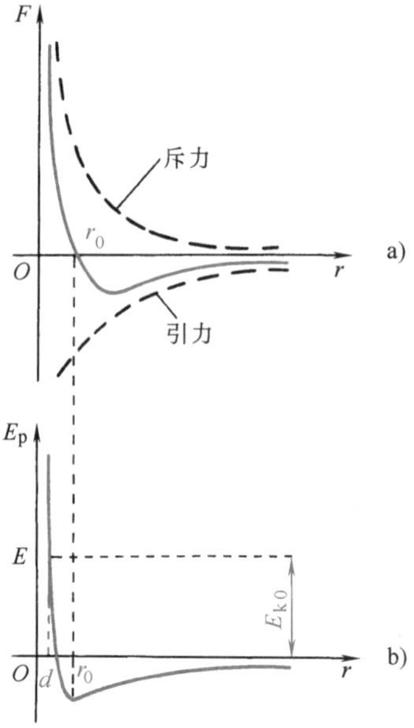

图5-1 分子间作用

如果温度比较低，分子间距离只能在 $r=r_0$ 的附近，这时分子的动能小于势能绝对值，分子系统的总能量是负的。因此，分子只能在平衡位置 r_0 附近做微小的振动，这就是当物质处于凝聚态（液态或固态）时的分子运动情况。

二、宏观状态参量

在气体动理论和热力学中，我们在研究大量分子集体的状态（宏观状态）时，常用一些物理量来描述，这些物理量称为状态参量。气体的状态参量主要是压强 p、体积 V 和温度 T 这三个物理量。

（1）体积 V　由于热运动使容器内的气体可以充满整个空间，所以气体体积的意义是气体分子所能达到的空间。在国际单位制中，体积的单位是 m^3（米^3）。

（2）压强 p　气体分子既然在不停地运动着，就要经常碰撞容器的器壁，这种碰撞的宏观表现是气体对器壁的压力，压力恒垂直于器壁表面。单位面积上的压力叫作压强。在国际单位制中，压强的单位是Pa（帕），过去曾用过atm（标准大气压）和cmHg（厘米汞柱）。三种单位的数值关系是

$$1.01325\times10^5\text{Pa}=1\text{atm}=76\text{cmHg}$$

（3）温度 T　简单说来，温度是表示物体冷热程度的物理量。从本质上讲，温度与物质分子的热运动密切相关。温度的数值表示方法称为温标。物理学中常用两种温标：一是热力学温标，所确定的温度用 T 表示，单位是K（开）；另一种是摄氏温标，所确定的温度用 t 表示，单位是℃（摄氏度）。热力学温度和摄氏温度的数值关系是

$$T=273.15+t$$

一定量的气体，在一定容器中具有一定体积，如果各部分具有相同温度和相同压强，我们就说气体处于一定的状态。换言之，对于一定的气体，它的 p、V、T 三个量完全决定了它的状态。

应该指出，只有当气体的温度处处相同，压强也处处相同时，才能用 p、V、T 描述状态。

三、平衡态

如果有一定量的气体，它的温度和压强各处不同，那么，只要它与外界没有能量交换，内部也无任何形式的能量转换（例如没有发生化学变化或原子核变化），这时，各部分的温度和压强必将趋向于一致，并且在达到一致后，它的状态可以长时间保持不变。这样的状态称为平衡状态，简称平衡态。一定质量气体的平衡态，用状态参量为 p、V、T 的一组数值来表示。例如，(p_1、V_1、T_1) 表示一平衡态，(p_2、V_2、T_2) 表示另一平衡态。

当然，在实际情况下，气体不可能完全不与外界交换能量，平衡态只是一种理想状态。必须指出，平衡态是指系统的宏观性质不随时间变化，从微观看，气体分子仍在不停地运动，只是分子热运动的宏观效果不随时间变化。所以把这种平衡称为热动平衡。

当气体与外界交换能量时，它的状态就要发生变化。当气体从一个状态经不断地变化达到另一状态时，如果所经历的每一个中间状态都无限接近平衡态，这个过程称为准静态过程。

四、理想气体状态方程

实验证明，气体在某个平衡态时，p、V、T 之间存在一定关系，我们把 p、V、T 之间的这种关系称为气体的物态方程。

在中学物理中已介绍过三个著名的气体实验定律，即玻意耳-马略特（Boyle-Mariotte）定律、盖-吕萨克（Gay-Lussac）定律和查理（Charles）定律。后来人们发现，一般气体只是在温度不太低、压强不太高时才遵循上述三个定律，这就给理论研究带来了不便。为了简化问题，人们设想有一种气体，在任何条件下都遵循上述三个定律，显然这是一种理想的气体，所以称为理想气体。而一般气体在温度不太低（与室温比较）、压强不太大（与标准大气压比较）时都可近似地看成是理想气体。

由上述三个气体实验定律可推得平衡态时理想气体状态方程为

$$pV=\frac{m_0}{M}RT \tag{5-1}$$

式中，m_0 为所研究的理想气体的质量；M 为该理想气体的摩尔质量；R 为摩尔气体常数。其中，R 的量值与 p、V、T 所选用的单位有关，如果选用国际单位制，则 $R=8.31\mathrm{J\cdot mol^{-1}\cdot K^{-1}}$；如果压强 p 用 atm（标准大气压）、体积用 L（升），此时 $R=0.082\mathrm{atm\cdot L\cdot mol^{-1}\cdot K^{-1}}$。

对于一定量的理想气体，由式（5-1）可知，p、V、T 三个量中只有两个是独立的参量。

第二节　理想气体的压强与温度

在本节中，我们用气体动理论和统计方法阐明理想气体压强及其微观意义。

热现象是物质中大量分子无规则运动的集体表现。组成物质的分子数是巨大的，分子都在永不停息地做无规则的热运动，而且每个分子的状态也在不断地变化着。如前所述，这样大量的分子，要想跟踪每个分子的运动，根据力学规律列出它们的运动方程并求出最终结果，这不仅非常困难，实际上也无必要。因为分子的热运动是一种比较复杂的运动形式，与物体的机械运动有本质的区别，不能单纯地用力学方法来解决问题。

研究物质中大量分子热运动的集体表现，需要用到统计的方法。一方面，每一个运动着的分子都有其大小、质量、速度、能量等，这些用来表征个别分子的物理量称为微观量。另一方面，一般在实验中测得的又是表征大量分子集体特征的量，称为宏观量，例如物体的温度、压强、热容等都是宏观量。人们认为宏观量与微观量之间必然存在着某种内在的联系，因为虽然个别分子的运动是无规则的，但是，就大量分子的集体表现来看，却存在着一定规律，即统计规律。所以要运用统计方法，求出大量分子的一些微观量的统计平均值，才能解释从实验中直接观测到的物体的宏观性质，揭示物质宏观热现象的本质。

一、理想气体分子模型

在常温常压下，气体分子间的距离比液体和固体分子间的距离要大得多。由于分子间距离大，所以分子间相互作用力甚小。真实气体的压强越小，也就是气体越稀薄，就越接近理想气体。可见理想气体的分子结构具有下面一些特点：

1）分子本身的大小与分子间的距离相比可以忽略不计。

2）除了碰撞以外，分子之间、分子与器壁之间的作用力都可忽略不计，分子受到的重力也可忽略不计。

3）分子之间或分子与器壁之间的碰撞是完全弹性碰撞。

4）同类分子的性质相同，质量也相等。

5）单个分子的运动遵守牛顿运动定律。

以上是理想气体的分子结构模型，简要地说，理想气体分子被看成是体积大小可以忽略不计的，除了碰撞以外可以互不影响地独立运动的、完全相同的弹性小球。

二、统计假设

气体在平衡态时，分子在做无规则的热运动，每个分子的速度的大小和方向是不定的，在不断地变化，具有偶然性。但对大量分子来说，必定是在任一时刻，都各自以不同大小的速度在运动，而且向各方向运动的概率是相等的，没有一个方向占优势。宏观表现就是气体分子密度各处相同。这一事实，使我们可以做出这样一个统计假设，即**平衡态的孤立系统，处在各种可能的微观运动状态的概率相等**。如果将 N 个分子在某一时刻的速度都分解成笛卡儿坐标系各坐标轴方向的分量 v_{ix}、v_{iy} 和 v_{iz}，这些分量的数值必定有大有小，有正有负，因而每个分量的平均值必然为零，即

$$\bar{v}_x = \frac{v_{1x} + v_{2x} + \cdots + v_{Nx}}{N} = 0$$

$$\bar{v}_y = \frac{v_{1y} + v_{2y} + \cdots + v_{Ny}}{N} = 0$$

$$\bar{v}_z = \frac{v_{1z} + v_{2z} + \cdots + v_{Nz}}{N} = 0$$

但是，如果将这些量先平方以后再求平均值，即

$$\overline{v_x^2}=\frac{v_{1x}^2+v_{2x}^2+\cdots+v_{ix}^2+\cdots+v_{Nx}^2}{N}$$

$$\overline{v_y^2}=\frac{v_{1y}^2+v_{2y}^2+\cdots+v_{iy}^2+\cdots+v_{Ny}^2}{N}$$

$$\overline{v_z^2}=\frac{v_{1z}^2+v_{2z}^2+\cdots+v_{iz}^2+\cdots+v_{Nz}^2}{N}$$

则必定有

$$\overline{v_x^2}=\overline{v_y^2}=\overline{v_z^2}$$

对每个分子来说，例如第 i 个分子，有

$$v_i^2=v_{ix}^2+v_{iy}^2+v_{iz}^2$$

因而每个分子速度大小的平方平均值

$$\overline{v^2}=\frac{v_1^2+v_2^2+\cdots+v_i^2+\cdots+v_N^2}{N}$$

由上述统计假设，应该有

$$\overline{v_x^2}=\overline{v_y^2}=\overline{v_z^2}=\frac{1}{3}\overline{v^2} \tag{5-2}$$

由于我们不能直接观察各个分子的运动，所以上面的论点不是实验的直接结论，而是根据实验事实做出的统计假设。例如，气体在平衡态时的密度必定各处均匀。这一事实是提出这一假设的依据。

三、理想气体压强公式

气体对器壁的压强，是大量分子对器壁碰撞的结果。对每个分子来说，在什么时刻与器壁的什么地方碰撞，给予器壁的冲量大小是多少等，是偶然的现象。一个分子碰撞器壁时，器壁受到的只是断续的冲击力。但是，在存在大量分子的情况下，每时每刻都不断有大量分子与器壁的各部分碰撞，这必然使器壁受到一个持续的、大小恒定的作用力。分子数越多、运动的速度越大，器壁受到的作用力越大。下面假定每个分子的运动服从力学规律，并以上述理想气体模型和统计假设为依据，推导气体的压强公式。

为方便起见，设边长为 L_1、L_2、L_3 的长方形容器中有 N 个分子，每个分子的质量是 m，如图 5-2 所示。

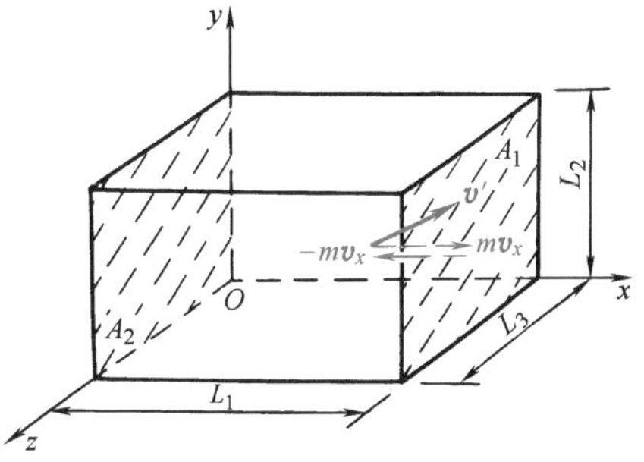

图 5-2　压强公式的推导

在平衡态中，器壁各处所承受的压力都相同，故只需计算任一器壁面上的压强即可。现在，考虑某一速度为 $\boldsymbol{v}$ 的分子，在不受其他分子影响的情况下，只和器壁进行碰撞。将 $\boldsymbol{v}$ 分解为三个分量 v_x、v_y、v_z，当与器壁做弹性碰撞时，只有垂直于器壁方向的速度分量改变符号，其余两方向的速度分量的数值和符号都不改变。所以，讨论某分子与垂直于 x 轴的 A_1 面的碰撞时，可以认为此分子以大小为 v_x 的速度在 A_1 面和 A_2 面之间来回运动。分子与器壁每碰撞一次，分子的动量的增量为 $-mv_x-mv_x=-2mv_x$，也就是分子在

每次碰撞中给予 A_1 面的冲量为 $2mv_x$。单位时间内，一个分子对 A_1 面的碰撞次数是$\frac{v_x}{2L_1}$，所以 A_1 面在单位时间内受到一个分子的冲量，也就是一个分子对 A_1 面的碰撞力为

$$F_0 = 2mv_x \frac{v_x}{2L_1} = \frac{mv_x^2}{L_1}$$

6 压强公式的建立（韩权）

实际上，容器中 N 个分子都相继持续地与 A_1 面碰撞，A_1 面所受到的恒定连续的作用力 F 应等于各个分子碰撞力之和，即

$$F = \frac{mv_{1x}^2}{L_1} + \frac{mv_{2x}^2}{L_1} + \cdots + \frac{mv_{Nx}^2}{L_1}$$

将 F 除以 A_1 面的面积 L_2L_3，就得到气体的压强为

$$p = \frac{F}{L_2L_3} = \frac{m}{L_1L_2L_3}(v_{1x}^2 + v_{2x}^2 + \cdots + v_{2x}^2) = \frac{Nm}{L_1L_2L_3}\left(\frac{v_{1x}^2 + v_{2x}^2 + \cdots + v_{Nx}^2}{N}\right)$$

式中，括号内的量是分子速度 x 分量的平方平均值$\overline{v_x^2}$，可以利用式（5-2）写成$\frac{1}{3}\overline{v^2}$；$L_1L_2L_3$ 是容器的体积 V；$N/V = n$ 是气体的分子数密度。于是气体的压强可写成

$$p = \frac{1}{3}nm\overline{v^2} = \frac{2}{3}n\left(\frac{1}{2}m\overline{v^2}\right) = \frac{2}{3}n\overline{\varepsilon}_k \tag{5-3}$$

式中

$$\overline{\varepsilon}_k = \frac{1}{2}m\overline{v^2} \tag{5-4}$$

是气体分子的平均平动动能。

在推导理想气体压强公式（5-3）时，假定容器是一长方体，这个假定其实是不必要的。对任意形状的容器，都能得到式（5-3）的结果。

从式（5-3）的推导过程可以看到，压强是分子对器壁的碰撞力在一段时间内、较大面积上对大量分子的统计平均量。推导的结果表明，压强等于单位体积内分子总平均动能的2/3。分子的平动动能是微观量，各分子的平动动能不相等，但对大量分子求得的平均平动动能在一定条件下却有确定值。所以式（5-3）的意义是，对于压强这个可以由实验测定的宏观量，从气体动理论的角度来看，它是用微观量的统计平均值来表示的一个统计平均量。因而，压强公式的本身显示出它的统计规律性。

四、理想气体的温度公式

由压强公式和理想气体状态方程，可以得出气体的温度和气体分子平均平动动能的关系，可以对温度这一宏观量做出微观解释。为此，将压强公式（5-3）与理想气体状态方程

$$pV = \frac{m_0}{M}RT$$

相比较。注意到，容器中的总分子数 N，应等于摩尔数 m_0/M 乘以阿伏伽德罗常数 N_0，因而气体的分子数密度为

$$n=\frac{N}{V}=\frac{m_0}{M}\frac{N_0}{V}$$

利用这个关系可将压强公式写成

$$pV=\frac{m_0}{M}\times\frac{2}{3}N_0\left(\frac{1}{2}m\,\overline{v^2}\right)$$

将此式与理想气体状态方程相比较，可得

$$\frac{1}{2}m\,\overline{v^2}=\frac{3}{2}kT \tag{5-5}$$

式中，$k=\dfrac{R}{N_0}=1.380662\times10^{-23}\mathrm{J\cdot K^{-1}}\approx1.38\times10^{-23}\mathrm{J\cdot K^{-1}}$，称为玻耳兹曼常数。

式（5-5）说明，分子的平均平动动能与气体的热力学温度成正比，这就是我们所要求的气体分子的温度公式，这是气体动理论适合于理想气体状态方程时所必须满足的关系。它是用分子平均平动动能这个微观量的平均值来表示的统计平均量。任何气体，尽管它们的质量不相等，但在相同的温度下，分子的平均平动动能必定相等，且与气体的热力学温度成正比。气体的温度，是气体分子平均平动动能的量度，是大量分子热运动的统计平均结果。温度越高，说明分子的热运动越激烈。所以，对少量分子来说，温度是没有意义的。

根据式（5-5），当 $T=0$ 时，$\dfrac{1}{2}m\,\overline{v^2}=0$，即热力学温度为零度时，分子将停止运动。实际上热力学零度永远不可能达到，分子也永远不会停止运动。

从式（5-3）和式（5-5）出发，可以解释一些理想气体的实验定律，从而说明这两个公式在一定范围内的正确性。

【例 5-1】 真空技术是当前表面物理、原子能工业、新型半导体器件和电子工业以及一些尖端科学所必需的。前级机械泵所能达到的真空度是 10^{-3}Torr（1Torr 就是 1mmHg）。目前技术上能达到的超高真空约为 10^{-12}Torr。求 20°C 及 1000°C 时这两种压强下真空中的分子数密度以及对应于这两温度的分子平均平动动能。

【解】 已知压强单位 1Torr = 1mmHg = 133.3Pa。当 $p_1=10^{-3}$Torr 时，$t_1=20$°C 和 $t_2=1000$°C 时的分子数密度分别为

$$n_1=\frac{p_1}{kT_1}=\frac{10^{-3}\times133.3}{1.38\times10^{-23}\times293}\mathrm{m^{-3}}=3.30\times10^{19}\mathrm{m^{-3}}$$

$$n_2=\frac{p_1}{kT_2}=\frac{10^{-3}\times133.3}{1.38\times10^{-23}\times1273}\mathrm{m^{-3}}=7.59\times10^{18}\mathrm{m^{-3}}$$

当 $p_2=10^{-12}$Torr 时，这两温度下的分子数密度分别为

$$n_1=\frac{p_2}{kT_1}=\frac{10^{-12}\times133.3}{1.38\times10^{-23}\times293}\mathrm{m^{-3}}=3.30\times10^{10}\mathrm{m^{-3}}$$

$$n_2=\frac{p_2}{kT_2}=\frac{10^{-12}\times133.3}{1.38\times10^{-23}\times1273}\mathrm{m^{-3}}=7.59\times10^{9}\mathrm{m^{-3}}$$

可见在常温下，即使达到当前技术所能达到的超高真空时，每立方厘米内尚有三万多个分子。

由式（5-5）知，两温度下气体分子的平均平动动能分别为

$$\bar{\varepsilon}_1=\frac{3}{2}kT_1=\left(\frac{3}{2}\times1.38\times10^{-23}\times293\right)\text{J}=6.065\times10^{-21}\text{J}$$

$$\bar{\varepsilon}_2=\frac{3}{2}kT_2=\left(\frac{3}{2}\times1.38\times10^{-23}\times1273\right)\text{J}=2.64\times10^{-20}\text{J}$$

表5-1中列出了一些温度值，供查阅。

表5-1 某些温度值

名　称	温度 T/K	名　称	温度 T/K
宇宙大爆炸后 10^{-42}s 的温度	10^{30}	地球表面最高温度纪录	3.31×10^2
氢弹爆炸中心温度	$10^8\sim10^9$	地球表面最低温度纪录	1.85×10^2
目前实验室获得的最高温度	$(2\sim4)\times10^8$	月球背面温度	90
太阳中心温度	2.0×10^7	液氦沸点	4.2
太阳表面温度	6×10^3	宇宙辐射背景（目前）	2.7
地球中心温度	4×10^3	实验室获得的最低温度	2.4×10^{-11}
月球向阳面温度	4×10^2		

第三节 气体分子热运动的速率分布规律

在平衡态下，气体的每个分子运动速度的大小和方向各不相同，具有任意性、偶然性，特别是由于分子间频繁的碰撞，导致分子的运动状态在不断地变化。我们已知，在平衡态下，容器中气体各部分的密度相同，这就可以认为气体分子沿各方向运动的机会均等，其速度必然等概率地指向所有可能的方向，没有任何一个方向比其他方向更特殊。就大量分子统计平均角度来分析，沿着空间各个方向运动的分子数应该相等，分子速度在各个方向上的分量的平均值也应该相等。

一、气体分子的速率分布律及速率分布函数

研究气体分子速率的分布与研究一般的分布规律相似。例如进行人口统计，知道了各种年龄段的人数占总人数的百分率，就可以计算平均年龄。

处于平衡态的气体分子中，每个分子的速率具有偶然性，是不确定的，我们无法说出具有某个确定速率的分子数有多少。我们只能说速率在一定区间内的分子数占总分子数的百分率。设气体中共有 N 个分子，速率在 v 到 $v+\mathrm{d}v$ 这一速率区间的分子数是 $\mathrm{d}N$，比值 $\mathrm{d}N/N$ 就是这一速率区间内分子数的百分率。很明显，比值 $\mathrm{d}N/N$ 的数值与所取速率区间 $\mathrm{d}v$ 的大小成正比。另外，若在不同的速率 v 附近取相同的速率区间 $\mathrm{d}v$，比值 $\mathrm{d}N/N$ 的数值也不一样，即 $\mathrm{d}N/N$ 也是速率 v 的函数。如果用数学式表示，当 $\mathrm{d}v$ 足够小时，可写成

$$\frac{\mathrm{d}N}{N}=f(v)\,\mathrm{d}v \tag{5-6a}$$

式中，函数

$$f(v)=\frac{\mathrm{d}N}{N\mathrm{d}v} \tag{5-6b}$$

称为气体分子的速率分布函数。它的意义是，在速率 v 附近单位速率区间内的分子数占总分子数的百分率。在一定温度下，$f(v)$ 只是分子速率 v 的函数。

由于全部分子的速率必定分布在 $0\sim\infty$ 的速率范围内，所以速率分布函数 $f(v)$ 对整个速率区间的积分一定是1，即满足归一化条件

$$\int_0^{\infty} f(v)\,\mathrm{d}v = 1 \tag{5-7}$$

亦即在整个速率区间内分子数百分率的总和应等于100%。

二、麦克斯韦速率分布律

7　气体分子热运动的速率分布（张宇）

早在1859年，在测定分子速率的近代实验获得成功之前，麦克斯韦就用概率的概念从理论上推导出了速率分布函数。在平衡态下，当分子间的相互作用可以忽略不计时，速率分布函数可以写成

$$f(v)=4\pi\left(\frac{m}{2\pi kT}\right)^{\frac{3}{2}}v^2\mathrm{e}^{-\frac{mv^2}{2kT}} \tag{5-8a}$$

式中，T 为气体的热力学温度；k 为玻耳兹曼常数；m 为气体分子的质量；$f(v)$ 为麦克斯韦速率分布函数。

将式（5-8a）代入式（5-6a），就可以得到

$$\mathrm{d}N=Nf(v)\,\mathrm{d}v=4\pi N\left(\frac{m}{2\pi kT}\right)^{\frac{3}{2}}v^2\mathrm{e}^{-\frac{mv^2}{2kT}}\mathrm{d}v \tag{5-8b}$$

这就是麦克斯韦速率分布律。

以 $f(v)$ 为纵坐标、v 为横坐标，按式（5-8a）作速率分布函数的曲线，如图5-3所示，称为速率分布曲线。它表示在一定温度下气体分子速率的分布情况。在速率区间 v 到 $v+\mathrm{d}v$ 内的分子数百分率 $\mathrm{d}N/N=f(v)\mathrm{d}v$，用速率分布曲线下的窄条面积表示，因而由式（5-7）知，曲线下的总面积应等于1，即100%。图5-3还表明，气体分子的速率可取 $0\sim\infty$ 之间的一切数值，但速率很小和很大的分子所占的百分率都很小，中等速率的分子所占的百分率很大。与函数 $f(v)$ 的极大值对应的分子速率 v_p 称为最概然速率。它的意义是，如果将分子速率分成许多相等的小区间，则 v_p 所在的区间内分子数的百分率最大。简略地说，也就是在 v_p 附近的分子数的百分率最大。

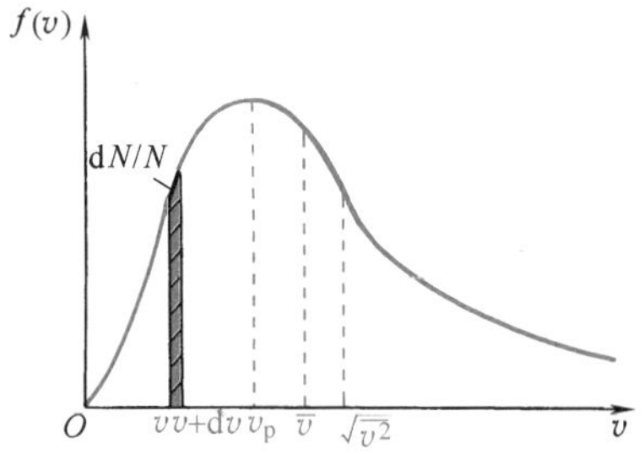

图5-3　气体分子的速率分布曲线

三、三种特征速率

根据麦克斯韦速率分布律，可以导出三个有代表性的分子速率（推导从略）。

（1）最概然速率 v_p　v_p 的意义已如上述，根据微分求极值的方法，将 $f(v)$ 对 v 求导并

令其等于零，即

$$\frac{\mathrm{d}f(v)}{\mathrm{d}v}=0$$

可计算出 v_{p} 的表达式为

$$v_{\mathrm{p}}=\sqrt{\frac{2kT}{m}}=\sqrt{\frac{2RT}{M}}\approx1.41\sqrt{\frac{RT}{M}} \tag{5-9}$$

（2）平均速率 $\bar{v}$ 平均速率就是大量分子速率的平均值。由式（5-6），速率在 v 到 $v+\mathrm{d}v$ 区间内的分子数为

$$\mathrm{d}N=Nf(v)\,\mathrm{d}v$$

由于速率区间 $\mathrm{d}v$ 甚小，可以近似认为 $\mathrm{d}N$ 个分子的速率是相同的，都等于 v。这样，$\mathrm{d}N$ 个分子的速率相加后等于 $v\mathrm{d}N=vNf(v)\,\mathrm{d}v$，全部 N 个分子的速率的和是 $\int_0^{\infty}vNf(v)\,\mathrm{d}v$，所以平均速率为

$$\bar{v}=\frac{\int_0^{\infty}vNf(v)\,\mathrm{d}v}{N}=\int_0^{\infty}vf(v)\,\mathrm{d}v$$

将式（5-8a）代入上式，积分后得

$$\bar{v}=\sqrt{\frac{8kT}{\pi m}}=\sqrt{\frac{8RT}{\pi M}}\approx1.60\sqrt{\frac{RT}{M}} \tag{5-10}$$

平均速率反映气体分子运动的平均快慢，以后在讨论分子间碰撞问题时将用到。

（3）方均根速率 $\sqrt{\overline{v^2}}$ 与给出平均速率相仿，速率平方的平均值为

$$\overline{v^2}=\frac{\int_0^{\infty}v^2Nf(v)\,\mathrm{d}v}{N}=\int_0^{\infty}v^2f(v)\,\mathrm{d}v$$

将式（5-8a）代入上式积分后，可得

$$\sqrt{\overline{v^2}}=\sqrt{\frac{3kT}{m}}=\sqrt{\frac{3RT}{M}}\approx1.73\sqrt{\frac{RT}{M}} \tag{5-11}$$

方均根速率主要用于计算分子的平均平动动能。

比较式（5-9）、式（5-10）和式（5-11）可知 $\sqrt{\overline{v^2}}>\bar{v}>v_{\mathrm{p}}$，在图 5-3 中的横坐标轴上标明了三种速率的大小关系。这表明，速率大于最概然速率的 v_{p} 的分子数，比速率小于 v_{p} 的分子数多，即速率分布曲线对于 v_{p} 不对称。三种速率都与热力学温度 T 的平方根成正比，与分子质量 m 或气体的摩尔质量 M 的平方根成反比。随着气体温度的升高，速率小的分子数减少，速率大的分子数增多，速率分布曲线的形状改变了。由图 5-4 可以看到，随着温度的升高，曲线的极大值向着速率增大的方向移动，三种速率都增大了，曲线显得平坦了。但是，曲线下的面积应保持不变。

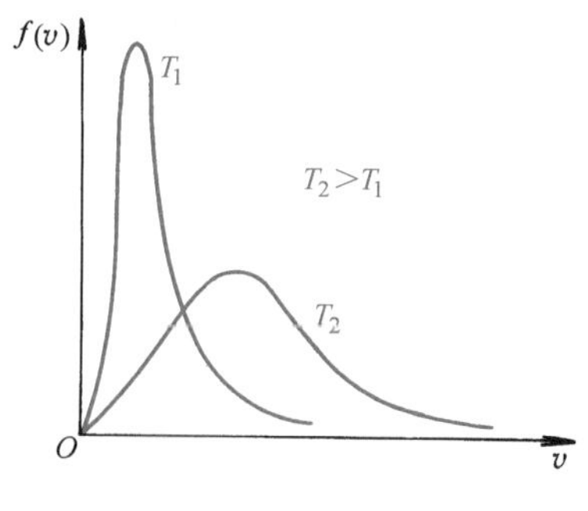

图 5-4 不同温度下的速率分布曲线

图 5-4 的曲线也可理解为在同一温度下不同气体的

分子速率分布。这是因为，气体的质量越小，速率分布曲线显得越平坦。

【例 5-2】 计算 300K 时氮的三种速率。

【解】 氮的摩尔质量为 $M=0.028\text{kg}\cdot\text{mol}^{-1}$，则可算出

$$v_p=\sqrt{\frac{2RT}{M}}=\sqrt{\frac{2\times8.31\times300}{0.028}}\text{m}\cdot\text{s}^{-1}=422\text{m}\cdot\text{s}^{-1}$$

$$\bar{v}=\sqrt{\frac{8RT}{\pi M}}=\sqrt{\frac{8\times8.31\times300}{3.14\times0.028}}\text{m}\cdot\text{s}^{-1}=476\text{m}\cdot\text{s}^{-1}$$

$$\sqrt{\overline{v^2}}=\sqrt{\frac{3RT}{M}}=\sqrt{\frac{3\times8.31\times300}{0.028}}\text{m}\cdot\text{s}^{-1}=517\text{m}\cdot\text{s}^{-1}$$

四、玻耳兹曼能量分布律

前面介绍的麦克斯韦速率分布律，是研究只考虑分子运动速度大小，而不对其方向做限定时，分子数的分布规律。当不仅考虑分子速度的大小，而且考虑速度的方向时，麦克斯韦得出分子按速度的分布规律，称为麦克斯韦速度分布律。

设分子速度矢量为$\boldsymbol{v}$，它在空间笛卡儿坐标系的三个分量是 v_x、v_y、v_z。设分子所受外力和分子间相互作用力可以忽略不计，在热平衡状态下，速度在 $v_x\sim v_x+\mathrm{d}v_x$、$v_y\sim v_y+\mathrm{d}v_y$、$v_z\sim v_z+\mathrm{d}v_z$ 区间的分子数与总分子数的比率为

$$\frac{\mathrm{d}N}{N}=\left(\frac{m}{2\pi kT}\right)^{3/2}\mathrm{e}^{-m(v_x^2+v_y^2+v_z^2)/2kT}\mathrm{d}v_x\mathrm{d}v_y\mathrm{d}v_z$$

此式称为麦克斯韦速度分布律。可以看出，麦克斯韦速度分布律表达式的指数项是一个与分子平动能 $E_k=\frac{1}{2}mv^2$ 有关的量。因而上式可写作

$$\mathrm{d}N=N\left(\frac{m}{2\pi kT}\right)^{3/2}\mathrm{e}^{-\frac{E_k}{kT}}\mathrm{d}v_x\mathrm{d}v_y\mathrm{d}v_z$$

分子在如重力场等保守力场中，不仅有动能，还有势能，当系统在保守力场中处于平衡态时，其中坐标介于 $x\sim x+\mathrm{d}x$、$y\sim y+\mathrm{d}y$、$z\sim z+\mathrm{d}z$ 区间内，同时速度介于 $v_x\sim v_x+\mathrm{d}v_x$、$v_y\sim v_y+\mathrm{d}v_y$、$v_z\sim v_z+\mathrm{d}v_z$ 内的分子数为

$$\mathrm{d}N=n_0\left(\frac{m}{2\pi kT}\right)^{3/2}\mathrm{e}^{-\frac{(E_k+E_p)}{kT}}\mathrm{d}v_x\mathrm{d}v_y\mathrm{d}v_z\mathrm{d}x\mathrm{d}y\mathrm{d}z$$

式中，n_0 表示在势能 E_p 为零处，单位体积内具有各种速率的分子总数。由于 $E_k+E_p=E$，即动能与势能之和为分子的总能量，所以，上式可进一步写成

$$\mathrm{d}N=n_0\left(\frac{m}{2\pi kT}\right)^{3/2}\mathrm{e}^{-\frac{E}{kT}}\mathrm{d}v_x\mathrm{d}v_y\mathrm{d}v_z\mathrm{d}x\mathrm{d}y\mathrm{d}z$$

此式称为玻耳兹曼能量分布律。

第四节　气体分子的平均碰撞次数和平均自由程

本节讨论气体分子之间相互碰撞所遵从的统计规律。

从上一节知道，在室温下，气体分子以每秒几百米的平均速率在运动着，似乎气体中的一切过程都在瞬息之间完成。但实际情况并非如此，例如日常经验告诉我们，打开一瓶香水后，香味要经过几秒到几十秒的时间才能传到几米远的地方。这是由于分子从一处（如图5-5中A点）运动到另一处（B点）的过程中，将不断地与其他分子相碰撞，结果只可能沿着迂回的折线前进。因此，尽管从A点到B点直线距离并不远，但分子由A到B却需要较长时间。事实上，在气体中发生的扩散、热传导过程和黏滞现象等，都取决于分子间碰撞的频繁程度。因而，碰撞问题的研究，对于气体的扩散、热传导和黏滞现象的讨论具有重要意义。

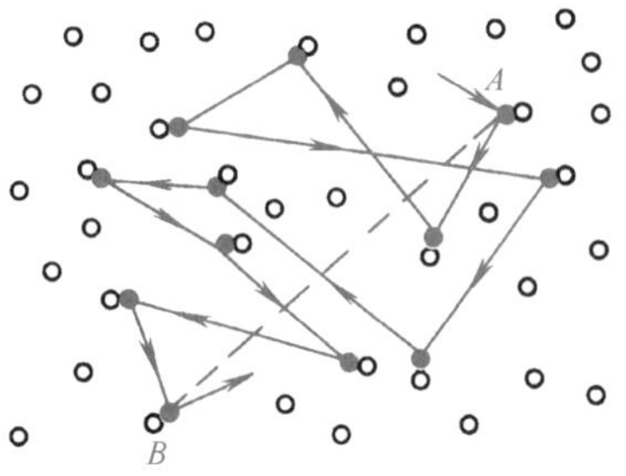

图5-5　分子间的碰撞

分子是由原子核和电子组成的复杂带电系统，分子间的碰撞实质上是在分子力作用下分子间的相互散射过程。在初步考虑问题时，需要采用一定的简化模型。我们通常把分子看作具有一定体积的钢球，把分子间的相互散射过程看作钢球的弹性碰撞。两个分子质心之间的最小距离的平均值，可认为是钢球的直径，叫作分子的有效直径（用d表示）。

为了描述分子间碰撞的频繁程度，引入平均自由程和平均碰撞次数两个统计值。

一个分子在相继两次碰撞之间所通过的直线路程称为自由程。很明显，分子在各次碰撞后所经过的自由程可以很大，也可以很小，具有偶然性。对于研究气体的性质和规律来说，有用的物理量是分子在连续两次碰撞之间所通过的自由程的平均值，称为平均自由程，以$\overline{\lambda}$表示；以及每个分子在单位时间内与其他分子相碰撞的平均次数，称为平均碰撞次数，以$\overline{Z}$表示。

分子在每次碰撞后，它的速度大小和方向就改变了。但是，如果假定分子以平均速率$\overline{v}$在运动，即单位时间内经过的平均路程是$\overline{v}$，它与平均碰撞次数$\overline{Z}$、平均自由程$\overline{\lambda}$之间的关系，可以根据它们的定义，不难得到

$$\overline{\lambda}=\frac{\overline{v}}{\overline{Z}} \tag{5-12}$$

8　平均碰撞频率（韩权）

为了粗略计算$\overline{Z}$，设想我们可以“跟踪”某个分子A的运动。并且，为简单起见，假定所有其他分子都静止不动，只有分子A以平均速率$\overline{v}$在运动，并不断地与其他分子做弹性碰撞。若以分子A运动的折线轨迹为轴线，以分子的有效直径d为半径，作一总长为$\overline{v}$的、曲折的圆柱体，如图5-6所示。很明显，凡是中心在圆柱体内的分子，如分子B和C，都将与分子A碰撞；凡是中心在圆柱体外的分子，如D和E，都不可能与A碰撞。所以，中心在圆柱体内的分子总数，就是一个分子的平均碰撞次数。圆柱体的截面积为πd^2，圆柱体的体积为$\pi d^2\overline{v}$。设气体分子数密度为n，则平均碰撞次数为

$$\overline{Z}=\pi d^2\overline{v}n \tag{5-13}$$

实际上，所有的分子都在运动着。在每次碰撞中，两分子以相对速率u相互接近，因而

式（5-13）中的 $\bar{v}$ 实际应改为平均相对速率 $\bar{u}$。考虑到气体分子速度的相对分布，可算出 $\bar{u}=\sqrt{2}\bar{v}$。所以，平均碰撞次数应写成

$$\bar{Z}=\sqrt{2}\pi d^2\bar{v}n \tag{5-14}$$

可见平均碰撞次数 $\bar{Z}$ 与气体的分子数密度 n、分子的平均速率 $\bar{v}$ 以及分子的有效直径的平方 d^2 等均成正比。

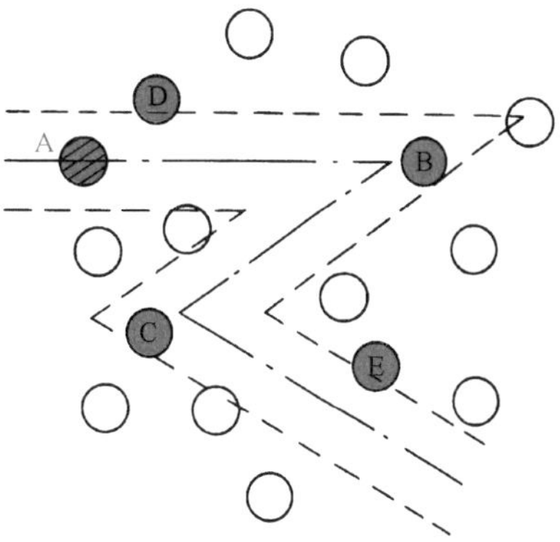

图 5-6　分子的平均碰撞次数

将式（5-14）代入式（5-12），求得平均自由程为

$$\bar{\lambda}=\frac{1}{\sqrt{2}\pi d^2 n} \tag{5-15}$$

式（5-15）说明，平均自由程 $\bar{\lambda}$ 只由分子数密度 n 和有效直径 d 所决定，而与分子的平均速率 $\bar{v}$ 无关。

表 5-2 列出了几种分子的平均自由程及相应的有效直径。

表 5-2　气体分子的平均自由程、有效直径（标准状态）

气　体	平均自由程 $\bar{\lambda}$/m	有效直径 d/m	气　体	平均自由程 $\bar{\lambda}$/m	有效直径 d/m
氮（N_2）	0.599×10^{-7}	3.2×10^{-10}	氢（H_2）	1.123×10^{-7}	2.4×10^{-10}
氧（O_2）	0.647×10^{-7}	2.9×10^{-10}	氦（He）	1.798×10^{-7}	1.9×10^{-10}

通过近似的计算，可知空气在标准状态时，其分子的平均自由程约为 0.7×10^{-7}m。

【例 5-3】 试计算标准状态下，氧分子的平均自由程和平均碰撞次数。又若温度不变，将容器抽空到 0.1333Pa 时，上述各量又是多少？已知氧分子的有效直径是 2.9×10^{-10}m。

【解】 将 $p=nkT$ 代入式（5-15），然后再将 d 以及标准状态下的 T 和 p 等值代入得

$$\bar{\lambda}=\frac{kT}{\sqrt{2}\pi d^2 p}=\frac{1.38\times10^{-23}\times273}{\sqrt{2}\times3.14\times(2.9\times10^{-10})^2\times1.013\times10^5}\text{m}=9.96\times10^{-8}\text{m}$$

由于平均速率 $\bar{v}=\sqrt{\frac{8RT}{\pi M}}$，且由式（5-14），考虑到 $n=\frac{p}{kT}$，从而得出

$$\bar{Z}=\frac{\sqrt{2}\pi d^2 p}{kT}\sqrt{\frac{8RT}{\pi M}}=\frac{\sqrt{2}d^2 p}{k}\sqrt{\frac{8\pi R}{MT}}$$

即

$$\bar{Z}=\left[\frac{\sqrt{2}\times(2.9\times10^{-10})^2\times1.013\times10^5}{1.38\times10^{-23}}\times\sqrt{\frac{8\times3.14\times8.31}{0.032\times273}}\right]\text{s}^{-1}=4.26\times10^9\text{s}^{-1}$$

当 $p=0.1333$Pa，且温度不变时，又可得到

$$\bar{\lambda}=\frac{1.38\times10^{-23}\times273}{\sqrt{2}\times3.14\times(2.9\times10^{-10})^2\times0.1333}\text{m}=0.076\text{m}$$

$$\bar{Z}=\left[\frac{\sqrt{2}\times(2.9\times10^{-10})^2\times0.1333}{1.38\times10^{-23}}\times\sqrt{\frac{8\times3.14\times8.31}{0.032\times273}}\right]\text{s}^{-1}=5.62\times10^3\text{s}^{-1}$$

由以上的计算结果可知，在标准状态下，分子的平均自由程只有 10^{-7}m 左右，即千万分之一米，而每个分子每秒碰撞几十亿次。温度不变而压强减小时，$\overline{\lambda}$ 增大而 $\overline{Z}$ 减小。这是因为分子数密度随压强减小而减小所致。

第五节 能量均分定理与理想气体的内能

本节将阐述平衡态下气体分子热运动能量所遵从的统计规律，并由此计算理想气体的内能。首先介绍在讨论分子能量时引用的一个概念：自由度。

一、自由度

一个物体的自由度，就是确定这一物体在空间位置所需要的独立坐标的数目。

在质点运动学中，一个在空间自由运动的质点，必须用三个独立坐标，例如用（x，y，z）来确定它在空间的位置，当然，质点的运动只能是平动，所以一个自由运动的质点有三个平动自由度。

一个自由运动的物体，它的运动可以分解为平动和转动。这样，确定质点在空间的位置所需要的坐标数也就多了一些，如图 5-7 所示。确定刚体上质心 C 的位置，需要三个坐标 x、y、z（平动自由度）。当质心在空间的位置确定后，刚体仍然可以绕质心转动，由图可见，可以由三个转动方向来改变刚体中各点相对于质心的位置。这就意味着还必须用三个表示转动方向的坐标来确定刚体各点相对于质心的位置。所以，确定一个自由运动的刚体在空间的位置需要六个坐标，也就是说刚体有六个自由度：三个平动自由度和三个转动自由度。

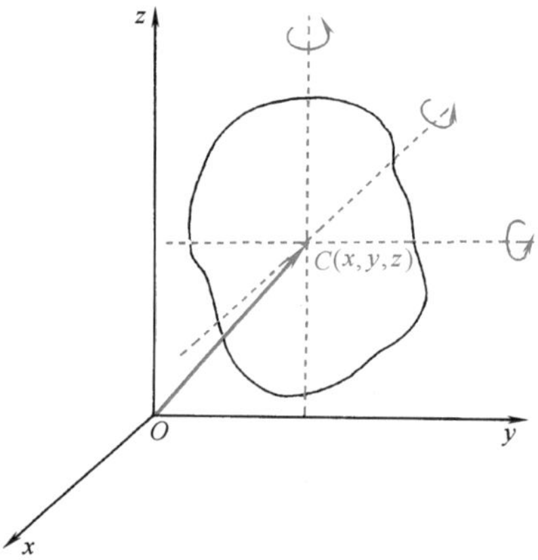

图 5-7 自由刚体的自由度

气体分子就其原子构成而言，可分为单原子分子、双原子分子和多原子分子三种，为简化起见，我们假设组成分子的各原子之间的相对位置不变，是“刚性”的。根据上述自由度的概念，可以确定各种分子的自由度数。单原子分子，如氦、氖、氩等，可看作是自由运动的质点，应有三个平动自由度，如图 5-8a 所示。双原子分子，如氢、氧、氮、一氧化碳等，两个原子是由一个键连起来的，如果把分子看成是刚性的，即认为两个原子间的距离不会改变，则双原子分子的中心有三个自由度，分子还能绕通过中心的两个垂直的轴转动，有两个转动自由度，如图 5-8b 所示，由于两个原子被看成是质点，所以以两个原子连线为轴绕轴转动是没有意义的。于是，一个刚性的双原子分子有五个自由度。由三个原子或三个以上原子组成的多原子分子，如果将分子看成自由运动的刚体，共有三个平动自由度和三个转动自由度，如图 5-8c 所示，如果组成分了的原子间距离可以变化，即分子不是刚性的，那么，由于原子在各自平衡位置附近还可做振动，这样的分子还需增加振动自由度。一般地说，对于由 n 个原子组成的分子，这个分子最多有 $3n$ 个自由度，其中三个平动自由度，三个转动自由度，其余 $3n-6$ 个是振动自由度。

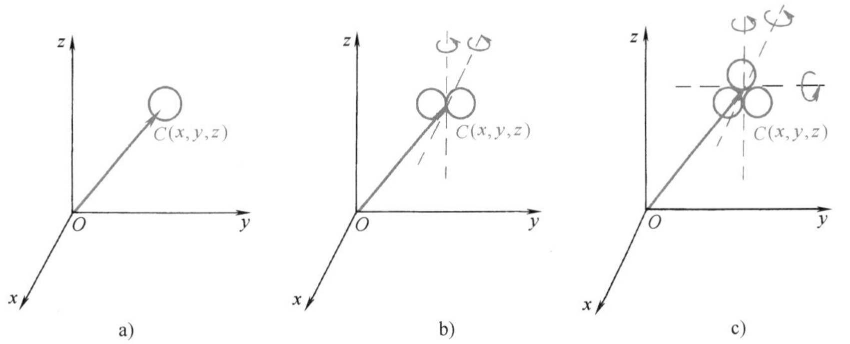

图 5-8　气体分子的自由度

二、能量均分定理

如前所述，理想气体的平均平动动能为

$$\frac{1}{2}m\,\overline{v^2}=\frac{3}{2}kT$$

将分子看成是一个质点，它有三个自由度。与此相对应，一个分子的平动动能可表示为

$$\varepsilon_{\mathrm{k}}=\frac{1}{2}mv^2=\frac{1}{2}mv_x^2+\frac{1}{2}mv_y^2+\frac{1}{2}mv_z^2$$

应用气体分子动理论推导压强公式时曾做过的统计假设

$$\overline{v_x^2}=\overline{v_y^2}=\overline{v_z^2}=\frac{1}{3}\overline{v^2}$$

这样对 ε_{k} 求平均值，就可以得到一个重要的结果为

$$\frac{1}{2}m\,\overline{v_x^2}=\frac{1}{2}m\,\overline{v_y^2}=\frac{1}{2}m\,\overline{v_z^2}=\frac{1}{2}kT$$

即分子在每个平动自由度上分配到相等的平均平动动能$\frac{1}{2}kT$。换句话说，分子的平均平动动能平均分配在三个平动自由度上。

这个结论可以推广到分子的转动动能和振动动能，并可以用玻耳兹曼统计加以证明而得到能量按自由度均分原理：处于温度为 T 的平衡态下，分子的每一个自由度都具有相同的平均动能，其值为$\frac{1}{2}kT$。

根据这个原理，可认为气体分子任一自由度的平均动能与平动的任一个自由度一样，都等于$\frac{1}{2}kT$。因此，如果某种气体的分子有 t 个平动自由度、r 个转动自由度和 s 个振动自由度，那么分子的平均总能量为$\frac{1}{2}(t+r+2s)kT$。这是因为分子振动时除动能外还有势能，在振幅不大的情况下，假定分子振动是简谐的，分子的振动平均势能等于平均动能，所以上述分子运动的平均总能量表达式中振动项为 $2s$。

实际上，气体分子除具有平动自由度外，它所可能有的转动和振动自由度，常视气体的温度而定。例如氢分子，在低温时只有平动；在室温时，有平动和转动；只有在高温时才有平动、转动和振动。又例如氯分子，在室温时，有平动、转动和振动。

这里为简便起见，把气体分子视为刚性的，且只有平动和转动自由度，并用符号 i 表示平动自由度和转动自由度之和，于是，一个分子的平均总能量为

$$\bar{\varepsilon}=\frac{i}{2}kT$$

三、理想气体的内能

对于实际气体来说，除上述分子平均能量外，由于分子间存在着相互作用力，所以气体分子与分子之间也具有一定的势能。气体分子的动能以及分子与分子之间的势能构成气体分子内部总能量，称为气体的内能。对于理想气体来说，不计分子与分子之间的相互作用力。因此，理想气体的内能只是分子各种运动形式的动能总和。

如上所述，每一个分子总的平均能量是$\frac{i}{2}kT$，1mol 理想气体有 N_0 个分子，所以 1mol 理想气体的内能是

$$E_{\mathrm{mol}}=N_0\left(\frac{i}{2}kT\right)=\frac{i}{2}RT \tag{5-16a}$$

对于摩尔质量是 M、而质量为 m_0 的理想气体，它的内能是

$$E=\frac{m_0}{M}\frac{i}{2}RT \tag{5-16b}$$

由此可见，一定量某种气体的内能仅取决于气体的热力学温度 T，而与体积和压强无关。一定量理想气体在不同的状态变化过程中，只要温度的变化量相同，那么它的内能的变化量也相等，而与过程无关。

我们知道能量是状态的函数。根据式（5-16b）也可以说，理想气体内能只是温度的单值函数。

小 结

本章从微观的角度，根据理想气体模型，采用统计的方法得到一些热力学规律与结论。从微观的分子动理论出发，得到理想气体的压强和温度公式，并且着重强调了这些宏观量与相应微观量的统计平均关系。本章重点介绍了气体分子麦克斯韦速率分布函数及其物理意义，利用该分布规律计算了分子热运动的最概然速率、平均速率以及方均根速率。在讨论气体分子的能量时，本章介绍了能量均分定理，重点讨论了理想气体的内能。

本章涉及的重要概念和原理有：

（1）理想气体压强公式 $p=\frac{1}{3}nm\overline{v^2}=\frac{2}{3}n\bar{\varepsilon}$

（2）温度的微观统计意义 $\bar{\varepsilon}=\frac{3}{2}kT$

（3）速率分布函数　速率 v 附近单位速率区间的分子数占总分子数的百分比。

$$f(v)=\frac{\mathrm{d}N}{N\mathrm{d}v}$$

麦克斯韦速率分布函数　$f(v)=\frac{\mathrm{d}N}{N\mathrm{d}v}=4\pi\left(\frac{m}{2\pi kT}\right)^{\frac{3}{2}}v^2\mathrm{e}^{-\frac{mv^2}{2kT}}$

三种特征速率

最概然速率　$v_{\mathrm{p}}=\sqrt{\frac{2kT}{m}}=\sqrt{\frac{2RT}{M}}\approx1.41\sqrt{\frac{RT}{M}}$

平均速率　$\bar{v}=\sqrt{\frac{8kT}{\pi m}}=\sqrt{\frac{8RT}{\pi M}}\approx1.60\sqrt{\frac{RT}{M}}$

方均根速率　$\sqrt{\overline{v^2}}=\sqrt{\frac{3kT}{m}}=\sqrt{\frac{3RT}{M}}\approx1.73\sqrt{\frac{RT}{M}}$

（4）气体分子的平均碰撞次数和平均自由程

$$\overline{Z}=\sqrt{2}\pi d^2\bar{v}n,\quad \bar{\lambda}=\frac{1}{\sqrt{2}\pi d^2 n}$$

（5）能量均分定理　平衡态下，分子热运动每个自由度的平均动能都相等，且等于 $\frac{1}{2}kT$。对于刚性气体分子，一个分子的平均总能量为

$$\bar{\varepsilon}=\frac{i}{2}kT$$

摩尔质量为 M、质量为 m_0 的理想气体，其内能为

$$E=\frac{m_0}{M}\frac{i}{2}RT$$

习　题

5-1　氢分子的质量为 3.3×10^{-24}g，如果每秒有 10^{23} 个氢分子沿着与器壁法线成 45°角的方向以 $5.0\times10^2\mathrm{m\cdot s^{-1}}$ 的速率撞击在面积为 $2.0\times10^{-4}\mathrm{m^2}$ 的器壁上（碰撞是完全弹性的），则此氢气的压强是多少？

5-2　三个容器 A、B、C 中装有同种理想气体，其分子数密度 n 相同，而方均根速率之比为 $(\overline{v_A^2})^{1/2}:(\overline{v_B^2})^{1/2}:(\overline{v_C^2})^{1/2}=1:2:4$，则其压强之比 $p_A:p_B:p_C$ 为下面所列的哪一个？

（A）1∶2∶4；　　（B）4∶2∶1；

（C）1∶4∶16；　　（D）1∶4∶8。

5-3　已知某理想气体的方均根速率是 $500\mathrm{m\cdot s^{-1}}$，它的压强是 1.0×10^5Pa，求此气体的密度。

5-4　已知氢气与氧气的温度相同，请判断下列的说法哪一个是正确的？

（A）氧分子的质量大于氢分子的质量，所以氧气的压强一定大于氢气的压强；

（B）氧分子的质量大于氢分子的质量，所以氧气的密度一定大于氢气的密度；

（C）氧分子的质量大于氢分子的质量，所以氢分子的速率一定比氧分子的速率大；

（D）氧分子的质量大于氢分子的质量，所以氢分子的均方根速率一定比氧分子的方均根速率大。

5-5　关于温度的意义，下列哪些说法是正确的？

（A）气体的温度是分子平动动能的量度；

（B）气体的温度是大量气体分子热运动的集体表现，具有统计意义；

（C）温度的高低反映了物质内部分子运动剧烈程度的不同；

（D）从微观上看，气体的温度反映每个气体分子的冷热程度。

5-6 1mol 理想气体内能公式 $\bar{\varepsilon}=\frac{i}{2}RT$（$i$ 是分子的自由度）的适用条件是____________。室温下 1mol 双原子分子理想气体的压强为 p，体积为 V，则此气体的平均动能为____________。

5-7 题 5-7 图所示的两条曲线分别表示氦、氧两种气体在相同温度 T 下分子按速率的分布，其中

（1）曲线Ⅰ表示________气体分子的速率分布曲线；曲线Ⅱ表示________气体分子的速率分布曲线。

（2）画有斜线的小长条面积表示________。

（3）分布曲线下所包围的面积表示________。

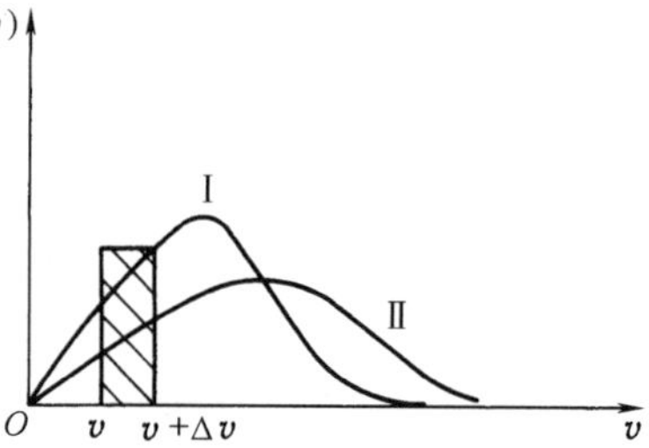

题 5-7 图

5-8 用总分子数 N、气体分子速率 v 和速率分布函数 $f(v)$ 表示下列各量：

（1）速率大于 v_0 的分子数____________。

（2）速率大于 v_0 的那些分子的平均速率____________。

（3）多次观察某一分子的速率，发现其速率大于 v_0 的概率____________。

5-9 某理想气体的压强 $p=1.0\times10^3\text{Pa}$，密度 $\rho=1.26\times10^{-2}\text{kg}\cdot\text{m}^{-3}$，求该气体的方均根速率。

5-10 在一个体积不变的容器中，储有一定量的理想气体，当温度为 T_0 时，气体分子的平均速率为 $\bar{v}_0$，分子平均碰撞次数为 $\bar{Z}_0$，平均自由程为 $\bar{\lambda}_0$，当气体温度升高为 $2T_0$ 时，气体分子的平均速率 $\bar{v}$、平均碰撞次数 $\bar{Z}$ 和平均自由程为 $\bar{\lambda}$ 分别为____________。

（A）$\bar{v}=2\bar{v}_0$，$\bar{Z}=2\bar{Z}_0$，$\bar{\lambda}=2\bar{\lambda}_0$；

（B）$\bar{v}=\sqrt{2}\bar{v}_0$，$\bar{Z}=\sqrt{2}\bar{Z}_0$，$\bar{\lambda}=\bar{\lambda}_0$；

（C）$\bar{v}=2\bar{v}_0$，$\bar{Z}=2\bar{Z}_0$，$\bar{\lambda}=4\bar{\lambda}_0$；

（D）$\bar{v}=\bar{v}_0$，$\bar{Z}=2\bar{Z}_0$，$\bar{\lambda}=2\bar{\lambda}_0$。

5-11 系统有 N 个粒子，其速率分布曲线如题 5-11 图所示，当 $v>2v_0$ 时，$f(v)=0$。求：

（1）常数 a。

（2）速率大于 v_0 的粒子数。

（3）粒子平均速率。

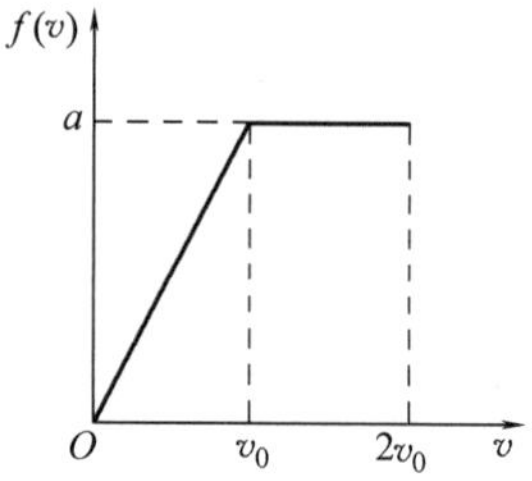

题 5-11 图

5-12 某容器内有 $2\times10^{-3}\text{m}^3$ 刚性双原子分子理想气体，其内能为 $6.75\times10^2\text{J}$。

（1）求气体的压强。

（2）设分子总数为 5.4×10^{22}，求分子的平均平动动能及气体的温度。

5-13 一氧气瓶的容积为 V，开始时充入氧气的压强为 p_1，用了一段时间后压强降为 p_2，则瓶中剩下的氧气的内能与未用前氧气的内能之比为多少？

第六章　热力学基础

热力学是研究物质热运动的宏观理论。它不涉及物质的微观结构，只根据观察和实验总结出来的热学规律，用严格的逻辑推理研究宏观现象的性质。具体说，热力学以观察和实验为依据，从能量观点出发，分析、研究在物体状态变化过程中热功转换的关系和条件。

第一节　热力学过程

一、热力学过程

在热力学中，我们把所要研究的物体（或一组物体）叫作热力学系统，简称系统；而系统外的其他物体，统称为外界。热力学主要研究热力学系统从一平衡态到另一平衡态的转变过程——热力学过程。

二、准静态过程与非静态过程

系统从某一平衡态开始变化，这个平衡态就被破坏了，要经过一定的时间后才能达到新的平衡态。如果过程进行得很快，系统在尚未达到新的平衡前，又开始了下一步的变化，这样，在状态变化过程中，系统所经过的中间状态总是非平衡态，这种过程是非静态过程。如果过程进行得足够慢，使得过程进行中的每一时刻，系统都能建立新的平衡，这种过程就称为准静态过程。在热力学中，我们主要研究准静态过程。

准静态过程所经过的每一个中间态都是平衡态。这显然是理想情况，但也有许多实际过程可以近似看成是准静态的。我们以后所讨论的各种过程，如果不特别说明，都是指准静态过程。对于一定量的气体，平衡态的三个参量 p、V、T 都有确定的值，且只有两个是独立的。例如 p 和 V 的值一定时，就对应于一个平衡态。因此，如果以 p 为纵坐标、V 为横坐标，则在 p-V 图上的每一个点就对应于一个平衡态。p-V 图上每一条图线代表一个准静态过程，称为过程线，可以在过程线上用箭头表示过程进行的方向。如图 6-1 所示的曲线表示系统由平衡态 A 变化到平衡态 B 的准静态过程。对于非平衡态，系统没有统一确定的状态参量，所以非平衡态和非静态过程不能在 p-V 图上表示出来。

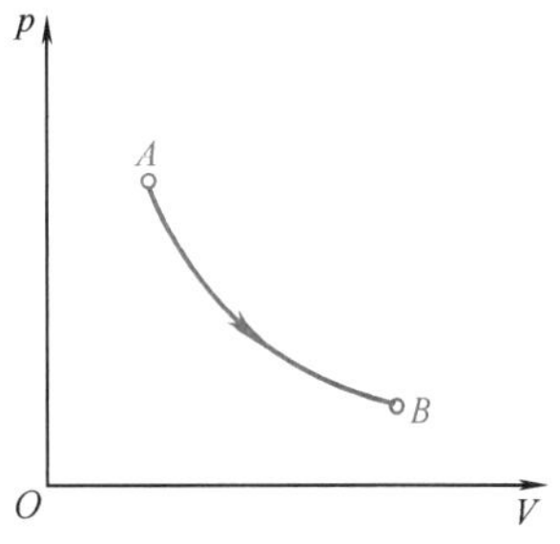

图 6-1　p-V 曲线

当然，将实际过程当作准静态过程来讨论，毕竟是有误差的。如果要求精度较高，就必须对讨论的结果做一定的修正。

三、功

系统状态发生变化的原因之一，是由于外界对系统或系统对外界做功。功是系统能量变化的量度。通过做功而改变系统的能量，从而达到使系统的状态发生变化的效果。

以气缸中的气体为例，设气体的压强为 p，活塞的面积为 S，如图 6-2 所示。当气体膨胀时，气体作用在活塞上的力为 $F=pS$，在推动活塞移动一距离 $\mathrm{d}l$ 过程中，气体所做的功为

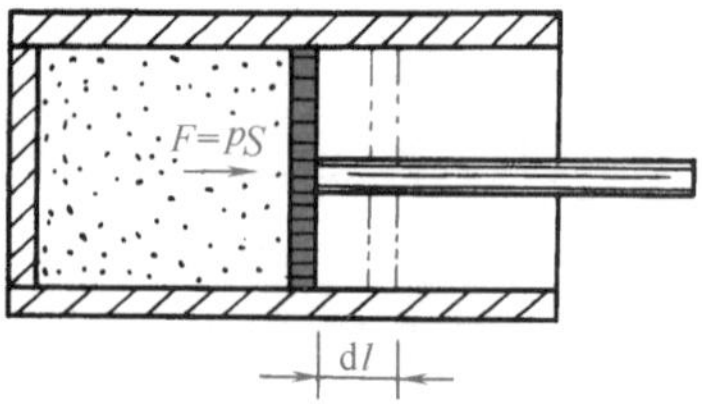

图 6-2 气缸内气体做功

$$\mathrm{d}A=F\mathrm{d}l=pS\mathrm{d}l=p\mathrm{d}V \tag{6-1}$$

式中，$\mathrm{d}V=S\mathrm{d}l$ 是气体体积的微小增量。当气体膨胀时，$\mathrm{d}V>0$，则 $\mathrm{d}A>0$，$\mathrm{d}A$ 是气体对外所做的功。$\mathrm{d}A$ 的数值可以用 p-V 图上的狭长矩形面积表示，如图 6-3 所示。气体从初态Ⅰ(p_1，V_1) 变化到终态Ⅱ (p_2，V_2) 的过程中系统对外所做的总功为

$$A=\int_{\mathrm{I}}^{\mathrm{II}}\mathrm{d}A=\int_{V_1}^{V_2}p\mathrm{d}V \tag{6-2}$$

在 p-V 图上，A 的数值用过程线下的面积表示。

应该指出，系统所做功的数值与过程有关，而不能仅由初态和终态所决定。举例来说，如图 6-3 所示，系统由初态Ⅰ到状态Ⅱ可以是沿彩色虚线所示的过程进行，也可以是沿实线所示的过程进行，由于彩色虚线下的面积与实线下的面积不相等，所以系统对外做的功也不相等。

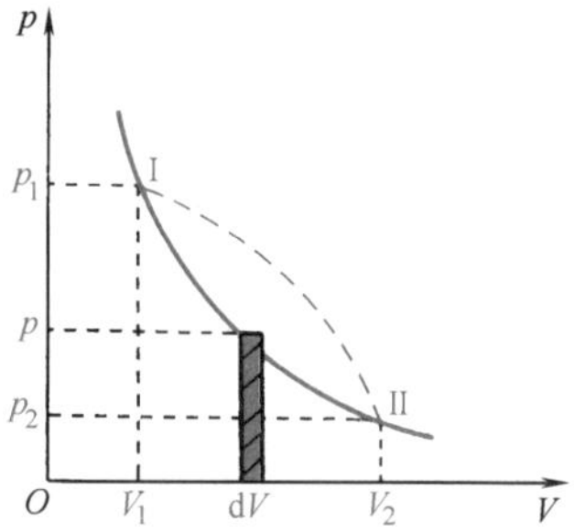

图 6-3 p-V 图中功的表示

四、热量

改变系统状态的另一种方法是向系统传递一定的热量。例如使温度不相等的两物体相互接触，经过一定时间后，最后达到热平衡，两物体有相同的温度 T。我们说，在此过程中有一定的热量 Q 从高温物体传递给低温物体，使两物体的状态都发生了变化。

关于热量的本质，在热学发展的初期，人们曾错误地认为是物质内部所包含“热质”的量，温度的变化是物体吸收或放出热质而引起的。首先反对热质说的是伦福德（Count Rumford）。1798 年，他在慕尼黑兵工厂领导钻制炮筒时，对产生大量的热感到惊奇。伦福德和戴维（Humphry Davy）用实验支持了热量运动的观点，焦耳（J. P. Joule）也用精确的实验测定了热功当量，从而证明了能量守恒定律。近代科学观点表明，热和功一样，也是系统能量变化的量度，做一定量的功和传递一定量的热，是使系统能量发生变化的两种不同方式。做功是与系统在力的作用下发生宏观位移相联系的能量传递过程。热量是因各部分温度不同而发生的能量传递过程，是通过分子间的相互作用而完成的。

在一定的过程中，当质量为 m_0 的某种物体吸收热量 ΔQ 而温度升高 ΔT 时，它的热容 C 定义为

$$C = \lim_{\Delta T \to 0} \frac{\Delta Q}{\Delta T} \tag{6-3}$$

C 表示物体的温度升高（或降低）1K 时所需吸收（或放出）的热量。一般物体因吸收热量而温度升高，即热容为正值。单位质量物体的热容称为比热容，用 c 表示。显然

$$C = m_0 c \tag{6-4}$$

如果 m_0 在数值上等于摩尔质量 M，则 C 称为摩尔热容，用 C_{m} 表示，即为 1mol 物质的量的物体温度升高（或降低）1K 时所吸收（或放出）的热量。

摩尔热容和比热容都是可由实验测定的。实验证明，一般物体的摩尔热容是温度的函数。理想气体在某个过程中的摩尔热容是恒量，与温度无关。已知摩尔热容 C_{m} 和比热容 c 的情况下，在某一过程中，物体温度升高 $\mathrm{d}T$ 时所需吸收的热量为

$$\mathrm{d}Q = \frac{m_0}{M} C_{\mathrm{m}} \mathrm{d}T = m_0 c \mathrm{d}T \tag{6-5a}$$

当温度由 T_1 升高到 T_2 时，吸收的热量为

$$Q = \frac{m_0}{M} \int_{T_1}^{T_2} C_{\mathrm{m}} \mathrm{d}T = m_0 \int_{T_1}^{T_2} c \mathrm{d}T \tag{6-5b}$$

实验证明，摩尔热容与物体加热的过程有关，最重要而且最常用的是与等体过程和等压过程相联系的摩尔定容热容 $C_{V,\mathrm{m}}$ 和摩尔定压热容 $C_{p,\mathrm{m}}$。所以，在应用式（6-5）时，应根据不同的过程而用相应的热容。也就是说，系统吸收的热量 $\mathrm{d}Q$ 或 Q 与过程有关。不过对于液体或固体来说，因温度变化而引起的体积变化甚小，摩尔定容热容和摩尔定压热容几乎相等，没有必要加以区别。

前面已经讲过，功的单位是焦耳，热量的单位常用卡，符号为 cal，实验测定 1cal = 4.1840J，称为热功当量，即 1cal 的热量相当 4.1840J 的功。1948 年国际计量会议决定废除卡这个单位，热量的单位改用焦耳。但因为卡这个单位采用已久，在今后仍作为一个辅助单位而被保留。

五、系统的内能

我们已经知道，做功和传递热量是改变系统状态的两种方式。当系统状态发生变化时，常伴随着系统内能的变化。

系统的内能，是指在一定状态下系统内各种能量的总和。分子的平动动能和转动动能，分子间相互作用的势能，分子内原子振动的动能，原子结合成分子或原子和分子结合成液体和固体时的结合能，原子内和原子核内的能量等等，都是系统的内能。当系统处在一定的状态时，就有一定的内能。系统的内能和系统的状态之间有一一对应关系，或者说，系统的内能是其状态的单值函数。从上一章我们已经知道，理想气体的内能仅是温度的函数，即

$$E = E(T) = \frac{m_0}{M} \frac{i}{2} RT$$

对应于一个微小温度变化 $\mathrm{d}T$，内能的变化为

$$\mathrm{d}E = \frac{m_0}{M} \frac{i}{2} R \mathrm{d}T$$

对应于某一变化过程，理想气体热力学温度由 T_1 变化到 T_2，则内能变化量为

$$\Delta E = \int_{T_1}^{T_2} \mathrm{d}E = \frac{m_0}{M}\frac{i}{2}R\int_{T_1}^{T_2}\mathrm{d}T = \frac{m_0}{M}\frac{i}{2}R(T_2 - T_1)$$

第二节 热力学第一定律及其应用

一、热力学第一定律

9 热力学第一定律应用（韩权）

人们从大量实验及事实中发现，如果系统由状态Ⅰ经过某一过程变化到状态Ⅱ，在变化过程中，系统对外做功为 A、传递热量为 Q，使系统的内能 E_1 改变为 E_2，那么，根据能量守恒定律，应该有关系式

$$Q = (E_2 - E_1) + A \tag{6-6a}$$

这就是热力学第一定律的数学表示式。热力学第一定律，就是包括热现象在内的宏观过程中的能量守恒定律，是人们长期生产实践和科学实验的总结。

热力学第一定律说明，在某一过程中，外界传递给系统的热量 Q，一部分增加系统的内能 $(E_2 - E_1)$，一部分用于对外做功 A。在应用式（6-6a）时，应注意 Q、$(E_2 - E_1)$、A 的正负。我们规定：系统从外界吸收热量时 Q 为正，向外放热时 Q 为负；系统对外做功时 A 为正，外界对系统做功时 A 为负；系统内能增加时（$E_2 - E_1$）为正，内能减少时（$E_2 - E_1$）为负。

对于状态的微小变化过程，热力学第一定律可写成

$$\mathrm{d}Q = \mathrm{d}E + \mathrm{d}A \tag{6-6b}$$

对于可用 p 和 V 两个参量描写状态的系统来说，在准静态过程中，热力学第一定律式（6-6a）及式（6-6b）可以分别写成

$$Q = E_2 - E_1 + \int_{V_1}^{V_2} p\mathrm{d}V \tag{6-7a}$$

$$\mathrm{d}Q = \mathrm{d}E + p\mathrm{d}V \tag{6-7b}$$

在热力学第一定律确立以前，人们试图制造一种机器，它既不需要燃料，也不需要任何动力，但可以不断地对外做功，这种机器被称为第一类永动机。大量实践证明，这种机器是不可能制造出来的。这是因为，根据能量守恒定律，功必须由能量转化而来，而能量不能无中生有。历史上，很多人制造第一类永动机的失败，也从侧面对热力学第一定律的确立起了促进作用。由此，常将热力学第一定律表述为第一类永动机不可能造成。

二、热力学第一定律的应用

理想气体的等值过程是指理想气体在从一个平衡态变化到另一个平衡态的过程中，状态参量（V、p、T）之一保持不变，显然包括等体过程、等压过程及等温过程。绝热过程是在变化过程中，系统与外界无热量交换。

1. 等体过程

等体过程的特征是在过程进行中系统的体积保持不变，即 V = 恒量或 $\mathrm{d}V = 0$。实现理想气体等体过程的方法可如图 6-4a 所示。将气缸的活塞固定，使气缸内理想气体保持一定的

体积 V。气缸壁与一温度缓慢升高的热源相接触，使气体温度逐渐升高，压强也逐渐随之增大，但总是保持气体处于体积恒定的平衡态。如图 6-4b 所示，理想气体从状态Ⅰ到状态Ⅱ的准静态等体过程可用平行于 p 轴的过程线Ⅰ→Ⅱ表示，称为等体线。

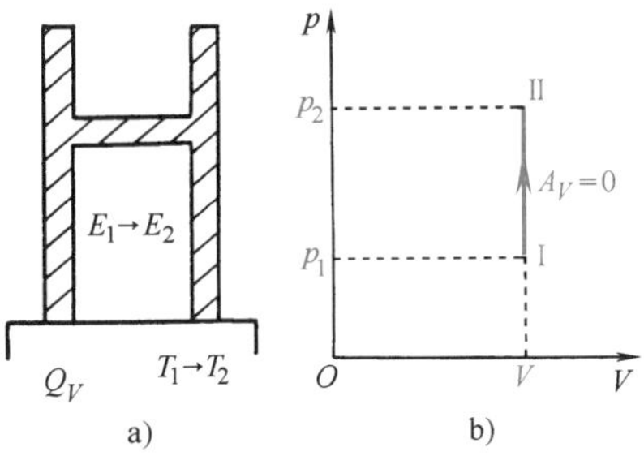

图6-4　等体过程

在等体过程中，由于 $dV=0$，所以，$dA=pdV=0$，于是热力学第一定律可写成

$$Q_V=E_2-E_1=\frac{m_0}{M}\frac{i}{2}R(T_2-T_1) \qquad (6\text{-}8a)$$

或者，当气体的状态只有微小变化时为

$$dQ_V=dE=\frac{m_0}{M}\frac{i}{2}RdT \qquad (6\text{-}8b)$$

在上两式中，Q 和 dQ 都有下标 V，表示气体在等体过程中所吸收的热量。由式（6-8a）、式（6-8b）看到，在等体过程中，气体从外界吸收的热量，全部用来增加内能，而不对外做功。图 6-4b 中等体线下的面积为零，也表明气体不对外做功。

在等体过程中理想气体吸收的热量也可写为

$$Q_V=\frac{m_0}{M}C_{V,m}(T_2-T_1)$$

或

$$dQ_V=\frac{m_0}{M}C_{V,m}dT \qquad (6\text{-}9)$$

式中，$C_{V,m}$为理想气体的摩尔定容热容。显然有

$$C_{V,m}=\frac{i}{2}R$$

此式表示摩尔定容热容在数值上等于 1mol 理想气体在等体准静态变化过程中温度升高 1K 所吸收的热量。对于单原子理想气体，$C_{V,m}=\frac{3}{2}R$；对于双原子理想气体，$C_{V,m}=\frac{5}{2}R$；对于多原子理想气体，$C_{V,m}=\frac{6}{2}R=3R$。

2. 等压过程

等压过程的特征是系统的压强在状态变化过程中保持不变，即 $p=$ 恒量或 $dp=0$。实现理想气体等压过程的方法可如图 6-5a 所示，气缸的活塞上放一固定质量的砝码，使气体的压强 p 保持不变。气缸壁与一温度缓慢升高的热源相接触，使气体的温度逐渐升高，体积也随之膨胀，但总保持气体处于压强恒定的平衡态。如图 6-5b 所示，理想气体从状态Ⅰ到状态Ⅱ的准静态等压过程可用平行于 V 轴的过程线Ⅰ→Ⅱ表示，称为等压线。先计算等压过程中气体对外所做的功，由于 $p=$ 恒量，故

$$A_p=\int_{V_1}^{V_2}pdV=p(V_2-V_1) \qquad (6\text{-}10)$$

在图 6-5b 中用等压线下的面积表示 A_p，下标 p 表示等压过程。利用理想气体状态方程

$$pV=\frac{m_0}{M}RT$$

可将功 A_p 表示成

$$A_p=\frac{m_0}{M}R(T_2-T_1)$$

于是，等压过程中热力学第一定律可写成

$$Q_p=E_2-E_1+\frac{m_0}{M}R(T_2-T_1)$$

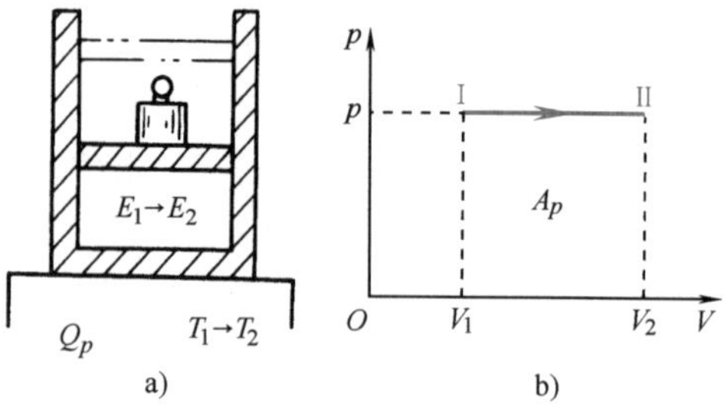

图 6-5 等压过程

即在等压过程中，气体吸收的热量，一部分用于增加内能，一部分用于对外做功。将内能增量代入上式，得到理想气体在等压过程中吸收的热量为

$$Q_p=\frac{m_0}{M}(C_{V,\mathrm{m}}+R)(T_2-T_1)=\frac{m_0}{M}C_{p,\mathrm{m}}(T_2-T_1) \tag{6-11}$$

此处 $C_{p,\mathrm{m}}$为理想气体的摩尔定压热容。显然

$$C_{p,\mathrm{m}}=C_{V,\mathrm{m}}+R$$

此式表示摩尔定压热容量在数值上等于1mol 理想气体在等压变化过程中温度升高 1K 所吸收的热量。对于单原子理想气体 $C_{p,\mathrm{m}}=\frac{5}{2}R$，对于双原子理想气体 $C_{p,\mathrm{m}}=\frac{7}{2}R$，对于多原子理想气体 $C_{p,\mathrm{m}}=\frac{8}{2}R=4R$。

理想气体摩尔定压热容 $C_{p,\mathrm{m}}$比摩尔定容热容 $C_{V,\mathrm{m}}$大一个恒量 $R=8.31\mathrm{J\cdot mol^{-1}\cdot K^{-1}}$。即：1 摩尔理想气体的温度升高 1K 时，在等压过程中要比在等体过程中多吸收 8.31J 的热量，用来在体积膨胀时对外做功。由此也可知摩尔气体常量 R 的意义是，1mol 理想气体在等压过程中温度升高 1K 时对外所做的功。

摩尔定压热容 $C_{p,\mathrm{m}}$与摩尔定容热容 $C_{V,\mathrm{m}}$的比值，称为摩尔热容比，记作 γ，即

$$\gamma=\frac{C_{p,\mathrm{m}}}{C_{V,\mathrm{m}}}$$

表 6-1 列出了若干种气体的 $C_{p,\mathrm{m}}$、$C_{V,\mathrm{m}}$和 γ 的实验值，供查阅。

表 6-1 气体 $C_{p,\mathrm{m}}$、$C_{V,\mathrm{m}}$和 γ 的实验值

原子数	气体的种类	$C_{p,\mathrm{m}}/(\mathrm{J\cdot mol^{-1}\cdot K^{-1}})$	$C_{V,\mathrm{m}}/(\mathrm{J\cdot mol^{-1}\cdot K^{-1}})$	$\gamma=C_{p,\mathrm{m}}/C_{V,\mathrm{m}}$
单原子	氦（He）	20.9	12.5	1.67
	氩（Ar）	21.2	12.5	1.70
双原子	氢（H_2）	28.8	20.4	1.41
	氮（N_2）	28.6	20.4	1.40
	氧（O_2）	28.9	21.0	1.38
	一氧化碳（CO）	29.3	21.2	1.38

（续）

原子数	气体的种类	$C_{p,m}/(J\cdot mol^{-1}\cdot K^{-1})$	$C_{V,m}/(J\cdot mol^{-1}\cdot K^{-1})$	$\gamma=C_{p,m}/C_{V,m}$
多原子	二氧化碳（CO_2）	36.9	28.4	1.30
	水蒸气（H_2O）	36.2	27.8	1.30
	甲烷（CH_4）	35.6	27.2	1.31
	氯仿（$CHCl_3$）	72.0	63.7	1.13
	乙醇（C_2H_6O）	87.5	79.2	1.10

3. 等温过程

等温过程的特征是温度保持不变，即 $T=$恒量或 $dT=0$。实现理想气体等温过程的方法如图6-6a所示，逐渐减少活塞上的沙粒，而使气体的压强逐渐减小，让气缸与恒定温度为 T 的热源接触，气体即随着缓慢地膨胀，但保持气体时刻处于温度恒定的平衡态。这种准静态过程称为等温过程。由于 $T=$恒量，按理想气体状态方程可知，等温过程中压强和体积的关系为

$$pV=\text{恒量}$$

即在 p-V 图上，由状态Ⅰ到状态Ⅱ的过程是一段双曲线，称为等温线，如图6-6b所示的曲线Ⅰ→Ⅱ。曲线下的面积代表功。

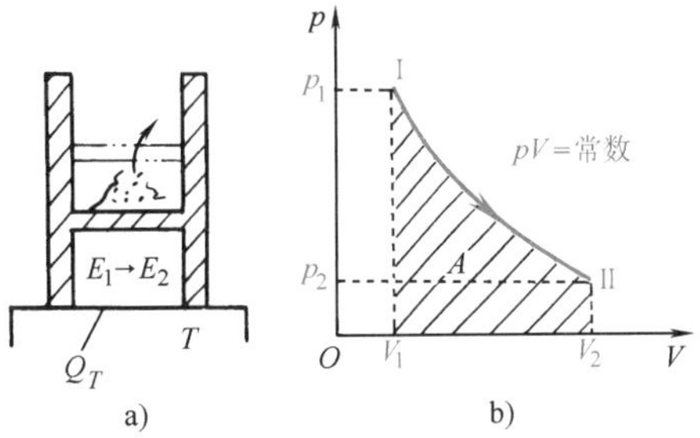

图6-6　等温过程

因为理想气体的内能只与温度有关，所以在等温过程中，气体的内能不变，气体吸收的热量全部用来对外做功。由理想气体状态方程，并利用等温过程中的压强和体积关系 $p_1V_1=p_2V_2$，可知理想气体在等温过程中吸收的热量和对外做的功可表示成下面两种形式之一：

$$Q_T=A_T=\int p\mathrm{d}V=\frac{m_0}{M}RT\int_{V_1}^{V_2}\frac{\mathrm{d}V}{V}=\frac{m_0}{M}RT\ln\frac{V_2}{V_1}\tag{6-12a}$$

或

$$Q_T=A_T=\frac{m_0}{M}RT\ln\frac{p_1}{p_2}\tag{6-12b}$$

在应用此式时，应注意（p_1，V_1）是初态，（p_2，V_2）是终态。如果 $V_1<V_2$ 或 $p_1>p_2$，这是等温膨胀过程，这时有 $Q_T=A_T>0$，即气体吸收热量并对外做功；如果 $V_1>V_2$ 或 $p_1<p_2$，这是等温压缩过程，这时有 $Q_T=A_T<0$，即外界对气体做功，气体向外放出热量。

4. 绝热过程

（1）绝热过程的特征与实现　绝热过程的特征是 $\Delta Q=0$，即系统在不与外界交换热量的条件下进行的过程。要实现准静态绝热过程，就必须用完全绝热的材料将系统外壁包起来，而且使过程进行得无限缓慢。例如用绝热材料包好的气缸，逐渐地缓慢减小气缸内气体的压强而使气体绝热膨胀，或缓慢增大气体的压强而使气体绝热压缩。

但是，自然界并不存在理想的绝热材料，所以实际上进行的是近似的绝热过程。如果过程进行甚快，使系统在过程进行中来不及与外界交换热量，这种过程也可近似地看成绝热过

程。例如，声波在传播过程中引起空气的压缩和膨胀过程、内燃机气缸中燃料的爆炸过程等，都可看成近似的绝热过程。

（2）绝热过程的功和热量、绝热过程方程 在绝热过程中，热力学第一定律可写成

$$\mathrm{d}A_Q = -\mathrm{d}E \quad 或 \quad A_Q = -(E_2 - E_1)$$

这表明，在绝热过程中，只有减少系统内能才能对外做功；或者，外界对系统所做的功，全部增加系统的内能。

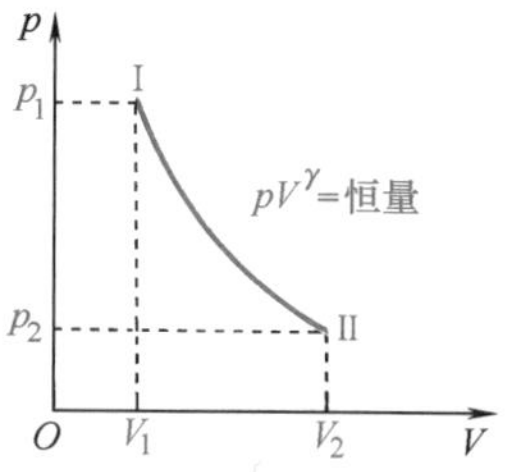

图6-7 绝热过程

对于理想气体，内能的增量由温度的变化唯一地决定，所以理想气体在绝热过程中所做的功为

$$\mathrm{d}A_Q = -\frac{m_0}{M}C_{V,\mathrm{m}}\mathrm{d}T \quad 或 \quad A_Q = -\frac{m_0}{M}C_{V,\mathrm{m}}(T_2 - T_1) \tag{6-13}$$

即绝热膨胀时对外做功，气体内能减少，温度降低，压强也减小；绝热压缩时，外界对气体做功，气体内能增加，温度升高，压强也增大。

由此可知，理想气体在绝热过程中，p、V 和 T 三个参量都发生变化。可以证明（从略），每两个宏观状态参量之间的关系为

$$pV^{\gamma} = 恒量 \tag{6-14a}$$

$$V^{\gamma-1}T = 恒量 \tag{6-14b}$$

$$p^{\gamma-1}T^{-\gamma} = 恒量 \tag{6-14c}$$

上述方程称为**绝热方程**。

（3）绝热曲线 在 p-V 图上，pV^{γ} = 恒量所表示的图线称为**绝热线**，如图6-7所示，将绝热方程“pV^{γ} = 恒量”与等温方程“pV = 恒量”相比较，由于 $C_{p,\mathrm{m}} > C_{V,\mathrm{m}}$，即 $\gamma > 1$，所以在 p-V 图上，绝热线比等温线陡，如图6-8所示。这是因为，由“pV = 恒量”取微分，可得等温线的斜率为

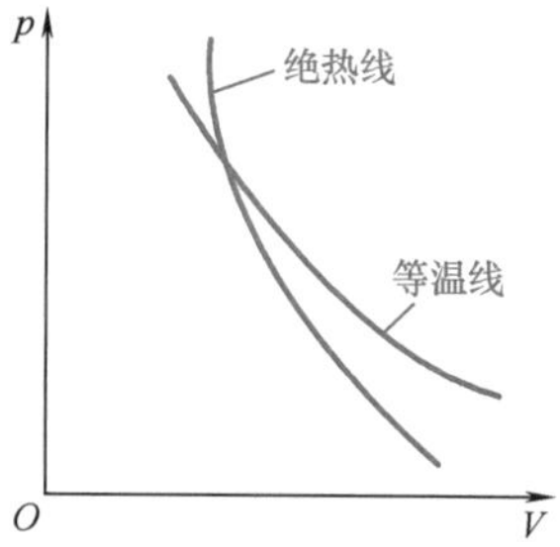

图6-8 等温线和绝热线

$$\left(\frac{\mathrm{d}p}{\mathrm{d}V}\right)_T = -\frac{p}{V}$$

由式（6-14a）取微分，得绝热线斜率

$$\left(\frac{\mathrm{d}p}{\mathrm{d}V}\right)_Q = -\gamma\frac{p}{V}$$

由于 $\gamma > 1$，从上两式可知 $\left|\left(\frac{\mathrm{d}p}{\mathrm{d}V}\right)_T\right| < \left|\left(\frac{\mathrm{d}p}{\mathrm{d}V}\right)_Q\right|$。所以，当气体以某个状态 I 绝热膨胀体积 ΔV 时，压强的减小较大。这是因为，等温膨胀时，压强只随体积增大而减小；在绝热膨胀时，压强不仅随体积增大而减小，也随温度降低而减小。同样可以证明，如果将气体压缩同一体积时，绝热压缩时气体压强的增大也比等温压缩时压强的增大较大。

【例6-1】 1mol 理想气体，其 $C_{p,\mathrm{m}}$ 和 $C_{V,\mathrm{m}}$ 比值的理论值是 $\gamma = \frac{C_{p,\mathrm{m}}}{C_{V,\mathrm{m}}} = \frac{5}{3}$，由初始状态 a 到终末状态 c 经历三种变化过程 abc、ac 和 adc，如图6-9所示，其中曲线 ac 表示绝热过程。已知 $p_1 = 1.0\times10^5\mathrm{Pa}$，$p_2 = 3.2\times10^6\mathrm{Pa}$，$V_1 = 1.0\times10^{-3}\mathrm{m}^3$，$V_2 = 8.0\times10^{-3}\mathrm{m}^3$，求：

（1）各过程中气体对外所做的功和从外界吸收的热量。

（2）b、c、d 各状态与初态的温度差。

（3）如果将气体由终态 c 等温压缩到体积 V_1，则在 V_1 状态时气体与初态 a 之间的压强差是多少？这个过程中气体对外做多少功？

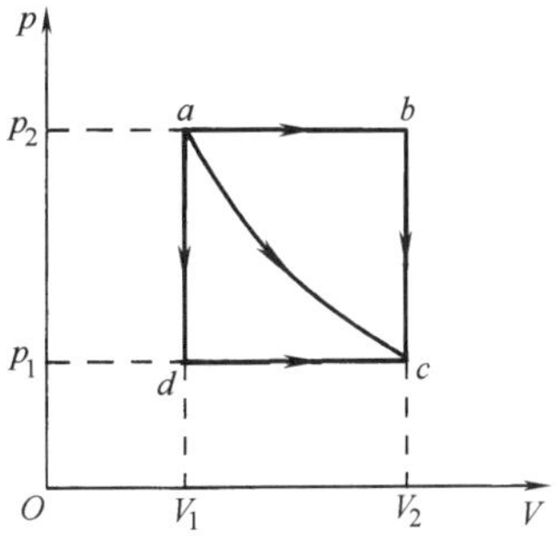

图 6-9　例 6-1 图

【解】（1）ⅰ）先计算三个过程中气体所做的功。

① 计算在过程 $a\to b\to c$ 中系统所做的功：$a\to b$ 是等压过程，所以

$$A_{ab}=p_2(V_2-V_1)=2.24\times10^4\,\text{J}$$

$b\to c$ 是等体过程，系统不做功，亦即

$$A_{bc}=0$$

故有

$$A_{abc}=A_{ab}+A_{bc}=A_{ab}=2.24\times10^4\,\text{J}$$

② 计算在过程 $a\to d\to c$ 中系统所做的功：与过程 $a\to b\to c$ 类似，这是由等体过程 $a\to d$ 和等压过程 $d\to c$ 组成，所以可得

$$A_{adc}=A_{ad}+A_{dc}=A_{dc}=p_1(V_2-V_1)=700\text{J}$$

③ 计算绝热过程 ac 中系统对外做功：由于系统不与外界交换热量，所以做功等于系统内能的变化，推导（过程略）可得

$$A_{ac}=\frac{1}{1-\gamma}(p_1V_2-p_2V_1)=3.60\times10^3\,\text{J}$$

ⅱ）然后计算三个过程中，气体从外界吸收的热量。

① 过程 $a\to b\to c$ 中，热量的吸收也分两个过程计算：在 $a\to b$ 等压过程中

$$Q_{ab}=\frac{m_0}{M}C_{p,\text{m}}(T_b-T_a)=\frac{C_{p,\text{m}}}{R}p_2(V_2-V_1)=\frac{\gamma}{\gamma-1}p_2(V_2-V_1)=5.6\times10^4\,\text{J}$$

在 $b\to c$ 等体过程中

$$Q_{bc}=\frac{m_0}{M}C_{V,\text{m}}(T_c-T_b)=\frac{C_{V,\text{m}}}{R}V_2(p_1-p_2)=\frac{V_2}{\gamma-1}(p_1-p_2)=-3.72\times10^4\,\text{J}$$

于是

$$Q_{abc}=Q_{ab}+Q_{bc}=1.88\times10^4\,\text{J}$$

② 过程 $a\to d\to c$ 中，热量的计算与过程 $a\to b\to c$ 中类似，可得

$$Q_{adc}=Q_{ad}+Q_{dc}=\frac{V_1}{\gamma-1}(p_1-p_2)+\frac{\gamma}{\gamma-1}p_1(V_2-V_1)=-2.90\times10^3\,\text{J}$$

③ 而在绝热过程中，系统不吸收热量，所以

$$Q_{ac}=0$$

由上述计算可知，尽管三个过程中初状态和末状态都相等，但由于过程不一样，所以系统做功和吸收的热量都不一样。

（2）对每一个过程应用热力学第一定律，就可以求得此过程的终态和初态的温度差，即

$$T_2-T_1=\frac{Q-A}{\dfrac{m_0}{M}C_{V,\text{m}}}$$

据此，对等压过程 $a\to b$，得

$$T_b-T_a=\frac{Q_{ab}-A_{ab}}{\dfrac{m_0}{M}C_{V,\text{m}}}=\frac{\dfrac{\gamma}{\gamma-1}p_2(V_2-V_1)-p_2(V_2-V_1)}{\dfrac{m_0}{M}C_{V,\text{m}}}=\frac{p_2(V_2-V_1)}{\dfrac{m_0}{M}R}=2695\text{K}$$

对绝热过程 $a\to c$，得

$$T_c - T_a = \frac{-A_{ac}}{\frac{m_0}{M}C_{V,\mathrm{m}}} = \frac{p_1V_2 - p_2V_1}{\frac{m_0}{M}R} = -289\mathrm{K}$$

对等体过程 $a \rightarrow d$，得

$$T_d - T_a = \frac{V_1(p_1 - p_2)}{\frac{m_0}{M}R} = -373\mathrm{K}$$

从上述计算结果可知，$T_b > T_a > T_c > T_d$。

（3）设在等温过程中，气体被压缩到 V_1 时的压强是 p，则因为 $pV_1 = p_1V_2$，所以有

$$\Delta p = p - p_2 = \frac{V_2}{V_1}p_1 - p_2 = -2.4 \times 10^6\mathrm{Pa}$$

等温压缩过程中，气体对外做的功是

$$A_T = \frac{m_0}{M}RT\ln\frac{V_1}{V_2} = p_1V_2\ln\frac{V_1}{V_2} = -1.66 \times 10^3\mathrm{J}$$

第三节 循环过程

一、循环过程

1. 热机

工业的发展要求用机器做功。能够将热量不断转换为功的装置称为热机。绝大部分动力机器是热机，如蒸汽机、内燃机、汽轮机等。热机的基本工作是这样的：借某种工作物质（如蒸汽、燃烧后的气体等）从外界吸收热量，在膨胀过程中推动活塞或汽轮机叶片而做功。

2. 循环过程

工作物质在做功以后，作为废气排出，并带走相当一部分热量，然后另换新的工作物质。为了从能量转化的角度研究热机的性能，可以认为工作物质在做功后，放出一部分热量，而后又恢复到原来的状态，重新吸收热量而做功。这样，系统从某一状态开始，经过一系列变化过程，最后又回复到原来的状态的整个过程称为循环过程，简称循环。显然在 p-V 图上用闭合曲线表示的都是准静态循环过程。如图 6-10 所示的循环是在顺时针方向进行的，称为正循环，反之称为逆循环。

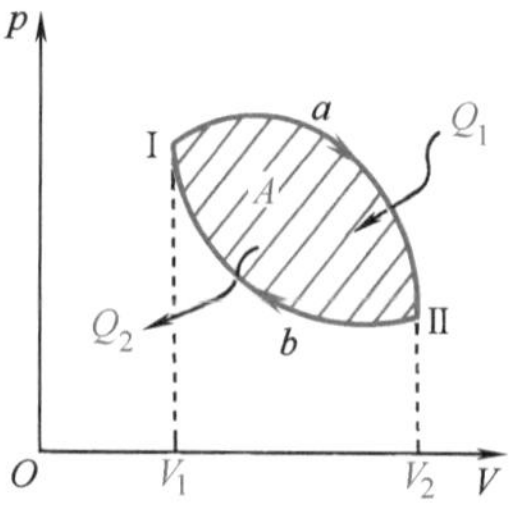

图 6-10 循环过程

正循环是热机的工作过程。在正循环的某些过程中，例如图 6-10 所示的 Ⅰ→a→Ⅱ 过程，工作物质从外界吸收热量 Q_1，同时对外做正功。所做的功用过程线 ⅠaⅡ 下面的面积表示。在正循环的另一些过程中，例如图 6-10 所示的 Ⅱ→b→Ⅰ 过程中，工作物质向外界放出热量 Q_2，同时需要外界对工作物质做功，所做的功用过程线 ⅡbⅠ 下面的面积表示。在完成一个循环以后，由于工作物质又回到了原来的状态，因而它的内能也恢复到

原值，可见，在整个循环过程中，系统的内能不变，即 $\Delta E=0$，这是循环过程的重要特征。因此，根据热力学第一定律，工作物质在一个循环中对外做的净功 A，应等于它从外界吸收的净热量 Q_1-Q_2，即

$$A=Q_1-Q_2$$

需注意，在本节中，热量以绝对值表示，所以放热 Q_2 也必须取正值。系统所做的净功 A 在 p-V 图上可用由过程线围成的循环面积来表示，如图 6-10 所示的画有斜线的面积。

二、循环效率

评价热机性能的重要指标之一是它的效率，即系统吸收的热量 Q_1 中有多少能量能够转换成有用的功 A。Q_2 是不能转换成有用功的热量损失，包括因热传导和摩擦等所有的损失在内。所以热机的效率定义为

$$\eta=\frac{A}{Q_1}=\frac{Q_1-Q_2}{Q_1}=1-\frac{Q_2}{Q_1} \tag{6-15}$$

在实际热机中，Q_2 总不可能为零，所以热机的效率总是小于 1。

三、卡诺循环及其效率

历史上最早使用的热机是蒸汽机。直到 19 世纪初，蒸汽机的效率还很低，只有 3% ~ 5%。为提高效率，人们虽然做过大量工作，但成效不大。在生产需求的推动下，科学家和工程师们开始在理论上研究热机的效率。1824 年，法国工程师卡诺（S. Carnot）提出了一种理想热机，称为卡诺热机。卡诺的工作为确立热力学第二定律打下了基础，在热工技术中也有重要的意义。

卡诺热机的循环过程称为卡诺循环，它由两个准静态等温过程和两个准静态绝热过程组成。所以，要完成卡诺循环，必须要有一个恒定温度 T_1 的高温热源和一个恒定温度 T_2（$T_2<T_1$）的低温热源。图 6-11a 是理想气体卡诺循环的 p-V 图。

理想气体由状态 a 保持恒定温度 T_1 等温膨胀到状态 b，在这个过程中，气体从高温热源吸收的热量为

$$Q_1=\frac{m_0}{M}RT_1\ln\frac{V_2}{V_1}$$

气体再由状态 b 绝热膨胀到状态 c，温度由 T_1 降到 T_2。现在，让理想气体由状态 c 保持恒定的温度 T_2 等温压缩到状态 d，同样可知在这一过程中，气体向低温热源放出的热量为

$$Q_2=-\left(\frac{m_0}{M}RT_2\ln\frac{V_4}{V_3}\right)=\frac{m_0}{M}RT_2\ln\frac{V_3}{V_4}$$

最后，将气体由状态 d 绝热压缩到原来的状态 a，温度也由 T_2 升高到 T_1。在完成这样一次循环过程中，理想气体的内能不变，对外所做的净功 A 由循环面积表示，图 6-11b 表示卡诺循环中 Q_1、Q_2 和 A 之间的关系。

10 卡诺循环（韩权）

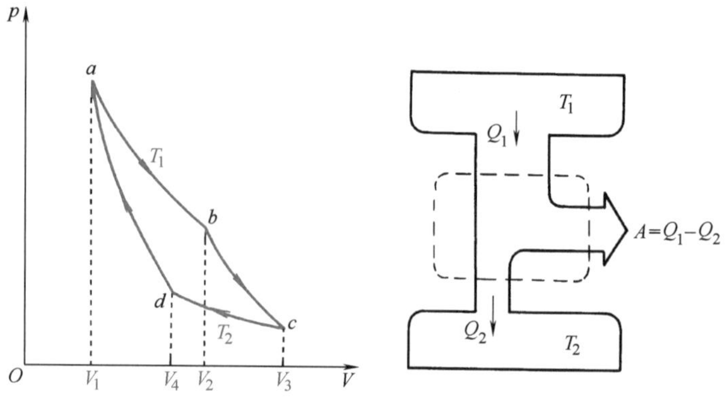

a) b)

图6-11 卡诺循环

将上面的 Q_1 和 Q_2 代入热机效率的定义式（6-15），可求卡诺循环的效率

$$\eta = 1 - \frac{Q_2}{Q_1} = 1 - \frac{T_2 \ln \dfrac{V_3}{V_4}}{T_1 \ln \dfrac{V_2}{V_1}}$$

考虑到状态 b、c 和状态 a、d 分别是在两条绝热线上，由式（6-14b）可知

$$V_2^{\gamma-1} T_1 = V_3^{\gamma-1} T_2$$

$$V_1^{\gamma-1} T_1 = V_4^{\gamma-1} T_2$$

两式相除后得到

$$\frac{V_2}{V_1} = \frac{V_3}{V_4}$$

所以，卡诺循环的效率为

$$\eta = 1 - \frac{T_2}{T_1} \tag{6-16}$$

所以，气体准静态过程组成的卡诺循环的效率，只取决于高温热源和低温热源的温度。由式（6-16）还可看出，T_1 越大，T_2 越小，则效率 η 越高。这是提高热机效率的途径之一。

但事实上 T_1 不可能无限大，T_2 不可能达到零度，所以效率 η 不可能达到 100%，即不能把由高温热源所吸收的热量全部用来对外做功。

【例 6-2】 如图 6-12 所示，一定量理想气体从 a 点（初态）出发，经过一个循环过程 $abcda$，最后回到初态 a 点。设 $T_a = 300\text{K}$，$C_{p,\text{m}} = \frac{5}{2}R$，求这个循环的效率。

【解】 用两种方法求循环效率。

第一种方法，先求出各等值过程中对气体所加热量，然后求出循环过程吸收的热量 Q_1、放出的热量 Q_2，再计算效率。

依题意，应用等体和等压过程方程，可求得状态 b、c、d 的温度，它们分别等于

$$T_b=\frac{V_b}{V_a}T_a=\frac{12}{4}\times300\text{K}=900\text{K}$$

$$T_c=\frac{p_c}{p_b}T_b=\frac{20}{40}\times900\text{K}=450\text{K}$$

$$T_d=\frac{V_d}{V_c}T_c=\frac{4}{12}\times450\text{K}=150\text{K}$$

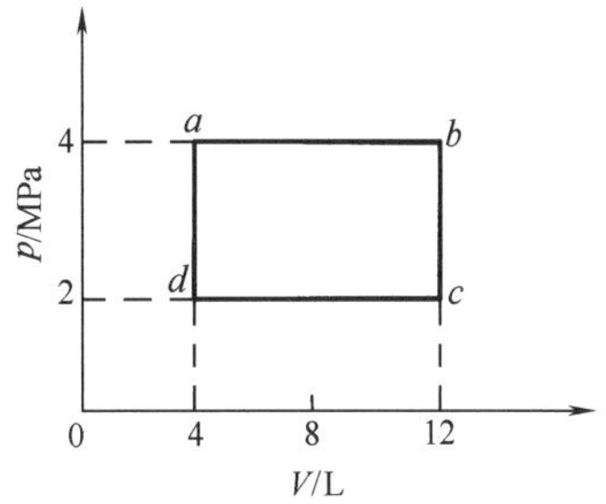

图 6-12　例 6-2 图

根据热量计算公式及理想气体状态方程，各过程中的热量分别为

$$Q_{ab}=\frac{m_0}{M}C_{p,\mathrm{m}}(T_b-T_a)=\frac{p_aV_a}{RT_a}C_{p,\mathrm{m}}(T_b-T_a)$$
$$=\left[\frac{4\times10^6\times4\times10^{-3}}{8.31\times300}\times\frac{5}{2}\times8.31\times(900-300)\right]\text{J}$$
$$=81040\text{J}$$

及

$$Q_{bc}=\frac{p_aV_a}{RT_a}C_{V,\mathrm{m}}(T_c-T_b)=-36468\text{J}$$

$$Q_{cd}=\frac{p_aV_a}{RT_a}C_{p,\mathrm{m}}(T_d-T_c)=-40520\text{J}$$

$$Q_{da}=\frac{p_aV_a}{RT_a}C_{V,\mathrm{m}}(T_a-T_d)=121516\text{J}$$

由效率公式可求得该循环效率为

$$\eta=1-\frac{Q_2}{Q_1}=1-\frac{|Q_{bc}+Q_{cd}|}{Q_{ab}+Q_{da}}=17.4\%$$

第二种方法，根据效率定义 $\eta=\dfrac{A}{Q}$ 计算循环效率。其中 A 为循环过程中气体对外做的净功，p-V 图上矩形所围面积即表示净功，即

$$A=(p_a-p_d)(V_b-V_a)=[(4-2)\times(12-4)\times10^6\times10^{-3}]\text{J}=16208\text{J}$$

所以循环效率

$$\eta=\frac{A}{Q_1}=\frac{A}{Q_{ab}+Q_{da}}=17.4\%$$

显然两种计算方法的结果是一样的。

---

p-V 图中的逆循环是制冷机，即通常所说的冷冻机。设想图 6-10 中的循环是在逆时针方向进行的，则循环面积代表外界对工作物质所做的净功 A。电冰箱就是一部制冷机，低温热源是冰箱中的冰和其他冷藏的物体，用电动机做功，而室内空气是散热的高温热源。制冷性能的重要指标是它的**制冷系数**，定义为

$$\varepsilon=\frac{Q_2}{A} \tag{6-17}$$

好的制冷机是外界只需做较少的功 A，工作物质却能从低温热源吸收较多的热量 Q_2。

第四节　热力学第二定律

热力学第二定律是在研究如何提高热机效率的推动下逐步发展起来的，并和热力学第一

定律一起，构成热力学的理论基础。

一、热力学过程的方向性

实际经验表明，一切实际的热力学过程都只能按一定的方向进行，或者说，一切实际的热力学过程都是不可逆的。例如，两个温度不同的物体互相接触，热量总是自动地由高温物体传向低温物体，从而使两物体温度相同而达到热平衡。从未发现与此相反的过程，即热量自动地由低温物体传向高温物体，而使两物体温差越来越大。这说明，热传导过程具有方向性。另外，功热转换的过程也是不可逆的，即可以通过做功使机械能全部转变为热能，但相反的过程，热自动地转换为功的过程不可能发生。也就是说，自然界功热转换过程具有方向性。

由于自然界一切与热现象有关的宏观过程都涉及热功转换或热传导，因此可以说，一切与热现象有关的实际宏观过程都是不可逆的。

自然过程进行的方向性所遵从的规律，可以由热力学第二定律描述。

二、热力学第二定律

热力学第二定律有多种表述，经常用两种表述方式，即开尔文（L. Kelvin）表述和克劳修斯（R. J. E. Clausius）表述。

1. 热力学第二定律的开尔文表述

根据热效率的定义可知，在一个循环过程中，工作物质向低温热源放出的热量越少，则热机效率越高。如能制造一部热机，它在一个循环中向外界放出的热量 $Q_2=0$，那么效率将是 100%。这样的热机只需要从一个热源吸收热量 Q，并将其全部转换成有用的机械功，即 $A=Q$。但是，在研究如何提高热机效率的过程中，大量事实说明，任何热机都不可能只用一个热源。热机在不断地吸收热量并转换有用功的过程中，不可避免地要将一部分热量传递给低温热源，在大量实验事实的基础上，1851 年开尔文总结出一条定律：不可能制造成只从单一热源吸取热量并全部转换成有用功、而又不引起其他变化的热机。这就是热力学第二定律的开尔文表述。

显然，这种单一热源的热机是很吸引人的。因为，这种热机并不违背热力学第一定律，而热机效率可达 100%，且只需从自然界某种物体（例如大气或海水）中吸收热量而做功。据估计，若利用这种热机从海水中吸取热量，那么在使海水温度平均只降低 0.5K 时，所做的功就足够提供全世界使用上千年。所以，这种单一热源的热机实际上是一种永不停息地工作的永动机，称为第二类永动机，所以热力学第二定律的开尔文表述又可表述为第二类永动机不可能制成。

2. 热力学第二定律的克劳修斯表述

热力学第二定律最初是 1850 年由克劳修斯提出的，他根据热量传递的特殊规律，将热力学第二定律表述成不可能把热量由低温物体传递给高温物体而不引起其他变化。这是热力学第二定律的克劳修斯表述。

热力学第二定律的两种表述中都有“不引起其他变化”一词，这点很重要。问题在于，从单一热源吸收热量并全部转换成有用功不是不可能的，例如，理想气体的等温膨胀过程就是例子，在气体膨胀过程中，同时发生了其他变化，即气体的体积膨胀，而不能自动地缩回。热量从低温物体传送到高温物体也不是不可能的，利用制冷机就能办到，但这时外界需要做功，这也就引起了其他变化。

热力学第二定律的两种表述只是对同一客观规律的不同说法，可以证明（从略），二者实质上是一致的。

和热力学第一定律一样，热力学第二定律也是实验的总结，它的正确性可由定律所得的结论与实验结果相符合而获得进一步的证实。

三、可逆过程、不可逆过程

为说明热力学第二定律的含义，先介绍可逆过程和不可逆过程的概念。

一个热力学过程，如果它的每一个中间状态都可以在逆向变化中进行而不在外界引起其他的变化并留下任何痕迹，则这样的过程称为可逆过程，否则，就是不可逆过程。例如，当活塞与气缸之间无摩擦时，气缸中的气体无限缓慢膨胀或压缩的过程就是可逆过程。而在非无限缓慢膨胀或压缩过程中，例如在等温膨胀过程中，由于膨胀时活塞附近气体的压强较小，膨胀体积 ΔV 后，气体对外界做的功 ΔA_1 一定小于 $p\Delta V$；压缩时活塞附近气体压强较大，如要使气体等温压缩体积 ΔV 后回到原来状态，外界对气体所做的功 ΔA_2 一定大于 $p\Delta V$。此例说明，非缓慢的等温膨胀后的气体不可能通过等温压缩而使之回到原来状态，而是压缩过程必须多做功 $\Delta A_2 - \Delta A_1$。多做的功转换成热量传递给外界，引起外界发生变化，则在外界留下痕迹。由此可见，不是无限慢地进行的等温膨胀过程是不可逆的。同样，如果等温压缩过程不是进行得无限慢，也是不可逆的。当等温过程无限缓慢进行时，无论膨胀或压缩过程中，活塞附近气体的压强总是与其他部分相等，因而有 $\Delta A_1 = \Delta A_2$，气体在膨胀时对外做的功，刚好用于使气体压缩所需的功，对外界不留下任何变化。也就是说，无限慢进行的等温过程是可逆过程。

无限缓慢地进行的过程是准静态过程。因此，所有无摩擦地进行的准静态过程都是可逆过程。能在 p-V 图上用过程线表示的都是准静态过程，因而也是可逆过程。但是，实际上，无摩擦是不可能的，过程也不可能进行得无限慢。准静态过程是实际过程抽象出来的理想情况，实际上并不存在。一切实际的宏观过程都是不可逆的，热力学第二定律正是反映了这一客观事实。我们讨论可逆过程的目的，主要是为了使问题简化，有利于阐明实际过程的本质。

自然界中的宏观实际过程，如摩擦生热、热传导、气体的自由膨胀等都是不可逆过程，这些过程具有方向性。热力学第一定律只是说明这些过程中能量必须守恒，对过程进行的方向并没有任何限制。热力学第二定律则指明了实际过程的可能进行方向。例如，热量 Q 由温度为 T_1 的高温物体传递到温度为 T_2 的低温物体，这一过程是不可逆的，为使这一过程在相反方向进行，就必须用制冷机，但这时外界必须做功，从而在外界留下痕迹。又如，若外界不做功，或者说不引起其他变化，热传导这一过程也是不能在相反方向进行的。

自然界所有的不可逆过程都是相联系的，由一个过程的不可逆性，可以推断另一个过程的不可逆性，正如热力学第二定律的开尔文表述和克劳修斯表述是互相联系的一样。所以，尽管热力学第二定律可以有多种表述方式，但是，不论是哪种表述方式，这个定律的实质是指明有热现象参与的不可逆过程的自发进行方向。

四、卡诺定理

早在热力学第一定律和热力学第二定律建立之前，在分析热机中热和功的转换关系的基础上，卡诺在1824年提出了一个著名的定理，称为卡诺定理：在同一高温热源和同一低温热源之间工作的所有热机，以可逆热机的效率为最高。

我们讨论了可逆过程和不可逆过程，如果循环过程中的每一步都是可逆过程，则整个循环称为可逆循环；如果循环过程中有一步不可逆，整个循环就是不可逆循环。可逆热机的工作循环是可逆循环，不可逆热机的工作循环是不可逆循环。在高温热源和低温热源都分别有恒定温度 T_1 和 T_2 时，在两个热源之间工作的可逆热机一定是完成卡诺循环。如果工作物质是理想气体，用 η 表示这种可逆热机的效率，由式（6-16），它的效率为

$$\eta = 1 - \frac{T_2}{T_1}$$

设在两个热源之间工作的不可逆热机的效率是 η'，由式（6-15），η'可以表示为

$$\eta' = 1 - \frac{Q_2}{Q_1}$$

而卡诺定理可用数学式表示为

$$\eta' \leqslant \eta$$

上式中的等号是指效率 η'的热机是可逆热机的情况。由卡诺定理可以得到一个推论：以同一高温热源和同一低温热源工作的一切可逆热机都有相同的效率，与工作物质的性质无关，即式（6-16）适用于以任何物质作为工作物质的卡诺循环。

卡诺定理指出了提高热机效率的途径。除了实际热机的循环尽量接近可逆热机的循环外，由于式（6-16）是工作于同一高温热源和同一低温热源之间所有热机效率的极限值，所以要提高热机效率，重要的措施是尽量增大两热源之间的温度差。一般热机的低温热源是大气温度，再要降低，就得用制冷机，从能量角度说反而得不偿失。因此，提高高温热源温度以提高热机效率，才是现实的、行之有效的。

第五节 熵 熵增加原理

一、熵的定义

热力学第二定律是指明过程进行方向的一个规律，即一切与热现象有关的宏观过程都是不可逆的。为了说明宏观过程自发进行的方向，我们将引入熵这个新的物理量，用 S 表示。

1. 克劳修斯熵的定义

熵的概念最初是由克劳修斯引入的。克劳修斯在研究可逆卡诺热机时，注意到从卡诺热机的效率

$$\eta = 1 - \frac{Q_2}{Q_1} = 1 - \frac{T_2}{T_1}$$

可得到

$$\frac{Q_1}{T_1}-\frac{Q_2}{T_2}=0$$

式中，Q_2 是系统在等温过程中向低温热源放出的热量。仍旧像表述热力学第一定律那样的符号规定，将工作物质吸收的热量表示为 Q_1，则放出的热量应写成 $-Q_2$，于是上式写成

$$\frac{Q_1}{T_1}+\frac{Q_2}{T_2}=0 \tag{6-18a}$$

虽然上式只包含了两个等温过程中 $\frac{Q}{T}$ 的代数和，但是卡诺热机是由两个等温过程和两个绝热过程组成的，而在绝热过程中，工作物质吸收的热量 $Q=0$，即 $\frac{Q}{T}=0$。所以，式（6-18a）也就可以理解为，在整个卡诺循环中，工作物质在四个过程中所吸收的热量和相应热源温度 T 的比值之和等于零。

这一结论可以推广到任意可逆循环过程。设有一任意可逆循环过程 E，我们可以想象用 n 个微小的可逆卡诺循环代替这个任意可逆循环，如图6-13所示。很容易看出，任意相邻的两个小卡诺循环，总有一段绝热线是共同的，且进行的方向相反，它们的效果相互抵消。因此，这些很小的可逆卡诺循环的总效果，是用一条闭合的锯齿形折线表示的可逆循环，可以用它来代替所取的任意可逆循环过程。而对于每一个很小的可逆卡诺循环都满足式（6-18a）。现在假设完成这些可逆小卡诺循环总共需要 n 个热源，并设第 i 个热源温度为 T_i，从第 i 个热源吸收的热量为 ΔQ_i，则式（6-18a）进一步可写成

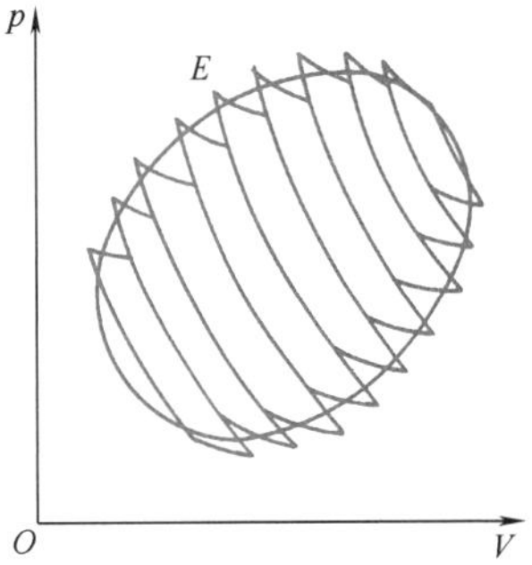

图6-13 任意可逆循环过程

$$\sum_{i=1}^{n}\frac{\Delta Q_i}{T_i}=0 \tag{6-18b}$$

当 n 趋近于无限大时，即将每个微小卡诺循环都取得无限小，则锯齿形折线所表示的可逆循环就趋近于所取任意可逆循环过程 E。这时 ΔQ 可用 $\mathrm{d}Q$ 代替，于是式（6-18b）便成为

$$\oint_E\frac{\mathrm{d}Q}{T}=0 \tag{6-19}$$

式中，$\oint_E$ 表示沿任意可逆循环 E 的积分。式（6-19）称为**克劳修斯等式**。

如果将任意可逆循环过程 E 分成两个过程，即工作物质由状态Ⅰ经由过程Ⅰ→a→Ⅱ变化到状态Ⅱ，再经由过程Ⅱ→b→Ⅰ而回到状态Ⅰ，如图6-14所示，则式（6-19）可改写成

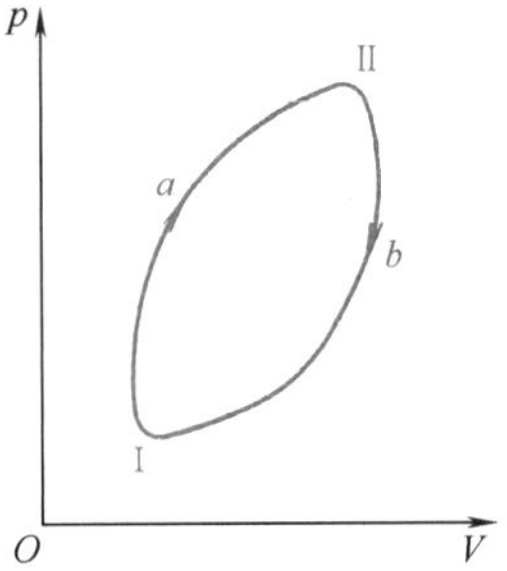

图6-14 可逆循环

$$\oint_E\frac{\mathrm{d}Q}{T}=\int_{\mathrm{I}a\mathrm{II}}\frac{\mathrm{d}Q}{T}+\int_{\mathrm{II}b\mathrm{I}}\frac{\mathrm{d}Q}{T}=0$$

因为组成可逆循环的每一个过程都是可逆过程，都可以在相反的方向进行。所以，对

Ⅱ→b→Ⅰ过程有

$$\int_{\mathrm{II}b\mathrm{I}}\frac{\mathrm{d}Q}{T}=-\int_{\mathrm{I}b\mathrm{II}}\frac{\mathrm{d}Q}{T}$$

代入上式后得

$$\int_{\mathrm{I}a\mathrm{II}}\frac{\mathrm{d}Q}{T}=\int_{\mathrm{I}b\mathrm{II}}\frac{\mathrm{d}Q}{T}$$

亦即，从Ⅰ状态到Ⅱ状态，积分$\int_{\mathrm{I}}^{\mathrm{II}}\frac{\mathrm{d}Q}{T}$的值与过程无关，只由初态Ⅰ和终态Ⅱ所决定。

力学中曾根据保守力做功与路径无关而引入势能，与此相仿，根据积分$\int_{\mathrm{I}}^{\mathrm{II}}\frac{\mathrm{d}Q}{T}$与过程无关就可引进一个只与状态有关的函数——熵 S，它的定义式是

$$S_2-S_1=\int_{\mathrm{I}}^{\mathrm{II}}\frac{\mathrm{d}Q}{T} \tag{6-20a}$$

式中，S_1 和 S_2 分别是系统在初态Ⅰ和终态Ⅱ的熵，S_2-S_1 是系统由初态Ⅰ变化到终态Ⅱ时熵的增量。对于一无限小的可逆过程，式（6-20a）可以写成

$$\mathrm{d}S=\frac{\mathrm{d}Q}{T} \tag{6-20b}$$

由熵的定义可以看出克劳修斯等式（6-19）的意义是，系统在经过任意一个可逆的循环过程后熵不变。

温度、内能等物理量是系统的状态函数。同样，熵也是系统的状态函数。不过，熵的值不能由实验测定，只能根据式（6-20）计算。但是，由该式只能计算出某两个状态的熵差，而不是某个状态的熵的绝对值。所以在许多实际问题中，为方便起见，常选定一个参考状态，规定这个选定状态的熵为零，这样才能计算其他状态的熵，这与计算势能时需要选定零势能作为参考一样。在热力工程中制订水蒸气性质表时，常选定0℃时饱和水的熵为零。

在国际单位制中，熵的单位是 $\mathrm{J\cdot K^{-1}}$（焦·开$^{-1}$）。

*2. 玻耳兹曼熵定义

与其他宏观物体一样，气体是由大量分子所组成的。从运动学知道，确定一个分子的状态要指出分子的位置和速度，如果对于某时刻气体的每一个分子所处的位置和速度都能指明的话，我们就说气体此时的微观状态是确定的。当然，只要其中哪怕只是一个分子的位置或速度有了变化，气体的微观状态也就变化了。但是，热力学研究气体的宏观性质，不需要这样详细的微观描写。例如在讨论分子数密度这一宏观物理量时，只需确定空间某一位置附近体积元内在某一时刻的分子数就可以了，而并不需要确认究竟是哪几个分子在该体积元内，也不需要确认每个分子的具体位置，这就是宏观状态。可见，宏观状态与微观状态是有区别的，而且每一个宏观状态可以包括多个微观状态。

统计理论的一个基本假设是：对于一个孤立系统（总能量、总分子数一定），它的所有微观状态是等概率的，亦即，在足够长的时间内，任何一个微观状态出现的概率相等。但是，各个宏观状态是不等概率的。哪个宏观状态包含的微观状态数多，哪个宏观状态出现的机会就大。我们定义：与某一给定的宏观状态相对应的微观状态数，称为该宏观状态的热力

学概率 W。

玻耳兹曼从统计物理角度给出熵的定义

$$S = k\ln W$$

式中，k 是玻耳兹曼常数。该式叫玻耳兹曼关系，由此式定义的熵称为统计熵，也称为玻耳兹曼熵。

二、熵增加原理

11　熵增加原理（韩权）

下面讨论如何利用熵的概念来判断某个过程进行的方向。为此，需要首先将克劳修斯等式推广到不可逆循环过程 E' 的情况。卡诺定理 $\eta' \leqslant \eta$ 可写成

$$1 - \frac{Q_2}{Q_1} \leqslant 1 - \frac{T_2}{T_1}$$

仍旧采用热力学第一定律对 Q 规定的符号，这时，式（6-19）应写成

$$\frac{Q_1}{T_1} + \frac{Q_2}{T_2} \leqslant 0 \tag{6-21a}$$

$$\sum_{i=1}^{n} \frac{\Delta Q_i}{T_i} \leqslant 0 \tag{6-21b}$$

$$\oint_E \frac{\mathrm{d}Q}{T} \leqslant 0 \tag{6-21c}$$

式（6-21）常称为克劳修斯不等式。注意，式（6-21c）中等号是对可逆过程 E 而言的，小于号是对不可逆过程 E' 而言的。

设有一个任意不可逆循环过程，如图 6-15 所示。其中 Ⅰ→b→Ⅱ 是不可逆过程，Ⅱ→a→Ⅰ 是可逆过程。于是按式（6-21c）可写成

$$\oint_{E'} \frac{\mathrm{d}Q}{T} = \int_{\mathrm{I}b\mathrm{II}} \frac{\mathrm{d}Q}{T} + \int_{\mathrm{II}a\mathrm{I}} \frac{\mathrm{d}Q}{T} \leqslant 0$$

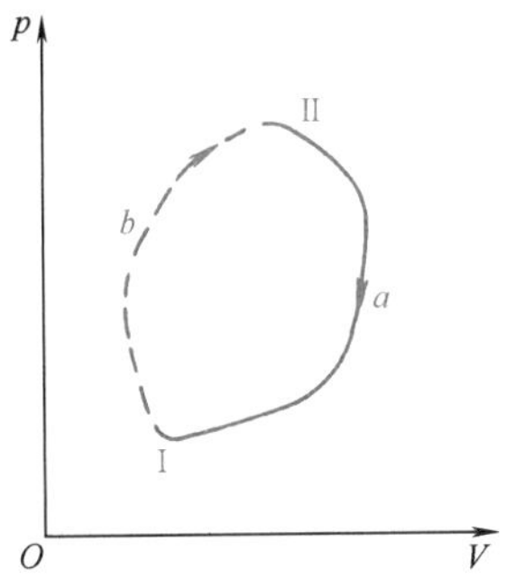

图 6-15　不可逆循环过程

由于过程 Ⅱ→a→Ⅰ 是可逆的，所以

$$\int_{\mathrm{II}a\mathrm{I}} \frac{\mathrm{d}Q}{T} = -\int_{\mathrm{I}a\mathrm{II}} \frac{\mathrm{d}Q}{T}$$

而由式（6-20）可知 $S_2 - S_1 = \int_{\mathrm{I}a\mathrm{II}} \frac{\mathrm{d}Q}{T}$，所以，略去积分号下标明积分过程的符号 a 和 b，得到

$$S_2 - S_1 \geqslant \int_{\mathrm{I}}^{\mathrm{II}} \frac{\mathrm{d}Q}{T} \tag{6-22a}$$

根据式（6-21）可知，如果过程 Ⅰ→b→Ⅱ 是可逆的，则式（6-22a）中取等号；如果是不可逆的，则取大于号。对于一微小过程，式（6-22a）可写成

$$dS \geqslant \frac{dQ}{T} \tag{6-22b}$$

如果是绝热过程，$dQ=0$，则式(6-22a)和式(6-22b)可分别写成

$$S_2 - S_1 \geqslant 0 \quad 及 \quad dS \geqslant 0 \tag{6-23}$$

式（6-23）中的等号对可逆的绝热过程而言，大于号对不可逆绝热过程而言。由式（6-23）可知，系统经绝热过程从一状态变化到另一状态时，它的熵不可能减少；在可逆的绝热过程中熵不变，不可逆的绝热过程中熵增加，这就是熵增加原理。

式（6-23）只是对与外界没有相互作用的孤立系统才适用。如果系统不是孤立的，在受到外界作用时，系统的熵减少是可能的。但是，如果将系统和外界的熵的变化加起来，总的熵仍旧是不可能减少的。

继而再看式（6-22），当系统由初态Ⅰ经某一过程变化到终态Ⅱ时，熵的增加不可能小于 dQ/T 沿可逆过程的积分。熵是状态的函数，任意两状态的熵差是一定的，与经过的过程无关。所以式（6-22）不应该理解为：系统经由不可逆过程由初态Ⅰ变化到终态Ⅱ的熵的增量，大于经可逆过程时熵的增量。为了计算系统在任意过程中熵的增量，必须找到连接初态和终态的一个可逆过程，并将 dQ/T 沿此可逆过程积分。

式（6-22）实际是热力学第二定律的数学表述，即一个实际的不可逆过程总是沿着熵增加的方向进行的。因此，可以根据系统熵的变化，来判断一个过程进行的方向。

*第六节　能斯特定理与负温度

一、能斯特定理（热力学第三定律）

1906年，能斯特（Nernst）从研究低温下各种化学反应的实验事实中总结出一个结果，称为能斯特定理，即当温度趋近于0K时，在等温过程中凝聚系的熵的改变趋于零，其数学式为

$$\lim_{T \to 0} (\Delta S)_T = 0$$

1912年，能斯特根据上述定理又推出一个原理：不可能使一个物体冷到热力学温度的零度，此即绝对零度不能达到原理。

人们把上述定理和原理之一称为热力学第三定律，而另一个则被认为可由第三定律导出。

普朗克根据能斯特定理引进了绝对熵的概念，将0K时的熵作为熵的计算起点，令 $S_0=0$。这就是说，确定了熵函数的常数。由热力学第三定律还可得到另一些重要推论，例如，当温度趋近于绝对零度时，物质的膨胀系数和压力系数都趋近于零，任意过程的比热容也趋近于零。从统计物理学角度，热力学第三定律反映了微观运动的量子化。

二、负温度

人们对温度的认识，通常是知道它反映物体的冷热程度。进一步的认识是把它和能量联系起来，认识到它是物体内分子热运动的平均动能大小的标志。然而，热力学温度还反映了系统微观无序度随系统能量变化的情况。由热力学第一定律式（6-7b）和热力学第二定律

式（6-20b），可得到热力学基本关系式

$$TdS = dE + pdV$$

则有

$$\frac{1}{T} = \left(\frac{\partial S}{\partial E}\right)_V$$

这一公式说明以熵 S 表示系统的微观无序度随其内能 E 增大而增大时，系统处于正热力学温度，即 $T>0$ 的状态。如果系统的微观无序度随其内能的增大而减小，则系统的热力学温度将为负值，即 $T<0$。一般的热力学系统，当增加其能量时，它的微观无序度总是增大的，因而总是处于正热力学温度的状态。但如果能使系统的熵随能量的增大而减小，就可以得到负热力学温度的状态。

1950 年，莱姆西、庞德和珀塞尔等在实验室实现了核自旋系统的负热力学温度状态。

另外，激光管内的气体（或固体）发射激光时，其分子或原子在统计上是处于“粒子数反转”的状态的，即具有高能量的分子数比具有低能量的分子数多。在通常的正热力学温度下，由玻耳兹曼定律决定高能量的分子数应比低能量的分子数少。所以“粒子数反转”的状态也是一种负热力学温度状态。

负热力学温度比正热力学温度更高。+0K 和 -0K 是两个完全不同的物理状态，是两个极端。正负温度并不是通过 0K 而相互过渡的，相反，是通过无穷大而相互过渡的。除了负温度高于正温度这一点的数学和物理含义有点歧义外，在正的或负的温度范围内，代数值大的温度都表示较高的或较热的温度。

尽管负热力学温度客观存在，但实际上的负温度现象及其应用是非常稀少的。现在实际上遇到的热力学系统，它们的能级都没有上限，因而它们也总处于正热力学温度区域。

小　结

本章从宏观的角度，介绍了准静态过程、功、热量、内能等概念，重点介绍了热力学第一定律和热力学第二定律。应用热力学第一定律，讨论了其在理想气体等体、等压、等温以及绝热过程中的应用，介绍了热机的效率及其计算方法。热力学第二定律讨论热力学过程的方向性问题，提出了可逆过程和不可逆过程两个重要概念，重点讨论了热力学第二定律的两种表述以及该定律的物理意义及其统计规律性。最后介绍了重要的状态函数——熵，分别介绍了克劳修斯熵和玻耳兹曼熵的定义、计算及其异同点。

本章涉及的概念和原理有：

（1）准静态过程　过程进行中的每一时刻，系统的状态都无限接近于平衡态。准静态过程可以用状态图上的曲线表示。

（2）热力学第一定律　在某一过程中，外界传递给系统的热量，一部分用于系统内能的增加，一部分用于对外做功：

$$Q = (E_2 - E_1) + A$$

微分式　$dQ = dE + dA$

对于理想气体准静态过程　$Q = E_2 - E_1 + \int_{V_1}^{V_2} p dV$，$dQ = dE + pdV$

（3）循环过程

热机效率 $\eta=\frac{A}{Q_1}=\frac{Q_1-Q_2}{Q_1}=1-\frac{Q_2}{Q_1}$

卡诺循环热机效率 $\eta=1-\frac{T_2}{T_1}$

（4）可逆过程与不可逆过程　一个热力学过程，如果它的每一个中间状态都可以在逆向变化中进行而不在外界引起其他的变化而留下任何痕迹，这样的过程称为可逆过程，否则，就是不可逆过程。

（5）热力学第二定律

开尔文表述　不可能制造成只从单一热源吸取热量并全部转换成有用功而又不引起其他变化的热机。

克劳修斯表述　不可能把热量由低温物体传递给高温物体而不引起其他变化。

（6）熵

克劳修斯熵　$\mathrm{d}S=\frac{\mathrm{d}Q}{T}$（可逆过程），$S_2-S_1=\int_{\mathrm{I}}^{\mathrm{II}}\frac{\mathrm{d}Q}{T}$（可逆过程）

玻耳兹曼熵　对于孤立系统：$S_2-S_1\geqslant 0$ 及 $\mathrm{d}S\geqslant 0$（等号用于可逆过程，大于号用于不可逆过程）

习　题

6-1　一定量的理想气体处于热动平衡状态时，此热力学系统不随时间变化的三个宏观量是________，而随时间不断变化的微观量是________。

6-2　p-V 图上的一个点，代表________；p-T 图上任意一条曲线，表示________。

6-3　关于可逆过程与不可逆过程有以下几种说法，判断哪些说法是正确的？

（A）可逆过程一定是准静态过程；

（B）准静态过程一定是可逆过程；

（C）不可逆过程一定找不到另一过程使系统和外界同时复原；

（D）非准静态过程一定是不可逆过程。

6-4　如题 6-4 图所示，一定量的理想气体从体积 V_1 膨胀到体积 V_2 分别经历的过程是：等压过程 $A\to B$；等温过程 $A\to C$；绝热过程 $A\to D$。它们中吸热最多的是：

（A）$A\to B$；

（B）$A\to C$；

（C）$A\to D$；

（D）既是 $A\to B$，也是 $A\to C$，两过程吸热一样多。

6-5　一定量的理想气体，在题 6-5 图所示的 p-T 图中分别由初态 a 经过程 ab 和由初态 a' 经过程 $a'cb$ 到达相同的终态 b。则两个过程中气体从外界吸收的热量 Q_1、Q_2 的关系为下列中哪一个？

（A）$Q_1<0$，$Q_1>Q_2$；

（B）$Q_1>0$，$Q_1>Q_2$；

（C）$Q_1<0$，$Q_1<Q_2$；

（D）$Q_1>0$，$Q_1<Q_2$。

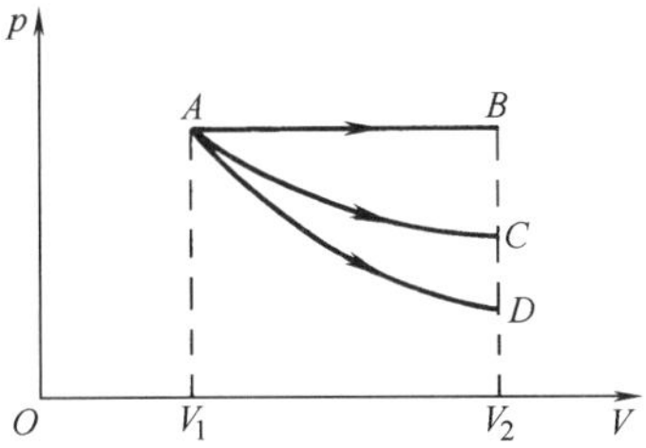

题　6-4 图

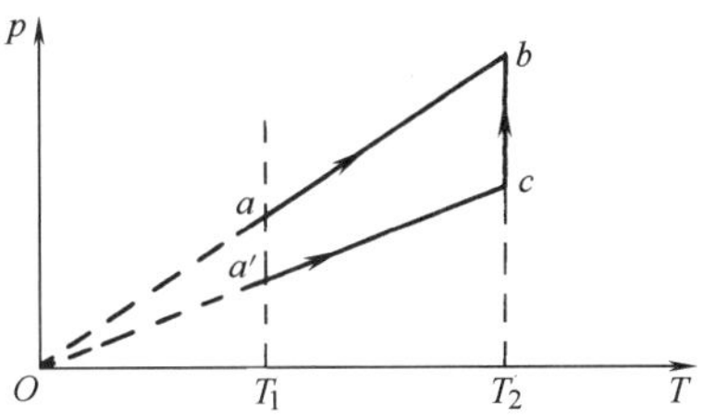

题　6-5 图

6-6　如题 6-6 图中 p-V 图所示，一定量的理想气体经历 $a \to b \to c$ 过程，在此过程中，气体从外界吸收热量 Q，系统的内能变化为 ΔE，则在以下空格内是应填上大于号、小于号还是等于号？Q __0；ΔE __0。

6-7　一定量的理想气体，分别经历题 6-7 图 a 所示的 abc 过程（图中虚线 ac 为等温线），和题 6-7 图 b 所示的 def 过程（图中虚线 df 为绝热线）。判断这两种过程是吸热还是放热？

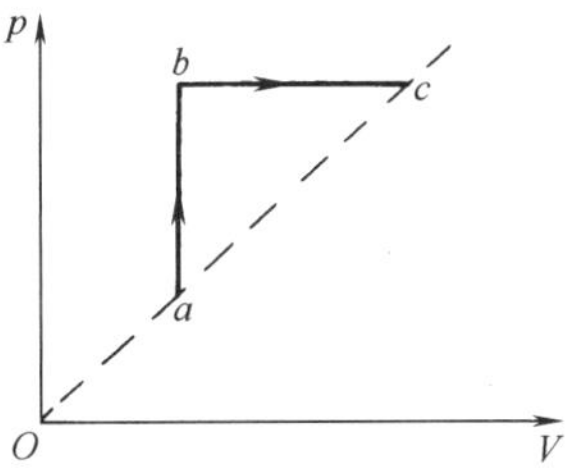

题　6-6 图

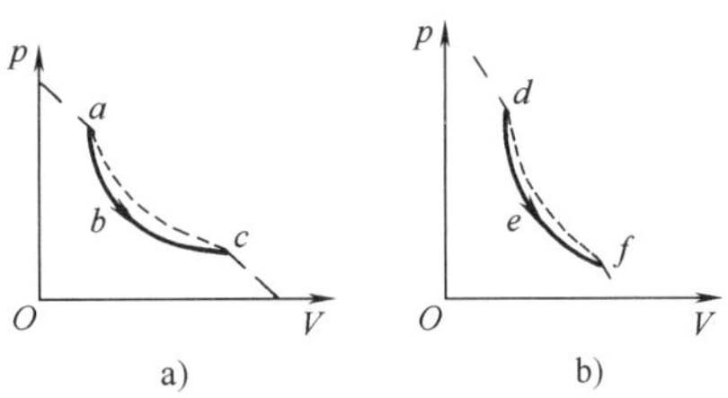

题　6-7 图

6-8　一定量的理想气体从题 6-8 图示的 p-V 图上同一初态 A 开始，分别经历三个不同的过程到达不同的末状态，但是所有的末状态的温度相同。其中 $A \to C$ 是绝热过程。问：

（1）在 $A \to B$ 过程中，气体是吸热还是放热？为什么？

（2）在 $A \to D$ 过程中，气体是吸热还是放热？为什么？

6-9　如题 6-9 图所示，p-V 图中的曲线 bca 为理想气体的绝热过程，曲线 $b1a$ 和 $b2a$ 是任一过程，则上述两过程中气体吸收热量与做功的情况是：

（A）$b1a$ 过程放热，做负功；$b2a$ 过程放热，做负功。

（B）$b1a$ 过程吸热，做负功；$b2a$ 过程放热，做负功。

（C）$b1a$ 过程吸热，做正功；$b2a$ 过程吸热，做负功。

（D）$b1a$ 过程放热，做正功；$b2a$ 过程吸热，做正功。

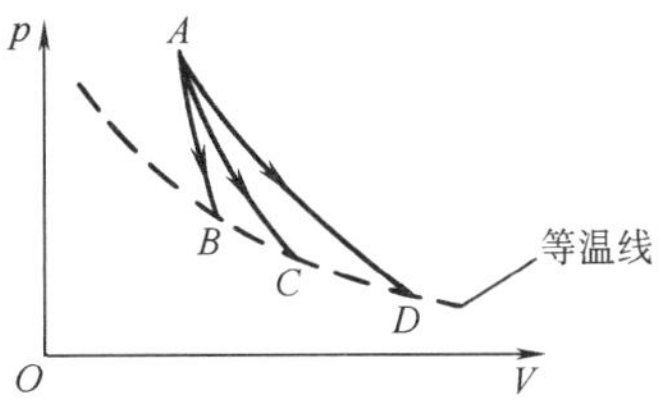

题　6-8 图

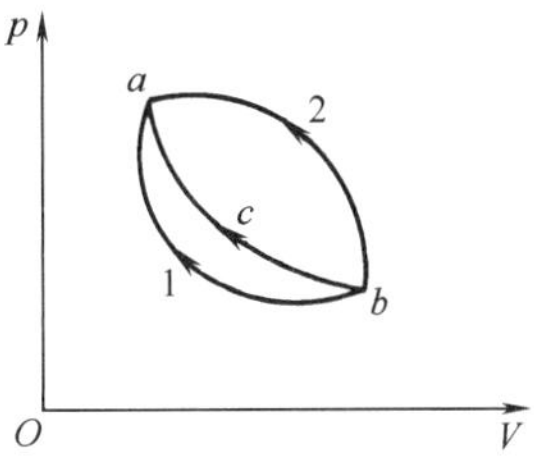

题　6-9 图

6-10　气体分子的质量可以根据该气体的定容比热容来计算。氩气的定容比热容为 $c_V = 314\text{J} \cdot \text{kg}^{-1} \cdot \text{K}^{-1}$，试求氩原子的质量。

6-11 在题6-11图示的 p-V 图中，AB 是一条理想气体的绝热线。设气体由任意状态 C 经准静态过程变到 D 状态，过程曲线 CD 与绝热线 AB 相交于 E。试证明：CD 过程为吸热过程。

6-12 如题6-12图所示，AB、CD 是绝热过程，DEA 是等温过程，BEC 是任意过程，它们组成一个循环。若图中 $EDCE$ 所包围的面积为80J，$EABE$ 所包围的面积为40J，DEA 过程中系统放热120J，求 BEC 过程中系统吸热为多少？

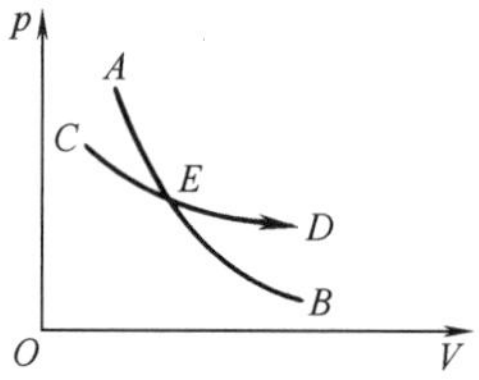

题 6-11 图

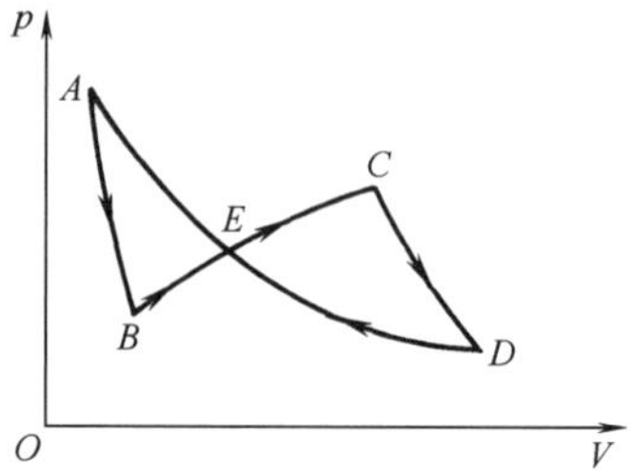

题 6-12 图

6-13 如题6-13图所示，$abcda$ 为1mol单原子理想气体所做的循环过程，求：

（1）气体循环一次从外界吸收的热量。

（2）气体循环一次对外做的净功。

6-14 一定量的单原子分子理想气体装在封闭的气缸里，此缸有可活动的活塞（活塞与气缸壁之间无摩擦且无漏气）。已知气体的初压强 $p_1=1\text{atm}$，体积 $V_1=1\text{L}$，现将该气体在等压下加热，直到体积为原来的两倍；然后在等容下加热，直到压强为原来的2倍；最后做绝热膨胀，直到温度下降到初温为止，如题6-14图所示。试求：

（1）整个过程中气体内能的变化。

（2）整个过程中气体所吸收的热量。

（3）整个过程中气体所做的功。

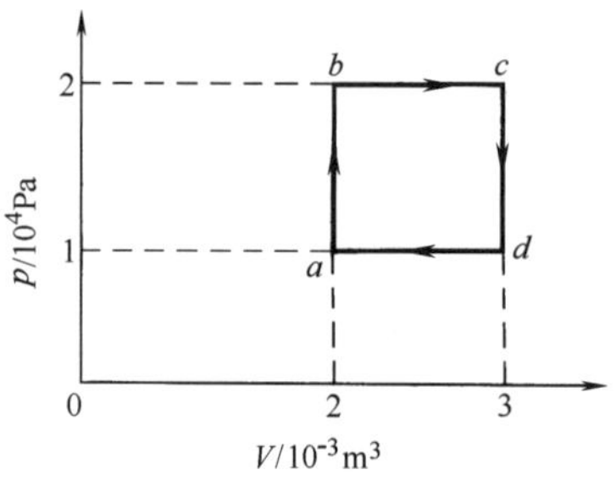

题 6-13 图

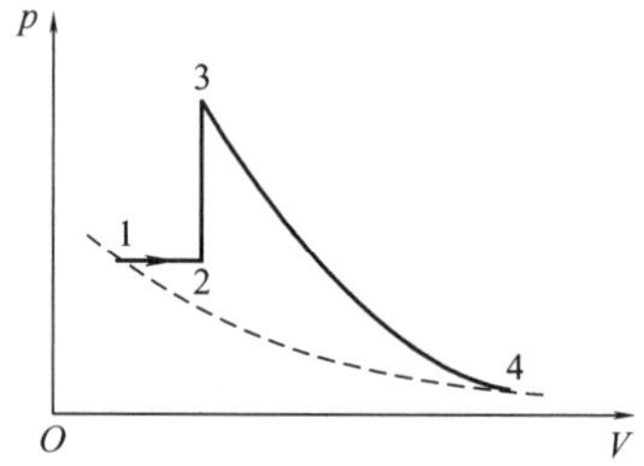

题 6-14 图

6-15 某热机在循环过程中从高温热源获得热量 Q_H，并把热量 Q_L 传递给低温热源。设高温热源的温度为 $T_H=2000\text{K}$，低温热源的温度为 $T_L=300\text{K}$，试确定在下列条件下热机是可逆的、不可逆的或不可能的？

（1）$Q_H=1000\text{J}$，$A=900\text{J}$。

（2）$Q_H=2000\text{J}$，$Q_L=300\text{J}$。

（3）$A=1500\text{J}$，$Q_L=500\text{J}$。

6-16 一定量的理想气体经历如题6-16图所示的循环过程：其中 $a\to b$ 和 $c\to d$ 是等压过程，$b\to c$ 和 $d\to a$ 是绝热过程，已知 $T_c=300\text{K}$，$T_b=400\text{K}$。试求此循环的效率。

6-17　根据热力学第二定律，请判断下列说法哪个正确？

（A）功可以全部转变为热量，但热量不能全部转变为功；

（B）热量可以从高温物体传到低温物体，但不能从低温物体传到高温物体；

（C）不可逆过程就是不能向相反方向进行的过程；

（D）一切自发过程都是不可逆的。

6-18　用统计观点解释；

不可逆过程实质上是一个________的转变过程。一切实际过程都向着________的方向进行。

6-19　如题6-19图所示，2mol某种理想气体，首先被等容冷却，然后再等压膨胀，使气体温度回到初始温度。假设经过这两个过程后，气体压强只有原来压强的1/3，试求该气体的熵变。

6-20　熵是________的定量量度。一定量的理想气体，经历了一个等温膨胀过程，它的熵将________（填入“增加”“减少”或“不变”）。

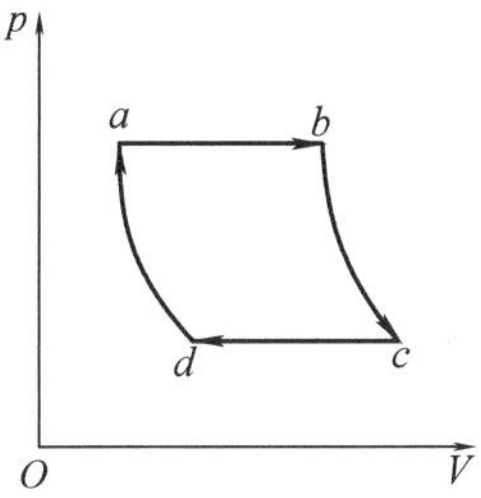

题　6-16图

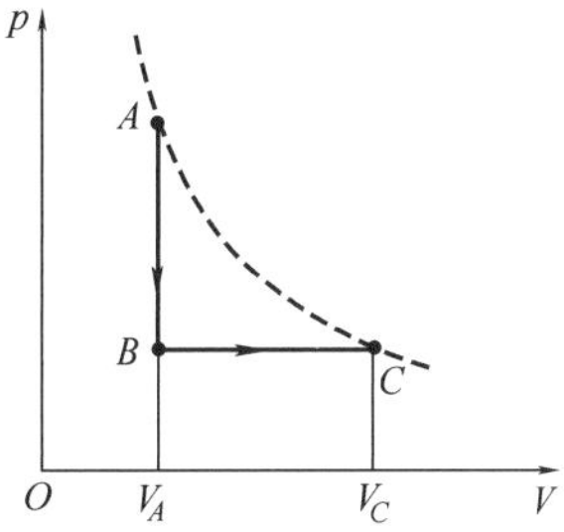

题　6-19图

第三篇 电 磁 学

电磁现象是一种极为普遍的自然现象，在近代科学研究和日常生产、生活中，电和磁都有着广泛的应用。对电磁现象的研究，还使人们更深入地认识到物质世界除了以实物的形式存在外，还以场的形式存在。

在18世纪以前，人们对电现象和磁现象的观察和研究是独立发展的，且只是定性研究。在很长时间里，人们认为摩擦使物体带电与磁铁吸引铁块是互不相关的两种现象，更没有意识到这些电、磁现象与烛光或太阳光会有什么联系。

1785年法国科学家库仑（C. A. de Coulomb）用扭秤实验在世界上首创定量研究电现象，并总结出著名的库仑定律。

1820年丹麦物理学家奥斯特（H. C. Oersted）发现，通有电流的导线能使其附近的磁针发生偏转。同年，法国物理学家安培（A-M. Ampère）也发现两根平行电流之间有相互作用力。紧接着，毕奥（Biot）和萨伐尔（Sarvart）确定了通电流导线对磁针作用力的大小和方向的定量关系。稍后，安培用实验证明了通有电流的螺线管相当于一磁铁，并提出解释物质磁性的分子电流假设。英国物理学家法拉第（M. Faraday）于1831年发现了电磁感应现象。1845年法拉第还发现了光的偏振面在磁场中发生偏转的现象，这是最早发现的磁光效应，揭示了磁现象与光现象之间的联系。

麦克斯韦（J. C. Maxwell）于1862年引入位移电流的概念，提出交变电场和交变磁场相互产生、共同存在的假设。他在总结电磁现象基本规律的基础上，建立起了严密的经典电磁场理论。

根据麦克斯韦理论，变化的电磁场以一定的速度在空间传播，这就是电磁波。电磁波的传播速度可以用电磁学的实验方法测定，结果与用光学方法测定的光速相同。由此麦克斯韦提出光的电磁理论，认为光是一种电磁波。1887年，德国物理学家赫兹（H. Hertz）从实验中发现了电磁波，并证明电磁波具有反射、折射与偏振等类似于光的性质。赫兹的实验证明了麦克斯韦理论的正确性，也为人类利用无线电奠定了实验基础。

本篇研究电磁运动的基本规律及其应用。

第七章　静　电　场

第一节　电荷　库仑定律

一、电荷　电荷守恒定律

1. 电荷

在公元前600年左右的古希腊时代，人们就已发现被布、毛皮摩擦后的琥珀具有吸引诸如毛发、羽毛等轻小物体的特性，就说琥珀带了“电荷”，而称此时的琥珀为带电体。现在我们从大量实验和理论研究知道，自然界中只存在着两种性质不同的电荷，美国物理学家富兰克林（B. Franklin）首先以正电荷、负电荷命名这两种电荷。正电荷以“+”号表示，如质子（即氢原子核）带的电荷就是正电荷；负电荷以“-”号表示，如电子带的电荷就是负电荷。电荷与电荷之间有相互作用力，同种电荷互相排斥，异种电荷互相吸引。物体所带电荷的数量值称为电荷量。在国际单位制中，电荷量的单位是C（库）。

近代物理学认为物质是由原子组成的，原子又由带正电的原子核和带负电的电子组成。原子核中有带正电的质子和不带电的中子。正常状态下的物体不带电，这是因为原子中的正电和负电的量相等，整个原子呈现为电中性状态。如果由于某些原因，物体内少了电子，就呈现带正电；反之，若多了电子，物体就呈现带负电。

质子和电子所带电荷量的绝对值是相等的，用e表示。质子带正电，电子带负电。关于电荷量e的大小，最初是从法拉第电解定律得到启示，1913年美国芝加哥大学物理学家密立根（R. A. Millikan）用油滴实验首次测定了电子的电荷量。近代实验测定的电子电荷量的大小为

$$e = 1.60217733 \times 10^{-19}\text{C}$$

e是电荷量的最小单元，不论用什么方法使物体带电，其所带电荷量只可能是e的整数倍。亦即，物体的带电量不能连续地改变，只能取基本电荷量e的整数倍。电荷量的这种不连续性称为电荷的量子化。

2. 电荷守恒定律

大量实验表明：在正常状态下物体是不带电的，正、负电荷的电荷量代数和为零。但若把一些电子从一个物体移到另一个物体上，则前者带正电，后者带负电，这两个物体的正、负电荷量的代数和仍为零。反之，如果让两个带有等量异种电荷的导体互相接触，则带负电的导体上的多余电子将移到带正电的导体上去，从而使两个导体对外都不呈现带电的性质，在这个过程中，正负电荷的电荷量的代数和始终不变，即总是为零。

把参与相互作用的几个物体叫作一个系统，如果系统与外界没有电荷交换，那么不管在系统中发生了什么变化，系统所带电荷量的代数和将保持不变。这个结论叫作电荷守恒定律。这是物理学的一条基本定律。直到现在为止，无论在宏观现象中，还是在原子、原子核和其他基本粒子范围中，电荷守恒定律都是正确的。

二、导体和电介质

就导电情况而言，一切物体可分为导体、电介质和半导体。

导体的特点是电荷在其中能自由移动，但从导电机理来看，导体又可分为两类。第一类导体：电荷在其中移动时不会引起导体化学性质的变化，也没有明显的质量迁移，例如金属，其内部存在大量的自由电子；第二类导体：电荷移动时有化学变化发生，其导电机理是各种离子定向移动，这类导体有溶解的盐、盐的溶液及酸和碱等。

电介质又称绝缘体或非导体，电介质不能导电，但其中可以存在电场，电介质中电子被束缚在自身所属的原子核周围。

此外，还有一类物体被称为半导体，其导电能力介于导体和电介质之间。

三、点电荷和带电体

在对静电现象的研究中，要用到点电荷这个概念。所谓点电荷是指这样的带电体，它本身的几何线度比起我们研究问题所涉及的距离小得多以致可以忽略不计，因而可以认为此带电体是一个电荷集中的几何点。显然，点电荷是在一定条件下的近似，是实际问题的一种抽象、理想的模型。

如果带电体的大小和形状不能忽略，就可以将带电体分成很多小块，称为电荷元，对每一电荷元 $\mathrm{d}q$ 可以当作点电荷处理，整个带电体则可以看成是大量电荷元 $\mathrm{d}q$ 连续分布的集合体，即 $q=\int_V \mathrm{d}q$。对这样的带电体，根据其电荷分布情况，分为体电荷、面电荷和线电荷等，相应地还可用体电荷密度 ρ、面电荷密度 σ 和线电荷密度 λ 等来表示其带电量，它们分别定义为

$$\rho=\lim_{\Delta V\to 0}\frac{\Delta q}{\Delta V}=\frac{\mathrm{d}q}{\mathrm{d}V}$$

$$\sigma=\lim_{\Delta S\to 0}\frac{\Delta q}{\Delta S}=\frac{\mathrm{d}q}{\mathrm{d}S}$$

$$\lambda=\lim_{\Delta l\to 0}\frac{\Delta q}{\Delta l}=\frac{\mathrm{d}q}{\mathrm{d}l}$$

上述三式分别表示在带电体内任意一点附近单位体积内的电荷、单位面积内的电荷和单位长度内的电荷。一般情况下，对某一带电体来说，ρ、σ 和 λ 不是恒量，只有当带电体的电荷是均匀分布而且不随时间而变时才是恒量。

四、库仑定律　电容率

1. 真空中的库仑定律

1785 年，库仑从著名的扭秤实验中总结出库仑定律：两个静止点电荷之间存在相互作

用力，其大小与两点电荷的电荷量的乘积成正比，与两点电荷之间的距离的平方成反比，作用力的方向在两点电荷的连线上，同种电荷相斥，异种电荷相吸，如图 7-1 所示。设这两个点电荷的电荷量分别为 q_1 和 q_2，它们相距 r，我们用符号 F_{12}表示 q_2 对 q_1 的作用力 $\boldsymbol{F}_{12}$的量值；F_{21}表示 q_1 对 q_2 的作用力 $\boldsymbol{F}_{21}$的量值，则有

$$F_{12} = F_{21} = k\frac{q_1 q_2}{r^2}$$

式中，k 是比例系数，其数值和单位取决于式中其他各量的单位及电荷周围介质的情况。$\boldsymbol{F}_{12}$和 $\boldsymbol{F}_{21}$大小相等、方向相反，可用矢量式表示为

$$\boldsymbol{F}_{21} = -\boldsymbol{F}_{12} = k\frac{q_1 q_2}{r^2}\boldsymbol{r}_0$$

式中，$\boldsymbol{r}_0$ 是由点电荷 q_1 至点电荷 q_2 所作的单位矢量。

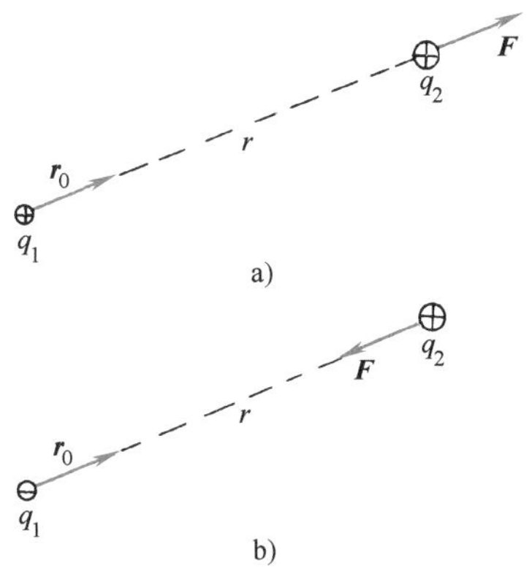

图 7-1 库仑力

在真空中，当各量都用国际单位制时，常将 k 写成

$$k = \frac{1}{4\pi\varepsilon_0}$$

式中，$\varepsilon_0 = 8.85\times10^{-12}\mathrm{C^2\cdot N^{-1}\cdot m^{-2}}$，是一个常量，称为真空电容率或真空介电常数。于是，真空中的库仑定律可写成

$$\boldsymbol{F} = \frac{1}{4\pi\varepsilon_0}\frac{q_1 q_2}{r^2}\boldsymbol{r}_0 \tag{7-1}$$

当用库仑定律计算两个以上点电荷之间的作用力时，根据力的叠加原理，任何一个点电荷 q_0 所受的力，等于各个点电荷单独存在时对该点产生的库仑力之矢量和，即

$$\boldsymbol{F} = \sum_{i=1}^{n}\boldsymbol{F}_i = \sum_{i=1}^{n}\frac{1}{4\pi\varepsilon_0}\frac{q_0 q_i}{r_i^2}\boldsymbol{r}_{0i} \tag{7-2}$$

2. 电介质的影响

当带电体在电介质中时，电介质的每个分子的正负电荷就会发生相对位移，使电介质发生极化而产生束缚电荷，还使电介质产生弹性形变，附加弹性力，所以情况较为复杂。

实验证明，在无限大均匀电介质中，两个相距为 r 的点电荷 q_1 和 q_2 之间的相互作用力 F'要比它们在真空中时小 ε_r 倍，即

$$\boldsymbol{F}' = \frac{1}{4\pi\varepsilon_0\varepsilon_r}\frac{q_1q_2}{r^2}\boldsymbol{r}_0 = \frac{1}{4\pi\varepsilon}\frac{q_1q_2}{r^2}\boldsymbol{r}_0 \tag{7-3}$$

式中，ε_r 称为电介质的相对电容率或相对介电常数；而 $\varepsilon=\varepsilon_0\varepsilon_r$ 则称为电介质的电容率或介电常数。几种常见电介质的相对电容率见表 7-1。

表 7-1 几种常见电介质的相对电容率

电 介 质	相对电容率 ε_r	电 介 质	相对电容率 ε_r
真空	1	陶瓷	5.7 ~ 8
空气（0℃，1 个大气压）	1.00059	聚苯乙烯	2.5
变压器油（20℃）	2.24	聚四氯乙烯	2.2
云母	3.7 ~ 7.5	钛酸钡	1000 ~ 10000

第二节 电场 电场强度

一、电场

摩擦力和弹性力都存在于相互接触的物体之间。但是如带电体之间相互作用的电力、磁铁吸引铁块的磁力，产生这类相互作用的物体并没有接触。历史上一种观点认为，这类力是一种超距作用力，不需要媒介就可以由一个物体相隔一定距离立即作用在另一个物体上。另一种观点认为，这类力也是近距作用的，是通过充满整个空间并被称之为“以太”的介质传递的。

近代物理学的发展证明，超距作用的观点是错误的，而“以太”也是不存在的。电力和磁力是通过电场和磁场传递的。

场的观点首先是由法拉第提出的。只要有电荷，周围空间中就有电场。电场存在的基本特征之一是放到电场中的其他电荷将受到电场的作用力，这种力称为电场力。电荷 q_1 和 q_2 之间的相互作用力，实际上是 q_1 在 q_2 的电场中，因而受到 q_2 的电场的作用力；同样，q_2 也在 q_1 的电场中，而受到 q_1 电场的作用力。

如果电荷相对于观测者是静止的，静止电荷周围的电场称为静电场。静电场是电磁场的一种特殊情况，在静电场中，静止的或运动的电荷都受到电场力的作用。

场是客观存在的，一切不依赖于人的主观意识而客观存在的都是物质，所以场是物质，也具有能量、动量和质量。

二、电场强度

为了定量地描述电场，引入电场强度 $\boldsymbol{E}$ 这个物理量。电场中任一点处电场的性质，可利用试验电荷 q_0 来进行研究。试验电荷必须是一个带很少电荷量的点电荷，这样就不会对原有电场有显著的影响，又可以用来研究空间各点的电场性质。

把试验电荷 q_0 放在电场中不同的点时，在一般情况下，q_0 所受力的大小和方向是逐点不同的。但在电场中给定点处，q_0 所受力 $\boldsymbol{F}$ 的大小和方向却是一定的。如果我们在电场中某给定点处改变试验电荷 q_0 的量值，就会发现 q_0 所受力的方向仍然不变，但力 $\boldsymbol{F}$ 的大小改变了，且当 q_0 取各种不同量值时，所受力 $\boldsymbol{F}$ 的大小与相应的 q_0 值之比 F/q_0 却具有确定的量值。由此可见，比值 F/q_0 以及 $\boldsymbol{F}$ 的方向只与试验电荷 q_0 所在点的电场性质有关，而与试验电荷 q_0 的量值无关。因此，把比值 F/q_0 和 $\boldsymbol{F}$ 的方向作为描述静电场中该给定点的性质的一个物理量，称为该点（即场点）处的电场强度。电场强度是矢量，用 $\boldsymbol{E}$ 表示：

$$\boldsymbol{E}=\frac{\boldsymbol{F}}{q_0} \tag{7-4}$$

如果上式中取 $q_0=1\mathrm{C}$，则单位正电荷的 $|\boldsymbol{E}|=|\boldsymbol{F}|$，方向与电场力方向一致。可见，电场中任一场点的电场强度在量值和方向上等于单位正电荷在该点处所受的电场力。在国际单位制中，电场强度的单位是 $\mathrm{N\cdot C^{-1}}$（牛·库$^{-1}$），有时也用 $\mathrm{V\cdot m^{-1}}$（伏·米$^{-1}$）。

三、电场强度的计算 叠加原理

1. 点电荷电场的电场强度

设真空中有一点电荷 q，则根据库仑定律及电场强度的定义式（7-4），在离开点电荷 r 远处 P 点的电场强度为

$$\boldsymbol{E}=\frac{\boldsymbol{F}}{q_0}=\frac{\dfrac{qq_0}{4\pi\varepsilon_0 r^2}\boldsymbol{r}_0}{q_0}=\frac{q}{4\pi\varepsilon_0 r^2}\boldsymbol{r}_0 \tag{7-5}$$

式中，单位矢量 $\boldsymbol{r}_0$ 是由点电荷 q 指向 P 点。

点电荷电场如图7-2所示，其在空间分布的特点是：$\boldsymbol{E}$ 的大小与点电荷的电荷量 q 成正比，与离开点电荷的距离 r 的平方成反比，$\boldsymbol{E}$ 的方向总是沿径向指向点电荷（$q<0$ 时）或离开点电荷（$q>0$ 时），即 $\boldsymbol{E}$ 的大小和方向在空间各点各不相同。

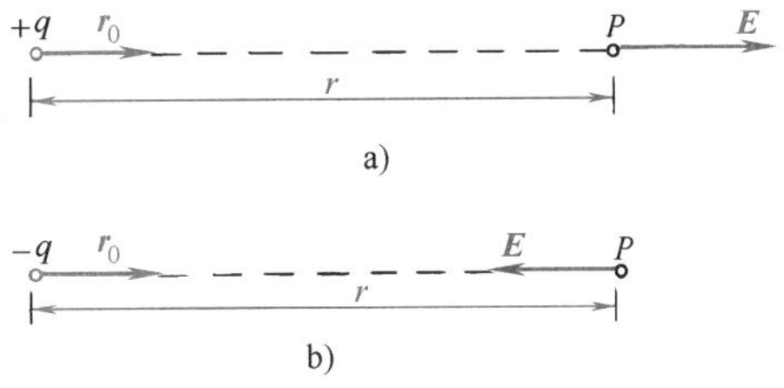

图7-2 点电荷的电场

2. 电场强度的叠加原理

将试验电荷 q_0 放在点电荷系 q_1，q_2，…，q_n 所产生的电场中时，实验表明，试验电荷在给定场点处所受合力 $\boldsymbol{F}$ 等于各个点电荷各自单独存在时对 q_0 作用的力 $\boldsymbol{F}_1$，$\boldsymbol{F}_2$，…，$\boldsymbol{F}_n$ 之矢量和，即

$$\boldsymbol{F}=\boldsymbol{F}_1+\boldsymbol{F}_2+\cdots+\boldsymbol{F}_n=\sum_{i=1}^{n}\boldsymbol{F}_i$$

两边除以 q_0，并由电场强度定义式（7-4），可得

$$\boldsymbol{E}=\frac{\sum\limits_{i=1}^{n}\boldsymbol{F}_i}{q_0}=\sum_{i=1}^{n}\boldsymbol{E}_i \tag{7-6}$$

式（7-6）说明，电场中任一场点处的总电场强度，等于各个点电荷单独存在时在该点各自产生的电场强度的矢量和。这就是电场强度叠加原理，它是电场的基本性质之一。

3. 点电荷系电场的电场强度

如果电场是由 n 个点电荷 q_1，q_2，…，q_n 产生的，则由式（7-5）及电场强度叠加原理

求得空间某点 P 处的电场强度为

$$\boldsymbol{E} = \sum_{i=1}^{n} \boldsymbol{E}_i = \sum_{i=1}^{n} \frac{q_i}{4\pi\varepsilon_0 r_i^2}\boldsymbol{r}_{0i} \tag{7-7}$$

式中，r_i 是点电荷 q_i 至 P 点的距离；$\boldsymbol{r}_{0i}$是由 q_i 指向 P 点的单位矢量。

如果产生电场的电荷是连续分布在某一区域的带电体，则可将此带电体分成许多电荷元 $\mathrm{d}q$，则电荷元 $\mathrm{d}q$ 在空间 P 点产生的电场强度为

$$\mathrm{d}\boldsymbol{E} = \frac{\mathrm{d}q}{4\pi\varepsilon_0 r^2}\boldsymbol{r}_0$$

式中，r 是电荷元 $\mathrm{d}q$ 到 P 点的距离；$\boldsymbol{r}_0$ 是由电荷元 $\mathrm{d}q$ 指向 P 点的单位矢量，如图 7-3 所示（图示为正电荷情况）。然后根据电场强度叠加原理，可得 P 点的合电场强度为

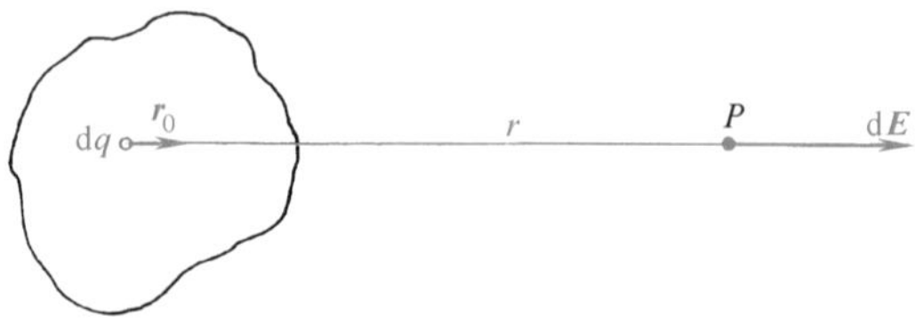

图 7-3 带电体的电场

$$\boldsymbol{E} = \int_V \mathrm{d}\boldsymbol{E} = \frac{1}{4\pi\varepsilon_0}\int_V \frac{\mathrm{d}q}{r^2}\boldsymbol{r}_0 \tag{7-8}$$

积分区域 V 是带电体本身所占有的空间。此式是矢量积分，在具体运算时须将$\mathrm{d}\boldsymbol{E}$沿选定坐标系的各坐标轴分解成分量后，分别积分，然后再求出合电场强度的大小和方向。

【例 7-1】 存在两个等量异种点电荷 $+q$ 和 $-q$，当两者之间的距离 l 较问题中所涉及的其他距离小得多时，$+q$ 和 $-q$ 组成的系统称为电偶极子。两个点电荷的连线称为电偶极子的轴线，矢量 $\boldsymbol{p}=q\boldsymbol{l}$ 称为电偶极子的电矩，$\boldsymbol{l}$ 的方向规定由负电荷指向正电荷。计算真空中电偶极子中垂线上一点的电场强度。

【解】 如图 7-4 所示，P 点为欲求电场强度的场点，P 点到电偶极矩中心 O 的距离为 r、到两个点电荷的距离分别为 r_+ 和 r_-，且 $r_+=r_-$。$+q$ 和 $-q$ 在 P 点产生的电场强度大小分别为

$$E_+ = \frac{q}{4\pi\varepsilon_0 r_+^2} = \frac{q}{4\pi\varepsilon_0(r^2+l^2/4)}$$

$$E_- = \frac{q}{4\pi\varepsilon_0 r_-^2} = \frac{q}{4\pi\varepsilon_0(r^2+l^2/4)}$$

由于 P 点处 $\boldsymbol{E}_+$、$\boldsymbol{E}_-$大小相等，但方向不同，如图 7-4 所示。由对称性分析知 P 点合电场强度 $\boldsymbol{E}_P$ 的大小为

$$E_P = \frac{ql}{4\pi\varepsilon_0(r^2+l^2/4)^{3/2}}$$

注意到 $\boldsymbol{p}=q\boldsymbol{l}$ 以及 $\boldsymbol{E}_P$ 与 $\boldsymbol{l}$ 方向相反，可得 P 点的电场强度为

$$\boldsymbol{E}_P = -\frac{\boldsymbol{p}}{4\pi\varepsilon_0(r^2+l^2/4)^{3/2}}$$

若 $r \gg l$,则

$$\boldsymbol{E}_P = -\frac{\boldsymbol{p}}{4\pi\varepsilon_0 r^3}$$

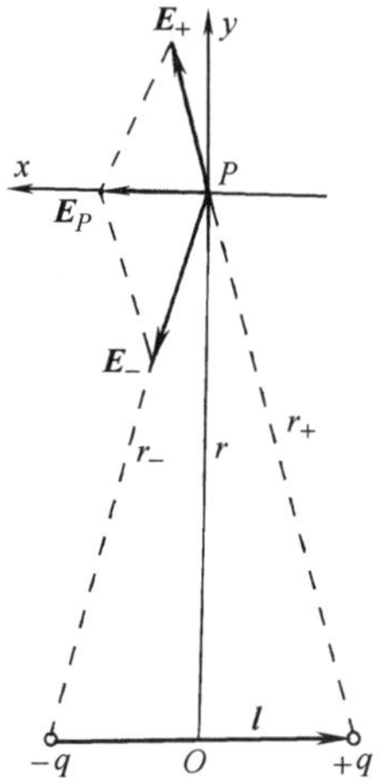

图 7-4 例 7-1 图

【例 7-2】 真空中长为 l 的均匀带电直线其线电荷密度为 λ，试求此直线的垂直平分线上、距直线为 a 处 P 点的电场强度。

【解】 选取坐标轴如图 7-5 所示，在带电直线距中心 O 为 x 处取积分元 dx，所带电荷量 $dq=\lambda dx$，dq 在 P 点产生的电场强度为

$$d\boldsymbol{E}_P=\frac{\lambda dx}{4\pi\varepsilon_0 r^2}\boldsymbol{r}_0$$

$d\boldsymbol{E}_P$ 在 x、y 方向的分量分别为

$$dE_x=dE_P\sin\theta$$

$$dE_y=dE_P\cos\theta$$

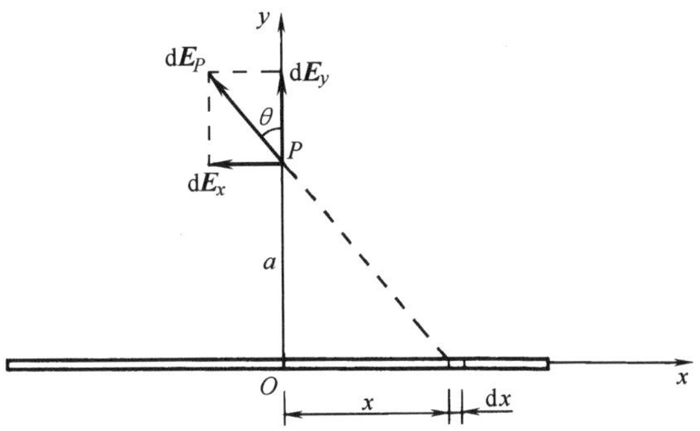

图 7-5 例 7-2 图

式中，$\sin\theta=\frac{x}{r}$；$\cos\theta=\frac{a}{r}$。而 $r=(x^2+a^2)^{1/2}$，因而有

$$dE_x=\frac{\lambda x dx}{4\pi\varepsilon_0(x^2+a^2)^{3/2}}$$

$$dE_y=\frac{\lambda a dx}{4\pi\varepsilon_0(x^2+a^2)^{3/2}}$$

积分上述两式，分别得 P 点电场强度分量为

$$E_x=\int dE_x=\frac{\lambda}{4\pi\varepsilon_0}\int_{-\frac{l}{2}}^{+\frac{l}{2}}\frac{x dx}{(x^2+a^2)^{3/2}}=0$$

$$E_y=\int dE_y=\frac{\lambda a}{4\pi\varepsilon_0}\int_{-\frac{l}{2}}^{+\frac{l}{2}}\frac{dx}{(x^2+a^2)^{3/2}}=\frac{\lambda l}{2\pi\varepsilon_0 a\sqrt{l^2+4a^2}}$$

于是

$$E=\sqrt{E_x^2+E_y^2}=E_y=\frac{\lambda l}{2\pi\varepsilon_0 a\sqrt{l^2+4a^2}}$$

方向为沿 y 轴正向（若 λ 为负值，则反向）。

【讨论】（1）若 $a\gg l$，则 $4a^2+l^2\approx 4a^2$，而 $q=\lambda l$，于是 $E\approx\frac{q}{4\pi\varepsilon_0 a^2}$，这是点电荷的电场强度公式。

（2）若 $a\ll l$，则 $l^2+4a^2\approx l^2$，于是 $E\approx\frac{\lambda}{2\pi\varepsilon_0 a}$。

第三节 真空中的高斯定理

高斯（C. F. Gauss）定理是静电场的基本定理之一，它描述静电场的一个重要性质，也是电磁场理论的基本方程之一。用高斯定理计算电场强度有时比较方便。这一节我们讨论真空中静电场的高斯定理。

一、电场线 电通量

1. 电场线

为了形象化地用图示方法描绘电场的分布，可引入电场线（又称电力线）的概念。

为了使电场线既能表示电场强度的方向，又能表示电场强度的大小，绘制电场线应符合下述规定：电场线上每一点的切线方向都与该点电场强度方向一致；在场中任一点附近，穿过垂直于电场强度方向上的单位面积上的电场线条数（疏密）等于该点电场强度的大小。

按此规定就可以描绘出电场强度的分布。图7-6描绘了几种带电系统的电场线图。

静电场的电场线显示出两个性质：第一，不形成闭合回线，也不中断，而是起自正电荷，止于负电荷；第二，任何两条电场线都不会相交，这是由电场强度的单值性所决定的。

需要注意，电场线并不代表电荷在电场中的运动轨迹，电场中也并不真实地存在这些线，它是为了形象地理解电场的性质而引入的。

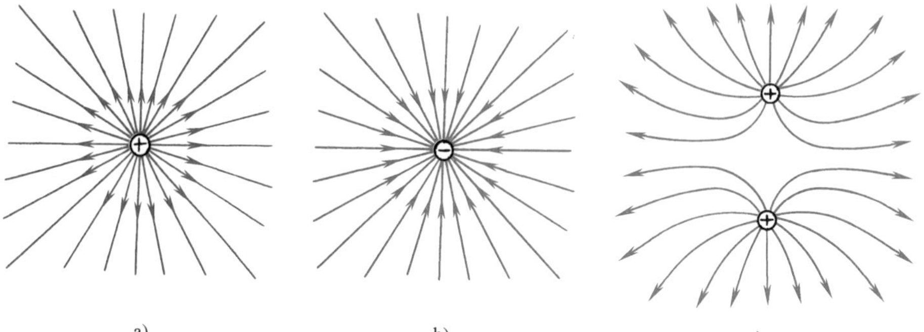

图7-6 几种常见电场的电场线图

a）正电荷 b）负电荷 c）两个等值正电荷

2. 电通量（电场强度通量）

通过电场中的每一点都可以作一条电场线，于是，可以用电场线的疏密程度代表电场强度的数值大小，我们规定：电场中某点附近的电场线密度等于该点电场强度 $\boldsymbol{E}$ 的大小。

具体地说，通过电场中某点取垂直于电场线方向的面积元 $\mathrm{d}S_{\perp}$，如果通过 $\mathrm{d}S_{\perp}$ 上的电场线数是 $\mathrm{d}\Phi_{\mathrm{e}}$，则该点的电场线密度为$\dfrac{\mathrm{d}\Phi_{\mathrm{e}}}{\mathrm{d}S_{\perp}}$，根据规定，有

$$E=\frac{\mathrm{d}\Phi_{\mathrm{e}}}{\mathrm{d}S_{\perp}} \tag{7-9}$$

式中，$\mathrm{d}\Phi_{\mathrm{e}}$ 称为通过 $\mathrm{d}S_{\perp}$ 上的**电通量**或**电场强度通量**，也称 $\boldsymbol{E}$ **通量**。

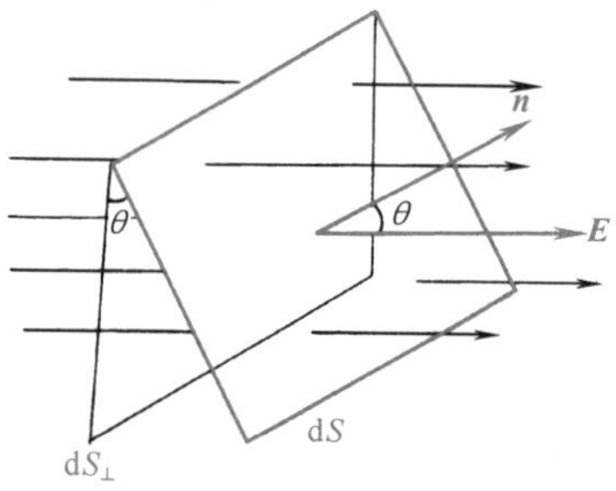

图7-7 电通量

如果所取面积元 $\mathrm{d}S$ 与电场线不垂直，如图7-7所示，例如 $\mathrm{d}S$ 的法向单位矢量 $\boldsymbol{n}$ 的方向与电场强度 $\boldsymbol{E}$ 的方向成 θ 角，这时可取 $\mathrm{d}S$ 在垂直于 $\boldsymbol{E}$ 方向的投影 $\mathrm{d}S_{\perp}$，即

$$\mathrm{d}S_{\perp}=\mathrm{d}S\cos\theta$$

显然，通过 $\mathrm{d}S_{\perp}$ 和 $\mathrm{d}S$ 的电场线数是相等的。所以，通过 $\mathrm{d}S$ 上的电通量为

$$\mathrm{d}\Phi_{\mathrm{e}}=E\mathrm{d}S_{\perp}=E\mathrm{d}S\cos\theta \tag{7-10}$$

定义面积元矢量 $\mathrm{d}\boldsymbol{S}$，它的大小为 $\mathrm{d}S$，方向是 $\boldsymbol{n}$，即 $\mathrm{d}\boldsymbol{S}=\mathrm{d}S\boldsymbol{n}$，则 $\mathrm{d}\Phi_{\mathrm{e}}$ 可以写成 $\boldsymbol{E}$ 和 $\mathrm{d}\boldsymbol{S}$ 的标量积，即

$$\mathrm{d}\Phi_{\mathrm{e}}=\boldsymbol{E}\cdot\mathrm{d}\boldsymbol{S} \tag{7-11}$$

在计算通过闭合曲面的电通量时，由于闭合曲面将空间分为内、外两部分，我们规定，对于闭合曲面，取由内向外指向的外法线矢量 $\boldsymbol{n}$ 为正。这样，在电场线 $\boldsymbol{E}$ 穿出曲面的地方

（例如图 7-8 中的 A 点），$\boldsymbol{n}$ 与 $\boldsymbol{E}$ 的夹角 $\theta<90°$，$\cos\theta>0$，则电通量 $\mathrm{d}\Phi_e$ 为正；而在电场线穿进曲面的地方（例如图 7-8 中的 B 点），$\theta>90°$，$\cos\theta<0$，则电通量 $\mathrm{d}\Phi_e$ 为负。因为电场线不会中断，所以当曲面内不包围电荷时，穿入闭合曲面的电场线数与穿出曲面的电场线数必然相等。在这种情况下，闭合曲面的总电通量为零。

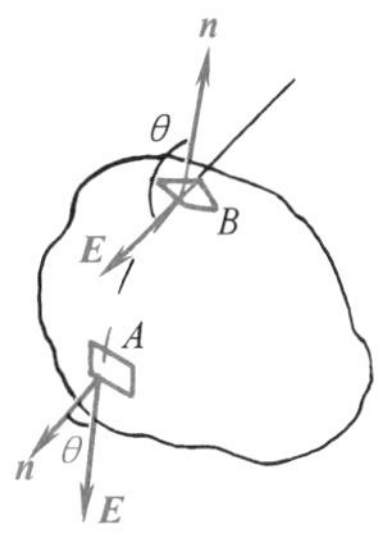

图 7-8 闭合曲面

通量是描述矢量场（例如静电场）性质的物理量，在任何一个矢量场中，一个矢量与面元 $\mathrm{d}\boldsymbol{S}$ 的标量积可定义为这个矢量对面元的通量，此矢量的曲面积分可定义为通过该曲面的通量。

在国际单位制中，电通量的单位是 $\mathrm{N\cdot m^2\cdot C^{-1}}$（牛·米^2·库$^{-1}$）。

二、高斯定理

现在研究真空中静电场的高斯定理。

先计算通过包围点电荷 q 的某一闭合曲面上的电通量。为计算方便，取球心在点电荷 q 而半径为 r 的一球面，如图 7-9 所示。根据库仑定律，球面上各点电场强度的大小 $E=\dfrac{q}{4\pi\varepsilon_0 r^2}$都相同，方向为沿球面的半径呈辐射状。在球面上任意取一面元 $\mathrm{d}S$，它的法向单位矢量 $\boldsymbol{n}$ 也是沿半径向外，所以电场强度矢量 $\boldsymbol{E}$ 与此面元矢量 $\mathrm{d}\boldsymbol{S}$ 的夹角$\theta=0$，这样，通过 $\mathrm{d}S$ 上的电通量为

12 高斯定理及应用（张宇）

$$\mathrm{d}\Phi_e=E\mathrm{d}S\cos\theta=E\mathrm{d}S=\frac{q}{4\pi\varepsilon_0 r^2}\mathrm{d}S$$

通过整个闭合球面的电通量为

$$\Phi_e=\oint_S\frac{q}{4\pi\varepsilon_0 r^2}\mathrm{d}S=\frac{q}{4\pi\varepsilon_0 r^2}4\pi r^2=\frac{q}{\varepsilon_0}$$

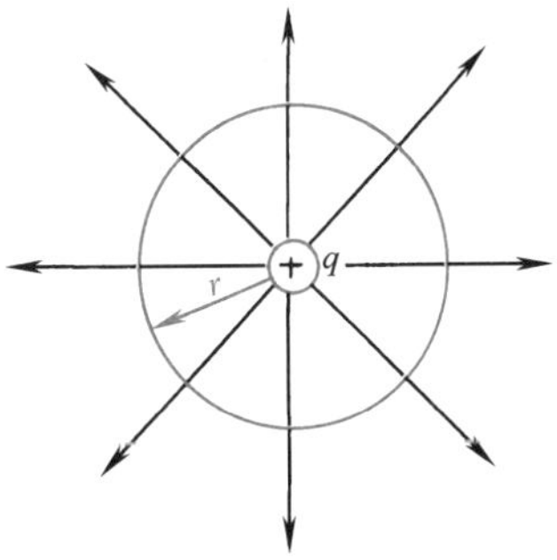

图 7-9 电通量计算

注意到 Φ_e 只与电荷量 q 有关，而与球面的半径无关。这一结论适用于包围点电荷 q 的任意形状的闭合曲面 S，如图 7-10 所示，因为电荷 q 发出的 q/ε_0 条电场线也都通过任意曲面 S。某些电场线可能奇数次通过 S 面，这种电场线首次从 S 面内穿出时，$\theta_1<\pi/2$，对电通量的贡献为正；当电场线由 S 面外再穿入 S 面时，$\theta_2>\pi/2$，对电通量的贡献为负，因而一正一负，相互抵消，这样，只要计算最后一次穿出 S 面对电通量的贡献即可。可见通过球面和通过任意闭合曲面 S 的电通量是相等的。

如果电荷是在任意闭合曲面的外面，如图 7-11 所示，则电场线或者不穿过曲面，或者穿过曲面偶数次，即一进一出，使通过闭合曲面的总电通量为零。同样理由，如果包围在闭合曲面 S 内的是负电荷，如图 7-12 所示，则通过 S 面的电通量为负值。

如果闭合面 S 内有 n 个电荷 q_1，q_2，…，q_n，其中有正电荷也有负电荷，则根据电场的叠加原理可知：真空中通过任意闭合曲面的电通量，在数值上等于此闭合曲面所包围电荷量的代数和除以 ε_0，这一结论称为真空中静电场的高斯定理。其表达式为

$$\oint_S \boldsymbol{E} \cdot \mathrm{d}\boldsymbol{S} = \frac{\sum_{i=1}^{n} q_i}{\varepsilon_0} \tag{7-12}$$

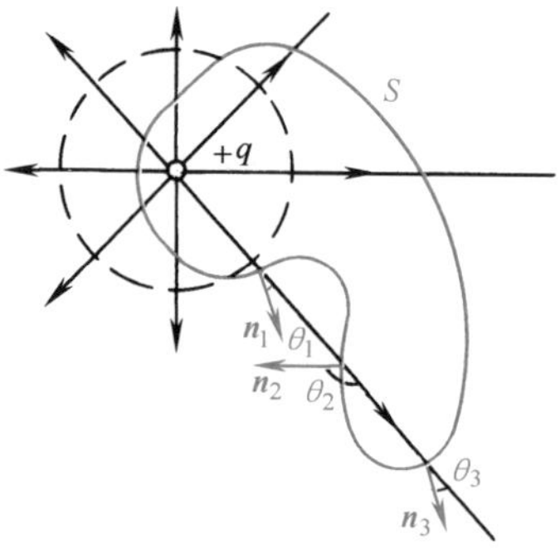

图 7-10 任意闭合曲面

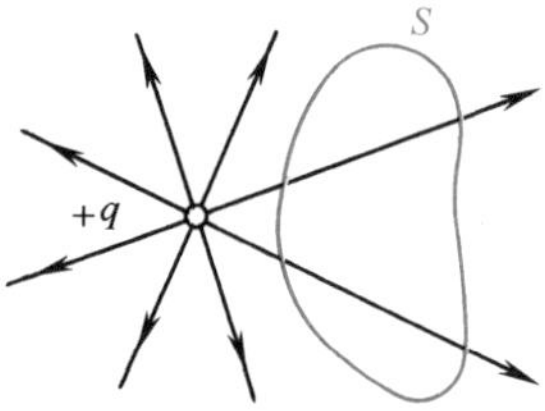

图 7-11 电荷在曲面外

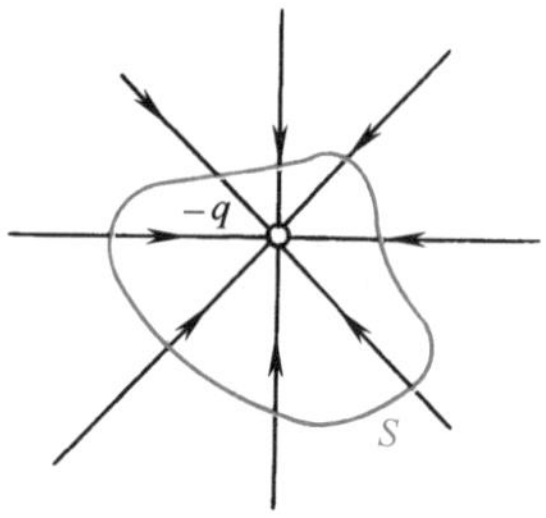

图 7-12 负电荷

如果闭合曲面内的电荷连续分布在一定的体积 V 中，体电荷密度为 ρ，则高斯定理的数学式成为

$$\oint_S \boldsymbol{E} \cdot \mathrm{d}\boldsymbol{S} = \frac{1}{\varepsilon_0}\int_V \rho \mathrm{d}V \tag{7-13}$$

如上所述，我们是将包围点电荷的球面上电通量的计算结果加以推广而得到高斯定理的，但可以严格证明其正确性。

高斯定理和库仑定律都是静电学中的基本定律，但是库仑定律只适用于静止点电荷之间的相互作用，而高斯定理对一般带电体都适用，对运动电荷的电场也适用。

三、应用高斯定理求解电场强度 $\boldsymbol{E}$

在高斯定理的数学式中，等式左边有 $\boldsymbol{E}$ 或 Φ_e，等式右边是电荷分布，所以，可应用高斯定理来求一些电荷周围的电场强度。在产生电场的电荷具有某些对称分布的情况下，用高斯定理求电场强度比用叠加原理的方法要简捷一些。

利用高斯定理求解电场强度的方法是：设法使公式左边的积分易于进行，关键在于寻找一个合适的封闭曲面，使在其上的电场强度大小处处相等；或把闭合面的积分分部进行，使部分积分面上电场强度大小处处相等且 $\boldsymbol{E} \cdot \mathrm{d}\boldsymbol{S} = E\mathrm{d}S$，而在另一些部分积分面上 $\boldsymbol{E} \cdot \mathrm{d}\boldsymbol{S} = 0$，这样的封闭曲面只有在场对称分布的情况下才能找到，我们称这样的封闭曲面为高斯面。下面举一些例子。

1. 具有球对称的场

【例 7-3】 真空中均匀带电球面的半径为 R、所带电荷量为 $+q$。求此球面内、外电场强度的分布。

【解】 如图 7-13a 所示，只要空间是均匀且各向同性的，那么场分布的对称性必然与电荷分布的几何空间的对称性相一致。球面的对称中心是球心 O，因此所有同心球面上各点的电场强度对球心来说均为对称。

(1) 求球面外任一点 P_1 处的电场强度。设 P_1 与球心 O 的距离为 r，因而可以通过 P_1 点，作以 O 为球心、以 r 为半径的球面，以此球面为高斯面 S_1，根据对称性，S_1 面上的电场强度大小处处相等，电场强度

方向与球面 S_1 的外法线方向间的夹角为 0°。利用高斯定理对此高斯面可写出

$$\oint_{S_1} \boldsymbol{E} \cdot \mathrm{d}\boldsymbol{S} = E_1(4\pi r^2) = \frac{q}{\varepsilon_0}$$

由此得

$$E_1 = \frac{q}{4\pi\varepsilon_0 r^2} \quad (r > R)$$

（2）求球面内任一点 P_2 处的电场强度。通过 P_2 点作同心球面为高斯面 S_2，半径也以 $r(r<R)$ 表示，则通过 S_2 的电场强度通量为

$$\oint_{S_2} \boldsymbol{E} \cdot \mathrm{d}\boldsymbol{S} = E_2(4\pi r^2) = 0$$

由此得

$$E_2 = 0 \quad (r < R)$$

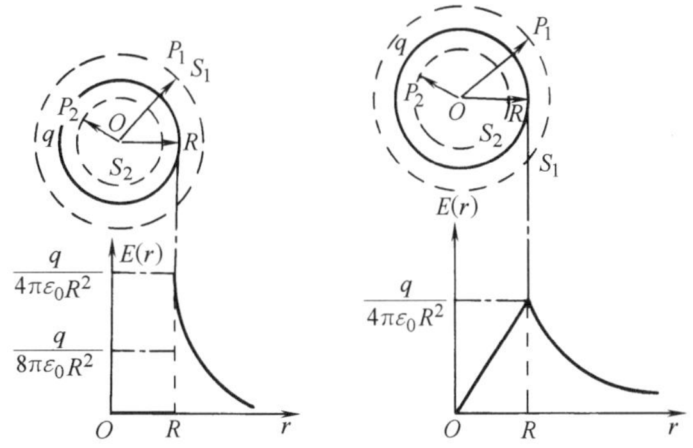

a)　　b)

图 7-13　例 7-3、例 7-4 图

a）均匀带电球面的电场强度　b）均匀带电球体的电场强度

【例 7-4】　真空中均匀带电球体的半径为 R、所带电荷量为 $+q$，求此球体内、外电场强度的分布。

【解】　球体的体电荷密度 $\rho = \dfrac{3q}{4\pi R^3}$。因为电荷分布具有球对称性，所以高斯面是同心球面。

（1）为了求球面外任一点 P_1 处的电场强度，设 P_1 与球心 O 的距离为 r，通过 P_1 点作以 O 为球心、以 r 为半径的球面，以此球面为高斯面 S_1，可写出高斯定理

$$\oint_{S_1} \boldsymbol{E}_1 \cdot \mathrm{d}\boldsymbol{S} = E_1(4\pi r^2) = \frac{q}{\varepsilon_0}$$

由此得

$$E_1 = \frac{q}{4\pi\varepsilon_0 r^2} \quad (r \geqslant R)$$

（2）为了求球面内任一点 P_2 处的电场强度，设 P_2 与球心 O 的距离为 r，通过 P_2 点作同心球面为高斯面 S_2，可写出高斯定理

$$\oint_{S_2} \boldsymbol{E}_2 \cdot \mathrm{d}\boldsymbol{S} = E_2(4\pi r^2) = \frac{\rho}{\varepsilon_0}\frac{4}{3}\pi r^3$$

由此得

$$E_2 = \frac{\rho r}{3\varepsilon_0} = \frac{qr}{4\pi\varepsilon_0 R^3} \quad (r \leqslant R)$$

可画出 $E(r)$-r 关系曲线如图 7-13b 所示。

---

2. 具有圆柱对称的场

【例 7-5】　求真空中无限长的均匀带电圆柱面周围的电场强度。已知圆柱面半径为 R、线电荷密度为 $+\lambda$。

【解】　无限长圆柱面具有圆柱对称性，轴线就是圆柱空间的对称中心。所以可选高斯面为有限长度的同轴圆柱面。

设圆柱面外某点 P 距轴线为 $r(r>R)$，通过 P 点作一半径为 r、长度为 l 的圆柱面为高斯面，如图 7-14a 所示，它的上、下两端面面积均为 S，侧表面为 S_0。显然，电场线垂直穿过侧表面，对此圆柱形高斯面写

出高斯定理

$$\oint_S \boldsymbol{E} \cdot d\boldsymbol{S} = \oint_{S_0} \boldsymbol{E} \cdot d\boldsymbol{S} = E(2\pi rl) = \frac{\lambda l}{\varepsilon_0}$$

故得

$$E = \frac{\lambda}{2\pi\varepsilon_0 r} \quad (r \geqslant R)$$

读者可以用同样方法求得圆柱面内($r<R$)各处电场强度 $E=0$，它的结果如图 7-14b 所示。还可以用同样方法讨论真空中无限长均匀带电直线周围的电场情况。

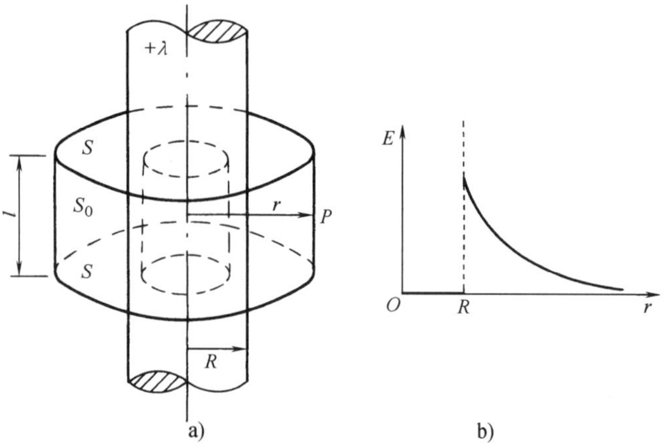

图 7-14 例 7-5 图

3. 具有镜面对称的场

由光学成像原理知，物体经过镜面成像于镜面的另一侧空间，物与像对于镜面来说是对称分布的，所以镜面对称是指镜面两侧半无限空间的对称，其对称中心是镜面。

【例 7-6】 求真空中无限大均匀带电平面两侧的电场强度分布，已知面电荷密度为 $+\sigma$。

【解】 无限大均匀带电平面两侧电场的分布应对称于此平面，在距此平面距离相等处的电场强度大小相等、方向都垂直于平面并指向无限远。所以，在求距平面 r 处 P 点的电场强度时，可选取一底面通过 P 点的圆柱面为高斯面，圆柱面垂直贯穿带电平面且两边等长。此圆柱面侧表面的电通量为零，只有两个面积为 S_0 的底面有电通量，如图 7-15 所示。对此高斯面可写出高斯定理

$$\oint_S \boldsymbol{E} \cdot d\boldsymbol{S} = 2\int_{S_0} E dS = 2ES_0 = \frac{\sigma}{\varepsilon_0}S_0$$

由此得

$$E = \frac{\sigma}{2\varepsilon_0}$$

这是一个均匀电场。

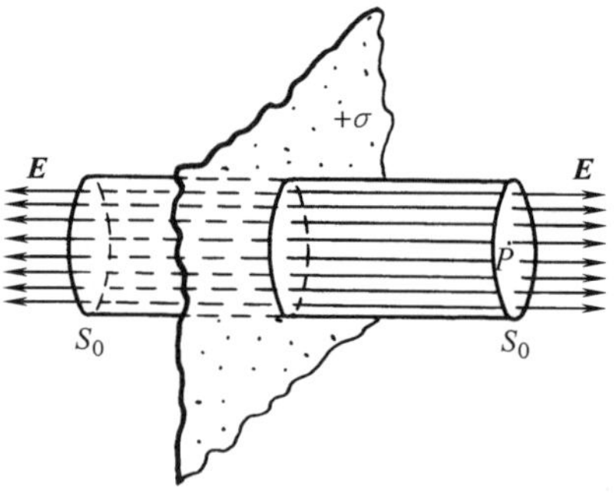

图 7-15 例 7-6 图

综上所述，应用高斯定理求解带电体的电场分布，关键是寻找合适的高斯面。从上述这些典型例题中看出，只有那些具有简单几何形状、且具有空间对称性的带电体才能找到符合

解题要求的、简单的高斯面。因此，能够用高斯定理求解电场强度的问题是有限的，但方法非常简单；必须指出，有些问题虽不能用高斯定理简单地求解电场分布，但高斯定理的表述仍然是正确的。高斯定理与库仑定律是静电现象基本规律的两种表述方式，一种是从力的角度表述，另一种是从场的角度表述。

第四节 电 势

一、静电场力的功 静电势能

1. 静电场力的功

我们知道电荷在静电场中会受到电场对它的作用力，那么根据功的定义，当电荷在静电场中运动时，电场力将对运动电荷做功。研究静电场力做功的特点，对了解静电场的性质有重要的意义。

先计算点电荷电场的情况。设在给定点 O 处有点电荷 q。现有试验电荷 q_0 在 q 的电场中从 a 点（距 O 点为 r_a）经过任意路径 acb 到达 b 点（距 O 点为 r_b），如图7-16所示。在路径中任一点 c 取位移元 $\mathrm{d}\boldsymbol{l}$，并设 c 点处电场强度为 $\boldsymbol{E}$，距 O 点为 r，于是，电场力 $\boldsymbol{F}=q_0\boldsymbol{E}$ 在 $\mathrm{d}\boldsymbol{l}$ 这段位移元中所做的功为

$$\mathrm{d}A=\boldsymbol{F}\cdot\mathrm{d}\boldsymbol{l}=q_0\boldsymbol{E}\cdot\mathrm{d}\boldsymbol{l}=q_0E\cos\theta\mathrm{d}l$$

式中，θ 是 $\boldsymbol{E}$ 和 $\mathrm{d}\boldsymbol{l}$ 之间的夹角。

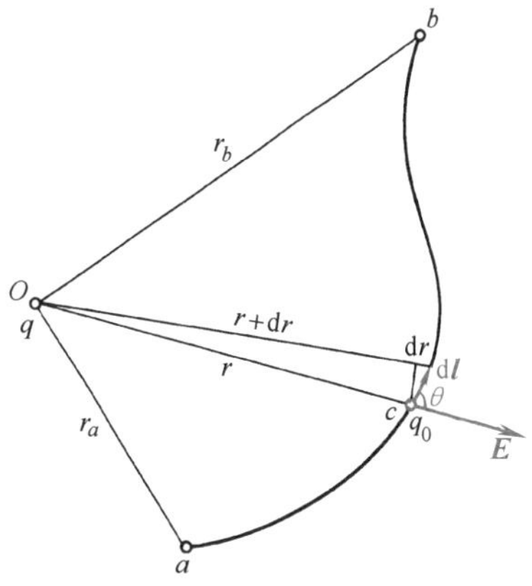

图7-16 静电场力的功

由于 $E=\dfrac{q}{4\pi\varepsilon_0r^2}$，代入上式得

$$\mathrm{d}A=\frac{q_0q}{4\pi\varepsilon_0r^2}\cos\theta\mathrm{d}l=\frac{q_0q}{4\pi\varepsilon_0r^2}\mathrm{d}r$$

当试验电荷 q_0 从 a 点移动到 b 点时，电场力所做的功为

$$A_{ab}=\int_a^b\mathrm{d}A=\int_{r_a}^{r_b}\frac{q_0q}{4\pi\varepsilon_0r^2}\mathrm{d}r=\frac{q_0q}{4\pi\varepsilon_0}\left(\frac{1}{r_a}-\frac{1}{r_b}\right)\tag{7-14}$$

式中，r_a 和 r_b 分别表示从点电荷 q 所在处到路径的起点和终点的距离。由式（7-14）可见，在点电荷 q 的电场中，电场力所做的功与路径无关，仅与运动电荷的电荷量大小以及路径的起点和终点位置有关。

任何静电场都可看作是点电荷系中各点电荷的电场的叠加，于是试验电荷 q_0 在电场中移动时，电场力对试验电荷所做的功也就等于各个点电荷的电场力所做功之代数和，用数学式表示时，可写为

$$A_{ab}=\int_a^b q_0\boldsymbol{E}\cdot\mathrm{d}\boldsymbol{l}=\int_a^b q_0\left(\sum\boldsymbol{E}_i\right)\cdot\mathrm{d}\boldsymbol{l}=\sum_{i=1}^{n}\frac{q_0q_i}{4\pi\varepsilon_0}\left(\frac{1}{r_{ia}}-\frac{1}{r_{ib}}\right)\tag{7-15}$$

式中，r_{ia} 和 r_{ib} 分别表示点电荷 q_i 到路径的起点 a 和终点 b 的距离。由于每个点电荷的电场力所做的功都与路径无关，所以相应的代数和也与路径无关，由此得出结论：试验电荷在任何

静电场中移动时，电场力所做的功仅与该试验电荷的电荷量大小以及路径的起点和终点的位置有关，而与路径无关。这说明静电场力是保守力。

13 静电场环路定理（张宇）

显然，若试验电荷在电场中经过闭合路径 l 回到原来的位置，则电场力对它做功为零，即

$$q_0\oint_l \boldsymbol{E}\cdot \mathrm{d}\boldsymbol{l} = q_0\oint_l E\cos\theta \mathrm{d}l = 0$$

因为 $q_0\neq 0$，所以上式也可写作

$$\oint_l \boldsymbol{E}\cdot \mathrm{d}\boldsymbol{l} = \oint_l E\cos\theta \mathrm{d}l = 0 \tag{7-16}$$

式中，线积分 $\oint_l \boldsymbol{E}\cdot \mathrm{d}\boldsymbol{l}$ 称为静电场的环流。式（7-16）表明，静电场场强的环流为零。这是静电场的重要特性之一。式（7-16）称作环路定理。电场强度在闭合回路上的环流为零说明静电场是一种无旋场。这样的场一定是个保守场或称势场。由于这种特性，我们便可引入电势能和电势的概念。

2. 静电势能

如上所述，静电场力是保守力，所以我们可以引入静电势能的概念。即电荷在静电场中一定的位置处，具有一定的电势能。电场力所做的功就是电势能变化的量度。设以 W_a 和 W_b 分别表示试验电荷 q_0 在起点 a 和终点 b 处的静电势能，则有

$$W_a - W_b = A_{ab} = q_0\int_a^b E\cos\theta \mathrm{d}l \tag{7-17}$$

静电势能也与其他势能一样是一个相对的量，为了计算电荷在电场中各点静电势能的大小，必须有一个作为参考的“零点”。这个零电势能参考点可以任意确定，例如，我们规定电荷 q_0 在 b 点的静电势能为零，即令 $W_b=0$，则电荷 q_0 在电场中 a 点的静电势能为

$$W_a = A_{ab} = q_0\int_a^b E\cos\theta \mathrm{d}l \tag{7-18}$$

亦即电荷 q_0 在电场中某一点 a 处的静电势能 W_a 在量值上等于 q_0 从 a 点处移动到零电势能参考点 b 处电场力所做的功 A_{ab}。在很多情况下，取无穷远处为零电势能参考点。电场力所做的功有正有负，所以电势能也有正有负。还应指出，静电势能也是属于一定系统的。式（7-18）表示的静电势能是试验电荷 q_0 与电场之间的相互作用能量，静电势能是属于试验电荷 q_0 和电场这个系统的。

二、电势

由式（7-18）可知，电荷 q_0 在电场中某点 a 的静电势能与 q_0 的大小成正比，而比值 W_a/q_0 却与 q_0 无关，只决定于电场的性质、场中给定点 a 的位置以及零电势能参考点的位置。所以，这一比值是表征静电场中给定点电场性质的物理量，称为电势，用 U_a 表示 a 点的电势，有

$$U_a = \frac{W_a}{q_0} = \int_a^b \boldsymbol{E}\cdot \mathrm{d}\boldsymbol{l} = \int_a^b E\cos\theta \mathrm{d}l \tag{7-19}$$

如果令式中 $q_0=1\mathrm{C}$，U_a 在数值上就等于 W_a。当然，这里我们也必须规定电场中 b 点是零电势参考点，亦即，电场中某点的电势在量值上等于放在该点处的单位正电荷的电势能，也等

于单位正电荷从该点经过任意路径移动到零电势参考点处时电场力所做的功。电势是标量，其值可正可负。

如果已知静电场中某点的电势为 U，则放在该点处的点电荷 q 所具有的电势能为

$$W = qU \tag{7-20}$$

在国际单位制中，电势的单位是 $J \cdot C^{-1}$（焦·库$^{-1}$），或称为伏特，简称为伏，符号是 V。

和电势能一样，电势也是一个相对的量。只有在选定了零电势以后，电场中任一点的电势才有唯一确定的值。电势 U 反映了电场本身的属性，它是电场中各点位置的标量函数 $U(x, y, z)$。零电势的选择视应用的方便而定。当带电体只分布在有限区域时，往往选取无限远处的电势为零。在实际应用中，常选地球的电势为零。

在实际应用中，重要的不是电场中某点电势的数值，而是某两点 a 和 b 之间的电势差，或称电压。由式（7-19）可知，a 和 b 两点之间的电势差为

$$U_a - U_b = \int_a^\infty \boldsymbol{E} \cdot \mathrm{d}\boldsymbol{l} - \int_b^\infty \boldsymbol{E} \cdot \mathrm{d}\boldsymbol{l} = \int_a^b \boldsymbol{E} \cdot \mathrm{d}\boldsymbol{l} = \int_a^b E\cos\theta \mathrm{d}l \tag{7-21}$$

亦即，a 和 b 两点之间的电势差，在数值上等于单位正电荷自 a 点沿任意路径运动到 b 点时电场力所做的功。所以，可以用电势差计算电场力对运动电荷 q 所做的功为

$$A_{ab} = q(U_a - U_b) \tag{7-22}$$

应该指出，零电势的选定具有一定的随意性。零电势选的不同，电场中各点电势的值也会随之改变。但任何两点之间的电势差却与零电势的选定无关。

三、电势的计算

我们根据产生电场的带电体的不同情况，分三种情况介绍。

1. 点电荷电场中的电势

设点电荷 q 在真空中产生电场，我们来计算电场中任一点 P 处的电势。若 P 点到 q 的距离为 r，并选定 $U_\infty = 0$，按电势的定义可得

$$U_P = \int_l \boldsymbol{E} \cdot \mathrm{d}\boldsymbol{l} = \int_r^\infty E \cdot \mathrm{d}r = \int_r^\infty \frac{q}{4\pi\varepsilon_0 r^2}\mathrm{d}r = \frac{q}{4\pi\varepsilon_0 r} \tag{7-23}$$

可见，若 $q > 0$，则电场中各点电势都为正值；若 $q < 0$，则电场中各点电势都是负值。

2. 点电荷系的电场中的电势

仍令 $U_\infty = 0$，在点电荷系 q_1，q_2，…，q_n 的电场中，任何一段路程上电场力所做的功等于各点电荷电场力所做功之代数和，所以可推知电场中任一点 P 处的电势为

$$U_P = \frac{\sum_{i=1}^{n} A_{iP\infty}}{q_0} = \sum_{i=1}^{n} \frac{A_{iP\infty}}{q_0} = \sum_{i=1}^{n} U_{iP} = \sum_{i=1}^{n} \frac{q_i}{4\pi\varepsilon_0 r_i} \tag{7-24}$$

式中，r_i 为 P 点与点电荷 q_i 之间的距离。这个结论称为电势叠加原理。

3. 任意带电体的电场中的电势

如果产生电场的带电体上的电荷是连续分布在有限的区域内，则式（7-24）应以积分式代之。设 $\mathrm{d}q$ 为此连续带电体中的任一电荷元，r 为 $\mathrm{d}q$ 到所求点 P 的距离，那么 P 点的电势为

$$U_P = \int_V \mathrm{d}U = \int_V \frac{\mathrm{d}q}{4\pi\varepsilon_0 r} \tag{7-25}$$

这也是叠加原理的结果。积分区域是产生电场的带电体本身。还须注意的是，式（7-25）的零电势参考点已选定在无穷远处。

对于任意带电体电场中某点 a 处的电势也可利用公式 $U_P=\int_a^b \boldsymbol{E}\cdot \mathrm{d}\boldsymbol{l}$ 来计算，但用此式前必须已知电场强度 $\boldsymbol{E}$ 的解析式，且从 a 到 b 是可积的。

下面举例说明电势的计算。

【例 7-7】 如图 7-17 所示，试计算电偶极子电场中距电偶极子中心 O 的距离为 r、且 $r\gg l$ 处，点 P 的电势（θ 角已知）。

【解】 设 $U_\infty=0$，由式（7-24）可知 P 点电势

$$U_P=\frac{1}{4\pi\varepsilon_0}\left(\frac{q}{r_+}-\frac{q}{r_-}\right)=\frac{q}{4\pi\varepsilon_0}\frac{r_--r_+}{r_+r_-}$$

由图 7-17 可看到，如果 $r\gg l$，则近似有

$$r_--r_+\approx l\cos\theta$$

$$r_-r_+\approx r^2$$

又因电偶极矩 $\boldsymbol{p}=q\boldsymbol{l}$，所以 P 点电势为

$$U_P=\frac{p\cos\theta}{4\pi\varepsilon_0 r^2}$$

从本题可以看到，近似计算有时能使我们对事物的规律认识得更清晰。

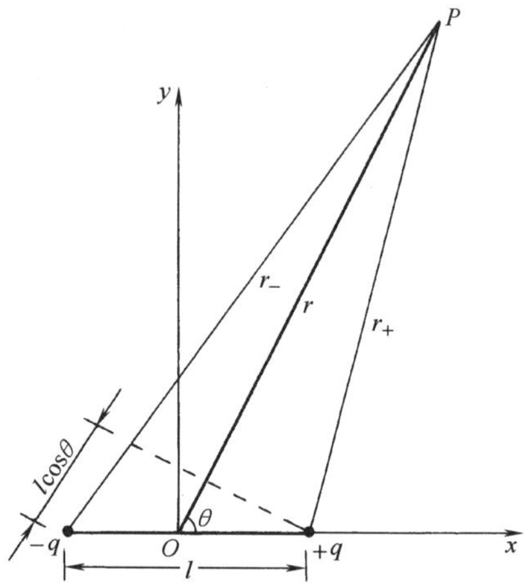

图 7-17 例 7-7 图

【例 7-8】 真空中一个半径为 R 的均匀带电球面，所带电荷量为 q，求距球心 O 的距离为 r 处的电势，分别就 $r>R$ 和 $r<R$ 讨论。

【解】 由例 7-3，我们已知均匀带电球面的电场强度为

$$E_1=0\qquad (r<R)$$

$$\boldsymbol{E}_2=\frac{q}{4\pi\varepsilon_0 r^2}\boldsymbol{r}_0\qquad (r>R)$$

设 $U_\infty=0$，可由 $U_P=\int_P^\infty \boldsymbol{E}\cdot\mathrm{d}\boldsymbol{l}$ 计算 P 点处电势。由于 $\boldsymbol{E}$ 是沿 r 方向，又由于积分与路径无关，所以选择沿 r 方向为积分路径，于是有

$$U=\int_P^\infty \boldsymbol{E}_2\cdot\mathrm{d}\boldsymbol{l}=\int_r^\infty E_2\mathrm{d}r=\frac{q}{4\pi\varepsilon_0}\int_r^\infty\frac{\mathrm{d}r}{r^2}=\frac{q}{4\pi\varepsilon_0 r}\qquad (r>R)$$

上式是球面外各点电势的公式。

计算球面内各点电势时，积分应分段进行，即

$$U=\int_l \boldsymbol{E}\cdot\mathrm{d}\boldsymbol{l}=\int_r^\infty E\mathrm{d}r=\int_r^R E_1\mathrm{d}r+\int_R^\infty E_2\mathrm{d}r$$

$$=\frac{q}{4\pi\varepsilon_0 R}\qquad (r<R)$$

由上可知，球面内的电势是一常量，而球面外各点的电势，则可先将球面所带电荷看成是集中在球心的点电荷的电场一样然后计算。电势 U 与距球心的距离 r 的关系如图 7-18 所示。同样方法可以计算均匀带电球体的电场中各点的电势。

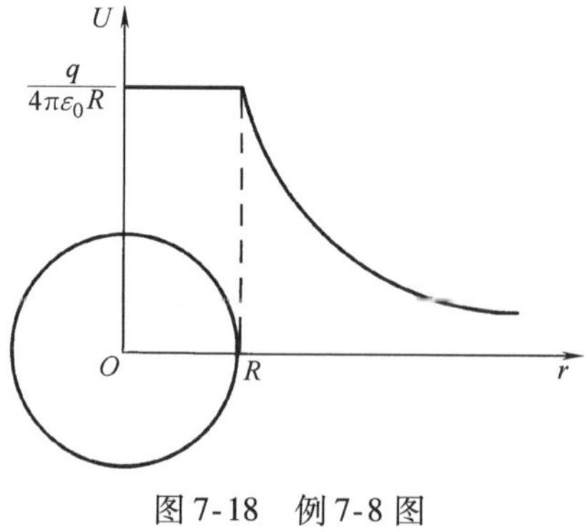

图 7-18 例 7-8 图

在计算无限长均匀带电直线的电场中各点的电势时，亦可用公式 $U_P = \int_a^b \boldsymbol{E} \cdot \mathrm{d}\boldsymbol{l}$，但此时的零电势参考点 b 不能取无限远处，而可选取任意点。

【例 7-9】 试计算真空中均匀带电圆环轴线上任意一点 P 的电势，已知圆环半径为 R，所带电荷量为 q。

【解】 选取 x 轴沿圆环轴线，原点在环心。P 点在圆环轴线上，坐标为 x，由于电荷是连续分布的，可以用式(7-25）计算。

在圆环上任取一长为 $\mathrm{d}l$ 的电荷元，它所带电荷量为 $\mathrm{d}q = \dfrac{q}{2\pi R}\mathrm{d}l$。它距 P 点为 $r = \sqrt{R^2 + x^2}$。

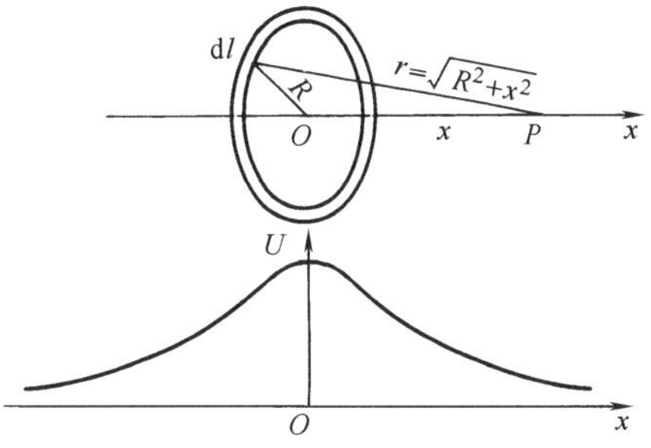

图 7-19 例 7-9 图

设 $U_\infty = 0$，则电荷元 $\mathrm{d}q$ 在 P 点产生的电势为

$$\mathrm{d}U = \frac{\mathrm{d}q}{4\pi\varepsilon_0 r} = \frac{q\mathrm{d}l}{8\pi^2\varepsilon_0 R\sqrt{R^2 + x^2}}$$

整个圆环产生在 P 点的电势为

$$U = \int \mathrm{d}U = \int_0^{2\pi R} \frac{q\mathrm{d}l}{8\pi^2\varepsilon_0 R\sqrt{R^2 + x^2}} = \frac{q}{4\pi\varepsilon_0\sqrt{R^2 + x^2}}$$

图 7-19 中画出了 U-x 的关系曲线。此结果还给出：当 P 点距圆环相当远时，$x \gg R$，则

$$U = \frac{q}{4\pi\varepsilon_0 x}$$

这是点电荷的电势公式，亦即，在求远离带电圆环处的电势时，完全可以把此带电圆环看作点电荷。

第五节 静电场中的导体 电容

一、静电场中的导体

1. 静电平衡条件

将金属导体放到静电场中，导体中的自由电子在外电场力的作用下做宏观定向运动，引起导体上电荷的重新分布。

导体在外电场作用下发生电荷重新分布的现象称为静电感应，导体上因静电感应而出现的电荷称为感应电荷。感应电荷也产生电场，在导体内部，感应电荷产生的附加电场必定与外电场的方向相反。随着感应电荷的积累，其电场越来越强，最后在导体内，外电场电场强度和附加电场强度的矢量和为零，这时，自由电子就停止定向的宏观运动。我们说，导体处于静电平衡状态。

在静电平衡时，导体表面上的电场强度也必须处处与导体表面垂直。否则，电场强度必定有沿导体表面的切向分量 $\boldsymbol{E}_t$，使电荷能沿导体表面做宏观运动，即导体没有达到静电平衡状态。

由上可见，静电场中导体的静电平衡条件是：导体内部任意一点的电场强度 $E = 0$，导体表面任意一点的电场强度垂直于导体表面。

由电势的定义可以知道，在静电平衡时，导体内部或表面上任意点必定是等电势的。

2. 导体上电荷的分布

由实验和理论证明，带电导体在达到静电平衡时，电荷的分布具有以下三个情况：

1）电荷只能分布在导体的外表面上。

2）在导体表面任意一点处，电场强度的大小 E 与同一点处导体表面的面电荷密度 σ 之间存在如下关系，即

$$E=\frac{\sigma}{\varepsilon_0}$$

3）对于距其他物体很远的孤立带电导体来说，面电荷密度 σ 与导体表面的曲率有关，曲率大的部分，σ 较大，附近的电场强度也大。

在静电平衡时，不论是实心导体还是导体壳，电荷只能分布在导体的外表面，导体内部没有净电荷。这样，由导体壳所包围的区域将不受导体壳外表面的电荷或外电场的影响，这个现象称为静电屏蔽。

要使一带电体的电场不影响外界，也可以用静电屏蔽，只要用接地的金属壳或金属网将带电体罩住就实现了屏蔽作用。

二、电容 电容器

形状和大小不同的导体即使有相等的电势，其所带电荷量也是不等的。犹如形状大小不同的容器，当盛有同样高度的水时，各容器所盛的水量不等。我们引入电容这一物理量描述导体的这种带电性质。

如果一个导体远离其他物体就称其为孤立导体，实验证明，以无穷远处为零电势，则孤立导体的电势 U 与它所带的电荷量 q 成正比，比值

$$C=\frac{q}{U} \tag{7-26}$$

定义为此孤立导体的电容。电容 C 只与导体的形状和大小有关，而与导体是否带电、材料性质等因素无关。

在国际单位制中，电容的单位是法拉，简称法，符号是 F。如果孤立导体所带电荷量为 1C 时的电势为 1V，则此导体的电容为 1F，即

$$1\text{F}=\frac{1\text{C}}{1\text{V}}$$

在实际应用中，法拉的单位太大，常用 μF（微法）或 pF（皮法）作为电容的单位，它们之间的关系为

$$1\text{F}=10^6\mu\text{F}=10^{12}\text{pF}$$

孤立导体的电容很小，而且实际上也不存在孤立导体。在实际中常把两个导体组合在一起，使它的电容较大而又不受其他物体的影响。这样的导体组称为电容器。它的基本构造一般都是由空气或电介质隔开的两个金属片组成，每个金属片称为电容器的极板。电容器的两个极板一般相距很近，极板间的电场受到极板的屏蔽作用而不受其他物体的影响，如果一个极板带电，则另一个极板必带等量而异种的电荷。

电容器的电容定义为一个极板上电荷量的绝对值 q 与两个极板间电势差（或称电压）的比值，即

$$C=\frac{q}{U_1-U_2} \tag{7-27}$$

电容器电容的大小只与两极板的形状、大小、极板间的距离和极板间的电介质等有关，而与极板的材料以及是否带电等无关。

电容器电容的单位和孤立导体电容的单位相同。

三、简单电容器电容的计算

计算电容器电容的一般步骤为：①设电容器两极板分别带电荷 $+q$、$-q$；②求出两极板间电场强度 $\boldsymbol{E}$ 的分布；③计算电容器两极板间的电势差；④由电容器电容的定义式（7-27）求出电容。

1. 平行板电容器

平行板电容器的极板由两块同样大小平行的金属平板 A 和 B 组成，如图 7-20 所示。若每块极板的面积为 S，两极板间的距离为 d。设两极板分别带有电荷 $+q$ 和 $-q$，极板的面电荷密度 $\sigma=\frac{q}{S}$，略去边缘效应，根据高斯定理可知，极板间电场是均匀的，电场强度的大小为 $E=\frac{\sigma}{\varepsilon_0}=\frac{q}{\varepsilon_0 S}$，方向为垂直于极板。于是两极板间的电势差为

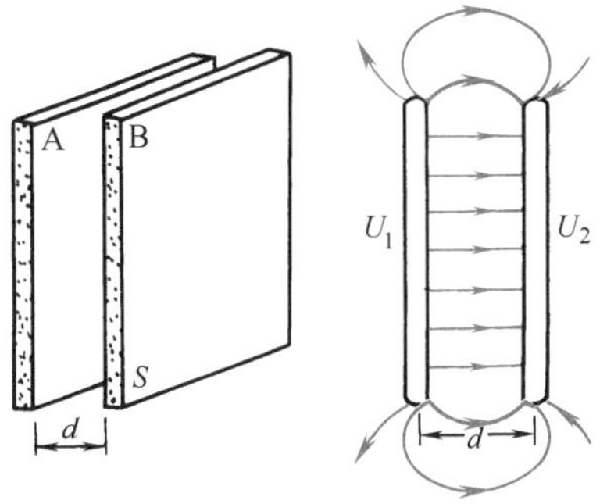

图 7-20 平行板电容器

$$U_1-U_2=\int \boldsymbol{E}\cdot \mathrm{d}\boldsymbol{l}=Ed=\frac{qd}{\varepsilon_0 S}$$

因此，由电容定义式可得

$$C=\frac{q}{U_1-U_2}=\frac{\varepsilon_0 S}{d} \tag{7-28}$$

此即为平行板电容器的电容公式。

2. 圆柱形电容器

圆柱形电容器的极板是由两个同轴金属圆柱面组成的，如图 7-21 所示。若内、外圆柱面的半径分别为 a 和 b，两圆柱面的长度都是 l，设它们分别带有电荷 $+q$ 和 $-q$。略去圆柱面两端的边缘效应，由高斯定理可求得两圆柱面之间的电场强度大小为

$$E=\frac{\lambda}{2\pi\varepsilon_0 r}=\frac{q}{2\pi\varepsilon_0 lr}$$

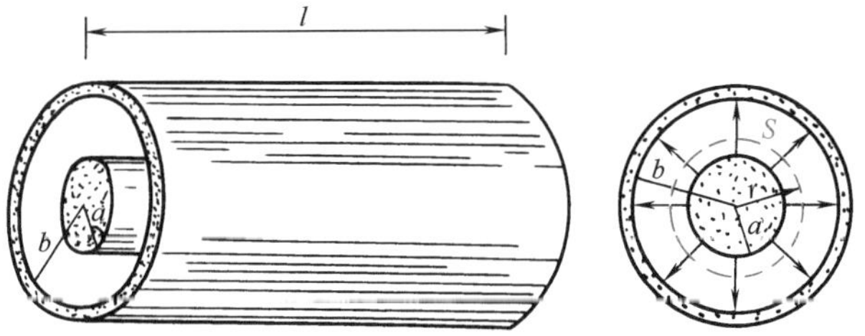

图 7-21 圆柱形电容器

电场强度的方向为沿圆柱面的半径，式中 r 为所求电场强度的点与圆柱面轴线的距离。于是，两圆柱面间的电势差为

$$U_1 - U_2 = \int_l \boldsymbol{E} \cdot \mathrm{d}\boldsymbol{l} = \frac{q}{2\pi\varepsilon_0 l}\int_a^b \frac{\mathrm{d}r}{r} = \frac{q}{2\pi\varepsilon_0 l}\ln\frac{b}{a}$$

因此，由电容定义式可得圆柱形电容器的电容公式为

$$C = \frac{q}{U_1 - U_2} = \frac{2\pi\varepsilon_0 l}{\ln\dfrac{b}{a}} \tag{7-29}$$

电容器电容的概念可以推广到更普遍的情况，即两个相互靠近的、任意形状的导体就构成一个电容器，具有一定的电容。虽然这种电容器的电容通常很小而且很容易受周围物体的影响，但在有些情况下，例如电子仪器中的两根平行导线甚至两个焊点之间的电容，有时也起着干扰作用，所以往往不能不考虑这种“分布电容”的存在和影响。

第六节 电介质对电场的影响

这一节我们主要讨论电介质在电场中的极化现象以及电介质极化对电场的影响。

电介质在通常情况下是不导电的，只有在很强的电场中，电介质的绝缘性能遭到破坏，从而变成“导体”，这个过程称为击穿。电介质不被击穿所能承受的最强的电场强度称为绝缘强度。本节涉及的电场强度都小于绝缘强度。

一、电介质的极化现象

实验发现，电介质在外电场的作用下，类似于导体的静电感应一样，在电介质的两表面上出现了异种电荷。我们将这种现象称为电介质的极化。与导体静电感应不同的是，电介质因极化而出现的电荷不能自由移动，也不能通过接地等方式将其引离电介质，故称为束缚电荷。束缚电荷也产生电场，使原电场减弱。

要说明电介质的极化，就要先了解电介质的结构及其受电场作用后所发生的微观过程。

1. 有极分子和无极分子

物质的分子是由一个或几个原子组成的，每个原子又由带正电的原子核和核周围若干个带负电的电子所组成。

虽然分子中的带电粒子并不集中在一点，但在与分子的距离远比分子本身线度大的地方，分子中全部负电荷对于这些地方的影响将等效于一个负的点电荷。这个等效负点电荷的位置称为负电荷中心，同样，分子中所有的正电荷也有一个正电荷中心。

有一类电介质，例如 H_2O、SO_2、H_2S、NH_3 和有机酸等，分子中的电荷分布不对称，正、负电荷的中心不重合，这类分子称为有极分子；另一类电介质，例如，H_2、N_2、CH_4 以及惰性气体等，分子中的电荷分布是对称的，因而正、负电荷的中心相互重合，这类分子称为无极分子。在产生电场和受电场的作用这两方面，有极分子等效于具有一定电矩的电偶极子。在没有外电场时，无极分子没有电矩。

2. 极化的微观机制

电介质放到外电场中，分子中的带电粒子就受到电场的作用力。对于无极分子来说，在

外电场 $\boldsymbol{E}_0$ 的作用下，每个分子的正、负电荷中心将分别沿正、反电场方向移动，位移的大小与电场强度成正比。这样，使原来重合的正、负电荷中心（图 7-22a）有了沿外电场 $\boldsymbol{E}_0$ 方向的相对位移 $\boldsymbol{l}$（图 7-22b），分子等效于一个电矩为 $\boldsymbol{p}=q\boldsymbol{l}$ 的电偶极子。如果将外电场撤去，正、负电荷的中心又重合在一起。所以，这类与分子等效的电偶极子称为**弹性电偶极子**，无极分子的这种极化过程称为**位移极化**。

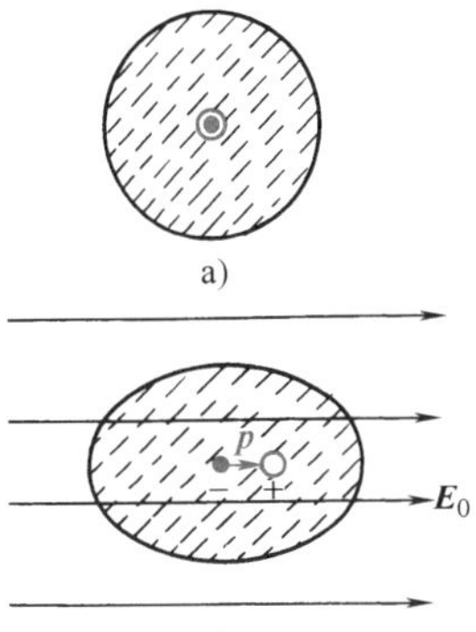

图 7-22 极化的微观机制

对于有极分子，每个分子本来就等效于一个电偶极子。但由于分子的热运动，各分子电矩的取向是杂乱的。在外电场 $\boldsymbol{E}_0$ 的作用下，每个分子都受到使分子电矩转向外电场方向的力矩。外电场越强，力矩越大，各分子电矩转向外电场方向的程度也越大。但由于热运动及分子间其他作用力，分子电矩的这种转向总是较小的，不可能使所有分子电矩都整齐地排列在外电场方向。有极分子的这种极化过程称为**转向极化**。如果撤去外电场，各分子电矩又由于热运动而回复到各种可能的取向。

必须指出，有极分子也有位移极化。但是实验指出，位移极化和转向极化相比可以忽略不计。因此与有极分子等效的电偶极子常被看成是电矩大小不变的，称为**刚性电偶极子**。

从微观结构来看，两种电介质的极化过程不一样，但是从宏观现象看，两种电介质的极化并没有区别，都是在电介质的两相对表面上出现等量异种的束缚电荷，如图 7-23 所示。在外电场的电场线进入的电介质表面上出现负的束缚电荷，电场线出来的电介质表面上出现正的束缚电荷。束缚电荷的面密度大小与电介质的极化程度有关，也和外电场方向与电介质表面的法线方向之间的夹角有关。当外电场垂直于电介质表面时，束缚电荷的面电荷密度最大。

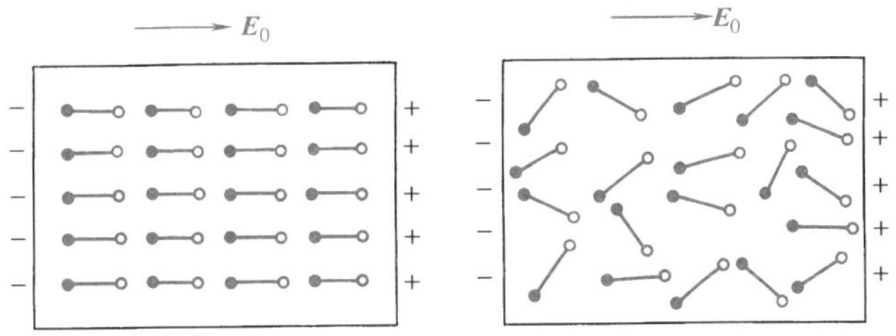

图 7-23 电介质的极化过程

如果电介质的密度各处是均匀的，束缚电荷只出现在电介质的表面上，在电介质的内部，束缚电荷的体密度为零。对于不均匀的电介质，束缚电荷还出现在电介质的内部。

电介质极化时出现的束缚电荷也在周围空间中产生电场。根据电场叠加原理，在有电介质存在时，空间任意一点的电场强度 $\boldsymbol{E}$ 等于外电场的电场强度 $\boldsymbol{E}_0$ 与束缚电荷所产生的电场强度 $\boldsymbol{E}'$ 的矢量和，即

$$\boldsymbol{E}=\boldsymbol{E}_0+\boldsymbol{E}'$$

在电介质内部，$\boldsymbol{E}'$ 与 $\boldsymbol{E}_0$ 的方向相反，使合电场强度比原来的外电场的电场强度 $\boldsymbol{E}_0$ 减小。决

定电介质极化的是合电场强度 $\boldsymbol{E}$，而不是原来的外电场 $\boldsymbol{E}_0$。

二、有电介质时的高斯定理

在本章第三节中给出了真空中静电场的高斯定理，现在以均匀电场中充满各向同性的均匀电介质为例，讨论有电介质时静电场的高斯定理。

如图7-24所示，平行板电容器中有电介质，若极板上带自由电荷，则介质表面出现极化电荷，它们的面电荷密度分别为 σ_0 及 σ'。作一个封闭的圆柱形高斯面，底面积为 S_1，底面与极板平行，其中上底面在极板内，下底面在介质中，此高斯面所包围的电荷为 $q=\sigma_0 S_1$ 和 $-q'=-\sigma' S_1$。根据真空中高斯定理可得

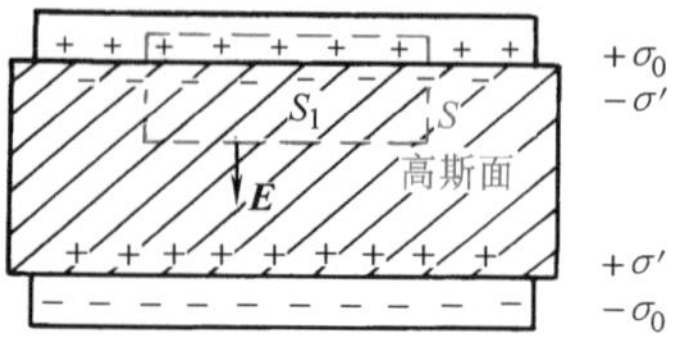

图7-24 有电介质时的高斯定理推导

$$\oint_S \boldsymbol{E}\cdot \mathrm{d}\boldsymbol{S} = \frac{1}{\varepsilon_0}(q-q') = \frac{q}{\varepsilon_0}\frac{q-q'}{q}$$

式中，$\boldsymbol{E}$ 为电介质中的电场强度。现令 $\varepsilon_r=\dfrac{q}{q-q'}$，即为前述电介质的相对电容率，或称相对介电常数。对一般的各向同性均匀电介质，ε_r 是一个没有单位的纯数，且 $\varepsilon_r>1$。对于真空 $\varepsilon_r=1$。于是上式可改写为

$$\oint_S \boldsymbol{E}\cdot \mathrm{d}\boldsymbol{S} = \frac{1}{\varepsilon_0\varepsilon_r}q \tag{7-30}$$

此式中已经不再出现束缚电荷 q'。束缚电荷对电场强度通量的贡献已经用表征电介质极化性质的相对电容率 ε_r 来代替。

若定义电位移矢量 $\boldsymbol{D}$：

$$\boldsymbol{D}=\varepsilon\boldsymbol{E} \tag{7-31}$$

式中，$\varepsilon=\varepsilon_0\varepsilon_r$。则式（7-30）可以写成

$$\oint_S \boldsymbol{D}\cdot \mathrm{d}\boldsymbol{S} = q \tag{7-32}$$

矢量 $\boldsymbol{D}$ 是一个辅助矢量。在国际单位制中，电位移的单位是 $\mathrm{C\cdot m^{-2}}$（库·米$^{-2}$）。仿照用电场线描绘真空中的电场那样，在电介质中也可以作 $\boldsymbol{D}$ 线，称为电位移线。$\oint_S \boldsymbol{D}\cdot \mathrm{d}\boldsymbol{S}$ 称为由闭合曲面 S 出来的电位移通量。式（7-32）表明，电位移通量只取决于闭合曲面 S 内的自由电荷，所以电位移线从正的自由电荷出发，终止于负的自由电荷。这与电场线不同，电场线是起止于各种正、负电荷，包括自由电荷和束缚电荷。

式（7-32）是在平行板电容器这种特殊情况下得出的结论。可以证明（从略），在一般情况下，这一结论仍然成立。这时式（7-32）可写成

$$\oint_S \boldsymbol{D}\cdot \mathrm{d}\boldsymbol{S} = \sum_i q_i \tag{7-33a}$$

如果闭合面 S 内的自由电荷是连续分布的，则

$$\oint_S \boldsymbol{D}\cdot \mathrm{d}\boldsymbol{S} = \int_V \rho \mathrm{d}V \tag{7-33b}$$

式（7-33）表明，通过电场中任意一个闭合曲面的电位移通量，等于此闭合面所包围自由

电荷的代数和。这一结论称为有电介质时静电场的高斯定理，它是电磁学的基本规律之一。对于变化的电磁场，此定理也成立。

利用式（7-33）计算电介质中的电场强度时，由于只考虑自由电荷，可使其计算简化。

【例 7-10】 点电荷 q 周围空间中充满各向同性的无限大均匀电介质，相对电容率为 ε_r，求电场分布。

【解】 求与点电荷 q 的距离为 r 处一点 P 的电场强度 $\boldsymbol{E}$ 时，可取半径为 r 并以点电荷 q 为球心的球面作为高斯面。由于电场是球对称的，电位移线以点电荷为中心向外呈辐射状，高斯面上各点 $\boldsymbol{D}$ 的大小相等且处处与高斯面垂直。由高斯定理式（7-33a）可知

$$\oint_S \boldsymbol{D}\cdot \mathrm{d}\boldsymbol{S} = \oint_S D\mathrm{d}S = 4\pi r^2 D = q$$

所以

$$D = \frac{q}{4\pi r^2} \quad 或 \quad \boldsymbol{D} = \frac{q}{4\pi r^2}\boldsymbol{r}_0$$

$\boldsymbol{r}_0$ 是沿 $\boldsymbol{r}$ 的单位矢量。由式（7-31），P 点的电场强度为

$$\boldsymbol{E} = \frac{\boldsymbol{D}}{\varepsilon} = \frac{q}{4\pi\varepsilon_0\varepsilon_r r^2}\boldsymbol{r}_0$$

必须指出：无论在真空中还是电介质中，点电荷 q 受到的电场力还是 $\boldsymbol{F} = q\boldsymbol{E}$。

第七节 静电场的能量

使物体带电的过程都是使电荷相对移动的过程，因而必须有外力克服电荷间的相互作用力而做功。根据能量守恒定律，外力所做的功将转变成带电体的电能，其实是带电体周围电场的能量。

一、电容器储能

我们以电容器为例，设电容器两极板 A 和 B 分别带有电荷量 $+Q$ 和 $-Q$，当两极板间电势差为 U_{AB}时，计算电容器所具有的能量。设想电容器的带电过程是不断地从原来中性的 B 板上取正电荷移到 A 板上而逐步建立的。设电容器的电容为 C，当两极板上已分别带有电荷 $+q$ 和 $-q$，两极板间电势差为 U_{AB}时，如果再将 $+\mathrm{d}q$ 的电荷从 B 板移到 A 板上，如图 7-25 所示，外力克服电场力所做的功为

$$\mathrm{d}A = U_{AB}\mathrm{d}q = \frac{q}{C}\mathrm{d}q$$

在全部过程中，外力所做的总功为

$$A = \int \mathrm{d}A = \int U_{AB}\mathrm{d}q = \int_0^Q \frac{q}{C}\mathrm{d}q = \frac{1}{2}\frac{Q^2}{C}$$

该功应等于带电电容器的能量。故带电电容器拥有的能量为

$$W = \frac{1}{2}\frac{Q^2}{C} \qquad (7\text{-}34\text{a})$$

因为 $Q = CU_{AB}$，所以上式也可写成

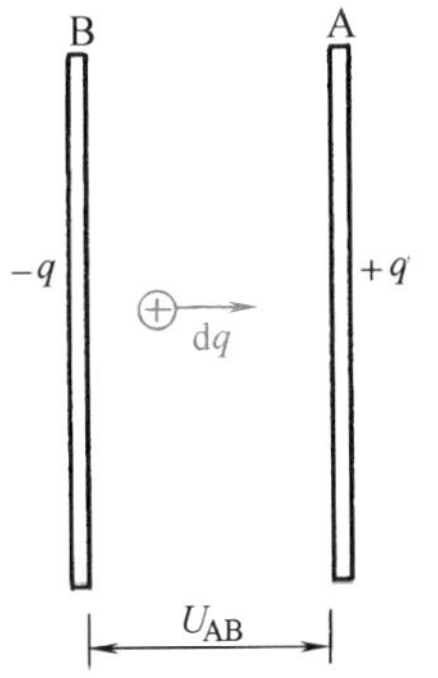

图 7-25 电容器储能

$$W=\frac{1}{2}CU_{AB}^{2} \tag{7-34b}$$

或

$$W=\frac{1}{2}U_{AB}Q \tag{7-34c}$$

无论电容器的结构如何，这一结果总是正确的。

二、静电场的能量

一个带电系统的带电过程，实际上也是带电系统的电场的建立过程。我们从电场的观点来看，带电系统的能量也就是电场的能量。

我们把上述计算电容器能量的结果应用到平行板电容器，亦即把电势差 $U_{AB}=Ed$ 及 $C=\frac{\varepsilon S}{d}$代入式（7-34b），可得

$$W=\frac{1}{2}\frac{\varepsilon S}{d}E^{2}d^{2}=\frac{1}{2}\varepsilon E^{2}Sd=\frac{1}{2}\varepsilon E^{2}V$$

式中，$V=Sd$ 表示电容器内电场所占的体积。上式说明，平行板电容器所储存的电能是在电场所在空间内，而且与其间的电场强度、电介质的电容率以及电场空间体积有关，所以可认为是电场的能量。又由于平板电容器中电场是均匀分布的，所储存的电场能量也应该是均匀分布的。单位体积内所储存的电场能量，亦即电场能量密度 w_{e} 为

$$w_{e}=\frac{W}{V}=\frac{1}{2}\varepsilon E^{2}=\frac{1}{2}DE \tag{7-35a}$$

或者写作

$$w_{e}=\frac{1}{2}\boldsymbol{D}\cdot\boldsymbol{E} \tag{7-35b}$$

上述结果虽然是从静电场的特例导出的，但可以证明，在一般的情况下，即使是非均匀电场，电场强度 $\boldsymbol{E}$ 在空间各点不一样，甚至是随时间而变化的，电场中任意点的能量密度 w_{e} 总是可以用式（7-35）表示。

要计算任意一个带电系统电场中某个区域所储存的总能量，只需把这个区域体积内的电场能量累加起来，亦即求如下的积分式中积分区域为所求区域电场的空间积分：

$$W=\int_{V}w_{e}\mathrm{d}V=\int_{V}\left(\frac{1}{2}D\cdot E\right)\mathrm{d}V \tag{7-36}$$

式（7-34）表明，能量的存在是由于电荷的存在，电荷是能量的携带者。但是式（7-35）和式（7-36）表明，电能是储存于电场中的，电场是能量的携带者。在静电场中，电荷和电场都不变化，而电场总是随着电荷而存在，因此无法用实验来证明电能究竟是以哪种方式储存的。但是在交变电磁场的实验中，已经证明了能量是能够以电磁波的形式传播的，可见能量储存在场中。能量是物质固有的属性之一，电场具有能量，所以电场是一种物质。

【例7-11】 计算一个两极板的半径分别为 R_{A} 及 $R_{B}(R_{B}>R_{A})$，且分别带有 $+Q$ 和 $-Q$ 的球形电容器电场中所储存的电场能量，设电容器两极板间充满电容率为 $\varepsilon=\varepsilon_{0}\varepsilon_{r}$ 的电介质。

【解】 由于内极板是带电球面，由高斯定理可知，在两极板之间的电场强度 $\boldsymbol{E}$ 的大小为

$$E=\frac{Q}{4\pi\varepsilon r^2}$$

$\boldsymbol{E}$ 的方向为沿半径向外；在两极板之外 $\boldsymbol{E}=0$。于是可求得在两极板之间、距球心为 r 处的电场能量密度为

$$w_e=\frac{1}{2}\varepsilon E^2=\frac{Q^2}{32\pi^2\varepsilon r^4}\qquad (R_A<r<R_B)$$

由此式可见，在半径为 r 的球面上，能量密度是等值的，所以我们取体积元 $dV=4\pi r^2 dr$，其中的电场能量为

$$dW=w_e dV=\frac{Q^2}{8\pi\varepsilon r^2}dr$$

由 $\boldsymbol{E}$ 的分布可知，能量只储存在两极板之间的空间，所以全部电场中储有的能量可求得

$$W=\int dW=\frac{Q^2}{8\pi\varepsilon}\int_{R_A}^{R_B}\frac{dr}{r^2}=\frac{Q^2}{8\pi\varepsilon}\left(\frac{1}{R_A}-\frac{1}{R_B}\right)=\frac{Q^2(R_B-R_A)}{8\pi\varepsilon R_A R_B}$$

读者可以自己验证，此能量也一定等于$\frac{Q^2}{2C}$。

小 结

本章首先介绍了静电场的实验规律——库仑定律以及两个重要的概念——电场强度和电势，介绍了静电场中两个重要的定理——高斯定理和环路定理，重点要求理解和掌握电场强度和电势的计算方法。而后介绍了静电场中的导体及其静电平衡现象，从平衡条件能够分析和计算导体在静电场中的电荷分布和电场分布。本章最后介绍了反映电荷储存本领的物理量——电容、介质中的高斯定理以及静电场的能量分布。

本章涉及的重要概念和原理有：

（1）库仑定律　真空中，两个静止点电荷之间的作用力

$$\boldsymbol{F}=\frac{1}{4\pi\varepsilon_0}\frac{q_1q_2}{r^2}\boldsymbol{r}_0$$

在介质中，则为 $\boldsymbol{F}=\frac{1}{4\pi\varepsilon}\frac{q_1q_2}{r^2}\boldsymbol{r}_0$，其中，$\varepsilon=\varepsilon_0\varepsilon_r$ 称为电介质的介电常数或电容率，ε_r 称为电介质的相对介电常数或相对电容率。

（2）电场强度　即电场作用于单位正试验电荷上的力　$\boldsymbol{E}=\frac{\boldsymbol{F}}{q_0}$

点电荷电场强度　$\boldsymbol{E}=\frac{\boldsymbol{F}}{q_0}=\frac{q}{4\pi\varepsilon_0 r^2}\boldsymbol{r}_0$

（3）电场叠加原理　$\boldsymbol{E}=\sum_{i=1}^{n}\boldsymbol{E}_i$

（4）电通量　$\phi_e=\int_S\boldsymbol{E}\cdot d\boldsymbol{S}$

（5）高斯定理　通过任一闭合曲面的电通量等于该曲面所包围的所有电荷量的代数和除以 ε_0，与闭合曲面外的电荷无关：

$$\oint_S\boldsymbol{E}\cdot d\boldsymbol{S}=\frac{1}{\varepsilon_0}\sum_{i=1}^{n}q_i$$

在介质中，则为$\oint_S \boldsymbol{D}\cdot d\boldsymbol{S}=\sum_{i=1}^{n}q_i$，其中，$\boldsymbol{D}=\varepsilon\boldsymbol{E}$ 称为电位移矢量。

（6）环路定理 静电场强的环路积分等于零。

$$\oint_l \boldsymbol{E}\cdot d\boldsymbol{l}=0$$

说明：静电场是保守场，同时静电场是无旋场。

（7）电势 $U_a=\int_a^{电势零点}\boldsymbol{E}\cdot d\boldsymbol{l}$

点电荷电势 $U_P=\dfrac{q}{4\pi\varepsilon_0 r}$（选 $U_\infty=0$）

电势叠加原理 $U_P=\sum_{i=1}^{n}\dfrac{q_i}{4\pi\varepsilon_0 r_i}$

连续分布带电体 $U_P=\int dU=\int_Q\dfrac{dq}{4\pi\varepsilon_0 r}$

电势差 $U_a-U_b=\int_a^b\boldsymbol{E}\cdot d\boldsymbol{l}$

（8）导体的静电平衡条件 导体内部任意一点的电场强度 $\boldsymbol{E}=0$，导体表面任意一点的电场强度垂直于导体表面或者导体是个等势体。

（9）导体上的电荷分布 在静电平衡时，电荷只能分布在导体的外表面上，且导体表面附近任意一点电场强度的大小与该处的电荷密度有关。即

$$E=\frac{\sigma}{\varepsilon_0}$$

（10）电容 $C=\dfrac{q}{U}$

电容器的电容 $C=\dfrac{q}{U_1-U_2}$

（11）电介质的极化 电介质在外电场的作用下，在其表面（或者内部）出现束缚电荷。

（12）电容器的能量 $W=\dfrac{1}{2}\dfrac{Q^2}{C}=\dfrac{1}{2}CU_{AB}^2=\dfrac{1}{2}U_{AB}Q$

（13）静电场的能量 静电能储存在电场中，带电系统总电场能量 $W=\int_V w_e dV=\int_V\dfrac{1}{2}\varepsilon E^2 dV$

习 题

7-1 真空中，电荷量 $Q(Q>0)$ 均匀分布在长为 L 的细棒上，如题 7-1 图所示。在细棒的延长线上距细棒中心 O 为 a 的 P 点处放一电荷量为 $q(q>0)$ 的点电荷，求带电细棒对该点电荷作用的静电力。

7-2 计算真空中电偶极子轴线上一点及中垂线上一点（都距电偶极子中心为 r 处）的电场强度。

7-3 真空中，一根细玻璃棒被弯成半径为 R 的半圆形，沿其上半部分均匀分布有电荷量 $+Q$，沿其下半部分均匀分布有电荷量 $-Q$，如题 7-3 图所示。试求圆心 O 处的电场强度。

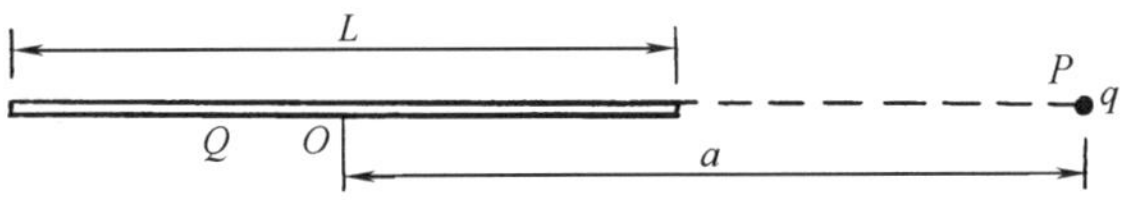

题 7-1 图

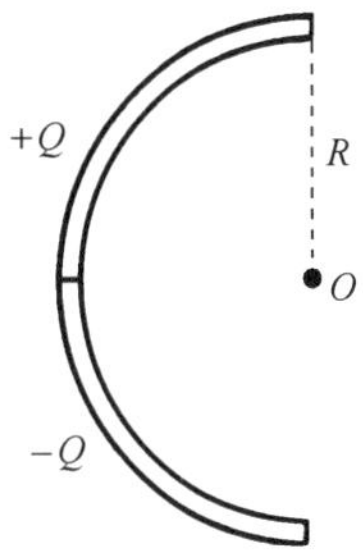

题 7-3 图

7-4 A、B 是真空中两个平行的“无限大”均匀带电平面，已知两平面间的电场强度大小为 E_0，两平面外侧电场强度大小都为 $\frac{1}{3}E_0$，方向如题 7-4 图所示。求 A、B 两平面上电荷面密度 σ_A 和 σ_B 的大小。

7-5 真空中两条平行的“无限长”均匀带电直线相距为 a，其电荷线密度分别为 $-\lambda$ 和 $+\lambda$，试求：

（1）在两直线构成的平面上，两线间任一点的电场强度。（选 Ox 轴如题 7-5 图所示，两线之间的中点为原点 O）

（2）两带电直线上单位长度所受到的电场力。

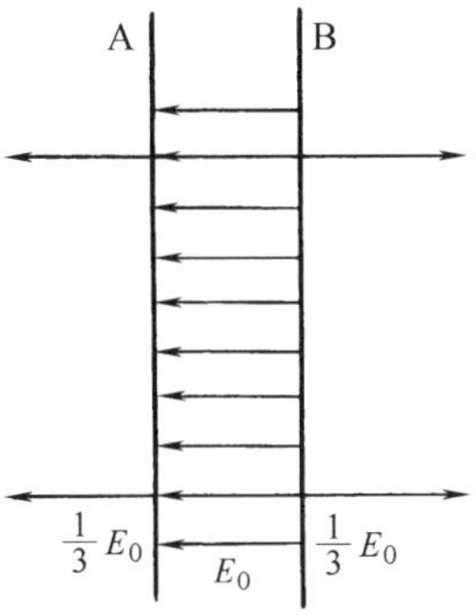

题 7-4 图

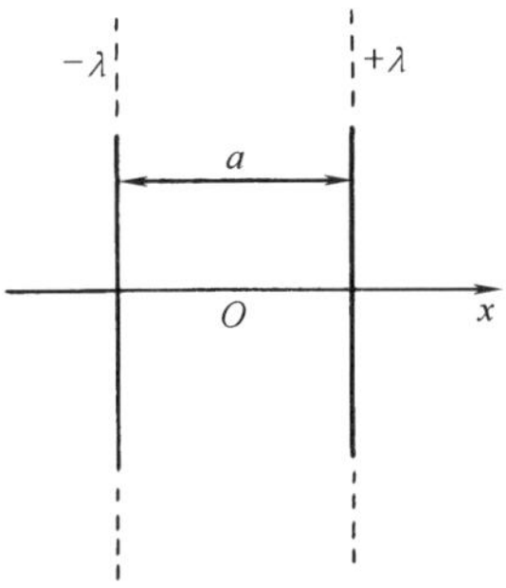

题 7-5 图

7-6 题 7-6 图所示为真空中一半径为 R 的均匀带电球面，总电荷量为 $Q(Q>0)$。今在球面上挖去一块非常小的面积 ΔS（连同电荷），且假设不影响原来的电荷分布，求挖去 ΔS 后球心处电场强度的大小和方向。

7-7 真空中，一条电荷线密度为 λ 的均匀带电无限长细线弯成题 7-7 图所示的形状，1/4 圆弧 $\widehat{AB}$ 的半径为 R。求圆心 O 点的电场强度。

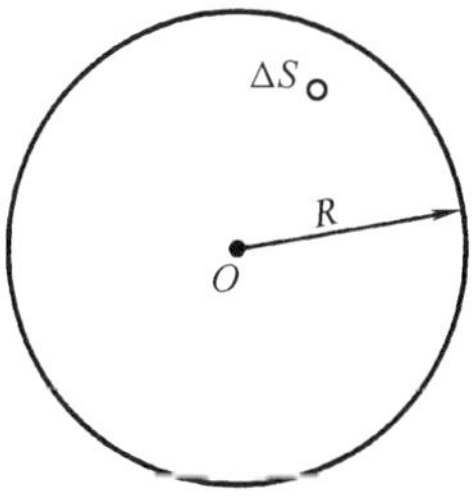

题 7-6 图

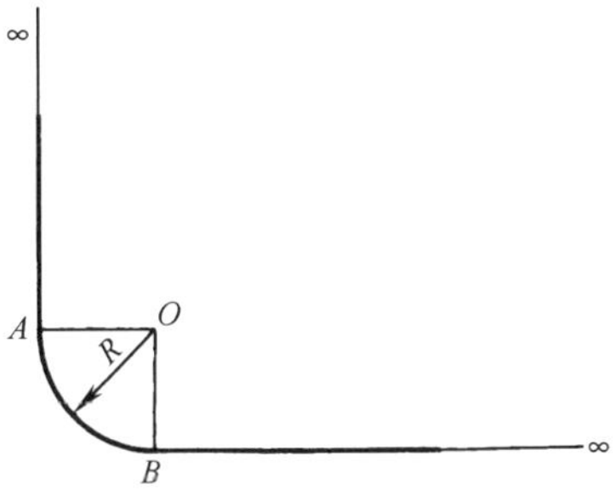

题 7-7 图

7-8 如题7-8图所示，一个电荷量为q的点电荷，位于真空中立方体的A角上，求通过侧面$abcd$的电场强度通量。

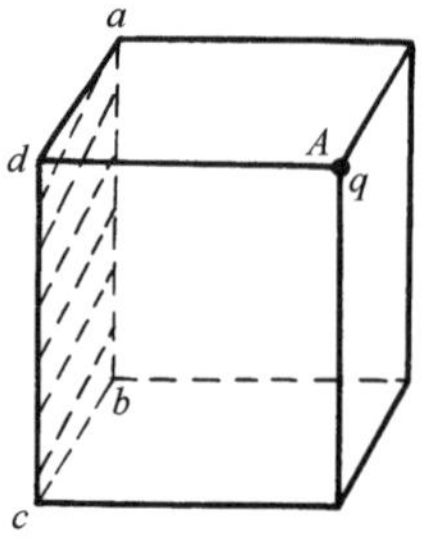

题 7-8图

*7-9 真空中，一个半径为R的带电球体，其电荷体密度为$\rho=\dfrac{qr}{\pi R^4}(r\leqslant R)$，$q$为一正的恒量，$\rho=0(r>R)$。求：

（1）带电球体总电荷量。

（2）球内、外各处的电场强度。

（3）球内、外各点的电势。（设无穷远处电势为0）

7-10 真空中，一根长为$2l$的带电细棒AC左半部分均匀带有负电荷，右半部分均匀带有正电荷，电荷线密度分别为$-\lambda$和$+\lambda$，如题7-10图所示。O点在棒的延长线上，距A点为l；P点在棒的垂直平分线上，与棒相距为l。以棒的中点B为电势的零点，求O点和P点的电势。

7-11 题7-11图所示为一个处于真空中的无限大平面，中部有一个半径为R的圆孔，设平面上均匀带电，电荷面密度为σ，试求通过圆孔中心O并与平面垂直的直线上各点的电场强度和电势。（选O点的电势$U_0=0$）

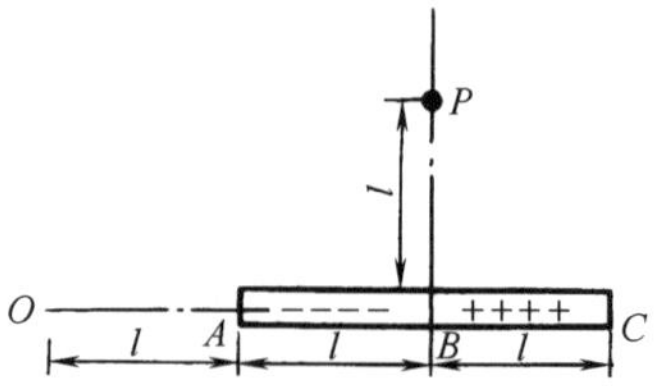

题 7-10图

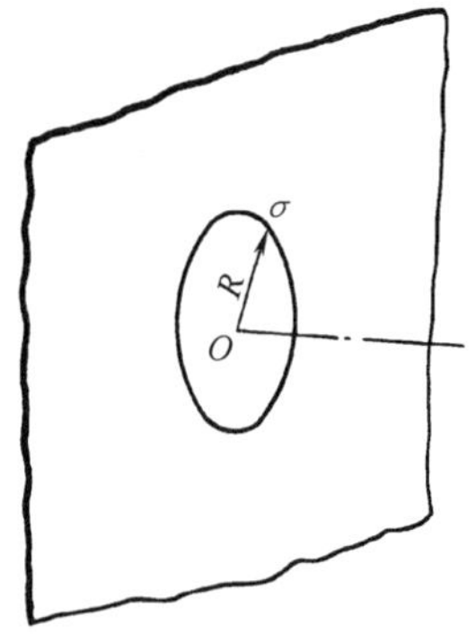

题 7-11图

7-12 一电偶极子由电荷量绝对值为$q=1.0\times10^{-4}$C的两个异种点电荷所组成，两电荷相距$l=4.0\times10^{-3}$m，把这个电偶极子放在电场强度大小为$E=2.0\times10^4\text{N}\cdot\text{C}^{-1}$的均匀电场中，试求：

（1）电场作用于电偶极子的最大力矩。

（2）电偶极子从受最大力矩的位置转到平衡位置过程中，电场力做功多少？

7-13 如题7-13图所示真空中，电荷量为$+2q$的点电荷在A点，而电荷量为$-3q$的点电荷在O点，线段$\overline{BA}=R$，现将一个单位正电荷从B点沿半径为R的半圆弧形轨道BCD移到D点，求电场力所做的功。

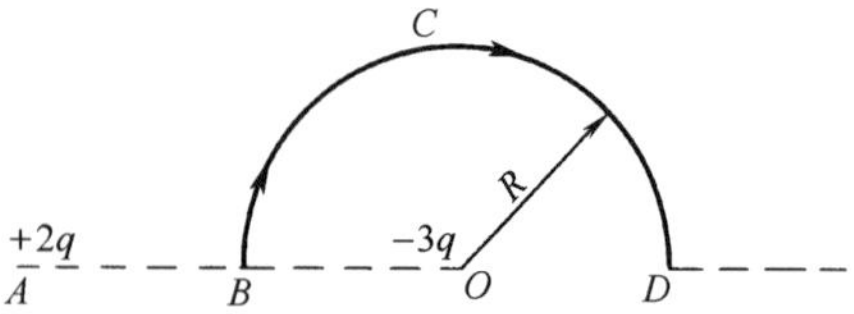

题 7-13图

7-14 一均匀静电场，电场强度$\boldsymbol{E}=800\boldsymbol{i}\ \text{V}\cdot\text{m}^{-1}$，求点$a(3,2)$和点$b(1,0)$之间的电势差$U_{ab}$。

7-15 一块无限大均匀带电平面A，其附近放一块与它平行、有一定厚度的无限大平面导体板B，已知A上的电荷面密度为$+\sigma$，求在导体板B的两个表面上感应的电荷面密度。

7-16 两块很大的导体平板平行放置，面积都是S，有一定厚度，电荷量分别为Q_1和Q_2，如不计边缘效应，求这两块导体板的四个表面上的电荷面密度各为多少？（设σ_1、σ_4分别为两板外表面带电的电荷面密度）

7-17 真空中A、B为两块导体大平板，面积都是S，平行放置，A板带电荷$+Q_1$，B板带电荷$+Q_2$。

如果使 B 板接地，求 A、B 间任意点处电场强度。

7-18　真空中一个未带电的空腔导体球壳，内半径为 R，在腔内离球心的距离为 d（$d<R$）处，固定一个电荷量为 $+q$ 的点电荷，用导线把球壳外表面接地后，再把接地线撤去。选无穷远处为电势零点。求球心 O 处的电势。

7-19　金属球 A 与同心球壳 B 组成电容器，球 A 上带电荷 q，壳 B 上带电荷 Q，测得球与壳之间电势差为 U_{AB}，求该电容器的电容值。

7-20　平行板电容器两极板的面积均为 S，极板间距离为 d，相对介电常数分别为 ε_{r1} 和 ε_{r2} 的两种电介质各充满板间一半空间，如题 7-20 图所示，问：

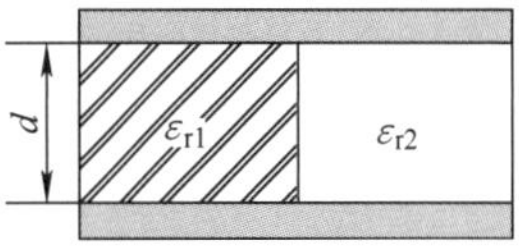

题　7-20 图

（1）此电容器带电后，两介质所对应极板上自由电荷的面密度是否相等？

（2）两介质中 D、E 是否相等？

（3）此电容器的电容为多大？

7-21　题 7-21 图所示两个同心导体球壳之间充满相对电容率为 ε_r 的各向同性均匀电介质。内球壳内及外球壳以外为真空。内球壳半径为 R_1、所带电荷量为 Q_1，外球壳内、外半径分别为 R_2 和 R_3，所带电荷量为 Q_2。试求：

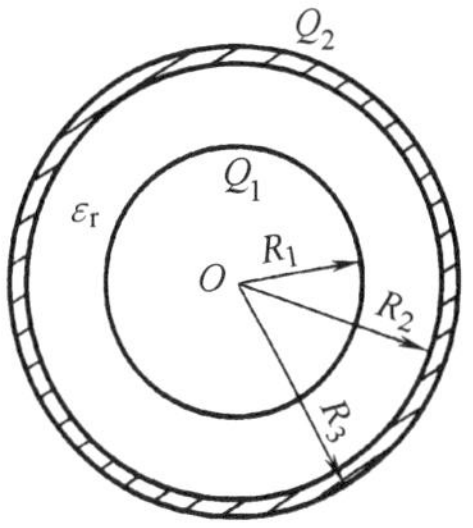

题　7-21 图

（1）整个空间的电场强度 $\boldsymbol{E}$ 的表达式。

（2）电介质中电场能量 W_e。

（3）若 $Q_1=2\times10^{-7}\mathrm{C}$，$Q_2=-2Q_1$，$\varepsilon_r=5$，$R_1=3\times10^{-2}\mathrm{m}$，$R_2=2R_1$，$R_3=1.5R_1$，计算（2）中 W_e 的值。

7-22　把点电荷 Q 从很远处移向内、外半径依次为 R_1、R_2 的导体球壳，并穿过球壳上一小孔一直移至导体球壳的球心处，求此过程中外力所做的功。

第八章　稳恒磁场

我们已经讨论过引力场和静电场，现在开始讨论磁场。静止电荷周围的空间中存在静电场。运动电荷周围的空间中就不仅有电场，而且还有磁场。当电荷的运动形成稳恒电流时，它周围的磁场不随时间而变化，乃是稳恒磁场。电现象和磁现象之间是密切相联系的，但稳恒磁场的性质与上一章中讨论的静电场的性质不同。本章先了解稳恒源电源及电动势，再讨论真空中稳恒磁场的基本性质，以及磁介质在磁场作用下的磁化现象及其对磁场的影响。

第一节　电流与电动势

一、电流　电流密度

大量电荷的定向移动形成电流，而产生电流的条件是导体中具有可自由移动的电荷以及电场的存在。人们规定正电荷的运动方向为电流的方向。在金属导体中，虽然电流的形成是由于大量自由电子的定向移动，但电流的方向与电子的运动方向相反。

为了描述电流的大小，定义电流 I 为单位时间内通过导体横截面的电荷量，如图 8-1 所示，设 $\mathrm{d}t$ 时间通过导体某截面的电荷量为 $\mathrm{d}q$，则电流为

$$I=\frac{\mathrm{d}q}{\mathrm{d}t} \tag{8-1}$$

在国际单位制中，电流的单位为安培，简称安，符号为 A。$1\mathrm{A}=1\mathrm{C}\cdot\mathrm{s}^{-1}$。

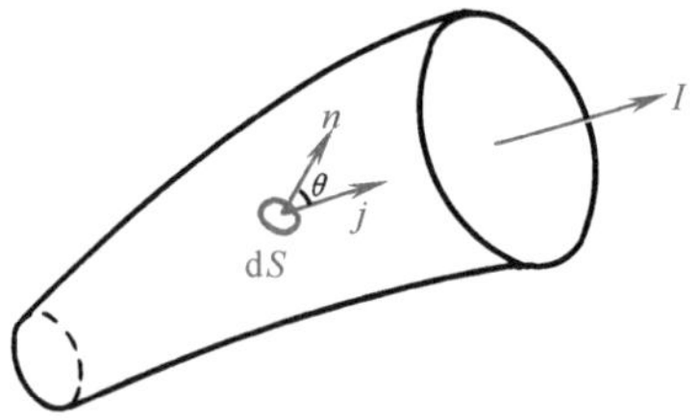

图 8-1　电流和电流密度

有的电流沿横截面均匀分布，也有不均匀分布的。为了更好地描述电流在导体截面上的分布，我们引进电流密度 $\boldsymbol{j}$。导体中任意一点的电流密度 $\boldsymbol{j}$ 的大小等于通过该点处垂直于电流方向的单位面积的电流，其方向为正电荷通过该点时的运动方向。设 $\mathrm{d}S_\perp$ 为垂直于电流方向的过 P 点的面积元，$\mathrm{d}I$ 为通过面积 $\mathrm{d}S_\perp$ 的电流，则 P 点处的电流密度 $\boldsymbol{j}$ 的大小为

$$j=\frac{\mathrm{d}I}{\mathrm{d}S_\perp}$$

其方向为正电荷的运动方向，也就是导体内电场强度 $\boldsymbol{E}$ 的方向。单位是 $\mathrm{A}\cdot\mathrm{m}^{-2}$（安·米$^{-2}$）。

显然，通过导体中截面积为 S 的电流应该等于通过各面积元电流的积分，即

$$I = \iint_S \boldsymbol{j} \cdot \mathrm{d}\boldsymbol{S} \tag{8-2}$$

这里介绍的电流，一般称为“传导电流”，简称电流。

二、电源的电动势

在导体上产生稳恒电流的条件是在导体内维持一个恒定不变的电场，或者说在导体的两端维持恒定不变的电势差。怎样才能满足这个条件呢？

当我们用导线把充过电的电容器的正、负极板连接以后，正电荷就在静电场力的作用下从正极板通过导线向负极板流动而形成电流。这种电流是一种暂态电流，因为两极板上正、负电荷逐渐中和而减少，两极板间电势差也逐渐减小而趋于零，导线中电流也随之逐渐减弱直到停止。由此可见，仅有静电场力的作用是不能形成稳恒电流的。

为了要形成稳恒电流，必须有一种本质上完全不同于静电场力的力，能够不断地在“电容器”内部将正电荷从负极板“运送”到正极板上去，用以补充两极板上减少的电荷，如图 8-2 所示，这样才能使两极板保持恒定的电势差，从而在导线中维持恒定的电流。而这时的“电容器”也就成了电源，亦即能提供这种非静电力的装置称为电源。电池就是一种电源。电池中的非静电力起源于化学作用，所以电源是一种能够不断地把其他形式的能量转变为电能的装置。

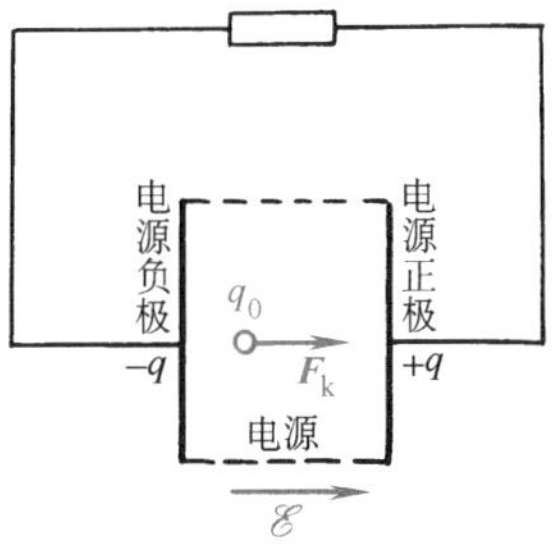

图 8-2　电源

一般电源都有正、负两个极。正电荷由正极流出，经过外电路流入负极，然后在电源的非静电力作用下，从负极经过电源内部流到正极。电源内部的电路称为内电路。内电路与外电路连接而形成闭合电路。在电源的作用下，电荷在闭合电路中持续不断地流动，形成稳恒电流。

用 $\boldsymbol{F}_k$ 表示电荷 q_0 在电源内部所受的非静电力，并仿照静电场的电场强度，用 $\boldsymbol{E}_k$ 表示单位正电荷在电源中所受的非静电力，那么

$$\boldsymbol{E}_k = \frac{\boldsymbol{F}_k}{q_0}$$

在电源的外部，$\boldsymbol{F}_k$ 和 $\boldsymbol{E}_k$ 都为零。所以，当电荷 q_0 在含有电源的闭合电路中环绕一周时，电源所做的功（即非静电力所做的功）可写作

$$A = \oint \boldsymbol{F}_k \cdot \mathrm{d}\boldsymbol{l} = \oint q_0 \boldsymbol{E}_k \cdot \mathrm{d}\boldsymbol{l}$$

我们把单位正电荷绕闭合电路一周时，电源所做的功称为电源电动势，用 $\mathscr{E}$ 表示，即

$$\mathscr{E} = \frac{A}{q_0} = \oint \boldsymbol{E}_k \cdot \mathrm{d}\boldsymbol{l} \tag{8-3}$$

电动势反映电源中非静电力做功的本领，是表征电源本身性能的物理量。

电动势是标量，单位与电势相同，在国际单位制中是 V（伏）。为方便起见，我们规定自负极经过电源内部到正极的方向为电动势的方向。沿电动势的方向，非静电力将提高正电荷的电势能。

第二节 磁场 磁感应强度

一、基本磁现象 磁场

人们对磁现象的认识是从发现天然磁铁开始的。天然磁铁能吸引铁、钴、镍等物质的特性，称为磁性，任何磁铁都有磁性最强的两个区域，被称为磁极。每块磁铁有两个磁极，当把条形磁铁悬挂起来，磁铁将自动转向，两磁极分别指向地球的南、北极，所以分别称它们为磁南极和磁北极，简称南极和北极，用 S 和 N 表示。磁极之间有相互作用力，即同种磁极相互排斥，异种磁极相互吸引，这种作用力称为磁力。由此可以推想，地球是一个大的磁铁，地球磁铁的南极位于地理北极附近，地球磁铁的北极位于地理南极附近。事实发现，一块磁铁的两个磁极永远不能分割，即不可能有单独的 N 极或 S 极。

最初人们认为磁和电是两类截然分开的不同现象。19 世纪初的一系列重要发现，使人们开始认识到电和磁之间有不可分割的联系。1820 年奥斯特发现，位于载流导线附近的磁针受到电流的作用力而发生偏转。同年安培也发现，放在磁铁附近的载流导线或线圈会受到磁力的作用而发生运动；两条载流导线之间也有相互作用力，即两平行直导线中的电流方向相同时互相吸引，电流方向相反时互相排斥。这些实验显示：磁现象起源于电流或电荷的运动，磁力是电流或运动电荷之间的作用力。安培于 1821 年提出了关于物质磁性的基本假设，认为一切磁现象的根源是电流。在磁性物质的分子中，存在着分子电流，相当于一个基元磁铁。如果分子电流取各种可能的取向，它们的磁效应相互抵消，整个物质不显示磁性。在外界磁力作用下，分子电流的取向发生偏转而呈某种有规则的排列，物质就显示出磁性，这种现象称为磁化。人工制造磁铁就是利用物质磁化后有保留磁性的能力。分子电流的假说与近代关于物质磁性的理论是相符合的，我们将在本章的第六、七节讨论物质的磁化。

现代理论证实，磁现象的本质起源于运动的电荷（电源）。磁力的作用是通过电流或运动电荷周围的磁场相互作用的。

磁场的存在也为科学实验所证实。和电场一样，磁场也是物质的一种形态。磁场对外界表现的基本性质之一就是对电流或运动电荷有磁力作用。下面我们由磁场的磁力作用来定义描述磁场的物理量——磁感应强度。

二、磁感应强度

实验证明，运动电荷在磁场所受到的磁场作用力 $\boldsymbol{F}$ 的大小，和它所带的电荷量 q、速度 $\boldsymbol{v}$ 的大小有关，还和速度的方向有关。当电荷的运动方向与磁场相同或相反时，电荷所受磁场作用力 $\boldsymbol{F}$ 等于零；当电荷的运动方向与磁场方向垂直时，所受的磁场力最大，即 $\boldsymbol{F}=\boldsymbol{F}_{\mathrm{m}}$，并且，$\boldsymbol{F}_{\mathrm{m}}$ 的大小与运动电荷的电荷量 q 和其速率 v 的乘积成正比，$\boldsymbol{F}_{\mathrm{m}}$ 的方向垂直于磁场方向和电荷运动方向组成的平面。

由上可知，对磁场中某一点而言，其比值$\dfrac{F_{\mathrm{m}}}{qv}$具有确定的值，该值只取决于磁场不同点的性质。对于磁场中的某确定点 P，此比值可用来描述该点磁场的性质。所以，我们定义磁感应强度 $\boldsymbol{B}$ 的大小为

$$B=\frac{F_{\mathrm{m}}}{qv} \tag{8-4}$$

磁感应强度 **B** 的方向为磁针在该点时 N 极的指向。当试验电荷的速度方向与磁场方向成某一夹角 θ 时，决定 **F** 大小的只是 **v** 在垂直于磁场方向的速度分量 $v_{\perp}=v\sin\theta$，即

$$F=qv_{\perp}B=qvB\sin\theta \tag{8-5a}$$

式（8-5a）也可写成矢积的形式

$$\boldsymbol{F}=q(\boldsymbol{v}\times\boldsymbol{B}) \tag{8-5b}$$

式（8-5b）称为洛伦兹力的表达式。

由此，磁场中某点磁感应强度 **B** 的大小可由式（8-4）决定，方向为小磁针 N 极指向，正电荷所受洛伦兹力 **F** 的方向与矢积 $\boldsymbol{v}\times\boldsymbol{B}$ 的方向相同；负电荷所受洛伦兹力 **F** 的方向与矢积 $\boldsymbol{v}\times\boldsymbol{B}$ 的方向相反，**B** 和 **v**、**F** 之间的方向关系符合右手螺旋法则，如图 8-3 所示。

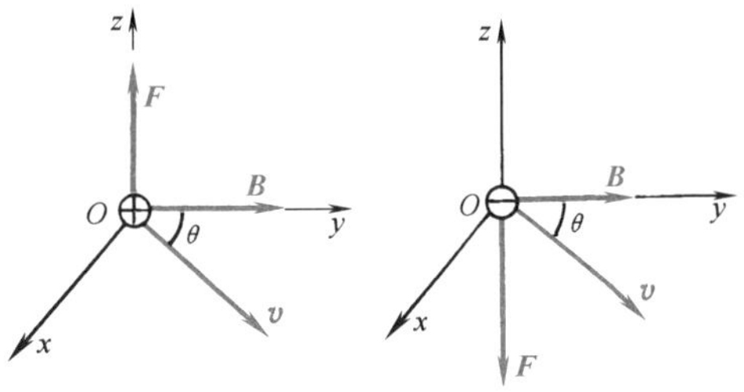

图 8-3　洛伦兹力方向的确定

磁感应强度 **B** 的大小和方向因不同的点而异，一般说是坐标和时间的函数。本章中讨论 **B** 不随时间变化的稳恒磁场。如果稳恒磁场中各点的磁感应强度 **B** 有相同的大小和方向，这种磁场称为均匀磁场。

磁感应强度 **B** 的单位根据 F、q 和 v 的单位而定。在国际单位制中，磁感应强度 **B** 的单位为特斯拉，简称特，符号为 T，即

$$1\mathrm{T}=\frac{1\mathrm{N}}{1\mathrm{C}\times1\mathrm{m}\cdot\mathrm{s}^{-1}}$$

三、磁通量　磁场的高斯定理

1. 磁感应线和磁通量

与电场线描绘电场相仿，也可以在磁场中作磁感应线来形象地描绘磁场。在磁场中作一些曲线，使曲线上每一点的切线方向都与该点的磁感应强度方向相同，这样的曲线就是磁感应线，或称 *B* 线。图 8-4 所示是直电流的磁场在某一平面内的磁感应线。由图中看出，磁感应线有两个特点：在空间任意点都不会相交，这一点和电场线是一样的。但是，电场线是由正电荷发出、并终止于负电荷的有头有尾的曲线，而磁感应线则都是环绕电流的闭合曲线，其方向与电流方向的关系服从右手螺旋法则，即若磁感应线方向代表右螺旋旋转方向，右螺旋前进方向就是电流的方向。螺线管内中部的磁场是均匀磁场，磁感应线是一些间隔均匀的平行直线，在螺线管外的中部附近，磁场很弱，可认为磁感应强度为零，如图 8-5 所示。

需注意，磁感应线不过是一种形象地描绘磁场的几何作图法，磁场中并不真实地存在这些线。

也可以用磁感应线的疏密程度表示磁场的强弱，规定磁场中某点附近的磁感应线密度，等于该点磁感应强度 **B** 的大小，即

$$B=\frac{\mathrm{d}\Phi_{\mathrm{m}}}{\mathrm{d}S_{\perp}}$$

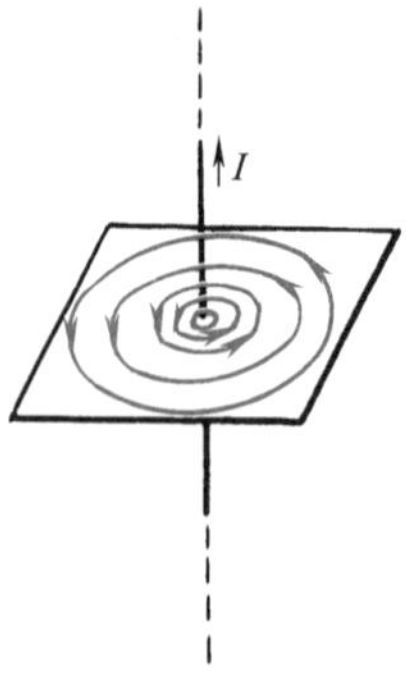

图 8-4 直电流的磁场

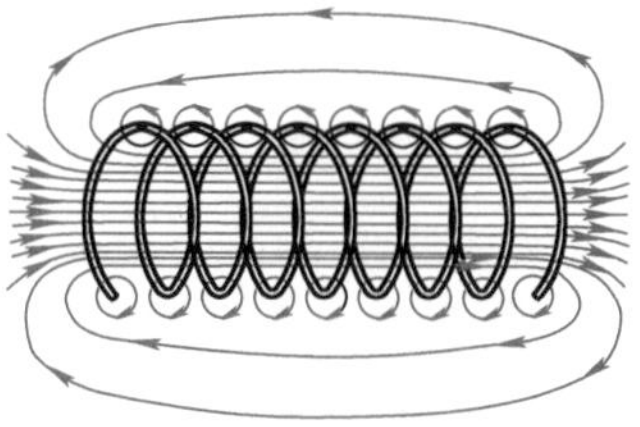

图 8-5 螺线管的磁场

式中，$dS_\perp$ 是垂直于某点的磁感应强度 $\boldsymbol{B}$ 所取的面元；$d\Phi_m$ 是通过 $dS_\perp$ 上的磁感应线数，称为通过 $dS_\perp$ 上的磁通量，或称为 $\boldsymbol{B}$ 通量。如果在某点附近所取的面元矢量 $d\boldsymbol{S}=dS\boldsymbol{n}$（$\boldsymbol{n}$ 为该面元的法线的方向）与该点的磁感应强度 $\boldsymbol{B}$ 方向之间有一夹角 θ，如图 8-6 所示，则因 $dS_\perp=dS\cos\theta$ 是该面元矢量 $d\boldsymbol{S}$ 在垂直于磁场方向的投影，且因通过 $dS_\perp$ 和 $d\boldsymbol{S}$ 上的磁感应线数相等，故通过面元 $d\boldsymbol{S}$ 上的磁通量为

$$d\Phi_m=BdS_\perp=BdS\cos\theta=\boldsymbol{B}\cdot d\boldsymbol{S}$$

通过任意一曲面 S 上的总磁通量为

$$\Phi_m=\int_S BdS\cos\theta=\int_S \boldsymbol{B}\cdot d\boldsymbol{S} \tag{8-6}$$

在国际单位制中，磁通量的单位是韦伯，简称韦，符号为 Wb。

2. 磁场中的高斯定理

在磁场中取任意一闭合曲面 S，曲面上任意点外法线 $\boldsymbol{n}$ 方向与该点 $\boldsymbol{B}$ 方向之间的夹角为 θ，则从闭合面内穿出的磁通量为正，进入闭合面的磁通量为负。由于磁感应线是闭合曲线，所以，穿出某一闭合曲面的磁通量，必定与进入该闭合曲面的磁通量相等，也就是，通过闭合曲面的总磁通量必定为零。这就是磁场中的高斯定理。用数学式表示为

$$\oint_S \boldsymbol{B}\cdot d\boldsymbol{S}=0 \tag{8-7}$$

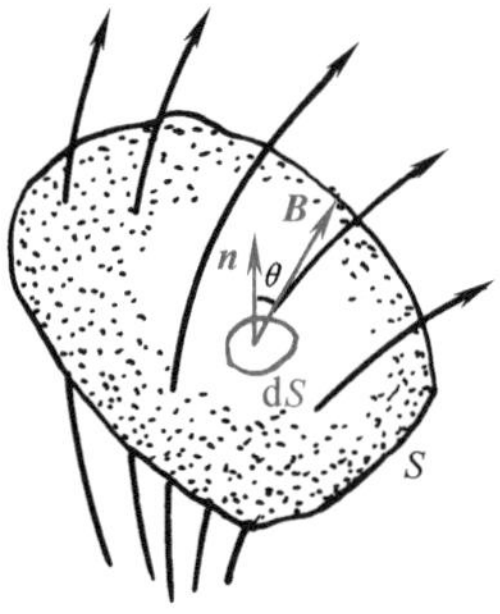

图 8-6 磁通量

磁场中的高斯定理叙述了稳恒磁场的一个重要性质，即磁场是无源场。由此可见，静电场和磁场是两种不同性质的场。静电场的高斯定理说明，正电荷和负电荷可以单独存在，电场线起于正电荷而终止于负电荷，通过闭合曲面的电通量与闭合曲面内的净电荷有关。静电场是有源场。由于自然界没有单独存在的磁极，磁感应线永远是闭合曲线，所以磁场也称为涡旋场，在磁场中通过任一闭合曲面的磁通量皆为零。

【例 8-1】 均匀磁场的磁感应强度大小为 $B=0.20\text{T}$，方向沿 y 轴的正方向，如图 8-7 所示。试求通过图中 $abcda$、$befcb$、$aefda$ 各面和整个闭合面上的磁通量。

【解】 因为是求均匀磁场中通过一平面上的磁通量，故由式（8-6），有

$$\Phi_{\rm m} = BS\cos\theta$$

式中，θ 是平面的外法线与 y 轴方向的夹角。

对 $abcda$ 面，$\theta = 180°$，$S = (0.40 \times 0.40)\,\text{m}^2 = 0.16\text{m}^2$，故

$$\Phi_{\text{m},abcda} = (0.20 \times 0.16 \times \cos 180°)\,\text{Wb} = -0.032\text{Wb} = -3.2 \times 10^{-2}\text{Wb}$$

对 $befcb$ 面，$\theta = 90°$，$S = (0.30 \times 0.40)\,\text{m}^2 = 0.12\text{m}^2$，故

$$\Phi_{\text{m},befcb} = (0.20 \times 0.12 \times \cos 90°)\,\text{Wb} = 0\text{Wb}$$

对 $aefda$ 面，$\cos\theta = \dfrac{dc}{fd} = \dfrac{0.40}{0.50} = 0.80$，$S = (0.40 \times 0.50)\,\text{m}^2 = 0.20\text{m}^2$，故

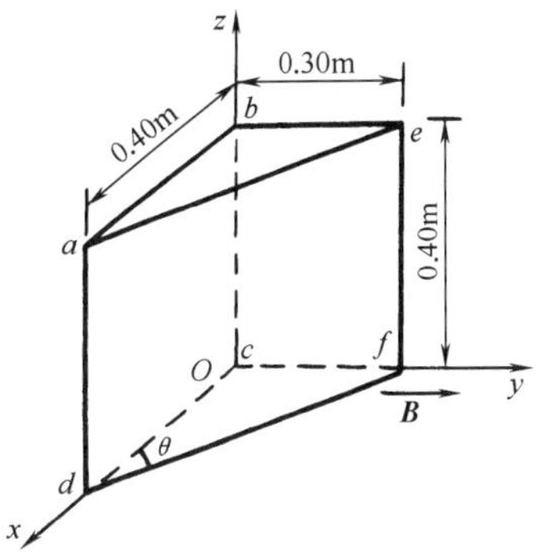

图 8-7 例 8-1 图

$$\Phi_{\text{m},aefda} = (0.20 \times 0.20 \times 0.80)\,\text{Wb} = 3.2 \times 10^{-2}\text{Wb}$$

由于除了 $abcda$ 和 $aefda$ 两平面以外，其他平面上的磁通量皆为零，故通过整个闭合面上的磁通量为

$$\Phi_{\rm m} = \Phi_{\text{m},abcda} + \Phi_{\text{m},aefda} = -3.2 \times 10^{-2}\text{Wb} + 3.2 \times 10^{-2}\text{Wb} = 0\text{Wb}$$

本例的计算结果也证明了磁场中高斯定理的正确性。

第三节 毕奥-萨伐尔定律

现在探讨电流产生磁场的基本规律。

一、毕奥-萨伐尔定律

在计算任意带电体所产生的电场中某点 P 的电场强度 $\boldsymbol{E}$ 时，我们曾将带电体分成许多电荷元 $\mathrm{d}q$，将 $\mathrm{d}q$ 看成点电荷计算出它在 P 点产生的电场强度 $\mathrm{d}\boldsymbol{E}$，然后由叠加原理求各个 $\mathrm{d}\boldsymbol{E}$ 的矢量和而得到 P 点的合电场强度。相仿地，在求恒定电流的磁场时，也可以将载流导线分成许多电流元 $I\mathrm{d}\boldsymbol{l}$。所谓电流元，是指在电流和导线上微小线元的乘积，并规定线元中电流的方向为线元 $\mathrm{d}\boldsymbol{l}$ 的方向，由此，电流元是个矢量。知道了电流元产生磁场的规律后，由叠加原理可求得空间任一点 P 的磁感应强度。

1820 年，毕奥和萨伐尔两人由实验证实，长直载流导线周围磁场中某点磁感应强度的大小，与该点到导线的距离的平方成反比。随后，拉普拉斯从数学上证明，任意形状载流导线的磁场，可看成是电流元磁场的叠加，并从毕奥和萨伐尔的实验结果推导出电流元 $I\mathrm{d}\boldsymbol{l}$ 所产生磁场的磁感应强度 $\mathrm{d}\boldsymbol{B}$ 的规律，这就是毕奥-萨伐尔定律，其内容可叙述为：

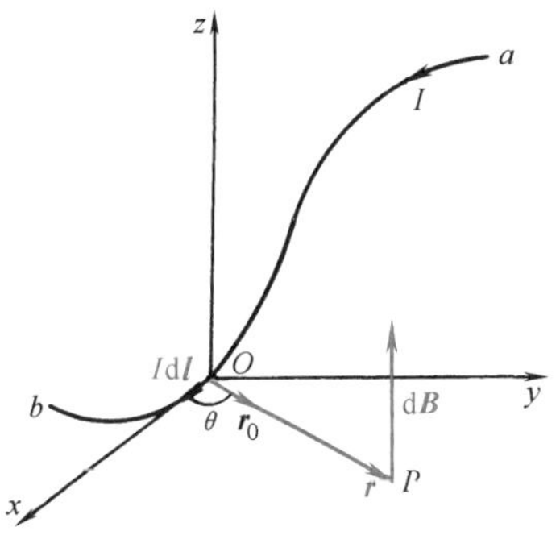

图 8-8 毕奥-萨伐尔定律推导

在任意载流导线 ab 上取一电流元矢量 $I\mathrm{d}\boldsymbol{l}$，如图 8-8 所示，此电流元 $I\mathrm{d}\boldsymbol{l}$ 在空间某点 P 处产生的磁感应强度 $\mathrm{d}\boldsymbol{B}$ 的大小与电流元 $I\mathrm{d}\boldsymbol{l}$ 的大小成正比，与电流元 $I\mathrm{d}\boldsymbol{l}$ 和 P 点相对于电流元的位矢 $\boldsymbol{r}$ 之间夹角 θ 的正弦 $\sin\theta$ 成正比，与 P 点到电流元的距离 r 的平方成反比，即

$$dB = k\frac{Idl\sin\theta}{r^2}$$

比例系数 k 与上式中各量所用的单位以及磁场中的磁介质等有关。对于真空中的磁场，当上式中各量都用国际单位时，$k=\frac{\mu_0}{4\pi}$，其中 $\mu_0 = 4\pi\times10^{-7}\,\mathrm{N\cdot A^{-2}}$，称为真空磁导率。若用 $\boldsymbol{r}_0=\frac{\boldsymbol{r}}{r}$ 表示位矢 $\boldsymbol{r}$ 的方向，则 $\mathrm{d}\boldsymbol{B}$ 的方向为垂直于由 $I\mathrm{d}\boldsymbol{l}$ 和 $\boldsymbol{r}$ 所构成的平面，且与矢积 $I\mathrm{d}\boldsymbol{l}\times\boldsymbol{r}_0$ 的方向相同。因此，毕奥-萨伐尔定律可写成

$$\mathrm{d}\boldsymbol{B} = \frac{\mu_0}{4\pi}\frac{I\mathrm{d}\boldsymbol{l}\times\boldsymbol{r}_0}{r^2} \tag{8-8}$$

14 毕奥-萨伐尔定律及应用（张宇）

二、毕奥-萨伐尔定律的应用、叠加原理

实验证明：磁场具有叠加性，即任意形状电流所产生的磁场中某点的磁感应强度 $\boldsymbol{B}$，等于各电流元在该点的磁感应强度 $\mathrm{d}\boldsymbol{B}$ 的矢量和，即

$$\boldsymbol{B} = \int_l \mathrm{d}\boldsymbol{B} = \frac{\mu_0}{4\pi}\int_l \frac{I\mathrm{d}\boldsymbol{l}\times\boldsymbol{r}_0}{r^2} \tag{8-9}$$

式中，l 表示载流导线的长度。应该注意：电流元与点电荷不同，不能在实验中单独存在，因而式（8-8）不能直接用实验证明。毕奥-萨伐尔定律是在实验基础上经过科学抽象得到的，它的正确性由式（8-9）计算所得的结果与实验符合而得到证明。

利用式（8-9），原则上可以求得任意形状载流导线周围空间中任意点的磁感应强度。积分时首先要注意各电流元在同一点产生的磁感应强度 $\mathrm{d}\boldsymbol{B}$ 方向是否相同。如果方向相同，则矢量和转化为代数和：

$$B = \int_l \mathrm{d}B = \frac{\mu_0}{4\pi}\int_l \frac{I\mathrm{d}l\sin\theta}{r^2} \tag{8-10}$$

如果各个电流元在同一点产生的磁感应强度 $\mathrm{d}\boldsymbol{B}$ 的方向不同，可以先选取一个坐标系，并将 $\mathrm{d}\boldsymbol{B}$ 在各坐标轴方向的分量分别积分，然后再求合矢量的大小 B。

1. 真空中长直载流导线的磁场

如图 8-9 所示为一通有电流 I 的直导线 AA'，求距离导线为 a 的 P 点的磁感应强度 $\boldsymbol{B}$。我们在导线上任一位置处（例如，与到 P 点的垂足 O 相距为 l 处）取一电流元 $I\mathrm{d}\boldsymbol{l}$，它在 P 点产生的磁感应强度 $\mathrm{d}\boldsymbol{B}$ 的大小为

$$\mathrm{d}B = \frac{\mu_0}{4\pi}\frac{I\mathrm{d}l\sin\theta}{r^2}$$

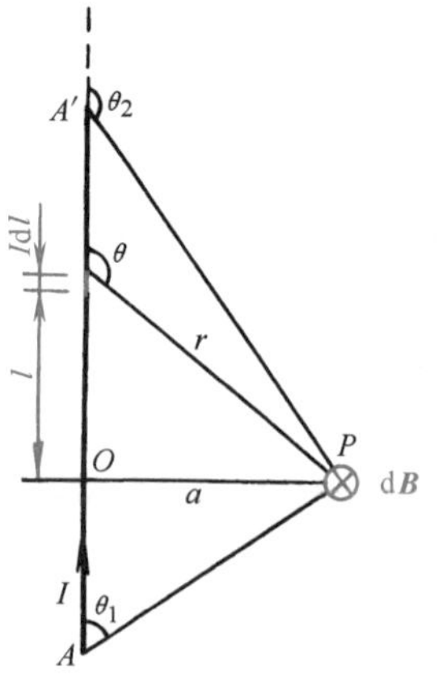

图 8-9 长直载流导线的磁场

按右手螺旋法则，各电流元产生的磁感应强度 $\mathrm{d}\boldsymbol{B}$ 有相同的方向。在图 8-9 中，如果 $I\mathrm{d}\boldsymbol{l}$ 和 $\boldsymbol{r}$ 在纸面内，则 P 点磁感应强度 $\mathrm{d}\boldsymbol{B}$ 的方向为垂直于纸面向里，图中用叉号“⊗”表示。

积分时，将 $\mathrm{d}l$ 和 r 都用同一变量 θ 表示。由图中看到，

设 a 为 P 点到长直导线的垂直距离，则

$$r=\frac{a}{\sin(\pi-\theta)}=\frac{a}{\sin\theta}$$

$$l=a\cot(\pi-\theta)=-a\cot\theta$$

取导数后得

$$dl=\frac{a d\theta}{\sin^2\theta}$$

将 r 和 dl 代入式（8-10）后对 θ 积分，积分限为相应于电流流入端 A 的 θ_1 到相应于电流流出端 A' 的 θ_2，则得

$$B=\frac{\mu_0}{4\pi}\int_{\theta_1}^{\theta_2}\frac{I\sin\theta d\theta}{a}=\frac{\mu_0 I}{4\pi a}(\cos\theta_1-\cos\theta_2) \tag{8-11}$$

如果导线长 $l\gg a$，则可将导线看成是“无限长”的，这时 $\theta_1=0$，$\theta_2=\pi$。代入式（8-11）后，得到与无限长载流直导线附近相距为 a 的一点 P 的磁感应强度大小为

$$B=\frac{\mu_0 I}{2\pi a} \tag{8-12}$$

无论是从毕奥-萨伐尔定律计算，还是由实验测定，我们都可知道：无限长直载流导线周围的磁力线是一些在垂直于此电流的平面上、以电流与平面的交点为圆心的同心圆，而且磁感应线方向与电流成右手螺旋关系，如图 8-4 所示。

2. 圆电流轴线上一点的磁场

在真空中，通有电流 I、半径为 R 的单匝圆线圈，如图 8-10 所示。今求此圆电流轴线上某点 P（距圆心 O 为 x）的磁感应强度 $\boldsymbol{B}$。选 Ox 轴沿轴向为正方向，圆心为原点 O，在圆电流上取任意一电流元 $Id\boldsymbol{l}$，由于 $Id\boldsymbol{l}$ 与 P 点相对于电流元的位矢 $\boldsymbol{r}$ 相垂直，即 $\theta=\frac{\pi}{2}$ 或 $\sin\theta=1$。所以，所取电流元产生在 P 点磁感应强度 $d\boldsymbol{B}$ 的大小为

$$dB=\frac{\mu_0}{4\pi}\frac{Idl}{r^2}$$

$d\boldsymbol{B}$ 的方向垂直于 $Id\boldsymbol{l}$ 和 $\boldsymbol{r}$ 所组成的平面。由于圆电流上各电流元产生在 P 点的磁感应强度的方向各不相同，故将 $d\boldsymbol{B}$ 分解为沿圆电流轴线的 Ox 轴方向的分量 $dB_{\parallel}=dB\sin\varphi$，以及垂直于 Ox 轴的分量 $dB_{\perp}=dB\cos\varphi$，其中 φ 是电流元到 P 点的连线与圆电流轴线之间的夹角，且由图 8-10 可知

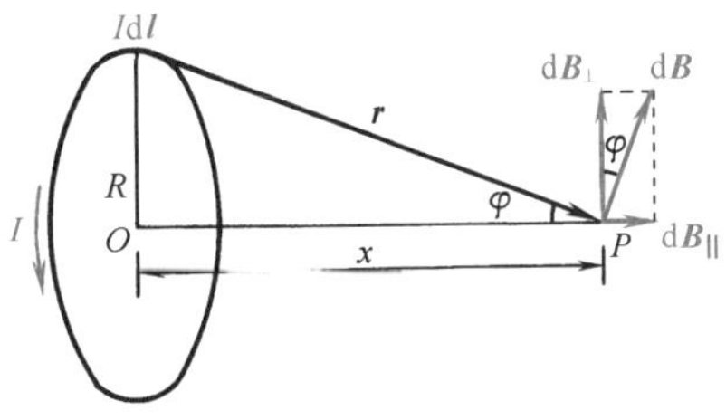

图 8-10　圆电流轴线上的磁场

$$\sin\varphi=\frac{R}{r}=\frac{R}{(R^2+x^2)^{1/2}}$$

由于对称性，在圆电流任意一直径两端取相等的电流元，则这两电流元在 P 点产生的磁感应强度的垂直分量 $dB_{\perp}$ 相互抵消。所以，此圆电流在 P 点的磁感应强度 $\boldsymbol{B}$ 的大小等于所有 $dB_{\parallel}$ 之代数和，即

$$B=\int dB_{\parallel}=\frac{\mu_0}{4\pi}\frac{IR}{r^3}\int_0^{2\pi R}dl$$

$$B=\frac{\mu_0}{2}\frac{IR^2}{r^3}=\frac{\mu_0}{2}\frac{IR^2}{(R^2+x^2)^{3/2}} \tag{8-13}$$

方向沿 Ox 轴方向。

在式（8-13）中令 $x=0$，得到圆电流中心 O 点的磁感应强度大小为

$$B=\frac{\mu_0 I}{2R} \tag{8-14}$$

第四节 安培环路定理

对于静电场，电场强度 $\boldsymbol{E}$ 的环流为零，即 $\oint_l \boldsymbol{E}\cdot \mathrm{d}\boldsymbol{l}=0$，表明静电场是有势场。现在我们来讨论稳恒磁场中的磁感应强度的环流 $\oint_L \boldsymbol{B}\cdot \mathrm{d}\boldsymbol{l}$。

一、安培环路定理

为简单起见，先讨论一特殊情况。在电流为 I 的无限长直线电流的磁场中，取一与电流垂直的平面 A，并在平面 A 内取一以电流为圆心、而半径为 a 的圆周作为闭合回路 L，如图 8-11 所示。由式（8-12），圆周上任意一点的磁感应强度大小为 $B=\frac{\mu_0 I}{2\pi a}$，方向为沿圆周的切线。在圆周上任意取一线元 $\mathrm{d}\boldsymbol{l}$，并令它的方向与该点 B 的方向相同，则有

$$\oint_L \boldsymbol{B}\cdot \mathrm{d}\boldsymbol{l}=\oint_L B\mathrm{d}l=\frac{\mu_0 I}{2\pi a}\oint_L \mathrm{d}l$$

积分 $\oint_L \mathrm{d}l$ 等于圆周的周长 $2\pi a$，所以

$$\oint_L \boldsymbol{B}\cdot \mathrm{d}\boldsymbol{l}=\mu_0 I \tag{8-15}$$

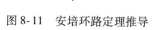

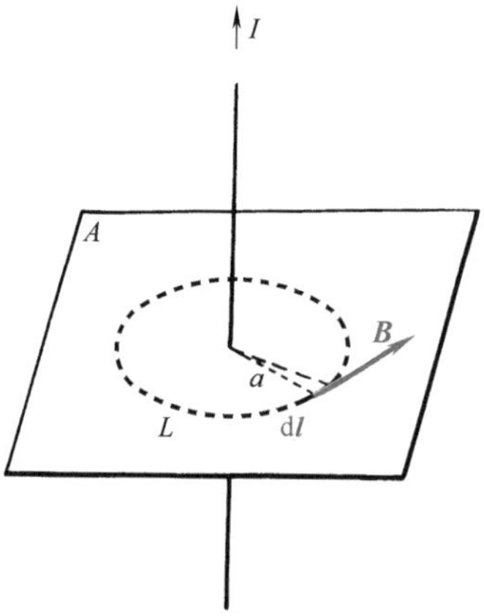

图 8-11 安培环路定理推导

式（8-15）虽然是在特殊情况下导出的，但是可以证明（从略），如果闭合路径的形状是任意的，并且它所围的电流不止一个，如图 8-12 所示，可将式（8-15）改写为

$$\oint_L \boldsymbol{B}\cdot \mathrm{d}\boldsymbol{l}=\mu_0\sum_{i=1}^{n} I_i \tag{8-16a}$$

即，真空中任一闭合回路上磁感应强度 $\boldsymbol{B}$ 的线积分（即 $\boldsymbol{B}$ 的环流），等于该闭合回路所包围电流的代数和乘以真空磁导率 μ_0。这一结论称为真空中的安培环路定理。式（8-16）为其表达式。

对于 $\sum_{i=1}^{n} I_i$，如果用右手螺旋法则规定电流的正负，即规定沿闭合回路积分的方向为右螺旋旋转的方向，闭合回路所包围的电流中，电流方向与右螺旋前进方向相同的为正，相反的为负，如图 8-12 所示。

安培环路定理虽然是从长直电流这一特殊情形导出的，但可以证明，只要是稳恒电流产生的磁场，对于任意形状的闭合回路，任何形状的电流，这个结论总是成立的。如果电流是连续分布的，这一结论也能成立。这时，

$$I=\int_S \boldsymbol{j}\cdot \mathrm{d}\boldsymbol{S}$$

式中，S 是以闭合回路 L 为周界的平面或任意曲面；$\boldsymbol{j}$ 是电流密度。故安培环路定理写成

$$\oint_L \boldsymbol{B}\cdot \mathrm{d}\boldsymbol{l}=\mu_0\int_S \boldsymbol{j}\cdot \mathrm{d}\boldsymbol{S} \tag{8-16b}$$

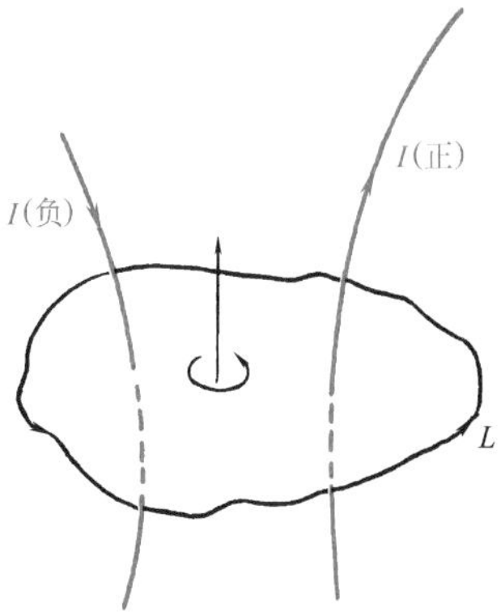

图 8-12 电流正负的规定

与电场强度 $\boldsymbol{E}$ 的环流不一样，磁感应强度 $\boldsymbol{B}$ 的环流一般不等于零，而与积分的路径是否包围电流有关。这一点说明，磁力不是保守力，磁场不是有势场。对于磁场，不能引入标量势的概念。在讨论磁场的高斯定理时已说过，磁场是涡旋场。

应当指出，如静电场的高斯定理的基础是库仑定律一样，安培环路定理的基础是毕奥-萨伐尔定律。式（8-16）的右边是闭合回路 L 所包围的电流的代数和，而左边的 $\boldsymbol{B}$ 则是所有电流产生的磁场的矢量和，包括不被闭合回路所包围的电流所产生磁场在内，只是这些电流的磁场沿闭合回路的积分为零。换句话说，安培环路定理和毕奥-萨伐尔定律是稳恒电流产生磁场这一客观规律的两种不同表述。这两个定律间的关系，类似于静电场的高斯定理和库仑定律的关系。

二、安培环路定理的应用举例

15 安培环路定理及应用（张宇）

正如高斯定理可用来计算具有一定对称性的电荷分布的电场一样，安培环路定理也可用来计算具有一定对称性分布的电流的磁场，下面举例说明。

1. 真空中载流无限长直圆柱体内外的磁场

设有半径为 R 的无限长圆柱导体，沿轴线方向流过圆柱体的电流 I 均匀分布在圆柱体的截面上。由于圆柱体是无限长的，磁场必定以圆柱体的轴线为对称轴，且磁感应强度处处与轴线垂直。

考虑圆柱体外与轴线相距 r 远处一点 P 的磁场，如图 8-13a 所示。以 P 到轴线的垂足 O 为圆心、以 r 为半径作一圆周，由于对称性，圆周上每一点的磁感应强度大小相等，方向与圆周相切。取圆周为闭合回路 L，并按右手螺旋法则选定计算磁感应强度 $\boldsymbol{B}$ 的环流的积分方向，则有

$$\oint_L \boldsymbol{B}\cdot \mathrm{d}\boldsymbol{l}=B\oint_L \mathrm{d}l=2\pi rB$$

代入式（8-16a）后，得到

$$B=\frac{\mu_0 I}{2\pi r}\quad (r>R) \tag{8-17}$$

这与无限长直线电流的磁场相同。

再考虑圆柱导体内与轴线相距 r 远处一点 Q 的磁场，如图 8-13b 所示。同样取半径为 r 的圆周为闭合回路，所不同的是，因圆柱体内的电流密度为 $j=\dfrac{I}{\pi R^2}$，则

$$\mu_0\iint_S \boldsymbol{j}\cdot \mathrm{d}\boldsymbol{S}=\mu_0\frac{I}{\pi R^2}\pi r^2=\frac{\mu_0 I r^2}{R^2}$$

代入式（8-16b）后有

$$\oint_L \boldsymbol{B}\cdot \mathrm{d}\boldsymbol{l}=2\pi rB=\frac{\mu_0 I r^2}{R^2}$$

则

$$B=\frac{\mu_0 I}{2\pi R^2}r \qquad (r<R) \qquad (8\text{-}18)$$

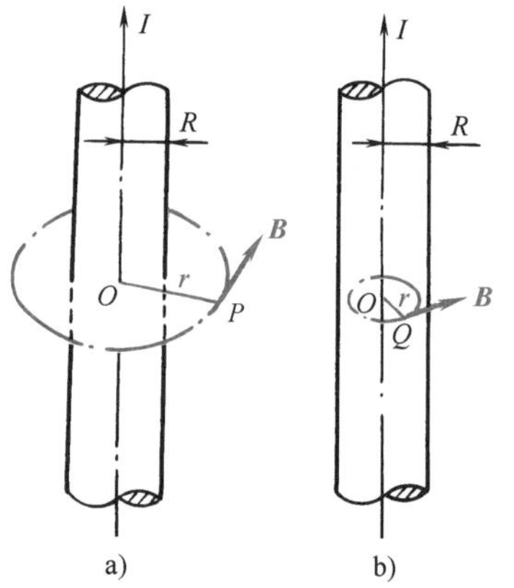

图 8-13 载流无限长直圆柱体的磁场

由此可知，在圆柱体内，B 和 r 成正比；在圆柱体外，B 和 r 成反比，与无限长直线电流的情况相同。在圆柱体表面上，B 有最大值$\dfrac{\mu_0 I}{2\pi R}$。图 8-14a 表示磁感应强度 $\boldsymbol{B}$ 的大小与离开圆柱体轴线的距离 r 的关系。

如果电流分布在圆柱体的表面上，即电流流过一空心的圆柱面，则在 $r<R$ 情况下所作圆周不包围电流，故得到 $B=0$。在圆柱面外的磁场式（8-17）仍适用。空间中磁场的分布情况，可用图 8-14b 的图线表示。

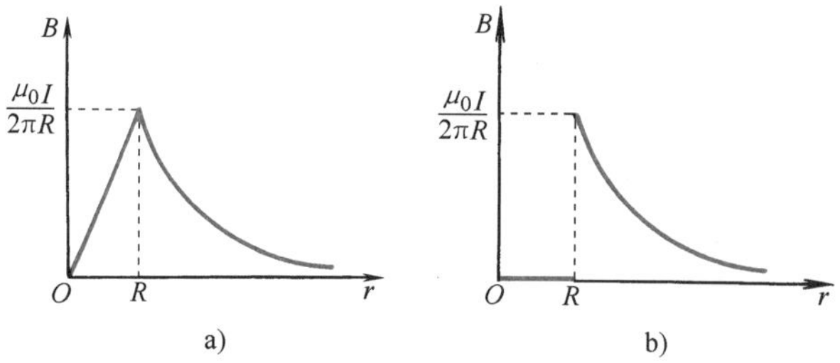

图 8-14 B 与 r 的关系

2. 真空中长直密绕螺线管内的磁场

作螺线管的截面图，为了求出螺线管内部中部任一点 P 的磁感应强度 $\boldsymbol{B}$ 的大小，考虑到电流分布的柱对称性，可通过 P 点作矩形闭合回路 $abcda$，如图 8-15 所示，则 $\boldsymbol{B}$ 矢量沿此闭合回路的积分为

$$\oint_L \boldsymbol{B}\cdot \mathrm{d}\boldsymbol{l}=\int_{ab}\boldsymbol{B}\cdot \mathrm{d}\boldsymbol{l}+\int_{bc}\boldsymbol{B}\cdot \mathrm{d}\boldsymbol{l}+\int_{cd}\boldsymbol{B}\cdot \mathrm{d}\boldsymbol{l}+\int_{da}\boldsymbol{B}\cdot \mathrm{d}\boldsymbol{l}$$

在螺线管外部，远离两端的磁场很弱，可认为 $B=0$，所以，$\boldsymbol{B}$ 矢量沿线段 cd 以及沿线段 bc 和 da 位于螺线管外部分的积分为零，$\boldsymbol{B}$ 矢量沿线段 bc 和 da 位于螺线管内部分的积分也为零，因为虽然 $B\neq0$，但 $\boldsymbol{B}$ 与 $\mathrm{d}\boldsymbol{l}$ 总是垂直。如果线段 ab 平行于螺线管轴线，可以利用对称性分析证明，线段 ab 上各点 $\boldsymbol{B}$ 的大小相等，而方向与 $\mathrm{d}\boldsymbol{l}$ 的方向相同，即 $\boldsymbol{B}\cdot \mathrm{d}\boldsymbol{l}=B\mathrm{d}l$。

所以

$$\oint_L \boldsymbol{B} \cdot d\boldsymbol{l} = B\int_{ab} dl = B\,\overline{ab}$$

如果螺线管单位长度的匝数为 n，每匝中的电流为 I，则回路 $abcda$ 所包围的电流代数和为

$$\sum I_i = \overline{ab}nI$$

将以上结果代入式（8-16a），则得到螺线管内任意一点磁感应强度 $\boldsymbol{B}$ 的大小为

$$B = \mu_0 nI \tag{8-19}$$

由此证明了螺线管内是均匀磁场。磁感应强度的方向是沿与螺线管轴线平行的方向，且与电流方向成右手螺旋关系。

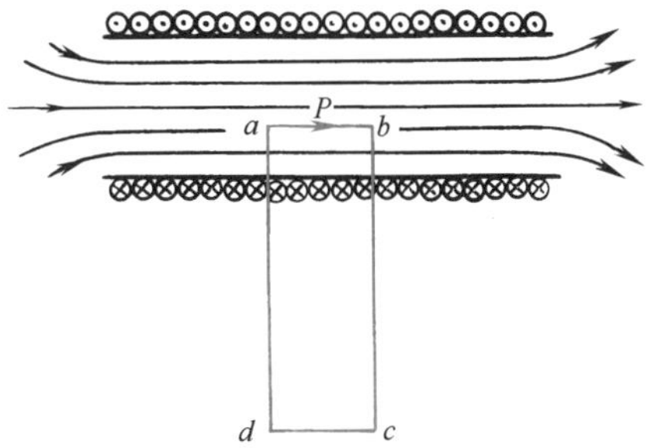

图 8-15　螺线管的磁场

3. 真空中螺绕环内的磁场

将螺旋形线圈密绕在圆环上（图 8-16a），称为螺绕环。当线圈中通有电流时，螺绕环外的磁场甚弱，可认为 $B=0$，磁场集中在螺绕环内。以通过螺绕环中心 O 且垂直于环面的直线上某点为圆心，在螺绕环内作一半径为 r 的圆周，如图 8-16b 中的虚线所示。由于对称性，在此圆周上各点的磁感应强度 $\boldsymbol{B}$ 必定是大小相等，方向与圆周相切。取所作圆周为封闭回路，则对此回路有积分

$$\oint_L \boldsymbol{B} \cdot d\boldsymbol{l} = B\oint_L dl = 2\pi rB$$

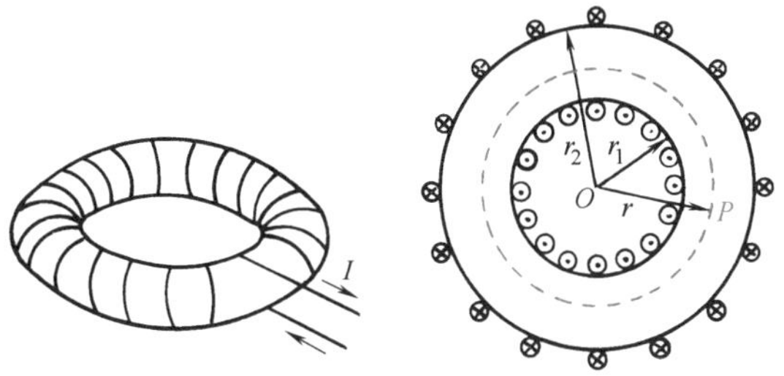

a)　　b)

图 8-16　螺绕环的磁场

设螺绕环共有 N 匝，则所取闭合回路包围电流的代数和为

$$\sum I_i = NI$$

代入式（8-16a），得到

$$B = \frac{\mu_0 NI}{2\pi r} \tag{8-20}$$

即螺绕环内各点 $\boldsymbol{B}$ 的大小与 r 成反比，方向与螺绕环中的电流方向成右螺旋关系。

当螺绕环断面的直径（$r_2 - r_1$）比它的平均半径 r 小得多时，则可认为螺绕环的周长为 $2\pi r$，而$\dfrac{N}{2\pi r}$是螺绕环单位长的匝数 n，这时螺旋环内各点的磁感应强度 $\boldsymbol{B}$ 的大小实际上是相等的，与长直螺线管内部的磁感应强度相同，即

$$B = \mu_0 nI$$

综上所述，在用安培环路定理计算磁场时，若判明电流对称分布，则通过求磁场的点选一简单几何形状的闭合回路，要求在所取闭合回路上各点的磁感应强度 $\boldsymbol{B}$ 大小相同，且 $\boldsymbol{B}\cdot\mathrm{d}\boldsymbol{l}=B\mathrm{d}l$，使 B 可以提到积分号外。或者，在回路中部分线段上，可有 $\boldsymbol{B}\cdot\mathrm{d}\boldsymbol{l}=0$，即 $\boldsymbol{B}=0$ 或 $\boldsymbol{B}$ 和 $\mathrm{d}\boldsymbol{l}$ 垂直。但要注意，这样选择闭合回路，只是为使计算简单，而不应理解为安培环路定理的适用条件。此外，安培环路定理应用十分广泛，上述举例仅是适合本书要求的一部分应用而已。

第五节 磁场对载流导体的作用

在讨论磁场对电流的作用时，由于载有电流的导线的形状各异，所以在计算磁场对电流的作用时，也需要先求磁场对一小段电流元的作用，然后由力的叠加原理计算较长载流导线所受的磁场力。

在第二节已经讨论了磁场对运动电荷作用的磁场力，即洛伦兹力［参阅公式（8-5）］。因为电流是导线中的自由电子在电场力作用下的定向运动，这些电子都会受到洛伦兹力的作用。定向运动电子与导线中的晶格离子碰撞，集体作用的结果表现为导线受到磁力作用。所以，将处于磁场中的一段载流导线内所有做定向运动电子受到的洛伦兹力求矢量和，就得到这段导线受到的作用力。如果载流导线形成一闭合回路，它还将受到磁场的力矩作用。现分别讨论如下。

一、磁场对载流导线的作用——安培定律

在一条通有电流 I 的导线上，“截取”一小段长为 $\mathrm{d}l$ 的直导线，讨论它在磁感应强度为 $\boldsymbol{B}$ 的磁场中所受的磁场力 $\mathrm{d}\boldsymbol{F}$，如图 8-17 所示。由于 $\mathrm{d}l$ 很短，可认为在 $\mathrm{d}\boldsymbol{l}$ 范围内磁感应强度 $\boldsymbol{B}$ 的变化甚小，磁场是均匀的。导线中电子定向运动方向与电流方向相反，对于稳恒电流，导线中每个定向运动电子的速度 $\boldsymbol{v}$ 的大小和方向都相同。于是，$\mathrm{d}l$ 段直导线中每一个电子做定向运动时受到的洛伦兹力 $\boldsymbol{F}_{\mathrm{L}}$ 的大小和方向都相同。用 θ 表示电流方向与磁场 $\boldsymbol{B}$ 方向的夹角，则 $\boldsymbol{F}_{\mathrm{L}}$ 大小为

$$F_{\mathrm{L}}=evB\sin(\pi-\theta)=evB\sin\theta$$

式中，e 是电子的电荷量；v 可理解为电子定向运动的平均速度大小，各自由电子所受洛伦兹力 $\boldsymbol{F}_{\mathrm{L}}$ 的方向与 $\boldsymbol{v}$ 和 $\boldsymbol{B}$ 均垂直，并由右手螺旋法则确定。

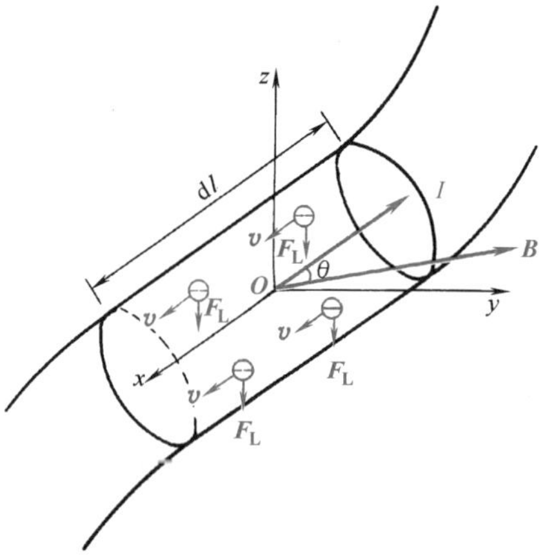

图 8-17 磁场力

自由电子在定向运动中，在不断地与组成金属导线的晶格离子相碰撞中，会将所获得的动量传递给导线。从微观来看，各自由电子受到洛伦兹力，但从宏观来看，载流导线受到一作用力，称为安培力。安培力就等于各自由电子受到洛伦兹力的矢量和。设长为 $\mathrm{d}l$ 的导线截面积为 S，单位体积内自由电子数密度为 n，则 $\mathrm{d}l$ 长导线中做定向运动的自由电子数为

$$\mathrm{d}N=nS\mathrm{d}l$$

由于每个电子受到洛伦兹力的大小和方向都相同，故 $\mathrm{d}l$ 段直导线受到的安培力的大小为

$$\mathrm{d}F = F_{\mathrm{L}}\mathrm{d}N = (nevS)(B\mathrm{d}l\sin\theta)$$

注意到电流等于单位时间内通过导体截面上的电荷量，即

$$I = nevS$$

故有

$$\mathrm{d}F = I\mathrm{d}lB\sin\theta \tag{8-21a}$$

取电流元矢量 $I\mathrm{d}\boldsymbol{l}$，它的方向与导线中电流的方向相同。则式（8-21a）可写成矢积的形式

$$\mathrm{d}\boldsymbol{F} = I\mathrm{d}\boldsymbol{l}\times\boldsymbol{B} \tag{8-21b}$$

式（8-21）称为安培公式，它给出电流元所受安培力的大小和方向。

我们是从式（8-5）推导出式（8-21）的，可见安培力在本质上乃是载流导线中定向运动电荷所受洛伦兹力的宏观表现。但在历史上，安培公式是分析实验结果得出的结论。

由力的叠加原理可知，有限长载流导线 l 所受安培力 $\boldsymbol{F}$，应等于导线上各电流元所受安培力 $\mathrm{d}\boldsymbol{F}$ 的矢量和，即

$$\boldsymbol{F} = \int_l \mathrm{d}\boldsymbol{F} = \int_l I\mathrm{d}\boldsymbol{l}\times\boldsymbol{B}$$

在一般问题中，各电流元所受安培力 $\mathrm{d}\boldsymbol{F}$ 的方向不同，矢量积分须在选取坐标后，对各分量分别进行积分运算。但若所有电流元受力 $\mathrm{d}\boldsymbol{F}$ 的方向相同时，矢量和变为代数和，式（8-21a）可写成

$$F = \int_l I\mathrm{d}lB\sin\theta \tag{8-22}$$

例如，在均匀磁场中有一长为 l 并通有电流 I 的直导线，则式（8-22）中 I、B 和 $\sin\theta$ 都是常量，可移出积分号外，积分后得

$$F = BIl\sin\theta \tag{8-23a}$$

如果导线与磁场平行，即 $\theta=0$ 或 π，则 $F=0$；如果导线与磁场垂直，即 $\theta=\dfrac{\pi}{2}$，则

$$F = BIl \tag{8-23b}$$

力的方向垂直于导线和磁场。在图 8-18 中，如果导线和磁场方向都在 xOy 平面内，则 $\boldsymbol{F}$ 的方向沿 z 轴方向。

将金属棒 ab 架在平行的金属导轨上，并放在磁铁的两磁极之间，如图 8-19 所示。当将电源接到金属导轨上，使金属棒 ab 中通过由 a 到 b 方向的电流时，棒将在安培力作用下沿导轨向右滑动；如果改变金属棒 ab 中的电流方向，则金属棒将以相反的方向沿导轨滑动。我们可以测定金属棒所受安培力的大小，结果与式（8-23b）相符合，从而证实安培公式是正确的。

二、磁场对平面载流线圈的作用

为简单起见，先讨论一匝平面矩形载流线圈在均匀磁场中受到的力矩，如图 8-20 所示。设线圈的边长 $ab=cd=l_1$，$bc=da=l_2$。规定线圈平面的法线 $\boldsymbol{n}$ 的方向与线圈中电流的方向之间成右螺旋关系。当 $\boldsymbol{n}$ 与磁感应强度 $\boldsymbol{B}$ 之间夹角为 θ 时，由式（8-23a），bc 和 da 两边所受安培力分别为

$$F_2 = BIl_2\sin\left(\frac{\pi}{2} - \theta\right) = BIl_2\cos\theta$$

$$F_2' = BIl_2\sin\left(\frac{\pi}{2} + \theta\right) = BIl_2\cos\theta$$

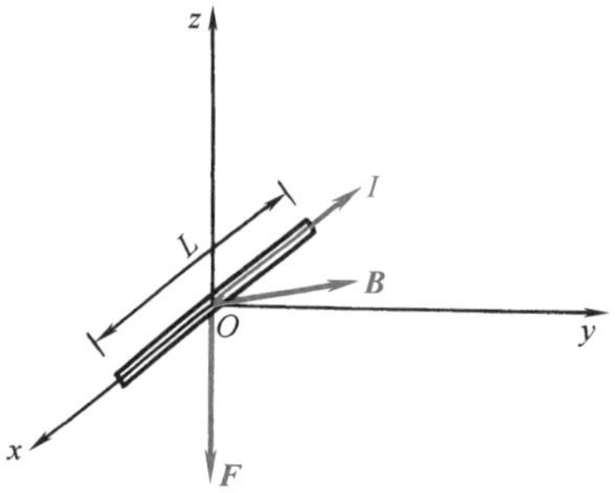

图 8-18 安培力的方向

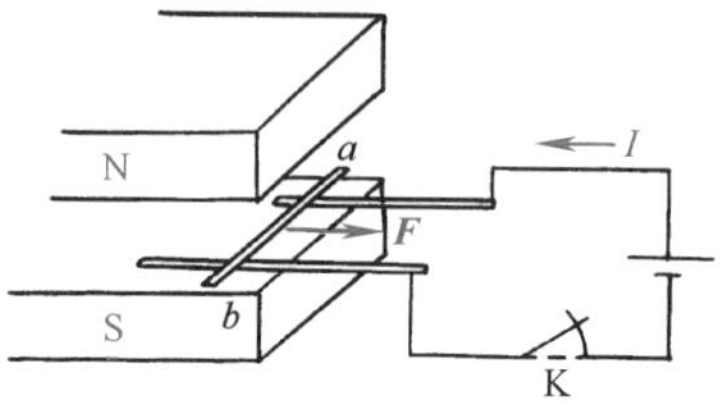

图 8-19 金属棒在安培力作用下运动

两力都在线圈的平面内，大小相等，方向相反，如图 8-20a 所示。如果线圈是刚性的，这两个力是共线的，因而相互抵消，对线圈不引起任何效果。

当 $\boldsymbol{n}$ 与 $\boldsymbol{B}$ 之间的夹角 θ 为任意值时，ab 和 cd 两边总是与磁场垂直，由式（8-23b），这两边所受安培力大小相等，即

$$F_1 = F_1' = BIl_1$$

方向也相反，但不在同一直线上，对线圈作用着一个力偶矩。如图 8-20b 所示，力臂为 $l_2\sin\theta$，线圈受到的力矩大小为

$$M = F_1 l_2 \sin\theta = BIl_1 l_2 \sin\theta$$

或写成

$$M = P_m B\sin\theta$$

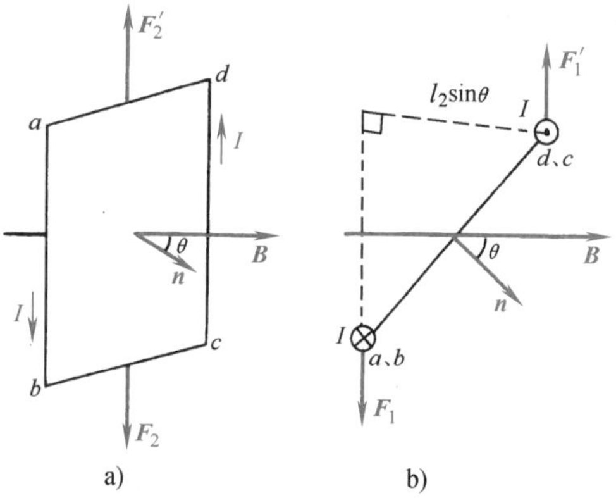

图 8-20 磁场对平面载流线圈的作用

式中，P_m 是线圈中的电流 I 及其面积 $S = l_1 l_2$ 的乘积，称为线圈的**磁矩**。在国际单位制中，磁矩的单位为 $A \cdot m^2$（安·米^2）或 $J \cdot T^{-1}$（焦·特$^{-1}$），如果规定线圈的磁矩为矢量，它的方向与线圈平面的法线 $\boldsymbol{n}$ 的方向相同，即

$$\boldsymbol{P}_m = I\boldsymbol{S}_n \tag{8-24}$$

则线圈受到的力矩可写成矢积的形式

$$\boldsymbol{M} = \boldsymbol{P}_m \times \boldsymbol{B} \tag{8-25}$$

式（8-24）可推广到任意形状的平面载流线圈。这是因为，线圈的磁矩的大小只与线圈的面积 S 和线圈中的电流 I 有关，而与线圈的形状无关。如果是用细导线紧密绕成任意形状的 N 匝全同平面线圈，则它的磁矩为

$$\boldsymbol{P}_m = NI\boldsymbol{S}_n$$

只要在此线圈平面范围内磁场可认为是均匀的，它受到的磁场的力矩就可用式（8-25）表示。式（8-25）与电偶极子受到电场的力矩公式相似，所以，常将回路电流称为磁偶极子。

式（8-25）表明，磁场对载流线圈的力矩不仅与磁矩 $\boldsymbol{P}_{m}$ 和磁感应强度 $\boldsymbol{B}$ 的大小有关，还与 $\boldsymbol{P}_{m}$ 和 $\boldsymbol{B}$ 之间的夹角 θ 有关，如图 8-21a 所示。分析以下几个特殊情况以说明载流线圈在磁力矩作用下的运动情况。

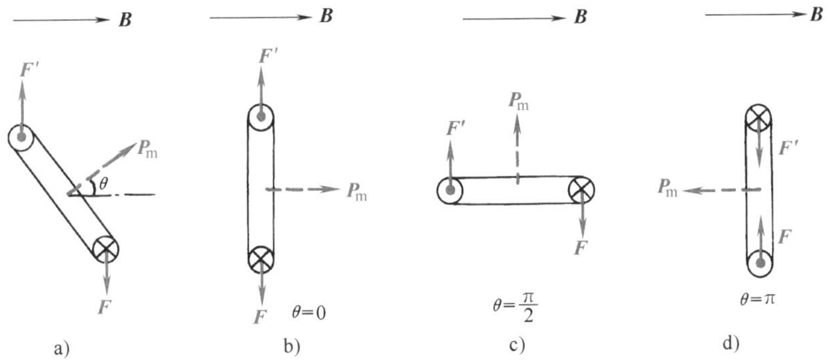

图 8-21 载流线圈在磁场力矩作用下的运动

当 $\theta=0$ 时，即 $\boldsymbol{P}_{m}$ 和 $\boldsymbol{B}$ 同方向时，$M=0$，这时通过线圈的磁通量 $\Phi_{m}=NBS$ 为最大值。这个位置是线圈的稳定平衡位置，如图 8-21b 所示。

当 $\theta=\dfrac{\pi}{2}$时，即 $\boldsymbol{P}_{m}$ 和 $\boldsymbol{B}$ 相垂直时，$M=P_{m}B$ 为最大值，这时通过线圈的磁通量为 $\Phi_{m}=0$，如图 8-21c 所示。

当 $\theta=\pi$ 时，即 $\boldsymbol{P}_{m}$ 和 $\boldsymbol{B}$ 反向时，$M=0$，这时通过线圈的磁通量为 $\Phi_{m}=-NBS$为最小值。这是线圈的不稳定平衡位置，如图 8-21d 所示。

由此可知，当 θ 角为任意值时，载流线圈在磁力矩 $\boldsymbol{M}$ 作用下，总是向 θ 角减小的方向转动，即向通过线圈的磁通量增加的方向转动，直转到 $\theta=0$ 的位置。如果最初 $\theta=\pi$，虽然这时 $M=0$，但只要使线圈稍微偏离这个位置，就会在磁力矩作用下转过 180°而趋向稳定平衡位置。

据上述原理可制成磁电式仪表，直流安培计和伏特计大多是用磁电式电流计改装的。磁电式电流计表头结构原理如图 8-22 所示。永久磁铁的两个磁极常做成圆弧状，中间有一固定的圆柱形铁心。这样，铁心和磁极之间就形成一均匀辐向磁场。这种磁场的特点是，各点的磁感应强度 $\boldsymbol{B}$ 的大小相等，方向总是沿铁心的半径方向。绕在铝制框架上的 N 匝矩形线圈就放在这种磁场中。无论线圈转到什么位置，它的两边总是与恒定磁感应强度的磁场相垂直，因而当线圈中通过一定电流时，线圈受到的磁力矩大小 $M=P_{m}B=NISB$ 与流过线圈的电流 I 成正比，与转过的角度无关。当固定在线圈上的游丝对线圈的力矩与磁场对线圈的磁力矩相平衡时，线圈就转过一定的角度，使固定在线圈上的指针指在一定的刻度上，示明线圈中流过的电流大小。

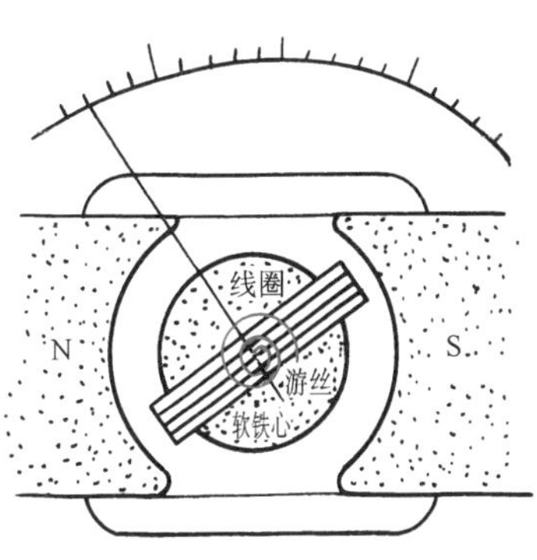

图 8-22 磁电式电流计工作原理

【例 8-2】 将一最大能承受 5N 拉力的铜导线弯成一半径为 $R=0.12\text{m}$ 的圆周，放在磁感应强度为 $B=1.0\text{T}$ 的均匀磁场中，并使圆面垂直于磁场，如图 8-23a 所示，图中小圆点表示磁感应线方向为垂直于纸面向外。当圆形导线中通有电流 $I=50\text{A}$ 时，导线是否能被拉断？

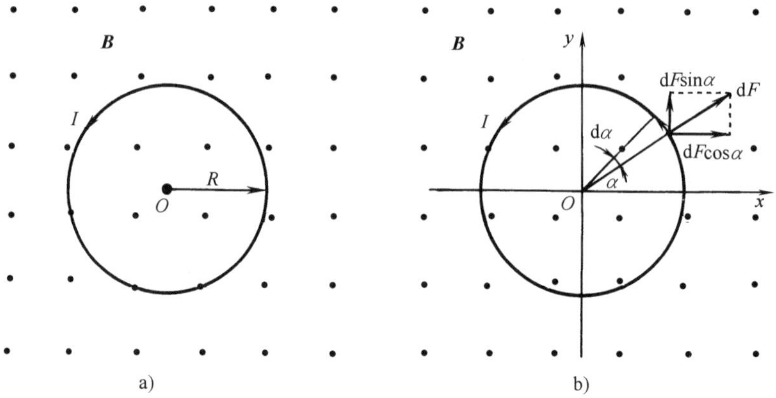

图 8-23 例 8-2 图

【解】 本题是要分析载流圆形导线在磁场中的受力情况。以圆心 O 为原点、圆面为平面取笛卡儿坐标系 Oxy，如图 8-23b 所示。在 $x>0$ 的右半圆周上任意取一电流元 $Id\boldsymbol{l}$，则因电流元与磁场垂直，电流元受到磁场作用力 $d\boldsymbol{F}$ 的大小为

$$dF=IdlB$$

方向为沿圆周半径向外。此力在 x 轴方向的分量为 $dF\cos\alpha$，其中 α 为 dl 到圆心的连线与 x 轴的夹角。又 dl 对圆心的张角为 $d\alpha$，则 $dl=Rd\alpha$。所以，右半圆周受到 x 轴正方向的合力大小为

$$F=\int dF\cos\alpha=IBR\int_{-\frac{\pi}{2}}^{+\frac{\pi}{2}}\cos\alpha d\alpha=2IBR$$

同理可以求出左半圆周受到同样大小的、指向 x 轴负方向的合力。设想沿 y 轴将圆周分成两半，因为 F 与切开的导线两个截面上的拉力相平衡，故导线每个截面承受的拉力为

$$\frac{F}{2}=IBR=(50\times1.0\times0.12)\text{N}=6\text{N}>5\text{N}$$

所以导线将被拉断。

【例 8-3】 根据玻尔理论，氢原子中电子绕核做匀速圆周运动，圆周的半径为 $a_0=5.29\times10^{-11}\text{m}$，电子速度为 $v=2.19\times10^{6}\text{m}\cdot\text{s}^{-1}$，求氢原子的**轨道磁矩**。

【解】 将电子的圆周运动看成圆电流，因电子做圆周运动的频率为

$$f=\frac{v}{2\pi a_0}$$

故与电子轨道运动对应的电流为

$$I=ef=\frac{ev}{2\pi a_0}$$

又圆周轨道的面积为 $S=\pi a_0^2$，氢原子的轨道磁矩用 μ_B 表示，由式（8-25）为

$$\begin{aligned}\mu_B&=IS=\frac{1}{2}eva_0=\left(\frac{1}{2}\times1.60\times10^{-19}\times2.19\times10^{6}\times5.29\times10^{-11}\right)\text{J}\cdot\text{T}^{-1}\\&=9.27\times10^{-24}\text{J}\cdot\text{T}^{-1}\end{aligned}$$

μ_B 称为**玻尔磁子**。

三、霍尔效应

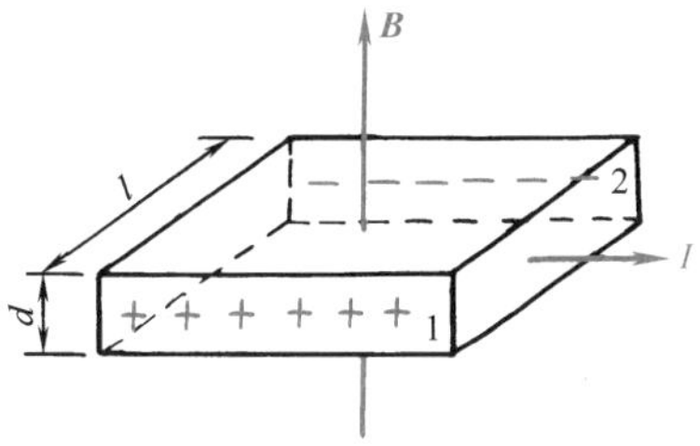

图 8-24　金属导体霍尔效应

霍尔（E. H. Hall）在 1879 年发现：把一块宽为 l、厚为 d 的长直载流导体放在磁场 $\boldsymbol{B}$ 中，当磁场方向与电流方向垂直时，在与磁场和电流方向都垂直的载流导体两侧（即图 8-24 中 1、2 侧面）之间会出现电势差，这种现象称为霍尔效应，出现的电势差称为霍尔电势差。

实验结果显示，达到稳定时，霍尔电势差的大小 U_H 与电流 I 成正比，与磁感应强度 B 成正比，而与载流导体沿 $\boldsymbol{B}$ 方向的厚度 d 成反比，即

$$U_H = U_1 - U_2 \propto \frac{IB}{d}$$

或

$$U_H = U_1 - U_2 = R_H \frac{IB}{d}$$

式中，R_H 称为霍尔系数，它仅与导体材料性质有关。

霍尔效应是由于导体中的载流子在磁场中受洛伦兹力的作用而产生与电流方向、磁场方向都垂直的横向运动，结果在导体两侧分别累积正电荷或负电荷，从而在导体中形成电场 E_H，即霍尔电场。此电场是均匀电场，所以有

$$E_H l = U_H$$

设导体中每个载流子带电荷 q，载流子浓度（单位体积内载流子数）为 n，每个载流子对应于稳恒电流 I 所具有的定向运动速度为 v（I 与 v 的关系为 $I = nqvS = nqvld$）。每个载流子受洛伦兹力是 $F = qvB$，那么，在霍尔电场稳定时，必须是载流子所受洛伦兹力与霍尔电场力大小相等、方向相反，即

$$qvB = qE_H$$

亦即

$$vB = E_H = \frac{R_H}{ld} IB$$

可得

$$R_H = \frac{ld}{I} v = \frac{1}{nq}$$

当 $q > 0$ 时，$R_H > 0$；当 $q < 0$ 时，$R_H < 0$。

人们后来发现，半导体材料也有霍尔效应，而且半导体中载流子浓度 n 远比导体中为小，所以半导体中霍尔效应也要比导体强得多。

1980 年，克利青（Klaus von Klitzing）和多尔达（Dorda）及派波尔（Pepper）发现了量子霍尔效应。

第六节　磁介质对磁场的影响

以上我们只讨论了电流在真空中产生的磁场，现在开始讨论物质对磁场的影响。能够对

磁场有影响的物质称为磁介质。磁性是物质的基本属性之一，磁介质在工程技术上有着广泛的应用。我们将以物质的电结构为基础，定性地讨论磁介质对磁场的影响及物质磁性的本质。

一、磁导率

电介质放入电场后要极化，同时产生附加的电场。与此类似，磁介质放入磁场后也会产生附加的磁场，使原来的磁场发生变化，我们称这种现象为磁介质的磁化。

为研究磁介质的磁化现象，可以用如图 8-25 所示的螺绕环，将被研究的磁介质放入螺绕环内。为测定当螺绕环通有电流时磁介质中的磁感应强度的大小，可在螺绕环上开一很窄的缝隙。由于缝隙很窄，缝隙中的磁感应强度可认为与磁介质中的磁感应强度相等。假定当螺绕环内没有磁介质时的磁感应强度大小为 B_0，放入磁介质后的磁感应强度大小为 B，并用 μ_r 表示 B 和 B_0 的比值，即

$$\mu_r = \frac{B}{B_0} \tag{8-26}$$

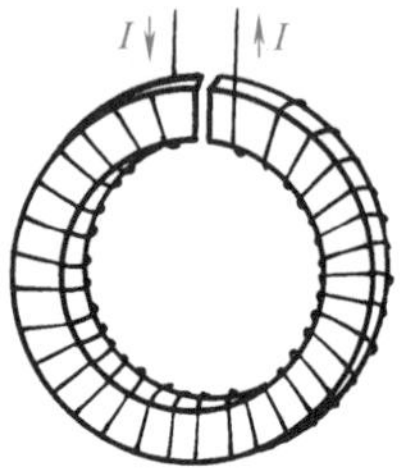

图 8-25 螺绕环

实验表明，μ_r 只与磁介质的性质有关，是一个没有单位的纯数，它表示磁介质磁化对磁场的影响，称为磁介质的**相对磁导率**。根据 μ_r 的数值大小，可将磁介质分为三类。

1）磁介质的 μ_r 略大于 1。将这类磁介质放到外磁场后，呈现微弱的磁性，即磁化后产生与外磁场同方向的微弱的附加磁场。这类磁介质称为**顺磁质**。氧、锰、铬、铝及氯化铜、硫酸镍等绝大部分物质都是顺磁质。

2）磁介质的 μ_r 略小于 1。这类磁介质也呈现微弱的磁性，但产生的附加磁场与外磁场方向相反。这类磁介质称为**抗磁质**。铜、铋、锑及氯化钠、石英，还有惰性气体等都是抗磁质。

3）磁介质的 μ_r 比 1 大得很多，而且不是常数，其值随外磁场而改变。这类磁介质呈现很强的磁性，能产生与外磁场同方向的很强的附加磁场。这类磁介质称为**铁磁质**。铁磁质的用途很广，铁、钴、镍及某些合金都是铁磁质。有关铁磁质的性质，我们将在第七节中讨论。

在第四节中计算过，当螺绕环中未放入磁介质前，螺绕环内部各点的磁感应强度大小［见式（8-20）］为

$$B_0 = \frac{\mu_0 NI}{2\pi r}$$

代入式（8-26），并令

$$\mu = \mu_r \mu_0 \tag{8-27}$$

则当螺绕环内有磁介质时的磁感应强度大小为

$$B = \frac{\mu NI}{2\pi r} \tag{8-28}$$

式（8-27）中的 μ 称为磁介质的**磁导率**，它和 μ_r 一样是与磁介质的性质有关的常数。在国际单位制中，μ 的单位与真空磁导率 μ_0 的单位相同。

1. 顺磁质

顺磁质的分子具有一定的磁矩 $\boldsymbol{P}_{\mathrm{m}}$。有如回路电流产生磁场一样，每个顺磁质的分子都具有磁性。但是，由于热运动，各分子磁矩的空间取向是任意的，各分子磁矩所产生的磁场相互叠加而抵消，因而顺磁质对外不显示磁性。

顺磁质的磁化可做如下解释。同回路电流受到磁场的力矩作用一样，如果将顺磁质放到外磁场 $\boldsymbol{B}_0$ 中，每个分子磁矩 $\boldsymbol{P}_{\mathrm{m}}$ 的大小不变，但要受到外磁场的力矩 $\boldsymbol{P}_{\mathrm{m}}\times\boldsymbol{B}_0$ 作用，使 $\boldsymbol{P}_{\mathrm{m}}$ 转向外磁场 $\boldsymbol{B}_0$ 的方向。但是，热运动使 $\boldsymbol{P}_{\mathrm{m}}$ 处于各种可能的空间取向。所以，各分子磁矩的取向不能完全相同，只能在一定程度上转向磁场方向。外磁场越强，温度越低，各分子磁矩沿外磁场方向的排列也越整齐。这样，各分子磁矩的磁效应就不能完全抵消，而是产生一个与外磁场 $\boldsymbol{B}_0$ 方向相同的附加磁场 $\boldsymbol{B}'$。由此可知，顺磁质的磁化与有极分子电介质的极化有类似之处，这就是，前者是分子的固有磁矩在外磁场作用下的转动，而后者则是分子的固有电偶极矩在外电场作用下的转动。两者不同之处是，顺磁质磁化所产生的附加磁场 $\boldsymbol{B}'$ 与外磁场 $\boldsymbol{B}_0$ 的方向相同，而电介质极化所产生的附加电场 $\boldsymbol{E}'$ 与外电场 $\boldsymbol{E}_0$ 的方向相反。

2. 抗磁质

抗磁质的分子没有固有磁矩，但原子中每个电子绕原子核运动构成电子轨道磁矩 $\boldsymbol{P}_{\mathrm{m}}$，同时也具有轨道角动量 $\boldsymbol{L}$，且 $\boldsymbol{L}$ 与 $\boldsymbol{P}_{\mathrm{m}}$ 成比例，由于电子带负电，电子的角动量 $\boldsymbol{L}$ 与磁矩方向相反。在外磁场 $\boldsymbol{B}_0$ 中，电子磁矩受到磁力矩 $\boldsymbol{M}_{\mathrm{e}}=\boldsymbol{P}_{\mathrm{m}}\times\boldsymbol{B}_0$ 作用，与陀螺在重力作用下的进动类似，电子在垂直角动量 $\boldsymbol{L}$ 的磁力矩 $\boldsymbol{M}_{\mathrm{e}}$ 作用下也将做进动，根据角动量定理，$\mathrm{d}\boldsymbol{L}=\boldsymbol{M}_{\mathrm{e}}\mathrm{d}t$，电子进动的方向由磁力矩 $\boldsymbol{M}_{\mathrm{e}}$ 决定。电子的进动也相当于一个圆电流，从而产生一个附加磁矩 $\Delta\boldsymbol{P}_{\mathrm{m}}$。由图 8-26a、b 所示两种情况可以看出，无论电子轨道运动方向如何，外磁场对它的力矩作用总要使它产生一个与外磁场方向相反的附加磁矩。对电子自旋以及核的自旋，外磁场也产生同样的效果，从而使物质产生了抗磁性。

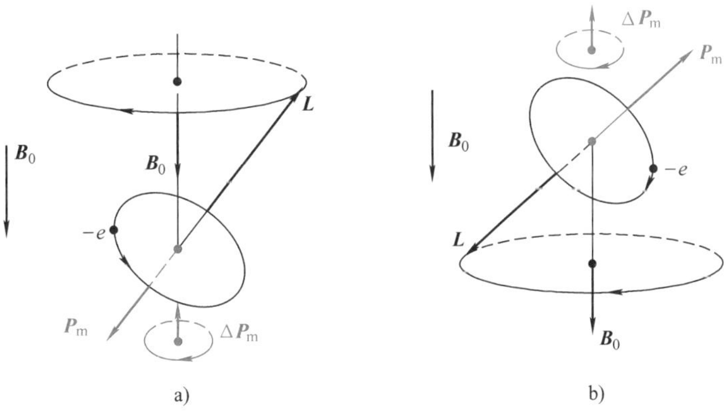

图 8-26 抗磁性的产生

由此可见，抗磁质的磁化与无极分子电介质的极化完全类似。也就是说，分子磁矩和分子电偶极矩分别是在外磁场和外电场的作用下产生的，附加磁场和附加电场的方向分别与外磁场和外电场方向相反。

应该指出，抗磁性是各种物质的共同特性。但是，对顺磁质和铁磁质来说，抗磁性的效应相对甚小，在讨论这些物质的磁性时，抗磁性可略去不计。

二、有磁介质时的安培环路定理

一般情况下，磁介质中任意一点的磁场 $\boldsymbol{B}$，等于某一电流分布所产生的磁场 $\boldsymbol{B}_0$ 和磁介质磁化后产生的附加磁场 $\boldsymbol{B}'$的矢量和，即

$$\boldsymbol{B}=\boldsymbol{B}_0+\boldsymbol{B}'$$

根据第四节中讨论的安培环路定理，磁感应强度 $\boldsymbol{B}$ 沿任意闭合回路 L 的环流，应等于真空磁导率 μ_0 乘以回路所包围的传导电流的代数和。在有磁介质情况下，$\sum I_i$ 中还必须计入因磁介质磁化而出现的分子电流。用 I'表示闭合回路 L 所包围的总分子电流，则安培环路定理应写成

$$\oint_L \boldsymbol{B}\cdot \mathrm{d}\boldsymbol{l}=\mu_0\left[\left(\sum_{i=1}^{n}I_i\right)+I'\right]=\mu\sum_{i=1}^{n}I_i \tag{8-29}$$

一般说来，分子电流的分布很复杂，不能由实验测定。为使问题简化，我们希望式（8-29）中不包括分子电流。在静电场中已经知道，当我们定义了电位移矢量 $\boldsymbol{D}$ 这一辅助矢量后，就可以消除高斯定理中的束缚电荷。类似地，对于磁场，如果定义一辅助矢量

$$\boldsymbol{H}=\frac{1}{\mu}\boldsymbol{B} \tag{8-30}$$

也可以消除式（8-29）中的分子电流 I'，并将式（8-29）写成

$$\oint_L \boldsymbol{H}\cdot \mathrm{d}\boldsymbol{l}=\sum_{i=1}^{n}I_i \tag{8-31a}$$

矢量 $\boldsymbol{H}$ 称为磁场强度。式（8-31a）就是有磁介质时普遍形式的安培环路定理的表达式。如果回路 L 所包围的传导电流是以电流密度 $\boldsymbol{j}$ 连续分布的，则安培环路定理的表达式又可以写成

$$\oint_L \boldsymbol{H}\cdot \mathrm{d}\boldsymbol{l}=\int_S \boldsymbol{j}\cdot \mathrm{d}\boldsymbol{S} \tag{8-31b}$$

式中，S 是以闭合回路 L 为周界的任意曲面。

有磁介质时的安培环路定理的表达式（8-31）说明，磁场强度 $\boldsymbol{H}$ 只与传导电流有关，而与磁介质磁化后出现的分子电流无关，正如式（7-33）表明电位移矢量 $\boldsymbol{D}$ 只与自由电荷有关，而与束缚电荷无关一样。对于真空的情况，由式（8-30），$\boldsymbol{H}=\dfrac{1}{\mu_0}\boldsymbol{B}$，这时式（8-31）成为真空情况下的安培环路定理式（8-16），即式（8-31）可认为是式（8-16）的推广。但引入 $\boldsymbol{H}$ 后，我们能比较方便地处理有磁介质时的磁场问题。在国际单位制中，磁场强度的单位是 $\mathrm{A\cdot m^{-1}}$（安·米$^{-1}$）。

安培环路定律式（8-31）和磁场中的高斯定理式（8-7），是描写稳恒磁场性质的两个基本定律。

第七节 铁 磁 质

铁磁质是一种性质特殊、用途广泛的磁介质。铁、钴、镍及许多金属元素的合金都是铁

磁质。人类从古代起就对铁磁质有所认识，但对铁磁质磁性本质的了解，却是在量子理论建立以后。下面首先讨论铁磁质的磁化及其特点。

一、磁化曲线

铁磁质的重要特性之一，就是磁感应强度 $\boldsymbol{B}$ 和磁场强度 $\boldsymbol{H}$ 不是简单的正比关系，而是比较复杂的函数关系。换句话说，铁磁质的磁导率 μ 随磁场强度 $\boldsymbol{H}$ 变化而变化。

研究铁磁质的磁化现象，仍旧可用图 8-25 所示的螺绕环。将被研究的铁磁质做成圆环放入螺绕环中，因 $B=\mu nI$，故由式（8-30），可知铁磁质中磁场强度 $\boldsymbol{H}$ 大小为

$$H=nI$$

式中，n 为螺绕环单位长度的匝数；I 为螺绕环中的电流。在测定缝隙中的磁感应强度 $\boldsymbol{B}$ 的大小后，可以由公式

$$\mu=\frac{B}{H}$$

计算出不同 H 对应的 μ 值，然后将实验结果做成 B-H 图线和 μ-H 图线，如图 8-27 所示。

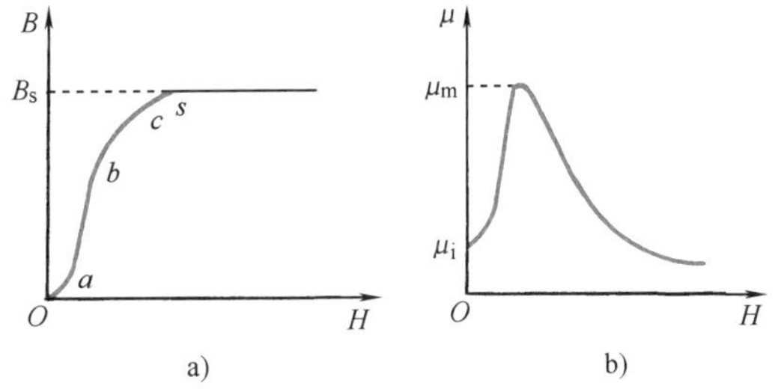

图 8-27　B-H 图线和 μ-H 图线

B-H 图线是表示原来没有磁化过的铁磁质中磁感应强度随磁场强度的变化关系，称为初始磁化曲线。在 $H=0$ 时，$B=0$。逐渐增大螺绕环中的电流以增大 H，B 也随之增大，但 B 和 H 之间是非线性关系。起初，随 H 的增大，B 增大较慢，如曲线的 Oa 段；其后 B 随 H 的增大而很快增大，表示铁磁质的急剧磁化阶段，如曲线的 ab 段；然后随 H 的增大，B 的增大又开始减慢，如曲线的 bc 段；最后，从曲线上某点 s 开始，B 和 H 的关系几乎成为斜率很小的直线，B 几乎不随 H 而增大，说明铁磁质磁化达到饱和状态。与 s 点对应的磁感应强度称为饱和磁感应强度，用 B_s 表示。

μ-H 图线是根据 B-H 图线上各点所对应的 μ 值作出的，表示 μ 随 H 的变化关系。当 H 较小时，大约在 $1\mathrm{A}\cdot\mathrm{m}^{-1}$ 以下，相当于 B-H 曲线上的 Oa 段，这时的 μ 值称为初始磁导率，用 μ_i 表示。当 H 增大到 μ 有最大值时，此时的 μ 称为最大磁导率，用 μ_m 表示。随着 H 的继续增大，μ 反而逐渐减小。当铁磁质趋近于饱和磁化状态时，μ 的值趋近于 μ_0。μ_m 是设计低频电器的重要参数，例如电动机和变压器等都工作在这点附近。μ_i 是工作于高频区的磁性材料的重要参数。

二、磁滞现象和磁滞回线

铁磁质的另一个重要特性是所谓磁滞现象。这就是，铁磁质在某时刻的磁化状态，不仅决定于该时刻磁场强度 H 的值，还和此时刻以前的磁化过程有关。形象地说，铁磁质能"记住"它自己的磁化历史。

当铁磁质被磁化达到饱和状态后，如果减小 H，B 也随着减小，但 B 的减小并不沿原曲线下降，而是沿另一条曲线 Sd 下降，如图 8-28 所示，即磁感应强度 $\boldsymbol{B}$ 的变化落后于磁场强

度 $\boldsymbol{H}$ 的变化，这种现象称为磁滞。当 H 由 H_s 减小到零，B 不是由 B_s 减小到零，而是减小到 B_r。这时铁磁质仍保留一定的磁性，B_r 称为剩余磁感应强度，简称为剩磁。要使 B 继续减小，就必须在反方向加一磁场。当磁场强度由零变化到 $-H_c$ 时，磁感强度沿曲线 RC' 由 B_r 减小到零。使剩余磁感应强度减小到零所需的反方向磁场强度 H_c 称为矫顽力。当反方向磁场强度继续增加时，铁磁质中反方向的磁感应强度沿曲线 $C'S'$ 逐渐增大而达到饱和磁化状态 S'。以后若将反方向的磁场强度逐渐减小到零，并由零开始增大正方向的磁场强度，则磁感应强度将沿曲线 $S'R'CS$ 变化而达到饱和磁化状态 S。曲线 $S'R'CS$ 与曲线 $SRC'S'$ 相对原点 O 是对称的，形成的闭合曲线称为磁滞回线。

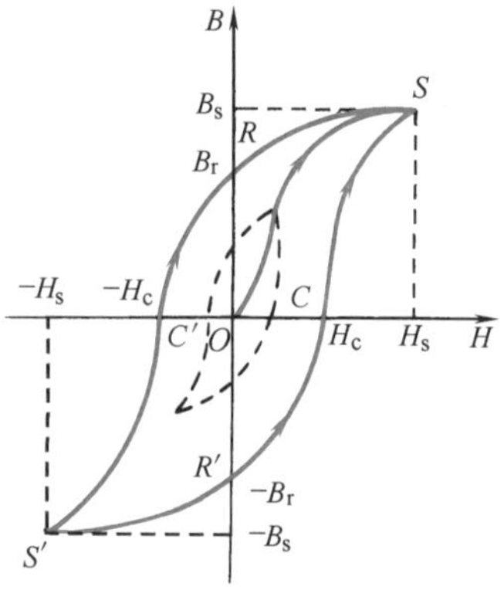

图 8-28 磁滞回线

由此可知，由于磁滞现象，与同一个 H 值对应的有若干个 B 的值，即 B 是 H 的多值函数。例如，由图 8-28 看到，与 $H=0$ 相对应的 B 值有 $B=0$、B_r 和 $-B_r$，分别对应于铁磁质未被磁化过、经磁化后和经反向磁化后出现的剩磁状态。这种 B 与 H 的多值函数关系，说明在同一 H 值条件下，B 的值与铁磁质的磁化历史有关。

如果磁场强度在使铁磁质达到饱和磁化前的某个值 H（$H<H_s$）开始减小，B 将沿另一条曲线下降，形成面积较小的磁滞回线，如图 8-28 中的虚曲线所示。H 的值是与一定的磁化电流相对应的。这样，使磁化电流多次改变方向，并且每次都是从较小的磁化电流开始减小，就得到越来越小的接近原点 O 的磁滞回线。根据这个原理，可以将已经磁化的铁磁质放入通有交流电的线圈中，逐渐减小电流而使之去磁。

三、磁畴理论

铁磁质的第三个重要特性就是具有一定的临界温度，称为居里点。在这一温度时，磁性发生突然变化。当温度在居里点以上时，铁磁质转变成普通的顺磁质，磁导率与磁场强度无关。另外，铁磁质都是固体，它可以由具有铁磁性的物质制成，也还可以用非铁磁质制成铁磁性合金。所有这些事实说明，铁磁质元素的单个原子并不具有特殊的磁性，铁磁性是与固体的结构状态有关的性质。例如，铬原子的磁矩与铁原子的磁矩相同，但铬是顺磁质，而铁是典型的铁磁质。

根据近代理论，铁磁质的磁性主要来源于电子的自旋磁矩。在没有外磁场作用的条件下，铁磁质中电子的自旋磁矩可以在小范围内“自发”地排列起来，形成许多自发磁化达到饱和状态小区域。这种自发磁化的区域称为磁畴。磁畴的形状和大小在不同的铁磁质中很不相同。大致说来，平均每个磁畴约占 $10^{-15}\mathrm{m}^3$ 的体积，约含 10^{15} 个原子。

在没有外磁场作用时，虽然每个磁畴都有一定的磁矩，但由于各磁畴的磁矩指向各种可能的方向，排列杂乱，铁磁质内总的磁矩仍为零，整个铁磁质不呈现磁性。

可以用图 8-29 来形象地说明铁磁质的磁化过程。图 8-29a 表示在无外磁场时铁磁质内四个体积相同的磁畴，它们的磁矩方向用箭头表示，因取向不同而相互抵消，对外不呈现磁性。当铁磁质放在不太强的外磁场中时，磁化过程是磁畴壁的移动，即那些磁矩与外磁场强度 $\boldsymbol{H}$ 成较小角度的磁畴的体积增大，那些成较大角度的磁畴的体积缩小，如图 8-29b 所示。

这一过程对应于图 8-27a 所示磁化曲线的 Oa 段。磁畴壁的移动是可逆的，即如果外磁场减弱或消失，各磁畴将恢复到原来的形状和大小。外磁场增强时，那些磁矩与磁场强度 $\boldsymbol{H}$ 成较小角度的磁畴的体积将继续增大，那些成较大角度的磁畴的体积将继续缩小直至消失，这时的磁畴壁移动是不可逆的，对应于图 8-27a 所示磁化曲线的 ab 段。在较强外磁场的作用下，磁化过程中各磁畴的磁矩将转向外磁场方向，如图 8-29c 所示，这相当于图 8-27a 中磁化曲线的 bc 段。只要外磁场足够强，所有磁畴的磁矩将都沿外磁场方向排列，达到饱和磁化的状态。磁矩的转动也是不可逆的。磁化过程的不可逆性，使铁磁质在退磁时不能回到原来状态，因而出现磁滞现象和剩磁。

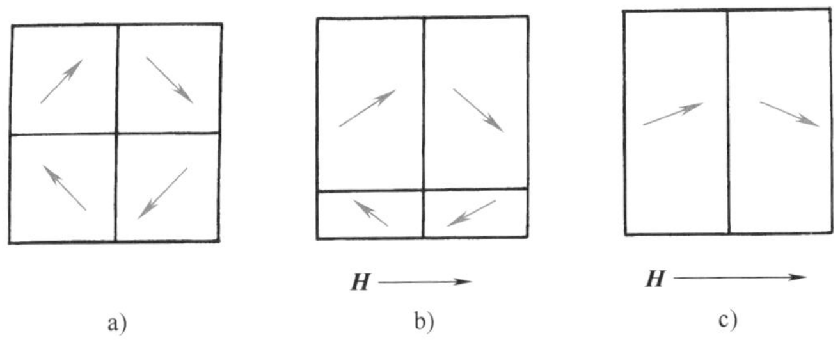

图 8-29 铁磁质的磁化

当温度升高到居里点以上时，由于铁磁质中分子的热运动加剧，足以破坏电子自旋磁矩的有规则排列，磁畴消失，铁磁性就转变成顺磁性。如果温度再低到居里点以下，顺磁性又转变成铁磁性。铁磁性和顺磁性的这种相互转变，类似于物质的固态、液态、气态之间的转变，也是一种相变。

磁畴的存在已经被实验所证实。最简单的实验方法是粉纹照相。将铁粉撒在磨光的铁磁质表面上，铁粉就聚集在磁畴的边界上，能在显微镜下看到有疏有密的磁畴粉纹图。用粉纹图还可以测定磁畴的形状大小，以及在外磁场中磁畴壁的移动。

自从量子力学建立后，人们才认识到形成磁畴的微观本质，这是由于电子间存在一种“交换作用”，使电子自旋做有规则的平行排列。交换作用是一种纯量子效应，在经典理论中没有与之对应的概念。

小 结

本章首先介绍了毕奥-萨伐尔定律，利用它可以计算常见稳恒电流在空间的磁场分布，介绍了磁场中的两个基本定理——高斯定理和安培环路定理，以及利用安培环路定理计算磁感应强度分布，分析了电荷在均匀电场和磁场中的受力和运动，提出了洛伦兹力和安培力以及磁力矩的概念。本章最后介绍了磁介质以及磁介质中的安培环路定理。

本章涉及的概念和原理有：

（1）电流 通过导体截面积为 S 的电流：

$$I = \int_S \boldsymbol{j} \cdot \mathrm{d}\boldsymbol{S}$$

其中，$\boldsymbol{j}$ 为电流密度。

（2）电源电动势 在电源中，非静电力做功的本领称为电源电动势，即

$$\mathscr{E} = \frac{A}{q_0} = \oint \boldsymbol{E}_{\mathrm{k}} \cdot \mathrm{d}\boldsymbol{l}$$

（3）磁通量

$$\phi_{\mathrm{m}} = \int_S B\mathrm{d}S\cos\theta = \int_S \boldsymbol{B} \cdot \mathrm{d}\boldsymbol{S}$$

磁场中的高斯定理说明磁场是无源场。

（4）毕奥-萨伐尔定律

真空中电流元的磁场 $\mathrm{d}\boldsymbol{B} = \dfrac{\mu_0}{4\pi}\dfrac{I\mathrm{d}\boldsymbol{l} \times \boldsymbol{r}_0}{r^2}$

磁场叠加原理 任意形状的电流所产生的磁场 $\boldsymbol{B} = \displaystyle\int_l \mathrm{d}\boldsymbol{B} = \int_l \frac{\mu_0}{4\pi}\frac{I\mathrm{d}\boldsymbol{l} \times \boldsymbol{r}_0}{r^2}$

（5）安培环路定理（适用于恒定电流）

真空中 $\displaystyle\oint_L \boldsymbol{B} \cdot \mathrm{d}\boldsymbol{l} = \mu_0 \sum_{i=1}^{n} I_i$

磁介质中 $\displaystyle\oint_L \boldsymbol{H} \cdot \mathrm{d}\boldsymbol{l} = \sum_{i=1}^{n} I_i$

$\boldsymbol{H} = \dfrac{\boldsymbol{B}}{\mu}$为有介质时的磁场强度，$\mu = \mu_0\mu_{\mathrm{r}}$，$\mu$ 称为磁介质的磁导率，μ_{r} 称为磁介质的相对磁导率。

（6）洛伦兹力 带电粒子在磁场中所受到的磁场力：

$$\boldsymbol{F}_{\mathrm{L}} = q(\boldsymbol{v} \times \boldsymbol{B})$$

（7）安培力

电流元受磁场的作用力 $\mathrm{d}\boldsymbol{F} = I\mathrm{d}\boldsymbol{l} \times \boldsymbol{B}$

长为 l 的载流导线所受到的安培力 $\boldsymbol{F} = \displaystyle\int_L (I\mathrm{d}\boldsymbol{l} \times \boldsymbol{B})$

载流线圈受均匀磁场的力矩 $\boldsymbol{M} = \boldsymbol{P}_{\mathrm{m}} \times \boldsymbol{B}$ $\boldsymbol{P}_{\mathrm{m}} = NIS_{\mathrm{n}}$，为载流线圈的磁矩

（8）霍尔效应 在磁场中载流导体上出现横向电势差的现象。

（9）磁介质 根据分类有顺磁质、抗磁质、铁磁质。

（10）铁磁质 磁滞现象和磁滞回线。

习 题

8-1 真空中一根弯曲的载流导线在同一平面内通有电流 I，形状如题 8-1 图所示，O 点是半径为 R_1 和 R_2 的半圆圆心。求 O 点的磁感应强度。

8-2 真空中，将通有电流 I 的导线在同一平面内弯成如题 8-2 图所示的形状。求 O 点的磁感应强度 $\boldsymbol{B}$ 的大小和方向。

8-3 在真空中，电流 I 由长直导线 1 沿垂直 bc 边方向经 a 点流入一电阻均匀分布的正三角形线框，再由 b 点沿平行 ac 边方向流出，经长直导线 2 返回电源，如题 8-3 图所示。三角形框每边长为 l，求在该正三角形框中心 O 点处磁感应强度 $\boldsymbol{B}$ 的大小。

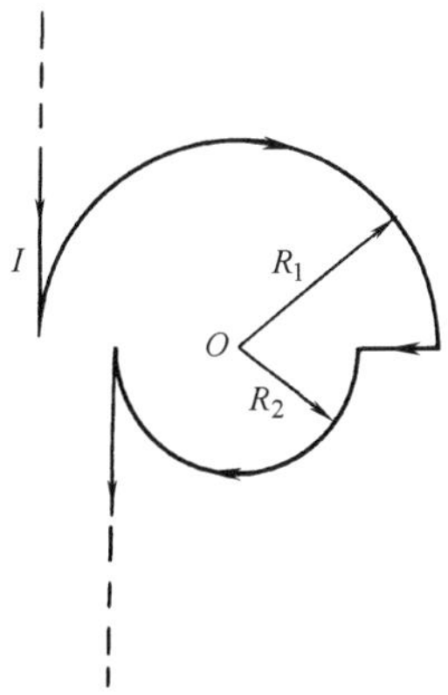

题 8-1 图

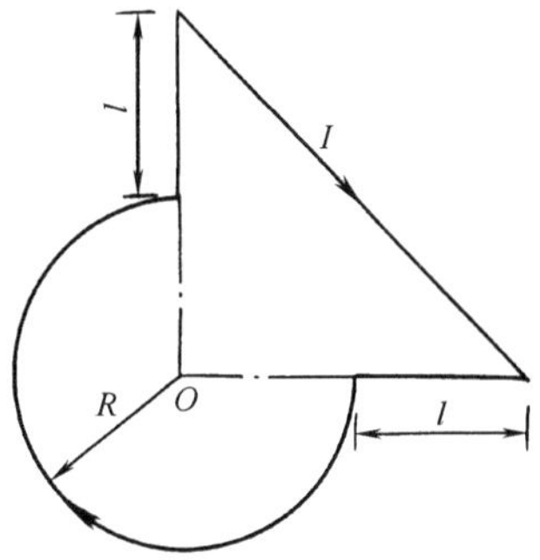

题 8-2 图

8-4 真空中在半径为 R 的长直金属圆柱体内部挖去一个半径为 r 的长直圆柱体，两圆柱体的轴线平行，其间距为 a，其横截面如题 8-4 图所示。今在此导体上沿轴线方向通以电流 I，电流在截面上均匀分布，求空心部分轴线上 O'点的磁感应强度。

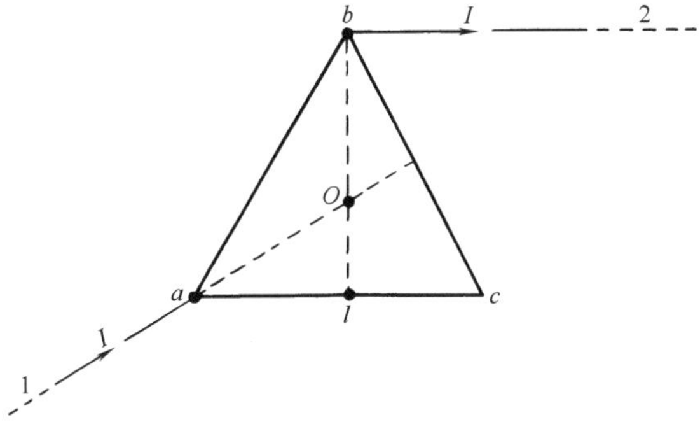

题 8-3 图

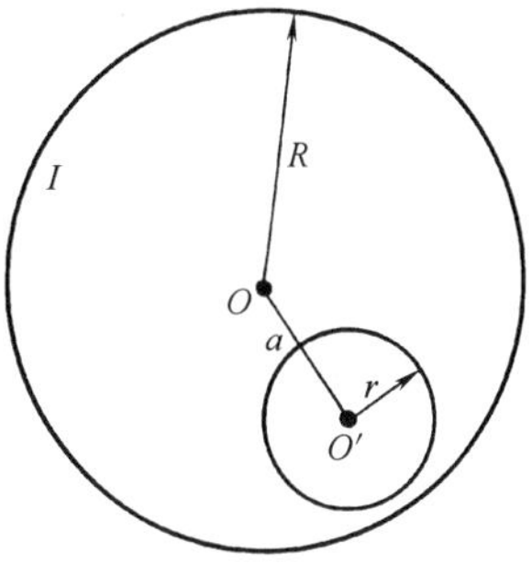

题 8-4 图

8-5 如题 8-5 图所示，半径为 R 的均匀带电球面的电势为 U（设无穷远处 $U_\infty=0$），圆球绕其直径以角速度 ω 转动，求球心处的磁感应强度。

8-6 一磁场的磁感应强度为 $\boldsymbol{B}=a\boldsymbol{i}+b\boldsymbol{j}+c\boldsymbol{k}$（T），求通过一个半径为 R，开口向 z 轴正方向的半球壳表面的磁通量。

8-7 真空中一根半径为 R 的长直导线沿轴线方向通有电流 I，作一宽为 R、长为 l 的假想平面 S，如题 8-7 图所示。

（1）求当平面 S 的一边与 OO'轴重合时，通过 S 面的磁通量是多少？

*（2）若此平面 S 可以在导线直径与轴 OO'所确定的平面内离开 OO'轴移动至远处。试求当通过 S 面的磁通量最大时，S 平面的位置。（设直导线内电流沿横截面分布是均匀的）

8-8 真空中，一个横截面为矩形的螺绕环，圆环的内、外半径分别为 R_1 和 R_2，圆环内也是真空，导线总匝数为 N，绕得很密，若线圈通有电流 I，如题 8-8 图所示。求芯子中的磁感应强度 $\boldsymbol{B}$ 的大小和芯子截面的磁通量。

8-9 如题 8-9 图所示，半径为 R 的圆盘带有正电荷，其电荷面密度为 $\sigma=Kr$，K 是常数，r 是圆盘上任一点到圆心的距离。现将圆盘放在均匀磁场中，其法线方向与 $\boldsymbol{B}$ 方向垂直。当圆盘以角速度 ω 绕过圆心 O 且垂直于盘面的轴做逆时针旋转时，求圆盘所受磁力矩的大小和方向。

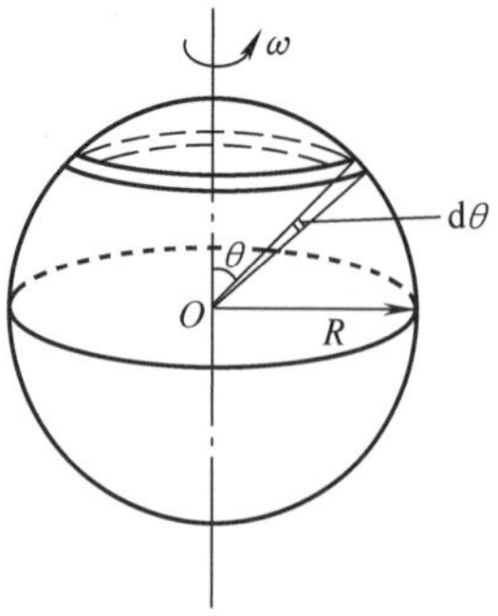

题 8-5 图

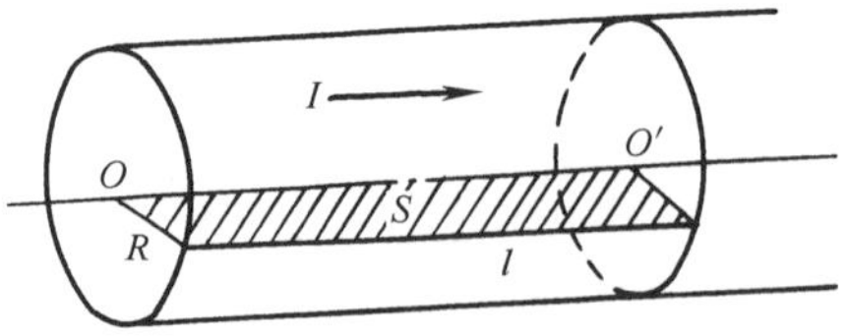

题 8-7 图

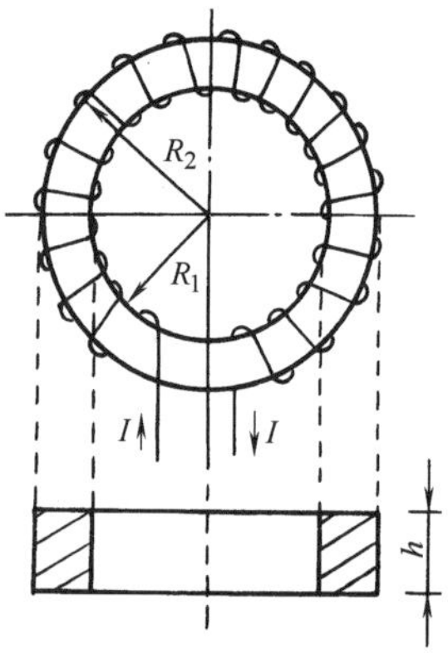

题 8-8 图

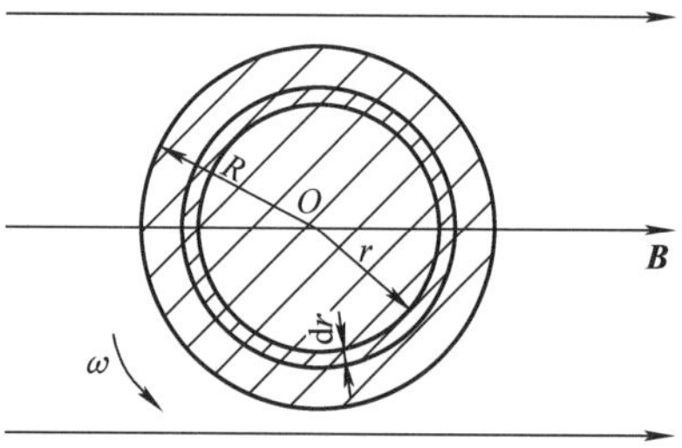

题 8-9 图

8-10 真空中有一根半径为 r 的无限长直圆柱形导线，其轴线 OO'沿铅垂方向。沿轴线方向通有电流 I，电流均匀分布于横截面内，在距轴线 $3r$ 处有一个电荷量为 $-e$ 的电子，沿平行于 OO'轴方向以速度$\boldsymbol{v}$ 向下运动，如题 8-10 图所示。求电子所受的磁场力。

8-11 如题 8-11 图所示，真空中无限长直载流导线通有电流 I_1，另有一段长为 l 的直导线 ab 与其共面，且通有电流 I_2，求直导线 ab 所受磁场力。

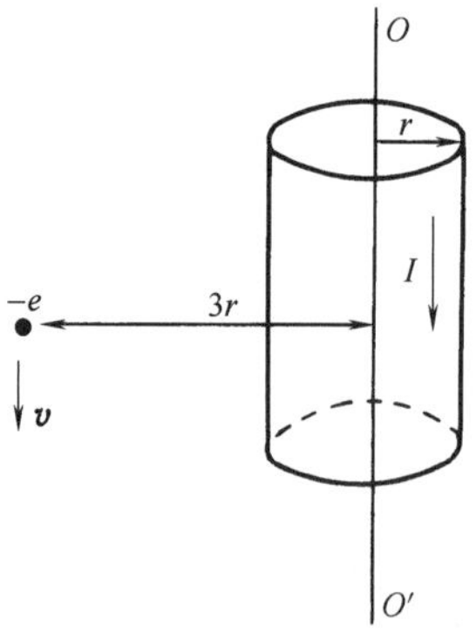

题 8-10 图

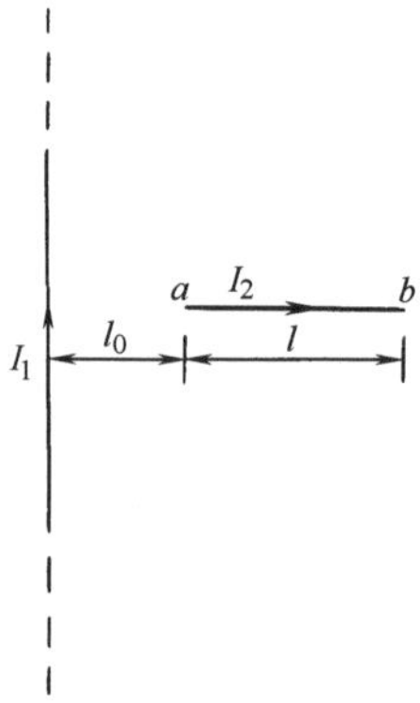

题 8-11 图

8-12 一个圆线圈的半径是 R，通有电流 I，置于均匀磁场 $\boldsymbol{B}$ 中，如题 8-12 图所示。在不考虑载流圆

线圈本身所激发磁场情况下，求线圈导线上的张力。(已知载流圆线圈法线方向与 $\boldsymbol{B}$ 方向相同)

8-13 如题 8-13 图所示，一固定的载流大平板，在其附近有一载流小线框能自由转动或平动。线框平面与大平板垂直。大平板的电流与线框中电流方向如图所示，则通电线框将做下列哪种运动?

(A) 平动靠近大平板 AB;

(B) 顺时针转动;

(C) 逆时针转动;

(D) 离开大平板向外平动。

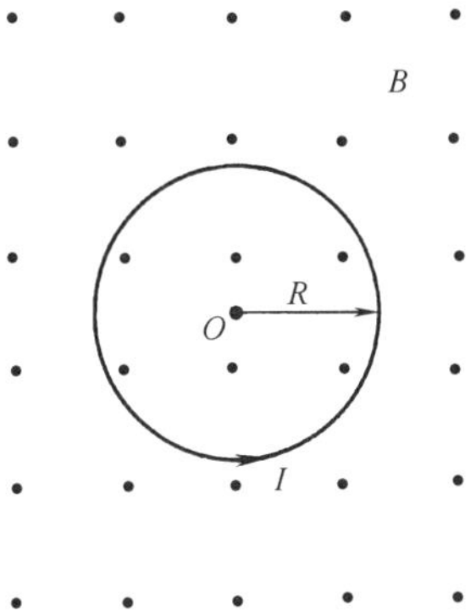

题 8-12 图

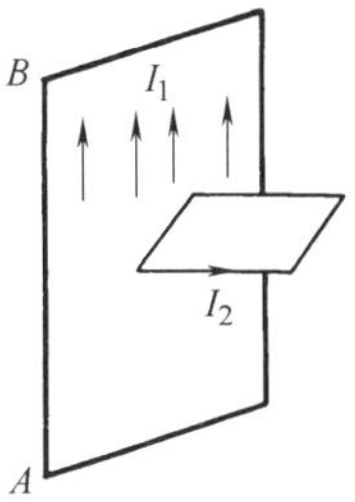

题 8-13 图

8-14 如题 8-14 图所示，在斜面上放有一个长为 l 的木质圆柱体，其上绕有 N 匝导线圈，圆柱体的轴线位于导线回路平面内，圆柱体及导线质量共为 m。整个回路处于均匀磁场 $\boldsymbol{B}$ 中，磁场方向为铅垂向上，回路平面与斜面平行。为了使圆柱体不滚动，回路中须通有多大电流 I?

8-15 真空中，在一条半径为 R 的无限长直半圆筒形的金属薄片中，沿轴向通有电流 I，且电流均匀分布，如题 8-15 图所示。求半圆筒轴线上任意一点处的磁感应强度。

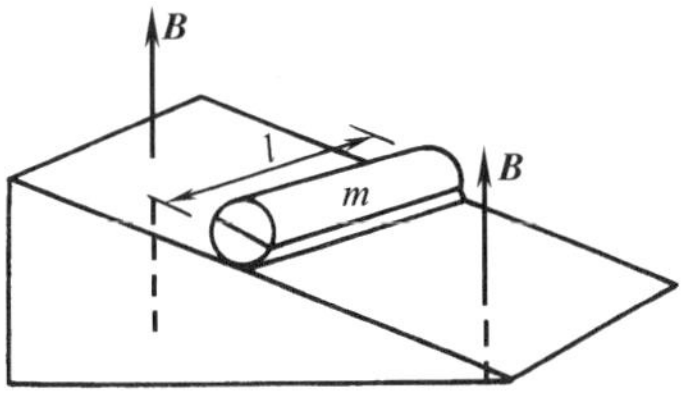

题 8-14 图

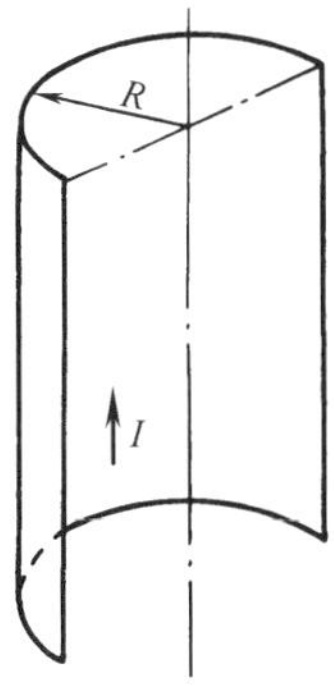

题 8-15 图

*8-16 如题 8-16 图所示，真空中有两根直径为 d、中心线间距为 $3d$ 的载流长直导线水平平行放置。在两导线（可视作导轨）之间有一质量为 m 的导体块，可在导轨上无摩擦地滑动，且与导轨两侧有良好的接触。导轨长为 l ($l \gg d$)，导轨和滑块的电阻不计，它们中间通过稳定均匀电流 I。求：

(1) 静止滑块从导轨一端滑到另一端所经历的时间。

(2) 滑块离开导轨时的速率。

8-17 如题 8-17 图所示的载流铁心螺线管，其中哪个图画得正确?（即电源的正、负极，铁心的磁性，

磁力线方向相互不矛盾）

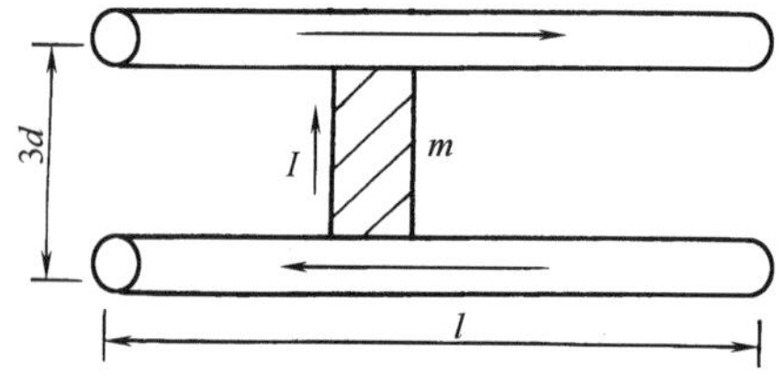

题 8-16 图

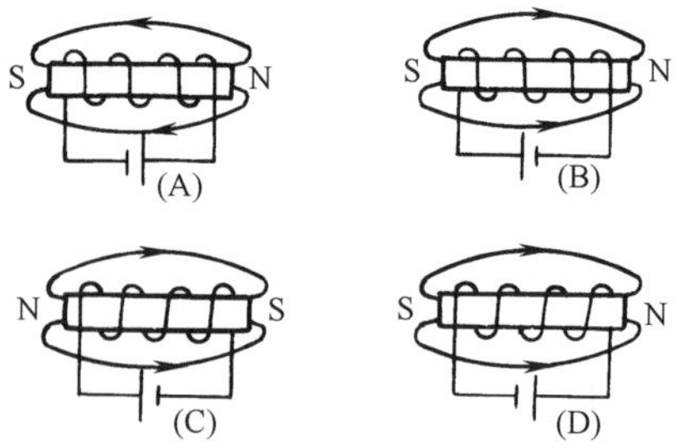

题 8-17 图

8-18 一半径为 R 的薄圆筒形导体，可视为无限长，沿轴线方向通以电流 I，筒外有一层厚度为 d、磁导率为 μ 的均匀顺磁性介质，介质外为真空，试在题 8-18 图上画出此磁场的 H-r 图及 B-r 图。（要求：在图上标明各曲线端点的坐标及所代表的函数值，不必写出计算过程）

8-19 题 8-19 图所示为三种不同磁介质的 B-H 关系曲线，其中虚线表示 $B=\mu_0 H$ 的关系。说明 a、b、c 线各代表哪一类磁介质的 B-H 关系曲线？

a 代表____的 B-H 关系曲线；

b 代表____的 B-H 关系曲线；

c 代表____的 B-H 关系曲线。

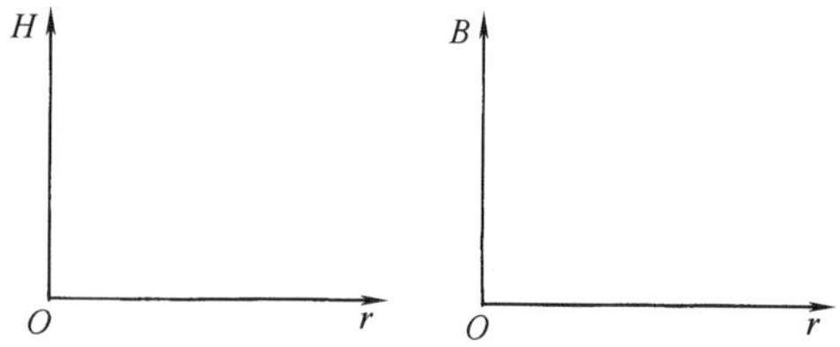

题 8-18 图

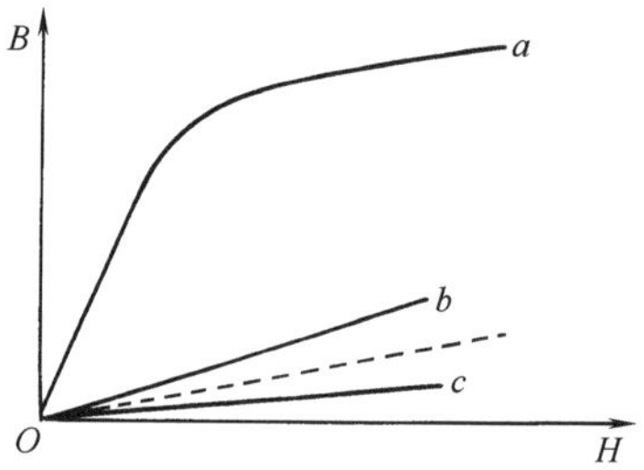

题 8-19 图

8-20 螺绕环中心周长 $l=0.20\text{m}$，环上均匀密绕线圈 $N=1000$ 匝，线圈中通有电流 $I=0.1\text{A}$，管内充满相对磁导率 $\mu_r=4000$ 的磁介质。求管内磁场强度和磁感应强度。

8-21 无限长直载流圆柱体，半径为 R_1，沿轴线方向通有电流 I_0，且均匀分布于横截面上。其外有一层内、外半径分别为 R_1、R_2 的同轴圆柱体介质，介质相对磁导率为 μ_r（$\mu_r<1$）。求：

（1）介质内磁感应强度 $\boldsymbol{B}$。

（2）介质表面磁化电流。

8-22 一无限长直圆柱体，沿轴线方向通有 $I=0.1\text{A}$ 的电流，且均匀分布于横截面内，其外紧包一层相对磁导率 $\mu_r=3.2$ 的同轴圆筒形磁介质，直圆柱体半径为 $R_1=1.0\times10^{-2}\text{m}$，磁介质的内半径为 R_1，外半径为 $R_2=2.0\times10^{-2}\text{m}$，求距轴线为 $r_1=1.5\times10^{-2}\text{m}$ 处的磁感应强度及距轴线为 $r_2=2.5\times10^{-2}\text{m}$ 处的磁场强度。

第九章　电磁感应与电磁场

电磁感应现象是电磁学中最重大的发现之一，它反映了电与磁的相互联系和转化。本章将讨论电场与磁场之间的相互联系，主要内容有：电磁感应现象及其基本规律，自感和互感，磁场能量，位移电流以及麦克斯韦方程组等。

第一节　法拉第电磁感应定律

人们在古代就发现了自然界的电现象和磁现象。1820 年奥斯特关于电流磁效应的实验，首先揭示了电现象和磁现象间的联系，立刻引起一些科学家的逆向思维，磁场是否也能产生电流呢？法拉第就是其中的一位。

一、电磁感应现象

先介绍几个实验。

实验（1）　取一线圈 A，把它的两端和一电流计 G 连成一闭合回路，如图 9-1 所示。这时，电流计指针并不偏转。再取一磁铁，并使其与线圈发生相对运动，这时电流计的指针发生了偏转。当相对运动的方向改变时，电流计指针偏转的方向也发生改变。这表明，在磁铁和回路之间有相对运动时，回路中就有电流通过，并且电流方向与相对运动方向有关。

实验（2）　把磁铁换成一载有稳恒电流的线圈 B，把两个线圈放得很靠近，如图 9-2 所示，并保持两线圈的相对位置不变。可以看出，在开关 S 闭合和打开的瞬间，电流计指针发生偏转，并且在闭合和打开开关时，指针偏转的方向相反。这表明，在线圈 B 中建立稳恒电流或稳恒电流在线圈中消失时，线圈 A 中都有电流通过，但两种情况的电流方向不同。

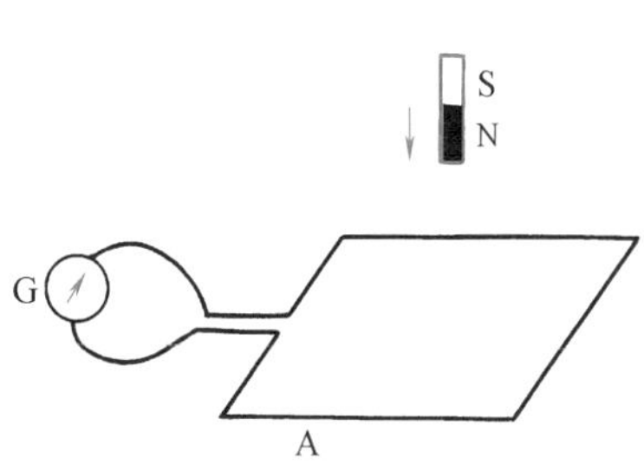

图 9-1　电磁感应实验（1）

如果在线圈 B 中加进一个铁心，则电流计的指针偏转更大。

实验（3）　在一磁场中，放置一由导线组成的矩形回路 *abcda*，如图 9-3 所示。回路平面与磁场方向垂直，导线 *ab* 可以滑动，始终保持与 *bc*、*ad* 接触，并与 *cd* 平行。回路中接有电流计 G。当导线 *ab* 在磁场中向右移动时，电流计的指针就会发生偏转，表明回路中产生了电流。当导线 *ab* 停止移动时，电流计的指针又回到零点，表明回路中的电流也就随之消失。如果使导线 *ab* 向左移动，则电流计指针向相反方向偏转，表明回路中也有电流产生，

但其方向与导线 ab 向右移动时的电流方向相反。

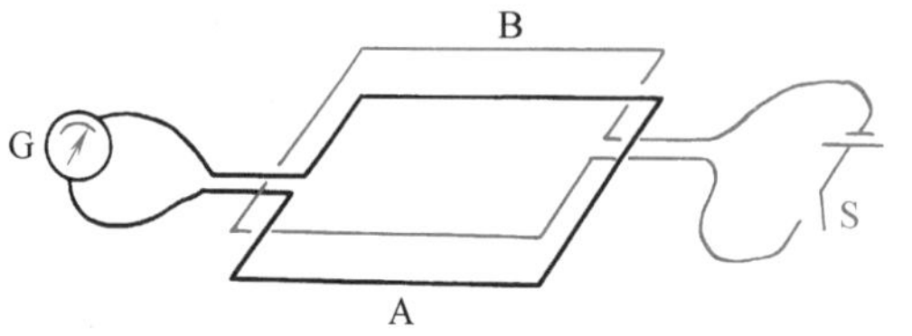

图 9-2 电磁感应实验（2）

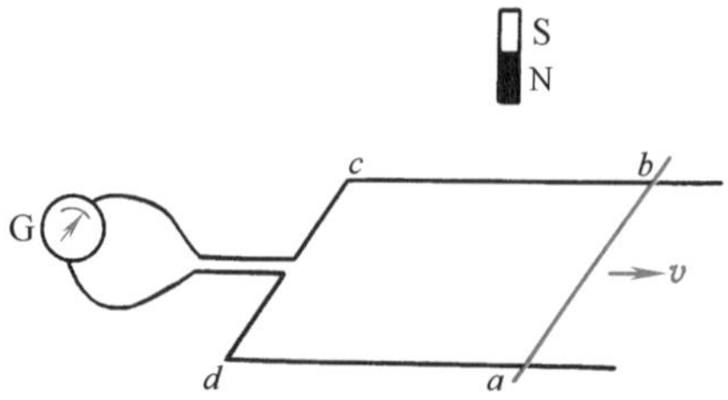

图 9-3 电磁感应实验（3）

实验（4） 如图 9-4 所示，在磁场中，有一线圈可以绕轴 OO' 转动，线圈两端通过电刷连接到一电流计上。当线圈以一定的角速率绕轴转动时，可以看到电流计指针发生偏转，并随线圈的转动在平衡位置的两边反复摆动。这表明，线圈在磁场中转动时，在线圈中有电流通过，并且，这一电流做周期变化。

现在分析上述的几个实验。在实验（1）中，当线圈与磁铁相对位置发生变化时，穿过线圈的磁感应线数发生变化，或者说，在线圈所包围的面积中，磁感应强度 $\boldsymbol{B}$ 发生变化，可见，这时在线圈中所产生的电流与线圈所在处的磁场变化有关。实验（2）的情况与实验（1）类似，在闭合和打开开关时，线圈 B 中的电流发生变化，因而使线圈 A 所在处的磁场发生变化，所以这时在线圈 A 中所产生的电流也是由于磁场变化引起的。实验（3）和实验（4）则不同。在实验（3）中，当导线 ab 移动时，回路 $abcda$ 所包围的面积 S 发生变化。随着面积 S 的改变，穿过它的磁感应线数也就改变。由此可知，在回路 $abcda$ 中产生的电流，是由于导线 ab 切割磁感应线，并使回路所包围的面积 S 发生变化而引起的。在实验（4）中，线圈转动时，虽然也切割磁感应线，但线圈面积并不改变，而是线圈平面的法线与磁场方向之间夹角 θ 发生了变化，产生周期性变化的电流。可见，这时在线圈中所产生的电流，是由于 θ 角发生变化而引起的。

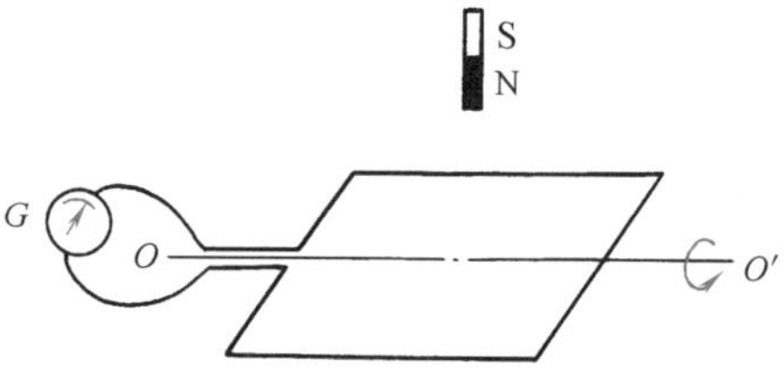

图 9-4 电磁感应实验（4）

在磁场中穿过线圈的磁通量为 $\Phi_m = \int_S \boldsymbol{B} \cdot d\boldsymbol{S} = \int_S B dS \cos\theta$。假设线圈所在处的磁场是均匀磁场，则 $\Phi_m = BS\cos\theta$。不难看出，尽管上述各实验的情况不同，但它们有共同之处，即不论 B、S 或 θ 改变，都会使穿过线圈（即闭合回路）的磁通量 Φ_m 发生变化。因此，我们可以得到如下结论：当穿过一个闭合导体回路所包围面积的磁通量发生变化时，不管这种变化是由什么原因所引起的，回路中就有电流产生。这种现象叫作电磁感应现象。在回路中所产生的电流叫作感应电流。回路中产生电流，表明回路中有电动势存在。这种在回路中由于磁通量变化而产生的电动势，叫作感应电动势。

二、法拉第电磁感应定律和楞次定律

法拉第通过许多实验，认识了电磁感应现象的本质，并由此总结出一条基本定律，称为法拉第电磁感应定律，叙述如下：

无论什么原因使通过回路所包围面积的磁通量变化时，所引起的回路中的感应电动势 $\mathscr{E}_i$ 与磁通量 Φ_m 的时间变化率 $\frac{d\Phi_m}{dt}$ 的负值成正比，即

$$\mathscr{E}_i = -k\frac{d\boldsymbol{\Phi}_m}{dt}$$

式中，负号表明了感应电动势的方向；k 为比例系数，其值取决于式中各量所用单位。如果各量都使用国际单位制，即 $\mathscr{E}_i$ 以 V 计，$\boldsymbol{\Phi}_m$ 以 Wb 计，t 以 s 计，那么 $k=1$，得到

$$\mathscr{E}_i = -\frac{d\boldsymbol{\Phi}_m}{dt} \tag{9-1}$$

如果闭合回路的电阻为 R，则由欧姆定律可计算出感应电流为

$$I_i = \frac{\mathscr{E}_i}{R} = -\frac{1}{R}\frac{d\boldsymbol{\Phi}_m}{dt} \tag{9-2}$$

从式（9-1）可以看出，当穿过回路面积的磁通量增加（$d\boldsymbol{\Phi}_m>0$）时，$\mathscr{E}_i$ 为负值，表示感应电动势的感应电流所产生通过回路的磁通量，使原来穿过回路面积的磁通量减少；反之，当穿过回路面积的磁通量减少（$d\boldsymbol{\Phi}_m<0$）时，$\mathscr{E}_i$ 为正值，表示感应电流的磁通量使穿过回路面积的磁通量增加。

应当指出，感应电动势是分布在回路的每一线段元上的。如果回路是由 N 匝线圈组成，则式（9-1）和式（9-2）中的 $\boldsymbol{\Phi}_m$ 应理解为穿过各匝线圈的磁通量的代数和。

现在来说明式（9-1）中的负号的物理意义。首先讨论实验（1）中磁铁移向线圈的情况。为了说明感应电流的方向，我们采用右螺旋法则确定回路的正方向。若规定，各匝线圈所包围的面积的法线正方向，与该处磁感应强度 $\boldsymbol{B}$ 方向一致，因而穿过线圈的磁通量为正值，即 $\boldsymbol{\Phi}_m>0$。当磁铁移向线圈时，穿过线圈的磁通量增加，$\frac{d\boldsymbol{\Phi}_m}{dt}>0$。根据法拉第电磁感应定律，这时 $\mathscr{E}_i<0$，因此在线圈中产生的感应电流 i，其方向与线圈绕行方向相反。但我们知道，载流线圈等效于一根磁棒，在我们讨论的情况下，线圈的上端等效于磁铁的 N 极，下端等效于 S 极。因此当磁铁移向线圈时，由于电磁感应而在线圈中引起的感应电流，其作用是阻碍磁铁的运动。就磁通量来讲，感应电流的作用是使它自己所产生的穿过线圈的磁通量，抵消引起感应电流的磁通量的增加。

当线圈移向磁铁时，情况与上述类似。

当磁铁和线圈相互远离时，穿过线圈的磁通量减小，$\frac{d\boldsymbol{\Phi}_m}{dt}<0$。根据法拉第电磁感应定律，这时 $\mathscr{E}_i>0$，因此，在线圈所产生的感应电流，其方向与线圈绕行方向相同，这时线圈的上端等效于 S 极，下端等效于 N 极。显然，这是感应电流的作用，同样也是阻碍磁铁与线圈之间相对运动。就磁通量来讲，这时感应电流的作用是使它自己所产生的穿过线圈的磁通量来补偿引起感应电流的磁通量的减少。

下面再来讨论上面实验（3）的情况。如图 9-3 所示，如果选取回路的正绕行方向为 $abcda$，则此回路所包围的面积正法线方向与磁感应强度 $\boldsymbol{B}$ 的方向相反。因此，穿过此回路面积的磁通量为负值，即 $\boldsymbol{\Phi}_m<0$。当导线 ab 向右移动时，回路的面积增大，因而穿过回路

面积的磁通量 Φ_{m} 增量为负值，所以$\dfrac{\mathrm{d}\Phi_{\mathrm{m}}}{\mathrm{d}t}<0$。根据法拉第电磁感应定律，这时 $\mathscr{E}_{\mathrm{i}}>0$，因而回路中产生的感应电流，其方向与回路绕行方向一致（即沿 $abcda$ 绕行）。导线 ab 中有电流通过，它就要受到磁场力的作用。根据安培定律，此力方向向左。因此，由于导线移动而在回路中所引起的感应电流，其作用是阻碍导线的运动。

当导线 ab 向左移动时，根据上述类似的分析可知，这时在回路中所引起的感应电流，其作用也是阻碍导线的运动。

就磁通量来讲，上述导线 ab 在磁场中移动时在回路中引起的感应电流，其作用是使它自己所产生的穿过回路面积的磁通量，抵消或补偿引起感应电流的磁通量的增加或减少。

综上所述，可以得出如下规律：当穿过闭合回路所包围的面积的磁通量发生变化时，在回路中就会产生感应电流，此感应电流的方向是使它自己所产生的磁场穿过回路面积的磁通量，去抵消或补偿引起感应电流的磁通量的改变。或者用另一种形式表述：闭合电路中的感应电流总是使它自己所产生的磁场反抗任何引起电磁感应的变化（反抗相对运动、磁场变化或线圈变形等）。这个规律称为楞次定律。它是楞次（H. F. E. Lenz）在1834年所确定的，楞次定律是符合能量守恒与转换规律的。

第二节 动生电动势 感生电动势

虽然引起通过一个回路的磁通量的变化有多种原因，但一般总可将电磁感应现象分成两类情况：一类是在稳恒磁场中运动的导体内产生的感应电动势；另一类是因磁场变化而在回路内产生的感应电动势。由于情况不一样，所以对产生的感应电动势分别称为动生电动势与感生电动势。

16 感生电动势（张宇）

一、动生电动势

当一个导电线圈，甚至一段导线在稳恒磁场中做切割磁感应线的运动时，在线圈或导线中会感应出电动势，这种感应电动势被称为动生电动势。动生电动势的产生可以用洛伦兹力来解释。为讨论简单起见，可分析如图9-5所示的装置。在不随时间变化的均匀磁场 $\boldsymbol{B}$ 中有一矩形金属框架，其中长度为 l 的金属杆可以在矩形金属框架上滑动。假定金属框架在纸面内，磁场的方向是垂直于纸面向里的。当金属杆 ab 以恒定的速度 $\boldsymbol{v}$ 向右滑动时，杆中每个自由电子都随杆一起以速度 $\boldsymbol{v}$ 运动，因而受到磁场 $\boldsymbol{B}$ 的洛伦兹力为

$$\boldsymbol{F}_{\mathrm{L}}=-e(\boldsymbol{v}\times\boldsymbol{B}) \tag{9-3}$$

式中，$-e$ 是电子的电荷量。由于电子带负电，$\boldsymbol{F}_{\mathrm{L}}$ 的方向与 $\boldsymbol{v}\times\boldsymbol{B}$ 的方向相反。在图9-5中，$\boldsymbol{F}_{\mathrm{L}}$ 的方向为由金属杆的 b 端指向 a 端。在洛伦兹力作用下，电子沿杆自 b 端向 a 端做定向运动，这样，在金属杆中就产生一个由 a 到 b 方向的感应电流 I_{i}。

对整个金属框架的闭合回路 $abcda$ 来说，在上述磁场中运动的金属杆 ab 相当于一个电源，a 端是负极，b 端是正极。电源电动势定义为电源内部非静电力将单位正电荷从负极移到正极所做的功。在这里，非静电力就是洛伦兹力，与之对应的非静电场的电场强度为

$$\boldsymbol{E}_{\mathrm{k}}=\frac{\boldsymbol{F}_{\mathrm{L}}}{-e}=\boldsymbol{v}\times\boldsymbol{B}$$

则动生电动势为

$$\mathscr{E}_{\mathrm{k}}=\int_a^b\boldsymbol{E}_{\mathrm{k}}\cdot\mathrm{d}\boldsymbol{l}=\int_a^b(\boldsymbol{v}\times\boldsymbol{B})\cdot\mathrm{d}\boldsymbol{l}\qquad(9\text{-}4\mathrm{a})$$

电动势的方向与$\boldsymbol{v}\times\boldsymbol{B}$方向相同，在图 9-5 中，为自 a 端指向 b 端。

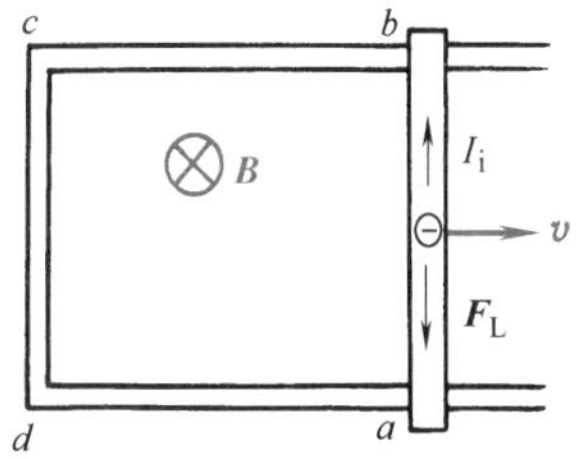

图 9-5　动生电动势产生原理

一般情况下，运动导体的各小段 d$\boldsymbol{l}$ 可能会有不同的速度 $\boldsymbol{v}$，磁场 $\boldsymbol{B}$ 也可能不是均匀的，这时计算动生电动势要根据式（9-4a）进行积分运算。如果闭合回路的各部分都在磁场中运动，求动生电动势时应该沿闭合回路 L 积分一周，即

$$\mathscr{E}_{\mathrm{k}}=\oint_L(\boldsymbol{v}\times\boldsymbol{B})\cdot\mathrm{d}\boldsymbol{l}\qquad(9\text{-}4\mathrm{b})$$

在图 9-5 的情况下，由于$\boldsymbol{v}$、$\boldsymbol{B}$ 和 d$\boldsymbol{l}$ 相互垂直，故（$\boldsymbol{v}\times\boldsymbol{B}$）· d$\boldsymbol{l}$ = $vB\mathrm{d}l$，且因 v 和 B 都是恒量，可移出积分号外，故由式（9-4a）有

$$\mathscr{E}_{\mathrm{k}}=vB\int_a^b\mathrm{d}l=Blv\qquad(9\text{-}5\mathrm{a})$$

式中，l 是金属杆 ab 的长。如果金属杆运动的速度$\boldsymbol{v}$ 与磁场 $\boldsymbol{B}$ 不垂直，它们之间夹角为 θ，则因 $|\boldsymbol{v}\times\boldsymbol{B}|=vB\sin\theta$，这时的动生电动势为

$$\mathscr{E}_{\mathrm{k}}=vBl\sin\theta\qquad(9\text{-}5\mathrm{b})$$

lv 或 $lv\sin\theta$ 是金属杆在单位时间内扫过的面积，Blv 或 $Blv\sin\theta$ 是通过此面积的磁通量。所以，动生电动势等于运动导体在单位时间内“切割”的磁感应线数。

当电源断路时，其两极间的电势差就等于电动势。所以，如果运动的金属杆 ab 不是在框架上滑动，即不与其他导体形成闭合回路，则杆的两端有一电势差

$$U_b-U_a=Blv\sin\theta\qquad(9\text{-}6)$$

而杆中没有电流，这是因为，在洛伦兹力作用下，电子在杆的 a 端聚集而带负电，b 端因缺少电子而带正电，使金属杆内部产生一阻止电子运动的静电场。达到静平衡时，金属杆两端保持一定的电势差。

最后指出，式（9-4）或式（9-5）只是从一个方面解释了电磁感应现象的本质，而不是独立于电磁感应定律表达式（9-1）的新规律。因为 $Blv=Bl\dfrac{\mathrm{d}x}{\mathrm{d}t}=\dfrac{\mathrm{d}\Phi_{\mathrm{m}}}{\mathrm{d}t}$，且感应电动势方向与回路中磁通量的变化方向，满足图 9-5 所示任意选定的回路法线 $\boldsymbol{n}$ 和沿回路绕行的方向关系，即式（9-4）是和式（9-1）一致的。由式（9-1）也可以计算动生电动势，而且结果一样，这将在下面讨论。

顺便提到，洛伦兹力总是与速度垂直，对运动电荷不做功。但是，在上面的讨论中，又将动生电动势看成是洛伦兹力做功的结果，两种看法似乎矛盾。其实不然，因为，式（9-3）中的洛伦兹力，只是洛伦兹力的一部分。电子除了随金属杆一起以速度 $\boldsymbol{v}$ 运动外，当有感应电流时，还有沿金属杆的定向运动速度 $\boldsymbol{u}$，即决定电子所受总洛伦兹力的是电子的合速度$\boldsymbol{v}+\boldsymbol{u}$。但可以证明，由 $\boldsymbol{v}$ 和 $\boldsymbol{u}$ 分别决定的两部分洛伦兹力做等量的正功和负功，其代数和为零。

能量守恒定律是自然界的普遍规律，电磁感应现象也应服从这一规律。当闭合回路中有感应电流时，电能的来源是其他的外力所做的功。例如在图9-5中，因有感应电流 I_i 而使金属杆 ab 受到一向左的安培力 BI_il。要使金属杆以恒定的速度向右滑动，它就必须还受到与安培力平衡的其他外力，正是这种外力的功转换成回路中的电能。由$\boldsymbol{v}$所决定的这部分洛伦兹力做功只不过起到传递能量的作用。

【例9-1】 铜棒长 $L=0.10\text{m}$，在磁感应强度 $B=0.02\text{T}$ 的均匀磁场中以角速度 ω 在垂直于磁场的平面内绕棒的一端 O 匀速转动，如图9-6a所示。已知转速 n 为 $20\text{r}\cdot\text{s}^{-1}$，求棒两端的电势差，并指出哪端的电势高。

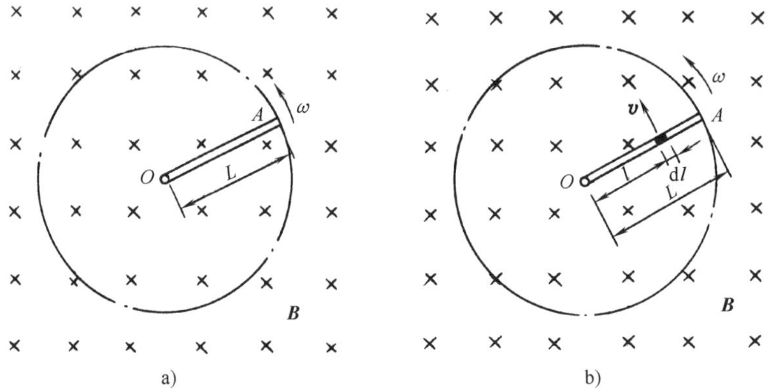

图9-6 例9-1图

【解】 设铜棒的转动角速度为 ω，则有 $\omega=2\pi n$。但由于铜棒上各处的线速度大小 v 不相同，所以在距铜棒一端 O 点的距离为 l 处选取长为 $\mathrm{d}l$ 的一小段为研究对象，如图9-6b所示。显然 $\mathrm{d}l$ 段运动的速度大小是 $v=l\omega$。由于$\boldsymbol{v}$、$\boldsymbol{B}$ 和 $\mathrm{d}\boldsymbol{l}$ 三者两两相互垂直，所以 $(\boldsymbol{v}\times\boldsymbol{B})\cdot\mathrm{d}\boldsymbol{l}=vB\mathrm{d}l=B\omega l\mathrm{d}l$，以此代入式（9-4a），可得

$$\mathscr{E}=\int_0^L(\boldsymbol{v}\times\boldsymbol{B})\cdot\mathrm{d}\boldsymbol{l}=\int_0^L B\omega l\mathrm{d}l=\frac{1}{2}B\omega L^2$$

将 $\omega=2\pi n$ 代入上式，再将题设的各量数值代入，就可算得

$$\mathscr{E}=\pi nBL^2=1.3\times10^{-2}\text{V}$$

不仅对于我们所取的 $\mathrm{d}l$ 段，而且对每一小段铜棒来说，$\boldsymbol{v}\times\boldsymbol{B}$ 的方向都是由铜棒的 A 端指向 O 端，由此可知，动生电动势 $\mathscr{E}$ 的方向也是由 A 端指向 O 端。

铜棒两端之间的电势差等于电动势，且 O 点电势比 A 点电势高。

【例9-2】 真空中，在通有电流 $I=1.0\text{A}$ 的无限长直导线旁有一矩形线圈 $abcda$，如图9-7a所示，两者共面，已知线圈边长分别为 $L_1=0.05\text{m}$ 和 $L_2=0.04\text{m}$，共有 $N=100$ 匝。长直导线与 ab 边平行，当线圈的 ab 边距长直导线为 $l=0.01\text{m}$ 时，以速度 $v=2\text{m}\cdot\text{s}^{-1}$ 平行于 ad 边运动，求此时线圈中的动生电动势。

【解】 本题有两种解法。

解法一：分别求四条边的动生电动势。

由于 bc 和 ad 两边与速度$\boldsymbol{v}$平行，所以不产生动生电动势。

由于线圈平面与由无限长直电流产生的磁场 $\boldsymbol{B}$ 相互垂直，而 ab 和 cd 两条导线又与速度$\boldsymbol{v}$垂直，所以在它们中产生的动生电动势为

$$\mathscr{E}=\int_{L_1}(\boldsymbol{v}\times\boldsymbol{B})\cdot\mathrm{d}\boldsymbol{l}=BvL_1$$

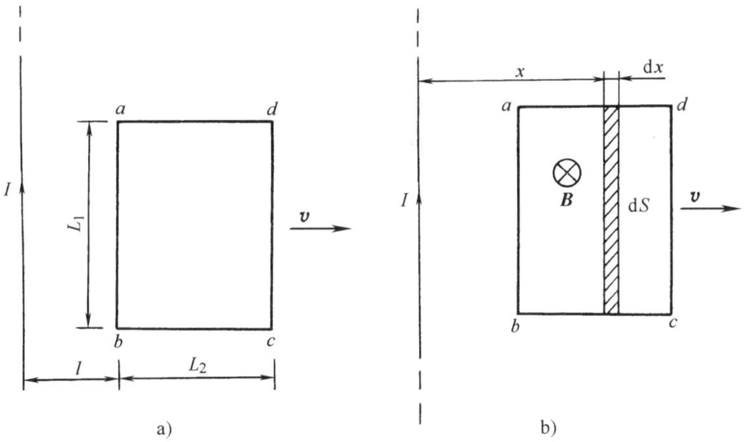

图 9-7 例 9-2 图

但是两导线所在处的磁感应强度 **B** 的大小不相等。由第八章可知

$$B_{ab}=\frac{\mu_0 I}{2\pi l}$$

$$B_{cd}=\frac{\mu_0 I}{2\pi(l+L_2)}$$

由此可求得两导线中的动生电动势分别为

$$\mathscr{E}_{ab}=B_{ab}vL_1=\frac{\mu_0 IL_1 v}{2\pi l}$$

$$\mathscr{E}_{cd}=B_{cd}vL_1=\frac{\mu_0 IL_1 v}{2\pi(l+L_2)}$$

其中，$\mathscr{E}_{ab}$的方向是 $b\to a$；$\mathscr{E}_{cd}$的方向是 $c\to d$。对线圈来说，两者方向相反，但 $\mathscr{E}_{ab}>\mathscr{E}_{cd}$，所以总的电动势 $\mathscr{E}$ 的方向在线圈中为顺时针方向。将题设数据代入式中可算得总电动势为

$$\mathscr{E}=(\mathscr{E}_{ab}-\mathscr{E}_{cd})N=\frac{N\mu_0 IL_1L_2 v}{2\pi l(l+L_2)}=1.6\times10^{-4}\,\mathrm{V}$$

解法二：由法拉第电磁感应定律 $\mathscr{E}=-N\dfrac{\mathrm{d}\Phi_{\mathrm{m}}}{\mathrm{d}t}$求解。

先计算线圈中的总磁通量。总磁通量等于每匝线圈中磁通量的 N 倍。在距长直导线 x 处平行于线圈的 ab 边取 $\mathrm{d}x$ 宽的狭长面元 $\mathrm{d}S=L_1\mathrm{d}x$。若规定线圈的法线为垂直于纸面向里，则通过一匝线圈的磁通量为

$$\Phi_{\mathrm{m}}=\int \boldsymbol{B}\cdot\mathrm{d}\boldsymbol{S}=\int_l^{l+L_2}\frac{\mu_0 I}{2\pi x}L_1\mathrm{d}x=\frac{\mu_0 IL_1}{2\pi}\ln\frac{l+L_2}{l}$$

注意到线圈在运动中，l 是变量，且$\dfrac{\mathrm{d}l}{\mathrm{d}t}=v$。将上式代入式（9-1）后，得到

$$\mathscr{E}=-N\frac{\mathrm{d}\Phi_{\mathrm{m}}}{\mathrm{d}t}=-N\frac{\mathrm{d}\Phi_{\mathrm{m}}}{\mathrm{d}l}\frac{\mathrm{d}l}{\mathrm{d}t}=-N\frac{\mu_0 IL_1}{2\pi}\left(-\frac{L_2}{l(l+L_2)}\frac{\mathrm{d}l}{\mathrm{d}t}\right)$$

即

$$\mathscr{E}=N\frac{\mu_0 IL_1L_2 v}{2\pi l\,(l+L_2)}$$

与前一解法结果相同，且因 $\mathscr{E}>0$，可知 $\mathscr{E}$ 的方向为图示线圈的顺时针方向。

二、感生电动势　感生电场

1. 感生电场

导体在磁场中因运动而产生动生电动势，已经用洛伦兹力给予解释。磁场变化而线圈不动所产生的感应电动势，也服从法拉第电磁感应定律式（9-1），但一般说来，还不能用已学过的电磁学知识给予解释。

麦克斯韦于1861年深入地分析了因磁场变化而产生感生电动势的现象后，敏锐地认识到感生电动势的现象预示着有关电磁场的新效应。麦克斯韦提出了感生电场的假设，认为变化的磁场在其周围空间能激发出一种电场，称为感应电场或感生电场（亦称涡旋电场）。线圈导线中的自由电子受到感生电场对它的作用力，这就是产生感生电动势的非静电力，用$\boldsymbol{E}_{\mathrm{R}}$表示感生电场的电场强度，则有

$$\mathscr{E}_{\mathrm{i}} = \oint_L \boldsymbol{E}_{\mathrm{R}} \cdot \mathrm{d}\boldsymbol{l} \tag{9-7}$$

根据式（8-6），通过回路的磁通量为$\Phi_{\mathrm{m}} = \int_S \boldsymbol{B} \cdot \mathrm{d}\boldsymbol{S}$，故对感生电动势，法拉第电磁感应定律$\mathscr{E}_{\mathrm{i}} = -\dfrac{\mathrm{d}\Phi_{\mathrm{m}}}{\mathrm{d}t}$可以改写成

$$\oint_L \boldsymbol{E}_{\mathrm{R}} \cdot \mathrm{d}\boldsymbol{l} = -\frac{\mathrm{d}}{\mathrm{d}t}\int_S \boldsymbol{B} \cdot \mathrm{d}\boldsymbol{S}$$

一般说来，式中S是以回路L为周界的曲面。当回路L不随时间变化时，磁通量的变化只是由于磁场$\boldsymbol{B}$随时间的变化引起的，这时对时间的微分和对曲面的积分两种运算的次序可以对调，因此上式可写成

$$\oint_L \boldsymbol{E}_{\mathrm{R}} \cdot \mathrm{d}\boldsymbol{l} = -\int_S \frac{\partial \boldsymbol{B}}{\partial t} \cdot \mathrm{d}\boldsymbol{S} \tag{9-8}$$

顺便指出，将感应电动势分成动生的和感生的两种，在某些情况下只有相对的意义。例如图9-1所示磁铁插入线圈的实验，如果在相对于磁铁静止的参考系O'中观测，则线圈在静止的磁场$\boldsymbol{B}'$中运动，电动势是动生的，洛伦兹力是产生电动势的非静电力，动生电动势$\mathscr{E}_{\mathrm{k}} = \int(\boldsymbol{v}' \times \boldsymbol{B}') \cdot \mathrm{d}\boldsymbol{l}$。如果在相对于线圈静止的参考系$O$中观测，线圈中的磁场因磁铁在运动而发生变化，电动势是感生的。实际上，由于在O'系中$E'=0$而$B' \neq 0$，因而在O系中除了观测到磁场$\boldsymbol{B}$以外，还有电场$\boldsymbol{E} = -\boldsymbol{v} \times \boldsymbol{B}$，在电场$\boldsymbol{E}$作用下，线圈中有一感生电动势$\mathscr{E}_{\mathrm{i}} = \int \boldsymbol{E} \cdot \mathrm{d}\boldsymbol{l} = -\int(\boldsymbol{v} \times \boldsymbol{B}) \cdot \mathrm{d}\boldsymbol{l}$。$\mathscr{E}_{\mathrm{k}}$和$\mathscr{E}_{\mathrm{i}}$不仅数学表示式相似，而且通常磁铁和线圈之间的相对速度$\boldsymbol{v}' = \boldsymbol{v}$远小于光速，电动势的值也相等。但是，$O'$系和$O$系中的观测者对同一现象的解释不一样。当然，现象的本质不因所用参考系的不同而异，这说明了电磁场的相对性。

但是，并不是在任何情况下都可以通过参考系的选择而将动生电动势归结为感生电动势或将感生电动势归结为动生电动势。在普遍情况下，感生电动势不可能归结为动生电动势。

2. 感生电场的性质

一般从两方面来认识场的性质：首先是从电场强度对任意一闭合曲面的通量，其次是电

场强度对任意一闭合回路的环流。

在第七章中，我们讨论过静电场，这是静止的电荷基于库仑定律产生的场，服从高斯定理和环路定理，即

$$\oint_S \boldsymbol{D}\cdot \mathrm{d}\boldsymbol{S} = \int_V \rho \mathrm{d}V$$

$$\oint_l \boldsymbol{E}\cdot \mathrm{d}\boldsymbol{l} = 0 \tag{9-9}$$

这说明静电场是势场，可以引入电势的概念。

第八章中讨论过，磁场是电流或运动电荷产生的。磁场中的高斯定理和环路定理分别写成

$$\oint_S \boldsymbol{B}\cdot \mathrm{d}\boldsymbol{S} = 0$$

$$\oint_L \boldsymbol{H}\cdot \mathrm{d}\boldsymbol{l} = \int_S \boldsymbol{j}\cdot \mathrm{d}\boldsymbol{S} \tag{9-10}$$

这说明磁场是涡旋场，不能引入标量势的概念。

这一节中，我们又引入了感生电场。首先，感生电场的场源不是某种电荷分布，而是由变化的磁场产生的。其次，感生电场的电场强度 $\boldsymbol{E}_{\mathrm{R}}$ 的环流 $\oint_L \boldsymbol{E}_{\mathrm{R}}\cdot \mathrm{d}\boldsymbol{l} \neq 0$，如式（9-8）。与安培环路定理式（9-10）相比较，可知感生电场是涡旋场，其电场线和磁感应线一样是闭合曲线。式（9-8）中的负号表示电场线绕 $\frac{\partial \boldsymbol{B}}{\partial t}$ 的回转方向，与磁感应线绕 $\boldsymbol{j}$ 的回转方向相反，即感生电场 $\boldsymbol{E}_{\mathrm{R}}$ 的电场线与 $\frac{\partial \boldsymbol{B}}{\partial t}$ 方向满足左螺旋法则。磁场是涡旋场，服从磁场中的高斯定理 $\oint_S \boldsymbol{B}\cdot \mathrm{d}\boldsymbol{S} = 0$。感生电场既然是涡旋场，可以推论，感生电场 $\boldsymbol{E}_{\mathrm{R}}$ 对任意闭合面的通量也为零，即

$$\oint_S \boldsymbol{E}_{\mathrm{R}}\cdot \mathrm{d}\boldsymbol{S} = 0$$

当然，由于 $\boldsymbol{E}_{\mathrm{R}}$ 和 $\oint_S \boldsymbol{E}_{\mathrm{R}}\cdot \mathrm{d}\boldsymbol{S}$ 不易测量，这个推论是否正确，只能根据由此得到的结论是否与实验符合而判定。实验证明这个推论是正确的。

感生电场在理论上和实践中都很重要。例如，涡电流和由此制成的电磁炉、机场检测的金属探测器，科研上用的电子感应加速器等都是根据感生电场原理制成的。

【例 9-3】　真空中，有一根无限长载流直导线，通以变化电流 $i = I_{\mathrm{m}}\sin\omega t$，其中 I_{m} 为恒量。离它附近为 r_0 处有一矩形单匝线圈，尺寸如图 9-8a 所示，求此矩形线圈中的感应电动势。

【解】　此题分两步求解。

第一步，先求出矩形线圈通过的磁通量：

取 Ox 轴如图 9-8b 所示，在 x 处取 $\mathrm{d}x$ 小段，可组成小面元 $\mathrm{d}S = b\mathrm{d}x$。在此面元 $\mathrm{d}S$ 中可认为磁感应强度在同一时刻处处相等，其大小为

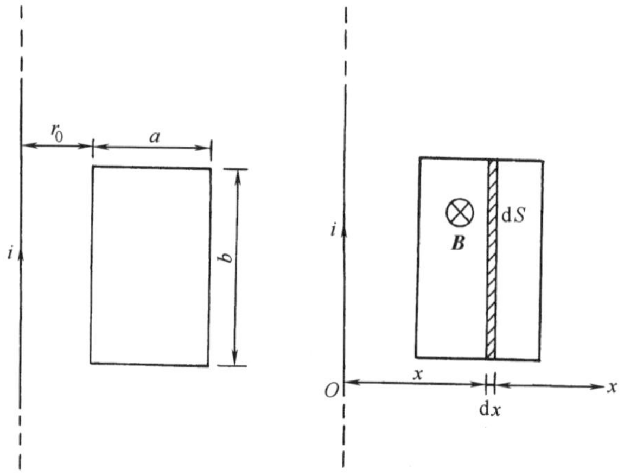

图9-8 例9-3图

$$B=\frac{\mu_0 i}{2\pi x}=\frac{\mu_0 I_m}{2\pi x}\sin\omega t$$

于是通过此面元的磁通量为（t时刻）

$$d\Phi_m(t)=\boldsymbol{B}\cdot d\boldsymbol{S}=BdS=\frac{\mu_0 I_m b}{2\pi x}\sin\omega t dx$$

所以通过此线圈总的磁通量（t时刻）为

$$\begin{aligned}\Phi_m(t)&=\int_S \boldsymbol{B}\cdot d\boldsymbol{S}\\&=\int_{r_0}^{r_0+a}\frac{\mu_0 I_m b}{2\pi}\sin\omega t\frac{dx}{x}\\&=\frac{\mu_0 I_m b}{2\pi}\sin\omega t\cdot\ln\left(1+\frac{a}{r_0}\right)\end{aligned}$$

第二步，由法拉第电磁感应定律求出感生电动势为

$$\mathscr{E}_i=-\frac{d\Phi_m(t)}{dt}=\frac{-\mu_0 I_m b\omega}{2\pi}\ln\left(1+\frac{a}{r_0}\right)\cos\omega t=\mathscr{E}_m\sin\left(\omega t-\frac{\pi}{2}\right)$$

其中

$$\mathscr{E}_m=\frac{\mu_0 I_m b\omega}{2\pi}\ln\left(1+\frac{a}{r_0}\right)$$

第三节 自感与互感

在电磁感应中，有两种现象是较为常见的，即自感应现象和互感应现象。如果由于回路本身的电流变化而在回路中激发感应电动势，则称为自感应现象，所产生的电动势称为自感电动势。当两个相互靠近的通电回路中电流发生变化时，相互在对方回路中激起感应电动势的现象，称为互感应现象，所产生的电动势称为互感电动势。下面分别讨论自感应现象和互感应现象。

一、自感应现象和自感

考虑一线圈回路，当回路中有电流 i 时，由于空间各点的磁感应强度 $\boldsymbol{B}$ 的大小与 i 成正比，所以，由电流所产生的通过回路本身的磁通量 Φ_L 也与 i 成正比，即

$$\Phi_L = Li \tag{9-11}$$

比例系数 L 称为线圈回路的自感。由此可见，线圈的自感可定义为：在数值上等于线圈中的单位电流所产生的通过线圈本身的磁通量。自感与线圈回路的形状、大小、匝数以及回路周围磁介质的磁导率等因素有关。当这些因素一定时，L 是一恒量。这时，通过线圈回路的磁通量变化只是由线圈回路中电流的变化所引起的。由式（9-1），线圈回路中自感电动势 $\mathscr{E}_L$ 为

$$\mathscr{E}_L = -\frac{\mathrm{d}\Phi_L}{\mathrm{d}t} = -L\frac{\mathrm{d}i}{\mathrm{d}t} \tag{9-12}$$

式（9-12）说明，自感还可定义为：在数值上等于线圈回路中有单位电流变化率时产生的自感电动势。自感的单位为亨利，简称亨，符号为 H，由式（9-11）知

$$1\mathrm{H} = \frac{1\mathrm{Wb}}{1\mathrm{A}}$$

最常见的自感现象是接通或断开电路时出现的暂态电流，可用下面两个实验来说明这种现象。

两个完全相同的灯泡 A 和 B，分别与一电阻和一自感为 L 的线圈相串联后，再并联到电动势为 $\mathscr{E}$ 的直流电源上，如图 9-9a 所示。调节与灯泡 B 相串联的电阻 R，使与用导线绕制线圈的电阻相等。接通开关 S 后，我们发现灯泡 B 先亮，灯泡 A 开始时较暗，经一定时间后，才达到与灯泡 B 同样亮度。出现这种现象的原因，是由于在灯泡 B 的电路上，电流 i' 由零很快增大到稳定值 $I = \dfrac{\mathscr{E}}{R + R_{灯}}$。在灯泡 A 的电路上，当电流 i 增大时，由于有自感 L 很大的线圈而产生自感电动势 $\mathscr{E}_L$。根据楞次定律，由 $\mathscr{E}_L$ 所引起的感应电流方向与 i 方向相反，企图抵制 i 的增大，结果使 i 在经过一定时间后，才能由零逐渐增大到稳定值 $I = \dfrac{\mathscr{E}}{R + R_{灯}}$。在一定条件下，$L$ 越大，i 增大到稳定值 I 所需的时间越长，如图 9-9b 的曲线所示。i 逐渐增大的过程是一暂态过程，此时的电流 i 称为闭合暂态电流。

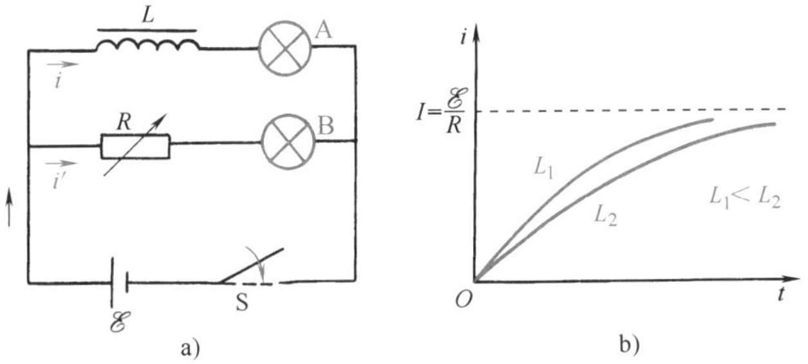

图 9-9　闭合暂态电流

将自感为 L 的线圈和电流计 G 并联到电动势为 $\mathscr{E}$ 的直流电源上，如图 9-10a 所示。原先电路是接通的，线圈 L 中有一定的稳定电流 I。当将开关 S 断开时，i' 很快减小到零，电流计 G 的指针回到零点。但是，线圈中的电流减小时，要产生一自感电动势。根据楞次定律，感应电流的方向与线圈中原来电流的方向相同，企图补偿原来电流的减小。结果是，线圈中的电流 i 在经过一定时间后，才能由原来的稳定值逐渐减小到零。这时，由于 S 已断开，电流 i 将经过电流计 G 形成闭合回路，使 G 的指针偏向与原来相反的方向。当闭合回路的电阻一定时，自感 L 越大，i 减小得越慢，如图 9-10b 的曲线所示。i 逐渐减小的过程也是一暂态过程，此时的电流称为断路暂态电流。

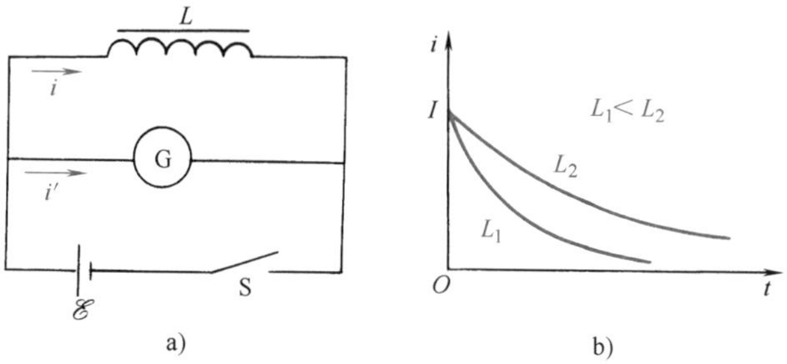

图 9-10 断路暂态电流

自感现象在电工学和电子技术中应用很广。线圈的自感应有阻碍电流变化的作用，可以稳定电路中的电流，也可以和电容器一起组成调谐电路和滤波器。荧光灯上的镇流器是利用自感应现象的典型例子。镇流器是有铁心的自感很大的线圈，在接通电源后，利用启动器（俗称跳泡）的断路作用而产生自感电动势，使一很高的电压加到灯管上把荧光灯点燃。镇流器也起到限制和稳定电流的作用，以防止过大的电流通过点燃后的荧光灯而使灯管烧坏，同时也减小电流的脉动而使灯管发光平稳。

自感应现象也有不利的一面。例如，具有很大自感的电路在断开时，由于电流变化很快，能产生很大的自感电动势，会击穿线圈的绝缘层，也会在开关的气隙处产生强电弧而烧坏开关。所以，大电流电力系统的开关常附有灭弧装置，以免烧坏开关。又如在用电阻丝绕制成的电阻器中，为避免自感应现象干扰，通常将电阻线双折后紧密绕制，使流过电阻线的电流处处方向相反，电流所产生的磁场基本相互抵消，这样，自感应现象就很微弱了。

一般情况下，自感要用实验测定。但对于一些简单的理想情况，仍旧可以用计算求得。现在计算无限长直螺线管的自感，以说明计算方法。

计算的依据是式（8-19）和式（9-11）。若螺线管共有 N 匝，长为 l，横截面积为 S，设通过每匝中的电流为 I，则螺线管内的磁感应强度 $\boldsymbol{B}$ 的大小为

$$B=\mu_0 nI=\mu_0\frac{N}{l}I$$

$\boldsymbol{B}$ 的方向为沿螺线管轴线方向、且满足右手螺旋关系，而通过每匝线圈的磁通量为 BS，通过螺线管 N 匝的总磁通量为

$$\Phi_{\mathrm{m}}=NBS=\mu_0\frac{N^2}{l}SI$$

由式（9-11），螺线管的自感为

$$L=\frac{\Phi_{\mathrm{m}}}{I}=\mu_0\frac{N^2}{l}S \tag{9-13a}$$

如果螺线管内有相对磁导率为 $\mu_{\mathrm{r}}>1$ 的磁介质，则螺线管内磁感应强度 $\boldsymbol{B}$ 的大小和总磁通量 Φ_{m} 都分别增大 μ_{r} 倍，因而有此类磁介质的螺线管的自感也相应增大 μ_{r} 倍，即

$$L=\mu_0\mu_{\mathrm{r}}\frac{N^2}{l}S \tag{9-13b}$$

对于有些磁介质，μ_{r} 的数值很大。因此，有此类磁介质的线圈的自感比空心时大得多。

在以上计算中，忽略了螺线管两端的磁场要减弱的效应，但计算结果还是说明了自感只和线圈的形状、大小、匝数及磁介质的磁导率等因素有关，与线圈中是否通电无关，即自感是描写线圈本身电磁性质的物理量。

二、互感应现象和互感

设有线圈Ⅰ和线圈Ⅱ，如图 9-11 所示。当线圈Ⅰ中通有电流 i_1 时，空间各点磁感应强度 $\boldsymbol{B}_1$ 的大小与 i_1 成正比，所以，由 i_1 产生的通过线圈Ⅱ中的磁通量 Φ_{21} 也与 i_1 成正比，即

$$\Phi_{21}=M_{21}i_1$$

式中，比例系数 M_{21} 称为线圈Ⅰ对线圈Ⅱ的互感。同样，当线圈Ⅱ中通有电流 i_2 时，由 i_2 产生的通过线圈Ⅰ中的磁通量 Φ_{12} 与 i_2 成正比，即

$$\Phi_{12}=M_{12}i_2$$

式中，比例系数 M_{12} 称为线圈Ⅱ对线圈Ⅰ的互感。理论实验都可证明，M_{12} 和 M_{21} 在数值上相等。令 $M_{12}=M_{21}=M$，则上面两式可写成

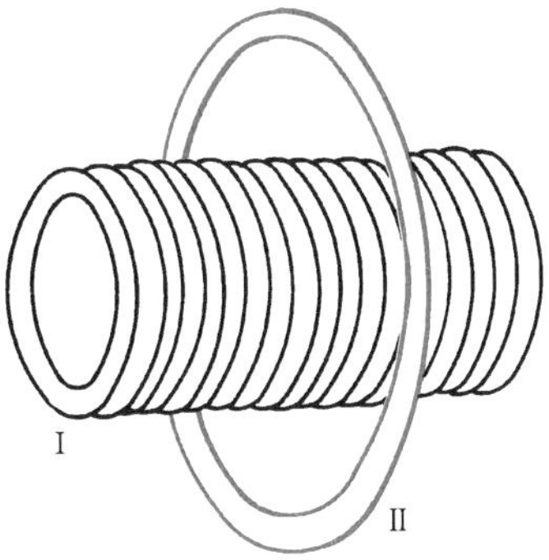

图 9-11　互感

$$\Phi_{21}=Mi_1 \quad 和 \quad \Phi_{12}=Mi_2 \tag{9-14}$$

式（9-14）表明，两线圈之间的互感 M 定义为在数值上等于一个线圈中的单位电流所产生的通过另一个线圈中的磁通量。根据上面的讨论还可知道，互感 M 与两线圈形状、大小、匝数、相对位置及周围磁介质的磁导率等因素有关。当这些因素一定时，M 是一恒量。这时，磁通量的变化只是由于电流的变化而引起的，例如，当线圈Ⅰ中的电流 i_1 变化时，由式（9-1），在线圈Ⅱ中的互感电动势 $\mathscr{E}_{21}$ 的大小为

$$\mathscr{E}_{21}=-\frac{\mathrm{d}\Phi_{21}}{\mathrm{d}t}=-M\frac{\mathrm{d}i_1}{\mathrm{d}t} \tag{9-15a}$$

同样，当线圈Ⅱ中的电流 i_2 变化时，在线圈Ⅰ中的互感电动势 $\mathscr{E}_{12}$ 的大小为

$$\mathscr{E}_{12}=-\frac{\mathrm{d}\Phi_{12}}{\mathrm{d}t}=-M\frac{\mathrm{d}i_2}{\mathrm{d}t} \tag{9-15b}$$

由式（9-15）可知，两线圈之间的互感 M，还可定义为在数值上等于一个线圈中有单位电流变化率时，产生在另一个线圈中的互感电动势。当互感 M 为恒量时，这两定义是一致的。

当一个线圈中的电流变化率一定时，互感越大，在另一线圈中产生的互感电动势就越大；互感越小，在另一线圈中产生的互感电动势就越小。从这个意义上说，互感的大小表明了两线圈之间耦合的紧密程度。

由互感的定义，可知互感的单位和自感的单位相同。

互感应现象在电工学和电子学中有广泛的应用，变压器是一个重要的例子，它用于电能传输中升高或降低交变电压。在实验室中，为从低压直流电流获得高电压，常用感应圈。感应圈与变压器的结构相似，主要差别在于，低压直流电流通过断续器接到匝数很少的原线圈，使电流时断时续，就能在匝数很多的副线圈中得到很高的电压。

互感应现象有时也给我们带来麻烦，应设法消除或减弱。例如，因电话线路之间的互感应而引起串音，电子仪器中因各种元件之间的互感应而妨害正常工作等。

第四节 磁场的能量

静电场具有能量，磁场也具有能量。下面我们要讨论，一个通电流的线圈也能储存一定的能量，而且所储存的能量也是以一定的能量密度分布在磁场中。

一、自感磁能

为简单起见，我们从上节讨论的暂态电流开始。

如图 9-9a 所示，当开关 S 接通后，在灯泡 A 的电路中由于有自感线圈 L 而要产生自感电动势 $\mathscr{E}_L$，电路中的电流由零经过一定的时间增大到稳定值。在这段时间内，外电源不仅要供给电路中因放出热量所需的电能，还要反抗自感电动势 $\mathscr{E}_L$ 做功以增大电流。电源的功率表示为电动势与电流的乘积，所以，在 $\mathrm{d}t$ 时间内，外电源克服自感电动势所做的功为

$$\mathrm{d}A = -\mathscr{E}_L i\mathrm{d}t$$

当 i 变化时，自感电动势 $\mathscr{E}_L$ 由式（9-12）表示，代入上式后得

$$\mathrm{d}A = Li\frac{\mathrm{d}i}{\mathrm{d}t}\mathrm{d}t = Li\mathrm{d}i$$

在电流 i 由零增大到稳定值的整个过程中，外电源克服自感电动势所做的总功为

$$A = \int_l \mathrm{d}A = \int_0^I Li\mathrm{d}i = \frac{1}{2}LI^2$$

外电源所做的功，将以能量形式储存在线圈中。

如果切断外电源，如图 9-10a 所示的情况，电流 i 由稳定值 I 减小到零的过程中，线圈中有与电流同方向的自感电动势 $\mathscr{E}_L$。线圈中已储存的能量将通过自感电动势做功而释放出来，并可求得电流 i 由稳定值 I 减小到零的整个过程中自感电动势所做的功为

$$A' = \int_l \mathrm{d}A' = \int_0^t \mathscr{E}_L i\mathrm{d}t = -\int_I^0 Li\mathrm{d}i = \frac{1}{2}LI^2$$

以上的讨论可推广到一般情况，要在一自感为 L 的线圈中建立起电流 I，外电源克服自感电动势所做的功为 A，而线圈中储存的能量为

$$W_\mathrm{m} = A = \frac{1}{2}LI^2 \tag{9-16}$$

W_m 称为自感磁能。如果切断外电源，在线圈中电流减小的过程中，这部分能量又通过自感电动势做功而在电路中释放出来。

顺便提到，要在相互靠近的两个线圈中分别建立起电流 I_1 和 I_2，外电源除要供给电路中放出热量的这部分能量和克服每个线圈中的自感电动势做功外，还必须要克服互感电动势而做功。克服互感电动势所做的功，也以能量的形式储存起来，称为互感磁能。一旦电流 I_1、I_2 消失，这部分能量也通过互感电动势做功而释放出来。可以用与计算自感磁能类似的方法计算互感磁能。根据互感磁能与电流 I_1 和 I_2 建立的先后次序无关，也可证明互感 M_{12} 和 M_{21} 相等。

二、磁场的能量密度

由式（9-16）看来，似乎线圈中储存的自感磁能是和电流紧密联系着的。实际上，正如充电电容器所储存的能量是分布在电场中一样，通有电流的线圈所储存的能量也是分布在电流周围的磁场中，自感磁能的表达式（9-16）可以用描述磁场的量来表示。

为计算简单起见，假定线圈是一条无限长直螺线管。将表示螺线管自感的式（9-13b）代入式（9-16），得到

$$W_m=\frac{1}{2}\mu\frac{N^2}{l}SI^2=\frac{1}{2\mu}\left(\mu\frac{N}{l}I\right)^2lS$$

注意到 $\mu\dfrac{NI}{l}$ 是螺线管内磁场的磁感应强度 B，lS 是螺线管内空间的体积，亦即磁场所占有的体积 V，于是

$$W_m=\frac{1}{2}\frac{B^2}{\mu}V=\frac{1}{2}BHV$$

因为螺线管内是均匀磁场，所以磁场的能量密度（单位体积内的磁场能量）是

$$w_m=\frac{W_m}{V}=\frac{1}{2}\frac{B^2}{\mu}=\frac{1}{2}BH \tag{9-17a}$$

可以证明，在一般情况下可以写成

$$w_m=\frac{1}{2}\boldsymbol{B}\cdot\boldsymbol{H} \tag{9-17b}$$

式（9-17）虽然是从螺线管内的均匀磁场这个特殊情况下导出的，但可证明，它也适用于一般的情况。对于非均匀磁场，能量密度在磁场中各点不相同。某点的能量密度，与该点的磁感应强度和磁介质性质有关。在体积元 $\mathrm{d}V$ 内的磁场能量为 $\mathrm{d}W_m=w_m\mathrm{d}V$，在区域 V 内磁场能量为

$$W_m=\int_V w_m\mathrm{d}V=\frac{1}{2}\int_V\frac{B^2}{\mu}\mathrm{d}V=\frac{1}{2}\int_V\boldsymbol{B}\cdot\boldsymbol{H}\mathrm{d}V \tag{9-18}$$

式中积分范围包括在区域 V 内磁场所占有的空间。

以后我们将会看到，正如电能分布在电场中能得到实验证实一样，磁能分布在磁场中这种概念也是与实验相符合的。

【例 9-4】 同轴电缆是电信和电子技术中常用的一种传输线，是由半径为 a 的铜芯线和由铜线编织而

成的内半径为 b 的同轴圆筒构成的，中间充以绝缘介质。图 9-12 是电缆的横截面，带斜线的部分表示铜芯线和铜线编织的圆筒，电流由铜芯线流过，由圆筒返回。已知某中型同轴电缆的铜芯线半径 $a=2.6\text{mm}$，圆筒的内半径为 $b=9.4\text{mm}$，当流过的电流为 $I=1\text{A}$ 时，求：

（1）单位长度电缆所储存的磁能。

（2）单位长度电缆的自感。

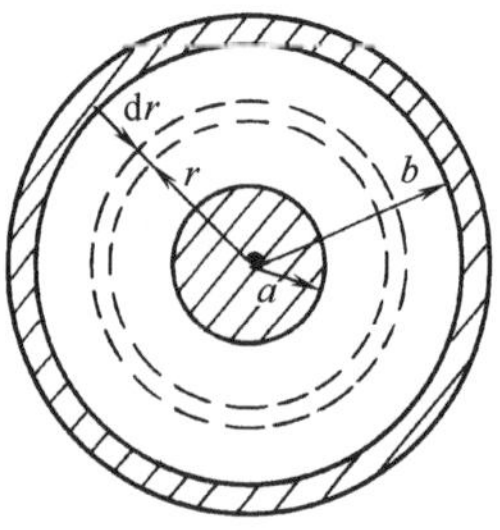

图 9-12 例 9-4 图

【解】（1）在电缆的截面内取半径为 r 的圆周作为积分回路，在电缆两导体之间的空间中应用安培环路定理，得到

$$H\cdot(2\pi r)=I$$

因 $B=\mu H$，可求得电缆两导体之间磁场的磁感应强度为

$$B=\frac{\mu}{2\pi}\frac{I}{r}\qquad(a<r<b)$$

由式（9-17a），磁场的能量密度为

$$w_{\mathrm{m}}=\frac{1}{2}\frac{B^2}{\mu}=\frac{\mu}{8\pi^2}\frac{I^2}{r^2}\qquad(a<r<b)$$

由安培环路定理可知，在电缆外圆筒的外部不存在磁场。为简单起见，略去电缆导体内部的磁场，于是磁能只储存在两导体之间的磁场中。取体积元为半径在 r 到 $r+\mathrm{d}r$ 之间的单位长圆柱壳 $2\pi r\mathrm{d}r$，在此体积元中可认为磁场是均匀的，则单位长度电缆的磁场中储存的总能量为

$$W_{\mathrm{m}}=\int_V w_{\mathrm{m}}\mathrm{d}V=\int_a^b\frac{\mu}{8\pi^2}\frac{I^2}{r^2}2\pi r\mathrm{d}r=\frac{\mu I^2}{4\pi}\int_a^b\frac{\mathrm{d}r}{r}=\frac{\mu I^2}{4\pi}\ln\frac{b}{a}$$

假定电缆两导体间磁介质的磁导率为 $\mu=\mu_0$，则

$$W_{\mathrm{m}}=\frac{\mu_0 I^2}{4\pi}\ln\frac{b}{a}=\left(\frac{4\pi\times10^{-7}\times1^2}{4\pi}\times\ln\frac{9.4\times10^{-3}}{2.6\times10^{-3}}\right)\text{J}$$
$$=1.3\times10^{-7}\text{J}$$

（2）由式（9-16），电缆单位长度的自感为

$$L=\frac{2W_{\mathrm{m}}}{I^2}=\frac{\mu}{2\pi}\ln\frac{b}{a}=\left(\frac{4\pi\times10^{-7}}{2\pi}\times\ln\frac{9.4\times10^{-3}}{2.6\times10^{-3}}\right)\text{H}\cdot\text{m}^{-1}$$
$$=2.6\times10^{-7}\text{H}\cdot\text{m}^{-1}$$

第五节 麦克斯韦电磁场理论简介

一、位移电流、全电流安培环路定理

从 1820 年奥斯特的发现到 19 世纪 50 年代这段时间里，法拉第、安培、亨利等人的工作使电磁学理论有了很大发展。在这期间，电磁现象的实际应用也有了明显进步。在这种情况下，对已经发现的电磁现象的实验规律进行理论总结，不仅有了可能，而且成了迫切的需要。作为全面总结电磁学规律的麦克斯韦电磁场理论，就是在这样的历史条件下产生的。

1. 麦克斯韦假设

麦克斯韦对电磁场理论重大贡献的核心，乃是他提出的关于位移电流的假设。

根据麦克斯韦关于变化的磁场产生感生电场的假设，我们已经将法拉第电磁感应定律写成式（9-8）的形式，即

$$\oint_L \boldsymbol{E}_i \cdot d\boldsymbol{l} = -\int_S \frac{\partial \boldsymbol{B}}{\partial t} \cdot d\boldsymbol{S} \tag{9-19}$$

式中，S 是以回路 L 为周界的曲面。感应电场的存在，已被实验所证实，正如在奥斯特关于电流磁效应实验的启示下导致法拉第电磁感应现象的发现一样，既然变化的磁场能产生电场，那么变化的电场也应该能产生磁场，而且也应该有与式（9-19）相类似的方程，以表示电场变化时所产生的感生磁场。最后发现，这种方程可以写成

$$\oint_L \boldsymbol{H}_i \cdot d\boldsymbol{l} = \int_S \frac{\partial \boldsymbol{D}}{\partial t} \cdot d\boldsymbol{S} \tag{9-20}$$

注意，上式与式（9-19）不同之处，除了描述电场的量和描写磁场的量互换位置外，上式右边没有负号。将上式与安培环路定理

$$\oint_L \boldsymbol{H}_0 \cdot d\boldsymbol{l} = \int_S \boldsymbol{j} \cdot d\boldsymbol{S}$$

相比较，可见$\dfrac{\partial \boldsymbol{D}}{\partial t}$具有电流密度的单位。麦克斯韦称

$$\boldsymbol{j}_d = \frac{\partial \boldsymbol{D}}{\partial t} \tag{9-21}$$

为位移电流密度，而称

$$\boldsymbol{I}_d = \int_S \frac{\partial \boldsymbol{D}}{\partial t} \cdot d\boldsymbol{S} \tag{9-22}$$

为位移电流。对于以不随时间变化的、以回路 L 为周界的某一曲面 S 来说

$$\int_S \frac{\partial \boldsymbol{D}}{\partial t} \cdot d\boldsymbol{S} = \frac{d}{dt}\int_S \boldsymbol{D} \cdot d\boldsymbol{S} = \frac{d\Phi_D}{dt}$$

式中，$\Phi_D = \int_S \boldsymbol{D} \cdot d\boldsymbol{S}$ 是 S 面上的电位移通量。故由式（9-21）和式（9-22）可知，某点的位移电流密度，等于该点电位移的时间变化率；通过某 S 面上的位移电流，等于通过该面上电位移通量的时间变化率。

应该注意，位移电流只有在产生磁场这方面与传导电流等效，本质上与传导电流完全不一样。传导电流是电荷的宏观定向运动，位移电流则是电场的变化；传导电流能产生热效应，位移电流则没有。就是说，位移电流和传导电流是两个不同的概念，它们共同的性质是都能产生磁场，其他方面则完全不同。

2. 全电流定律

由于传导电流 I_0 和位移电流 I_d 均能激发磁场，因此安培环路定理的一般形式应表示为

$$\oint_L \boldsymbol{H} \cdot d\boldsymbol{l} = \sum (I_0 + I_d) = \int_S \boldsymbol{j}_0 \cdot d\boldsymbol{S} + \int_S \frac{\partial \boldsymbol{D}}{\partial t} \cdot d\boldsymbol{S} \tag{9-23}$$

在稳恒电路中$\dfrac{\partial \boldsymbol{D}}{\partial t}=0$，磁场仅由传导电流激发；在非稳恒电路中，磁场除了由传导电流激发外，还由位移电流激发。称$\sum(I_0+I_d)=\sum I$为全电流，式（9-23）称为全电流定律，实际上它就是安培环路定理的一般形式。

需要指出的是，当时麦克斯韦引入位移电流的概念是为了消除将安培环路定理推广到非

稳恒情况下所出现的矛盾而提出的，并且认为只有电流才能激发磁场。位移电流这个概念直接地揭示了“变化电场$\frac{\partial \boldsymbol{D}}{\partial t}$激发磁场”的实质。这样一来，我们对电磁现象赋予一种“对称的”性质，即：变化的磁场在其周围能激发电场，而变化电场在其周围也能激发磁场。

二、电磁场理论的基本概念

电磁场理论的基本概念，就是麦克斯韦关于变化的磁场产生涡旋电场和位移电流这两个假设。麦克斯韦在分析电磁感应现象后提出，即使不存在导体回路，在变化的磁场周围也产生涡旋电场的假设。他在分析安培环路定律时又引入位移电流的论点，其实质是说明变化的电场也能产生涡旋磁场。这两个假设，深刻地揭示了电场和磁场的内在联系，反映了电现象和磁现象的对称性，说明交变的电场和交变的磁场不可能是彼此孤立的，它们之间相互联系、相互激发，组成统一的电磁场。

麦克斯韦电磁场理论还预言，电磁场是以一定的速度向周围空间传播的，形成电磁波。电磁波的存在已被无线电广播、微波通信、射电天文学等大量事实所证明，从而也就证明了麦克斯韦电磁场理论的正确性。

根据麦克斯韦理论，电磁波传播速度为

$$v=\frac{1}{\sqrt{\varepsilon\mu}} \tag{9-24}$$

式中，ε 和 μ 分别是传播电磁波的介质的介电常数和磁导率。在真空中，$\varepsilon_0=8.8542\times10^{-12}\mathrm{C^2\cdot N^{-1}\cdot m^{-2}}$，$\mu_0=4\pi\times10^{-7}\mathrm{N\cdot A^{-2}}$。电磁波在真空中的传播速度用 c 表示，有

$$c=\frac{1}{\sqrt{\varepsilon_0\mu_0}}=\frac{1}{\sqrt{8.8542\times10^{-12}\times4\pi\times10^{-7}}}$$

$$=2.99792\times10^{8}\mathrm{m\cdot s^{-1}}\approx3\times10^{8}\mathrm{m\cdot s^{-1}}$$

这一结果和实验测定的光速值相符，由此推断光波是一种电磁波，从而把电磁现象与光现象联系起来，使波动光学成为电磁场理论的一个分支，这是麦克斯韦电磁场理论最卓越的成就。

三、麦克斯韦方程组的积分形式

麦克斯韦总结电场和磁场的基本规律，结合他引入的位移电流和涡旋电场的概念，于1864年提出电磁场的基本方程组，将电磁场理论概括为四个方程式，称为麦克斯韦方程组。麦克斯韦方程组是电场和磁场基本规律的总结，我们只讨论它的积分形式。

1. 关于电场的基本规律

首先，我们有高斯定理

$$\oint_S \boldsymbol{D}_0\cdot \mathrm{d}\boldsymbol{S}=\int_V \rho \mathrm{d}V$$

此式说明电荷所产生的电场的电位移线不是闭合的。除电荷产生的电场外，还有变化的磁场产生的涡旋电场。涡旋电场电位移线是闭合的，因而有

$$\oint_S \boldsymbol{D}_{\mathrm{i}}\cdot \mathrm{d}\boldsymbol{S}=0$$

将上面两式相加，得

$$\oint_S \boldsymbol{D} \cdot \mathrm{d}\boldsymbol{S} = \int_V \rho \mathrm{d}V \tag{9-25}$$

式中，$\boldsymbol{D} = \boldsymbol{D}_0 + \boldsymbol{D}_\mathrm{i}$。式（9-25）说明，在任何电场中，通过闭合面 S 的电位移通量，等于闭合面内自由电荷的代数和。

其次，静电场的环路定律为

$$\oint_L \boldsymbol{E}_0 \cdot \mathrm{d}\boldsymbol{l} = 0$$

此式表明静电场是势场，这对稳恒电场也适用。磁场变化产生的涡旋电场 $\boldsymbol{E}_\mathrm{R}$ 满足式（9-19）。将式（9-19）和上式相加得

$$\oint_L \boldsymbol{E} \cdot \mathrm{d}\boldsymbol{l} = -\int_S \frac{\partial \boldsymbol{B}}{\partial t} \cdot \mathrm{d}S \tag{9-26}$$

式中，$\boldsymbol{E} = \boldsymbol{E}_0 + \boldsymbol{E}_\mathrm{R}$。式（9-26）表明，在任何电场中，电场强度沿任意闭合回路的积分，等于通过回路中的磁通量对时间变化率的负值。

2. 关于磁场的基本规律

首先，磁场的高斯定理为

$$\oint_S \boldsymbol{B}_0 \cdot \mathrm{d}\boldsymbol{S} = 0$$

此式说明，电流所产生磁场的磁感应线是闭合曲线。根据麦克斯韦的假设，位移电流和传导电流一样，所产生磁场的磁力线也是闭合曲线，即

$$\oint_S \boldsymbol{B}_\mathrm{i} \cdot \mathrm{d}\boldsymbol{S} = 0$$

将上面两式相加，得

$$\oint_S \boldsymbol{B} \cdot \mathrm{d}\boldsymbol{S} = 0 \tag{9-27}$$

式中，$\boldsymbol{B} = \boldsymbol{B}_0 + \boldsymbol{B}_\mathrm{i}$。式（9-27）表明，在任何磁场中，通过任意闭合面的磁通量等于零。

其次，磁场的安培环路定理为

$$\oint_L \boldsymbol{H}_0 \cdot \mathrm{d}\boldsymbol{l} = \int_S \boldsymbol{j} \cdot \mathrm{d}\boldsymbol{S}$$

此式表明，电流的磁场是涡旋场。电场变化所产生的磁场满足式（9-20）。将式（9-20）与上式相加，得

$$\oint_L \boldsymbol{H} \cdot \mathrm{d}\boldsymbol{l} = \int_S \left(\boldsymbol{j} + \frac{\partial \boldsymbol{D}}{\partial t}\right) \cdot \mathrm{d}\boldsymbol{S} \tag{9-28}$$

式中，左边的 $\boldsymbol{H} = \boldsymbol{H}_0 + \boldsymbol{H}_\mathrm{i}$；右边为全电流。式（9-28）说明，在任何磁场中，磁场强度 $\boldsymbol{H}$ 沿任何闭合回路的积分，等于通过以回路为周界的曲面 S 上的全电流，这就是全电流定律。

式（9-25）、式（9-26）、式（9-27）、式（9-28）四式就是麦克斯韦方程组的积分形式，积分形式的麦克斯韦方程组加上描述介质性质的方程组 $\boldsymbol{D} = \varepsilon \boldsymbol{E}$、$\boldsymbol{B} = \mu \boldsymbol{H}$ 和 $\boldsymbol{j} = \sigma \boldsymbol{E}$，全面总结了电磁场的规律，可用来解决各种宏观电磁学问题。

麦克斯韦方程组是从电磁现象的宏观规律总结出来的经典电磁场理论。这个理论经受了实验的检验，并成为现代电子学和无线电电子学等不可缺少的理论基础。但是，和经典力学

一样，经典电磁场理论也有一定的适用范围。将麦克斯韦方程组推广到高速运动的领域，发现仍然是正确的，可用来研究高速运动电荷的电磁场及一般辐射问题。洛伦兹将麦克斯韦方程组应用到分子和原子等微观领域，虽取得一定成就，但遇到了不可克服的困难，说明宏观电磁场理论在微观领域不完全适用。近代建立起来的量子电动力学是研究微观带电粒子与电磁场相互作用的量子理论，而宏观电磁场理论可看成是量子电动力学在一定条件下的近似。

小　结

本章首先介绍了利用磁场或者磁效应产生电的基本定律——法拉第电磁感应定律，根据该定律分析了动生电动势和感生电动势，分析了几何形状简单的导体的自感和互感现象，以及磁场能量的分布和计算。在非恒定情况，分别介绍了麦克斯韦的两个基本假设，引入了感生电场和位移电流假说，最后给出了电磁学部分的完整的电磁场理论——麦克斯韦方程组。

本章涉及的概念和原理有：

（1）电磁感应现象　当通过回路（不管回路是否闭合）所包围面积的磁通量发生变化时，回路中就会产生感应电动势。

（2）法拉第电磁感应定律　不论什么原因使通过回路所包围面积的磁通量发生变化时，回路中产生的感应电动势与磁通量对时间的变化率成正比，即

$$\mathscr{E}_{\mathrm{i}} = -\frac{\mathrm{d}\boldsymbol{\Phi}_{\mathrm{m}}}{\mathrm{d}t}$$

负号表明感应电动势的方向。

（3）楞次定律　闭合回路中的感应电流总是使得它自己所产生的磁场反抗任何引起电磁感应的变化。

（4）动生电动势　导体回路整体或者回路的一部分在稳恒磁场中做切割磁场线运动时而产生的感应电动势，叫作动生电动势。引起动生电动势的非静电场力是洛伦兹力。其一般表达式为

$$\mathscr{E}_{\mathrm{k}} = \int_L (\boldsymbol{v} \times \boldsymbol{B}) \cdot \mathrm{d}\boldsymbol{l}$$

（5）感生电动势　当相对于参考系是静止的一段导体或者一导体回路处在变化的磁场中时，在导体上或者导体回路中也会产生感应电动势，叫作感生电动势。其一般表达式为

$$\mathscr{E}_{\mathrm{i}} = \oint_L \boldsymbol{E}_{\mathrm{R}} \cdot \mathrm{d}\boldsymbol{l} = -\int_S \frac{\partial \boldsymbol{B}}{\partial t} \cdot \mathrm{d}\boldsymbol{S}$$

（6）自感　回路中电流变化时所激发的变化磁场在自身回路中产生感应电动势的现象。所产生的电动势称为自感电动势：

$$\mathscr{E}_L = -L\frac{\mathrm{d}i}{\mathrm{d}t}$$

L 称为自感。

（7）互感　当两个相互靠近的通电回路中电流发生变化时，相互在对方回路中激起感应电动势的现象。所产生的电动势称为互感电动势。若由于回路 1 中电流 i_1 发生变化在回路

2 中产生电动势 $\mathscr{E}_{21}$，而回路 2 中电流 i_2 变化在回路 1 中产生互感电动势 $\mathscr{E}_{12}$，则

$$\mathscr{E}_{21} = -\frac{\mathrm{d}\Phi_{21}}{\mathrm{d}t} = -M\frac{\mathrm{d}i_1}{\mathrm{d}t} \qquad \mathscr{E}_{12} = -\frac{\mathrm{d}\Phi_{12}}{\mathrm{d}t} = -M\frac{\mathrm{d}i_2}{\mathrm{d}t}$$

（8）磁场的能量和能量密度　磁场中单位体积内的磁场能量，称为能量密度。表达式为

$$w_{\mathrm{m}} = \frac{B^2}{2\mu} = \frac{1}{2}\boldsymbol{B}\cdot\boldsymbol{H}$$

磁场内任一体积 V 中的磁场能量　$W_{\mathrm{m}} = \int_V \frac{1}{2}\boldsymbol{B}\cdot\boldsymbol{H}\mathrm{d}V$

（9）麦克斯韦电磁理论的基本假说

涡旋电场　变化的磁场产生感生电场，称为涡旋电场　$\oint_L \boldsymbol{E}_{\mathrm{i}}\cdot\mathrm{d}\boldsymbol{l} = -\int_S \frac{\partial \boldsymbol{B}}{\partial t}\cdot\mathrm{d}\boldsymbol{S}$

位移电流　变化的电场产生磁场。变化的电场所对应的电流即为位移电流，等于电位移矢量的通量对时间的变化率　$I_{\mathrm{d}} = \frac{\mathrm{d}\Phi_D}{\mathrm{d}t}$

位移电流密度　$\boldsymbol{j}_{\mathrm{d}} = \frac{\partial \boldsymbol{D}}{\partial t}$

（10）安培环路定理　$\oint_L \boldsymbol{H}\cdot\mathrm{d}\boldsymbol{l} = I_0 + I_{\mathrm{d}} = \int_S\left(\boldsymbol{j} + \frac{\partial \boldsymbol{D}}{\partial t}\right)\cdot\mathrm{d}\boldsymbol{S}$

（11）麦克斯韦方程组

$$\oint_S \boldsymbol{D}\cdot\mathrm{d}\boldsymbol{S} = \int_V \rho\mathrm{d}V$$

$$\oint_L \boldsymbol{E}\cdot\mathrm{d}\boldsymbol{l} = -\int_S \frac{\partial \boldsymbol{B}}{\partial t}\cdot\mathrm{d}\boldsymbol{S}$$

$$\oint_S \boldsymbol{B}\cdot\mathrm{d}\boldsymbol{S} = 0$$

$$\oint_L \boldsymbol{H}\cdot\mathrm{d}\boldsymbol{l} = I + I_{\mathrm{d}} = \int_S\left(\boldsymbol{j} + \frac{\partial \boldsymbol{D}}{\partial t}\right)\cdot\mathrm{d}\boldsymbol{S}$$

习　题

9-1　真空中两个半径分别为 R 和 r 的同轴圆形线圈相距 x，如题 9-1 图所示。若 $R \gg r$，$x \gg R$，现在大线圈通有电流 I，而小线圈沿 x 轴方向以速度 $\boldsymbol{v}$ 远离大线圈运动，试求小线圈回路中产生的感应电动势。

9-2　如题 9-2 图所示，有一弯成倾角 θ 的金属架 COD 放在磁场中，磁感应强度 $\boldsymbol{B}$ 的方向垂直于金属架 COD 所在平面。一导体杆 MN 垂直于 OD 边，并在金属架上以恒定的速度 $\boldsymbol{v}$ 向右滑动，$\boldsymbol{v}$ 恒与 MN 垂直。设 $t=0$ 时，$x=0$。求：当磁场分布均匀且 $\boldsymbol{B}$ 不随时间改变时，框架内的感应电动势的大小 $\mathscr{E}_{\mathrm{i}}$。

9-3　真空中，一无限长直导线，通有电流 I，一个与之共面的直角三角形线圈 ABC 放置在此长直导线右侧。已知 AC 边长为 b，且与长直导线平行，BC 边长为 a，如题 9-3 图所示。若线圈以垂直于导线方向的速度 $\boldsymbol{v}$ 向右平移，当 B 点与直导线的距离为 d 时，求线圈 ABC 内的感应电动势的大小和方向。

9-4　如题 9-4 图所示，一根长为 l 的金属细杆 ab 绕铅垂轴 O_1O_2 以角速度 ω 在水平面内旋转。O_1O_2 在离细杆的 a 端为 $\frac{1}{5}l$ 处。若已知地磁场在铅垂方向的分量为 $\boldsymbol{B}$。求 a、b 两端点间的电势差 $U_a - U_b$，并指出

a、b 两点哪点电势高？

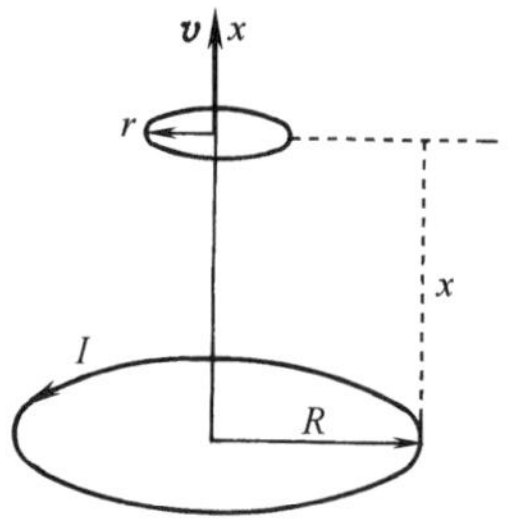

题 9-1 图

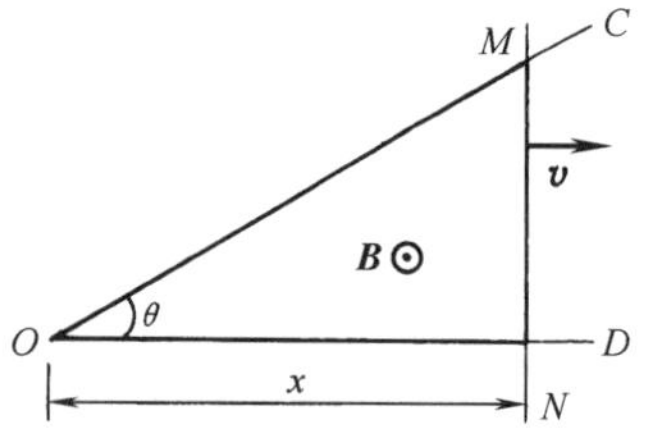

题 9-2 图

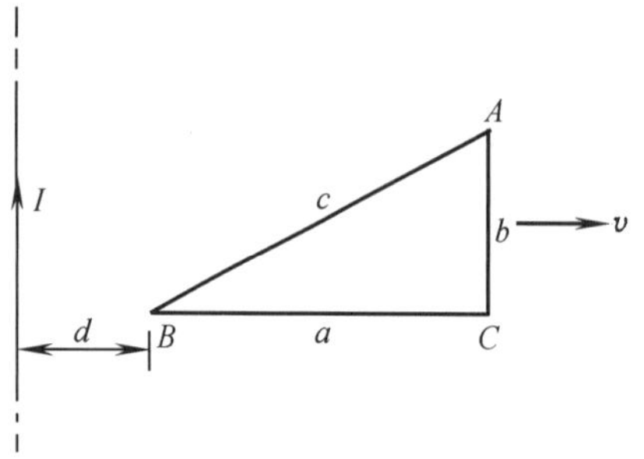

题 9-3 图

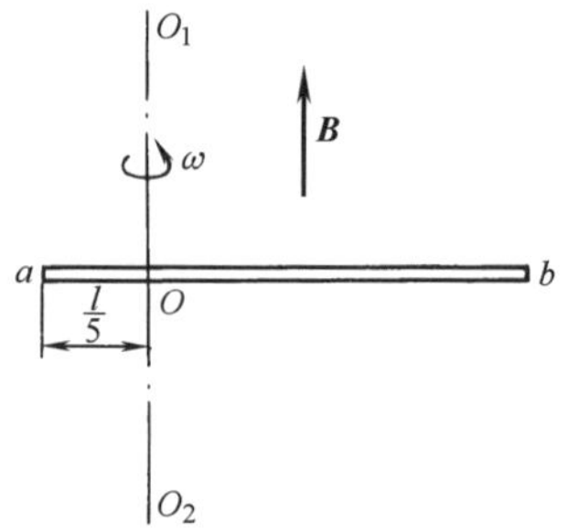

题 9-4 图

9-5 在匀强磁场 $\boldsymbol{B}$ 中，导线 $\overline{OM}=\overline{MN}=a$，$\angle OMN=120°$，$OMN$ 整体可绕 O 点在垂直于磁场的平面内逆时针转动，如题 9-5 图所示。若转动角速度为 ω。

（1）求 OM 间电势差 U_{OM}。

（2）求 ON 间电势差 U_{ON}。

（3）指出 O、M、N 三点中哪点电势最高？

9-6 题 9-6 图中所示为水平面内的两条平行长直裸导线 LM 与 $L'M'$，其间距离为 l，其左端与电动势为 $\mathscr{E}_0$ 的电源连接。匀强磁场 $\boldsymbol{B}$ 垂直于图面向里，一段直裸导线 ab 横置于平行导线间（并可保持在导线间无摩擦地滑动）把电路接通。由于磁场力的作用，ab 将从静止开始向右运动起来。求：

（1）ab 能达到的最大速度 v。

（2）ab 达到最大速度时，通过电源的电流 I。（不计电阻及任何运动阻力）

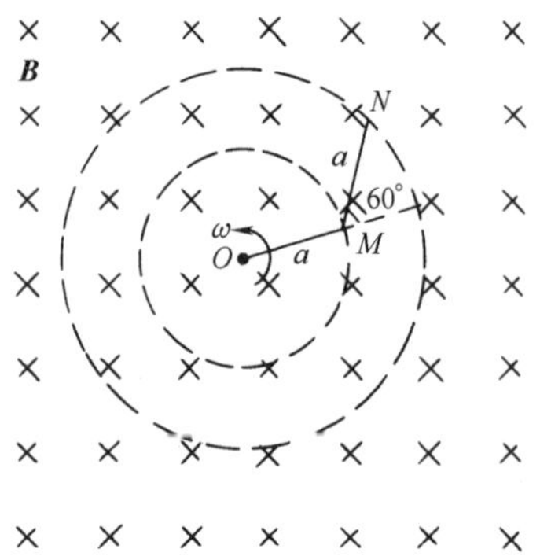

题 9-5 图

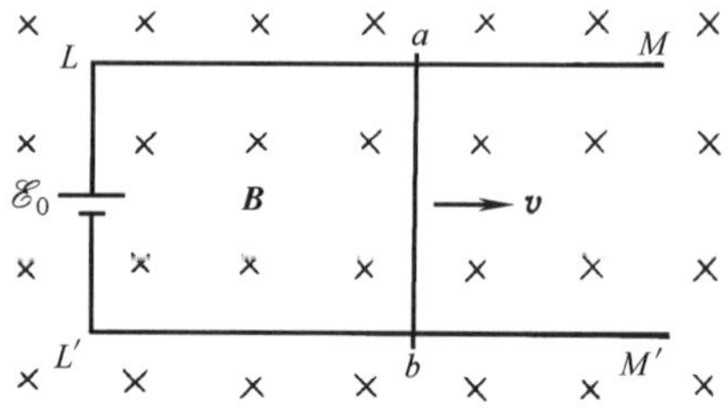

题 9-6 图

9-7 如题9-7图所示，真空中一根长直导线 AB 中电流为 i，矩形线框 $abcd$ 与长直导线共面，且 $ad /\!/ AB$，dc 边固定，ab 边沿 da 及 cb 以速度$\boldsymbol{v}$无摩擦地匀速平动。设线框的自感可以忽略不计。

（1）如果 $i=I_0$，求 ab 中的感应电动势，a、b 两点哪点电势高？

（2）如果 $i=I_0\cos\omega t$，求线框中的总感应电动势。（I_0 为一恒量）

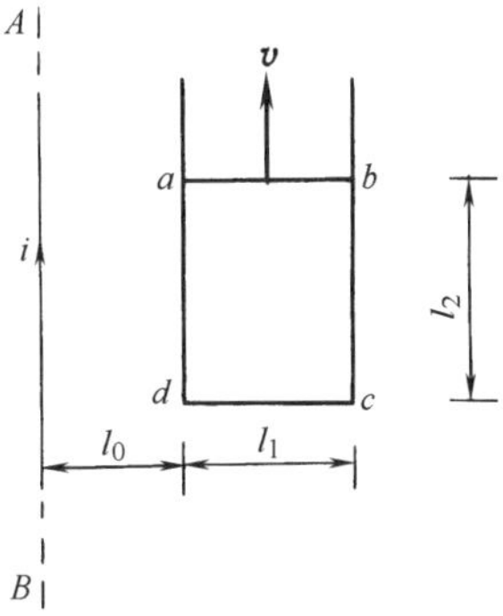

题 9-7 图

9-8 圆形铝盘水平放置在均匀磁场中，$\boldsymbol{B}$ 的方向垂直盘面向上。当铝盘绕通过盘心垂直盘面的轴沿逆时针方向转动时（自上往下看），下列说法哪一个是正确的？

（A）铝盘上有感应电流产生，沿铝盘转动的相反方向流动；

（B）铝盘上有感应电流产生，沿铝盘转动的方向流动；

（C）铝盘上产生涡流；

（D）铝盘上有感应电动势产生，铝盘边缘处电势最高；

（E）铝盘上有感应电动势产生，铝盘中心处电势最高。

9-9 边长为 $l=0.2\text{m}$ 的正方形导体回路，位于圆形区域的均匀磁场中央，如题9-9图所示。磁感应强度以 $0.1\text{T}\cdot\text{s}^{-1}$ 的变化率减小。

（1）求正方形顶点处的感生电场。

（2）证明：在回路上，感生电场沿回路的分量大小处处相等。

9-10 真空中一根无限长直导线通有电流 $I=I_0\text{e}^{-ct}$（c、I_0 为恒量），一矩形线圈与长直导线共面放置，其长边与导线平行，位置如题9-10图所示。求：

（1）矩形线圈中感应电动势的大小及感应电流的方向。

（2）导线与线圈的互感。

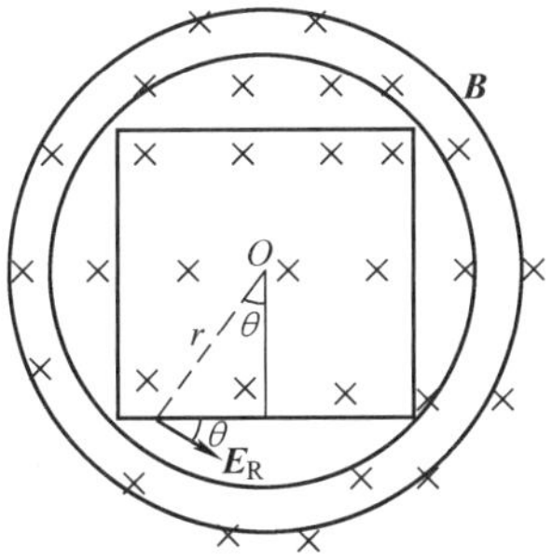

题 9-9 图

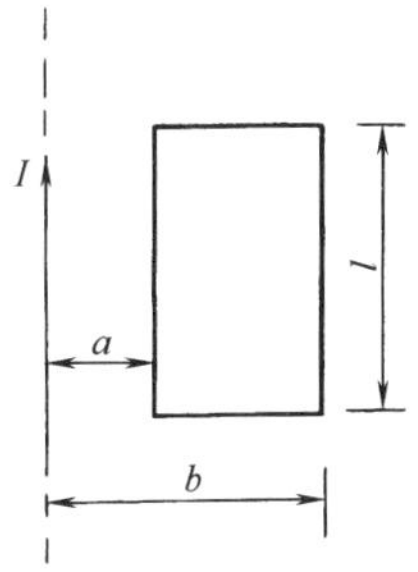

题 9-10 图

9-11 真空中一根长直导线和矩形导线框共面，如题9-11图所示，线框的短边与导线平行。如果矩形线框中有电流 $i=I_0\sin\omega t$，则长直导线中就有感应电动势，试证明其值为 $\mathscr{E}_{\text{i}}=-\dfrac{\mu_0 cI_0\omega}{2\pi}\ln\dfrac{b}{a}\cos\omega t$。

9-12 如题9-12图所示，一根长直导线与一等边三角形线圈 ABC 共面放置，三角形高为 h，AB 边平行于直导线，且与直导线的距离为 b，三角形线圈中通有电流 $I=I_0\sin\omega t$，求直导线中的感生电动势。

9-13 如题9-13图所示，真空中一矩形线圈宽和长分别为 a 和 b，通有电流 I_2，其中心对称轴 OO'。与轴平行且相距为 $d+\dfrac{a}{2}$ 处有一固定不动的长直电流 I_1，矩形线圈与长直电流在同一平面内，求：

（1）I_1 产生的磁场通过线圈平面的磁通量。

（2）线圈与载流直线间的互感。

9-14 真空中相距为 a 的无限长平行直导线在无限远处相连，形成闭合回路。在两根长直导线之间有一与其共面的矩形线圈，线圈的边长分别为 l 和 b，l 边与长直导线平行，线圈的中心与两根导线距离均为 $\frac{a}{2}\left(\frac{a}{2}>\frac{b}{2}\right)$。求长直导线形成的闭合回路与线圈间的互感。

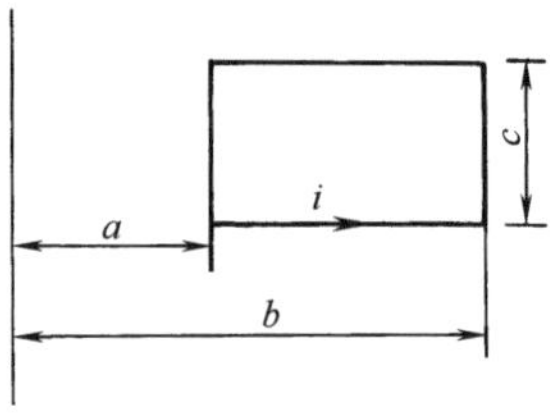

题 9-11 图

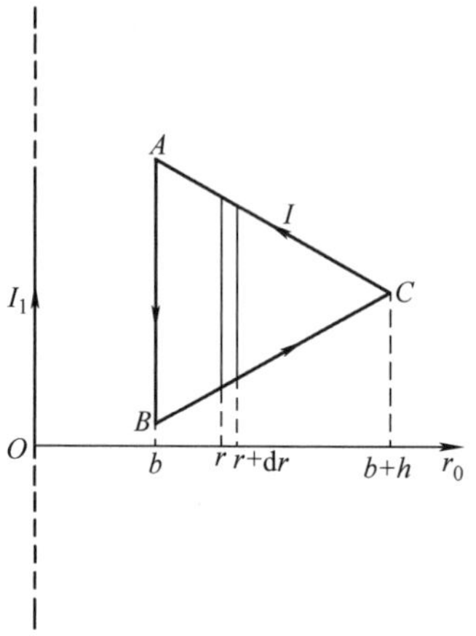

题 9-12 图

9-15 在一个自感线圈中通有电流 I，电流 I 随时间 t 的变化规律如题 9-15 图所示，若以 I 的正流向作为 $\mathscr{E}$ 的正方向，则代表线圈内自感电动势 $\mathscr{E}$ 随时间 t 变化规律的曲线应为图中（A）、（B）、（C）、（D）中的哪一个？

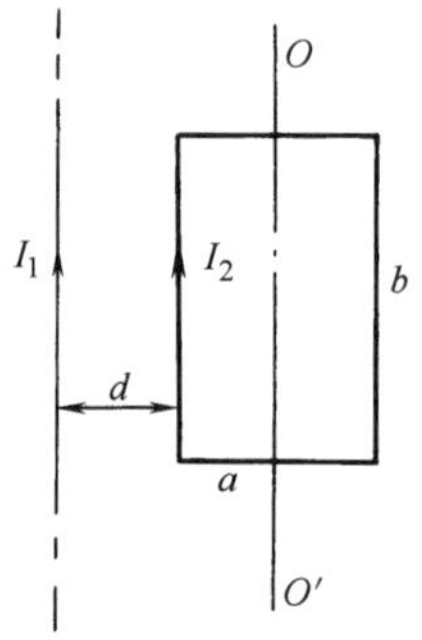

题 9-13 图

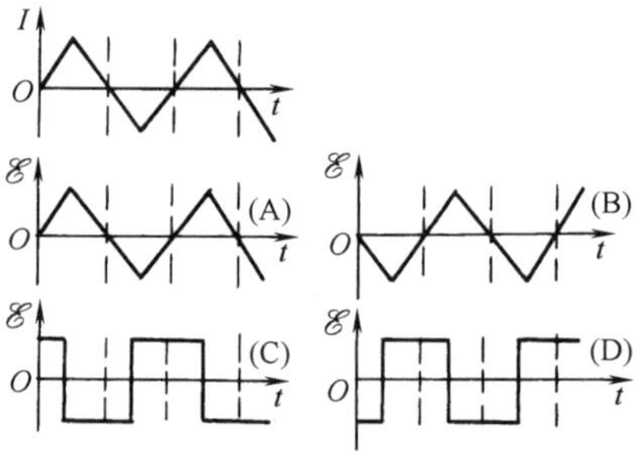

题 9-15 图

9-16 反映电磁场基本性质和规律的积分形式的麦克斯韦方程组为

$$\oint_S \boldsymbol{D}\cdot \mathrm{d}\boldsymbol{S} = \sum_{i=1}^{n} q_i \tag{a}$$

$$\oint_L \boldsymbol{E}\cdot \mathrm{d}\boldsymbol{l} = -\frac{\mathrm{d}\Phi_{\mathrm{m}}}{\mathrm{d}t} \tag{b}$$

$$\oint_S \boldsymbol{B}\cdot \mathrm{d}\boldsymbol{S} = 0 \tag{c}$$

$$\oint_L \boldsymbol{H}\cdot \mathrm{d}\boldsymbol{l} = \sum_{i=1}^{n} I_i + \frac{\mathrm{d}\Phi_{\mathrm{e}}}{\mathrm{d}t} \tag{d}$$

试判断下列结论是包含于或等效于麦克斯韦方程组中的哪一个方程？将你确定的方程用代号填在相应结论后的空白处。

（1）变化的磁场一定伴随有电场：____________________。

（2）磁力线是无头无尾的：____________________。

（3）电荷总伴随有电场：____________________。

9-17　在没有自由电荷与传导电流的变化电磁场中，请填完下列两式：

（1）$\oint_L \boldsymbol{H}\cdot \mathrm{d}\boldsymbol{l} =$ ____________________。

（2）$\oint_L \boldsymbol{E}\cdot \mathrm{d}\boldsymbol{l} =$ ____________________。

9-18　如题 9-18 图所示，一个细而薄的圆柱面长为 l、半径为 a，其上均匀带电，面电荷密度为 σ。若圆柱面以恒定角加速度 β 绕中心轴转动，若不计边缘效应，试求：

（1）圆柱壳内磁场的磁感应强度。

（2）圆柱壳内的电场强度。

（3）圆柱壳内的磁场能和电场能。

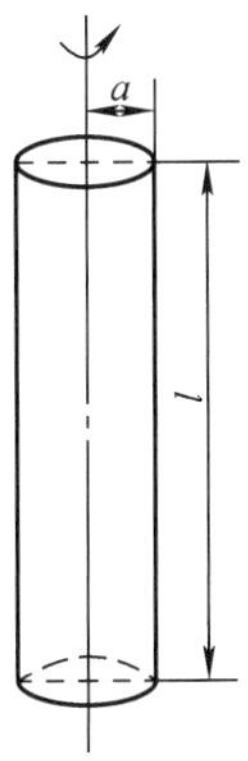

题　9-18 图

第四篇　波　　动

波动是自然界中一种极为普遍的现象，像声波、地震波、电磁波等都与人类的各种活动紧密相关。波动是振动状态的传播过程。从广义上讲，任何一个物理量在某一数值附近随时间所做的周期性变化，都叫作振动。物体在其平衡位置附近所进行的周期性往复运动称为机械振动。机械振动在介质中传播形成机械波，如声波、水面波、地震波等。电场和磁场的周期性变化，形成了电磁振荡。交替变化的电场和磁场在空间的传播形成电磁波。电磁波不仅可以在介质中传播，也可以在真空中传播。光波、无线电波都是电磁波。20 世纪上半叶，德布罗意（Louis de Broglie）提出波粒二象性是一切物质的共同特性，并得到实验的验证。这就是说，微观粒子也具有波动性。虽然德布罗意波是概率波，与机械波、电磁波在本质上是不同的，但各种波所以称其为波，是因为有其共同的性质并服从相同的规律。

本篇从研究机械振动和机械波开始，探讨振动和波动的基本概念和基本规律，然后讨论光波的干涉、衍射和偏振等。

第十章　机械振动

物体在其平衡位置附近所做的周期性往复运动称为物体的机械振动。如钟摆的摆动，气缸中活塞的运动等，都是机械振动。光波、无线电波传播时，空间某点的电场强度和磁场强度随时间呈周期性的变化，虽然这些振动在本质上和机械振动不同，但是在对它们的描述上却有着许多共同特征。所以，机械振动的基本规律是研究其他形式的振动以及波动的基础。

第一节　简谐振动

简谐振动是一种最简单也是最为重要的振动。实验和理论都证明：一切复杂的振动都可看作是若干个简谐振动的合成，所以我们先研究简谐振动。下面以弹簧振子为例，研究简谐振动的运动规律。

一、简谐振动方程

把劲度系数为 k 的轻弹簧（质量可以忽略不计）的左端固定，右端系一质量为 m 的物体，放置在光滑的水平面上，这样的系统被称为弹簧振子，如图 10-1 所示。当物体在位置 O 时，弹簧具有自然长度，如图 10-1a 所示，此时物体在水平方向不受力，即物体所受的合外力为零，位置 O 叫作平衡位置。为了描述物体的运动，取平衡位置 O 为坐标原点，取水平向右为 x 轴的正方向。沿水平方向稍稍推（或拉）动物体后撤去外力，物体由于弹簧的弹性回复力及自身的惯性，将在平衡位置附近做周期性的往复运动，如图 10-1b、c 所示。

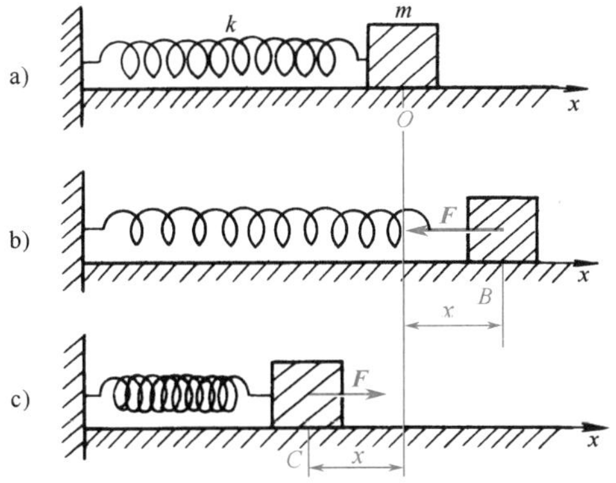

图 10-1　弹簧振子的振动

由胡克定律可知，在弹性限度内，物体在任意位置所受的弹性力 F 与物体相对于平衡位置的位移大小 x 成正比，而且弹性力的方向始终与位移方向相反，总是指向平衡位置，故有

$$F = -kx \tag{10-1}$$

式中，负号表示物体所受的弹性力与位移的方向相反。

由于弹簧振子不受任何阻力，且弹簧的质量可忽略不计，根据牛顿第二定律，物体在弹性力作用下所获得的加速度为

$$a=\frac{\mathrm{d}^2x}{\mathrm{d}t^2}=\frac{F}{m}=-\frac{k}{m}x \tag{10-2}$$

式（10-2）说明，物体的加速度的大小与位移大小成正比，但加速度的方向与位移方向相反。对于一个给定的弹簧振子，k 与 m 都是恒量，而且都是正值，所以它们的比值可用另一个恒量 ω 的平方表示，即

$$\frac{k}{m}=\omega^2$$

把上式代入式（10-2），有

$$\frac{\mathrm{d}^2x}{\mathrm{d}t^2}=-\omega^2x$$

$$\frac{\mathrm{d}^2x}{\mathrm{d}t^2}+\omega^2x=0 \tag{10-3}$$

这是一个二阶线性齐次微分方程，称为简谐振动方程。它的解为

$$x=A\cos(\omega t+\varphi) \tag{10-4}$$

或

$$x=A\sin(\omega t+\varphi')$$

上述两式称为简谐振动表达式，其中 A、φ、φ'都是由初始条件确定的恒量。这两种表达式是等同的，我们今后采用式（10-4）。以上讨论告诉我们：物体在一个大小与位移大小成正比，方向始终指向平衡位置的回复力的作用下，将进行如式（10-4）所示的周期性振动，亦即物体离开平衡位置的位移按余弦或正弦函数随时间而变化，这就是简谐振动。式（10-3）是简谐振动的微分方程，式（10-1）表示简谐振动的动力学特征。广义地说，任何一个物理量，只要遵循式（10-3）和式（10-4）的关系而变化，那么就说这个物理量在做简谐振动。尽管不同物理量的本质有区别，但是简谐振动随时间遵从余弦函数（或正弦函数）的数学规律是广泛适用的。

二、简谐振动的速度和加速度

按速度及加速度的定义，可得到做简谐振动的物体在 t 时刻的速度及加速度的大小分别为

$$v=\frac{\mathrm{d}x}{\mathrm{d}t}=-A\omega\sin(\omega t+\varphi) \tag{10-5}$$

$$a=\frac{\mathrm{d}^2x}{\mathrm{d}t^2}=-A\omega^2\cos(\omega t+\varphi) \tag{10-6}$$

式（10-4）、式（10-5）、式（10-6）可用如图 10-2 所示的 x-t、v-t、a-t 曲线来表示。这些曲线显示出了做简谐振动的物体的位移、速度和加速度皆随时间做周期性变化。

不难看出：加速度的方向与位移方向恒相反。而且当位移达极大值时，速度为零；而当位移为零时，速度达极大值。

三、简谐振动的振幅、周期、频率和相位

振幅、周期、频率和相位都是描述简谐振动的物理量，现在结合简谐振动表达式

$x=A\cos(\omega t+\varphi)$来说明这些量的物理意义。

1. 振幅

做振动的物体离开平衡位置的最大位移的绝对值称为振幅。式（10-4）中的 A 是振幅。相应地，振动速度也存在一个极大值，称为速度幅$v_m=\omega A$；振动加速度也存在一个极大值，称为加速度幅 $a_m=\omega^2 A$。

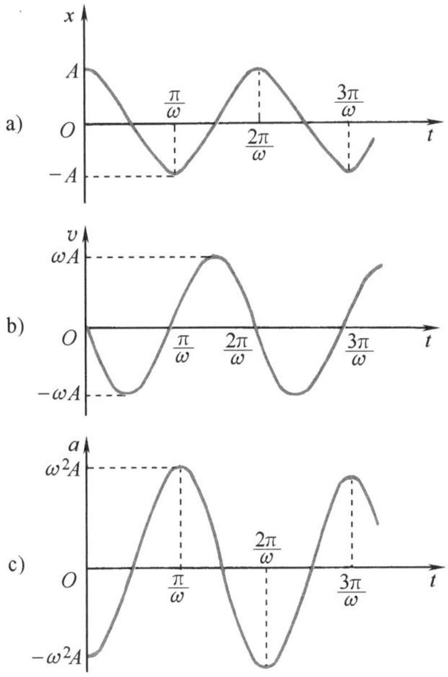

图 10-2 简谐振动的位移、速度、加速度图

2. 周期

简谐振动的特点是周期性，即振动物体的运动状态每经过一固定时间后又恢复到原来状态，这样就说它完成了一次完全振动。物体做一次完全振动所经历的时间叫作振动周期，用 T 表示。例如在图 10-1中，物体自位置 B 经 O 到达 C，然后再回到 B；或者物体自位置 O 到达 B，再经过 O 到达 C，然后再回到 O，做了一次完全振动，所经历的时间就是一个周期。所以物体在任意时刻 t 的位置、速度和加速度，应与物体在时刻（$t+T$）的位置、速度和加速度完全相同。因此，有

$$x=A\cos(\omega t+\varphi)=A\cos[\omega(t+T)+\varphi]$$

因为余弦函数的周期是 2π，所以

$$\cos(\omega t+\varphi)=\cos(\omega t+\varphi+2\pi)$$

对比以上两式可得

$$\omega T=2\pi$$

亦即

$$T=\frac{2\pi}{\omega}$$

频率是振动物体在单位时间内完成完全振动的次数，用 ν 表示。显然，由周期与频率的定义可知，应该有关系式

$$\nu=\frac{1}{T}=\frac{\omega}{2\pi}$$

在国际单位制中，频率的单位是赫兹，简称赫，符号为 Hz。

上式可写成 $\omega=2\pi\nu$，ω 称为圆频率（角频率），单位是 rad · s^{-1}（弧度 · 秒$^{-1}$）。它在数值上等于频率 ν 的 2π 倍。

对于弹簧振子，因为 $\omega=\sqrt{\dfrac{k}{m}}$，所以

$$T=2\pi\sqrt{\frac{m}{k}} \quad 及 \quad \nu=\frac{1}{2\pi}\sqrt{\frac{k}{m}}$$

由此可见，T、ν 是由系统本身的性质（m、k）所决定的，与振幅大小及其他因素无关，所以分别称为振动系统的固有周期和固有频率。

3. 相位

在位移 x、速度 v 及加速度 a 的表达式中，$(\omega t+\varphi)$ 称为振子在 t 时刻的相位，而 φ 是

$t=0$时刻的相位，称为初相位或初相。

在力学中，物体在某一时刻的运动状态，可以用位矢和速度来描述。在振幅 A 及圆频率 ω 确定的条件下，相位（$\omega t+\varphi$）是决定 t 时刻振动状态的量；φ 是决定$t=0$时刻振动状态的量，所以相位在振动学及波动学中是一个极为重要的概念。相位随时间而变化，每增加 2π，振子完成一次完全振动且又回到原来状态。显然，$\omega t+\varphi$ 与 $\omega t+\varphi+2\pi n$（n 是完全振动次数，是正整数）表示同一个振动状态。通常初相 φ 取区间$\left[-\frac{\pi}{2}, \frac{\pi}{2}\right]$中的值。

4. 初始条件

初始条件就是 $t=0$ 时刻初位移 x_0 和初速度 v_0。简谐振动表达式 $x=A\cos(\omega t+\varphi)$ 中的 ω（或 T 和 ν）是由振动系统本身的性质所决定。在圆频率 ω 已经确定的条件下，如果我们知道了物体的初位移 x_0 和初速度 v_0，就可确定简谐振动的振幅 A 和初相 φ。

将 $t=0$ 代入式（10-4）、式（10-5）得

$$x_0=A\cos\varphi$$

$$v_0=-A\omega\sin\varphi$$

从上两式即可求得 A、φ 的唯一解为

$$A=\sqrt{x_0^2+\frac{v_0^2}{\omega^2}}$$

$$\varphi=\arctan\left(-\frac{v_0}{\omega x_0}\right)$$

由此可见，简谐振动的振幅 A 及初相 φ 完全可由初始条件 x_0 及 v_0 决定。也就是说，对于给定的简谐振子，根据不同的初始条件，将以不同的振幅和初相振动，但它所具有的周期和频率是不会变的。

【例 10-1】 做简谐振动的小球，速度的最大值为 $v_m=0.03\text{m}\cdot\text{s}^{-1}$，振幅为 $A=0.02\text{m}$。求：

（1）振动周期。

（2）加速度的最大值。

（3）若令速度具有正最大值的时刻为 $t=0$，写出振动的表达式。

【解】 （1）因为速度最大值 $v_m=\omega A$，故

$$\omega=\frac{v_m}{A}=1.5\text{rad}\cdot\text{s}^{-1}$$

因此可得振动周期

$$T=\frac{2\pi}{\omega}=4.19\text{s}$$

（2）加速度的最大值

$$a_m=\omega^2A=\frac{v_m^2}{A}=4.5\times10^{-2}\text{m}\cdot\text{s}^{-2}$$

（3）已知初始条件

$$\begin{cases}x_0=0\\v_0=v_m\end{cases}$$

初相 φ 可求得

$$\varphi=\arctan\left(-\frac{v_0}{\omega x_0}\right)=\arctan(-\infty)=-\frac{\pi}{2}$$

于是可写出振动表达式为

$$x=A\cos(\omega t+\varphi)=0.02\cos\left(1.5t-\frac{\pi}{2}\right)\ (\mathrm{SI})$$

【例 10-2】 一轻弹簧的左端固定，其劲度系数 $k=1.60\mathrm{N\cdot m^{-1}}$，弹簧的右端系一质量 $m=0.40\mathrm{kg}$ 的物体，并放置在光滑的水平桌面上，参见图 10-1。今将物体从平衡位置沿桌面向右拉长到 $x_0=0.20\mathrm{m}$ 处释放，试求：

（1）简谐振动表达式。

（2）物体从初始位置运动到第一次经过 $\frac{A}{2}$ 处时的速度。

【解】（1）要确定一个物体的简谐振动表达式，需要确定圆频率 ω（或频率 ν）、振幅 A 和初相 φ 三个物理量。

圆频率 $$\omega=\sqrt{\frac{k}{m}}=\sqrt{\frac{1.60}{0.40}}\mathrm{rad\cdot s^{-1}}=2.0\mathrm{rad\cdot s^{-1}}$$

振幅和初相由初始条件 x_0 及 v_0 决定，已知 $x_0=0.20\mathrm{m}$，$v_0=0$，则

振幅 $$A=\sqrt{x_0^2+\frac{v_0^2}{\omega^2}}=x_0=0.20\mathrm{m}$$

初相 $$\varphi=\arctan\left(\frac{-v_0}{\omega x_0}\right)$$

根据题设 x_0 为正，$v_0=0$，故 $\varphi=0$。将 ω、A 和 φ 代入简谐振动表达式（10-4）可得

$$x=0.20\cos(2.0t)\ (\mathrm{SI})$$

（2）欲求 $x=\frac{A}{2}$ 处的速度，需先求出物体从初位置开始运动，第一次抵达 $\frac{A}{2}$ 处的相位。因为 $x=A\cos\omega t$，所以得

$$\omega t=\arccos\frac{x}{A}=\arccos\frac{\frac{A}{2}}{A}=\arccos\frac{1}{2}=\frac{\pi}{3}\left(\text{或}\frac{5}{3}\pi\right)$$

按题意物体由初位置 $x=+A$ 第一次运动到 $x=+\frac{A}{2}$ 处，相位 ωt 值应取第一象限，即取 $\omega t=\frac{\pi}{3}$。

将 A、ω 和 ωt 的值代入速度公式，可得

$$v=-A\omega\sin\omega t=\left[-0.20\times2.0\left(\sin\frac{\pi}{3}\right)\right]\mathrm{m\cdot s^{-1}}=-0.35\mathrm{m\cdot s^{-1}}$$

负号表示速度的方向沿 x 轴负方向。

【例 10-3】 一根固定在天花板上的轻弹簧，当下端挂一小物体时，弹簧伸长 $\Delta l=9.8\times10^{-2}\mathrm{m}$ 而平衡，如图 10-3 所示。今在此位置推动物体，使有一向上的速度 $1.0\mathrm{m\cdot s^{-1}}$ 而开始做简谐振动，试求：

（1）简谐振动表达式。

（2）物体从平衡位置向下运动到最远点的前一半路程所需的最短时间。

【解】（1）取向下为 x 轴正方向，平衡位置处 $x=0$，在平衡位置时，物体受到两个力作用：重力 $W=mg$ 及弹簧对物体向上的弹性力 $F=k\Delta l$，所以有

$$W-F=0$$

或 $$mg=k\Delta l$$

由此得圆频率

$$\omega=\sqrt{\frac{k}{m}}=\sqrt{\frac{mg}{\Delta lm}}=\sqrt{\frac{g}{\Delta l}}=\sqrt{\frac{9.8}{9.8\times10^{-2}}}\mathrm{rad\cdot s^{-1}}=10\mathrm{rad\cdot s^{-1}}$$

再由初始条件 $x_0=0$，$v_0=-1.0\mathrm{m\cdot s^{-1}}$ 及已知数据，代入

$$A=\sqrt{x_0^2+v_0^2/\omega^2}=\sqrt{v_0^2\cdot\Delta l/g}$$

$$\varphi=\arctan\left(-\frac{v_0}{\omega x_0}\right)$$

可算出 $A=0.1\mathrm{m}$，$\varphi=\frac{\pi}{2}$。于是，可写出简谐振动表达式

$$x=0.10\cos\left(10t+\frac{\pi}{2}\right)\ (\mathrm{SI})$$

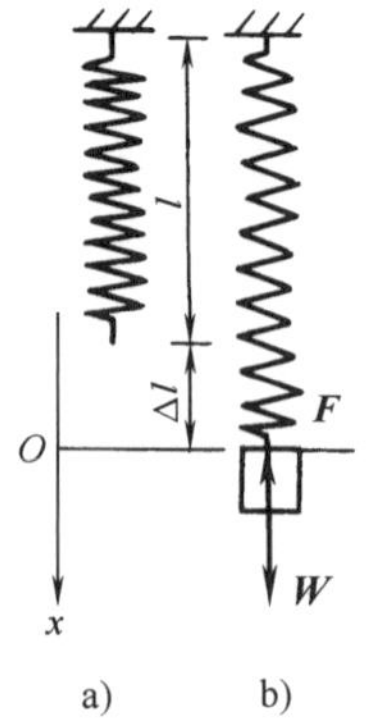

图 10-3 例 10-3 图

（2）可由振动表达式 $x=A\cos(\omega t+\varphi)$ 出发求解。设 t_1 时刻物体在平衡位置，即 $x_1=0$，那么必有 $\cos(\omega t_1+\varphi)=0$，由此有 $\omega t_1+\varphi=2n\pi+\frac{\pi}{2}$ 或 $2n\pi-\frac{\pi}{2}$（$n=0,1,2,3,\cdots$），但因此时物体是向正方向运动，$v_1>0$，必须 $\sin(\omega t_1+\varphi)<0$，故取 $\omega t_1+\varphi=2n\pi-\frac{\pi}{2}$，由此可得

$$t_1=\frac{(4n-1)\pi}{2\omega}-\frac{\varphi}{\omega}$$

又设 t_2 时刻物体运动到正方向路程的一半处，即 $x_2=\frac{A}{2}$，则应有 $\cos(\omega t_2+\varphi)=\frac{1}{2}$，亦即 $(\omega t_2+\varphi)=2n'\pi+\frac{\pi}{3}$ 或 $2n'\pi-\frac{\pi}{3}$（$n'=n+m$，$m=0,1,2,\cdots$），由于 $v_2>0$，要求 $\sin(\omega t_2+\varphi)<0$，故取 $\omega t_2+\varphi=2n'\pi-\frac{\pi}{3}$，且由题意知 $\left(2n'\pi-\frac{\pi}{3}\right)-\left(2n\pi-\frac{\pi}{2}\right)<\frac{\pi}{4}$，所以 $n'=n$ 由此可得

$$t_2=\frac{(6n-1)\pi}{3\omega}-\frac{\varphi}{\omega}$$

于是，由平衡位置到正方向最远点的前一半路程所需的最短时间为

$$\Delta t=t_2-t_1=\frac{\pi}{6\omega}=\frac{T}{12}=\frac{\pi}{6}\sqrt{\frac{\Delta l}{g}}=\frac{\pi}{6}\sqrt{\frac{9.8\times10^{-2}}{9.8}}\mathrm{s}=0.052\mathrm{s}$$

四、旋转矢量和参考圆

为了直观地领会简谐振动表达式中 A、ω 和 φ 的含义，并且为讨论振动的合成提供简便的方法，下面介绍简谐振动的旋转矢量表示法。

从 x 轴的原点作出一旋转矢量 $\boldsymbol{A}$，使 $|\boldsymbol{A}|=A$，令 $\boldsymbol{A}$ 绕原点 O 沿逆时针方向匀速旋转，转动的角速度等于简谐振动的圆频率 ω，如图 10-4 所示。设 $t=0$ 时刻 $\boldsymbol{A}$ 与 x 轴之间的夹角为 φ，t 时间内转过角度为 ωt，那么，t 时刻旋转矢量 $\boldsymbol{A}$ 在 x 轴上的投影是

$$x=A\cos(\omega t+\varphi) \tag{10-7}$$

这正是简谐振动表达式。

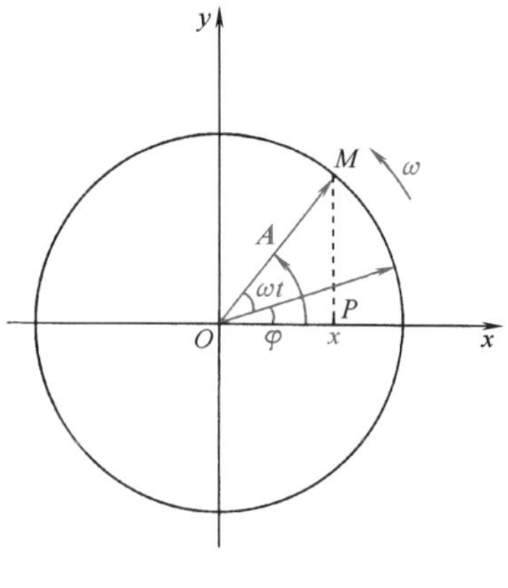

图 10-4 用旋转矢量表示简谐振动

简谐振动的矢量图示法也称为**旋转矢量法**，简谐振动可用旋转矢量表述，它是描述简谐振动的一种方法。它是用旋转矢量的端点 M 在 x 轴上的投影的运动来代表给定的简谐振动，旋转矢量的运动是转动，它的端点 M 在一个半径为 A 的圆周上运动，这个圆周叫作**参考圆**。

【例 10-4】 两个质点做同方向、同频率的简谐振动，当一个质点在 $x_1=+\frac{A}{\sqrt{2}}$处向左运动时，另一个质点在 $x_2=-\frac{A}{2}$处向右运动，用旋转矢量法求两个简谐振动的相位差。

【解】 根据题设条件，在 x 轴上分别画出 $x_1=+\frac{A}{\sqrt{2}}$及 $x_2=-\frac{A}{2}$，并画出运动方向。以 O 为圆心、A 为半径作一圆周，过 x_1、x_2 作 x 轴的铅垂线，分别交圆周于 M、M'及 N、N'点，如图 10-5 所示。这四个点分别是代表 x_1、x_2 的旋转矢量 $\boldsymbol{A}_1$、$\boldsymbol{A}_2$ 的可能的端点位置。由于旋转矢量的旋转方向只能是逆时针的，所以根据 x_1、x_2 的运动方向可以判断出旋转矢量 $\boldsymbol{A}_1$、$\boldsymbol{A}_2$ 的端点在题设时刻的位置，应该分别为 M 及 N，连接 OM 及 ON 作矢量 $\boldsymbol{A}_1$、$\boldsymbol{A}_2$ 即为所求，并由图可算出两者夹角，即相位差为

$$\Delta\varphi=\varphi_2-\varphi_1=\frac{4}{3}\pi-\frac{\pi}{4}+2n\pi=\frac{13}{12}\pi+2n\pi\ (n=0,\ \pm1,\ \pm2,\ \cdots)$$

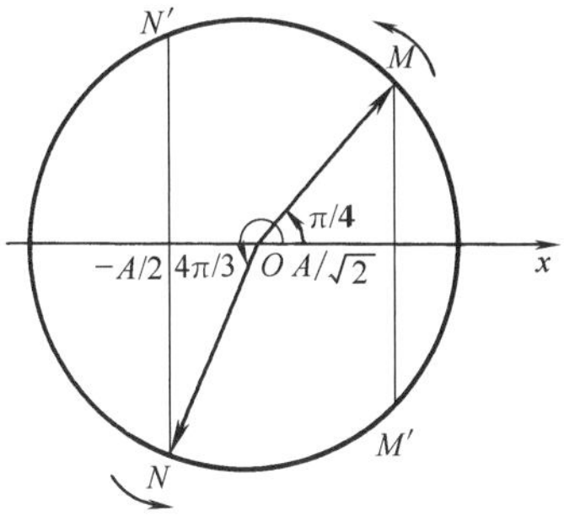

图 10-5 例 10-4 图

第二节 简谐振动的能量

简谐振动又称为无阻尼自由振动，由于系统不受任何阻力，所以系统遵循能量守恒定律。对于机械振动，则遵守机械能守恒定律。以弹簧振子来说，振动物体的**动能**为

$$E_k=\frac{1}{2}mv^2=\frac{1}{2}m\omega^2A^2\sin^2(\omega t+\varphi) \tag{10-8}$$

通常取物体在平衡位置时的势能为零，则**弹性势能**为

$$E_p=\frac{1}{2}kx^2=\frac{1}{2}kA^2\cos^2(\omega t+\varphi) \tag{10-9}$$

振子系统的**总机械能**为

$$E=E_k+E_p=\frac{1}{2}m\omega^2A^2=\frac{1}{2}kA^2=\text{恒量} \tag{10-10}$$

从式（10-8）和式（10-9）可以看出，它们均是时间的周期性函数，它们变化的周期是振动周期的一半。虽然弹簧振子的动能和势能随时间而变化，但在任一时刻总的机械能却是恒量，且与振幅的平方成正比。在每一周期内，动能和势能的平均值是相等的，而且都等于总能量的一半。

E_k、E_p 和 E 与时间或位移的关系分别如图 10-6、图 10-7 所示。

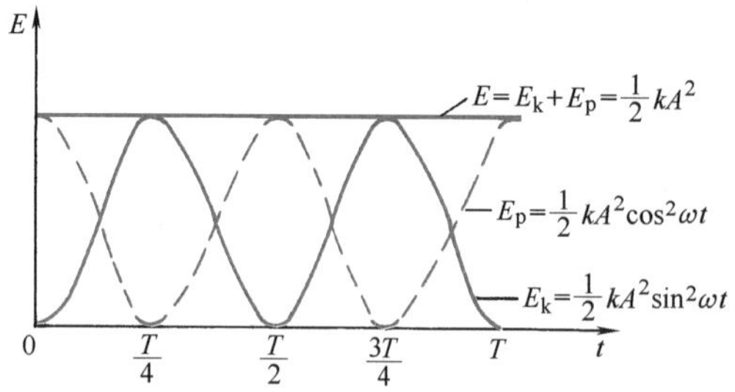

图 10-6 简谐振动中能量与时间的关系（$\varphi=0$）

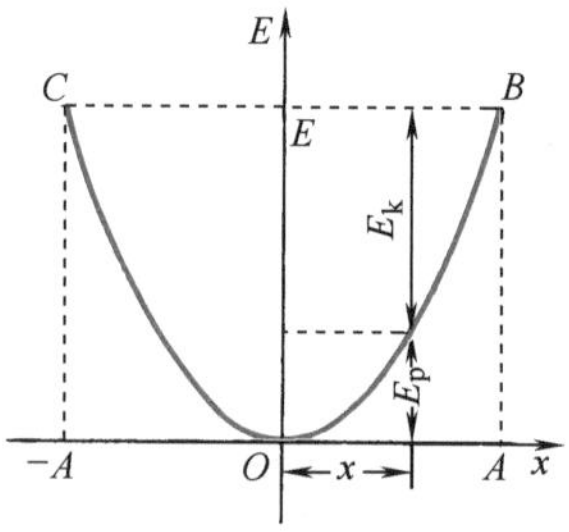

图 10-7 简谐振动的能量与位移的曲线

【例 10-5】 一质量为1.0×10^{-2}kg的物体做简谐振动，其振幅为2.4×10^{-2}m，周期为4.0s。当$t=0$时，位移为2.4×10^{-2}m。求$t=0.5$s时，物体所在的位置及其所受的力、动能、势能和总能量。

【解】 依题意

$$A=2.4\times10^{-2}\text{m}$$
$$\omega=\frac{2\pi}{T}=\frac{2\pi}{4.0}\text{rad}\cdot\text{s}^{-1}=\frac{\pi}{2}\text{rad}\cdot\text{s}^{-1}$$
$$\varphi=\arccos\frac{x_0}{A}=\arccos 1=0$$

故简谐振动表达式为

$$x=2.4\times10^{-2}\cos\left(\frac{\pi}{2}t\right)\ \text{(SI)}$$

当$t=0.5$s时，物体的位移为

$$x=\left[2.4\times10^{-2}\cos\left(\frac{\pi}{2}\times\frac{1}{2}\right)\right]\text{m}=1.7\times10^{-2}\text{m}$$

物体所受的力为

$$\begin{aligned}F&=m\frac{d^2x}{dt^2}=-m\omega^2x=\left[-1.0\times10^{-2}\times\left(\frac{\pi}{2}\right)^2\times1.7\times10^{-2}\right]\text{N}\\&=-4.2\times10^{-4}\text{N}\end{aligned}$$

系统的能量

$$\begin{aligned}E_k&=\frac{1}{2}m\left(\frac{dx}{dt}\right)^2=\frac{1}{2}m\left(-\omega A\sin\frac{\pi}{2}t\right)^2\\&=\left[\frac{1}{2}\times1.0\times10^{-2}\times\left(-\frac{\pi}{2}\times2.4\times10^{-2}\sin\frac{\pi}{4}\right)^2\right]\text{J}=3.55\times10^{-6}\text{J}\\E_p&=\frac{1}{2}kx^2=\frac{1}{2}m\omega^2x^2\\&=\left[\frac{1}{2}\times1.0\times10^{-2}\times\left(\frac{\pi}{2}\right)^2\times(1.7\times10^{-2})^2\right]\text{J}=3.56\times10^{-6}\text{J}\end{aligned}$$

$$E=E_k+E_p=\frac{1}{2}kA^2=7.1\times10^{-6}\text{J}$$

第三节 同方向、同频率简谐振动的合成

在很多实际情况中，常常涉及几个振动的合成，即一个质点往往同时参与两个或多个振

动。根据叠加原理，此时质点的运动就是这几个振动的合成，称为合振动，而参与合成的这几个振动称为分振动。

研究振动的合成，主要是探求合振动的运动表达式或轨迹方程，因为由此可以了解质点的运动情况。这里我们只讨论一种最简单的情况，即同方向、同频率的简谐振动的合成。

17 两个同频率同方向简谐振动的合成（张宇）

设一质点同时参与沿 x 轴方向的两个同频率的简谐振动，即

$$x_1 = A_1\cos(\omega t + \varphi_1)$$

$$x_2 = A_2\cos(\omega t + \varphi_2)$$

式中，ω 为圆频率；A_1、A_2 和 φ_1、φ_2 分别是两个简谐振动的振幅和初相位。

它们的合振动为

$$x = x_1 + x_2 = A_1\cos(\omega t + \varphi_1) + A_2\cos(\omega t + \varphi_2)$$

利用三角函数的性质可以证明，x_1 与 x_2 叠加的结果得出的合振动 x 也是圆频率为 ω 的简谐振动，即

$$x = A\cos(\omega t + \varphi)$$

式中，A 与 φ 分别是合振动的振幅与初相位，其值分别为

$$A = \sqrt{A_1^2 + A_2^2 + 2A_1A_2\cos(\varphi_2 - \varphi_1)} \tag{10-11}$$

$$\varphi = \arctan\left(\frac{A_1\sin\varphi_1 + A_2\sin\varphi_2}{A_1\cos\varphi_1 + A_2\cos\varphi_2}\right) \tag{10-12}$$

采用旋转矢量法也可以得出上述结论。如图 10-8 所示，两个分振动的旋转矢量分别为 $\boldsymbol{A}_1$ 和 $\boldsymbol{A}_2$，开始时（$t=0$），它们与 x 轴的夹角分别为 φ_1 和 φ_2，它们在 x 轴的投影分别为 x_1 及 x_2。由矢量合成的平行四边形法则，可作出合矢量 $\boldsymbol{A} = \boldsymbol{A}_1 + \boldsymbol{A}_2$。由于 $\boldsymbol{A}_1$、$\boldsymbol{A}_2$ 以相同的角速度 ω 绕 O 点做逆时针旋转，它们的夹角（$\varphi_2 - \varphi_1$）在旋转过程中保持不变，并以相同的角速度 ω 和 $\boldsymbol{A}_1$、$\boldsymbol{A}_2$ 一起绕 O 点做逆时针旋转。从图 10-8可以看出，任一时刻合矢量 $\boldsymbol{A}$ 在 x 轴上的投影 x，等于矢量 $\boldsymbol{A}_1$、$\boldsymbol{A}_2$ 在 x 轴上的投影 x_1、x_2 之代数和，即$x = x_1 + x_2$。因此合矢量 $\boldsymbol{A}$ 即为合振动所对应的旋转矢量，它的模即为合振动的振幅 A，开始时矢量 $\boldsymbol{A}$ 与 x 轴的夹角即为合振动的初相 φ。由图 10-8 可得合振动的位移

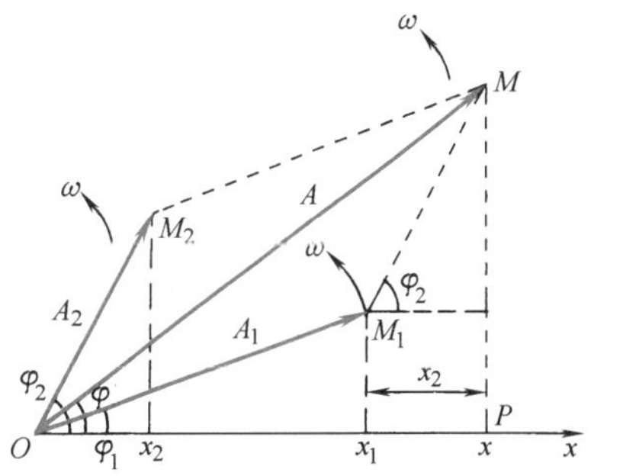

图 10-8 同频简谐振动的合成

$$x = A\cos(\omega t + \varphi)$$

由余弦定律可求得式（10-11），利用几何和三角关系不难求得式（10-12）。

由式（10-11）可见，合振幅的大小不但取决于两个分振幅 A_1、A_2，而且还与它们的相位差（$\varphi_2 - \varphi_1$）有关。下面我们讨论两种常见的特殊情况：

1）若相位差（$\varphi_2 - \varphi_1$）= $\pm 2k\pi$，$k=0$，1，2，⋯（亦即两个简谐振动的相位相同，或称同相位），则有

$$A=\sqrt{A_1^2+A_2^2+2A_1A_2}=A_1+A_2$$

也就是说，两个分振动同相时，合振动的振幅等于两分振动的振幅之和，合成的结果为互相加强。若 $A_1=A_2$，则 $A=A_1+A_2=2A_1$。

2）若相位差 $(\varphi_2-\varphi_1)=\pm(2k+1)\pi$，$k=0, 1, 2, \cdots$（亦即两个简谐振动的相位相反，或称反相位），则有

$$\cos(\varphi_2-\varphi_1)=-1$$

所以

$$A=\sqrt{A_1^2+A_2^2-2A_1A_2}=|A_1-A_2|$$

即当两分振动反相位时，合振动的振幅等于两分振动振幅之差的绝对值（振幅总是正的，故取绝对值），即合成的结果相互减弱。若 $A_1=A_2$，则 $A=0$。

在一般情形下，相位差 $(\varphi_2-\varphi_1)$ 可取任意值，而合振动的振幅值则是 A_1+A_2 和 $|A_1-A_2|$ 之间的某个值。

对于多个同方向、同频率简谐振动的合成，可用矢量合成的多边形法则进行研究。为此只要将代表每个简谐振动的旋转矢量按多边形法则相加，即可得到合振动的旋转矢量 $\boldsymbol{A}$ 和初相 φ，如图 10-9 所示。可以证明：多个同方向、同频率简谐振动合成后的合振动，仍是简谐振动。

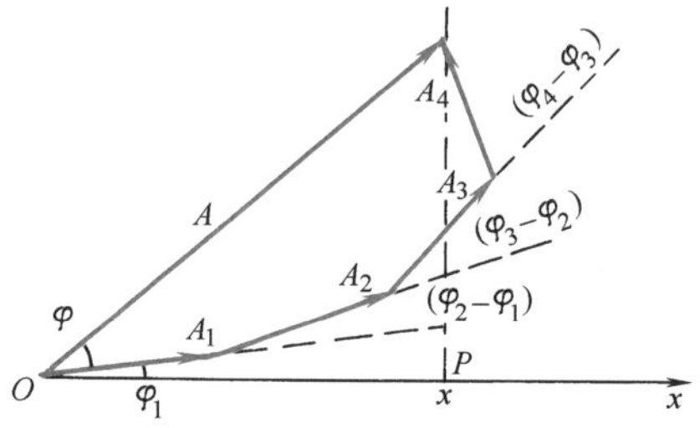

图 10-9 多个同方向、同频率简谐振动的合成

小 结

本章从运动学和动力学角度分析了简谐振动的特征。振幅、频率和相位是描述简谐振动的三个主要参量，其中频率是振动系统的固有特征，振幅和初相位则由初始条件决定。本章介绍了振动的动能和势能，受保守力作用的振动系统机械能守恒。当物体同时参与两种简谐振动时，其实际运动为两种振动的叠加。本章还介绍了最基本的同方向、同频率简谐振动的合成问题。

本章涉及的重要概念和原理有：

（1）简谐振动方程

$$x=A\cos(\omega t+\varphi)$$

$$\frac{\mathrm{d}^2x}{\mathrm{d}t^2}+\omega^2x=0$$

（2）简谐振动能量

振动动能 $E_\mathrm{k}=\frac{1}{2}mv^2=\frac{1}{2}m\omega^2A^2\sin^2(\omega t+\varphi)$

振动势能 $E_\mathrm{p}=\frac{1}{2}kx^2=\frac{1}{2}kA^2\cos^2(\omega t+\varphi)$

总机械能 $E=E_\mathrm{k}+E_\mathrm{p}=\frac{1}{2}m\omega^2A^2=\frac{1}{2}kA^2=$恒量

（3）同方向同频率简谐振动的合成

沿 x 轴方向的两个同频率的简谐振动

$$x_1 = A_1\cos(\omega t + \varphi_1)$$

$$x_2 = A_2\cos(\omega t + \varphi_2)$$

其合振动为

$$x = A\cos(\omega t + \varphi)$$

其中合振幅

$$A = \sqrt{A_1^2 + A_2^2 + 2A_1A_2\cos(\varphi_2 - \varphi_1)}$$

相位

$$\varphi = \arctan\left(\frac{A_1\sin\varphi_1 + A_2\sin\varphi_2}{A_1\cos\varphi_1 + A_2\cos\varphi_2}\right)$$

习　题

10-1　一个简谐振子的振动表达式为 $x = A\cos(3t + \varphi)$，已知初始条件为 $x_0 = 0.04\text{m}$，$v_0 = 0.24\text{m}\cdot\text{s}^{-1}$。求：振动的振幅 A 和初相 φ。

10-2　有一个简谐振子沿 x 轴方向做简谐振动，其速度最大值为 $v_m = 0.03\text{m}\cdot\text{s}^{-1}$，振幅为 $A = 0.02\text{m}$。若 $t = 0$ 时，振子速度具有正的最大值。试求：

（1）振动的周期 T。

（2）加速度的最大值 a_m。

（3）振动表达式。

10-3　一个做简谐振动的物体，其质量为 $1.0\times10^{-2}\text{kg}$，振幅为 $2.4\times10^{-2}\text{m}$，周期为 4.0s。当 $t = 0$ 时，物体位于正的最大位移处。求：

（1）$t = 0.5\text{s}$ 时物体所在的位置和物体所受的力。

（2）从起始位置运动到 $x = -1.2\times10^{-2}\text{m}$ 所需的最短时间。

10-4　一个物体做简谐振动，其振动周期为 T，求其经过下列过程所需要的最短时间。

（1）由平衡位置到最大位移的 1/2 处。

（2）由平衡位置到最大位移处。

（3）由最大位移的 1/4 处到最大位移处。

10-5　在铅垂平面内半径为 r 的一段光滑圆形轨道的最低处放置一小物体，轻碰一下此物体，物体沿圆形轨道来回做小幅度运动。试证：

（1）物体所做的运动是简谐振动。

（2）此简谐振动的周期为 $T = 2\pi\sqrt{\dfrac{r}{g}}$。

10-6　一个立方体均质木块，边长为 l，密度为 ρ，浮于水面上。平衡时浸入水中的高度为 a，用手把木块压下，使木块浸入水中的高度为 b，然后放手，木块将在水面做上下浮沉的往复运动。不计水对木块的阻力和被木块所吸附的水的质量。

（1）试证木块所做的运动是简谐振动。

（2）求此简谐振动的周期 T 和振幅 A。

10-7　题 10-7 图中定滑轮半径为 R、转动惯量为 J，轻弹簧劲度系数为 k，物体质量为 m，现将物体从平衡位置拉下一微小距离后释放，一切摩擦和空气阻力均可忽略，试证明系统做简谐振动，并求其做谐振动的周期。

10-8　如题 10-8 图所示，一半径为 R 的圆环上均匀分布着电荷量为 $+Q$ 的电荷。若有一电荷 $-Q$ 被限制在环的轴心线上（垂直于圆环平面）移动，试证明在环心附近处 $-Q$ 电荷将做简谐运动。

10-9 一单摆的悬线长 $L=1.5\mathrm{m}$，在顶端固定点的铅直下方 0.45m 处有一小钉，如题 10-9 图所示。设左右两方摆动均较小，则单摆的左右两方摆动幅值之比 A_1/A_2 的近似值为多少？

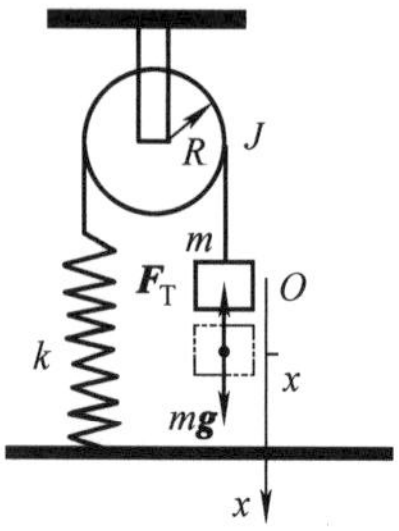

题 10-7 图

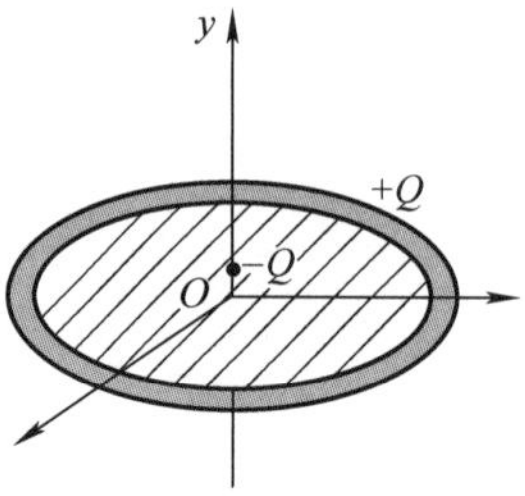

题 10-8 图

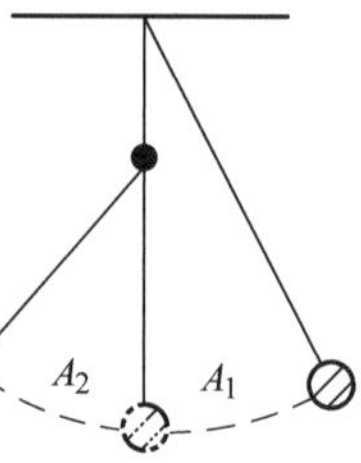

题 10-9 图

10-10 一弹簧振子的质量为 0.25kg，弹簧劲度系数为 $k=25\mathrm{N\cdot m^{-1}}$。$t=0$ 时，系统的动能和势能分别为 0.2J 和 0.6J。试求：

（1）振幅 A。

（2）振子在位移 $x=\pm\dfrac{A}{2}$时，系统的动能和势能。

（3）振子经过平衡位置时的速度。

10-11 弹簧上挂一砝码，质量为 100g，砝码静止时，弹簧伸长 5cm。如果把砝码再铅垂地拉下 2cm，然后放手，试求：砝码振动的振幅和系统振动的总能量。

10-12 一个质点做简谐振动，其振动表达式为 $x=6\times10^{-2}\cos\left(\dfrac{\pi}{3}t-\dfrac{\pi}{4}\right)$（SI）。试求：

（1）当 x 值为多大时，系统的动能等于势能？

（2）质点从平衡位置移动到此位置所需要的最短时间。

10-13 一质点同时参与两个在同一直线上的简谐振动，两振动的表达式分别为

$$x_1=4\cos\left(2t+\frac{\pi}{6}\right)\ (\mathrm{cm})$$

$$x_2=3\cos\left(2t-\frac{5\pi}{6}\right)\ (\mathrm{cm})$$

求：合成振动的振幅和初相。

10-14 有两个同方向的简谐振动，振动表达式分别为 $x_1=4\cos\left(6t+\dfrac{\pi}{3}\right)$和 $x_2=3\cos\left(6t-\dfrac{\pi}{6}\right)$（SI）。

（1）求合振动的振幅和初相。

（2）若有另一简谐振动，表达式为 $x_3=8\cos(6t+\varphi)$（SI），则 φ 为何值时，x_1+x_3 的合振幅为最大？φ 为何值时，x_2+x_3 的合振幅为最小？

第十一章　机　械　波

波动是一种常见的物质运动形式，在自然界中随处可以观察到。振动的传播过程称为波动。机械振动在弹性介质中的传播过程称为机械波，如绳子上的声波和水面波等。但是，波动不限于机械波，无线电波、光波等也是波动，这类波是交变电磁场在空间的传播过程，叫作电磁波。此外，科学家们从理论上和实践中都已确定，像电子、α 粒子等实物粒子也具有波动性。虽然各类波的本质不同，但它们具有波动的共同特征。

本章主要通过机械波来说明波动过程的一些基本概念和基本规律。

第一节　机械波的产生和传播

一、机械波的产生和传播的条件

机械波是机械振动在弹性介质中的传播。引起波动的最先振动的物体称为波源。弹性介质的特点是组成介质的各质元之间以弹性力相互作用，它可以是气体，也可以是液体或固体。当弹性介质中任意质元离开平衡位置时，由于形变，邻近的质元将对它产生弹性力的作用，使它在平衡位置附近做振动。与此同时，这个质元将对邻近的质元以弹性力的作用使邻近的质元也在平衡位置附近振动。这样，当弹性介质的一部分发生振动时，由于介质各部分间的弹性联系，振动将由近及远地在介质中传播出去，形成机械波。显然，产生机械波的条件有二，即波源和弹性介质。

波的传播只是振动状态的传播，或者说是振动能量的传播。波动到达的区域中，介质质元只是在各自平衡位置附近做振动，它们并不随波向前运动。

根据介质中各质元的振动方向与波的传播方向的关系，波可分为横波和纵波两类：质元的振动方向与波的传播方向互相垂直的波称为横波，如绳上传播的机械波就是横波；质元的振动方向与波的传播方向相同的波称为纵波，如在空气中传播的声波就是纵波。横波和纵波是两种最简单的波。

研究表明，机械波的横波在介质中传播的条件是介质必须具有切变弹性。固体具有切变弹性，液体和气体没有切变弹性，所以机械波的横波只能在固体中传播，而不能在液体或气体中传播。机械波的纵波在介质中传播的条件是介质必须具有体变弹性。固、液、气体都具有体变弹性，所以机械波的纵波可以在它们中传播。

二、波线、波面与波阵面

波源在弹性介质中振动时，振动向各个方向传播。我们沿波的传播方向画一些带有箭头的线，叫作波射线，简称波线。在波传播时，介质中各质元都在平衡位置附近振动，我们把振动相位相同的各点所连成的曲面，叫作同相面或波面。在任一时刻，波面可以有任意多个，一般只画几个作为代表，如图11-1所示。某一时刻波所到达的最前面各点组成的曲面称为波前或波阵面。显然，波前是波面的特例，波前是最前面的那个波面。在任一时刻，只有一个波前。我们可以按波前的形状将波分成球面波和平面波等。波前是球面的波叫作球面波，波前是平面的波叫作平面波。在各向同性的介质中，波线恒与波面垂直。

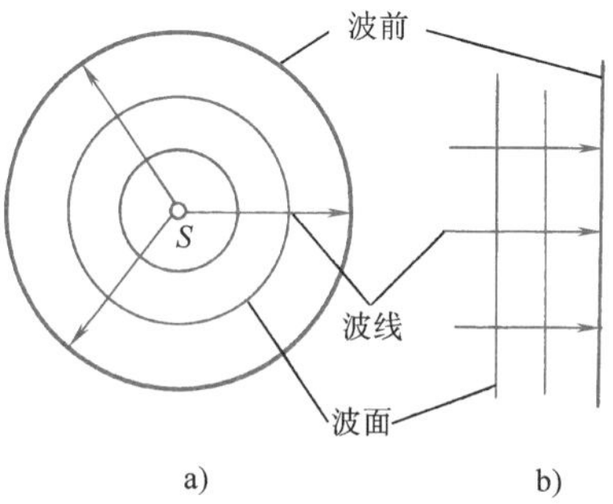

图11-1 波线、波面与波前
a）球面波 b）平面波

无限大各向同性的均匀介质中，在离开波源很远的地方的球面波，其波面的曲率已经很小，在不大范围内可以被认为是平面波。

三、波长、周期、频率、波速

在波动过程中，波源的振动是逐点向周围传播的，介质中各质元开始振动的时刻先后不同，因而各质元振动的相位不同。为了描述波动，我们引入几个常用的物理量。

1. 波长

由于介质中各个质元是依次先后被带动而振动的，所以沿着波传播方向的各质元的振动相位是依次落后的，在同一条波线上相位差为2π的两质元之间的距离，即一个完整波的长度，称为波长，用λ表示。

在横波情况下，波长等于波线上相邻两个波峰或相邻两个波谷间的距离；在纵波情况下，波长等于波线上相邻两个密部中心或相邻两个疏部中心的间距。由此可见，在波的传播方向上，每隔一个波长λ，振动状态就重复一次。因此，波长描述了波在空间的周期性。

2. 周期和频率

传播一个波长所需要的时间，或一个完整的波通过波线上某点所需要的时间，叫作波的周期，用T表示。周期的倒数，称为频率，用ν表示。频率是在单位时间内，波通过介质中某一点的波长的数目。显然，$\nu=\dfrac{1}{T}$。波的周期和频率等于介质中每个质元振动的周期和频率，而在波的传播过程中，介质中各个质元都是在做受迫振动，且是在稳定状态，所以它们的振动周期和频率都与波源的振动周期和频率相同。周期T描述了波在时间上的周期性。

3. 波速

我们已经知道，波动是振动的传播过程。某一振动状态在单位时间内所传播的距离叫作波速，用u表示。机械波波速的大小与介质的性质及波的类型有关。按照定义，一定的振动状态在时间T内，在空间的传播距离是λ，因此有

$$u=\frac{\lambda}{T} \tag{11-1}$$

这表明了波在时间上的周期性和空间上的周期性之间的联系。

可以证明，固体内的横波和纵波的传播速度u的大小分别为

$$u=\sqrt{\frac{G}{\rho}} \quad （横波）$$

$$u=\sqrt{\frac{E}{\rho}}\quad（纵波）$$

式中，G 和 E 分别为固体的切变模量和弹性模量；ρ 是固体介质的密度。

在液体或气体内纵波的传播速度的大小为

$$u=\sqrt{\frac{K}{\rho}}$$

式中，K 是体积模量；ρ 是液体或气体介质的密度。

波长 λ、周期 T（或频率 ν）、波的传播速度 u 是描述波动基本特性的物理量。在同一介质中，不同频率的波其波长不同；同一波源发出的波在不同介质中传播时，波长也是不同的。

第二节 平面简谐波

当介质中存在波动时，各质元的振动很复杂。如果各质元只做一次或间歇地做多次脉冲振动，这种波称为脉冲波；如果介质各质元是连续不断地振动，这种波称为连续波。一个不断向前传播的波动称为行波。连续行波中一种最简单又是最基本的情况是介质各质元都做简谐振动，这种波称为简谐波。波面是平面的简谐波就被称为平面简谐波。本节将建立平面简谐波的数学表达式，并讨论其物理意义。

一、平面简谐波的表达式

设波动是在无限大、均匀且无吸收的理想介质中以速度 u 沿 x 轴正方向传播的，波线就是 x 轴，以 O（波线上任一点）为坐标原点。为了清楚地描述波线上各质元的振动，我们用 x 表示各个质元在波线上的平衡位置，用 y 表示它们的振动位移（必须注意，每一质元的振动位移是对它自己的平衡位置而言的）。y 的方向与波的类型有关，如果是横波，位移 y 与 x 轴垂直；对于纵波，则位移 y 沿 x 轴方向。y 是质元振动的位移，而不是坐标系中的坐标 y。

假定 O 点处（$x=0$ 处）质元的振动表达式为

$$y_O=A\cos(\omega t+\varphi_0)$$

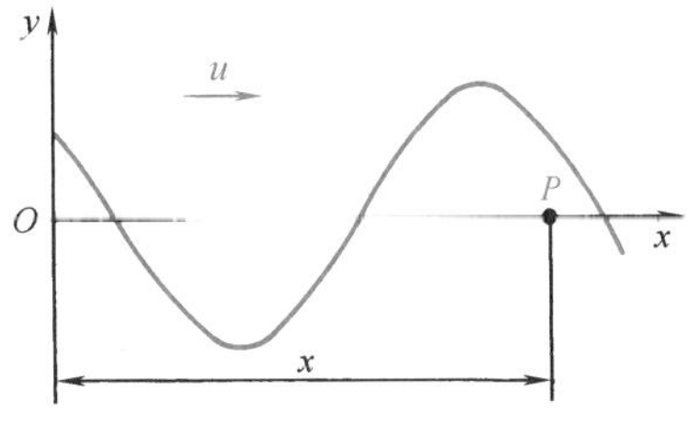

图 11-2 平面简谐波的表达

式中，A 是振幅；ω 是圆频率；φ_0 是 $t=0$ 时刻 O 点处质元的振动初相位；y_O 是 O 点处质元在时刻 t 离开其平衡位置的位移。设 P 为波线上另一任意点，距 O 点为 x，如图 11-2 所示。现在要确定 P 点处的质元在时刻 t 的位移。因为振动是从 O 点传播到 P 点的，所以 P 点处质元的振动将落后于 O 点处的质元。落后的时间就是振动从 O 点传到 P 点所需要的时间 x/u。因此，P 点处质元在时刻 t 的位移等于 O 点处质元在时刻$\left(t-\frac{x}{u}\right)$的位移，即

$$y_P=A\cos\left[\omega\left(t-\frac{x}{u}\right)+\varphi_0\right]\qquad(11\text{-}2a)$$

18 平面简谐波方程（张宇）

利用关系式 $u=\lambda\nu$ 及 $\omega=\frac{2\pi}{T}=2\pi\nu$，上式还可以写成下列形式：

$$y = A\cos\left[2\pi\left(\frac{t}{T} - \frac{x}{\lambda}\right) + \varphi_0\right] \tag{11-2b}$$

$$y = A\cos\left[2\pi\left(\nu t - \frac{x}{\lambda}\right) + \varphi_0\right] \tag{11-2c}$$

式（11-2）代表波在介质中传播时，介质中任意点的质元在任意时刻的位移，所以式（11-2）称为沿 x 轴的正方向传播的平面简谐波表达式。

如果波沿 x 轴的负方向传播，则图 11-2 中的 P 点处的质元要比 O 点处的质元先开始振动 x/u 时间，在其他条件不变的情况下，式（11-2）括号中的负号应改为正号。于是，沿 x 轴负方向传播的平面简谐波表达式是

$$y = A\cos\left[\omega\left(t + \frac{x}{u}\right) + \varphi_0\right] \tag{11-3a}$$

或

$$y = A\cos\left[2\pi\left(\frac{t}{T} + \frac{x}{\lambda}\right) + \varphi_0\right] \tag{11-3b}$$

$$y = A\cos\left[2\pi\left(\nu t + \frac{x}{\lambda}\right) + \varphi_0\right] \tag{11-3c}$$

下面我们进一步阐明波动表达式的物理意义。式（11-2）表示在波的传播过程中，介质中任意质元的振动位移 y 是该质元的空间位置 x 和时间 t 的周期性函数，即 $y = y(x,t) = y(x + n\lambda, t + mT)$（$m$、$n$ 为整数）。它们的关系可分别讨论如下。

1. x 是恒量

当 x 一定（即考察介质中波线上的某一点）时，那么该处质元的位移 y 将只是时间 t 的函数，这时的波动表达式表示距原点为 x 处的质元在各个不同时刻的位移，所以坐标为 x 处这一质元的振动表达式可改写为

$$y = A\cos\left(\omega t - \omega\frac{x}{u} + \varphi_0\right) = A\cos(\omega t + \varphi)$$

式中，$\varphi = -\frac{\omega}{u}x + \varphi_0 = -2\pi\frac{x}{\lambda} + \varphi_0$，表示在 x 处质元的振动初相位，它与 x 的值有关。由上式可见，在理想介质中不同位置 x 处的各质元以相同的振幅 A 和圆频率 ω 做简谐振动，但各质元的相位不同。当 $x > \varphi_0\lambda/2\pi$ 时，φ 为负值，说明各质元的相位落后，而且 x 越大，相位越落后，即沿波传播方向上，各质元的相位依次落后，这是波动过程的基本特征。

2. t 是恒量

这表示在确定的某一时刻 t，各质元的位移只是质元所在处的坐标 x 的函数，即 $y = y(x)$，它表示同一波线上各质元在同一时刻的位移分布情况。如果以 x 为横坐标、y 为纵坐标，作 y-x 曲线，我们得到的是该时刻的波形曲线，如图 11-3 所示。对于横波，各质点的排列就如图 11-3 所示；但对于纵波，此曲线只表示各质元的位移大小和正负，决不能认为质点就排列在此曲线上。

3. x 和 t 都变化

如果 x 和 t 都在变化，则波动表达式表示波线上各个不同质元在不同时刻的位移。我们仍以 x 为横坐标、y 为纵坐标，分别用实线与虚线画出 t 和 $t + \Delta t$ 两时刻的波形，如图 11-4 所示。我们看到，在 $t + \Delta t$ 时刻，$x + \Delta x$ 处的质元 b 的位移，与 t 时刻、x 处质元 a 的位移相同、即

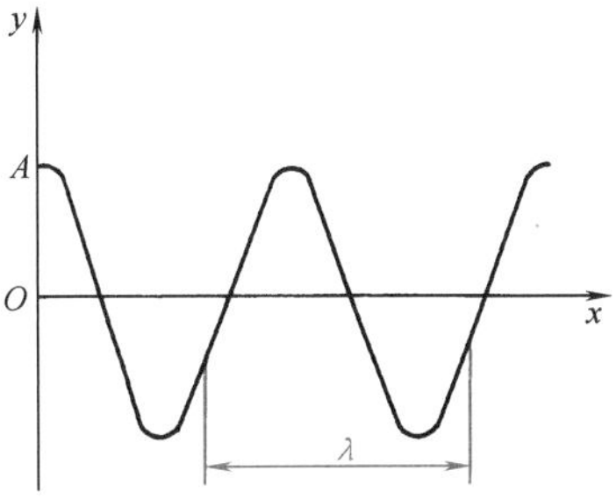

图 11-3 波形图

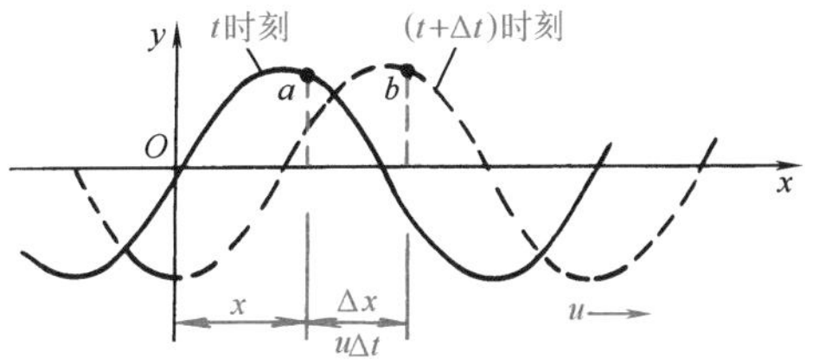

图 11-4 波的传播

$$y = A\cos\left\{\omega\left[(t+\Delta t) - \frac{x+\Delta x}{u}\right] + \varphi_0\right\} = A\cos\left[\omega\left(t - \frac{x}{u}\right) + \varphi_0\right]$$

显然

$$\Delta t = \frac{\Delta x}{u} \quad 或 \quad \Delta x = u\Delta t$$

则在 Δt 时间内，整个波形向前移动了一段路程 $\Delta x = u\Delta t$。亦即，波形以速度 u 沿 x 轴正方向前进。所以，式（11-2）也称为平面简谐行波表达式。

由平面简谐波表达式可以求得介质中各质元的振动速度 v 和振动加速度 a，即

$$v = \frac{\partial y}{\partial t} = -\omega A\sin\left[\omega\left(t - \frac{x}{u}\right) + \varphi_0\right] \tag{11-4}$$

$$a = \frac{\partial v}{\partial t} = \frac{\partial^2 y}{\partial t^2} = -\omega^2 A\cos\left[\omega\left(t - \frac{x}{u}\right) + \varphi_0\right] \tag{11-5}$$

要注意区分波的传播速度（相速）u 与介质中各质元的振动速度 v。相速 u 仅由介质本身的性质所决定，而质元振动速度 v 与初始条件有关。

还需指出，对于沿 x 轴正向传播的波，若我们并不知道 $x=0$ 处质元的振动表达式，而是已知 $x=x_0$ 处质元的振动表达式为 $y=A\cos(\omega t+\varphi)$，那么，同样可以得到此波的表达式应为

$$y = A\cos\left[\omega\left(t - \frac{x-x_0}{u}\right) + \varphi\right] \tag{11-6}$$

用此式解题较为方便。

【例 11-1】 一沿 x 轴正方向传播的平面简谐波，波的传播速度为 $u=1\text{m}\cdot\text{s}^{-1}$，振幅为 $A=1.0\times10^{-3}\text{m}$，频率为 $\nu=0.5\text{Hz}$，位于 $x=4\text{m}$ 处的质元的振动表达式为 $y=A\cos(\omega t+\varphi)$，已知在 $t=0$ 时刻，该质元的振动位移为 $y_0=0$，振动速度为 $v_0=1.0\times10^{-3}\pi\ \text{m}\cdot\text{s}^{-1}$。试求：

（1）平面简谐波表达式。

（2）$t=1\text{s}$ 时刻各质元的位移分布。

（3）$x=0.5\text{m}$ 处质元的振动规律。

【解】（1）先求 $x=4\text{m}$ 处的质元的振动初相位 φ。为此，将 $\omega=2\pi\nu=\pi\ \text{rad}\cdot\text{s}^{-1}$、$A=1.0\times10^{-3}\text{m}$、$v_0=1.0\times10^{-3}\pi\ \text{m}\cdot\text{s}^{-1}$ 及 $y_0=0$ 分别代入该点处质元的振动速度表达式及振动表达式中，分别得到

$$\sin\varphi = -1 \qquad \cos\varphi = 0$$

由此得

$$\varphi=\frac{3}{2}\pi \quad 或 \quad -\frac{\pi}{2}$$

于是，平面简谐波表达式可写出

$$y=1.0\times10^{-3}\cos\left\{\pi[t-(x-4)]+\frac{3}{2}\pi\right\}\ (\mathrm{SI})$$

（2）将 $t=1\mathrm{s}$ 代入上式，即可得各质元的位移分布

$$y=1.0\times10^{-3}\cos\left(\frac{13}{2}\pi-\pi x\right)=1.0\times10^{-3}\sin(\pi x)\ (\mathrm{SI})$$

（3）$x=0.5\mathrm{m}$ 处质元的振动规律为

$$y=1.0\times10^{-3}\cos\left[\pi(t+3.5)+\frac{3}{2}\pi\right]=-1.0\times10^{-3}\cos(\pi t)\ (\mathrm{SI})$$

【例 11-2】 如图 11-5 所示，已知 $t=0$ 时刻的波形曲线为Ⅰ，波沿 x 轴正向传播，经过 $t=\frac{1}{2}\mathrm{s}$ 后波形变为曲线Ⅱ。已知波的周期 $T>1\mathrm{s}$，试根据图中所给条件，写出波动表达式。

【解】 由图可知：$A=0.01\mathrm{m}$，$\lambda=0.04\mathrm{m}$，同相点在 $\frac{1}{2}\mathrm{s}$ 内移动 0.01m 或 0.05m、0.09m、…，设移动 0.01m，则波速 $u=\frac{x}{t}=0.02\mathrm{m\cdot s^{-1}}$，可得 $T=2\mathrm{s}$。若设移动0.05m，则波速 $u'=\frac{x'}{t}=0.1\mathrm{m\cdot s^{-1}}$，这样得到的周期 $T'=\frac{\lambda}{u'}=0.4\mathrm{s}<1\mathrm{s}$，这与本题要求不符，所以取波速 $u=0.02\mathrm{m\cdot s^{-1}}$，$T=2\mathrm{s}$，于是 $\omega=\frac{2\pi}{T}=\pi\ \mathrm{rad\cdot s^{-1}}$。

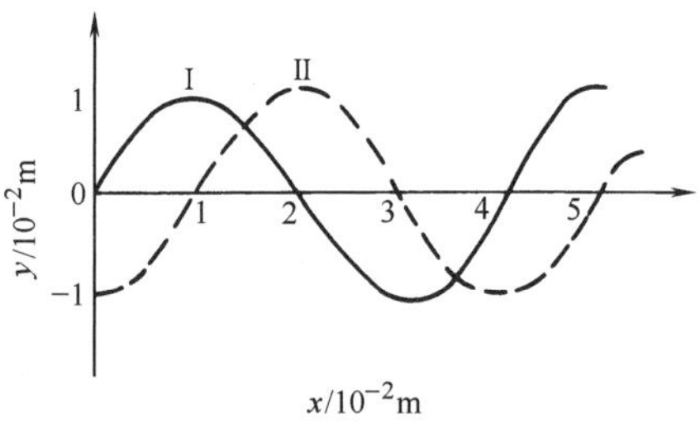

图 11-5 例 11-2 图

从 $x=0$ 点看，$t=0$ 时，$y=0$，且 $v_0=\frac{\partial y}{\partial t}<0$，可得 $\varphi=\frac{\pi}{2}$。

所以，$x=0$ 点处质元的振动表达式为

$$y=0.01\cos\left(\pi t+\frac{\pi}{2}\right)\ (\mathrm{SI})$$

则得波动表达式

$$y=0.01\cos\left[\pi\left(t-\frac{x}{0.02}\right)+\frac{\pi}{2}\right]\ (\mathrm{SI})$$

二、平面简谐波的能量、能流

在波动过程中，波源的振动是通过弹性介质由近及远地传播出去的，使介质中原来静止的各质元都依次在各自的平衡位置附近开始振动，因而介质中振动的质元具有动能，同时介质中各质元因发生形变而具有势能。随着波动的继续向前传播，波的能量也不断向前传播。所以，波动过程也是能量的传播过程。不同的波，传播能量的多少也不同，能量大的波可以在海上掀翻万吨巨轮，在陆上可以震坍一座城市，而能量小的波只是激起“涟漪波光”。

下面我们以平面简谐波为例，对波的能量传播做简单分析。

1. 能量和能量密度

设介质是无限大、均匀且无吸收的理想介质，其密度为 ρ，取一体积 $\mathrm{d}V$ 为质元，它的质

量是 $dm = \rho dV$。质元应选得很小，以至可以认为整个质元的振动状态完全一致，即它的位移及振动速度分别为

$$y = A\cos\left[\omega\left(t - \frac{x}{u}\right) + \varphi_0\right]$$

$$v = \frac{\partial y}{\partial t} = -A\omega\sin\left[\omega\left(t - \frac{x}{u}\right) + \varphi_0\right]$$

所以，此质元的动能为

$$dE_k = \frac{1}{2}(dm)v^2 = \frac{1}{2}\rho dVA^2\omega^2\sin^2\left[\omega\left(t - \frac{x}{u}\right) + \varphi_0\right] \tag{11-7}$$

可以证明，质元中的弹性形变势能 dE_p 与动能 dE_k 相等。这样，体积为 dV 的质元，其总机械能 dE 为

$$dE = dE_k + dE_p = \rho dVA^2\omega^2\sin^2\left[\omega\left(t - \frac{x}{u}\right) + \varphi_0\right] \tag{11-8}$$

我们定义波的能量密度是介质单位体积内的波的能量，用 w 表示，即

$$w = \frac{dE}{dV} = \rho A^2\omega^2\sin^2\left[\omega\left(t - \frac{x}{u}\right) + \varphi_0\right] \tag{11-9}$$

由上述各式可见，波动的能量和简谐振动的能量有显著的不同。在单一的简谐振动系统中，动能和势能相互转换，动能达到最大时势能为零，势能达到最大时动能为零，系统的总机械能守恒。在波动的情况下，由上述公式可以看出，在任意时刻质元的动能和势能与总能量都随时间 t 做周期性的变化，且其动能和势能的变化是同相位的，在任一时刻动能和势能都相等。在某一时刻它们同时达到最大值，在另一时刻又同时达到最小值。可见对任意质元来说，它的机械能是不守恒的，沿着波动的传播方向，该质元从后面的介质获得能量，又把能量传递给前面的介质。通过质元不断地吸收和不断地传递，能量便从介质的一部分传递到另一部分。总之，波的传播总是伴随着能量的传播，故波动是能量传播的一种形式。

在波动过程中，描述所传播的能量还常用到平均能量密度，即

$$\bar{w} = \frac{1}{T/2}\int_0^{T/2} w dt = \frac{1}{2}\rho A^2\omega^2 \tag{11-10}$$

从上可见，波的能量、能量密度和平均能量密度都与振幅的平方、频率的平方及介质的密度成正比。这一结论也适用于非平面简谐波的其他机械波。

2. 能流和能流密度

波动过程伴随着能量的传播。我们把单位时间内通过介质中垂直于波传播方向的某一面积的能量，叫作通过该面积的能流。能量的传播速度就是波速 u，对于介质中一块垂直于波的传播方向的面积 S 而言，单位时间内通过 S 面传播的平均能量称为平均能流 $\bar{p}$，即

$$\bar{p} = \bar{w}uS \tag{11-11}$$

它等于体积为 uS 的长方体中的平均能量。

我们定义：单位时间内通过垂直于波的传播方向单位面积上的平均能量称为能流密度，用 I 表示，于是有

$$I = \frac{\bar{p}}{S} = \bar{w}u = \frac{1}{2}\rho A^2\omega^2 u \tag{11-12}$$

能流密度也称为波的强度。式（11-12）可写成矢量式

$$\boldsymbol{I}=\frac{1}{2}\rho A^{2}\omega^{2}\boldsymbol{u} \tag{11-13}$$

能流密度的单位是 $\mathrm{W\cdot m^{-2}}$（瓦·米$^{-2}$）。

对于球面波，随着传播距离 r 的增大，从波源发出的能量将通过越来越大的球面向外传播，如图 11-6 所示，因而能流密度将随着 r 的增大而减小。对于无吸收的理想介质，由波源 O 发出的波，通过球面 $S_1=4\pi r_1^2$ 和 $S_2=4\pi r_2^2$ 的能流应该相等，且等于波源的平均功率。由式（11-12）可计算得通过 S_1 和 S_2 面的平均能流 $\bar{p}_1$ 和 $\bar{p}_2$ 分别为

$$\bar{p}_1=\frac{1}{2}\rho A_1^2\omega^2 u\cdot 4\pi r_1^2$$

$$\bar{p}_2=\frac{1}{2}\rho A_2^2\omega^2 u\cdot 4\pi r_2^2$$

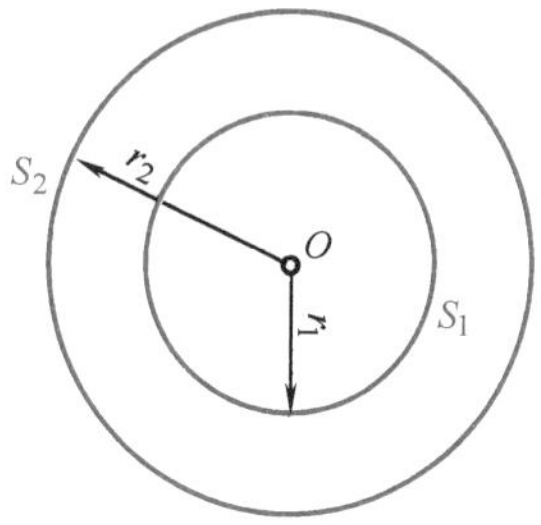

图 11-6 球面波的波面

式中，A_1 和 A_2 分别是 S_1 面 S_2 面上波的振幅。由于 $\bar{p}_1=\bar{p}_2$，则可得

$$\frac{A_1}{A_2}=\frac{r_2}{r_1}$$

即介质质元的振幅与质元离开波源的距离成反比。所以，球面简谐波表达式可以写为

$$y=\frac{A}{r}\cos\left[\omega\left(t-\frac{r}{u}\right)+\varphi_0\right]$$

式中，r 是与波源的距离；常数 A 的物理意义是距波源单位长度处介质质元的振幅。

对于平面波而言，介质质元的振幅不随其离开波源的距离而变，为一常量。

【例 11-3】 一平面简谐波，频率为 300Hz，波速为 $340\mathrm{m\cdot s^{-1}}$，在截面面积为 $3.00\times10^{-2}\mathrm{m}^2$ 的管内的空气中传播，若在 10s 内通过截面的能量为 $2.70\times10^{-2}\mathrm{J}$，求：

（1）通过截面的平均能流。

（2）波的平均能流密度。

（3）波的平均能量密度。

【解】（1）平均能流 $\bar{p}=\frac{\bar{E}}{t}=2.70\times10^{-3}\mathrm{J\cdot s^{-1}}$

（2）平均能流密度 $I=\frac{\bar{p}}{S}=9.00\times10^{-2}\mathrm{J\cdot s^{-1}\cdot m^{-2}}$

（3）由公式 $I=\bar{w}u$，可得平均能量密度 $\bar{w}=\frac{I}{u}=2.65\times10^{-4}\mathrm{J\cdot m^{-3}}$

第三节 惠更斯原理 波的衍射

一、惠更斯原理

我们可以做这样一个小实验：如图 11-7 所示，在一个大盆中盛上水，然后将一块中间开有小孔 a 的薄木板竖直放在盆内，将水隔成两部分，当我们搅动其中一部分，使波在其中

传播时将看到，只要小孔的孔径足够小，通过小孔后的波总是以小孔为中心的球面波，与原来波的形状无关。这样，小孔可以看作是一个发出新波的波源。改变小孔在板上的位置，仍出现上述现象。1690 年，英国物理学家惠更斯（Huygens）在总结了上述现象后，发表了关于波传播的一条重要原理——惠更斯原理。根据这个原理，可以从某一时刻的波阵面，求出其后任意时刻波阵面的新位置与形状。

惠更斯指出：波动在介质中传播到的各点都可以看作是发射子波的波源，而在其后的任意时刻，这些子波的包络面就是该时刻的波阵面，这就是惠更斯原理。它使我们可以用几何作图的方法来决定下一时刻的波阵面。惠更斯原理适用于任何波动过程（机械波或电磁波），而且波动经过的介质，不论是均匀的或非均匀的，是各向同性的或各向异性的，也都可以根据这一原理用几何作图的方法，由已知某一时刻的波阵面的位置，确定下一时刻波阵面的位置，从而确定波的传播方向。

下面以球面波和平面波为例，说明惠更斯原理的应用。如图 11-8a 所示，波源发出的球面波以波速 u 在均匀各向同性介质中传播，若在 t 时刻波阵面是半径为 R_1 的球面 S_1，根据惠更斯原理，S_1 面上的各点都是新的子波源，每一个子波源都发射一个球面子波。经过 Δt 时间后，每个子波传播的距离均为 $r=u\Delta t$。如果以 S_1 面上的各点为中心，以 r 为半径作一些半球形子波，那么，这些子波的包络面 S_2 即为 $t+\Delta t$ 时刻的新的波阵面。显然，S_2 是以 O 为中心，以 $R_2=R_1+u\Delta t$ 为半径的球面。平面波在传播过程中，也可以用同样的方法求得新波阵面的位置，如图 11-8b 所示。

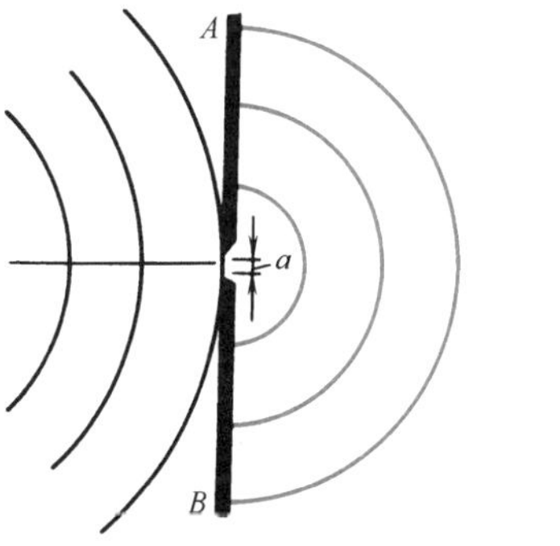

图 11-7　新的球面波子波源

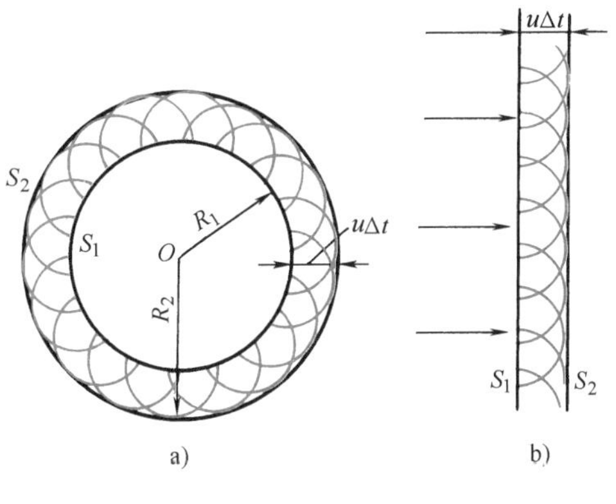

图 11-8　用惠更斯原理求新的波阵面

利用惠更斯原理可以解释波的反射和折射定律，可以定性地分析衍射现象。必须指出，惠更斯原理有它不够完善之处：它不能说明各个子波在传播中对某一点处的质元的振动有多少贡献，它也不能说明为什么波不往后传播。

二、波的衍射

当波在传播过程中遇到有限大的障碍物时，可以绕过障碍物而传到直线传播所传不到的地方。如果在较大的障碍物上有小孔，那么，波也会通过小孔，并传播到直线传播所传不到的地方。上述现象叫作波的衍射（或绕射）。声音能够从门缝传到别的房间中，就是因为声波的衍射。

进一步的研究表明，当障碍物或小孔的线度与波的波长差不多时，衍射现象相当明显，反之，则不明显。不过，即使衍射现象在某些情况下不明显甚至观察不到，只要是波动，就一定会存在衍射现象。衍射现象是波动的一个重要特性。

波的衍射现象可以用惠更斯原理做定性说明。如图11-9所示，平面波传播到一个宽度与波长相近的狭缝时，狭缝处介质各点处的质元都可看作是发射子波的波源。在其后 Δt 时间后，作出这些子波的包络面，就是新的波阵面。很明显，此时的波阵面已不再保持原来的平面了，在边缘附近波阵面发生弯曲，波的传播方向在该处有了改变。

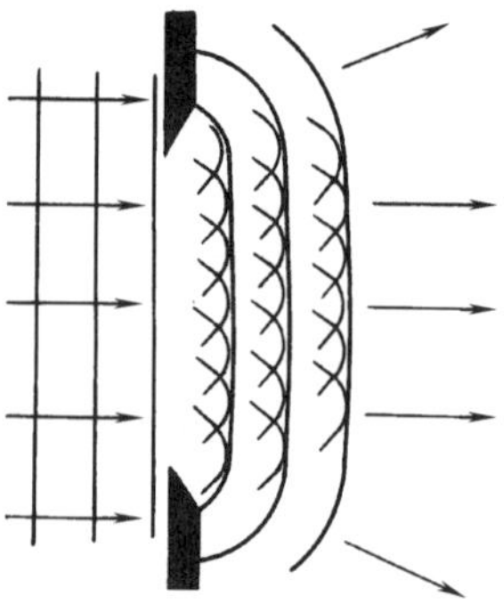

图11-9 波的衍射

上面只是定性说明，若要定量计算则需应用惠更斯-菲涅耳原理。

第四节 波的干涉

以上所讨论的是一列波在介质中传播的情况。如果有几列波同时在介质中传播，那会产生什么现象呢？人们在长期观察后，总结出了波的叠加原理。

一、波的叠加原理

如果几列波在空间某点处相遇，相遇处质元的振动将是各个波单独存在时在该点所引起的振动的合成。在任一时刻，质元的位移是各个波在该点所引起的位移的矢量和，或者说，每一个波都独立地保持自己原有的特性（频率、波长、振动方向等），对该点的振动做出自己的贡献，就像在各自的传播路程中没有遇到其他的波一样。这种波动传播过程中出现的各振动独立地参加叠加的事实，称为波的叠加原理。

需要指出，上述叠加原理只有当几列波的强度都不太大时才成立。

二、波的干涉

像波的衍射一样，波的干涉也是波动的一个重要特性。

当频率相同、振动方向相同、相位相同或相位差恒定的两列波相遇时，使介质中某些地方振动始终加强，而使另一些地方振动始终减弱的现象，称为波的干涉。这两列能够产生干涉的波叫作相干波，它们的波源叫作相干波源。需要说明，这里的“始终”并不是“永远”，而只指一段可观察到的、较为稳定的持续时间。

下面我们从波的叠加原理出发，应用同方向、同频率的简谐振动合成的结论，来分析干涉现象的产生，并确定干涉加强和减弱的条件。

如图11-10所示，设两相干波源 S_1 和 S_2 的振动表达式分别为

$$y_1 = A_{10}\cos(\omega t + \varphi_1)$$
$$y_2 = A_{20}\cos(\omega t + \varphi_2)$$

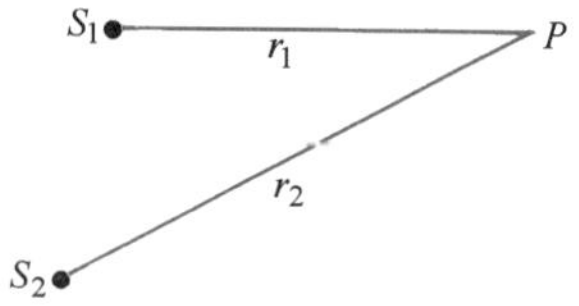

图11-10 两列波的干涉

式中，ω 为两波源做简谐振动的圆频率；A_{10}、A_{20}分别为它们的

振幅；φ_1、φ_2 分别为它们的初相。若两波源发出的两列波在同一介质中传播，分别经过 r_1、r_2 的距离，并设这两列波到达空间某一点 P 相遇时的振幅分别为 A_1 和 A_2，波长为 λ，则这两列波在 P 点所引起的质元振动分别为

$$y_1 = A_1\cos\left(\omega t + \varphi_1 - \frac{2\pi r_1}{\lambda}\right)$$

$$y_2 = A_2\cos\left(\omega t + \varphi_2 - \frac{2\pi r_2}{\lambda}\right)$$

这是两个同方向、同频率的简谐振动。

根据振动的合成可知，P 点的振动也是简谐振动，且有

$$y = y_1 + y_2 = A\cos(\omega t + \varphi) \tag{11-14}$$

其中

$$A = \sqrt{A_1^2 + A_2^2 + 2A_1A_2\cos\Delta\varphi} \tag{11-15}$$

$$\Delta\varphi = (\varphi_2 - \varphi_1) - \frac{2\pi}{\lambda}(r_2 - r_1) \tag{11-16}$$

$$\varphi = \arctan\frac{A_1\sin\left(\varphi_1 - \frac{2\pi r_1}{\lambda}\right) + A_2\sin\left(\varphi_2 - \frac{2\pi r_2}{\lambda}\right)}{A_1\cos\left(\varphi_1 - \frac{2\pi r_1}{\lambda}\right) + A_2\cos\left(\varphi_2 - \frac{2\pi r_2}{\lambda}\right)} \tag{11-17}$$

因为 $\Delta\varphi$ 为一恒量，所以合振动的振幅也是一个恒量。这样，干涉的结果使空间各点的振幅各自保持不变，在空间某些点处振动始终加强，在某些点处振动始终减弱。

下面讨论一下振动加强和减弱在空间的分布情况。

1）由式（11-16）可知，在满足

$$\Delta\varphi = \varphi_2 - \varphi_1 - \frac{2\pi}{\lambda}(r_2 - r_1) = \pm 2k\pi, \quad k = 0, 1, 2, \cdots$$

时，$\cos\Delta\varphi = 1$，这时 $A = A_1 + A_2$，合振幅最大，称为干涉加强。

若令 $\delta = r_1 - r_2$，称为两相干波从各自波源到达 P 点时所经过的波程差，且$\varphi_1 = \varphi_2$，则上述条件可改写为

$$\Delta\varphi = \frac{2\pi}{\lambda}(r_1 - r_2) = \pm 2k\pi, \quad k = 0,1,2,\cdots$$

或

$$\delta = r_1 - r_2 = \pm k\lambda, \quad k = 0, 1, 2, \cdots \tag{11-18}$$

亦即，在两列波的相位差等于零或 π 的偶数倍的空间各点，或者说初相差为 0 时在波程差等于零或波长的整数倍的空间各点，质元的合振动的振幅最大。

2）同理，在满足

$$\Delta\varphi = \varphi_2 - \varphi_1 - \frac{2\pi}{\lambda}(r_2 - r_1) = \pm(2k+1)\pi, \quad k = 0, 1, 2, \cdots$$

的空间各点的质元的合振动的振幅最小，且其值为 $A = |A_1 - A_2|$。

如果 $\varphi_1 = \varphi_2$ 时，则上述条件可改写为

$$\Delta\varphi=\frac{2\pi}{\lambda}(r_1-r_2)=\pm(2k+1)\pi,\quad k=0,1,2,\cdots$$

或

$$\delta=r_1-r_2=\pm(2k+1)\frac{\lambda}{2},\quad k=0,1,2,\cdots \tag{11-19}$$

亦即，在两列波的相位差为 π 的奇数倍的空间各点，或者说初相差为 0 时在波程差等于半波长的奇数倍的空间各点，质元的合振动的振幅最小。

3）在其他情况下，即在两列波的相位差不等于 π 的整数倍的空间各点，质元的合振动的振幅的数值是在最大值 $A=A_1+A_2$ 和最小值 $A=|A_1-A_2|$之间的某一定值。

如果两列波不是相干波，将观察不到干涉现象。

【例 11-4】 位于 A、B 两点的两相干波源，相位差为 π，振动频率都为 100Hz，产生的波以$10.0\text{m}\cdot\text{s}^{-1}$的速度传播。波源 A 的振动初相位为 π/3，介质中的 P 点与 A、B 两点等距离，如图 11-11 所示。两波源 A、B 在 P 点所引起的振动的振幅都为 5.0×10^{-2}m。求 P 点的振动表达式。如果 A、B 的相位差为$\frac{\pi}{2}$，则又如何？

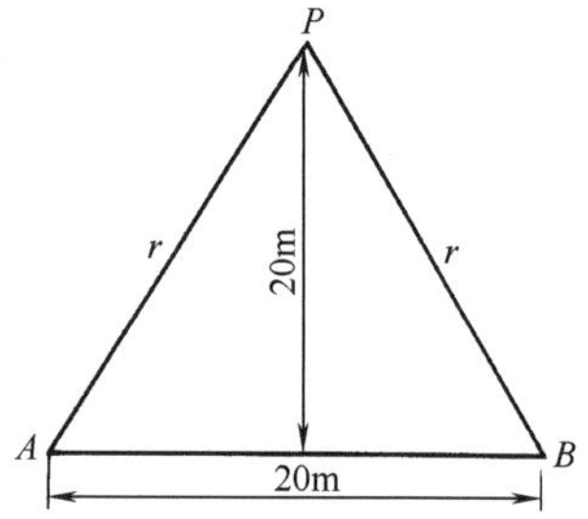

图 11-11 例 11-4 图

【解】 设波源 A 的振动表达式为

$$y_A=A_1\cos(\omega t+\varphi_A)$$

波源 B 的振动表达式为

$$y_B=A_2\cos(\omega t+\varphi_B)$$

根据题意已知 $A_1=A_2=A=5.0\times10^{-2}\text{m}$，$\nu=100\text{Hz}$，$\varphi_A=\frac{\pi}{3}$，$\varphi_B=\varphi_A\pm\pi$；$u=10\text{m}\cdot\text{s}^{-1}$。

由波动表达式可知，波源 A、B 产生的波使 P 点处质元分别按下面的振动表达式振动：

$$y_{AP}=A\cos\left[\omega\left(t-\frac{r}{u}\right)+\varphi_A\right]$$

$$y_{BP}=A\cos\left[\omega\left(t-\frac{r}{u}\right)+\varphi_B\right]$$

所以，合振动表达式为

$$y_P=y_{AP}+y_{BP}=A_P\cos(\omega t+\varphi)$$

其中

$$A_P=\sqrt{A^2+A^2+2A^2\cos\pi}=0$$

可见，P 点因干涉而处于静止状态。

若 A、B 的相位差为$\frac{\pi}{2}$，则

$$A_P=\sqrt{A^2+A^2+2A^2\cos\frac{\pi}{2}}=\sqrt{2}A=\sqrt{2}\times5.0\times10^{-2}\text{m}=7.1\times10^{-2}\text{m}$$

$$\varphi=\arctan\frac{2\sqrt{3}}{1-\sqrt{3}}=-78.1^\circ$$

于是

$$y_P=7.1\times10^{-2}\cos(200.0\pi t-78.1^\circ)\ (\text{SI})$$

三、驻波

驻波是一种特殊的干涉现象，它是在一定条件下由两列振动方向相同、振幅相等的相干波在同一直线上沿相反方向传播时叠加而成的。

设有两列振幅相同、频率相同、振动方向相同的平面简谐波，分别沿 x 轴正、负方向传播。它们的波动表达式分别为

$$y_1 = A\cos\left[2\pi\left(\nu t - \frac{x}{\lambda}\right) + \varphi_1\right]$$

$$y_2 = A\cos\left[2\pi\left(\nu t + \frac{x}{\lambda}\right) + \varphi_2\right]$$

式中，A 为振幅；ν 为频率；λ 为波长。

根据波的叠加原理，在两列波相遇处各点的位移为两波各自引起的位移的合成，即

$$y = y_1 + y_2 = A\cos\left[2\pi\left(\nu t - \frac{x}{\lambda}\right) + \varphi_1\right] + A\cos\left[2\pi\left(\nu t + \frac{x}{\lambda}\right) + \varphi_2\right]$$

$$= 2A\cos\left(2\pi\frac{x}{\lambda} + \alpha\right)\cos(2\pi\nu t + \beta) \qquad (11\text{-}20)$$

式中，$\alpha = \frac{\varphi_2 - \varphi_1}{2}$；$\beta = \frac{\varphi_1 + \varphi_2}{2}$。式（11-20）就是驻波表达式。从式中可以看出，$2A\cos\left(2\pi\frac{x}{\lambda} + \alpha\right)$与时间无关，它只与 x 有关，即波线上各点的振幅是不同的。波线上各点做振幅为$\left|2A\cos\left(2\pi\frac{x}{\lambda} + \alpha\right)\right|$、频率为 ν 的简谐振动。我们对此式做进一步讨论：

1）凡满足

$$\left|\cos\left(2\pi\frac{x}{\lambda} + \alpha\right)\right| = 1$$

亦即位置

$$x' = x + \frac{\alpha\lambda}{2\pi} = \pm k\frac{\lambda}{2}, \quad k = 0, 1, 2, \cdots \qquad (11\text{-}21)$$

19 驻波（张宇）

的各质元，振幅最大，其值为 $2A$，称为波腹。而相邻两波腹之间的距离 Δx_1 为

$$\Delta x_1 = x_{n+1} - x_n = x'_{n+1} - x'_n = (n+1)\frac{\lambda}{2} - n\frac{\lambda}{2} = \frac{\lambda}{2}$$

2）凡满足

$$\left|\cos\left(2\pi\frac{x}{\lambda} + \alpha\right)\right| = 0$$

亦即位置

$$x' = x + \frac{\alpha\lambda}{2\pi} = \pm(2k+1)\frac{\lambda}{4}, \quad k = 0, 1, 2, \cdots \qquad (11\text{-}22)$$

的各质元，振幅为零，静止不动，称为波节。相邻两波节之间的距离 Δx_2 为

$$\Delta x_2 = x_{n+1} - x_n = x'_{n+1} - x'_n = [2(n+1)+1]\frac{\lambda}{4} - (2n+1)\frac{\lambda}{4} = \frac{\lambda}{2}$$

而相邻两波腹与波节之间的距离为

$$\Delta x_3 = x_{n波节} - x_{n波腹} = (2n+1)\frac{\lambda}{4} - n\frac{\lambda}{2} = \frac{\lambda}{4}$$

可见，波腹和波节是沿 x 轴等距、相间分布的。

在波腹与波节之间的各质元的振幅显然是介于 $2A$ 和 0 之间的某个值，其值的大小与 x 有关。这一结果是驻波与行波不同之处。

3）现在考察驻波中各点的相位。各点振动的相位与 $\cos\left(2\pi\frac{x}{\lambda}+\alpha\right)$ 的正负有关，凡是使 $\cos\left(2\pi\frac{x}{\lambda}+\alpha\right)$ 为正的各点的相位均相同，凡是使 $\cos\left(2\pi\frac{x}{\lambda}+\alpha\right)$ 为负的各点的相位也都相同，并且上述二者的相位相反。由于波节两边各点，$\cos\left(2\pi\frac{x}{\lambda}+\alpha\right)$ 有相反的符号，因此波节两边各点处质元振动相位相反；在两波节之间各点，$\cos\left(2\pi\frac{x}{\lambda}+\alpha\right)$ 具有相同的符号，因此两波节之间各点处质元振动相位相同。也就是说，波节两边各点处的质元同时沿相反方向达到振动的最大值，又同时沿相反的方向通过平衡位置；两波节之间各点处的质元则沿相同方向达到最大值，又同时沿相同方向通过平衡位置。在每一时刻，驻波都有一定的波形，但此波形既不左移，也不右移，各点处质元以确定的振幅在各自的平衡位置附近振动，介质中既没有向前也没有向后的能量传递，因此称为驻波。由于驻波的波形和能量都不“传播”，因此，可以说驻波并不是一个波动，而是一种特殊形式的振动。

上述的驻波形成过程，可以用图 11-12 的实验装置来演示。弦线的一端 A 固定在音叉的一个脚上，另一端架在劈尖 B 上，跨过定滑轮 P 后挂着一个砝码 m，使弦线中有一定的张力。音叉振动时，调节劈尖 B 至适当位置，使 AB 具有某一长度时，可以看到 A、B 之间的弦线上形成稳定的振动状态，在弦线的 A、B 之间形成驻波。调节砝码 m 的值，或调节 AB 间的距离，就可以调节使弦线 AB 段的长度等于半波长的整数倍，以改变所产生驻波的波腹和波节的数目。

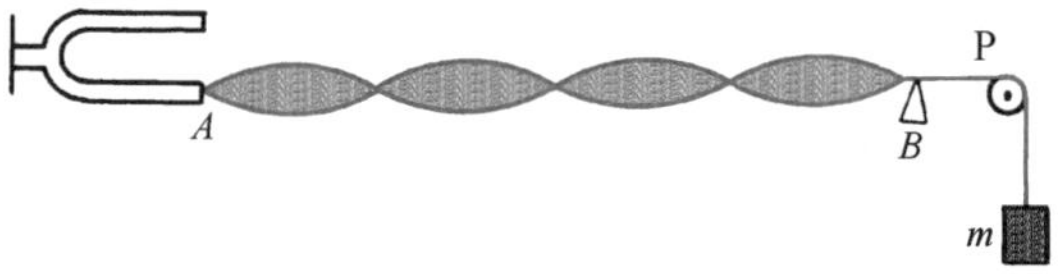

图 11-12 驻波实验

弦线上的驻波是怎么形成的呢？当音叉振动时，带动弦线的 A 端振动，由 A 端振动所引起的波，沿弦线向右传播，在到达 B 点遇到障碍（劈尖）时产生反射。反射波则沿弦线向左传播。这样，在弦线上，向右传播的入射波和向左传播的反射波发生干涉现象，就在弦线上产生了驻波。

弦线上产生驻波时，在弦线的固定端一定形成波节。这一事实说明，波的反射点固定时，反射波与入射波在反射点的相位相反，即反射波要改变 π 相位。这相当于反射波少了半个波长。我们把反射时的这种相位改变称为半波损失。如果反射点是自由端，则在反射点形成波腹，即反射波的相位不变化，就没有半波损失。

第五节 多普勒效应

在前面讨论的各种波动现象中，我们假定波源、介质和观察者三者都是相对静止的。但是，事实上会经常遇到波源、观察者或是这两者相对于介质有运动，这时候，观察者会发现波的频率有变化。这种因为波源或观察者相对于介质有相对运动而使观察者接收到的波的频率有所变化的现象，称为多普勒效应。它是多普勒（J. C. Doppler）于1842年发现的。今以机械波为例来做一简单介绍。

我们设波源和观察者的运动在同一条直线上。波在介质中的传播速度为 u，波源相对于介质的运动速度为 v_S，观察者相对于介质的运动速度为 v_A。当波源的振动频率为 ν_0 时，在相对静止的介质中的波长为 $\lambda_0=\dfrac{u}{\nu_0}$。

下面就三种不同情况讨论：

1）波源相对于介质静止（$v_S=0$），观察者相对于介质以速度 v_A 运动。

若 v_A 与 u 反方向（即观察者以速度 v_A 接近静止的波源），那么，单位时间内观察者所接收到的波数（就是频率）是在（$u+v_A$）的长度内的波数，即有

$$\nu'=\frac{u+v_A}{\lambda_0}=\frac{u+v_A}{u}\nu_0$$

可见，此观察者接收到的频率高于波源的频率。

若观察者以速度 v_A 离开静止的波源，与上式类似，可得

$$\nu'=\frac{u-v_A}{\lambda_0}=\frac{u-v_A}{u}\nu_0$$

此时，观察者接收到的频率低于波源的频率。

合并上述两式，可得到在波源相对于介质静止，而观察者在运动时所接收到的波的频率为

$$\nu'=\frac{u\pm v_A}{u}\nu_0 \qquad (11\text{-}23)$$

当观察者向着波源运动时取正号，离开波源时取负号。

2）观察者相对于介质静止 $v_A=0$，波源相对于介质以速度 v_S 运动。

波源的运动不影响波速 u，但影响到波在介质中的分布。波源的每一次振动向外传播时，它就在各向同性均匀介质中形成一个个的球面波。由于波源的移动，所以每个振动形成的波阵面的球心都相对前一个波阵面的球心前移 $v_S T$ 距离，于是各个波阵面都向前“压缩”了。这样，可计算通过观察者所在处的波长为

$$\lambda=\lambda_0-v_S T=uT-v_S T=(u-v_S)T$$

由于波速不变，只是波长变短，所以观察者接收到的频率变为

$$\nu''=\frac{u}{\lambda}=\frac{u}{u-v_S}\nu_0 \qquad (11\text{-}24)$$

这时，观察者接收到的频率高于波源的频率。

如果波源远离观察者而运动，只要将 v_S 以负值代入即可得到。这时，观察者接收到的频

率低于波源的频率。

3）观察者与波源同时相对于介质运动。

只要将上述两种情况合并，即可得关系式

$$\nu = \frac{u \pm v_A}{u \mp v_S}\nu_0 \tag{11-25}$$

如果观察者和波源的运动不是在同一条直线上，则将速度在连线上的分量作为 v_A、v_S 代入上式即可。

多普勒效应也是波动的特征之一，其应用日益广泛，在测量一些物体的运动速度时，精度较高。对于包括光在内的电磁波，多普勒效应也存在，但由于它们以光速传播，还需考虑相对论效应，情况较为复杂，这里只介绍一下结论。当光源和观察者的相对速度为 v 时，光在真空中传播速度为 c、频率为 ν_0。观察者接收到的光的频率为

$$\nu = \nu_0 \sqrt{\frac{c - v}{c + v}}$$

当光源离开观察者而运动时，v 为正，$\nu < \nu_0$；当光源接近观察者而运动时，v 为负，$\nu > \nu_0$。

多普勒效应在科学技术上有许多应用。例如，利用光的多普勒效应可测定宇宙中星体的运动情况、测定人造卫星的位置变化、测定流体的流速，等等。

*第六节 声学简介

振动频率在 20Hz～20kHz 的机械振动称为声振动，而在这个频率范围内的机械波则称为声波或可闻声波。频率低于 20Hz 的机械波称为次声波，频率高于 20kHz 的机械波称为超声波。

研究声振动、声波及有关现象的科学称为声学。目前声学有很多分支，例如建筑声学、水声学、超声学……

噪声对人类工作、生活的影响也越来越大，研究噪声及其控制也成为环境科学的一个重要组成部分。

一、声速、声强及声压

声波在流体介质中只能以纵波形式出现，而声波主要传播介质是空气，若把空气看成是理想气体，可推导出声速公式为

$$u = \sqrt{\frac{\gamma RT}{M}} \tag{11-26}$$

式中，M 为气体的摩尔质量；γ 为气体的摩尔热容比；R 为摩尔气体常数；T 为热力学温度。

在标准状态下，空气中声速为 $331\mathrm{m \cdot s^{-1}}$。大气层在任何时候都可按温度不同而分成许多层，声速 u 与$\sqrt{T}$成正比，声波在这些大气层中的声速不一样。当声波的波线斜穿这些层时，波线将由于多次折射而弯曲。夏日白天近地空气温度较高，远地空气温度较低，声波的波线将向上弯曲，黑夜则相反。结果使得白天声音传播得较近，而夜晚则可传播得较远。

对于人耳来说，可闻声波不仅振动频率须在 20Hz～20kHz，而且对声波的强度亦有要求。

声强就是声波的平均能流密度，与其他机械波一样，声强公式为

$$I=\frac{1}{2}\rho uA^2\omega^2$$

对正常听觉的人，能听到的最弱声强是10^{-12}W·m^{-2}，而能够忍受的最高声强是1W·m^{-2}。人耳对不同频率的声波的感觉灵敏度不一样。根据测试结果，以频率ν为横坐标，以声强I为纵坐标，可以画出两条实验曲线，分别称为可闻阈或痛阈。在两曲线之间是人耳的听觉范围，如图11-13所示。

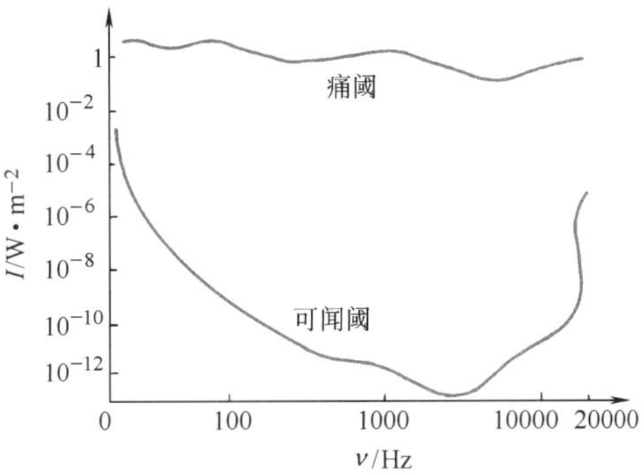

图11-13 人耳的听觉范围

从图中可见，人耳对声强可感受的最高与最低之间范围达10^{12}倍之广！但在此范围内对于微小的声强变化，人耳的感觉是不灵敏的，所以，要采用对数的强度标度。对数的强度标度称为声强级L_I，即

$$L_I=\lg\frac{I}{I_0} \tag{11-27}$$

作为基准的声强是$I_0=10^{-12}$W·m^{-2}。上述公式中声强级的单位为B（贝尔），此单位太大，故常采用dB（分贝）。此时声强级公式为

$$L_I=10\lg\frac{I}{I_0} \tag{11-28}$$

有了声强级，人耳的可闻阈为0dB，而痛阈为120dB。

介质中，有声波传播时的压力与无声波时的静压力之差，称为声压。随着纵波传播时疏密部分的交替变化，对于平面简谐波来说，可以证明，声压振幅$p_m=\rho uA\omega$。在实际中，常用声压的有效值$p\left(p=\frac{p_m}{\sqrt{2}}\right)$。如未加说明，声压即指有效声压。显然，声强与声压间有关系

$$I=\frac{p^2}{\rho u} \tag{11-29}$$

对应于可闻阈声强I_0，正常人耳能听到最弱声波的声压p_0约为2×10^{-5}Pa，而痛阈声波的声压约为20Pa。声压也常用对数标度，称为声压级L_p，即

$$L_p=20\lg\frac{p}{p_0}\ (\mathrm{dB}) \tag{11-30}$$

考虑到式（11-29），并对照式（11-28）及式（11-30），不难看出，对于同一声波，L_I及L_p

有相同的值（以“dB”为单位的各种“级”是量纲为1的，只是相对于基准值的比值而已。运算时需用对数规则）。

表11-1列出了一些声源的声级，供比较参考。

表11-1 一些声源的声级

声源（一般距测点1～1.5m）	声级/dB
静夜，消声室内	10～20
轻声耳语，很安静的房间	20～30
普通室内声音	40～60
普通谈话声，较安静的街道	60～70
城市街道，收音机，公共汽车内	80
重型汽车，泵房，很吵的街道	90
织布机，电锯	100～110
柴油发动机，球磨机	110～120
高射机枪，风铲，螺旋桨飞机	120～130
喷气式飞机，风洞，大炮	130～140
火箭，导弹，飞船	160以上

目前常用的测量仪器有声级计及噪声计，它们都是直接测量声级的仪器。

二、噪声及其控制

广义地说，一切我们所不希望存在的声音都可称之为噪声。即使对一些人来说是优美的乐曲，但对另一些人来说，它可能是噪声。噪声又可分为有序噪声与无序噪声两大类。有序噪声是按一定规律做周期性变化的噪声，例如质量较差的荧光灯镇流器的50Hz噪声。而无序噪声则是无规律变化的噪声，交通噪声即是此类噪声。噪声影响人们正常的工作与生活，有害于人们的健康，甚至损害建筑。所以控制噪声成为人们日益关注的课题。不过，绝对的安静，“万籁无声”也会使人不适。

噪声的传播途径为噪声源经中间途径到接收者。噪声的控制也应从此三处着手。最好的控制噪声的办法是消除噪声源，或是在噪声源上做防震、隔震及吸声、隔声处理，但往往不易做到。“切断”或减弱中间传播途径也是可以达到较为理想的控制噪声的手段。在因条件限制做不到以上各点时，做好个人防护，例如用耳塞、戴隔声头盔、用专门的隔离工作室等，若措施得当、有效，效果还是不错的。

小 结

本章分析了波扰动在介质中传播而形成波的物理机制，着重从运动学、动力学和能量方面讨论了波的特征。本章首先说明波的传播速度与介质性质的联系，讨论了简谐波的运动学描述，导出简谐波的表达式；接着从动力学角度分析了波的传播过程，分析了波传播过程中各质元动能和势能如何随时间变化，说明了波的传播过程也是能量的传播过程，并引进波的能流密度和强度等概念。本章随后分析了波传播过程所遵循的规律和两束波互相交叠时所发生的现象，介绍了惠更斯原理，讨论了波的干涉现象，着重分析了两列波干涉形成驻波的现象。本章最后分析了波源或者观察者相对介质运动时，观察者所接收到的波的频率发生变化的多普勒效应。

本章涉及的重要概念和原理有：

（1）平面简谐波的表达式

沿 x 轴正方向传播的平面简谐波的表达式

$$y = A\cos\left[\omega\left(t - \frac{x}{u}\right) + \varphi_0\right] = A\cos\left[2\pi\left(\frac{t}{T} - \frac{x}{\lambda}\right) + \varphi_0\right] = A\cos\left[2\pi\left(\nu t - \frac{x}{\lambda}\right) + \varphi_0\right]$$

沿 x 轴负方向传播的平面简谐波的表达式

$$y = A\cos\left[\omega\left(t + \frac{x}{u}\right) + \varphi_0\right] = A\cos\left[2\pi\left(\frac{t}{T} + \frac{x}{\lambda}\right) + \varphi_0\right] = A\cos\left[2\pi\left(\nu t + \frac{x}{\lambda}\right) + \varphi_0\right]$$

（2）平面简谐波的能量、能流

质元中的弹性形变势能 $\mathrm{d}E_\mathrm{p}$ 与动能 $\mathrm{d}E_\mathrm{k}$ 相等

$$\mathrm{d}E_\mathrm{p} = \mathrm{d}E_\mathrm{k} = \frac{1}{2}(\mathrm{d}m)v^2 = \frac{1}{2}\rho\mathrm{d}VA^2\omega^2\sin^2\left[\omega\left(t - \frac{x}{u}\right) + \varphi_0\right]$$

总机械能 $\mathrm{d}E = \mathrm{d}E_\mathrm{k} + \mathrm{d}E_\mathrm{p} = \rho\mathrm{d}VA^2\omega^2\sin^2\left[\omega\left(t - \frac{x}{u}\right) + \varphi_0\right]$

波的能量密度 $w = \frac{\mathrm{d}E}{\mathrm{d}V} = \rho A^2\omega^2\sin^2\left[\omega\left(t - \frac{x}{u}\right) + \varphi_0\right]$

平均能量密度 $\overline{w} = \frac{2}{T}\int_0^{\frac{T}{2}} w\mathrm{d}t = \frac{1}{2}\rho A^2\omega^2$

平均能流 $\overline{p} = \overline{w}uS$

能流密度 $I = \frac{\overline{p}}{S} = \overline{w}u = \frac{1}{2}\rho A^2\omega^2 u$

（3）惠更斯原理 波动在介质中传播到的各点都可以看作是发射子波的波源，而在其后的任意时刻，这些子波的包络面就是该时刻的波阵面。

（4）波的干涉 两列相干波在相遇点所引起的质元振动分别为

$$y_1 = A_1\cos\left(\omega t + \varphi_1 - \frac{2\pi r_1}{\lambda}\right)$$

$$y_2 = A_2\cos\left(\omega t + \varphi_2 - \frac{2\pi r_2}{\lambda}\right)$$

相遇点的合振动也是简谐振动

$$y = y_1 + y_2 = A\cos(\omega t + \varphi)$$

其中

$$A = \sqrt{A_1^2 + A_2^2 + 2A_1A_2\cos\Delta\varphi}$$

$$\Delta\varphi = \varphi_2 - \varphi_1 - \frac{2\pi}{\lambda}(r_2 - r_1)$$

$$\varphi = \arctan\frac{A_1\sin\left(\varphi_1 - \frac{2\pi r_1}{\lambda}\right) + A_2\sin\left(\varphi_2 - \frac{2\pi r_2}{\lambda}\right)}{A_1\cos\left(\varphi_1 - \frac{2\pi r_1}{\lambda}\right) + A_2\cos\left(\varphi_2 - \frac{2\pi r_2}{\lambda}\right)}$$

（5）驻波　一种特殊的干涉现象，它是在一定条件下由两列振幅相同、频率相同、振动方向相同的相干波在同一直线上沿相反方向传播时叠加而成的。

驻波表达式　$$y=y_1+y_2=2A\cos\left(2\pi\frac{x}{\lambda}+\alpha\right)\cos(2\pi\nu+\beta)$$

其中，$\alpha=\frac{\varphi_2-\varphi_1}{2}$，$\beta=\frac{\varphi_2+\varphi_1}{2}$。

（6）多普勒效应　$\nu=\frac{u\pm v_A}{u\mp v_S}\nu_0$

习　题

11-1　一个沿 x 轴正方向传播的平面简谐波，在 $t=0$ 时刻的波形曲线如题 11-1 图所示。

（1）求原点 O 和点 1、点 2 的振动初相位。

（2）画出 $t=T/4$ 时的波形图。

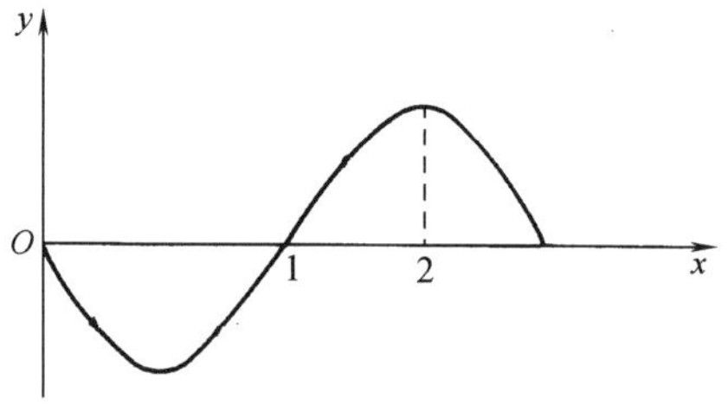

题　11-1 图

11-2　一平面简谐波的波动表达式为 $y=5\cos\left(8\pi t+3x+\frac{\pi}{4}\right)$（SI），试问：

（1）波的传播方向。

（2）波的频率、波长、波速各是多少?

（3）式中$\frac{\pi}{4}$的物理意义。

11-3　已知坐标原点处的波源，其振动表达式为 $y=4\times10^{-3}\cos240\pi t$(m)，它所形成的波以 30m · s^{-1}的速度沿 x 轴正向传播。试求：

（1）波的周期 T 及波长 λ。

（2）写出波动表达式。

11-4　已知平面波的波速为 2m · s^{-1}，波沿 x 轴正向传播。坐标原点处的质元的振动表达式为 $y_0=6.0\times10^{-2}\sin\frac{\pi}{2}t$（SI），试求：

（1）距原点 5m 处的质元的振动表达式。

（2）该质元与坐标原点处的质元振动的相位差。

11-5　已知平面简谐波在 $t=0$ 时刻的波形如题 11-5 图所示。

（1）指出 a、b、c 三点的运动方向。

（2）写出波动表达式。

（3）写出 $x=0.3$m 处的质元的振动表达式。

11-6　一平面简谐波沿 x 轴负方向传播，如题 11-6 图所示，波速 $u=20$m · s^{-1}，已知 A 点的振动表达式为 $y=3\cos4\pi t$（SI）。

（1）若以 A 为坐标原点，写出波动表达式。

（2）如以 B 为坐标原点，写出波动表达式。

11-7　已知一左行平面简谐波 $t=0$s 和 $t=1$s 时的波形如题 11-7 图所示，求此波的波速可能取哪些值，并取波速最小值写出波动的表达式。

11-8　一列沿 x 轴正方向传播的平面简谐波在 $t_1=0$ 和 $t_2=0.25$s 时的波形如题 11-8 图所示，求：

（1）P 点的振动表达式。

（2）波动表达式。

（3）画出原点 O 的振动曲线。

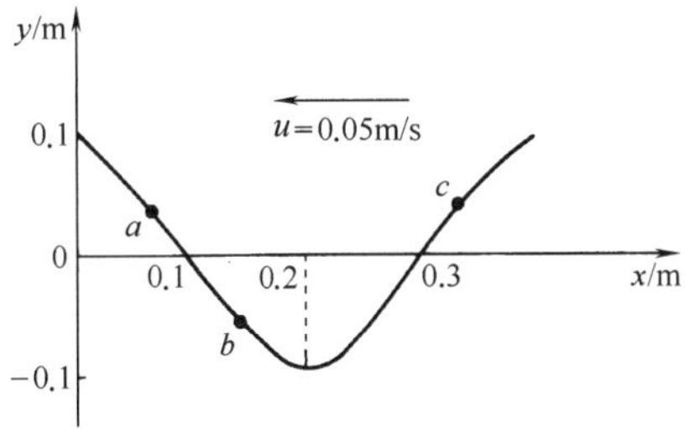

题 11-5 图

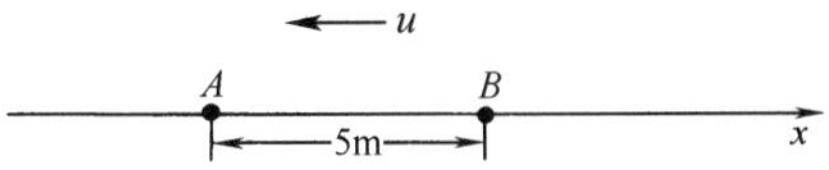

题 11-6 图

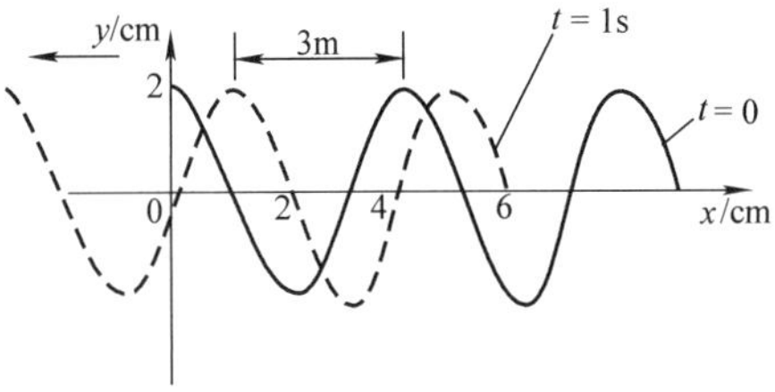

题 11-7 图

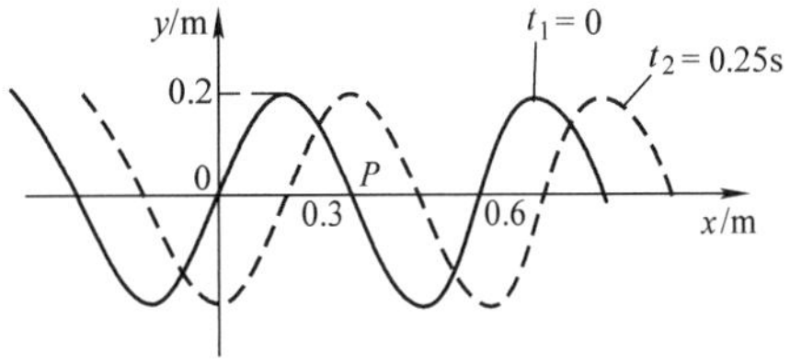

题 11-8 图

11-9 一平面简谐波在直径为 0.14m 的圆柱管内的空气中传播，波的平均能流密度为 $18\times10^{-3}\mathrm{J\cdot s^{-1}\cdot m^{-2}}$，频率为 300Hz，波速为 $300\mathrm{m\cdot s^{-1}}$。试求：

（1）波的平均能量密度和最大能量密度。

（2）平均每两个相邻的同相面间的波中含有多少能量？

11-10 如题 11-10 图所示，两列相干的平面简谐波在两种不同的介质中传播，在分界面上的 P 点相遇。波的频率为 $\nu_1=\nu_2=100\mathrm{Hz}$，振幅为 $A_1=A_2=1.0\times10^{-3}\mathrm{m}$，波源 S_1 的相位比 S_2 的相位超前$\frac{\pi}{2}$。在介质 1 中的波速为 $u_1=400\mathrm{m\cdot s^{-1}}$，在介质 2 中的波速为 $u_2=500\mathrm{m\cdot s^{-1}}$。如果 $r_1=4.0\mathrm{m}$，$r_2=3.75\mathrm{m}$。求 P 点的合振幅。

11-11 如题 11-11 图所示，两波源 A、B 具有相同的振动方向和振幅，初相差为 π。设沿 A、B 连线相向发出两列简谐波，波速均为 $400\mathrm{m\cdot s^{-1}}$，频率相同，均为 100Hz。$A$、$B$ 相距 30m。求：在直线 AB 上由于干涉而静止的各点的位置。（以 A 点为坐标原点）

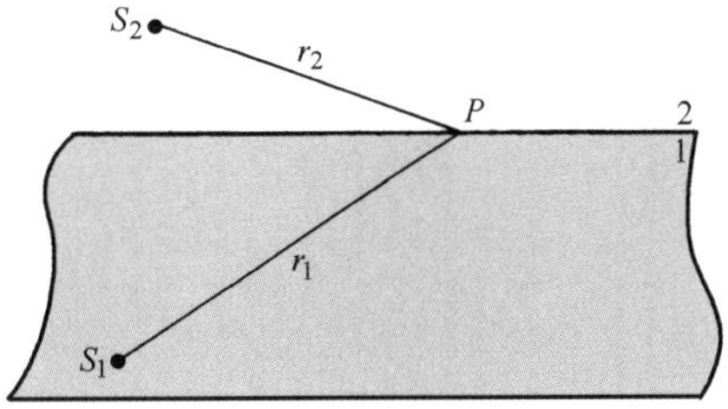

题 11-10 图

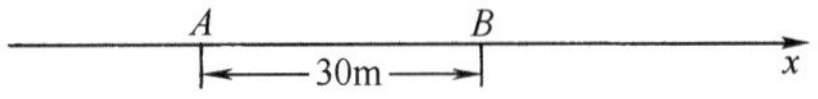

题 11-11 图

11-12 如题 11-12 图所示，波源位于 O 处，由波源向左右两边发出振幅为 A、角频率为 ω、波速为 u 的平面简谐波。若波密介质的反射面 BB' 与点 O 的距离为 $d=5\lambda/4$，试讨论合成波的形式。

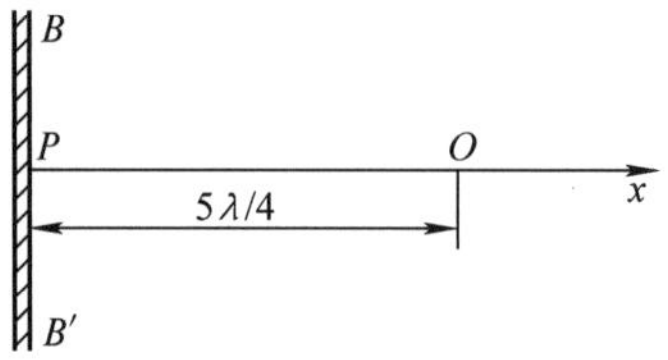

题 11-12 图

11-13 设反射波的波动表达式为

$$y=0.15\cos\left[100\pi\left(t-\frac{x}{200}\right)+\frac{\pi}{2}\right] \quad (\mathrm{SI})$$

在 $x=0$ 处发生反射，反射点为一自由端。写出合成波的表达式，并指出是什么波。

第十二章　波动光学

光学是物理学中最早得到发展的学科之一。早在两千年前，人们就总结出了光的直线传播规律。到17世纪，人们就光的本性提出两种观点，一种观点认为光是从光源飞出来的微粒流；另一种观点认为光是一种机械波。这两种观点各自都能解释一些现象，但是，也存在一些彼此难以说明的问题。直到19世纪中期，电磁理论获得很大发展，人们才从干涉、衍射和偏振现象及其规律中，认识到光是一种电磁波。从“光是波动的”观点出发，可以认为光的直线传播只是一种近似情况。当涉及光与物质的相互作用问题时，人们又发现了一些无法用光的波动理论进行解释的新现象，只有从光的量子性出发才能说明，即假定光是具有一定质量、能量和动量的粒子所组成的粒子流，这种粒子称为光子。从19世纪末到20世纪初，光，一方面被确认是电磁波，具有波动的特性，另一方面又被确认为具有量子性。两者是有关光的本质的完全不能统一的两个概念，由此产生了关于光的本质的最新认识——光具有波粒二象性。

我们在研究光学时，一般把以光的直线传播、反射、折射以及成像等规律为基础的光学部分称为几何光学；把研究光的干涉、衍射和偏振等规律的部分称为波动光学；以光和物质相互作用时显示的粒子性为基础来研究的光学，称为量子光学。波动光学与量子光学又统称为物理光学。本章仅讨论以光的波动性质为基础，研究光的传播及其规律的波动光学，主要研究光的干涉、衍射和偏振等方面的规律和应用。

19世纪下半叶，麦克斯韦认识到光是电磁波的一种形式，而且电磁波是横波。后来，人们确定可见光是波长范围在400~760nm之间的电磁波，波长大于760nm的电磁波称为红外线，波长小于400nm的电磁波称为紫外线。日常人们熟知的七种可见光的波长范围见表12-1。

表12-1　可见光波长范围

颜　色	中心波长 λ_0/nm	波长范围/nm	颜　色	中心波长 λ_0/nm	波长范围/nm
红	660	760~647	青	480	492~470
橙	610	647~585	蓝	430	470~424
黄	580	585~575	紫	410	424~400
绿	540	575~492			

具有单一频率（或波长）的光称为单色光，包含有多个频率（或波长）的光称为复色光，白光就是一种复色光。实际使用的单色光都是频率在某一频率附近极窄范围内的光。

能够发光的物体称为光源。

第一节　杨氏双缝干涉

一、光的干涉

干涉现象是波动过程的基本特征之一。我们在讨论机械波时曾说过，由频率相同、振动方向相同、相位相同或相位差保持恒定的两个相干波源所发出的波，才是相干波。在两个相干波相遇的空间区域将呈现干涉现象，有些点的振动始终加强，有些点的振动始终减弱或完全相消。

机械波的相干条件容易满足。它们的波源可以连续地振动，发出连续不断的正弦波。只要两波源的频率相同、振动方向相同，则相干波源的另一个条件——相位差恒定就一定能成立。但是，对于光波，就不那么容易观察到干涉现象。如果把两盏钠光灯所发的光同时照射到屏幕上，虽说频率相同，却不会得到干涉条纹。这表明，两个独立的光源即使频率相同，也不能构成相干光源，这是由光源发光本质的复杂性所决定的。

光是由光源中分子或原子的运动状态发生变化时辐射出来的。每个分子或原子每一次发出的子波，只有短短的一刻，持续时间约为 10^{-8}s，人眼感觉到的光波是大量原子或分子发光的总的结果。一方面，每个分子或原子的辐射参差不齐，而且彼此之间没有联系。在同一时刻，各个分子或原子所发出的光波的频率、振动方向和相位各不相同。另一方面，分子或原子的发光是间歇的，一个分子或原子在发出一列光波后，总要间隔一段时间才发出另一列光波。所以，同一分子或原子发出的前一波列和后一个波列的频率即使相同，但其振动方向和相位却不一定相同。因此，对于两个独立的光源，产生干涉的条件，特别是"相位或相位差恒定"是得不到满足的。所以，两个独立光源，不可能成为相干光源。不但如此，即使是同一个光源上不同部分发出的光，由于它们是由不同的分子或原子所发出的，也不会产生干涉。只有让从同一光源同一部分发出的一列光，分别沿两条不同的路径传播，然后再使它们相遇，这两个波列频率相同、振动方向相同、相位差恒定，这时，才能在相遇区域中产生干涉现象。

20　杨氏双缝干涉
（韩权）

二、杨氏双缝干涉

19 世纪初，托马斯·杨（T. Young）首先用实验方法研究了光的干涉现象。这是最早利用单一光源形成两束相干光，从而获得干涉现象的典型实验。

杨氏双缝实验如图 12-1a 所示，由光源发出的单色光照射在狭缝 S 上（S 相当于缝光源）。在 S 前放置两个相距很近的狭缝 S_1 和 S_2，S_1、S_2 与 S 平行，且与 S 等距离。按惠更斯原理，S_1、S_2 形成两个新的相干光源。因为它们是同一光源 S 形成的，满足振动方向相同、频率相同、相位差恒定的相干条件，故 S_1、S_2 为相干光源。这样，由 S_1 和 S_2 发出的光波在空间相遇，将产生干涉现象。如果在 S_1 和 S_2 的前面放置一屏幕 E，则屏幕上将出现等间距的明暗相间的干涉条纹，如图 12-1b 所示。

下面我们定量地讨论屏幕 E 上干涉条纹的分布及出现明暗条纹应满足的条件。如图 12-2所示，设 S_1 和 S_2 间距为 d，双缝与屏幕 E 间的距离为 D，$D \gg d$。在屏幕上任取一

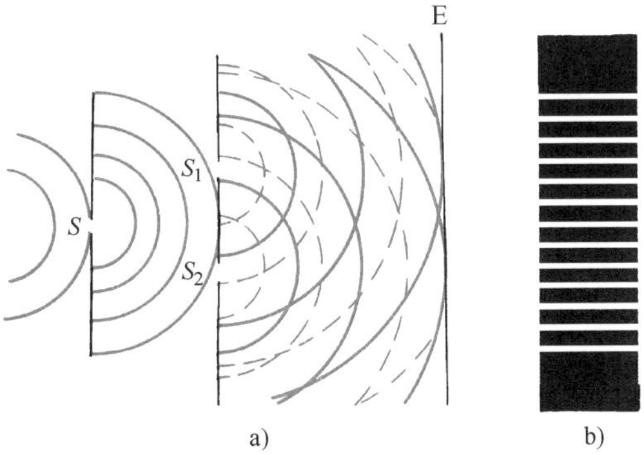

图 12-1 杨氏双缝干涉实验

点 P，它与 S_1 和 S_2 的距离分别为 r_1 和 r_2，则由 S_1 和 S_2 发出的光到达 P 点的波程差为 $\delta = r_2 - r_1$，屏幕上 O 点位于 S_1 和 S_2 连线的中垂线上，$OP = x$，则由图 12-2 可知

$$r_1^2 = D^2 + \left(x - \frac{d}{2}\right)^2$$

$$r_2^2 = D^2 + \left(x + \frac{d}{2}\right)^2$$

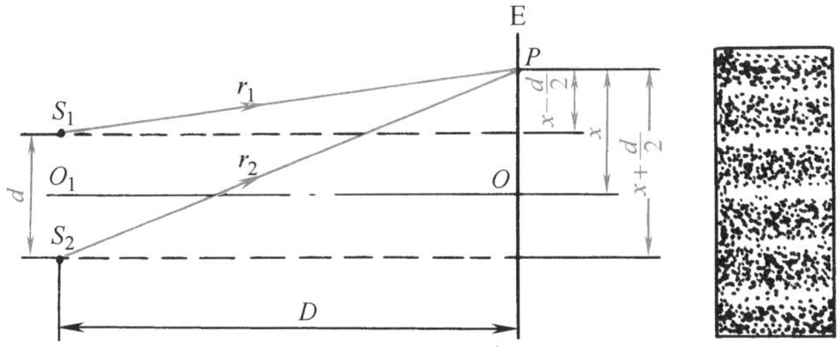

图 12-2 干涉条纹的计算

两式相减得

$$r_2^2 - r_1^2 = (r_2 - r_1)(r_2 + r_1) = 2dx$$

在通常情况下，$D \gg d$，且 x 一般较小，故 $r_2 + r_1 \approx 2D$，则由上式可得

$$\delta = r_2 - r_1 = \frac{dx}{D} \tag{12-1}$$

从波动理论可知，若入射光的波长为 λ，则当波程差 δ 满足

$$\delta = \frac{dx}{D} = \pm k\lambda, \quad k = 0, 1, 2, \cdots \tag{12-2}$$

相应地

$$x = \pm k\frac{D}{d}\lambda, \quad k = 0, 1, 2, \cdots \tag{12-3}$$

时，两光束相互加强，该处为明条纹中心。式中 x 取正、负号表示干涉条纹是在 O 点两边对称分布的。对于 O 点，$x = 0$，故 $\delta = 0$，即 $k = 0$，因此 O 点为明条纹的中心，这个明条纹叫

作中央明纹。在 O 点两侧，与 $k=1$，2，…对应的 x 为 $\pm\frac{D}{d}\lambda$，$\pm\frac{D}{d}2\lambda$，…处，其波程差 δ 为 $\pm\lambda$，$\pm 2\lambda$，…，均为明纹中心，这些明条纹分别称为第一级、第二级……明条纹，它们对称地分布在中央明条纹两侧。

当波程差 δ 满足

$$\delta=\frac{dx}{D}=\pm(2k-1)\frac{\lambda}{2},\quad k=1,2,\cdots \tag{12-4}$$

相应地

$$x=\pm(2k-1)\frac{D}{d}\frac{\lambda}{2},\quad k=1,2,\cdots \tag{12-5}$$

时，两光束相互减弱，该处为暗条纹中心。上式中 $k=1$，2，…对应的暗条纹分别称为第一级、第二级……暗条纹。

由式（12-3）及式（12-5）可以计算出干涉图样中任何相邻两条明条纹和任何相邻两条暗条纹的间距都相等，即

$$\Delta x=x_{k+1}-x_k=\frac{D}{d}\lambda \tag{12-6}$$

式（12-6）表明，明或暗条纹的间距与入射光波长 λ 及缝与屏幕的间距 D 成正比，与双缝间距 d 成反比，若 d 与 D 的值一定，则条纹间距 Δx 与入射光波长 λ 密切相关。波长较短的单色光的干涉条纹较密，波长较长的单色光的干涉条纹较疏。因此，若用白光照射双缝，则在屏幕上的干涉条纹是彩色的，中央为白色条纹，两侧对称地分布着由紫到红的各级干涉图谱。

【例12-1】 在杨氏双缝干涉实验中，相干光源 S_1 和 S_2 相距 $d=0.20\text{mm}$，S_1、S_2 到屏幕 E 的垂直距离为 $D=1.0\text{m}$。

（1）若第二级明纹距中心点 O 的距离为 6.0mm，求此单色光的波长。

（2）求相邻两明条纹之间的距离。

（3）如改用波长为 500nm 的单色光做实验，求相邻两明条纹之间的距离。

【解】（1）根据杨氏双缝干涉实验中的明纹位置公式（12-3），代入题设数据：$k=2$，$D=1.0\text{m}$，$d=0.20\text{mm}$，$x=6.0\text{mm}$，得

$$\lambda=\frac{dx}{kD}=\frac{0.20\times10^{-3}\times6.0\times10^{-3}}{2\times1.0}\text{m}=6.0\times10^{-7}\text{m}=6.0\times10^{2}\text{nm}$$

（2）根据相邻明纹间距公式（12-6）有

$$\Delta x=\frac{D}{d}\lambda=\frac{1.0\times6.0\times10^{-7}}{0.20\times10^{-3}}\text{m}=3.0\times10^{-3}\text{m}=3.0\text{mm}$$

（3）当 $\lambda=500\text{nm}$ 时，相邻两明纹的间距为

$$\Delta x=\frac{D}{d}\lambda=\frac{1.0\times500\times10^{-9}}{0.20\times10^{-3}}\text{m}=2.5\times10^{-3}\text{m}=2.5\text{mm}$$

杨氏双缝实验中，干涉区域是双缝后面的整个空间。另外，仅当缝 S_1、S_2 和 S 都很窄时，才能保证 S_1 和 S_2 处光波的振动有相同的相位，但这时通过狭缝的光太弱，因而干涉图样不够清晰。同时，由于狭缝过窄也有衍射现象发生，使得图样有些模糊。后来，许多科学

家又尝试了一些其他的方法，对上述问题有所改善，其中较著名的有菲涅耳双面镜实验、双棱镜实验和洛埃镜实验等。这里我们只介绍洛埃镜实验。

三、洛埃镜实验

洛埃镜实验不但能显示光的干涉现象，而且还能显示光由光疏介质（折射率较小的介质）射向光密介质（折射率较大的介质）而反射回来时的相位变化。如图 12-3 所示为洛埃镜实验装置的示意图。洛埃镜实验中仅用一块平面镜 *KL* 即可产生光的干涉现象。由狭缝光源 S_1 发出的单色光，一部分直接射到屏幕上，另一部分光以接近 90° 的入射角掠射到平面镜 *KL* 上，然后再由 *KL* 反射到屏幕上。S_2 是 S_1 在平面镜 *KL* 中的虚像，S_2 与 S_1 构成一对相干光源，但其中 S_2 为虚光源，由平面镜反射的光线好像是从 S_2 发出的。这样，当这两束光线在空间相遇时即可产生干涉现象，而在这两束光线叠加区域中放置的屏幕 E 上会看到明暗相间的等间距干涉条纹。

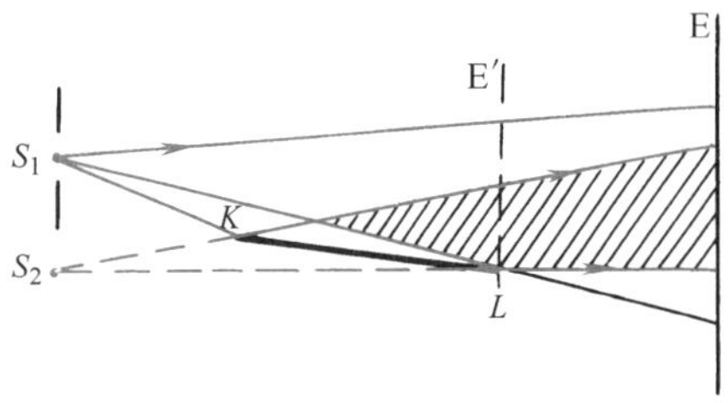

图 12-3 洛埃镜实验装置简图

在上述实验中，若把屏幕放到 E′位置，这时屏幕与镜面一端 *L* 刚好接触。在接触处，从 S_1 和 S_2 发出的光的路程相等，似乎在接触处应出现干涉明纹，但是实验事实指出，在屏幕和镜面的接触处为一暗纹。这就意味着，直接射到屏幕上的光与由镜面反射出来的光在镜与屏幕接触处相位相反，即相位差为 π。由于入射光不可能有相位的变化，所以只能认为光从空气射向玻璃发生反射时，反射光有大小为 π 的相位突变。由波动理论可知，当相位差为 π 时，相当于光波行进中差了半个波长的距离，此即波动理论中讲过的“半波损失”。因此，洛埃镜实验证明了光波由光疏介质入射到光密介质，反射时会发生半波损失。

第二节 薄 膜 干 涉

在上节的杨氏双缝实验中，两束光在相遇处叠加时的相位差，仅取决于两束光之间几何路程之差。在本节讨论的薄膜干涉中，光线将经历不同的介质，例如光线从空气中射入薄膜，这时，相干光线间的相位差，就不能单纯由两束相干光的几何路程来决定。为此，我们先介绍光程的概念。

一、光程

对于给定单色光，其频率 ν 在不同介质中是恒定不变的。在折射率为 n 的介质中，光速 u 是真空中光速 c 的 $1/n$，即 $u=c/n$，则在这种介质中传播的单色光波长

$$\lambda' = \frac{u}{\nu} = \frac{c}{n\nu} = \frac{\lambda}{n} \tag{12-7}$$

由此可见，光由真空进入较密介质（其折射率恒大于 1）时，它的波长要缩短。

在折射率为 n 的某一介质中，如果光在一段时间内通过的几何路程为 x，亦即其间的波

数为 x/λ'，那么同样波数的光波在真空中的几何路程将是

$$\frac{x}{\lambda'}\lambda = nx$$

由此可见：光波在折射率为 n 的介质中的路程 x 相当于在真空中的路程 nx。我们将光波在某一介质中所经过的几何路程 x 与这种介质的折射率 n 的乘积 nx，定义为**光程**。计算光程实际上就是计算与介质中几何路程相当的真空中的路程，也就是把牵涉到不同介质的复杂情形，都变换成真空中的情形。由此可见，两束相干光通过不同介质后，在空间某点相遇时所产生的干涉现象，与两者的**光程差**（用符号 δ 表示）有关，而不取决于两者的几何路程差。两束初相位相同的相干光在相遇点的相位差 $\Delta\varphi$ 与光程差 δ 间存在下述关系：

$$\Delta\varphi = \frac{2\pi}{\lambda}\delta \tag{12-8}$$

在相干光干涉现象中，一般出现明条纹处称为相干加强，出现暗条纹处称为相干减弱。对于初相位相同的两束相干光，当它们在空间相遇时，相干加强（明纹）或相干减弱（暗纹）的条件为

$$\Delta\varphi = \frac{2\pi}{\lambda}\delta = \begin{cases} \pm 2k\pi & (k = 0,1,2,\cdots)(\text{相干加强}) \\ \pm(2k+1)\pi & (k = 0,1,2,\cdots)(\text{相干减弱}) \end{cases} \tag{12-9}$$

或

$$\delta = \begin{cases} \pm k\lambda & (k = 0,1,2,\cdots)(\text{相干加强}) \\ \pm(2k+1)\dfrac{\lambda}{2} & (k = 0,1,2,\cdots)(\text{相干减弱}) \end{cases} \tag{12-10}$$

下面，我们简单说明光波通过薄透镜传播时的光程情况。一束平行光通过透镜后，会聚于其焦平面上（如图12-4a所示），相互加强成一亮点。这是由于在平行光束波阵面上各点（如图中 A、B、C、D、E 点）的相位相同，到达焦平面后相位仍然相同，因而相互加强。可见，从 A、B、C、D、E 等各点到 F 点的光程相等。关于这个事实还可这样理解，虽然光线 AaF 比光线 CcF 经过的几何路程长，但是前者在透镜内的几何路程小于后者在透镜内的几何路程，由于透镜的折射率大于1，因此折算成光程后，AaF 的光程与 CcF 的光程相等。对于斜入射的平行光，会聚于焦平面上 F' 点，通过类似讨论可知 AaF'、BbF'……的光程均相等，如图12-4b所示。因此，在观察干涉时，使用透镜不致引起附加的光程差。

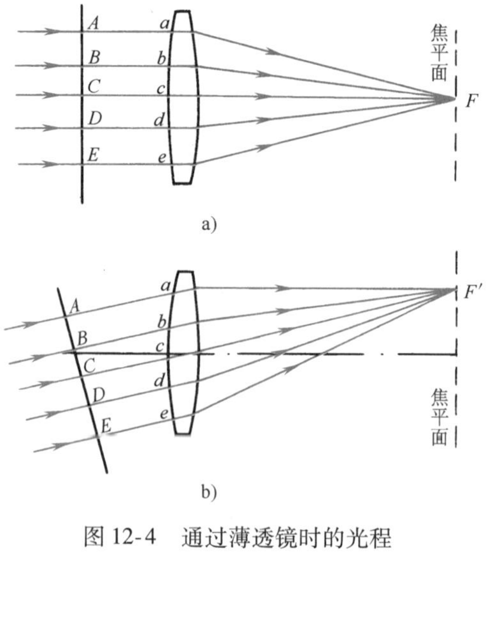

图12-4 通过薄透镜时的光程

二、薄膜干涉

若光源不是点、也不是狭缝，而具有一定的宽度，则称为**扩展光源**。我们常常会观察到扩展光源所产生的干涉现象，如太阳光照在肥皂泡的膜面上或照射在漂浮在水面的油膜上时，在薄膜的表面上都可以看到许多

彩色条纹。这些彩色条纹就是扩展光源发出的光波，在薄膜两个表面上反射后相互叠加产生的干涉现象，称为**薄膜干涉**。我们首先讨论平行平面薄膜的干涉现象。

如图 12-5 所示，折射率为 n_2 的平行平面薄膜，其上、下层介质的折射率分别为 n_1 和 n_3，设 $n_1 < n_2$，$n_2 > n_3$，ab、cd 分别为薄膜的上、下两个表面。由扩展光源上 S 点发出的光线 1，以入射角 i 投射到薄膜上表面的 A 点后，分为两部分，一部分由 A 点反射，成为光线 2；另一部分射入薄膜，产生折射，又在下表面 B 点被大部分反射，再经界面 ab 出射面成为光线 3。显然，光线 2 和光线 3 是两条平行光线，经透镜 L 会聚于 P 点。由于光线 2、3 是由同一入射光线分出的两部分，只是经历了不同的路径而有恒定的光程差，亦即具有恒定的相位差，因此它们是相干光，在会聚的 P 点会产生干涉现象。

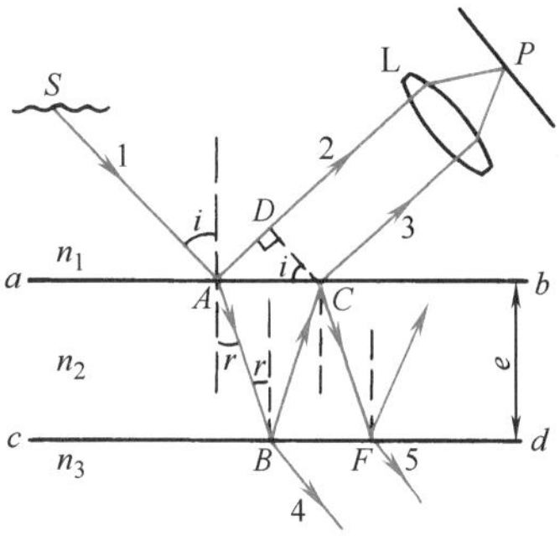

图 12-5 薄膜干涉

由光线 1 分成的两条光线 2、3 到 P 点的光程差决定了 P 点干涉图样的明暗，现在我们计算光线 2 和光线 3 的光程差，同时讨论 P 点干涉加强或减弱的条件。

作 $CD \perp AD$，由于 D 到 P 点和 C 到 P 点的光程相等，所以，上述两条光线的光程差为

$$\delta = n_2(\overline{AB}+\overline{BC}) - n_1\overline{AD} + \frac{\lambda}{2}$$

其中，$\frac{\lambda}{2}$这一项是光线 1 经由光疏介质射向光密介质时在界面反射形成光线 2 时的半波损失项。设薄膜厚度为 e，r 为折射角，由图 12-5 可以看出

$$\overline{AB} = \overline{BC} = \frac{e}{\cos r}$$

$$\overline{AD} = \overline{AC}\sin i = 2e\tan r\sin i$$

根据折射定律 $n_1\sin i = n_2\sin r$，则

$$\begin{aligned}\delta &= 2n_2\overline{AB} - n_1\overline{AD} + \frac{\lambda}{2} = 2n_2\frac{e}{\cos r} - 2n_1 e\tan r\sin i + \frac{\lambda}{2}\\ &= \frac{2n_2 e}{\cos r}(1-\sin^2 r) + \frac{\lambda}{2} = 2n_2 e\cos r + \frac{\lambda}{2}\\ &= 2e\sqrt{n_2^2 - n_1^2\sin^2 i} + \frac{\lambda}{2}\end{aligned} \tag{12-11}$$

于是干涉条件为

$$\delta = 2e\sqrt{n_2^2 - n_1^2\sin^2 i} + \frac{\lambda}{2} = \begin{cases} k\lambda & (k=1,2,\cdots)(\text{干涉加强}) \\ (2k+1)\dfrac{\lambda}{2} & (k=0,1,2,\cdots)(\text{干涉减弱}) \end{cases} \tag{12-12}$$

由此式可知，对于不同的入射角，对应着不同级次的明、暗同心的圆条纹。相同级次的条纹所对应的入射光线与薄膜表面所成的倾角相同，这种干涉条纹称**等倾干涉条纹**。

注意，式（12-11）是由 $n_1 < n_2$，$n_2 > n_3$ 得到的，对于 $n_1 > n_2$，$n_2 < n_3$ 也可得到相同的

结果。但若 $n_1 < n_2 < n_3$，由于在两个界面上都产生半波损失，结果是 $\delta = 2e\sqrt{n_2^2 - n_1^2\sin^2 i}$。对透射光来说，也有干涉现象。如图 12-5 所示，还是对于 $n_1 < n_2$，$n_2 > n_3$ 情况来说，光线 AB 中有一部分直接从 B 点折射出薄膜，成为光线 4，同时还有一部分光经 B 点和 C 点两次反射后由 F 点折射出薄膜，成为光线 5。由于 $n_1 < n_2$，$n_2 > n_3$，所以光在薄膜表面 B 点和 C 点两次反射时无附加的半波损失，因而光线 4、5 的光程差为

$$\delta' = 2e\sqrt{n_2^2 - n_1^2\sin^2 i} \tag{12-13}$$

式（12-13）与式（12-11）相比，差 $\lambda/2$。可见当反射光相互加强时，透射光将相互减弱，二者形成“互补”的干涉图样。

若用复色光源，则能观察到彩色的干涉条纹。

在现代光学仪器中，例如照相机镜头或其他光学元件，常采用组合透镜，对于一个具有四个组合透镜的光学系统，由于反射而损失的光能，约为入射光能的 20%。随着界面数目的增加，因反射而损失的光能还要增多。为了减小这种反射损失，一般是在透镜表面上镀一层厚度均匀的透明薄膜，常用氟化镁（MgF_2）等折射率介于空气与玻璃之间的物质作镀层材料。当镀层形成的薄膜厚度合适时，就可以使某种单色光在透明薄膜的两个表面上反射后，相互干涉而抵消掉。于是，由于干涉作用，这种单色光就完全不发生反射而透过透明薄膜，此时薄膜起到增透作用，称为增透膜。

在现代光学仪器中也常常需要有高反射率的界面，而应用光的干涉作用恰恰能达到这一点。一般采用折射率 $n_1 = 2.35$ 的硫化锌（ZnS）为镀膜材料。据估算，若玻璃折射率 $n_2 = 1.52$，则垂直入射光的反射率高达 33% 左右，而且 n_1 越大，反射率也越大，这种镀膜称为反射膜。对于反射膜，一般利用多层膜可制成高反膜，其反射率高达 99% 以上，如激光器谐振腔两端的反射镜就属于多层高反膜。

【例 12-2】 在空气中垂直入射的白光从肥皂膜上反射，对 630nm 的光为干涉极大（即干涉加强），而对 525nm 的光为干涉极小（即干涉减弱）。其他波长的可见光经反射后处于极大和极小之间。假定将肥皂膜的折射率看作与水相同，即 $n = 1.33$，膜的厚度是均匀的。求膜的厚度。

【解】 按干涉加强和减弱的条件，并由题设垂直入射，即入射角 $i = 0$，有

$$2ne + \frac{\lambda_1}{2} = k\lambda_1 \tag{a}$$

$$2ne + \frac{\lambda_2}{2} = (2k+1)\frac{\lambda_2}{2} \tag{b}$$

其中，$\lambda_1 = 630 \times 10^{-9}$m，$\lambda_2 = 525 \times 10^{-9}$m。联立式（a）、式（b），得

$$k = \frac{\lambda_1}{2(\lambda_1 - \lambda_2)} = \frac{630 \times 10^{-9}}{2 \times (630 \times 10^{-9} - 525 \times 10^{-9})} = 3$$

将 $k = 3$ 代入式（a），得膜的厚度为

$$e = \frac{(k - 0.5)\lambda_1}{2n} = \frac{(3 - 0.5) \times 630 \times 10^{-9}}{2 \times 1.33}\text{m} = 5921 \times 10^{-10}\text{m} = 592.1\text{nm}$$

三、劈尖干涉 牛顿环

前面我们讨论的是厚度均匀的薄膜上的干涉情况。在厚度不均匀的薄膜上所产生的干涉

现象也是常见的，在这里介绍劈尖干涉和牛顿环。

1. 劈尖干涉

如图 12-6a 所示，两块平面玻璃片，一端相互叠合，另一端垫入一薄片或细丝，这样在两玻璃片之间形成一空气层，称之为空气劈尖。两玻璃片的交线称为棱边，在与棱边平行的直线上，空气劈尖的厚度是相等的。图中 M′是倾角为 45°的半透明反射镜，L 为透镜，T 为显微镜，S 为置于 L 焦点上的单色点光源。由 S 发出的光经透镜 L 后成为平行单色光，垂直照射于劈尖上，即 $i=0$（图 12-6b 中只画两条光线 a、b），此时由空气膜上、下两表面反射回来的光构成相干光，从 T 中可观察到明暗相间、均匀分布的干涉条纹，如图 12-6c 所示。这种干涉即称为劈尖干涉。

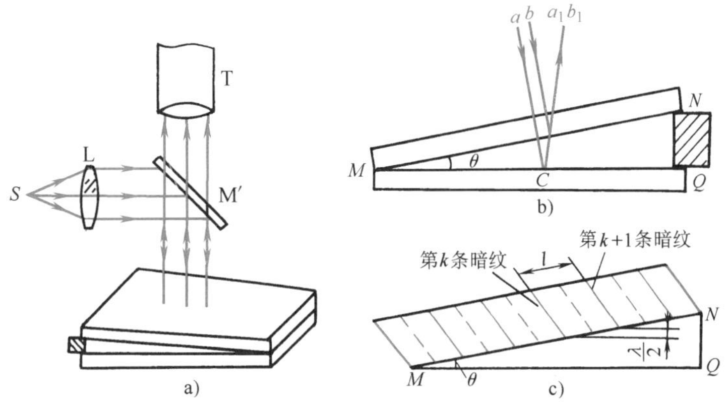

图 12-6 劈尖干涉

如图 12-6b 所示，劈尖在 C 点处的厚度为 e，当波长为 λ 的平行单色光垂直($i=0$)入射时，在劈尖上下两表面反射的两条相干光线间的光程差为

$$\delta = 2ne + \frac{\lambda}{2}$$

式中，n 为空气折射率；$\lambda/2$ 是由于光线 aa_1 在劈尖下表面反射时具有半波损失而附加的。因此，反射光的干涉条件为

$$\left.\begin{aligned}\delta &= 2ne + \frac{\lambda}{2} = k\lambda \qquad (k=1,2,3,\cdots)(\text{明条纹})\\ \delta &= 2ne + \frac{\lambda}{2} = (2k+1)\frac{\lambda}{2} \quad (k=0,1,2,\cdots)(\text{暗条纹})\end{aligned}\right\} \tag{12-14}$$

由上式可见，对应于劈尖厚度相同的地方，两相干光的光程差都一样，对应于同一级干涉条纹，称这种与膜一定厚度相对应的干涉条纹为等厚干涉条纹，这种干涉又称等厚干涉。因此，劈尖的干涉条纹应是一系列平行于劈尖棱边的明暗相间的等间距直条纹。

在两玻璃片相接触的棱边处，劈尖厚度 $e=0$，由于存在半波损失，因而光程差 $\delta=\frac{\lambda}{2}$，所以棱边处应为暗条纹，这与实际观察到的现象是相符的，反过来也证明了半波损失的确是存在的。

如图 12-6c 所示，两相邻明条纹或暗条纹的间距以 l 表示，则有

$$l\sin\theta = e_{k+1} - e_k \tag{12-15a}$$

根据式（12-14）中的暗纹条件有

$$l\sin\theta = (k+1)\frac{\lambda}{2n} - k\frac{\lambda}{2n} = \frac{\lambda}{2n} \tag{12-15b}$$

显然两相邻暗条纹间距与两相邻明条纹间距相等。式（12-15）中 θ 为劈尖夹角。显然 θ 越小，干涉条纹越疏；θ 越大，干涉条纹越密。若劈尖的夹角 θ 很大，则干涉条纹将密得无法分开，也就无法分辨了。一般来说，劈尖干涉条纹只能在劈尖夹角很小的情况下观察到。

在实际工作中可应用劈尖干涉的原理检测工件表面的平整情况，设图 12-6c 中的 MQ 为被检测的工件表面，MN 为一具有光学平面的标准玻璃片。如果被检测工件表面 MQ 也是光学平面，则干涉条纹为间距相等的平行直条纹。如果 MQ 的表面稍有凹凸情形，则在相应处的干涉条纹将发生畸变，不再是平行直条纹，而是疏密不均的曲线形条纹。

应用劈尖干涉的原理还可以测量微小线度。根据式（12-15b），若已知入射单色光波长 λ 和劈尖折射率 n，又可测出条纹间距 l，则可求得劈尖夹角 θ，这样就可进一步求出两块玻璃片所夹薄片的线度。若夹的是一细金属丝，则可求得金属丝的直径。

应用劈尖干涉的原理还可测量微小的线度变化。例如图 12-6c 中的空气劈尖的夹角 θ 不变，只改变 NQ，亦即在保持玻璃片 MN 不动的情况下使玻璃片 MQ 向下平移，则由式（12-14）可知，等厚干涉条纹将发生级次移动。设空气折射率 $n\approx1$，当 NQ 的厚度变化 $\lambda/2$，即 MQ 向下平移 $\lambda/2$ 距离时，原来的第 k 级干涉暗纹将移到原来的第 $k-1$ 级暗纹位置处，第 $k-1$ 级移到 $k-2$ 级位置处，依此类推，整个干涉条纹图样将沿劈尖的上表面 MN 向较薄的方向移动一个条纹间距 l。如果 NQ 的厚度增加了 m 个 $\lambda/2$，则整个条纹图样移动了 ml 距离。于是，通过测量条纹移动的距离 ml，或数出越过视场中某一刻度线的明条纹或暗条纹的数目 m，即可由公式 $\Delta e = ml\sin\theta = m\dfrac{\lambda}{2}$，求得 NQ 尺度的微小变化。利用这个原理制成的干涉膨胀仪，可测量很小的固体样品的线膨胀系数。

【例 12-3】 利用劈尖干涉可检验精密加工工件表面的质量。在工件上放一光学玻璃，一端垫起，使其间形成一空气劈尖，如图 12-7a 所示。今观察到干涉条纹如图 12-7b 所示。试根据条纹弯曲方向，判断工件表面是凹还是凸？

【解】 由于光学平面玻璃的表面是很平的，所以若工件表面也是平的，则空气劈尖的等厚干涉条纹应是平行于棱边的直条纹。现在干涉条纹的局部弯向棱边，说明在工件表面的相应位置处有一条垂直于棱边的不平的纹路。根据式（12-14），我们知道，同一条等厚干涉条纹对应的薄膜厚度相等，所以在同一条纹上，弯向棱边的部分和直的部分所对应的膜厚度应该相等，本来越靠近棱边的膜厚度应越小，而现在在同一条纹上靠近棱边处和离开棱边较远处厚度相等，这说明工件表面的纹路是下凹的。

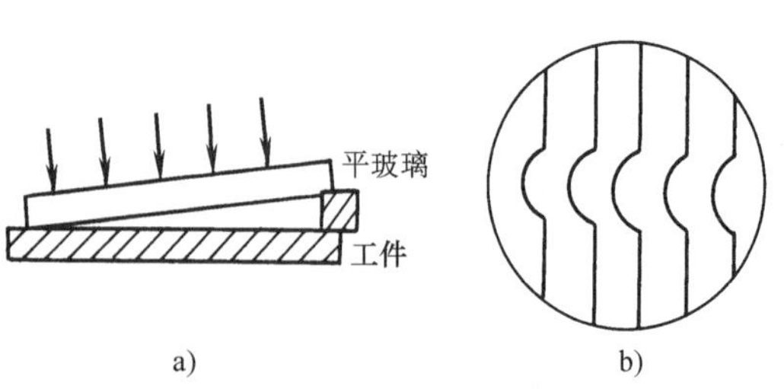

图 12-7 例 12-3 图

【例 12-4】 用波长 $\lambda = 589.3\text{nm}$ 的钠光垂直照射一折射率 $n = 1.52$ 的玻璃劈尖，在玻璃表面上产生等

厚干涉条纹，今测得两相邻暗条纹间距 $l=0.25\times10^{-2}$m，试求此劈尖的夹角 θ。

【解】 由于钠光垂直照射玻璃劈尖，则

$$l\sin\theta=e_{k+1}-e_k=\frac{\lambda}{2n}$$

故
$$\sin\theta=\frac{\lambda}{2nl}=\frac{589.3\times10^{-9}}{2\times1.52\times0.25\times10^{-2}}=7.75\times10^{-5}$$

因为 θ 角很小，所以 $\sin\theta\approx\theta$，则

$$\theta=7.75\times10^{-5}\text{rad}$$

---

2. 牛顿环

将一曲率半径很大的平凸透镜 A 的凸面，放在一块平玻璃 B 的上面，如图 12-8a 所示。在凸面与平面之间形成了一空气薄层。从接触点 O 向外，空气薄层的厚度逐渐增大，并且，在以接触点 O 为中心的任一圆周上的各点处，空气薄层的厚度都相等。设有一单色平行光束经倾斜 45°角的半透明的平面镜 M 反射后，垂直照射到平凸透镜的表面上，则在空气薄层的上下两个界面（透镜的凸面和平面玻璃片的上表面）上反射的两条光线为相干光线，将发生干涉，于是，通过显微镜 T 可以观察到在透镜的凸面和空气薄层的交界面上产生以接触点 O 为中心的明暗相间的环形干涉条纹，如图 12-8b 所示，由图可见，随着环半径的增大，明暗环变得越来越密。

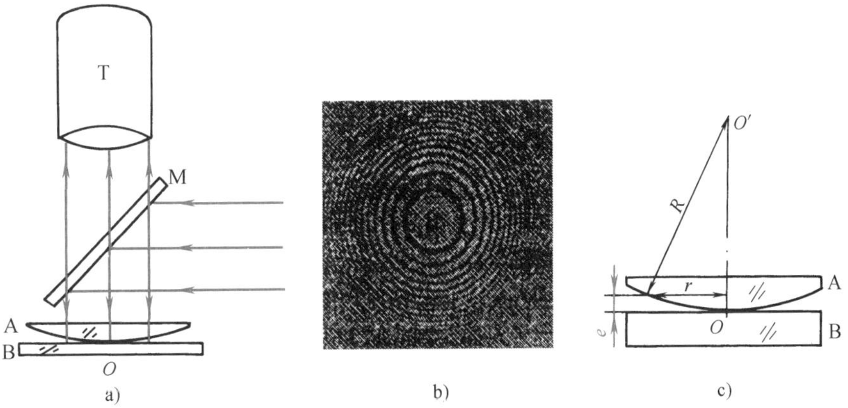

图 12-8 牛顿环实验

由于每一环干涉条纹所在处的空气薄层的厚度相等，所以这些干涉条纹也是一种等厚干涉条纹。历史上称这样的干涉条纹为牛顿环。

现在来定量地计算牛顿环的半径 r、光波波长 λ 和平凸透镜的曲率半径 R 之间的关系。由于透镜及玻璃片的折射率都比空气的折射率 n 大，则对应空气薄膜任一厚度 e 处，两束相干光的光程差为

$$\delta=2ne+\frac{\lambda}{2}$$

上式中 $\lambda/2$ 是光在空气薄膜的下表面（即和平面玻璃片的分界面）上反射时产生的半波损失。则产生明、暗环的条件为

$$\left.\begin{aligned}\delta&=2ne+\frac{\lambda}{2}=k\lambda &&(k=1,2,3,\cdots)(\text{明环})\\ \delta&=2ne+\frac{\lambda}{2}=(2k+1)\frac{\lambda}{2} &&(k=0,1,2,\cdots)(\text{暗环})\end{aligned}\right\}\tag{12-16}$$

设平凸透镜的曲率半径为 R，某一级牛顿环的半径为 r，从图 12-8c 中的直角三角形可得空气薄膜任意一点处膜厚 e 与 R 和 r 的关系为

$$r^2=R^2-(R-e)^2=2Re-e^2$$

因为 $R\gg e$，故可以略去上式中的 e^2，于是得

$$r^2=2Re$$

由式（12-16）中解出 e，代入上式可求得明环和暗环的半径分别为

$$\left.\begin{aligned}r&=\sqrt{(2k-1)\frac{R\lambda}{2n}} &&(k=1,2,3,\cdots)(\text{明环半径})\\ r&=\sqrt{\frac{kR\lambda}{n}} &&(k=0,1,2,\cdots)(\text{暗环半径})\end{aligned}\right\}\tag{12-17}$$

在平凸透镜的凸面与玻璃片的接触点 O 处，因为 $e=0$，由式（12-16）可知，两条反射光线的光程差 $\delta=\frac{\lambda}{2}$，所以牛顿环的中心点是一暗点（实际上是一个暗圆面，因为接触点实际上不是点而是圆面）。

可以看出，当第 k 级明环或暗环半径 r_k 测得后，若已知入射光的波长 λ，便可算得平凸透镜的曲率半径 R；反之，若 R 为已知，则可算得入射光的波长 λ。

牛顿环干涉图样中任何两相邻明环或相邻暗环间的半径之差 $r_{k+1}-r_k$ 与环半径之间的关系可由式（12-17）之一导出，即

$$r_{k+1}^2-r_k^2=\frac{R\lambda}{n}$$

$$r_{k+1}-r_k=\frac{R\lambda}{n(r_{k+1}+r_k)}$$

从式（12-17）和上式可以看出，k 越大，环的半径越大，但相邻两明环或暗环的半径之差越小，这表明随着环半径的逐步增大，牛顿环变得越来越密，这正如图 12-8b 所显示的一样。

如果用白光照射到平凸透镜的表面上，由式（12-17）可以看出，不同波长的光对应同一级次 k 产生的明环半径 r_k 不同，干涉条纹是彩色的环谱。

以上讨论了反射光的干涉问题，透射光也可以产生牛顿环，只是其明暗情形与反射光的明暗情形恰好相反，透射光干涉产生的牛顿环中心处是一亮圆面。

除了可以用牛顿环测定平凸透镜的曲率半径及未知入射单色光的波长外，在制作光学元件时，常常根据牛顿环环形干涉条纹的圆形程度来检验平面玻璃是否为一光学平面或透镜的曲率半径是否均匀。前者是把标准的平凸透镜放在受检的玻璃片上进行检验，后者是把磨好的平凸透镜放在标准的光学平面玻璃片上进行检验。另外，也可以应用牛顿环法检验平凸透镜曲率半径的大小是否合格，它是用一曲率半径为标准值的凹面玻璃与一受检验的平凸透镜叠在一起，如果两者完全密合，则不出现牛顿环；如果平凸透镜的曲率半径稍偏离标准值，则产生牛顿环。

【例 12-5】 用 He-Ne 激光器发出的波长为 633nm 的单色光作光源，在做牛顿环实验时，得到下列测量结果，第 k 级暗环半径为 5.63×10^{-3}m，第 $k+5$ 级暗环半径为 7.96×10^{-3}m，求曲率半径 R。

【解】 应用式（12-17），有

$$r_k=\sqrt{kR\lambda/n}\qquad r_{k+5}=\sqrt{(k+5)R\lambda/n}$$

由于是空气薄膜，可近似认为 $n=1$，于是有

$$r_{k+5}^2-r_k^2=5R\lambda$$

$$R=\frac{r_{k+5}^2-r_k^2}{5\lambda}=\frac{(7.96^2-5.63^2)\times10^{-6}}{5\times633.0\times10^{-9}}\text{m}=10.0\text{m}$$

四、迈克尔逊干涉仪

前面指出，劈尖干涉条纹的位置取决于光程差，光程差的微小变化就会引起干涉条纹的明显移动。反过来也可以根据移动条纹数推算出一个面的微小移动，迈克尔逊干涉仪就是根据这个原理制成的一种精密仪器，它是最常用、也是最早制成的干涉仪。它的制成和应用对现代物理学的发展曾起了重要作用。

图 12-9 为迈克尔逊干涉仪的构造简图。M_1 和 M_2 是两块精密磨光的平面镜，相互垂直地放置，其中 M_1 是固定的，M_2 用一组螺旋钮控制，可前后做微小移动。G_1 和 G_2 是由相同材料制成的两块厚薄均匀且相等的平行平面玻璃片。在 G_1 的一个表面上镀有半透明的薄银层（图中用粗线标出），使照射在它上面的光，一部分被反射、一部分透射。G_1 和 G_2 平行放置，并与 M_1 和 M_2 成 45°的倾斜角。

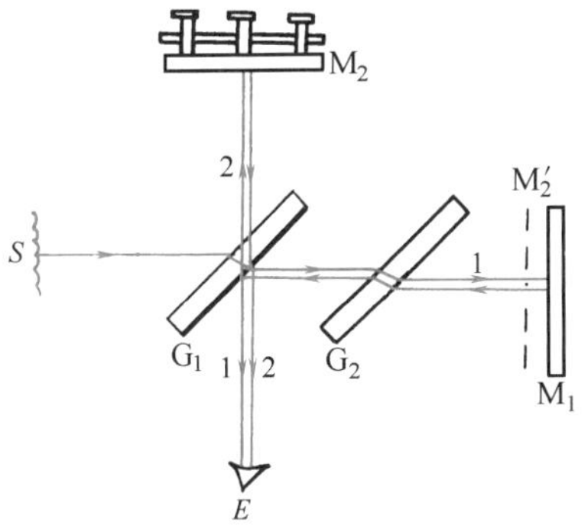

图 12-9 迈克尔逊干涉仪简图

由扩展光源上一点 S 所发出的光线射向 G_1 时，被 G_1 的薄银层分为反射光 2 和透射光 1，因而 G_1 又称为分光板。光线 2 向 M_2 传播，经 M_2 反射后再透过 G_1，射到 E 处的观察者眼睛或照相物镜上；光线 1 穿过 G_2 后，向 M_1 传播，经 M_1 反射后，再穿过 G_2，并经薄银层反射，也射到 E 处。显然，光线 1 和光线 2 是两束相干光线，因而 E 处观察者的眼睛或照相物镜能看到或摄得干涉图样。装置中放置 G_2 的目的是使光线 1 和光线 2 都穿过同样厚度的玻璃片三次，以补偿光线 1 只通过 G_1 一次而引起的与光线 2 的较大附加光程差，因此，常把 G_2 称为补偿板。

图 12-9 中 M_2' 为 M_2 在镀银层中所成的虚像，因而来自 M_2 反射的光线 2 可以看作是从 M_2' 反射的。如果 M_2 和 M_1 并不严格垂直，则 M_2' 与 M_1 也就不严格地平行，这样便在 M_2' 和 M_1 间形成一空气劈尖。此时，来自 M_2' 和 M_1 的反射光线 2 和光线 1 与前面讨论的从劈尖两表面上反射的两条光线类似，形成明暗相间、平行等间距的等厚干涉条纹。如果 M_2 做微小移动，则其像 M_2' 也要做微小移动。按前面的讨论知，也要引起等厚干涉条纹的移动。设空气折射率近似为 1，当 M_2 平移 $\lambda/2$ 距离时，则观察者将看到一级明条纹（或暗条纹）移过视场中的某一刻度位置。如果能数出视场中移过某一刻度位置的明（或暗）条纹的数目 m，

则可以计算出 M_2 平移的距离为

$$\Delta d = m\frac{\lambda}{2} \tag{12-18}$$

如果 M_1 和 M_2 严格地相互垂直，则 M_2' 与 M_1 也就严格平行，这样便在 M_2' 与 M_1 之间形成一平行平面空气薄膜。结果 E 处观察者的视场中将看到环形的干涉条纹。如果 M_2 做微小平移，则环形条纹将由中心“冒出”或向中心收聚并“淹没”。每有一级环形条纹冒出或淹没表示 M_2 平移了 $\lambda/2$ 距离，因而当能数出中心处环形条纹变化的数目 m 时，也可知 M_2 所平移的距离，如式（12-18）所示。

由式（12-18）可知，应用迈克尔逊干涉仪，可以由已知波长的光束来测定微小长度，也可由已知的微小长度来测定某光波的未知波长。

1887 年，迈克尔逊和莫雷应用迈克尔逊干涉仪试图通过实验来测定地球在“以太”中运动的相对速度，实验中所得到的结果与经典的伽利略变换相矛盾，但却成为爱因斯坦狭义相对论的实验基础。

第三节　光的单缝衍射

一、光的衍射

在上一章中，我们已讲过，波的衍射是指波在其传播路径上如果遇到障碍物，它能绕过障碍物的边缘而传到直线传播传不到的“阴影”区域的现象。作为电磁波的光波也存在这种现象，称为光的衍射现象。和干涉一样，衍射现象是波动过程基本特征之一。衍射现象进一步说明了光具有波动性。

如图 12-10a 所示，一束平行光通过一个宽度可调节的狭缝 K 以后，在屏幕 P 上将呈现光斑。若狭缝的宽度比光波波长大得多，则屏幕 P 上的光斑和狭缝宽度相同，亮度均匀（如图 12-10a 中 E）。此时的光可看成是沿直线传播的。调节 K，使缝的宽度逐渐缩小，当缝宽缩到可以与光波波长相比拟（10^{-4}m 数量级以下）时，在屏幕 P 上出现的光斑在其亮度下降的同时，其宽度范围反而扩宽，形成明暗相间的条纹。这就是光的衍射现象，如图 12-10b 中 F 所示。

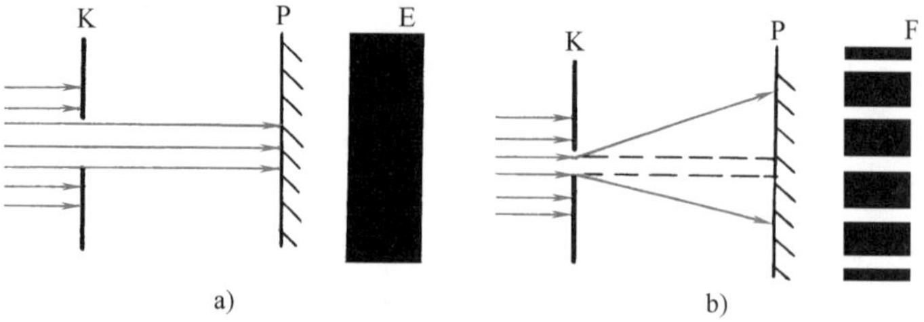

图 12-10　光的衍射

如果不用狭缝而用一个小圆孔来代替，当小圆孔的直径小到一定程度时，在屏幕上会得到明暗相间的圆形条纹。

如果在光源和屏幕之间，放一个很细的障碍物，如细线、针、刀片等，则由于光的衍射，在屏幕上也会出现明暗相间的条纹。

如果光源是白光，则条纹将是彩色的。

二、惠更斯-菲涅耳原理

在波动中曾用惠更斯原理解释了波的衍射现象，但是不能解释衍射图样中的光强分布。菲涅耳进一步发展了惠更斯原理，圆满地解释了光衍射现象中的这一问题，成为研究光衍射现象的基础理论。

菲涅耳运用波的叠加和干涉原理，给惠更斯原理做了补充。菲涅耳认为：从同一波阵面上各点所发出的子波，经传播而在空间某点相遇时，也可以相互叠加而产生干涉现象。这便是惠更斯-菲涅耳原理。

根据这个原理，如果已知光波在某一时刻的波阵面 S，就可以计算光波从 S 传播到给定 P 点时光振动的振幅和相位。如图 12-11 所示，首先将 S 分成许多面元 $\mathrm{d}S$，可以看成是元光源，找出面元 $\mathrm{d}S$ 发出的子波传到 P 点时引起光振动的振幅和相位，然后再通过积分求各面元 $\mathrm{d}S$ 在 P 点所产生的作用总和，就可以得到 P 点的光振动。

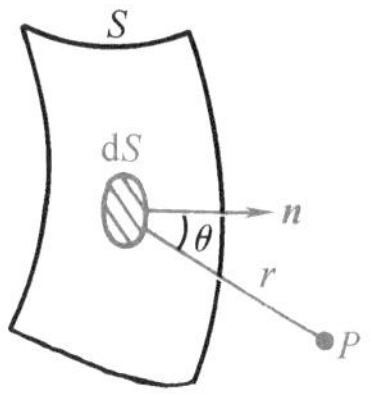

图 12-11　元光源产生的光振动

根据理论推导可以得知：每一面元 $\mathrm{d}S$ 所发出的子波在 P 点引起光振动的振幅大小与 $\mathrm{d}S$ 大小成正比，与 $\mathrm{d}S$ 到 P 点距离 r 成反比，并与 r 和 $\mathrm{d}S$ 的法线 $\boldsymbol{n}$ 之间的夹角 θ 有关，θ 越大，引起的振幅越小。子波在 P 点处所引起的光振动的相位则由 r 的大小来决定。这个积分很复杂，这里不做具体介绍。

三、夫琅禾费单缝衍射

根据光源、衍射缝（或孔）、显示衍射图样的屏幕三者之间的位置关系，可以把衍射分成两类。

在衍射中，若光源 S 和显示衍射图样的屏幕 P 二者或二者之一与衍射缝（或孔）K 之间的距离为有限远，则这种衍射称为菲涅耳衍射，如图 12-12a 所示。若光源 S 和屏幕 P 皆距衍射缝（或孔）K 无限远，则这种衍射称为夫琅禾费衍射。在夫琅禾费衍射中，入射光和衍射光都是平行光，即光到达衍射缝（或孔）的波阵面及衍射光波到无限远处屏幕上任一点的波阵面均为平面，如图 12-12b 所示。在实验室中，常把点光源放在透镜 L_1 的焦点上，并把屏幕 P 放在透镜 L_2 的焦平面处，如图 12-12c 所示，则到达衍射缝（或孔）的光波和衍射光波都能满足夫琅禾费衍射的条件，所以也是夫琅禾费衍射。这里主要讨论夫琅禾费单缝衍射问题。

图 12-13 表示夫琅禾费单缝衍射的实验装置图。点光源 S 放在透镜 L_1 的焦点上，其发出的光线经过 L_1 后成为一束平行光线，照射在单缝 K 上，当单缝的宽度和入射单色光波长可以比拟时，衍射光有相当一部分光线偏离了入射光线的方向，通常把衍射光线与入射光线之间的夹角称为衍射角，用 φ 表示，如图 12-14 所示。衍射光线经过透镜 L_2 后，将在屏幕 E 上出现衍射条纹。中央明条纹较宽，也较亮，其两侧对称地分布着明暗相间的条纹。

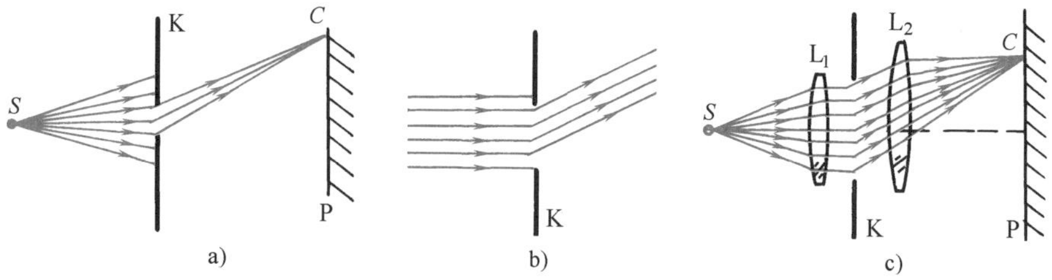

图 12-12 衍射的分类

a）菲涅耳衍射 b）、c）夫琅禾费衍射

如何来解释上述衍射现象呢？这里仅应用以惠更斯-菲涅耳原理为理论基础的菲涅耳半周期带法（也称半波带法）对上述问题做出解释。

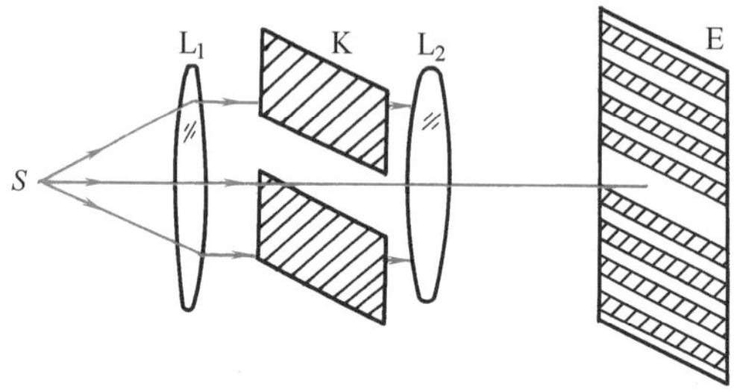

图 12-13 夫琅禾费单缝衍射装置图

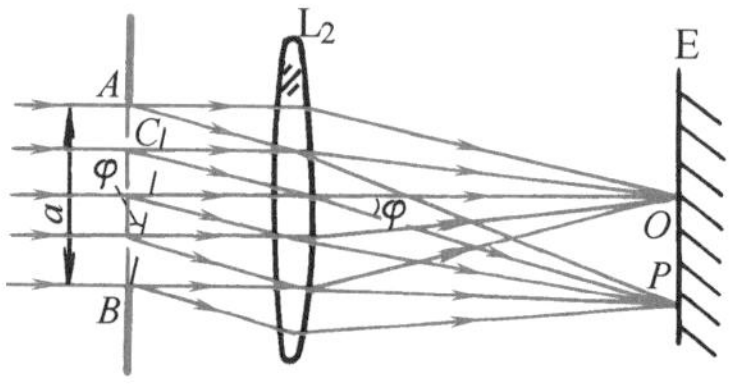

图 12-14 单缝处新的子波源及其衍射光线方向说明

21 夫琅禾费单缝衍射（韩权）

图 12-14 中，AB 为单缝所在处的波阵面，宽度为 a，根据惠更斯-菲涅耳原理，AB 上各点都可以看成是新的子波源，它们将发出向前传播的球面子波，在空间某处，这些子波相遇时会叠加而产生干涉。

对于沿入射光方向传播的一束平行光线，衍射角 $\varphi=0$，这些光线在出发处（即同一波前 AB 上）的相位是相同的，并形成和透镜 L 的光轴垂直的平面波，因而经过透镜 L 后会聚于焦点 O 处时的相位仍然相同，即它们在 O 点的相位差为零，干涉加强。这样，在正对狭缝中心的 O 处就出现了平行于狭缝的亮纹，称为中央明条纹。

其次，我们研究其中一束衍射角为 φ 的平行光线，它们通过透镜 L 后会聚于屏幕 E 的某点，相互叠加，是干涉加强还是干涉减弱就要应用菲涅耳半周期带法来定性地讨论。如图 12-15所示，在平行单色光的垂直照射下，位于波阵面 AB 上的子波沿各个方向传播，衍射角为 φ 的一束平行光线经透镜后，聚焦在屏幕上 P 点。由图 12-15 可见，这束光线的两条边缘光线间的光程差为 $AC=a\sin\varphi$，P 点条纹的明暗完全取决于光程差 AC 的值，AC 显然是沿 φ 角方向各子波光线间的最大光程差。菲涅耳提出了将波阵面 AB 分割成许多平行的等面积的周期带的方法。在夫琅禾费单缝衍射情形中，可以作一些平行于 BC 的平面，使任何两相邻平面间的距离等于入射光的半波长 $\lambda/2$，这种处理问题的方法称为半周期带法。假定所作的这些平面将单缝处的波阵面 AB 分成 AA_1、A_1A_2 等整数个半波带，如图 12-15a、b 所示。

由于各个半周期带的面积相等，所以各个半周期带在 P 点所引起的光振动振幅近似相等；又由于两相邻半周期带上，任何两个对应点所发出的光线的光程差总是 $\lambda/2$，即相位差总是 π，而且经过透镜会聚时，透镜不产生附加光程差，所以两相邻半周期带上相应点发出的光线到达 P 点时相位差总是 π。结果任何两个相邻半周期带所发出的光线在 P 点将因干涉而完全相互抵消。由此可见，如果 AC 是半波长的偶数倍，即相应于某给定的衍射角 φ，单缝可以分成偶数个半周期带时，如图 12-15a 所示，所有半周期带的作用将成对地相互抵消，在 P 点处出现暗条纹；如果 AC 是半波长的奇数倍，即单缝可分成奇数个半周期带时，如图 12-15b 所示，所有半周期带中，其作用成对地相互抵消后，还将留下一个半周期带的作用，则在 P 点处出现明条纹。上述所得结论可表示成数学形式。

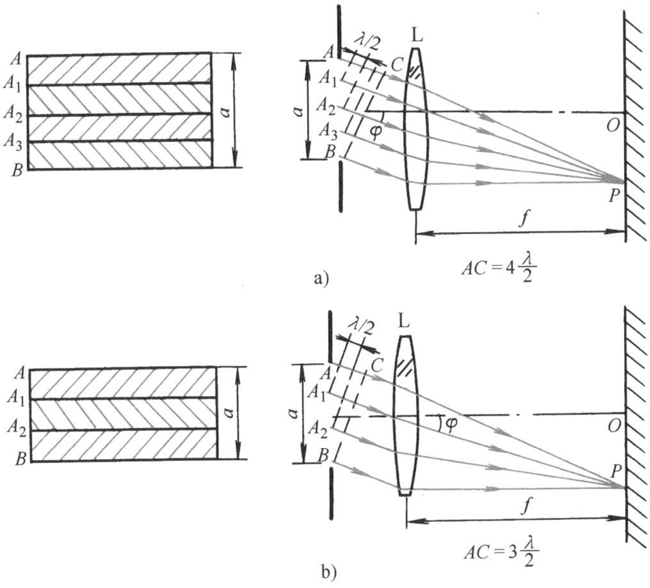

图 12-15 菲涅耳半周期带法

a）四个波带 b）三个波带

当衍射角 φ 满足

$$a\sin\varphi = \pm 2k\frac{\lambda}{2}, \quad k=1,2,3,\cdots \tag{12-19}$$

时，光线会聚处为暗条纹所处位置。对应于 $k=1$，2，3，…的暗条纹分别叫作第一级暗条纹、第二级暗条纹……式中，正、负号则表示暗条纹对称地分布在 O 点处的中央明条纹两侧。中央明条纹实际上是两侧第一暗条纹之间的区域。由式（12-19）知，在这个区域内衍射角必须满足

$$-\lambda < a\sin\varphi < \lambda$$

当衍射角 φ 满足

$$a\sin\varphi = \pm(2k+1)\frac{\lambda}{2}, \quad k=1,2,3,\cdots \tag{12-20}$$

时，光线会聚处为明条纹中心所处位置。对应于 $k=1$，2，3，…，分别叫作第一级明条纹、

第二级明条纹……式中，正、负号则表示各级明条纹对称地分布在 O 点处中央明条纹的两侧。

上面仅仅讨论了 k 取整数的情形，而对于任意的衍射角 φ 而言，波阵面 AB 一般不能恰好被分成整数个半周期带，即 AC 不等于 $\lambda/2$ 的整数倍。此时，衍射光线经透镜会聚后，形成屏幕上明条纹中心与暗条纹中心之间似明似暗的区域。夫琅禾费单缝衍射图样中光强的分布如图12-16所示。由图中可以看出，中央明条纹最亮，也最宽，大约为其他各级明条纹宽度的两倍，由式（12-19）计算也可得到这一结论。其他明条纹则由前一级暗条纹中心位置开始逐渐变亮，到该级明条纹中心位置时最亮，然后开始逐渐变暗，到下一级暗条纹中心位置时变得最暗。随着明条纹级数的增加，其亮度逐渐下降，这是由于衍射角 φ 越大，波阵面 AB 被分成的半周期带个数越多，而未被抵消的半周期带面积占波阵面 AB 的比例也越小。

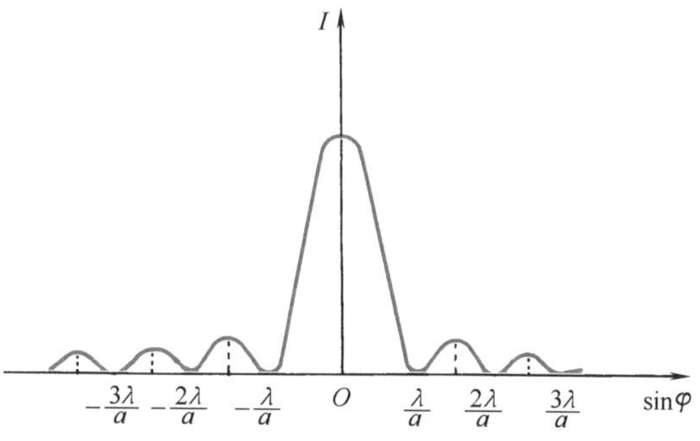

图12-16 夫琅禾费单缝衍射光强分布

根据明暗条纹公式（12-19）和（12-20）可以看出，当单缝的宽度 a 一定时，对于同一级衍射条纹而言，入射光的波长越长，则衍射角 φ 越大。例如紫光的波长较短，衍射角 φ 较小；红光的波长较长，衍射角 φ 较大。如果入射光为白光，衍射图样的中央是白色的中央明条纹，在其两侧，由于不同波长的光对应的衍射角 φ 不同，在同一级条纹中出现了由紫到红的彩色条纹分布；对于较高的级次，彩色条纹还可能发生级次重叠，即后一级的紫光条纹可以分布于前一级红光条纹之前。这种由于衍射而产生的彩色条纹称为**衍射光谱**。

根据明暗条纹公式（12-19）和式（12-20）还可以看出，对于波长一定的单色入射光，单缝的宽度 a 越小，与各级衍射条纹相对应的衍射角 φ 就越大，衍射条纹的间隔就越宽，衍射作用也就越明显。相反，如果单缝的宽度 a 比入射的单色光的波长大很多，亦即 $a \gg \lambda$，则与各级衍射条纹相对应的衍射角 φ 就非常小，各级衍射条纹的间距也就非常小，甚至无法分辨，所有各级条纹均“并入”中央明条纹，通过透镜成像于屏幕上，这个像就是从单缝射出的平行光线直线传播的结果。这就是通常所说的光的直线传播现象，它只是由于障碍物的线度远大于光的波长，使得衍射现象不显著的结果。

【例12-6】 用波长 $\lambda = 589.3\text{nm}$ 的平行钠黄光垂直照射到宽度 $a = 0.20\times10^{-3}\text{m}$ 的单缝上，在缝后放置一个焦距 $f = 0.40\text{m}$ 的凸透镜，则在其焦平面处的屏幕E上出现衍射条纹，如图12-17所示。试求：

（1）中央明条纹的宽度。

（2）第一级暗条纹与第二级暗条纹之间的距离。

【解】 已知单缝衍射暗条纹公式（12-19）为

$$a\sin\varphi = 2k\frac{\lambda}{2} = k\lambda$$

故

$$\sin\varphi = k\frac{\lambda}{a}$$

由图 12-17 可得

$$\tan\varphi = \frac{x}{f}$$

因 φ 很小，$\sin\varphi \approx \tan\varphi$，故得

$$x = k\frac{\lambda f}{a}$$

(1) 中央明条纹的宽度等于两侧第一级暗条纹之间的距离。上式中令 $k=1$，得第一级暗条纹距中央明条纹中心 O 点的距离为

$$x_1 = \frac{\lambda f}{a}$$

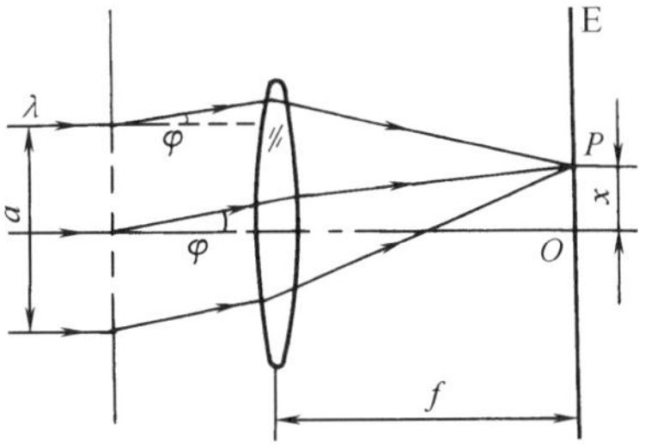

图 12-17　例 12-6 图

故中央明条纹的宽度为

$$\Delta x_0 = 2x_1 = \frac{2\lambda f}{a} = \frac{2\times 589.3\times 10^{-9}\times 0.40}{0.20\times 10^{-3}}\text{m} = 2.4\times 10^{-3}\text{m}$$

由上式可见，在衍射角 φ 很小的情况下，中央明条纹宽度与单缝的宽度 a 成反比。

(2) 在 $x = k\frac{\lambda f}{a}$ 中，令 $k=2$，则得第二级暗条纹距中央明条纹中心 O 点的距离为

$$x_2 = \frac{2\lambda f}{a}$$

故第一级与第二级暗纹间距离为

$$\Delta x_1 = x_2 - x_1 = \frac{2\lambda f}{a} - \frac{\lambda f}{a} = \frac{\lambda f}{a} = \frac{0.40\times 589.3\times 10^{-9}}{0.20\times 10^{-3}}\text{m} = 1.2\times 10^{-3}\text{m}$$

可见，在衍射角 φ 很小的情况下，单缝衍射的中央明条纹宽度为其他明条纹宽度的两倍。

第四节　光栅衍射

从单缝衍射的讨论中知道，若缝较宽，明条纹亮度虽较强，但各级明条纹间的距离较小而不易分辨；若缝很窄，虽然各级明条纹分得很开，但明条纹的亮度却显著减小，使得条纹不够清晰。在这两种情况下，都很难精确地测定条纹宽度，所以利用单缝衍射不能精确测定光波波长。那么，我们是否可以获得亮度很大、分得很开，而本身宽度又很窄的明条纹呢？利用衍射光栅可以获得这样的条纹。

一、光栅衍射条纹的形成

常用的光栅是由一块玻璃片制成的。在玻璃片上刻有大量宽度和间距都相等的平行线条（刻痕）。每一刻痕相当于一条毛玻璃而不易透光，所以当光线照射到光栅的表面上时，只有在两刻痕之间的光滑部分，光线才能通过，这个光滑部分就相当于一狭缝。因此我们可以把光栅看成一系列等宽、等间距的狭缝。设 a 表示每一狭缝的宽度，b 表示刻痕宽度，则 $d=(a+b)$ 叫作光栅常量。实际的光栅，通常在 1cm 内刻划有成千或上万条刻痕，所以光栅常量的数量级为 $10^{-5}\sim 10^{-6}$m。

如图 12-18 所示，当一束平行单色光照射到光栅上时，每一狭缝都要产生衍射，它们各

自在屏幕上产生强度分布相同和极值位置重合的单缝衍射图样。但是，由于光栅中含有一系列相等面积的平行狭缝，并且从各缝射出的光束相互间要发生干涉，所以最后形成的光栅衍射条纹并不只是由各个单缝所决定，而更重要的还有许多狭缝发出的光束之间的干涉，即多光束的干涉作用。因此光栅的衍射条纹应该看作是衍射和干涉的总效果。

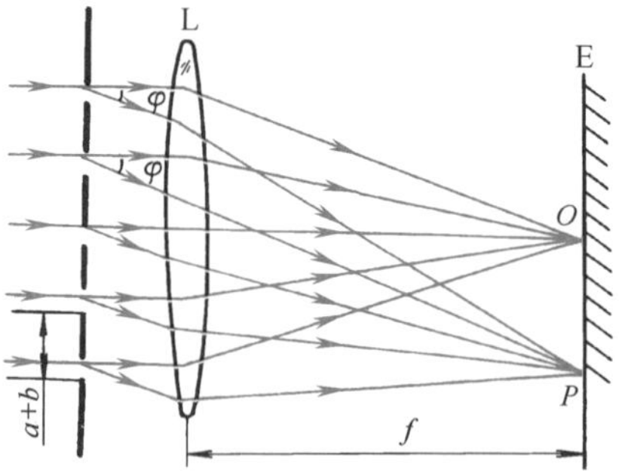

图 12-18 平面光栅衍射的实验装置

当一束平行单色光垂直照射在光栅上，透过光栅的光通过透镜会聚在其焦平面处的屏幕 E 上时，在屏幕上产生一组明暗相间的衍射条纹。这种条纹称为光栅衍射条纹。如图 12-19 所示为不同缝数的光栅产生的衍射图样。可见，光栅衍射条纹同单缝衍射条纹有明显的差别，光栅衍射条纹很细很亮，明条纹之间有较宽的暗区。随着光栅单位宽度内缝数的增加，衍射图样中明条纹越细，也越亮，相应的明条纹之间的暗区也越暗。

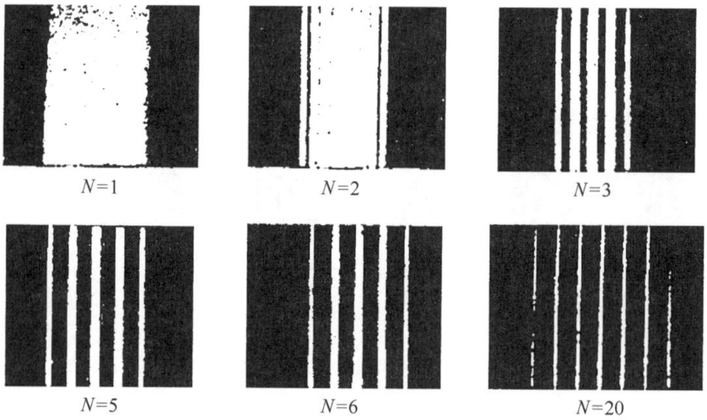

图 12-19 狭缝数 N 不同时光栅的衍射图样

图 12-20 所示为光栅衍射条纹的光强分布示意图。实线表示各缝的衍射光在相互干涉后的光强实际分布。虚线是按各缝的衍射作用以及它们的累积结果所画出的，它对实际光强分布曲线（实线）的制约情况，反映了各缝衍射光之间的干涉作用是建立在每缝的衍射基础上的。

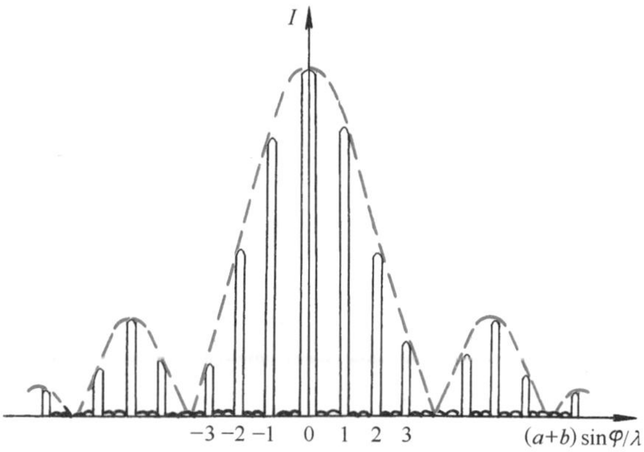

图 12-20 光栅衍射条纹的光强度分布

二、光栅方程

设一束平行单色光垂直照射在光栅上，通过每一狭缝向不同方向衍射的光通过透镜 L 聚焦在其焦平面处的屏幕 E 上的不同位置，如图 12-21 所示。考虑其中一束与光栅的法线夹角为 φ 的衍射光线（即其衍射角为 φ），当这束光线通过透镜后，汇聚于屏幕上 P 点，那么如果 P 点形成的衍射图样是明条纹，应该具备怎样的条件呢？

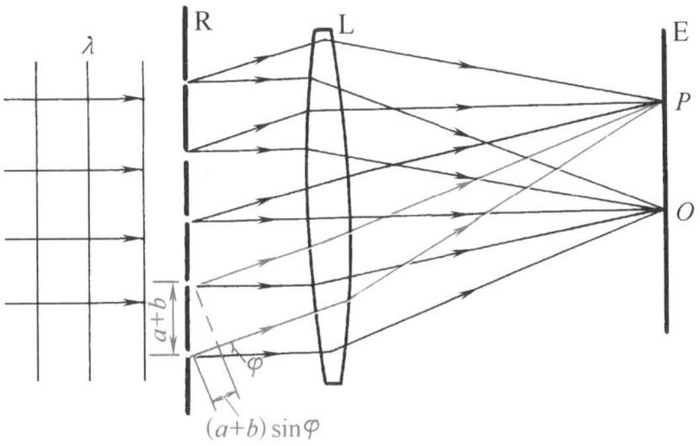

图 12-21 光栅方程的推导

在图 12-21 中，任意选取两相邻缝发射出的沿衍射角 φ 方向的两束平行光线，它们被透镜会聚于 P 点时，如果二者的光程差 $(a+b)\sin\varphi$ 恰好等于入射光波长 λ 的整数倍，则这两束光线在相会的 P 点相位相同，干涉叠加的结果为相互加强。由于光栅为缝宽相等、缝间距相等的光学元件，因而，其他任意相邻两缝沿 φ 方向衍射光线的光程差也为 λ 的整数倍，它们会聚于 P 点，叠加干涉的结果也是相互加强的。这样，P 点处便形成了衍射明纹。因此，光栅衍射明条纹的条件是衍射角 φ 必须满足

$$(a+b)\sin\varphi = \pm k\lambda, \quad k=0,1,2,\cdots \qquad (12\text{-}21)$$

式（12-21）称为**光栅方程**，它是研究光栅衍射的重要公式。

满足光栅方程的明条纹称为光栅衍射的主极大条纹，k 称为主级大级次。$k=0$ 时，$\varphi=0$，相应的明条纹称为中央明条纹；$k=1$，2，…对应的明条纹分别称为第一级、第二级……主极大条纹。式（12-21）中的正、负号表示各级明条纹对称地分布在中央明条纹的两侧，如图 12-20所示。由于衍射角 $|\varphi|\leqslant\pi/2$，即 $|\sin\varphi|\leqslant 1$，因而衍射级数的最大值为 $k\leqslant(a+b)/\lambda$，它表明观察到的主极大数目是有限的。

22 光栅衍射（韩权）

从光栅方程中可以看出，对于光栅常量 d 一定的光栅，入射光波长 λ 越大，各级明条纹的衍射角也越大，所以光栅衍射对于复色光而言具有色散分光的作用。对于光栅而言，其光栅常量越小，各级明条纹的衍射角越大，亦即各级明条纹间距越大，越易分辨。对于长、宽一定的光栅，总缝数越多，其衍射明条纹越细越亮。

如上所述，利用衍射光栅可以获得亮度大、分得很开的、很细的条纹，因此能够用光栅精确地测量波长。

上面给出的光栅方程相应于衍射图样中主极大明条纹出现的位置，这是产生主极大明条纹的必要条件。也就是说，在实际光栅衍射图样中，对应于光栅方程确定的主极大明条纹出现的位置并不都有主极大明条纹出现。其原因在于研究光栅方程时只注意了不同缝之间光的相互干涉，而未注意单缝的衍射作用对光栅衍射图样的影响。设想光栅上只留下一条缝透光，其余全部遮住，这时屏幕上呈现的是单缝衍射的条纹图样，不论光栅上留下哪一条缝透

光，屏幕上的单缝衍射条纹图样都一样，而且条纹位置也完全重合，这是因为同一衍射角 φ 的平行光经过透镜都聚焦于同一点。因此，若某一束衍射光线的衍射角 φ 满足光栅方程的同时，也满足单缝衍射的暗条纹条件，即

$$(a+b)\sin\varphi = \pm k\lambda,\quad k=0,1,2,\cdots$$

$$a\sin\varphi = \pm k'\lambda,\ k'=1,2,\cdots$$

则对应于这一衍射角 φ 方向的缝与缝间出射光干涉加强的主极大明条纹将不存在，即虽然满足光栅方程，但相应的主极大明条纹并不出现，这种现象称为衍射光谱线的**缺级**。当光栅缝宽 a 及缝间距 b 已知时，光栅衍射光谱线缺级的级次为

$$k = k'\frac{a+b}{a} \tag{12-22}$$

式（12-22）称为**缺级条件**。例如 $(a+b)=3a$ 时，缺级的级次为 $k=3$，6，9，…。这种现象也可解释为多缝出射光的相互干涉结果要受单缝衍射结果的**调制**，如图12-22所示。

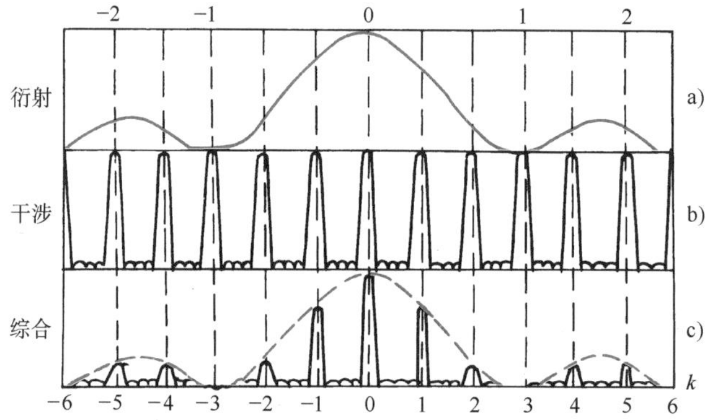

图12-22 单缝衍射因子的调制和缺级现象

由光栅方程可知，在光栅常量 d 一定时，衍射角 φ 的大小和入射光波的波长有关，波长越长，衍射角越大，相应的各级衍射条纹距中央零级条纹越远。若用一束含有各种波长的白光入射光栅，各种波长的单色光将产生各自的衍射条纹。除中央明条纹由各色光混合仍为白光外，其两侧的各级明条纹都将形成由紫到红对称排列的彩色光带，称之为**光栅光谱**。由于波长较短的光衍射角较小，波长较长的光衍射角较大，所以波长较短的紫光靠近中央明条纹，波长较长的红光则远离中央明条纹。级数较高的光谱中将会有部分谱线发生重叠。

白光的衍射光谱在光谱区内连成一片，称为**连续谱**。如果入射光是波长不连续的复色光，如汞灯，其光栅衍射光谱在光谱区将出现与各波长对应的各级线状光谱，称之为**线状谱**或**分立光谱**。

经过分析知道，每一元素激发后发出的光都有自己的特征光谱线。由一定物质发出的光，其衍射光谱是一定的，测定其光栅衍射光谱中各谱线的波长及其相对光强，可以确定发光物质的成分和含量。这种物质分析方法称为**光谱分析**。光谱分析广泛应用于科学研究和工业技术等方面。在固体物理中，还可以利用光栅衍射测定物质光谱线的精细结构，从而有助于人们深入了解物质的微观结构。

【例 12-7】 用每1×10^{-3}m有 500 条刻痕的光栅观察波长 $\lambda=590$nm 的钠光谱线，已知 $a=1\times10^{-6}$m，问：

（1）平行光垂直入射时，最多能观察到第几级光谱线，实际上能观察到几条光谱线？

（2）平行光以与光栅法线间夹角 $\theta=30°$入射时，如图 12-23 所示，最多能观察到第几级谱线？

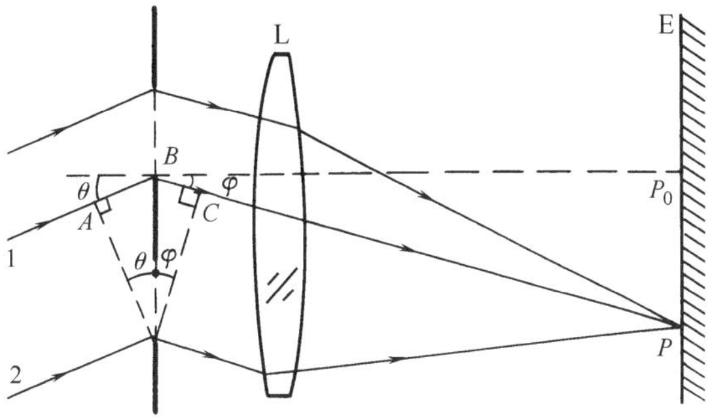

图 12-23　例 12-7 图

【解】（1）按题意，光栅常量为

$$a+b=\frac{1\times10^{-3}}{500}\text{m}=2\times10^{-6}\text{m}$$

由光栅方程知，只有当 $\varphi=\pi/2$，即 $\sin\varphi=1$ 时，k 才可能有最大值，k 的最大可能值为

$$k=\frac{(a+b)\sin\varphi}{\lambda}=\frac{2\times10^{-6}\times1}{590.0\times10^{-9}}\approx3.4$$

由于小数没有实际意义，故最多能观察到第三级谱线。

又根据缺级条件

$$k=k'\frac{a+b}{a}=k'\frac{2\times10^{-6}}{1\times10^{-6}}=2k',\qquad k'=1,\ 2,\ \cdots$$

所以衍射光谱线中的 $k=2$，4，6，…等级次为缺级。因而实际只能看到 0 级、1 级和 3 级共 5 条谱线。

（2）斜入射时，由图 12-23 可以看出，1、2 两条光线除光程差$\overline{BC}$外，还有入射前的光程差$\overline{AB}$，因此总光程差为

$$\begin{aligned}\overline{AB}+\overline{BC}&=(a+b)\sin\theta+(a+b)\sin\varphi\\&=(a+b)(\sin\theta+\sin\varphi)\end{aligned}$$

由光栅方程可得

$$k=\frac{(a+b)(\sin\theta+\sin\varphi)}{\lambda}$$

上式中为了求最多能观察到的衍射光级次，取入射光线和衍射光线在光栅法线的同侧。若入射光线和衍射光线在光栅法线的两侧，则 1、2 两条光线的光程差应为$\overline{AB}-\overline{BC}$，此时的最高衍射级次要比垂直光栅入射时小。

根据题意 $\theta=30°$，只有 $\varphi=\pi/2$ 时，k 可能取最大值，故 k 的最大可能值为

$$k=\frac{2\times10^{-6}(\sin30°+1)}{590.0\times10^{-9}}\approx5.1$$

所以，斜入射时，最多可观察到第五级光谱线。

三、X 射线的衍射

X 射线是伦琴（Rontgen）于 1895 年发现的，故又称为伦琴射线。图 12-24 所示为一种产生 X 射线的真空管，通常称其为 X 射线管或伦琴射线管。图中 G 是一抽成真空的玻璃泡，其中封存有电极 K 和 A。K 是热阴极，可以发射电子；A 是阳极，又称为对阴极，它由钼、钨或铜组成。当 A 和 K 两极间加数万伏的高电压时，阴极发射的电子流，在强电场作用下加速，当其高速撞击阳极时，就从阳极发出一种贯穿本领很强的射线，由于最初人们还未认识这种射线的本质，故称之为 **X 射线**。人眼无法直接看见 X 射线，但 X 射线可以使某些天然结晶物质（闪锌矿、铂氰化钡等）及人造的荧光粉发出可见的荧光，并可使照相底片感光，所以人们能够感知到它的存在。

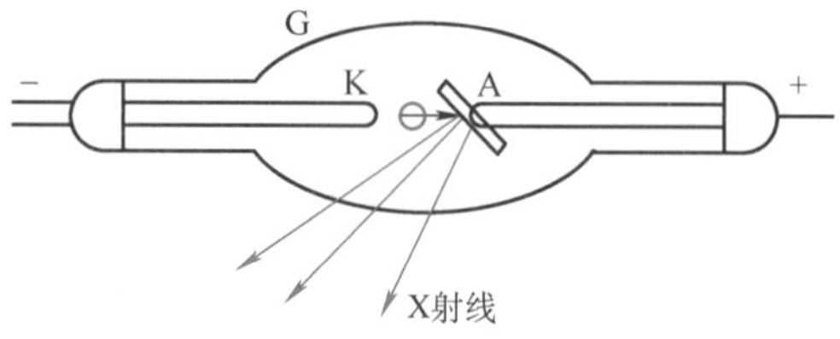

图 12-24　伦琴射线管

实验发现，X 射线不受电场和磁场的影响，如光一样在电场或磁场中仍按直线传播，是一种波长极短的电磁波，其波长在 0.1nm 的数量级。既然如此，X 射线也应该有干涉和衍射现象。但是，由于 X 射线波长太短，普通光栅的光栅常量一般为 $10^{-5} \sim 10^{-6}$m 数量级，比 X 射线波长大得多，因而用普通光栅观察不到 X 射线的衍射现象。

1912 年，德国物理学家劳厄（Laue）设想，如果晶体中的微粒是按一定规则排列的，则晶体可以作 X 射线的天然三维空间光栅。按这一设想他做了 X 射线的晶体衍射实验，实验装置如图 12-25a 所示。在厚铅屏 BB' 上开一小圆孔，从 X 光管发出的波长连续分布的 X 射线中，只有一细束平行射线通过石英晶体 C 后在照相底片 E 上形成图 12-25b 所示的斑点状衍射图像。这个衍射图像表明，一束平行的 X 射线照射一薄片晶体时，只在某些确定方向上出现很强的 X 射线束，而在其他方向上几乎不出现 X 射线束。衍射图像中的斑点正是由于很强的 X 射线束使照相底片感光而形成的，称之为**劳厄斑**。

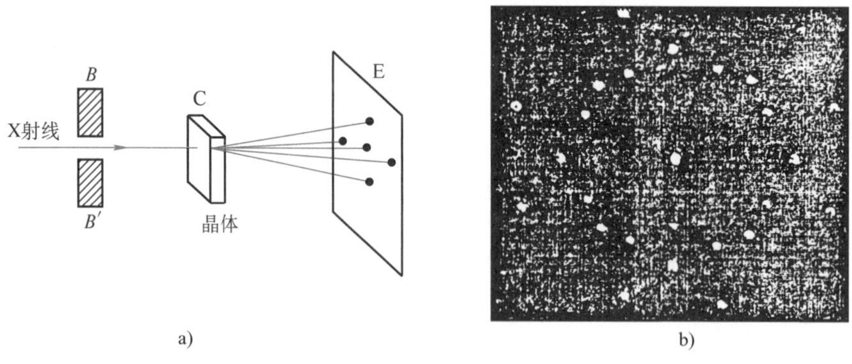

图 12-25　劳厄实验
a）X 射线的衍射　b）劳厄斑

由于对劳厄斑的定量研究要涉及空间光栅的衍射原理，因而这里对劳厄斑的出现只做定性的解释。设想组成晶体的微粒有规则地排列着，每个微粒相当于一个散射中心，它们向空间各个方向散射 X 射线，由于这些 X 射线只在某些确定的方向上因干涉而加强，于是在某些方向上得到很强的 X 射线束，而在其他方向上则因干涉而使 X 射线几乎完全抵消。上述实验中劳厄斑衍射图像的出现，不仅证实了 X 射线具有波动性，而且同时也证实晶体中的微粒的确是按一定规则排列的。通过对 X 射线衍射所形成的劳厄斑的位置和强度的研究，可以确定晶体中的原子排列，这是研究晶体构成的一种十分有效的方法。

英国布拉格（Bragg）父子和苏联的乌利夫（ВуЛЪФ）各自独立地提出了研究 X 射线的方法。他们把晶体看成是由一系列平行晶面构成的，各相邻晶面间距离称为晶面间距，用 d 表示，如图 12-26 所示。当一束单色、平行的 X 射线以掠射角 φ 掠射到晶面上时，一部分将被晶面所散射，在符合反射定律的方向上可以得到强度最大的反射 X 射线。但由于各个晶面上作为散射中心的原子向各个方向散射的 X 射线子波相干叠加的结果，导致了反射 X 射线的强度随掠射角的改变而改变。由图 12-26 可见，相邻的上下两层晶面所反射的 X 射线的光程差为

$$\overline{AC}+\overline{BC}=2d\sin\varphi$$

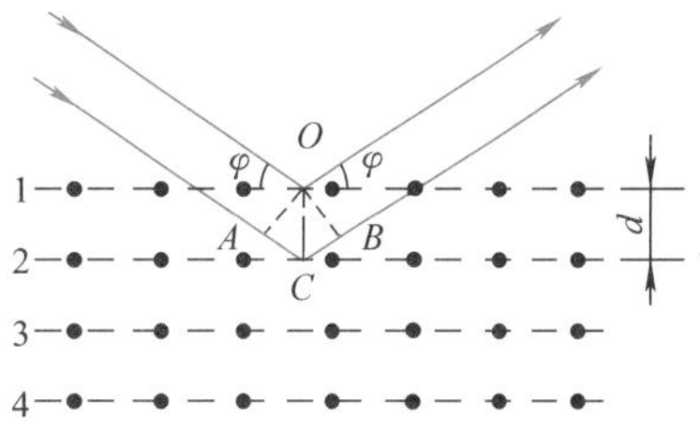

图 12-26　乌利夫-布拉格方法

显然，当上述光程差满足条件

$$2d\sin\varphi=k\lambda,\quad k=1,2,3,\cdots \tag{12-23}$$

时，各层晶面所反射的 X 射线将相干加强。上式称为乌利夫-布拉格公式。

应用乌利夫-布拉格公式也可以解释劳厄实验。因为晶体中原子是以空间点阵形式排列的，对于同一块晶体，从不同方向上看去，可以看到点阵中的原子形成许多取向各不相同、间距也各不相同的平行晶面族，此时掠射角 φ 各不相同，晶面间距 d 也各不相同。因此从不同的平行晶面族散射出去的 X 射线，当 φ 和 d 满足式（12-23）时，就能相干加强而在照相底片上形成劳厄斑。

X 射线在研究物质的微观结构方面有着广泛的应用。由乌利夫-布拉格公式出发，若晶体的晶格常数已知，就可根据 X 射线衍射实验中测定的掠射角 φ 算出入射 X 射线的波长，从而研究 X 射线谱，进而研究原子的结构；若用已知波长的 X 射线入射到某种晶体的晶面上，根据 X 射线的衍射，相应于出现 X 射线衍射强度最大的掠射角 φ 就可以计算出这种晶体的晶格常数，从而研究晶体的结构。

第五节　光的偏振

光的干涉和衍射现象说明光具有波动性，本节要讨论的光的偏振现象，将进一步说明光波是横波。

一、自然光和线偏振光

光波是电磁波，任何电磁波都可由两个相互垂直的振动矢量来表示，即电场强度 $\boldsymbol{E}$ 和磁场强度 $\boldsymbol{H}$。这两个正交矢量同时垂直于传播方向，并不断地做周期性变化，如图 12-27 所示，因此电磁波（包括光波）是横波。实验指出，光波所引起的感光作用及生理作用等，都是由电场强度 $\boldsymbol{E}$ 引起的。所以在讨论光的有关现象时，只需讨论电场强度 $\boldsymbol{E}$ 的振动。因

此，把 $\boldsymbol{E}$ 称为**光矢量**，$\boldsymbol{E}$ 的振动称为**光振动**。

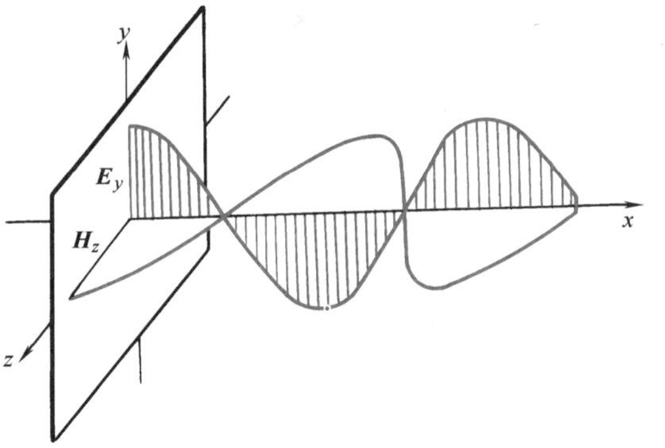

图 12-27 电磁波的传播

在除激光以外的一般光源中，光是由构成这个光源的大量分子或原子发出的光波合成的。由于这些分子或原子发光是自发的、彼此独立的，所以在一般光源发出的光中，包含着各个方向的光矢量，没有哪一个方向比其他方向占优势。也就是说，在所有可能的方向上，$\boldsymbol{E}$ 的振幅都相等，这样的光叫作**自然光**，如图 12-28a 所示。当然，在任一时刻，我们总可以把自然光的各个光矢量分解成两个相互垂直、振幅相同、光强度各占自然光总的光强度一半的光矢量，从而可用图 12-28b 所示的方法来表示自然光。由于自然光中光振动的无规则性，这两个相互垂直的光矢量之间并没有恒定的相位差。为了简明地表示光的传播，常用和传播方向垂直的短线表示在纸面内的光振动，而用点表示和纸面垂直的光振动。对自然光，点和短线一个隔一个做等距分布，表示没有哪一个方向的光振动占优势，如图 12-28c 所示。

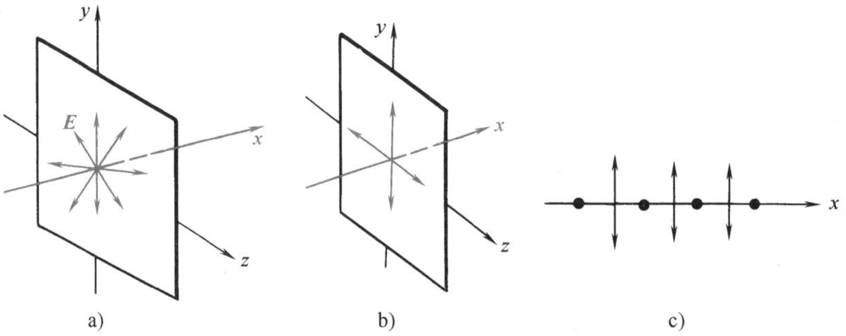

图 12-28 自然光

自然光经过某些物质反射、折射或吸收后，可能只保留某一方向的光振动。这种光振动只在某一固定方向的光，叫作**线偏振光**，简称**偏振光**或**完全偏振光**。如图 12-29 所示，图 12-29a 表示光矢量垂直于图面的线偏振光；图 12-29b 表示光矢量在图面内的线偏振光。我们把光矢量与光的传播方向构成的平面称为**振动面**，在图 12-29a 中，振动面是垂直于图面并包含光传播方向的这一平面；在图 12-29b 中，振动面是平行于图面并包含光传播方向的这一平面，振动面就是图面。我们把包含光的传播方向并与光矢量垂直的平面称为**偏振面**，偏振面总与振动面垂直，在图 12-29a 中，偏振面就是图面；图 12-29b 中偏振面是垂直于图面并包含光传播方向的面。

如果在一种光线中，某一方向的光振动比垂直于该方向的光振动占优势，即某一方向上光振动的振幅大于垂直于该方向上的振幅，且二者之间没有恒定的相位差，我们称这种光为**部分偏振光**，如图 12-30 所示。图 12-30a 表示在图面内光矢量较强的部分偏振光；图 12-30b表示光矢量在垂直于图面方向较强的部分偏振光。

图 12-29　完全偏振光

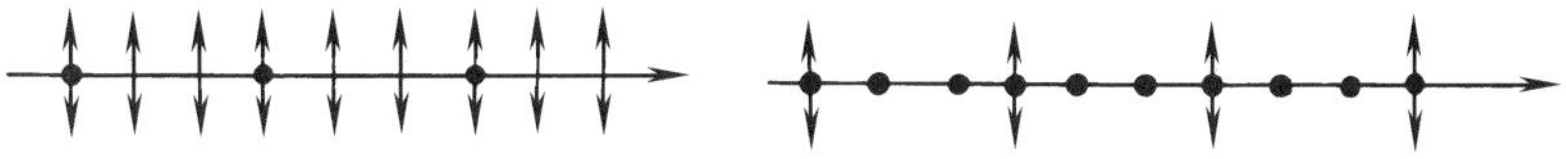

图 12-30　部分偏振光

还有一种偏振光，其光矢量在垂直于光传播方向的平面内按一定的频率旋转，光矢量末端的轨迹呈圆或椭圆，这种光称为圆偏振光或椭圆偏振光。

自然光经过某些物质反射、折射或吸收后，就可以变成线偏振光，这种现象叫作光的偏振现象。光的偏振特性在近代科学技术中应用很广。例如，用偏振光观测精密异形工件内部的应力分布（光测弹性学）；光偏振应用于激光技术中的光电调制，在精密测量方面有偏光干涉仪及偏光显微镜；在化学上有测量物质溶液浓度的旋光浓度计等。

二、起偏和检偏

从自然光中获得偏振光，以及检验一束光是否为偏振光，最常用也是最简便的器件就是偏振片。常用的有机薄片型偏振片，是用人工的方法在塑料或其他透明材料的薄片上涂上一层有机晶体（如硫酸奎宁等）而制成的。这种有机晶体对某一方向的光矢量有强烈的吸收作用，而对垂直于这一方向的光矢量则吸收很少，这就使得制成的偏振片在自然光照射时只允许某一特定方向的光矢量通过，通过的光成为偏振光，这一特定的方向称为偏振化方向，在图中一般用记号“↕”来标示。如图 12-31 所示为自然光从偏振片 A 射出后，成为光矢量平行于偏振化方向的偏振光。此时偏振片用来产生偏振光，称它为起偏器。由自然光获得偏振光简称起偏。检验一束光是否为偏振光，简称检偏。偏振片不仅可以起偏，还可以检偏。

如图 12-32a 所示，让透过偏振片 A 的偏振光投射到偏振片 B 上，旋转 B 时发现当偏振片 B 的偏振化方向与偏振片 A 的偏振化方向平行（$\theta=0°$）时，则透过 A 的偏振光也能透过 B，此时，从 B 射出的光的强度最强，即 P 点处人眼看到的 B 射出的光最亮。如果偏振片 B 绕光的传播方向转过 90°，使 B 的偏振化方向与 A 的偏振化方向相垂直（$\theta=90°$），如图 12-32b所示，透过 A 的偏振光就不能透过 B，此时没有光从 B 射出，或者说从 B 出射的光强为零，即 P 点处人眼看不到光。在偏振片 B 由 $\theta=0°$转到 $\theta=90°$过程中，从 B 透射出的光的强度由最强逐渐变为零；如果偏振片 B 再由 $\theta=90°$转到 $\theta=180°$，则光强又由零逐渐变为最强。

综上所述，在转动偏振片 B 的过程中，如果出现上述现象，则认为射到 B 上的光是偏振光；如果在转动 B 的过程中，从 B 透射出的光的强度没有变化，则认为射到 B 上的光是自然光（也可能是圆偏振光）。这便是利用偏振片检偏，起检偏作用的偏振片 B 称为检偏器。

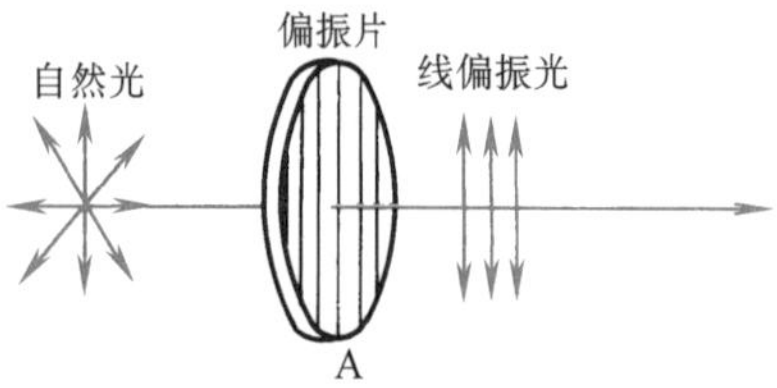

图 12-31 偏振片的起偏

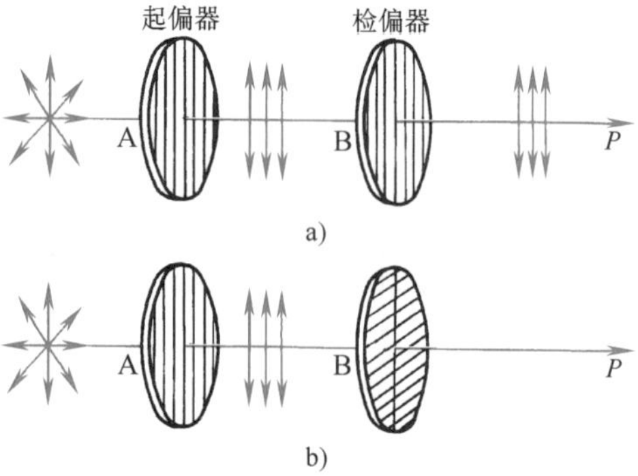

图 12-32 偏振片的检偏

三、马吕斯定律

由起偏器产生的偏振光通过检偏器后，若两者的偏振化方向之间的夹角为 θ，则出射光的光强怎样变化呢？1808 年马吕斯（E. L. Malus）由实验得出如下结论：由起偏器起偏的强度为 I_0 的偏振光，透过检偏器后，光的强度为

$$I = I_0 \cos^2\theta \tag{12-24}$$

这一结论称为马吕斯定律，式（12-24）为其表达式，证明如下。

如图 12-33 所示，A 和 B 分别为起偏器和检偏器，θ 为它们的偏振化方向的夹角。设 E_0 为通过起偏器后的偏振光的光矢量振幅。将 E_0 分解为 $E_0\cos\theta$ 和 $E_0\sin\theta$，其中只有平行于检偏器 B 的偏振化方向的分量 $E_0\cos\theta$ 可通过检偏器，而 $E_0\sin\theta$ 分量被检偏器所吸收。由于光的强度正比于光矢量振幅的平方，即

$$\frac{I}{I_0} = \frac{(E_0\cos\theta)^2}{E_0^2} = \frac{E_0^2\cos^2\theta}{E_0^2} = \cos^2\theta$$

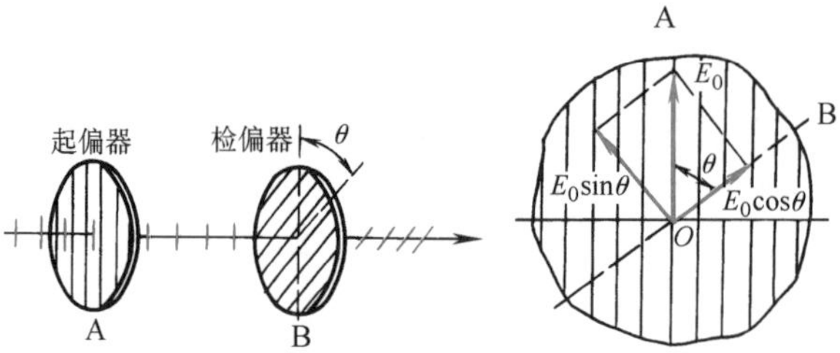

图 12-33 马吕斯定律的证明

故式（12-24）得证。当起偏器和检偏器的偏振化方向平行，即 $\theta = 0°$ 时，$I = I_0$，光强最大。如果它们彼此正交，即 $\theta = 90°$ 或 $270°$，则 $I = 0$，光强最小，这时没有光从检偏器中射出。又如，当 $\theta = 60°$ 时，则 $I = I_0/4$，即这时光强只有最大光强的 1/4。当 θ 取任意值时，从检偏器 B 出射的光强总是取 I_0 与 0 之间的某一值。

【例 12-8】 如图 12-33 所示，偏振片 A 和偏振片 B 的偏振化方向间夹角为 60°，一束强度为 I_0 的自然光垂直入射到偏振片 A 上，然后从偏振片 B 射出，求出射光的光强。

【解】 自然光通过偏振片 A 后，变成偏振光，其光矢量振动方向平行于 A 的偏振化方向，其光强为原来光强的 1/2，即 $I_1 = I_0/2$。

光强为 I_1 的偏振光射到偏振片 B 上，并透过它时，根据马吕斯定律，透出光的光强为

$$I_2 = I_1\cos^2\theta = \frac{I_0}{2}\cos^2 60° = \frac{I_0}{2}\times\frac{1}{4} = \frac{1}{8}I_0$$

四、布儒斯特定律

用偏振片起偏不是获得偏振光的唯一方法。这里我们介绍利用反射和折射由自然光获得偏振光的方法。

大量的实验证明：当自然光入射到两种不同介质的分界面时，在一般情况下，反射光和折射光都是部分偏振光。如图 12-34 所示，i 为入射角，r 为折射角，入射光为自然光，实验表明，反射光中平行于入射面的光振动较少，而折射光中垂直于入射面的光振动较少。

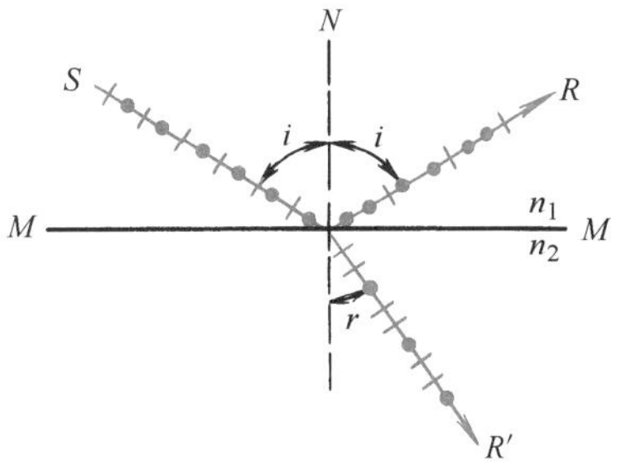

图 12-34　反射和折射后形成的部分偏振光

改变入射角 i 时，反射光的偏振化程度也随之改变。可见，反射光的偏振化程度取决于入射角 i 的数值。实验指出，当 i 等于某一特定的角度 i_0 时，则在反射光中只有垂直于入射面的振动，而平行于入射面的振动变为零，表明这时的反射光为完全偏振光。这个特定的入射角称为起偏角，记作 i_0。

起偏角 i_0 与两种介质的折射率之间存在一定的关系。我们设 n_1 为介质Ⅰ的折射率，n_2 为介质Ⅱ的折射率，则从介质Ⅰ向介质Ⅱ入射的起偏角满足

$$\tan i_0 = \frac{n_2}{n_1} \tag{12-25}$$

这是 1812 年由布儒斯特（D. Brewster）从实验中得到的，称为布儒斯特定律，式（12-25）为其表达式。起偏角 i_0 也称为布儒斯特角。

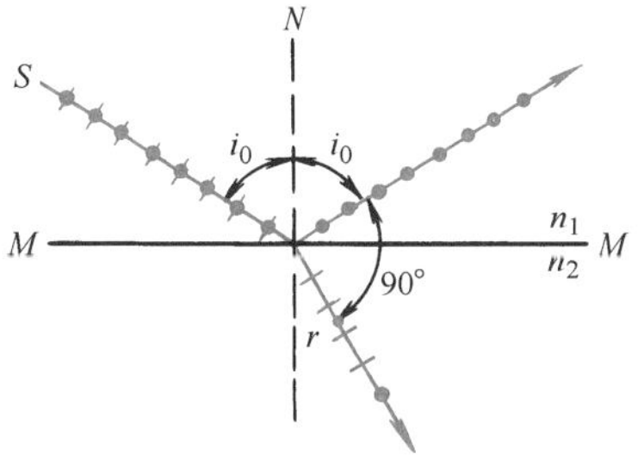

图 12-35　布儒斯特角

当入射光以布儒斯特角 i_0 入射时，反射的偏振光与部分偏振的折射光线相互垂直，如图 12-35 所示，即 $i_0 + r = 90°$。这一结论证明如下。

根据折射定律，入射角 i_0 与折射角 r 存在下述关系：

$$\frac{\sin i_0}{\sin r} = \frac{n_2}{n_1}$$

又根据布儒斯特定律，有

$$\tan i_0 = \frac{\sin i_0}{\cos i_0} = \frac{n_2}{n_1}$$

比较上两式，故有
$$\sin r=\cos i_0$$
即
$$i_0+r=90°$$

由以上讨论可知，当入射角等于起偏角 i_0 时，反射光成为完全偏振光，其振动方向与入射面垂直。例如光线自空气射向玻璃（$n=1.50$）而反射时，起偏角 $i_0=56°19'$；又如光线自玻璃（$n_1=1.50$）射向石英（$n_2=1.46$）而反射时，起偏角 $i_0=44°14'$。

当自然光以布儒斯特角入射到玻璃面上时，反射光虽然是完全偏振光，但光强很弱。对于一个单独的玻璃面来说，垂直于入射面的振动只被反射15%，大部分都被折射进入玻璃中去了。折射光光强虽然较大，但它的偏振度很低。为了利用折射的方法获得偏振度很高的偏振光，往往采用多次折射的方法。把足够多的玻璃片叠在一起，组成玻璃片堆，如图12-36所示，经过各层玻璃面的多次反射，使入射光中垂直于入射面的光振动几乎全部被反射，这样不仅使反射光的偏振光大大加强，而且最后透过玻璃片堆的折射光也近似于偏振光，其光振动平行于入射面。这就是玻璃片堆的起偏。它可作为利用折射获得完全偏振光的装置而配置于偏光仪器中。

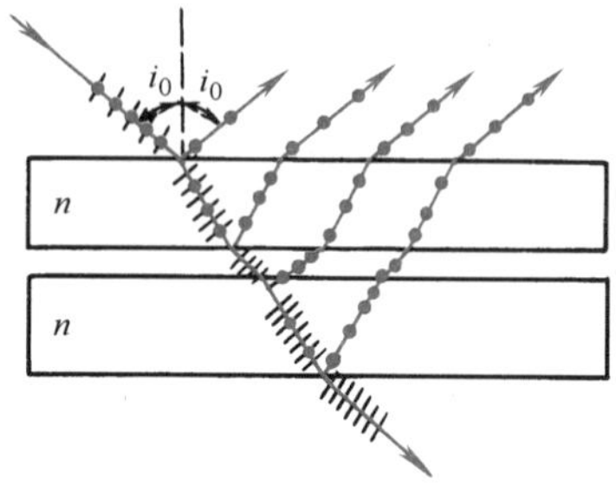

图12-36 玻璃片堆的起偏

五、光的双折射

1. 光的双折射现象

一束光线从一种各向同性的介质射入另一种各向同性的介质，在二者分界面上发生折射时，折射光只有一束。例如一束光线从空气中射入水中，只见到一束光在水中传播；把一块玻璃放在有字的纸上，通过玻璃看到每一个字只有一个像。但是，如果把一块方解石晶体（$CaCO_3$）放在有字的纸上，通过方解石却可以看到每一个字都有两个像。由于方解石是一种各向异性的晶体，所以上述现象表明，当一束光线射入各向异性的介质时，在介质内部分裂成两束折射光，这种现象叫作**双折射现象**，如图12-37所示。

实验表明，当一束光垂直射入各向异性的晶体而产生双折射现象时，如果将晶体绕光的入射方向慢慢地转动时，其中一束折射光线的方向始终不变，并按入射光方向传播，而另一束折射光线随着晶体的转动绕前一束光线旋转，如图12-38所示。根据折射定律，入射角 $i=0$时，折射光应沿着原来方向传播，可见沿原来方向传播的光束是遵守折射定律的，而另一束却不遵守折射定律。更一般的实验表明，当入射角为 i 时，两束折射光线中的一束始终遵守折射定律，称这束光线为**寻常光线**，通常用 o 表示，简称 o 光。o 光的折射率用 n_o 表示，n_o 为一恒值。另一束不遵守折射定律的光线称为**非寻常光线**，通常用 e 表示，简称 e 光。e 光的折射率用 n_e 表示，n_e 不是恒值。

由介质的折射率 $n=\dfrac{\sin i}{\sin r}=\dfrac{c}{v}$（$c$ 和 v 分别表示光在真空中和介质中的传播速度）可知，介质的折射率取决于光在介质中的传播速度。寻常光线在晶体内部各个方向上的传播速度相同，因此它在晶体内部各个方向上的折射率相等；非寻常光线在晶体内部的传播速度随着方向而变化，因此它在晶体内部各个方向上的折射率不相等。

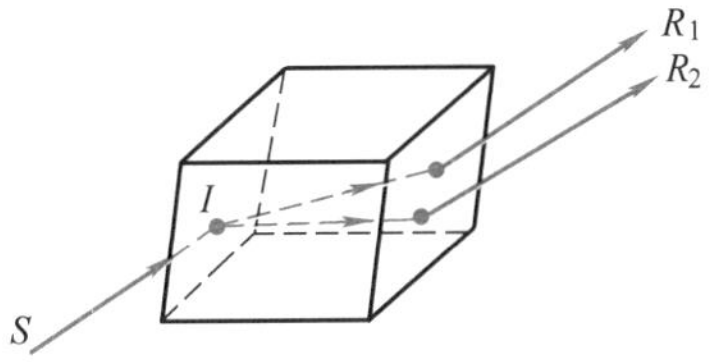

图 12-37　方解石的双折射现象

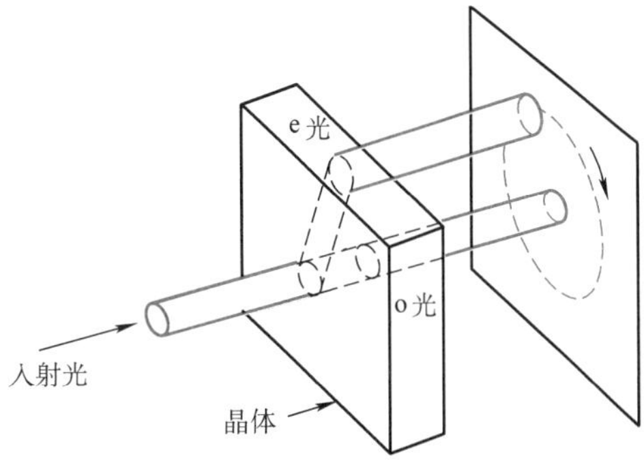

图 12-38　o 光和 e 光及其随晶体转动变化的演示

2. 晶体的光轴和主截面

研究发现，在晶体内部存在着某些特殊的方向，光沿着这些特殊方向传播时，o 光和 e 光的折射率相等，二者的传播速度也相等，因此光沿着这些方向传播时，不发生双折射。晶体内部的这些特殊的方向称为晶体的**光轴**。应强调的是：光轴仅标志着一定的方向，并不限于某一条特殊的直线。

天然方解石是六面棱体，任意两棱之间的夹角或约为 78°，或约为 102°。从其三个钝角相会合的顶点 A 引出一条直线，并使其与各邻边成等角，这一直线方向就是方解石的光轴方向，如图 12-39 所示。在晶体中与这一直线平行的直线都是光轴。只有一个光轴的晶体称为**单轴晶体**，如方解石、石英、红宝石等；有两个光轴的晶体称为**双轴晶体**，如云母、硫磺、蓝宝石等。

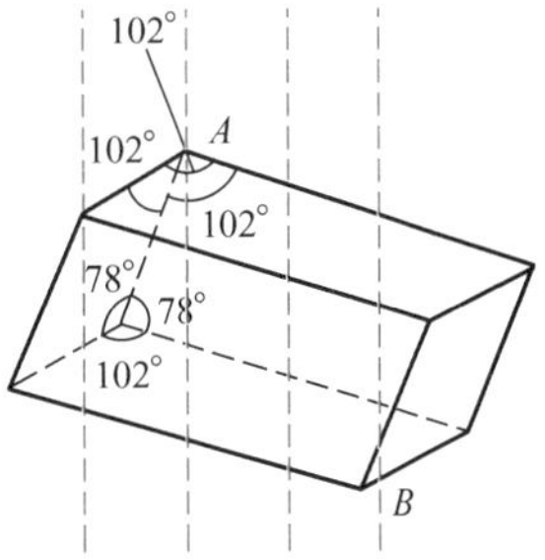

图 12-39　方解石晶体的光轴

3. 人工双折射现象

光通过天然晶体时，可以产生双折射现象。用人工的方法也可以使某些非晶体物质呈现双折射现象，称之为**人工双折射**。

透明的玻璃或塑料等物质的光学性质是各向同性的，不具有双折射的性质。但是，若对它们施以机械力（压力或张力），就可以使这些物质具有与方解石等晶体相类似的各向异性的光学性质，即可以产生双折射现象。这种利用机械力使非晶体物质产生的双折射现象称为**光弹效应**。

另有一些物质，如二硫化碳、三氯甲烷等，在强大的电场作用下，其光学性质也会由各向同性改变为各向异性，利用这种方法所产生的双折射现象称为**电光效应**，也称**克尔效应**。克尔效应最早发现于 1875 年。

光弹效应和克尔效应广泛地应用于科学实验和生产、生活中。利用光弹效应可以研究机械构件内部应力的分布情况。方法是用有机玻璃等材料制成待分析应力的机械构件（如齿轮的齿、锅炉壁、横梁等）的透明模型，并按实际作用时的受力情况对模型施力，于是模型在各受力部分产生相应的双折射。观测和分析透明模型放在两正交的偏振片之间时所产生的干涉条纹的形状，即可得出模型内应力的分布情况，这种方法称为光弹性方法。光弹性方法在工程技术上得到广泛应用，为设计机械部件和大型建筑提供了科学依据和实验手段。利用克尔效应可以制成由电控制的“光开关”（克尔开关）或光脉冲调制器（克尔调制器）。这种设备的最重要的特点是几乎没有弛豫时间。克尔效应能随着电场的产生和消失很快地建立和消失，需时极短（约 10^{-9}s），因而可使光强的变化非常迅速。克尔开关作为高速开关现已广泛应用于高速摄影和各种激光装置中。

小 结

光的干涉、光的衍射以及光的偏振体现了光的波动性。根据获得相干光的方法，本章分别介绍了分波阵面干涉的杨氏双缝干涉以及分振幅干涉的薄膜干涉，介绍了薄膜干涉中的两个重要干涉元件——劈尖和牛顿环。在衍射部分，本章着重介绍了夫琅禾费单缝衍射以及光栅衍射，给出了屏幕上形成明暗条纹的条件。光是一种横波，为此本章介绍了横波特有的偏振性，介绍了几种从自然光中获得线偏振光的方法，重点介绍了两个定律——马吕斯定律和布儒斯特定律。

本章涉及的重要概念和原理有：

（1）光的干涉现象以及相干条件

光的干涉　两束光波相遇而引起光的强度重新分布的现象。

相干条件　两束光波相遇产生干涉现象的必要条件是：光矢量振动方向相同、频率相同以及相遇处两束光的相位差恒定。

（2）光程、光程差与半波损失

光程　光在介质中经过的几何路程 x 与该介质的折射率 n 的乘积 nx 称为光程。

光程差　两束光到达空间某点的光程之差

$$\delta = n_2 r_2 - n_1 r_1$$

两束光相位差与光程差之间的关系　$\Delta\varphi = \dfrac{2\pi}{\lambda}\delta$

半波损失　当光从光疏介质射到光密介质时，在两种介质的分界面反射时发生 π 的相位突变，称为半波损失。

（3）杨氏双缝干涉

条纹分布

$$\delta = \frac{d_x}{D} = \begin{cases} \pm k\lambda（明条纹） & k=0,1,2,\cdots \\ \pm(2k-1)\dfrac{\lambda}{2}（暗条纹） & k=1,2,3,\cdots \end{cases}$$

相邻明条纹和相邻暗条纹间的距离　$\Delta x = \dfrac{D}{d}\lambda$

（4）薄膜干涉　当波长为 λ 的单色平行光从折射率为 n_1 的介质垂直照射到厚度为 e、折射率为 n_2（$n_1 < n_2$）的平行薄膜上时，在薄膜的上表面附近形成干涉图样。出现明、暗条纹的条件为

$$\delta = 2e\sqrt{n_2^2 - n_1^2 \sin^2 i} + \frac{\lambda}{2} = \begin{cases} k\lambda（明条纹） & k=1,2,3,\cdots \\ (2k+1)\dfrac{\lambda}{2}（暗条纹） & k=0,1,2,\cdots \end{cases}$$

（5）劈尖干涉、牛顿环

劈尖干涉 一束平行单色光垂直照射到劈尖形空气薄膜上，在空气劈尖上表面附近形成干涉图样。出现明、暗条纹的条件为

$$\delta = 2ne + \frac{\lambda}{2} = \begin{cases} k\lambda\text{（明条纹）} & k=1,2,3,\cdots \\ (2k+1)\dfrac{\lambda}{2}\text{（暗条纹）} & k=0,1,2,\cdots \end{cases}$$

相邻明条纹（或者暗条纹）的间距 $l = \dfrac{\lambda}{2n\sin\theta}$

牛顿环 一束平行单色光垂直照射到空气薄膜上，在空气劈尖上表面附近形成明暗相间的环形干涉条纹。出现明、暗条纹的条件为

$$\delta = 2ne + \frac{\lambda}{2} = \begin{cases} k\lambda\text{（明条纹）} & k=1,2,3,\cdots \\ (2k+1)\dfrac{\lambda}{2}\text{（暗条纹）} & k=0,1,2,\cdots \end{cases}$$

明环半径 $r = \sqrt{(2k-1)\dfrac{\lambda R}{2n}}$ $(k=1,2,3,\cdots)$

暗环半径 $r = \sqrt{\dfrac{kR\lambda}{n}}$ $(k=0,1,2,\cdots)$

（6）夫琅禾费单缝衍射

$$a\sin\varphi = \begin{cases} 0\text{（中央明纹）} & \\ \pm k\lambda\text{（暗条纹）} & k=1,2,3,\cdots \\ \pm(2k+1)\dfrac{\lambda}{2}\text{（明条纹）} & k=1,2,3,\cdots \end{cases}$$

（7）光栅衍射

光栅方程 $(a+b)\sin\varphi = \pm k\lambda$ $(k=0,1,2,\cdots)$

（8）光的偏振

马吕斯定律 强度为 I_0 的线偏振光，通过检偏器之后，光的强度变为

$$I = I_0\cos^2\theta$$

其中，θ 是起偏器与检偏器偏振化方向之间的夹角。

布儒斯特定律 当入射角 $i=i_0$，且 i_0 满足 $\tan i_0 = \dfrac{n_2}{n_1}$时，反射光成为线偏振光，其光矢量的振动方向与入射面垂直，且折射光线垂直于反射光线。

习 题

12-1 如题 12-1 图所示，两相干光源 S_1、S_2 到 P 点的距离分别为 r_1 和 r_2，路径 S_1P 和 S_2P 分别垂直穿过厚度为 t_1（折射率为 n_1）、t_2（折射率为 n_2）的介质板，其余部分为空气。试计算这两条路径的光程差。

12-2 如题 12-2 图所示的杨氏双缝干涉实验中，P 为屏幕上第五级亮纹的中心。若使 P 点变为中央亮纹的中心，则在 S_1 发出的光线 S_1P 上应放置多厚的玻璃片？（光的波长为 600.0nm，玻璃折射率为 1.5）

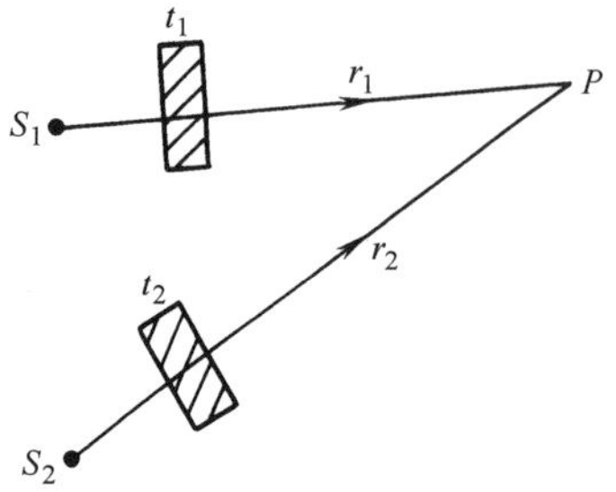

题 12-1 图

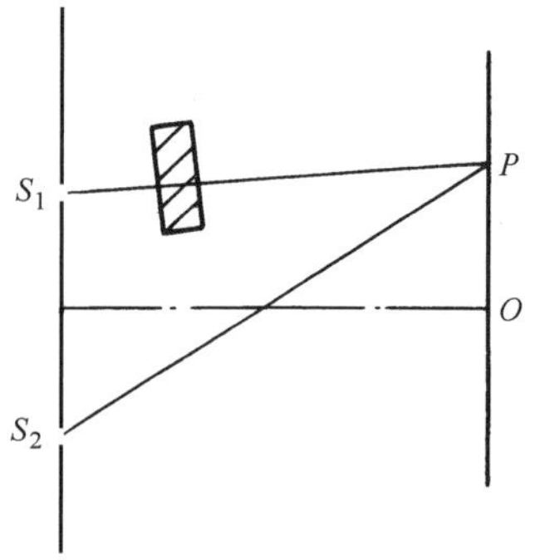

题 12-2 图

12-3 在题 12-3 图所示的双缝干涉实验中，已知光波波长为 λ，将整个装置置于空气中，在屏幕上的 P 点处为第三级明条纹，若将整个装置放于某种透明液体中，P 点为第四级明条纹，问液体的折射率为多少？

12-4 单色光照在两个相距 2.0×10^{-4}m 的狭缝上，在距缝 1m 处的屏上，从第一明条纹到第四明条纹的距离为 7.5×10^{-3}m，求此单色光的波长。

12-5 在杨氏双缝干涉实验中，已知 $\lambda=550.0$nm，缝间距 $d=2\times10^{-4}$m，屏到双缝的距离 $D=2$m。当用一厚度 $e=6.6\times10^{-6}$m、折射率 $n=1.58$ 的透明云母覆盖一条缝后，零级条纹将移到原来的第几级明条纹处？中央条纹两侧的两个第 10 级明纹中心间距为多少？

12-6 题 12-6 图所示的杨氏双缝干涉实验中，垂直入射的单色光的波长为 λ，双缝间距为 d，屏与缝的间距为 D。若在 S_2 缝前置一厚度为 t、折射率为 n 的透明薄片，试问条纹移动的方向，并推导条纹的位移公式。

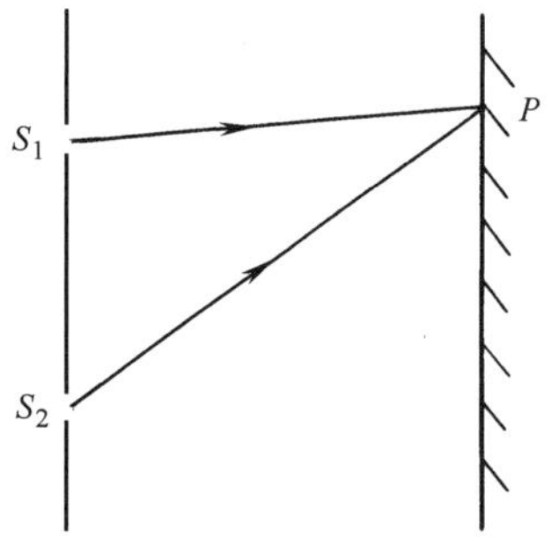

题 12-3 图

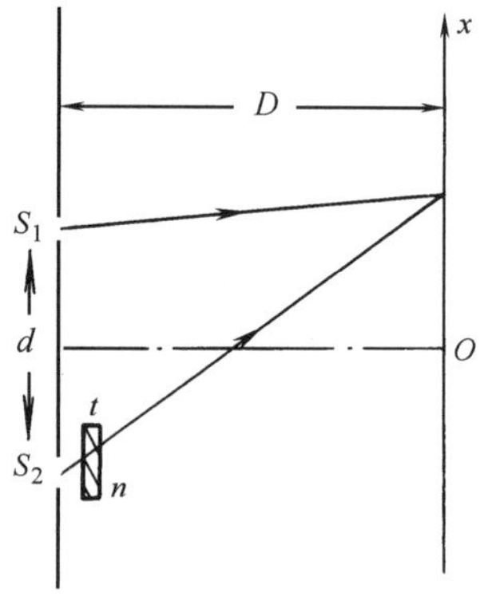

题 12-6 图

12-7 白光垂直照射在空气中一厚度为 1.2×10^{-7}m 的肥皂膜上，当观察反射光时，在可见光范围内因干涉而加强的波长为多少？（肥皂膜折射率 $n=1.33$）

12-8 一厚度均匀的薄膜置于空气中，该薄膜折射率为 $n=1.30$。用白光垂直照射时，反射光中波长为 $\lambda_1=500.0$nm 和 $\lambda_2=700.0$nm 的两种光消失。求在反射时干涉加强的光的波长 λ。

12-9 一油船发生泄漏，大量石油（折射率 $n=1.2$）漂浮在海面上，形成了一个面积很大的油膜。

试求：

（1）如果你从飞机上竖直地向下看油膜厚度为460nm的区域，哪些波长的可见光反射最强？

（2）如果你戴了水下呼吸器从水下竖直向上看同一油膜区域，哪些波长的可见光透射最强？（水的折射率为1.33）

12-10 一细金属丝夹在两块平板玻璃之间，形成劈尖形空气膜。以波长为589.3nm的单色光垂直照射，若反射光中相邻明条纹间距为0.143mm，金属丝与劈尖形空气膜的顶点距离为28.880mm，求金属丝的直径。

12-11 用波长$\lambda=500.0$nm的单色光垂直照射在两块玻璃板构成的空气劈尖上。如果劈尖内充满折射率为$n=1.40$的液体，从劈棱数起的第五条明纹在充入液体前后移动的距离为1.61mm，求劈尖角θ的大小。

12-12 在迈克尔逊干涉仪中，入射光波长$\lambda=644.0$nm，若平面镜M_2移动1.6×10^{-4}m，将有多少条条纹移动？

12-13 在迈克尔逊干涉仪中，入射光波长为$\lambda=546.1$nm，如果在一个臂中加入折射率为$n=1.38$的厚度均匀的透明薄膜，测得条纹移动了7条，求薄膜的厚度。

12-14 当牛顿环装置中的平凸透镜与平玻璃板之间充以某种液体时，观测到第十级暗环的直径由1.40cm变至1.27cm，求液体的折射率。

12-15 用波长$\lambda=633.0$nm的单色光垂直照射到牛顿环装置上，测得第k个暗环半径为5.63mm，第$k+5$个暗环半径为7.96mm，求平凸透镜的曲率半径。

12-16 如题12-16图所示，牛顿环实验中，已知$n_1=1.5$，$n_2=n_1$，$n_3=1.75$，波长为λ的单色光正入射。试求：

（1）在透镜和平板玻璃间为空气时，第k级明纹的半径。

（2）在透镜和平板玻璃间充满$n=1.6$的透明液体时，牛顿环图样又将如何变化？

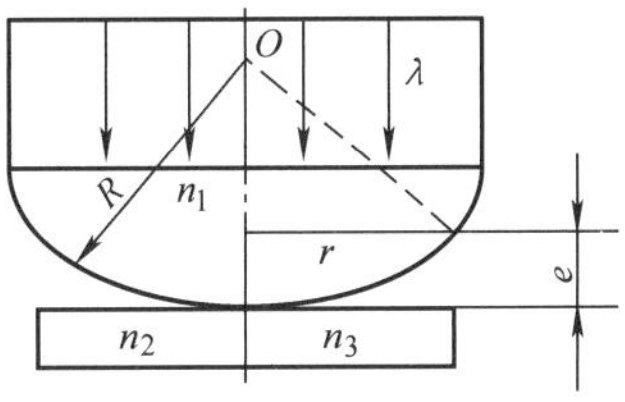

题 12-16图

12-17 波长为$\lambda=500.0$nm的平行单色光垂直入射到缝宽为$a=1.5\times10^{-4}$m的单缝上，缝后有焦距为$f=0.4$m的凸透镜，在其焦平面上放置观察屏，求中央明条纹两侧的两个第三级暗条纹之间的距离。

12-18 一单缝宽度为$a=1\times10^{-4}$m，透镜焦距为$f=50$cm，若用$\lambda=760$nm的单色平行光垂直入射，求中央明条纹宽度。

12-19 单缝宽0.2mm，在缝后放一焦距0.5m的透镜，在透镜的焦平面上放一屏幕。用波长为$\lambda=546.1$nm的平行单色光垂直照射到单缝上。试求：中央明纹及其他明纹的角宽度及其在屏上的线宽度。

12-20 用波长$\lambda=500$nm的单色平行光垂直照射到每厘米1000条缝的衍射光栅上，光栅距屏100cm，求第二级光谱线与中央明条纹的距离。

12-21 波长为600nm的单色光垂直入射在一衍射光栅上，第二级明条纹出现在$\sin\theta=0.20$处，第四级缺级，试求：

（1）光栅常量。

（2）光栅上狭缝可能的最小宽度。

（3）如选用（1）、（2）的结果，光屏上实际出现的全部级次。

12-22 一束平行光垂直入射到某衍射光栅上，该光束含有$\lambda_1=440.0$nm和$\lambda_2=660.0$nm两种波长的光，两种波长的谱线除中央明条纹外第二次重合于衍射角$\varphi=60°$的方向上，求光栅常量d。

12-23 波长$\lambda=500.0$nm的单色平行光以入射角$\theta=30°$照射到光栅常量$d=2.1\times10^{-6}$m、缝宽$a=0.7\times10^{-6}$m的衍射光栅上，求能看到哪几级光谱线？

12-24 利用波长为$\lambda=0.59\mu$m的平行单色光照射光栅，已知光栅上每毫米宽度内刻500条狭缝，透光狭缝宽度$a=1\times10^{-3}$mm。试求：

（1）平行光垂直入射时，最多能观察到第几级光谱线？实际观察到几条光谱线？

（2）平行光与光栅法线呈夹角 $\varphi=30°$ 时入射，如题 12-24 图所示，最多能观察到第几级谱线？实际观察到哪几条光谱线？

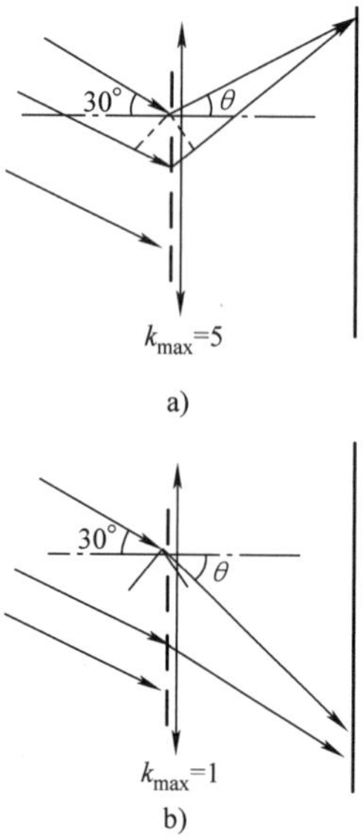

题 12-24 图

12-25 已知天空中两颗遥远的星相对于一望远镜的角距离为 4.84×10^{-6} rad，它们发出的光波波长为 550nm，试问望远镜物镜的口径至少多大，才能分辨出这两颗星？

12-26 自然光通过两个偏振化方向成 60°角的偏振片，透射光强为 I_1。在这两个偏振片之间再插入另一偏振片，它的偏振化方向与前两个偏振片均成 30°角，求透射光强。

12-27 两偏振片的偏振化方向成 30°夹角时，透射光的强度为 I_1，若入射光不变而使两偏振片的偏振化方向之间的夹角变为 45°，则透射光强度将为多少？

12-28 自然光射在某玻璃上，当折射角为 30°时，反射光是完全偏振光，求玻璃折射率。

12-29 水的折射率为 1.33，玻璃的折射率为 1.50。当光从水中射向玻璃而反射时，起偏角为多少？当光由玻璃射向水中而反射时，起偏角又为多少？

12-30 有三个偏振片堆叠在一起，第一块与第三块的偏振化方向相互垂直，第二块和第一块的偏振化方向相互平行，然后第二块偏振片以恒定角速度 ω 绕光传播的方向旋转，如题 12-30 图所示。设入射自然光的光强为 I_0。试证明：此自然光通过这一系统后，出射光的光强为 $I=I_0(1-\cos4\omega t)/16$。

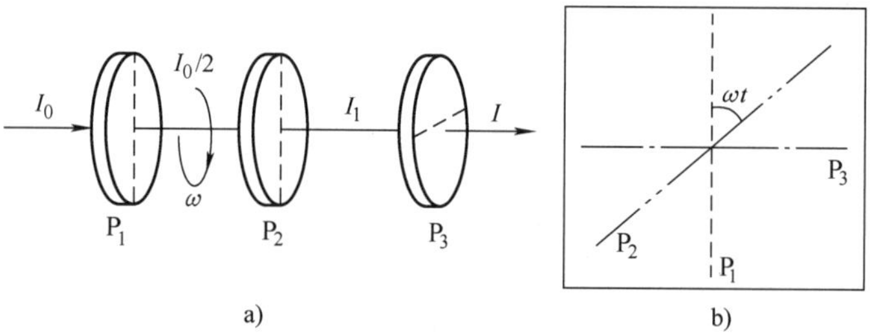

题 12-30 图

第五篇　量子物理学基础

19 世纪末，经典物理学已经发展到了比较“完善”的地步，甚至有些杰出的物理学家认为物理规律已基本上被揭露出来，物理学的框架体系已经基本完成，后人的任务只是把物理学的理论应用于具体问题，并以此来解释新的实验事实，或者做一些修正和补充。也正是在这个时候，人们陆续发现的一系列的物理现象，诸如黑体辐射、光电效应、原子的光谱线系、原子的稳定性和大小以及固体在低温下的比热的突变等，无法应用已有的物理学理论给予圆满的解释，从而使已有的物理学理论遇到了极大的挑战和内在的矛盾，同时也说明经典物理学的“完善”只是物理学发展中的一个阶段性完善。而经典物理学遇到的矛盾则预示了物理学发展新阶段的到来，量子物理学正是在这一背影下产生的。

1900 年 12 月 14 日，普朗克（Planck）在德国物理学会的年会上提出了黑体辐射定律的推导，这一天被认为是量子理论的诞辰日。在其后的不到半个世纪的时间里，玻尔（N. Bohr）、爱因斯坦（Einstein）、康普顿（Compton）、德布罗意（de Broglie）、玻恩（Born）、海森堡（Heisenberg）、薛定谔（Schrödinger）、狄拉克（Dirac）、泡利（Pauli）、费米（Fermi）等许多杰出的物理学家都对量子物理学的发展做出了不可磨灭的、开创性的贡献。

量子物理学是人们在研究微观领域的问题时诞生的，但量子物理学并不只是研究微观问题，其规律是自然界中最普遍的规律，从某种意义上讲，经典物理学规律只是量子物理学规律在某种范围内的表现形式。

量子物理学仍以理论和实验两条路径发展。由于实验手段的局限性，理论的发展要比实验更广泛、深入一些，不过量子物理学的一些基本理论都得到了实验的证实，并且关于微观世界的实验现象大多都能够用量子物理学的理论进行解释。

第十三章　量子物理学基础

在这一章里，主要介绍一些最基本的量子物理学思想和观点，以及一些佐证这些观点的实验；同时介绍薛定谔方程及其应用，并以此说明原子的壳层结构和原子光谱的规律性。

第一节　黑体辐射　普朗克量子化假说

大量的实验研究发现，任何物体在任何温度下都在发射各种波长的电磁波，这是由于组成物体的分子、原子受到热激发而发生电磁辐射的结果，这种由于发射电磁波而发射出的能量称为辐射能。例如，当我们给一铁块加热时，开始时它看起来是很暗的，随着温度升高，铁块的颜色由暗变红，再由红变黄，当温度很高时，铁块变成白色。铁块在加热时吸热，同时，它也在向外辐射电磁波，人们观察到它的颜色随温度的变化正是由于其发射的电磁波波长的分布随着温度变化而不同的结果。这种在一定时间内辐射能的多少，以及辐射能按波长的分布都与温度有关的电磁辐射称为热辐射。

这里引入单色辐出度的概念来定量地表述热辐射能量按波长的分布及其与温度的关系，记为 $e(\lambda,T)$。它表示单位时间内从温度为 T 的物体单位表面积上发出的波长在 λ 附近 $d\lambda$ 波长范围内的电磁波能量 dE 与 $d\lambda$ 之比。单位为 $J\cdot m^{-3}\cdot s^{-1}$ 或 $W\cdot m^{-3}$（焦·米$^{-3}$·秒$^{-1}$ 或瓦·米$^{-3}$），单色辐出度 $e(\lambda,T)$ 反映了在不同温度下辐射能按波长分布的情况，它是 λ 和 T 的函数。

实验表明，不同物体在某一频率范围内辐射和吸收电磁辐射的本领是不同的，对于任何物体，若它在某一频率范围内辐射本领越大，则它在这一频率范围内的吸收本领也越大，反之亦然。有些物体的表面比较暗，说明其吸收本领大一些，同时其辐射本领也大一些。物体的辐射本领和吸收本领除与温度有关外，还与物体本身的种类及其表面状态有关。一般说来，入射到物体上的电磁辐射一部分被物体吸收，另一部分被物体反射。有些物体能够完全吸收一切外来的电磁辐射，这种物体称为黑体。事实上，绝对的黑体是不存在的，这里定义的黑体仅仅如同质点、刚体、理想气体一样，也是从实际物体中抽象出来的理想模型。即使是黑黑的烟煤，也只能吸收约 99% 的入射光能，仍不是最理想的黑体。可以设想一个黑体模型：在一不透明的空腔材料上开一小孔，外来的电磁辐射由小孔射入腔内，在腔内多次反射而不能射出，每经一次反射，其能量就被腔体吸收一部分，经多次反射后，其能量殆尽，则此电磁辐射全被腔体吸收了，如图 13-1 所示。如此的空腔实际上能完全吸收各种波长的入射电磁波。

黑体的吸收本领最大，其辐射本领也最大，而且它的辐射本领仅和温度有关。当黑体处于某一温度时，电磁辐射从黑体发出，其中包含各种波长的电磁波，称之为**黑体辐射**。因为吸收本领较大的物体，其辐射本领也较大，所以只要能够了解黑体的辐射本领，便能了解一般物体的辐射性质。故而，对黑体辐射理论的探索成为热辐射研究的一个重要内容。

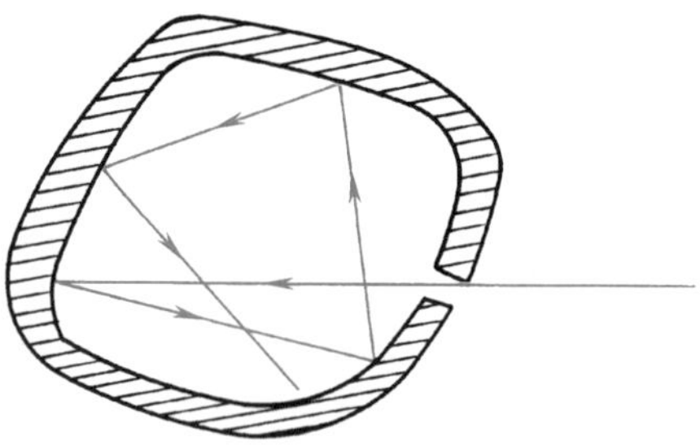

图 13-1 黑体模型

实验测出的黑体的单色辐出度$e(\lambda,T)$和波长λ之间的关系如图 13-2 所示，根据实验曲线，得出了有关黑体辐射的两条普遍规律：

1）在一定温度下，每一条曲线反映了黑体的单色辐出度随波长的分布情况；每一条曲线下的面积等于黑体在一定温度下的总辐出度，即

$$E(T)=\int_0^{\infty}e(\lambda,T)\mathrm{d}\lambda$$

由实验曲线可见，$E(T)$随温度升高而增大，经斯特藩（Stefan）和玻耳兹曼（Boltzmann）系统分析实验结果并通过热力学理论推导得知

$$E(T)=\sigma T^4 \qquad (13\text{-}1)$$

式中，$\sigma=5.67\times10^{-8}\mathrm{W\cdot m^{-2}\cdot K^{-4}}$，称为**斯特藩-玻耳兹曼常量**。式（13-1）便是**斯特藩-玻耳兹曼定律**的表达式。

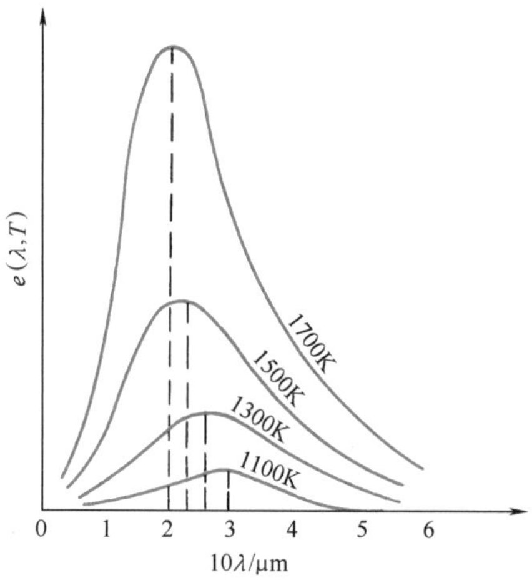

图 13-2 绝对黑体的辐出度按波长分布曲线

2）图 13-2 中每一条曲线上，$e(\lambda,T)$有一最大值，称为峰值，即对应最大的单色辐出度$e_{max}(\lambda,T)$。相应于这峰值的波长λ_m称为**峰值波长**，随温度升高，λ_m向短波方向移动，维恩（Wien）应用热力学理论得出了T与λ_m的关系

$$\lambda_m T=b \qquad (13\text{-}2)$$

23 黑体辐射（任延宇）

b为一恒量，其值为$2.897\times10^{-3}\mathrm{m\cdot K}$。式(13-2)乃是**维恩位移定律**的表达式。

图 13-2 所示的曲线反映了黑体的单色辐出度与λ、T的关系，这些曲线是通过实验得到的，为了从理论上导出符合实验曲线的函数式$e(\lambda,T)$，即黑体单色辐出度与热力学温度及辐射波长的函数表达式，19 世纪末，许多物理学家试图通过经典物理学理论得到一个与实验相符的分布公式，但都未成功。维恩由热力学的讨论，并加上一些特殊假设得出一个维恩分布公式，这个公式在图 13-3 所示的短波部分与实验结果（图中圈代表实验值）符合，而在长波部分则显著不一致。瑞利（Rayleigh）和金斯（Jeans）根据经典电动力学和统计物理学理论也得出一个分布公式，这个公式在图 13-3 所示的长波部分与实验结果较符合，而在短波部分则完全不符，因紫外光在短波范围，因而在物理学史中被称为“紫外灾难”。以上尝试的失败说明在探索黑体辐射问题时，经典物理学确实遇到了无法克服的困难。

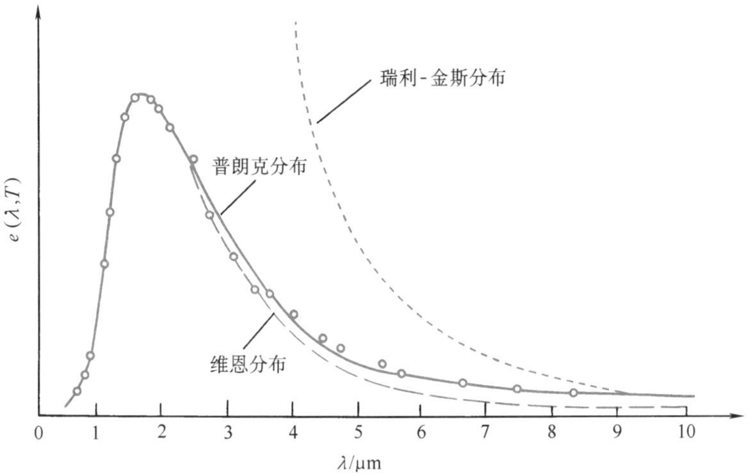

图 13-3　各黑体辐射公式与实验的比较

1900 年 12 月 14 日，普朗克在德国物理学会的一次会议上提出了符合实验结果的黑体辐射定律的推导。在推导作为波长和温度的函数单色辐出度这一理论表达式时，普朗克做了一个大胆且有争议的基本假设，该假设违背了经典物理学中简谐振子具有连续分布的能量的观点。这个假设的基本思想是：辐射黑体是由许多带电的线性简谐振子所组成，这些简谐振子辐射或吸收电磁波，并与周围的电磁场交换能量，只能处于某些特定的能量状态。这些状态的能量是某一最小能量 ε 的整数倍，即

$$\varepsilon,\ 2\varepsilon,\ 3\varepsilon,\ 4\varepsilon,\ 5\varepsilon,\ \cdots$$

简谐振子在吸收和发射电磁波时，只能以不连续形式吸收和发射能量，即简谐振子的能量变化也是不连续的。最小能量 ε 与简谐振子的自然振动频率成正比，即

$$\varepsilon = h\nu \tag{13-3}$$

式中，$h\nu$ 称为频率为 ν 的能量子，简称量子；h 称为普朗克常量，一般取 $h=6.626\times10^{-34}\mathrm{J\cdot s}$。

根据这一假设，普朗克运用经典统计理论和电磁理论，得出了著名的普朗克黑体辐射公式

$$e(\lambda,T)=\frac{2\pi hc^2}{\lambda^5}\cdot\frac{1}{\mathrm{e}^{\frac{hc}{kT\lambda}}-1} \tag{13-4}$$

式中，c 为光速；k 是玻耳兹曼常数。

普朗克提出的能量量子化假说从本质上摆脱了经典物理学的束缚，成功地解释了黑体辐射现象，开创了量子物理学的发展历史，普朗克本人因此获得 1918 年度诺贝尔物理学奖。

普朗克在成功地从微观的观点导出式（13-4）之前，实际上已经猜出了 $e(\lambda,T)$ 对 λ 和 T 的正确依赖关系。这个猜测部分基于其他物理学家的较精确测量结果，部分基于某些合理的理论推导。普朗克在 1900 年 10 月 19 日向德国物理学会提出了他的初步结果以后，有几位物理学家把普朗克的初步结果与实验结果核对，发现它们以惊人的准确性与实验事实相符，因此普朗克面对的是寻找一个关于显然正确的公式的理论解释。在紧张地工作了两个月后，他成功地完成了这项工作。

第二节 光的波粒二象性

光电效应是1887年赫兹（Hertz）在证实麦克斯韦（Maxwell）电磁波理论的实验时不经意地发现的，它却显示了麦克斯韦电磁理论的一个无法弥补的破绽，从而成为19世纪末经典物理学所遇到的又一重大难题。1905年3月爱因斯坦提出了光量子假说，解释了光电效应现象，并指明光具有波粒二象性。

一、光电效应 爱因斯坦方程

1. 光电效应

一定频率的光照射到某种金属表面时，立即有电子从金属表面逸出的现象称为光电效应。图13-4所示为研究光电效应的实验装置简图。在一抽成高真空的容器GD内，装有阴极板K和阳极A，称为光电管。当单色光通过石英窗口照射到阴极K上时，就有电子从阴极表面逸出，这种电子称为光电子。如果在A、K两端施加电压U，则光电子在加速电场作用下向阳极A运动，形成回路中的光电流。加速电压可由伏特计测出，而光电流的强弱可由电流计测出。

光电效应的实验规律归纳如下：

1）以一定强度的单色光照射阴极K时，光电流随加速电压的增加而增加，当加速电压增加到一定值时，光电流I达到一饱和值I_m，称之为饱和光电流，如图13-5所示。这说明从阴极K逸出的光电子全部到达阳极A。如果以同一单色光而光强较大的光照射阴极K时，在相同的加速电压下，光电流的值增大，相应的I_m也增大，这说明从阴极K逸出的光电子数目增加了。由此得知：单位时间内从阴极逸出的光电子数和入射光强成正比，同时饱和光电流值也与入射光强成正比。

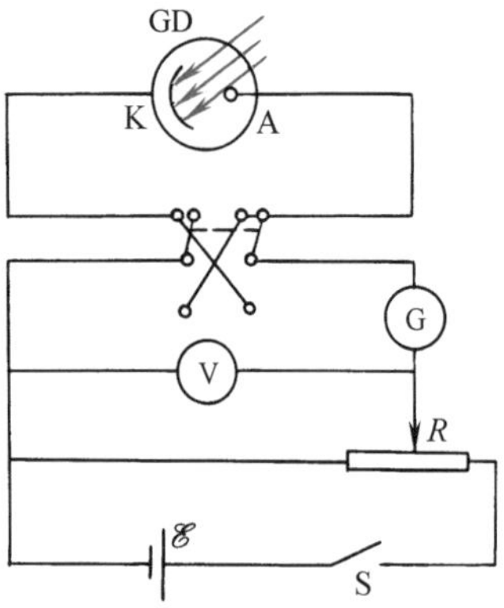

图13-4 光电效应的实验装置

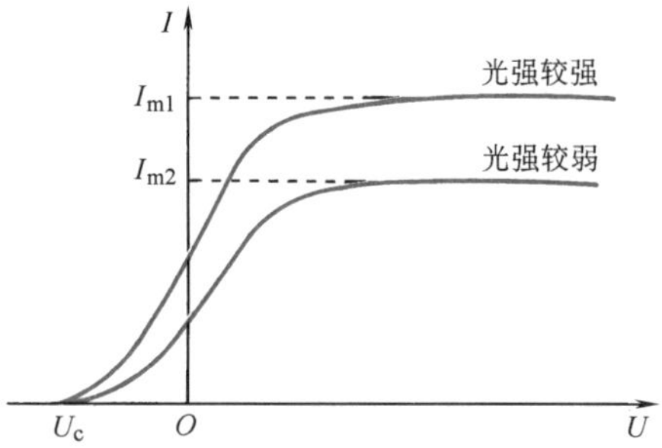

图13-5 不同入射光强下光电流随外加电压的变化曲线

2）由图13-5所示的实验曲线可以看出，当加速电压减小时，光电流随之减小，而加速电压为零时，光电流并不为零，而是某一正值，它表明从阴极K逸出的光电子具有一定的初动能，尽管没有加速电场作用，仍有一部分光电子能到达阳极A，只有当加上一个反向电

压 U_c 时，光电流才为零。这一反向电压值 U_c 称为遏止电压。由于遏止电压的作用，由阴极逸出的最快的光电子也不能到达阳极了。由此可知遏止电压应等于光电子逸出时的最大初动能，即

$$eU_c = \frac{1}{2}mv_m^2 \tag{13-5}$$

其中，m 和 e 分别是光电子的质量和电荷量；v_m 为光电子逸出阴极表面时的最大速度。由图 13-5可见，光电子的最大初动能与入射光的光强无关。

3）如图 13-6 所示是由实验测得的三种金属的遏止电压与入射光频率的关系曲线。由图中可见，遏止电压与入射光频率存在以下关系：

$$U_c = K(\nu - \nu_0) \tag{13-6}$$

式中，K 和 ν_0 都为常量。对不同金属，ν_0 不同；而对于同一金属，ν_0 恒定。将式（13-6）代入式（13-5）有

$$\frac{1}{2}mv_m^2 = eK\nu - eK\nu_0 \tag{13-7}$$

式（13-7）表明，当以某一频率的光入射时，从阴极逸出的光电子的最大初动能仅跟入射光频率 ν 与 ν_0 之差成正比，而与入射光的光强无关。

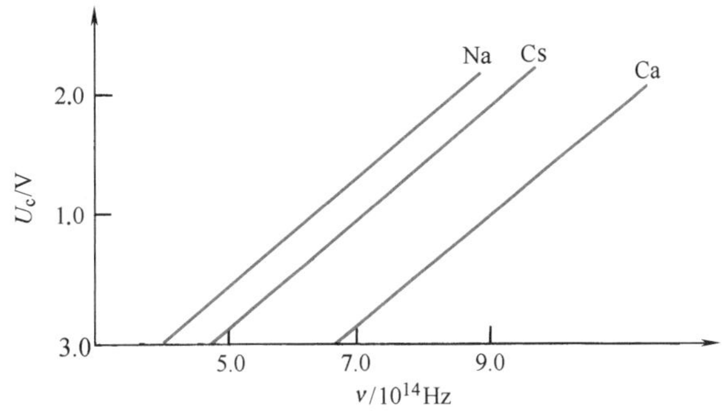

图 13-6　金属的遏止电压与入射光频率的关系曲线

4）由式（13-7）能够看出 ν_0 的物理意义：当入射光的频率 $\nu > \nu_0$ 时，$U_c > 0$。故由式（13-5）可知，光电子能够逸出金属表面，才能有光电流产生，否则，无论光强多么强，都不会产生光电流。这个频率 ν_0 称为红限频率。要使某种金属产生光电效应，必须使入射光的频率大于其相应的红限频率。不同的金属，其红限频率亦不相同，如表 13-1 所示。

表 13-1　几种金属的红限频率及逸出功

金　属	钠	钾	铷	铯	钙	铀	钨	锌	镍	铂
红限频率 $\nu_0/10^{14}$Hz	4.39	5.44	5.15	4.69	6.53	8.75	10.95	8.07	12.10	12.29
逸出功 A/eV	1.82	2.25	2.13	1.94	2.71	3.63	4.54	3.34	5.01	5.09

无论入射光的强度如何，只要其频率大于红限频率，几乎是在光照射到金属表面上瞬时，立刻有光电子逸出，其弛豫时间不超过 10^{-9}s。

2. 经典理论的困难

应用经典的电磁波理论无法圆满地解释光电效应现象，其遇到的主要困难如下：

1）按照经典电磁理论，当光照射到金属表面上时，光的强度越大，则光电子获得的能量就应越多，它从金属表面逸出时的初动能也应越大，这样光电子的初动能应与入射光的光强成正比。而事实上，光电效应实验表明，光电子的初动能与入射光的光强无关。

2）按照经典电磁理论，光电效应的产生与入射光的频率无关，无论何种频率的光，只要其光强足够大，就应该产生光电效应。然而，光电效应实验表明，只有当入射光的频率大于红限频率时才能产生光电效应，如果入射光的频率小于红限频率，则无论入射光的光强多么强，都不能产生光电效应。

3）按照经典电磁理论，金属中的电子从入射光波中吸收能量，必须积累到一定的量值，才能释放出光电子。显然当入射光很弱时，能量积累的时间需要很长。例如，强度为 $10^{-6}\mathrm{W\cdot m^{-2}}$的光照在金属钠上，需要约 10^7s 才能使金属钠中的电子获得足够的能量逸出金属表面。而实验结果并非如此。

由此可见，经典的电磁理论无法对光电效应做出圆满的解释。

3. 光量子假说

1905 年，爱因斯坦借鉴了普朗克的能量量子化思想，提出了光量子假说。该假说认为，光在空间传播时，可以看成由微观粒子构成的粒子流，这些微观粒子称为光量子，简称光子。不同颜色光中光子的能量取决于该种光的频率。频率为 ν 的光束中每个光子所具有的能量为

$$\varepsilon = h\nu \tag{13-8}$$

式中，h 为普朗克常量。

应用爱因斯坦光量子假说可知：当用频率为 ν 的单色光照射到金属表面上时，一个电子吸收一个光子的能量 $h\nu$ 后，从金属表面逸出而成为光电子，能量 $h\nu$ 的一部分用于该电子从金属表面逸出时需克服金属的束缚而做功 A，称 A 为逸出功。如表 13-1 所示，不同金属的逸出功不同；而能量 $h\nu$ 的另一部分能量则转换为光电子逸出后所具有的最大动能。因而，由能量守恒定律知

$$h\nu = \frac{1}{2}mv_{\mathrm{m}}^2 + A \tag{13-9}$$

上式称为爱因斯坦光电效应方程。

应用爱因斯坦光量子假说及光电效应方程能够圆满地解释光电效应现象。

1）由式（13-8）知，频率不同的光，其光子的能量亦不同，频率越高，光子的能量也越大。若光子的频率为 ν_0，且其能量 $h\nu_0$ 恰好等于 A 时，则由式（13-9）可知，电子的最大初动能$\frac{1}{2}mv_{\mathrm{m}}^2=0$，则电子刚好能逸出金属表面。$\nu_0$ 即为前面所讲的红限频率：

$$\nu_0 = \frac{A}{h} \tag{13-10}$$

由此可见，只有当频率大于 ν_0 的入射光照在金属上时，电子吸收光子后才能具有足够的能量逸出金属表面；若入射光频率小于 ν_0，电子吸收光子后所具有的能量不足以克服金属表面

的束缚，故不能逸出金属表面而成为光电子。这说明光电效应现象中应具有明确的红限频率。

比较式（13-7）和式（13-9），有

$$h = eK \tag{13-11}$$

1916 年密立根（Millikan）做光电效应实验时，测得金属钠的遏止电压 U_c 与光的频率呈线性关系的图线，根据图线的斜率（即 K 值）并利用式（13-11）算出普朗克常量 $h = 6.56 \times 10^{-34}\,\mathrm{J \cdot s}$，这与现在最新测量值是很接近的。

2）由光量子假说可知，光的强度越大，光束中所含光子数目就越多，若以大于红限频率的单色光入射，则随光子数增多，单位时间内逸出的光电子也增多，光电流即增大。因而，光电流与入射光强成正比。由式（13-9）亦可知，光电子的最大初动能与入射光频率呈线性关系，与入射光的光强无关，这恰与实验结果相符。

3）当光照射金属时，一个光子的全部能量立即被一个电子所吸收，不需要能量积累的时间，光电效应现象的发生应是瞬时的，这也与实验相一致。

4. 光的波粒二象性

人类对光的本质的认识经历了 17 世纪牛顿的微粒说以及 18 世纪后的由光的干涉、衍射等现象证实的波动说。到了 20 世纪初，爱因斯坦的光量子假说解释了光的波动说所无法圆满解释的许多物理现象，从而又确立了光的粒子性。

由于光子的静止质量 $m_0 = 0$，由相对论能量与动量的关系式

$$\varepsilon^2 = p^2c^2 + m_0^2c^4$$

有 $\varepsilon = pc$ 或 $p = \dfrac{\varepsilon}{c}$；而光子的能量 $\varepsilon = h\nu$，光的波长 $\lambda = c/\nu$，所以

$$p = \frac{h\nu}{c} = \frac{h}{\lambda} \tag{13-12}$$

虽然光子静质量 $m_0 = 0$，但其动质量 m 不为零。因为

$$\varepsilon = mc^2 \quad 及 \quad \varepsilon = h\nu$$

所以

$$m = \frac{h\nu}{c^2}$$

亦即，对于一定频率的光，其光子的动质量为一有限值。

综上所述，式（13-8）和式（13-12）表明，光不但具有波动性，而且具有粒子性。称式（13-8）和式（13-12）为**普朗克-爱因斯坦关系式**。近代物理中关于**光的本质**的统一的认识是：**光具有波动和粒子双重性质，即光具有波粒二象性**。

【例 13-1】 试求用波长为 400nm 的光照射在铯上时，铯所放出的光电子的初速度。

【解】 由爱因斯坦光电效应方程 $h\nu = \dfrac{1}{2}mv_m^2 + A$，得光电子的初速度为

$$v_m = \sqrt{\frac{2}{m}(h\nu - A)} = \sqrt{\frac{2}{m}(h\nu - h\nu_0)} = \sqrt{\frac{2h}{m}\left(\frac{c}{\lambda} - \nu_0\right)}$$

由表 13-1 查得 $\nu_0 = 4.69 \times 10^{14}\,\mathrm{Hz}$，所以

$$v_m = \sqrt{\frac{2h}{m}\left(\frac{c}{\lambda} - \nu_0\right)} = 6.39 \times 10^5\,\mathrm{m \cdot s^{-1}}$$

【例 13-2】 已知钠光灯所发出的黄光的波长为 589.3nm，计算钠黄光中每个光子的能量。

【解】 由光子的能量

$$\varepsilon = h\nu \quad 及 \quad \nu = \frac{c}{\lambda}$$

得

$$\varepsilon = \frac{hc}{\lambda} = 3.37 \times 10^{-19}\text{J}$$

【例 13-3】 小灯泡的功率为 $P = 10\text{W}$。它均匀地向周围空间辐射光波，平均波长 $\lambda = 5 \times 10^2\text{nm}$。试求：在距离 $d = 10\text{m}$ 处，每秒落在垂直于光线的面积 $S = 10^{-4}\text{m}^2$ 上的光子数。

【解】 按题意，在垂直于光线的方向上的单位面积上，单位时间所接收到的能量为

$$P_0 = \frac{P}{4\pi d^2}$$

设 n 为单位时间内落在单位面积上的光子数，则

$$P_0 = nh\nu = nhc/\lambda$$

所以有

$$\frac{P}{4\pi d^2} = \frac{nhc}{\lambda}$$

代入题设数据，可算得

$$n = \frac{P}{4\pi d^2}\,\frac{\lambda}{hc} = 2 \times 10^{16}\text{m}^{-2} \cdot \text{s}^{-1}$$

设 n_S 为单位时间内落在 S 面上的光子个数，则代入有关数据后，可算出

$$n_S = nS = 2 \times 10^{12}\text{s}^{-1}$$

二、康普顿效应

1923 年，美国科学家康普顿（A. H. Compton）总结并分析了他在 1922 年从实验中进一步观察到的 X 射线通过某些物质时的特殊散射现象（此前已有人发现此现象），再次证实了爱因斯坦的光量子假说。

图 13-7 所示是康普顿实验装置的示意图。X 射线源发出一束波长为 λ_0 的 X 射线，投射到散射物石墨上发生散射，用探测器可探测到不同方向散射的 X 射线的波长随强度的分布关系。实验结果表明，在被散射的 X 射线中除了有与入射 X 射线波长 λ_0 相同的射线外，还有波长大于 λ_0 的射线，这种波长发生变化的散射称为康普顿散射或康普顿效应。之后，他的学生吴有训在进一步研究中指出：对于相对原子质量小的物质，康普顿散射现象较明显，对于相对原子质量大的物质，康普顿散射现象不太明显；波长的变化量 $\Delta\lambda = \lambda - \lambda_0$ 随散射角 ϕ 的不同亦不同，当散射角增加时，波长的变化量也增加，在同一散射角下，对于所有散射物质，波长的变化量 $\Delta\lambda$ 都相同。

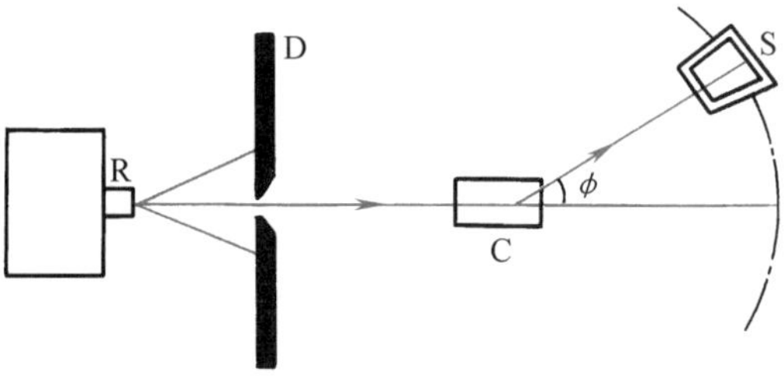

图 13-7 康普顿实验装置示意图

应用经典的电磁理论，能够解释波长不变的散射，却无法解释波长变化的散射现象。

根据光量子假说，一个光子与散射物中的一个自由电子或束缚较弱的电子发生完全弹性碰撞，由于相对于运动光子而言，电子的速度很小，近似地认为其静止。碰撞后，光子将沿某一方向散射，散射方向与入射方向间的夹角称为散射角，用 ϕ 表示。碰撞前，入射光子能量 $\varepsilon_0 = h\nu_0$，碰撞过程中把一部分能量传给电子，因而碰撞后光子的能量 $\varepsilon = h\nu$ 要小于 ε_0，即光子的频率变小，亦即其波长要增加。另外，光子除了与自由电子及束缚较弱的电子发生碰撞外，还有可能与原子中束缚很紧的电子发生碰撞，这相当于光子与原子整体碰撞。由于原子质量远远大于光子质量，由碰撞理论可知，碰撞后光子不会显著地失去能量，因而散射光的频率几乎不变，亦即在散射光中存在波长不变的射线。由于较轻原子中的内层电子所受束缚较弱，而较重原子中的内层电子所受束缚较强，因而相对原子质量较小的物质，康普顿效应较明显；相对原子质量较大的物质，康普顿效应不太明显。

早在 1912 年，萨德勒（C. A. Sodler）及米香（A. Meshan）就发现 X 射线被相对原子质量较小的物质散射后，波长有变长的现象。康普顿通过进一步的实验证实了这一事实，并建议把这种现象看成 X 射线的光子与电子碰撞而产生的。图 13-8 表示了一个光子和一个电子发生完全弹性碰撞的过程。设碰撞前电子的速度很小，相对于光子而言可以认为电子静止，而且电子在原子中的束缚能，相对于 X 射线中的光子能量也很小，因此可视其为自由电子，电子静能为 $m_e c^2$，动量为 0。设频率为 ν_0（波长为 λ_0）的光子沿 $\boldsymbol{n}_0$ 方向入射，能量为 $h\nu_0$，动量为$\frac{h\nu_0}{c}\boldsymbol{n}_0$。碰撞后，光子以频率 ν（波长 λ）沿与 $\boldsymbol{n}_0$ 成 ϕ 角的 $\boldsymbol{n}$ 方向散射，其能量为 $h\nu$，动量为$\frac{h\nu}{c}\boldsymbol{n}$。而电子则以 v 的速率沿与 $\boldsymbol{n}_0$ 方向成 θ 角的方向反冲，能量为 mc^2，此时 $m = m_e \Big/ \sqrt{1-\frac{v^2}{c^2}}$。整个碰撞过程在一平面内进行。这里 $\boldsymbol{n}_0$ 和 $\boldsymbol{n}$ 分别为光子碰撞前、后沿运动方向的单位矢量，c 为光速。由能量和动量守恒定律有

24　康普顿效应
（任延宇）

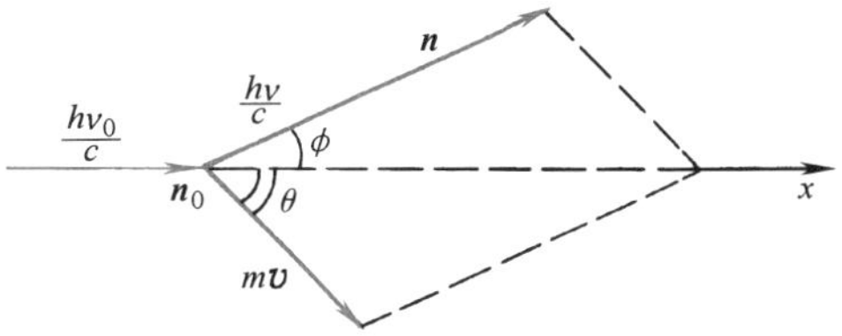

图 13-8　光子和静止电子碰撞时的动量变化

$$h\nu_0 + m_e c^2 = h\nu + mc^2$$

$$\frac{h\nu_0}{c}\boldsymbol{n}_0 = \frac{h\nu}{c}\boldsymbol{n} + m\boldsymbol{v}$$

可以推导出

$$\Delta\lambda = \lambda - \lambda_0 = \frac{h}{m_e c}(1-\cos\phi) \tag{13-13}$$

式（13-13）即为康普顿散射现象中波长变化的公式，简称为波长变化公式。这个公式是由康普顿首先根据光量子假设得到，后来与吴有训共同在实验中证实的。

设 $\lambda_c = \frac{h}{m_e c}$，$\lambda_c$ 也具有波长的量纲，称为康普顿波长，则

$$\lambda_c = \frac{h}{m_e c} = 0.00243\text{nm}$$

可见在康普顿散射中，波长在 10^{-3}nm 的数量级上变化，所以只有采用硬 X 射线（高频、短波），才能较容易观察到康普顿效应。

由式（13-13）可见，波长的变化与物质种类无关，仅与散射角有关，且随散射角增加，$\Delta\lambda$ 也增加，当 $\phi=\pi$ 时，$\Delta\lambda$ 最大。式（13-13）的理论结果与实验事实完全相符。

在式（13-13）中亦可看到，散射的 X 射线波长的变化与角度的依赖关系式中包含了普朗克常量 h，因此，它是经典物理学无法解释的。康普顿散射实验是对光量子假设的一个直接的强有力的支持，因为在上述推导中，假定了整个光子（而不是其中一部分）被散射。此外，康普顿散射实验还证实：（1）普朗克-爱因斯坦关系式在定量上是正确的；（2）在微观的单个碰撞事件中，动量及能量守恒定律仍然是成立的。这是一个很重要的结论。

【例 13-4】 波长为 0.10nm 的 X 射线在碳块上散射。从与入射 X 射线成 90°的方向去观察，则

（1）散射 X 射线的波长改变了多少？

（2）反冲电子的动能为多少？

【解】（1）根据波长变化公式

$$\Delta\lambda=\frac{h}{m_e c}(1-\cos\phi)=\lambda_c(1-\cos\phi)$$

$$=0.00243\times(1-\cos90^\circ)\text{nm}=0.00243\text{nm}$$

（2）用 E_k 表示反冲电子的动能，则由能量守恒定律，并代入有关数据，可算出

$$E_k=mc^2-m_e c^2=h\nu_0-h\nu=hc\left(\frac{1}{\lambda_0}-\frac{1}{\lambda}\right)$$

$$=hc\left(\frac{1}{\lambda_0}-\frac{1}{\lambda_0+\Delta\lambda}\right)=4.72\times10^{-17}\text{J}$$

这里反冲电子所获得的动能等于入射光子损失的能量。

可以计算一下，如果分别用波长为 1.88×10^{-3}nm 的 γ 射线及波长为 589.3nm 的钠黄光在碳块上散射，上述各个问题的解又将为多少？对于这些结果的比较能使读者更进一步理解前面的内容。

第三节 量子力学引论

一、德布罗意的物质波理论

在普朗克、爱因斯坦的光量子论及玻尔的原子理论的启发之下，考虑到光具有波粒二象性，1924 年 11 月 27 日德布罗意提出了诸如电子、质子、α 粒子等微观粒子也具有波粒二象性的假说，即著名的物质波理论。他认为 19 世纪在对光的研究中，人们重视了光的波动性而忽略了光的微粒性，而在对实物粒子的研究中，则可能过分重视了实物粒子的粒子性，而忽略了实物粒子的波动性。因此，他提出了微观粒子也具有波动性的假说，并通过严密的理论推导、逻辑推理及类比把粒子和波联系了起来，粒子的能量 ε 和动量 p 与波的频率 ν 和波长 λ 之间的关系有如下的关系式：

$$\varepsilon=h\nu \tag{13-14}$$

$$p=\frac{h}{\lambda} \tag{13-15}$$

上述两式中的 h 为普朗克常量，式（13-14）和式（13-15）称为德布罗意公式或德布罗意关系。而这种和实物粒子联系在一起的波称为德布罗意波或物质波。

设自由粒子（没有外力作用情况下的粒子）的动能为 E，粒子的速度远小于光速，则 $E=p^2/2m$，m 为自由粒子质量，由式（13-15）可得到与实物粒子相联系的德布罗意波的波长为

$$\lambda=\frac{h}{p}=\frac{h}{\sqrt{2mE}} \tag{13-16}$$

如果自由电子被 ΔU 的电势差加速，则 $E=e\Delta U$，e 为电子电荷的大小。将 $h=6.63\times10^{-34}\mathrm{J\cdot s}$，$e=1.60\times10^{-19}\mathrm{C}$，$m=9.11\times10^{-31}\mathrm{kg}$ 代入上式得

$$\lambda=\frac{h}{\sqrt{2me\Delta U}}=\frac{1.225}{\sqrt{\Delta U}}\ (\mathrm{nm})$$

由此可知：若用 100V 的电势差加速自由电子，其德布罗意波长为 0.1225nm；而当用 10000V 电势差加速自由电子时，其德布罗意波长仅为 0.01225nm。可见德布罗意波长很短，这就是为什么电子的波动性长期没有被发现的原因之一。

德布罗意假说的正确性，首先在 1927 年为戴维逊（C. Davisson）和革末（L. Germer）所做的电子衍射实验所证实，如图 13-9 所示。实验中，戴维逊和革末把电子束正入射到镍单晶上，电子在晶体表面上被散射，通过探测器，他们发现散射电子束的强度随散射角 θ 而改变，当 θ 取某些确定值时，强度有极大值。这一现象与 X 射线的衍射现象相同，也就充分说明了电子具有波动性。根据布拉格的衍射理论，衍射最大值由公式 $k\lambda=2d\sin\theta$ 确定，k 为衍射最大值的级次，λ 是衍射射线的波长，d 是晶格常数。戴维逊和革末用这个公式计算电子的德布罗意波长，得到与式（13-16）一致的结果。

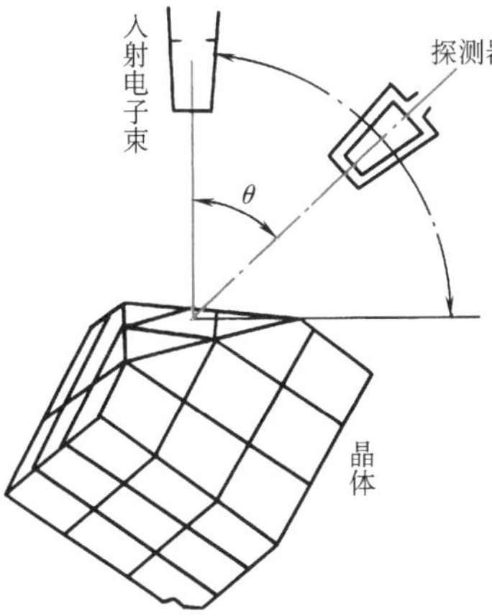

图 13-9　电子在晶体表面上的衍射

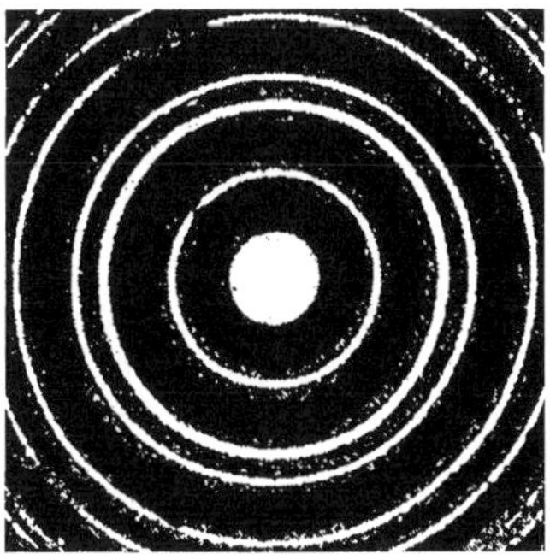

图 13-10　汤姆逊的电子衍射图像

此外，汤姆逊（G. P. Thomson）应用电子通过金属箔产生衍射的实验进一步证实了电子的波动性，所得到的衍射图像如图 13-10 所示。除电子外，后来人们陆续发现如质子、中子

及 α 粒子等微观粒子都具有波动性。

德布罗意提出的物质波思想是一次伟大的革命。完全对立的波和粒子观念，彼此协调地贯穿于一切物理现象之中。这种波与粒子的对立，从牛顿时代起一直贯穿在物理学中，物理学家先前的一切努力，总是试图将一者纳入另一者之中，德布罗意却把二者统一起来了。

【例 13-5】 求下列物质的德布罗意波的波长：

（1）质量 $m=0.05\text{kg}$，速率 $v_1=300\text{m}\cdot\text{s}^{-1}$ 的子弹。

（2）速率 $v_2=5\times10^6\text{m}\cdot\text{s}^{-1}$ 的 α 粒子。

【解】（1）由式（13-15），按题意数据可算得子弹的德布罗意波的波长为

$$\lambda=\frac{h}{p}=\frac{h}{mv_1}=4.4\times10^{-26}\text{nm}$$

（2）α 粒子的质量 $m=4\times1.67\times10^{-27}\text{kg}$，由式（13-15）按有关数据可算得 α 粒子德布罗意波的波长为

$$\lambda=\frac{h}{p}=\frac{h}{mv_2}=\frac{h\sqrt{1-\frac{v_2^2}{c^2}}}{m_\alpha v_2}=1.98\times10^{-5}\text{nm}$$

二、波函数及其统计解释

1. 波函数

经典物理学中可以同时确定一个客观物体的位置和速度，并以此来描述它的运动状态。但对于电子、中子、质子等微观粒子，根据德布罗意假说，它们不但具有粒子性，而且具有波动性，这就无法再用经典方法来描述其运动状态了。1925 年，薛定谔在德布罗意物质波假说的基础上建立了量子力学理论，提出用波函数来描述微观粒子的运动状态。

25 波函数及其概率解释（韩权）

当自由粒子的能量和动量都是定量时，由德布罗意关系式可知，与自由粒子相联系的波的频率和波长都不变，可用一单色平面波来描述。

频率为 ν、波长为 λ、沿 x 轴方向传播的平面波，其波函数 $\Phi(x,t)$ 可用下式表示：

$$\Phi(x,t)=A\cos\left[2\pi\left(\frac{x}{\lambda}-\nu t\right)\right]$$

对于实物粒子，一般把 $\Phi(x,t)$ 写成复数形式

$$\Phi(x,t)=A\text{e}^{\text{i}2\pi\left(\frac{x}{\lambda}-\nu t\right)}$$

考虑到 $E=h\nu$，$p=\dfrac{h}{\lambda}$并令 $\hbar=\dfrac{h}{2\pi}$有

$$\Phi(x,t)=A\text{e}^{\frac{\text{i}}{\hbar}(px-Et)}$$

一般情况下，自由粒子可沿空间任意方向运动，任意时刻 t 的位矢为 $\boldsymbol{r}$，动量为 $\boldsymbol{p}$，能量为 E，上式又可改写为

$$\Phi(\boldsymbol{r},t)=A\text{e}^{\frac{\text{i}}{\hbar}(\boldsymbol{p}\cdot\boldsymbol{r}-Et)}\qquad(13\text{-}17)$$

式（13-17）便是描写自由粒子运动状态的波函数。

对于一般的微观粒子，可以用 $\Phi(\boldsymbol{r},t)$ 或 $\Phi(x,y,z,t)$ 来描述其运动状态，这里 $\Phi(\boldsymbol{r},t)$ 便是与微观粒子联系在一起的德布罗意波的波函数，简称为波函数。

2. 波函数的统计解释

如何来理解德布罗意波，或者说如何把物质波的概念同它所描述的微观粒子联系起来呢？1926 年玻恩首先提出了概率波的概念，解决了这一问题。

为了较简单和清楚地阐明概率波的概念，先来分析一下电子的衍射实验。如果入射电子流强度很大，即单位时间内有许多电子射到单缝或双缝上，则底片上很快就出现衍射图像，如图 13-11a 所示。如果入射电子流很微弱，电子几乎一个一个地经过单缝或双缝，然后打到感光底片上，结果又如何呢？起初，当感光时间较短时，底片上出现的一些点的分布，看起来没有什么规律，这些点记录下一个个电子的痕迹。但当时间足够长时，底片上感光点越来越多，结果有些地方点很密，有些地方则几乎没有点，如图 13-11b 所示。最后底片上点的密度分布也形成一个有规律的衍射花样，与 X 射线衍射实验中出现的衍射花样相似，从而显示出电子的波动性。由上述实验可见，实验中所显示的电子的波动性是许多电子在同一实验中的统计结果，或者是一个电子在许多次相同实验中的统计结果。波函数 $\Phi(\boldsymbol{r},t)$ 正是为描写粒子的这种行为而引进的。玻恩在这个基础上，提出了波函数的统计解释：波函数在空间某一点的强度 $|\Phi(\boldsymbol{r},t)|^2$ 和在该点发现粒子的概率成比例。更确切地说，$|\Phi(\boldsymbol{r},t)|^2\Delta x\Delta y\Delta z$ 代表在 $\boldsymbol{r}$ 点附近的体积元 $\Delta x\Delta y\Delta z$ 中发现粒子的概率。按照这种解释，描写实物粒子的波乃是概率波。关于波函数的概率解释是量子力学的基本原理之一。

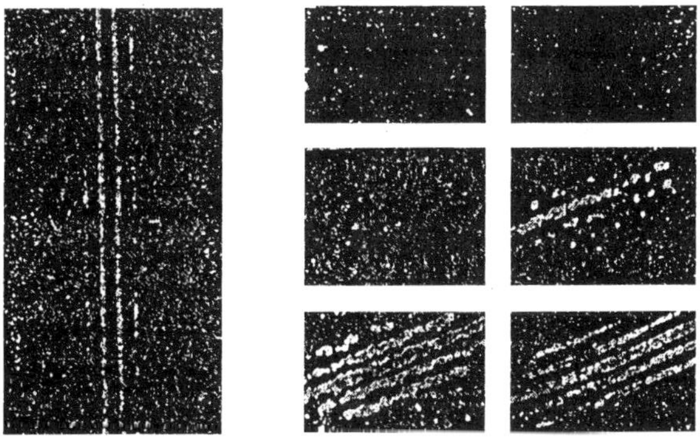

a)　　b)

图 13-11　电子衍射图样

3. 波函数的归一化

对于微观粒子在空间各点的概率分布来说，重要的是相对概率分布。即，若 C 为一常数，则 $\Phi(\boldsymbol{r},t)$ 与 $C\Phi(\boldsymbol{r},t)$ 所描述的相对概率分布是完全相同的。如对于空间 $\boldsymbol{r}_1$ 和 $\boldsymbol{r}_2$ 点的相对概率，在波函数为 $C\Phi(\boldsymbol{r},t)$ 情况下是

$$\frac{|C\Phi(\boldsymbol{r}_1,t)|^2}{|C\Phi(\boldsymbol{r}_2,t)|^2}=\frac{|\Phi(\boldsymbol{r}_1,t)|^2}{|\Phi(\boldsymbol{r}_2,t)|^2} \tag{13-18}$$

这与波函数为 $\Phi(\boldsymbol{r},t)$ 情况下的相对概率是一样的。换言之，$C\Phi(\boldsymbol{r},t)$ 与 $\Phi(\boldsymbol{r},t)$ 所描述的概率波是完全相同的。所以，波函数可以有一个常数因子的不确定性。就这一点而言，概率波与经典波（声波、水波、弹性波等）有本质的区别。经典波的振幅若增加一倍，则相应的

波的能量将为原来的四倍，因此代表了完全不同的波动状态。

根据波函数的统计解释，很自然地要求一个粒子在空间各点出现的概率总和为1。而对$|\boldsymbol{\Phi}(\boldsymbol{r},t)|^2$的全空间积分

$$\iiint_{-\infty}^{+\infty}|\Phi(\boldsymbol{r},t)|^2\mathrm{d}x\mathrm{d}y\mathrm{d}z = A = \text{常数} > 0$$

改写一下
$$\iiint_{-\infty}^{+\infty}\left|\frac{1}{\sqrt{A}}\Phi(\boldsymbol{r},t)\right|^2\mathrm{d}x\mathrm{d}y\mathrm{d}z = 1$$

设
$$\Psi(\boldsymbol{r},t) = \frac{1}{\sqrt{A}}\Phi(\boldsymbol{r},t)$$

则
$$\iiint_{-\infty}^{+\infty}|\Psi(\boldsymbol{r},t)|^2\mathrm{d}x\mathrm{d}y\mathrm{d}z = 1 \tag{13-19}$$

这里$\Psi(\boldsymbol{r},t)$称为归一化的波函数，$\frac{1}{\sqrt{A}}$称为归一化因子，式（13-19）称为波函数的归一化条件。把$|\Psi(\boldsymbol{r},t)|^2$称为概率密度，而$|\Phi(\boldsymbol{r},t)|^2$称为相对概率密度。因为$\frac{1}{\sqrt{A}}$为一常数，所以$\Psi(\boldsymbol{r},t)$与$\Phi(\boldsymbol{r},t)$所描述的概率波是完全相同的，因而波函数的归一化与否，并不影响粒子在空间的概率分布。有时为了处理问题方便，的确还引入了个别的不能归一化的波函数，如平面波。

波函数归一化后还不是完全确定的。假设$\Psi(\boldsymbol{r},t)$是归一化的，而$|\mathrm{e}^{\mathrm{i}\sigma}\Psi(\boldsymbol{r},t)|^2 = |\Psi(\boldsymbol{r},t)|^2$，所以$\mathrm{e}^{\mathrm{i}\sigma}\Psi(\boldsymbol{r},t)$与$\Psi(\boldsymbol{r},t)$所描述的是同一个概率波。$|\mathrm{e}^{\mathrm{i}\sigma}|^2=1$，$\mathrm{e}^{\mathrm{i}\sigma}$称为相因子，即归一化的波函数可以含有一个任意相因子。

此外，按照波函数的统计解释，在空间各点，$\Psi(\boldsymbol{r},t)$还必须是单值、有限和连续的。

三、海森伯不确定性关系

根据玻恩关于物质波的统计解释，又可把物质波描述为概率波，即在空间波函数的模平方大的区域内发现粒子的概率也大。或者说，如果要在某一位置附近寻找粒子，那么，这一位置处波函数模的平方即是能够发现粒子的概率。设某一确定时刻t_0，初始状态的波函数只存在于某一非常小的区域内，而在这区域以外皆为零，则可以说，t_0时刻粒子就位于这个小区域，其位置是确定的。若在某一时刻t_1，波函数可以分布于一个很大的区域，则粒子的位置就不能确定了，此时粒子位置可以有很大的不确定性。由于微观粒子具有波粒二象性，某粒子在某时刻的运动状态可用一波函数来表示，而波函数又不可能是某一确定位置的确定值，所以说，描述微观粒子的位置的量存在一个不确定量。根据粒子运动状态的不同，描述其位置时的不确定量可能很小，亦可能很大。即测量微观粒子的位置时，有时可能测得准确，有时可能测得很不准确。

按照德布罗意公式$p=\frac{h}{\lambda}$，微观粒子的动量和波长是相关联的，若要很好地确定动量值，必须很好地确定波长值。而只有当描述微观粒子运动状态的波函数呈现某种周期性时，才能很好地确定其波长，如图13-12a、b所示；但如果描述微观粒子状态的波函数呈现出任

意的不规则曲线，如图 13-12c、d 所示，则波长的概念在此已完全失效了，即波长无法确定。因此，确定动量的精确程度取决于微观粒子的运动状态，它可能是十分确定的，也可能是十分不确定的。

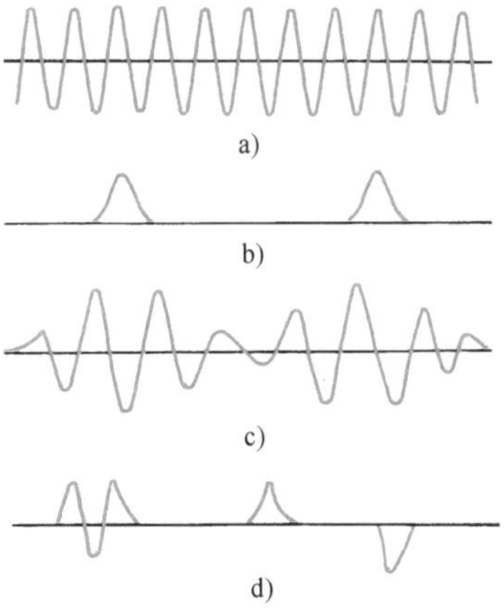

图 13-12　各种类型的波

1927 年，海森伯提出，对于描述某一微观粒子同一状态的波函数，同时确定其位置和动量时，它们的精确程度存在一个原则上限度。这个思想被表述为著名的海森伯不确定性关系。

下面用电子单缝衍射实验来简单而且直观地推证这个关系。如图 13-13 所示，设有一束电子，以一定的速度 $\boldsymbol{v}$ 沿 y 轴射向宽度为 d 的狭缝，缝开于 AB 平面上，AB 垂直于电子束方向，在 AB 的后边平行地放置着一屏 CD，用以观察电子衍射图像，这显然是由于电子的波动性而发生衍射。在屏 CD 上所得到的强度分布与光由单缝衍射的强度分布相似，其主极大区在 $\phi=0$ 处，第一极小处所对应的衍射角 ϕ 由下式决定：

$$\sin\phi=\frac{\lambda}{d} \tag{13-20}$$

式中，λ 为与电子联系在一起的物质波波长。由于主极大区域内电子衍射的强度远远超过次级极大区域，所以主极大区是电子衍射的主要分布区域。

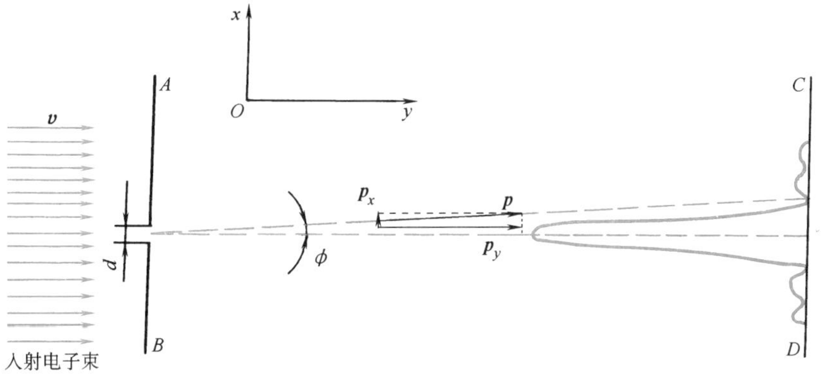

图 13-13　电子单缝衍射实验

考虑一个电子的坐标 x 和动量沿 x 轴的分量 p_x。当电子通过狭缝时，人们只知道它是从宽度为 d 的狭缝通过的，却不能确定它由狭缝的哪一位置通过，所以电子的坐标 x 只能精确到狭缝的宽度 d，以 Δx 表示电子的坐标 x 的不确定量，则

$$\Delta x=d \tag{13-21}$$

在电子通过狭缝之前，它是沿 y 轴运动的，所以它的动量的 x 分量 $p_x=0$。初看起来，似乎粒子在通过狭缝时的 p_x 亦为零，因而只要把狭缝的宽度缩小到一定程度，就可以同时准确地确定电子在通过狭缝时的坐标 x 和动量的 x 分量 p_x。事实上并非如此，由于电子具有波动性，在其通过狭缝时要发生衍射，由于衍射的结果，电子动量的方向发生变化，此时 $p_x\neq0$。因为到达屏 CD 上的电子大部分都集中在主极大区域内，因而可以近似地取衍射到主极大区

域边缘的电子动量沿 x 轴分量作为主极大区域内动量 p_x 的最大不确定量 Δp_x，如图 13-13 所示，此时

$$\Delta p_x = p\sin\phi \tag{13-22}$$

把式（13-20）代入式（13-22），有

$$\Delta p_x = p\frac{\lambda}{d} = \frac{h}{d} \tag{13-23}$$

再把式（13-21）代入式（13-23），有

$$\Delta p_x = \frac{h}{\Delta x}$$

即

$$\Delta x \Delta p_x = h \tag{13-24}$$

实际上，电子在发生衍射时还可能到达主极大区域以外的其他次级极大区域中，所以 Δp_x 还会更大一些，则有

$$\Delta x \Delta p_x \geqslant h \tag{13-25}$$

将上述式（13-25）推广到三维空间，则有

$$\Delta x \Delta p_x \geqslant h \quad \Delta y \Delta p_y \geqslant h \quad \Delta z \Delta p_z \geqslant h \tag{13-26}$$

这就是著名的海森伯不确定性关系的数学表达式。它表明，位置的不确定量越小，则同一方向上动量的不确定量越大。即：粒子的位置测量得越准确，相应地其动量的测量值则越不准确。所以有些文献上称上述关系为海森伯测不准关系。

类似于式（13-26）的关系在能量和时间的测量时也存在，即

$$\Delta E \Delta t \geqslant h \tag{13-27}$$

式（13-27）表明，位于某一能级上微观粒子的能量与其在该能级上停留时间之积是一个不小于 h 的量。或者说，一个不稳定粒子的能量与其寿命之积的下限为 h。

可以从更一般的理论推导得到式（13-26）及式（13-27），它是微观粒子波粒二象性的必然结果。同时，不确定关系划分了经典力学和量子力学的界限。由式（13-26）可见，若在具体问题中，普朗克常量 h 与其他量相比只是个极微小的量，可近似认为 $h \to 0$ 时，则有 $\Delta x \Delta p_x \geqslant 0$，$\Delta y \Delta p_y \geqslant 0$，$\Delta z \Delta p_z \geqslant 0$ 及 $\Delta E \Delta t \geqslant 0$，这便意味着动量和坐标或能量和时间都有可能有确定值，即其不确定量可能同时为零，此时用经典力学的方法就足够了。反之，若在具体问题中 h 不可忽略时，就必须考虑物质的波粒二象性，应用量子力学的方法来处理。

【例 13-6】 一颗子弹质量为 5.0×10^{-2}kg，具有 $6.0 \times 10^{2}\text{m} \cdot \text{s}^{-1}$ 的速率，其速率可以准确到 0.01%，若同时确定这颗子弹的位置，问其准确度为多大？

【解】 子弹的动量

$$p_x = mv = 5.0 \times 10^{-2}\text{kg} \times 6.0 \times 10^{2}\text{m} \cdot \text{s}^{-1} = 30\text{kg} \cdot \text{m} \cdot \text{s}^{-1}$$

动量的不确定量

$$\Delta p_x = 0.01\% \times p_x = 3 \times 10^{-3}\text{kg} \cdot \text{m} \cdot \text{s}^{-1}$$

把已知数值代入不确定关系式 $\Delta x \Delta p_x \geqslant h$，可算出

$$\Delta x \geqslant \frac{6.63 \times 10^{-34}}{3 \times 10^{-3}}\text{m} = 2.21 \times 10^{-31}\text{m}$$

这个结果远远超出了现有测量仪器的精确限度，就宏观量来说，不确定关系所起的作用太微弱了。

【例 13-7】 电子具有 $200\mathrm{m\cdot s^{-1}}$ 的速率，动量的不确定量为 0.01%，确定该电子的位置时，其不确定量有多大？

【解】 电子的动量为

$$p_x = mv = 9.1\times10^{-31}\mathrm{kg}\times200\mathrm{m\cdot s^{-1}} = 1.82\times10^{-28}\mathrm{kg\cdot m\cdot s^{-1}}$$

动量的不确定量为

$$\Delta p_x = 0.01\%\times p_x = 0.01\%\times1.82\times10^{-28}\mathrm{kg\cdot m\cdot s^{-1}} = 1.82\times10^{-32}\mathrm{kg\cdot m\cdot s^{-1}}$$

将已知值代入不确定关系式 $\Delta x\Delta p_x \geqslant h$，则算得

$$\Delta x \geqslant \frac{6.63\times10^{-34}}{1.82\times10^{-32}}\mathrm{m} = 3.64\times10^{-2}\mathrm{m}$$

这个结果表明，对于微观粒子来说，其位置的不确定量可能很大，甚至远远大于粒子本身的线度。

由以上的讨论中可以看到，对于低速运动的宏观粒子，用经典力学足以描述它的运动规律了，但对于微观粒子的运动规律，就不能用经典力学来描述了。量子力学正是建立在德布罗意假设的基础上，能较好地反映微观粒子的运动规律。

第四节　薛定谔方程

一、薛定谔方程

在量子力学中，微观粒子具有波粒二象性，在某一时刻 t，一个微观粒子的状态用波函数 $\boldsymbol{\Psi}(\boldsymbol{r},t)$ 来描述。当 $\boldsymbol{\Psi}(\boldsymbol{r},t)$ 确定后，粒子在任意时刻的状态及在空间各点的分布概率就确定了。那么，当时间变化时，粒子的状态及粒子在空间的分布概率又是怎样随时间而变化的呢？即 $\boldsymbol{\Psi}(\boldsymbol{r},t)$ 随时间的变化遵循怎样一个规律呢？1926 年，薛定谔提出的波动方程——薛定谔方程成功地解决了这个问题。下面用一个简单的方法引入薛定谔方程。

先讨论自由粒子情况。描述自由粒子的波函数可用平面波的波函数 $\boldsymbol{\Psi}(\boldsymbol{r},t)$ 来表示［此处 $\boldsymbol{\Psi}(\boldsymbol{r},t)$ 即上节所述的 $\boldsymbol{\Phi}(\boldsymbol{r},t)$］

$$\boldsymbol{\Psi}(\boldsymbol{r},t) = A\mathrm{e}^{\frac{\mathrm{i}}{\hbar}(\boldsymbol{p}\cdot\boldsymbol{r}-Et)} \tag{13-28}$$

式（13-28）应该是所要建立的自由粒子薛定谔方程的解。把式（13-28）对时间求一阶偏导，得到

$$\frac{\partial\boldsymbol{\Psi}}{\partial t} = -\frac{\mathrm{i}}{\hbar}E\boldsymbol{\Psi} \tag{13-29}$$

由于式（13-28）可以写成

$$\boldsymbol{\Psi}(x,y,z,t) = A\mathrm{e}^{\frac{\mathrm{i}}{\hbar}(xp_x+yp_y+zp_z-Et)}$$

形式，再将式（13-29）对坐标求二阶偏导，得

$$\frac{\partial^2\boldsymbol{\Psi}}{\partial^2 x} = -\frac{A}{\hbar^2}p_x^2\mathrm{e}^{\frac{\mathrm{i}}{\hbar}(xp_x+yp_y+zp_z-Et)} = \frac{-p_x^2}{\hbar^2}\boldsymbol{\Psi}$$

同理，又有

$$\frac{\partial^2\boldsymbol{\Psi}}{\partial^2 y} = \frac{-p_y^2}{\hbar^2}\boldsymbol{\Psi}$$

$$\frac{\partial^2 \Psi}{\partial^2 z}=\frac{-p_z^2}{\hbar^2}\Psi$$

把上述三式相加，得

$$\frac{\partial^2 \Psi}{\partial x^2}+\frac{\partial^2 \Psi}{\partial y^2}+\frac{\partial^2 \Psi}{\partial z^2}=\nabla^2 \Psi=-\frac{p^2}{\hbar^2}\Psi \tag{13-30}$$

式中，$\nabla^2=\frac{\partial^2}{\partial x^2}+\frac{\partial^2}{\partial y^2}+\frac{\partial^2}{\partial z^2}$称为拉普拉斯算符；$p^2=\boldsymbol{p}\cdot\boldsymbol{p}=p_x^2+p_y^2+p_z^2$。再利用自由粒子能量与动量的关系式

$$E=\frac{p^2}{2m}$$

其中 m 为自由粒子的质量，得

$$\nabla^2 \Psi=-\frac{2m}{\hbar^2}E\Psi \tag{13-31}$$

式（13-31）与时间无关，称为自由粒子的定态薛定谔方程。所谓定态是指自由粒子的能量处于某一确定的状态。

下面讨论在势场作用下微观粒子的波函数所满足的波动方程。设微观粒子在势场中的势能为 $U(\boldsymbol{r})$ 或 $U(x,y,z)$，这种情况下，微观粒子的能量和动量关系为

$$E=\frac{p^2}{2m}+U(\boldsymbol{r}) \tag{13-32}$$

把式（13-32）代入式（13-30）有

$$\nabla^2 \Psi=-\frac{2m}{\hbar^2}[E-U(\boldsymbol{r})]\Psi$$

或

$$\nabla^2 \Psi+\frac{2m}{\hbar^2}[E-U(\boldsymbol{r})]\Psi=0 \tag{13-33}$$

式中，$U(\boldsymbol{r})$ 与时间 t 无关；E 为恒量。式（13-33）称为定态薛定谔方程。

由于作用在粒子上的势场与时间无关，从式（13-33）解出的波函数形式可写为

$$\Psi(\boldsymbol{r},t)=\Psi(\boldsymbol{r})\mathrm{e}^{-\frac{\mathrm{i}}{\hbar}Et} \tag{13-34}$$

即与微观粒子联系在一起的物质波的波函数为一个空间坐标的函数 $\Psi(\boldsymbol{r})$ 与一个相因子的乘积，整个波函数随时间的改变取决于相因子 $\mathrm{e}^{-\frac{\mathrm{i}}{\hbar}Et}$。由该形式的波函数所描述的状态称为定态，因而式（13-33）称为定态薛定谔方程，式（13-34）所表示的波函数称为定态波函数。如果粒子处于定态，则

$$|\Psi(\boldsymbol{r},t)|^2=|\Psi(\boldsymbol{r})\mathrm{e}^{-\frac{\mathrm{i}}{\hbar}Et}|^2=|\Psi(\boldsymbol{r})|^2 \tag{13-35}$$

与时间无关，即粒子在空间分布的概率不随时间而改变，这是定态的一个重要特点。

如果粒子处于定态，即如果描述粒子的波函数是定态薛定谔方程的解，则在此状态下粒子的能量有确定值，即式（13-33）中的 E 为恒量。因此，定态就是能量有确定值的状态。

现在考虑波函数随时间变化的最一般形式，此时 U 可以显含时间，亦可不显含时间。改写式（13-29）有

$$E\Psi=\mathrm{i}\hbar\frac{\partial}{\partial t}\Psi \tag{13-36}$$

可见，一般情况下，数学符号 $\mathrm{i}\hbar\frac{\partial}{\partial t}$对波函数的作用就相当于 E 对波函数的作用，称 $\mathrm{i}\hbar\frac{\partial}{\partial t}$为能量算符，它单独存在时无任何意义，只有作用于波函数时才具有能量的意义。

用 $\mathrm{i}\hbar\frac{\partial}{\partial t}$代替式（13-32）中的 E，再代入式（13-31），有

$$\frac{\hbar^2}{2m}\nabla^2\Psi=-\mathrm{i}\hbar\frac{\partial}{\partial t}\Psi+U(\boldsymbol{r})\Psi$$

或

$$\mathrm{i}\hbar\frac{\partial}{\partial t}\Psi=-\frac{\hbar^2}{2m}\nabla^2\Psi+U(\boldsymbol{r})\Psi \tag{13-37}$$

这就是 1926 年薛定谔提出的波动方程，称为含时薛定谔方程或薛定谔方程。它是微观粒子所遵循的最普遍的运动方程。

应该指出，薛定谔方程是量子力学中最基本的方程，它在量子力学中的地位相当于牛顿运动定律在经典力学中的地位，应该认为它是量子力学的一个基本假说，并不能从什么更根本的假说来证明它，它的正确性归根到底只能靠实验来证实。

下面介绍薛定谔方程的具体应用。

二、无限深势阱中粒子的运动

26　一维无限深方势阱（任延宇）

一般情况下，诸如原子中的电子，原子核中的质子和中子等微观粒子的运动都被限制在一个很小的空间区域内，即这些粒子都受到了一个约束，把粒子处于的这种状态称为束缚态。为了讨论束缚态粒子的运动规律，考虑一个比较简单的理想化模型，即认为粒子在无限深“势阱”中运动。这里仅考虑粒子的一维运动情况。

微观粒子在一维无限深势阱中运动，其势能为

$$\begin{cases}U(x)=0 & (0<x<a)\\ U(x)=\infty & (x\leqslant 0, x\geqslant a)\end{cases}$$

这种势能函数的图线形式如图 13-14 所示，由于势能图线形如深井，故称这种势能分布为一维无限深势阱。用量子力学方法研究粒子在一维无限深势阱中的运动时，需要求出薛定谔方程的解。此时 $\nabla^2=\frac{\mathrm{d}^2}{\mathrm{d}x^2}$，在势阱内部（$0<x<a$）薛定谔方程为

$$\frac{\mathrm{d}^2\Psi}{\mathrm{d}x^2}+\frac{2m}{\hbar^2}E\Psi=0 \tag{13-38}$$

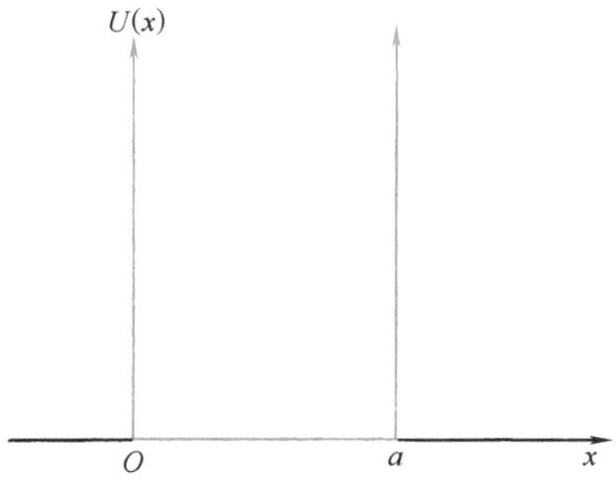

图 13-14　一维无限深势阱

式中，m 为粒子质量。由于此时势能值为零，故上述方程中的 E 即粒子的能量。结果，问题归结为求定态薛定谔方程的解，令

$$k^2=\frac{2mE}{\hbar^2}\quad 或\quad k=\sqrt{\frac{2mE}{\hbar^2}} \tag{13-39}$$

则式（13-38）变为

$$\frac{d^2\Psi}{dx^2}+k^2\Psi=0 \tag{13-40}$$

上述方程的解可表示为

$$\Psi(x)=A\sin(kx+\phi) \tag{13-41}$$

式中，A、ϕ 为待定常数。因为势阱壁无限高、无限厚，从物理上考虑，粒子不可能穿过势阱壁。按照波函数的统计解释，在阱壁外波函数为0，特别是势阱壁上

$$\Psi(0)=0 \quad \Psi(a)=0$$

把 $\Psi(0)=0$ 代入式(13-41)有

$$\Psi(0)=A\sin\phi=0$$

因为 $A\neq0$，故 $\phi=0$。

再把 $\Psi(a)=0$ 代入式（13-41）有 $\Psi(a)=A\sin(ka)=0$，所以

$$ka=n\pi, \quad n=1,2,3,\cdots$$

由于 n 取0时，$\Psi(x)=0$，无物理意义，故不取 $n=0$。把上式代入式（13-39），有

$$E=E_n=\frac{\hbar^2\pi^2n^2}{2ma^2}, \quad n=1,2,3,\cdots \tag{13-42}$$

由于 n 为整数，所以只有当粒子的能量取一系列分立值时，所对应的波函数才能满足边界条件的要求，称这种能量状态为能量量子化，整数 n 称为量子数。可见，在量子力学中，能量量子化是解薛定谔方程的自然结果。式（13-42）中，每一个可能的能量值叫作一个能级，由这些能级构成的能谱呈分立状，如图13-15所示的直线。

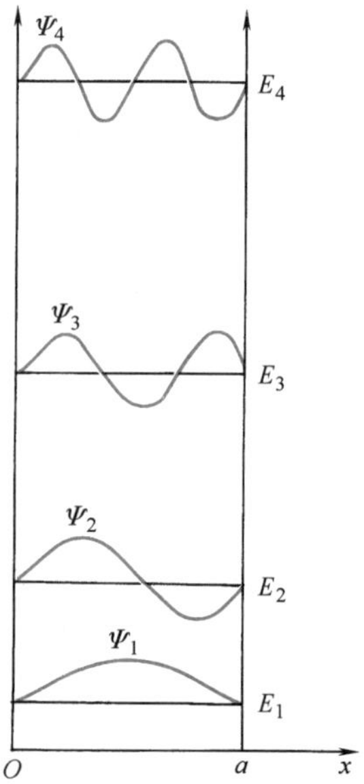

图13-15 能级

由于 $\phi=0$ 及 $k=\frac{n\pi}{a}$，则波函数为

$$\Psi(x)=\Psi_n(x)=A\sin\frac{n\pi}{a}x$$

式中，系数 A 由归一化条件来确定：

$$\int_{-\infty}^{+\infty}|\Psi_n|^2dx=\int_0^a A^2\sin^2\frac{n\pi}{a}x dx=\frac{1}{2}aA^2$$

因为 $$\int_{-\infty}^{+\infty}|\Psi_n|^2dx=1$$

故可解得 $$A=\sqrt{\frac{2}{a}}$$

最后，得到一维无限深势阱中粒子运动的归一化的波函数为

$$\Psi_n(x)=\sqrt{\frac{2}{a}}\sin\left(\frac{n\pi}{a}x\right) \quad (0<x<a)$$

图13-16a中表示出了对应于不同能级的波函数曲线。对于定态波函数，还应有一个时间相因子 $e^{-\frac{i}{\hbar}E_nt}$，所以，对于一维无限深势阱中运动的微观粒子，其完整的定态波函数为

$$\Psi_n(x,t)=\Psi_n(x)e^{-\frac{i}{\hbar}E_nt}=\sqrt{\frac{2}{a}}\sin\left(\frac{n\pi}{a}x\right)e^{-\frac{i}{\hbar}E_nt} \tag{13-43}$$

根据波函数的统计解释，$|\Psi_n(x,t)|^2$ 表示粒子在空间各处出现的概率密度，在一维无限深势阱内

$$|\Psi_n(x,t)|^2=\frac{2}{a}\sin^2\left(\frac{n\pi}{a}x\right) \tag{13-44}$$

这一概率密度是随 x 而变的，粒子在有的地方出现的概率较大，在有的地方出现的概率小，而且概率分布还和整数 n 有关，图 13-16b 画出了概率密度 $|\Psi_n(x,t)|^2$ 和 x 及 n 的关系，这与经典概念下的分布是完全不同的。

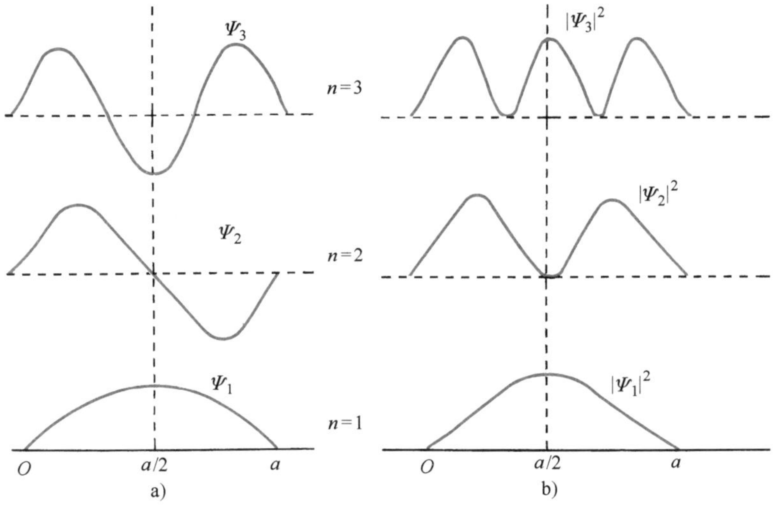

图 13-16　在无限深势阱中，粒子前三个能级的波函数和概率密度

势阱中粒子能量最低的态称为基态，基态的量子数为 1，基态能量和波函数分别为

$$E_1=\frac{\hbar^2\pi^2}{2ma^2} \tag{13-45}$$

$$\Psi_1(x,t)=\sqrt{\frac{2}{a}}\sin\left(\frac{\pi x}{a}\right)e^{-\frac{i}{\hbar}E_1 t} \tag{13-46}$$

势阱中基态粒子的能量不为零，这一点由海森伯不确定性关系也可得到证明。

势阱中运动粒子相邻能级的差值为

$$\Delta E=E_{n+1}-E_n=\frac{\hbar^2\pi^2}{2ma^2}(2n+1) \tag{13-47}$$

式（13-47）表明能级的分布不均匀性，当 $n\to\infty$ 时，$\frac{\Delta E}{E_n}\approx\frac{2}{n}\to 0$，即当 n 很大时，能级可视为连续的。另外，相邻能级之间的差值与粒子的质量 m 及势阱宽度 a 亦相关。

三、势垒、势垒贯穿

与势阱相对的另一种势能分布称为势垒，其分布如图 13-17 所示，其分布函数如下：

$$\begin{cases}U(x)=U_0 & (0\leqslant x\leqslant a)\\ U(x)=0 & (x<0,x>a)\end{cases}$$

这里 $U_0>0$ 为一恒量，称之为势垒高度。具有一定能量 E 的粒子由势垒左方（$x<0$）向右方运动。按照经典概念，只有能量 $E>U_0$ 的粒子才能越过势垒而运动到势垒右侧 $x>a$ 的区域；而能量 $E<U_0$ 的粒子运动到势垒左侧边缘时即被反射回来，只能在 $x<0$ 的区域内运动，而不能透过势垒。但按照量子力学理论，结果却并非如此。由薛定谔方程求解可知：能量 $E>U_0$ 的粒子有可能越过势垒，但也有可能被反射回来；而能量 $E<U_0$ 的粒子有可能被势垒反射回来，亦有可能贯穿势垒而运动到势垒右侧 $x>a$ 的区域中去，如图 13-18 所示。即当 $E<U_0$ 时，在 $x>a$ 区域内发现粒子的概率并不为 0。我们称粒子在能量小于势垒高度时仍能贯穿势垒的现象为隧道效应。应用经典力学理论根本无法解释隧道效应，它完全是由于微观粒子具有波动性的结果，是一种量子效应。金属电子冷发射和 α 衰变等现象都是由于隧道效应产生的。另外，如隧道二极管等半导体器件也正是利用了隧道效应这一特性，而扫描隧道显微镜则是隧道效应在技术上应用最成功的实例。

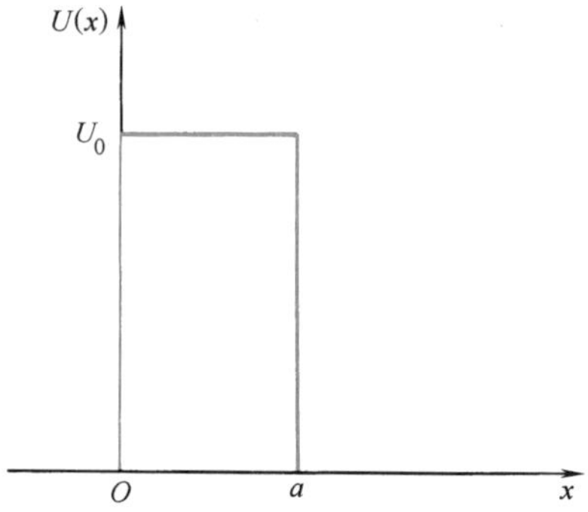

图 13-17 势垒

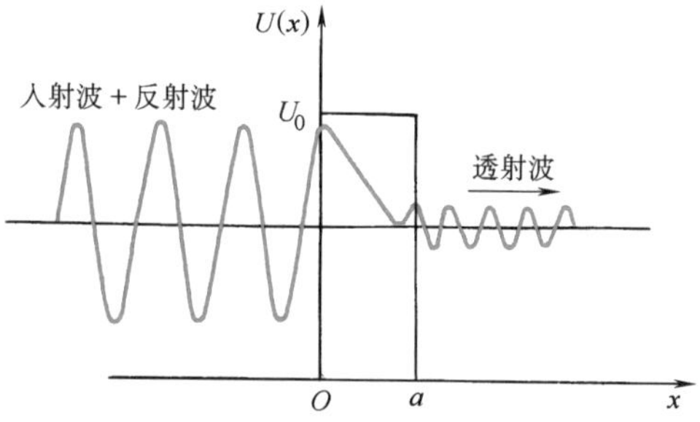

图 13-18 势垒贯穿示意图

第五节 氢原子理论

一、氢原子光谱的规律性

人们对原子结构的认识源于人们对原子光谱的研究。同时人们也认识到，原子光谱的差异性是由原子本身性质决定的，这就进一步促进了原子结构的研究。

1885 年，瑞士人巴耳末（J. J. Balmer）在分析原子光谱的规律时，发现氢原子的光谱在可见光区的几条谱（$H_\alpha, H_\beta, H_\gamma, H_\delta, \cdots$）呈现规律性的分布，如图 13-19 所示。它们的波长可以用下式表示：

$$\lambda=\lambda_\infty \frac{n^2}{n^2-4}, \quad n=3,4,5,6,\cdots \tag{13-48}$$

这里 $\lambda_\infty=364.56\text{nm}$ 是一个实验常量。按式（13-48）算出的氢原子光谱线的波长和当时从实验直接测量出的数据符合得相当好，因此，式（13-48）的确反映了在可见光区域内氢原子光谱线按波长的分布规律。我们把氢原子在可见光区的谱线系称为巴耳末线系，把式（13-48）称为巴耳末公式。由巴耳末公式知，这个线系的极限波长 λ_∞（即 $n\to\infty$ 时的 λ 值）为 364.56nm。

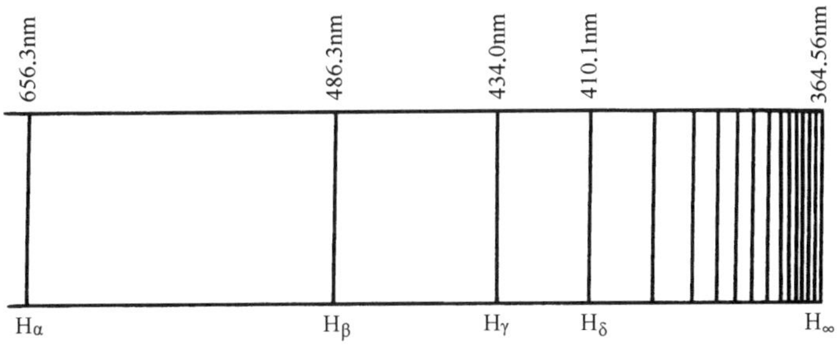

图 13-19　氢光谱中的巴耳末线系

1889 年，里德伯（J. R. Rydberg）发现，若以波长的倒数$\frac{1}{\lambda}=\tilde{\nu}$来表述式（13-48），则其物理意义更加明显，这里$\tilde{\nu}$称为波数，即波列中单位长度内所含波长的个数，它是光谱学中的一个传统记号。这样式（13-48）又可写为

$$\tilde{\nu}=\frac{1}{\lambda}=R_{\infty}\left(\frac{1}{2^2}-\frac{1}{n^2}\right) \tag{13-49}$$

这便是巴耳末公式的一般形式，也称为里德伯公式。$R_{\infty}=\frac{4}{\lambda_{\infty}}$称为里德伯常量，其实验测量值为 $1.097373177\times10^7\,\mathrm{m}^{-1}$。

氢原子在可见光区的谱线分布规律用巴耳末公式如此精练地表达出来，且与实验测量结果精确符合，表明这个公式的确反映了氢原子内在的规律性。巴耳末公式发表后，关于氢原子光谱的另一些线系也相继被发现，它们均以与巴耳末公式完全相似的形式表示。

在紫外区域，莱曼（J. Lyman）发现了一个谱线系：

莱曼线系　$\tilde{\nu}=\frac{1}{\lambda}=R_{\infty}\left(\frac{1}{1^2}-\frac{1}{n^2}\right)$，　$n=2,3,4,\cdots$

在红外区域帕邢（F. Paschen）、布拉开（F. Brackett）和普丰德（A. Pfund）等人相继发现了三个线系：

帕邢线系　$\tilde{\nu}=\frac{1}{\lambda}=R_{\infty}\left(\frac{1}{3^2}-\frac{1}{n^2}\right)$，　$n=4,5,6,\cdots$

布拉开线系　$\tilde{\nu}=\frac{1}{\lambda}=R_{\infty}\left(\frac{1}{4^2}-\frac{1}{n^2}\right)$，　$n=5,6,7,\cdots$

普丰德线系　$\tilde{\nu}=\frac{1}{\lambda}=R_{\infty}\left(\frac{1}{5^2}-\frac{1}{n^2}\right)$，　$n=6,7,8,\cdots$

可以把上述氢原子的各个光谱线系总结为表示氢原子光谱线系的普遍公式，即

$$\tilde{\nu}=\frac{1}{\lambda}=R_{\infty}\left(\frac{1}{m^2}-\frac{1}{n^2}\right),\quad n>m \tag{13-50}$$

在每一已知线系中，式（13-50）中 m 有一确定值（$m=1,2,3,4,5,\cdots$），而 n 亦为一系列从 $m+1$ 开始的整数，这个公式称为广义巴耳末公式。

上述各式有一个共同点，即波数$\tilde{\nu}$都可以表示为一个固定项$\frac{R_{\infty}}{m^2}$（如巴耳末公式中的

$\frac{R_\infty}{2^2}$）和一活动项$\frac{R_\infty}{n^2}$之差。这个实验规律即1908年里兹（W. Ritz）提出的并合原则。这些活动项和固定项统称为光谱项，用$T(n)$来表示，$T(n)=\frac{R_\infty}{n^2}$，则式（13-50）又可表示为

$$\tilde{\nu}=T(m)-T(n),\quad n>m \tag{13-51}$$

显然，光谱项的数目比光谱线的数目要少得多，这便给人们提出一系列问题：氢原子的光谱线产生的机制是什么？这些谱线的波长或波数为什么有这样简单的规律？光谱项的本质又是什么……

二、玻尔的氢原子理论及其局限性

对原子结构的正确认识是正确解释原子光谱规律性的前提。在电子发现之前，人们对于原子结构的认识还是一片空白。汤姆逊（J. J. Thomson）于1893年发现了电子，并于1903年提出了原子结构的汤姆逊模型。他认为原子是均匀分布的实球体，而电子则均匀地分布于原子内。1909年卢瑟福(E. Rutherford)等人为了验证汤姆逊模型的正确性，进行了α粒子的散射实验，实验结果表明，汤姆逊的原子模型是不合理的。同时，卢瑟福根据α粒子散射实验的结果提出了原子的有核模型。他认为，原子的中心有一带正电的原子核，它几乎集中了原子的全部质量，电子围绕着这个核旋转，核的大小与整个原子相比是非常小的。现代理论和实验都认为卢瑟福的原子模型是正确的。但在当时，应用经典的力学和电磁学理论却无法解释原子的稳定性、原子的大小及原子光谱的规律性。

1913年，丹麦物理学家玻尔（N. Bohr）在卢瑟福的原子有核模型的基础上，吸收了普朗克和爱因斯坦关于实物粒子能量量子化及光量子的思想，提出了原子的量子理论，简称玻尔理论。这个理论虽然后来为量子力学所代替，但在人们认识原子结构的历史上曾经起过重大的推动作用。而且，这个理论的某些核心的思想至今仍然是正确的，并在量子力学中保留下来。玻尔理论的具体思想是：

1）原子具有能量不连续的定态的概念。玻尔提出原子的稳定状态只可能是某些具有一定的分立值能量（$E_1,E_2,E_3,\cdots$）的状态。

2）量子跃迁概念。玻尔提出原子处于定态时是不向外辐射能量的，但由于受到激发，电子可以从一个能级E_m跃迁到另一个较低（高）能级E_n。此时，将发射（吸收）一个光子。光子的频率ν_{mn}为

$$\nu_{mn}=|E_n-E_m|/h \tag{13-52}$$

上式称为频率条件。处于基态的原子，不再放出光子而稳定地存在着。量子跃迁概念深刻地反映了微观粒子运动的特征，而频率条件则揭示了里兹的并合原则的实质——光谱项$R(n)$是与原子的量子化能级E_n联系在一起的。

3）角动量量子化条件。为了具体确定定态的能量值，玻尔提出电子角动量$\boldsymbol{L}$的大小L只能取$\hbar$的整数倍，即$L=n\hbar$，$n=1,2,3,\cdots$。

玻尔理论对于当时已发现的氢原子光谱线系（巴耳末线系、帕邢线系）的规律给出了很好的解释，并且预言了在紫外区还存在另一线系。第二年（1914年），这个线系果然被莱曼观测到了（莱曼线系），观测结果与理论计算符合得相当好。原子能量不连续的概念也在同年被弗兰克与赫兹直接从实验中证实。玻尔本人因此获得了1922年的诺贝尔物理学奖。

玻尔理论大大地促进了光谱分析等方面实验研究的发展。

玻尔理论虽然成功地说明了氢原子光谱的规律，但对于复杂的原子光谱，例如氦原子光谱，玻尔理论就遇到了极大的困难，不但定量上无法处理，甚至从定性的角度对有的问题也无法解决：玻尔理论只提出了计算光谱线频率的规则，而对于光谱分析中另外一个重要观测量——谱线强度，却未能很好处理。玻尔理论只能处理简单的周期运动问题，而不能解决非束缚态问题，例如散射。从理论上来看，玻尔提出的量子化条件与经典力学是不相容的，因而多少带有人为的性质，而且它只是把能量的不连续问题转化为角动量的不连续性，并未从根本上解决不连续性的本质。所有这一切都推动着理论进一步发展，而量子力学就是在克服这些困难中逐步建立起来的。

三、氢原子光谱规律的量子力学解释

应用定态薛定谔方程可以求出氢原子的能级表达式，它表示了氢原子中的电子在束缚态时能量量子化的一般形式。应用这一结果可以很容易地解释氢原子光谱的基本规律——不但可以圆满地解释为什么氢原子的谱线呈现分立的形式且有规律性地分布，而且能够计算出谱线强度。

1. 氢原子问题的量子力学解

在氢原子中，因为原子核的质量要比电子质量大约1836倍，所以可以认为原子核近似不动，电子在原子核周围运动，电子受到一个有心力场的作用，即库仑场的作用。取原子核所在位置为坐标原点，r 为电子离核的距离，则电子在库仑场中的势能函数为

$$U(r) = -\frac{e^2}{4\pi\varepsilon_0 r}$$

这里 $U(r)$ 不随时间而变化。把上式代入式（13-33），则电子在库仑场中运动的定态薛定谔方程为

$$\nabla^2\Psi + \frac{2m}{\hbar^2}\left(E + \frac{e^2}{4\pi\varepsilon_0 r}\right)\Psi = 0 \tag{13-53}$$

从这个方程出发，可求解出氢原子的波函数 Ψ。并得到以下结论：

（1）能量量子化　由于波函数的单值、有限和连续性的要求，当氢原子核外电子处于束缚态时，E 必须为负值，且只能取一些特殊的分立值，即

$$E_n = -\frac{me^4}{32\pi^2\varepsilon_0^2\hbar^2}\frac{1}{n^2},\ n = 1,2,3,\cdots \tag{13-54}$$

上式称为束缚态下氢原子的能量公式，亦称为能级公式，它是量子化的，其中 n 称为主量子数，$n=1$ 的能级称为基态能级，$n>1$ 的能级称为激发态能级。据上式有

$$E_1 = -\frac{me^4}{32\pi^2\varepsilon_0^2\hbar^2} = -13.6\text{eV}$$

$$E_2 = \frac{E_1}{2^2} = -3.4\text{eV}$$

$$E_3 = \frac{E_1}{3^2} = -1.51\text{eV}$$

$$E_4 = \frac{E_1}{4^2} = -0.85\text{eV}$$

$$E_5 = \frac{E_1}{5^2} = -0.544\text{eV}$$

$$\vdots$$

$$E_\infty \to 0$$

氢原子能级间隔随 n 增大而快速减小，当 n 很大时，能级间隔非常小，以至于能级分布可看成是连续变化的。

（2）角动量量子化　由于电子在不停地绕核旋转，其旋转的角动量也是量子化的。以 $\boldsymbol{L}$ 表示电子旋转的角动量，则其大小为

$$L = \sqrt{l(l+1)}\hbar,\quad l = 0,1,2,\cdots,n-1$$

式中，l 称为角量子数或副量子数。角量子数描写了波函数的空间对称性。由上式可见，对于同一 n 值，即某一确定能级上，由于 l 值可取 n 个，它表明：即便是在同一能级上，电子在核周围的概率分布也并不相同。

（3）角动量的空间取向量子化　电子在绕核旋转时，其角动量 $\boldsymbol{L}$ 在空间的取向并不是连续变化的，只能取一些特定值，即呈量子化分布。可以这样来理解这一问题，电子绕核旋转相当于一个圆电流，而圆电流本身有一定的磁矩，当氢原子处于磁场中时，由于外磁场对电子磁矩的作用，电子磁矩向外磁场方向偏转，这样电子的旋转角动量 $\boldsymbol{L}$ 就以外磁场方向为轴做进动。设外磁场方向为 z 方向，以 L_z 表示 $\boldsymbol{L}$ 在外磁场方向投影的大小，则

$$L_z = m_l\hbar,\quad m_l = 0, \pm 1, \pm 2, \cdots, \pm l$$

这里的参数 m_l 恰恰表明角动量 $\boldsymbol{L}$ 在外磁场方向上的投影亦取量子化形式，m_l 称为磁量子数。对于某一确定角量子数 l，m_l 可取 $2l+1$ 个值，即角动量在空间的取向有 $2l+1$ 种可能。

2. 氢原子光谱规律的量子力学解释

处于某一状态的氢原子受到激发时，可以吸收光子跃迁到较高能级，也可以释放光子跃迁到较低的能级。然而无论是跃迁到较高能级还是较低能级，它所吸收或放出光子的能量都等于两定态能级之差，以 E_i 表示较高的能级值，以 E_f 表示较低的能级值，应用频率条件式（13-52），则氢原子由定态 E_i 向定态 E_f 跃迁时所放出光子的频率为

$$\nu = \frac{E_i - E_f}{h} = \frac{-me^4}{64\pi^3\hbar^3\varepsilon_0^2}\left(\frac{1}{n_i^2} - \frac{1}{n_f^2}\right)$$

即

$$\nu = \frac{me^4}{64\pi^3\hbar^3\varepsilon_0^2}\left(\frac{1}{n_f^2} - \frac{1}{n_i^2}\right)$$

若把频率 ν 换算为波数 $\tilde{\nu}$，则有

$$\tilde{\nu} = \frac{1}{\lambda} = \frac{\nu}{c} = \frac{me^4}{64\pi^3\hbar^3\varepsilon_0^2 c}\left(\frac{1}{n_f^2} - \frac{1}{n_i^2}\right)$$

令

$$R = \frac{me^4}{64\pi^3\hbar^3\varepsilon_0^2 c}$$

则有

$$\tilde{\nu} = R\left(\frac{1}{n_f^2} - \frac{1}{n_i^2}\right) \tag{13-55}$$

式（13-55）与式（13-50）具有完全相同的形式。把 m、e、$\hbar$、ε_0、c 的数值代入 R 中，则

$$R = 1.097373 \times 10^7\text{m}^{-1}$$

它与里德伯常量 R_∞ 的测量值几乎完全相同。式（13-55）即表达了氢原子核外电子在各能级间跃迁时所发射谱线的波数，这就圆满地解释了为什么氢原子的谱线呈现分立的形式且有规律地分布。例如 $n_f=2$ 对应于可见光区的巴耳末线系，$n_f=1$ 对应于紫外区的莱曼线系等，这种对应关系形象地表示在图 13-20 中。

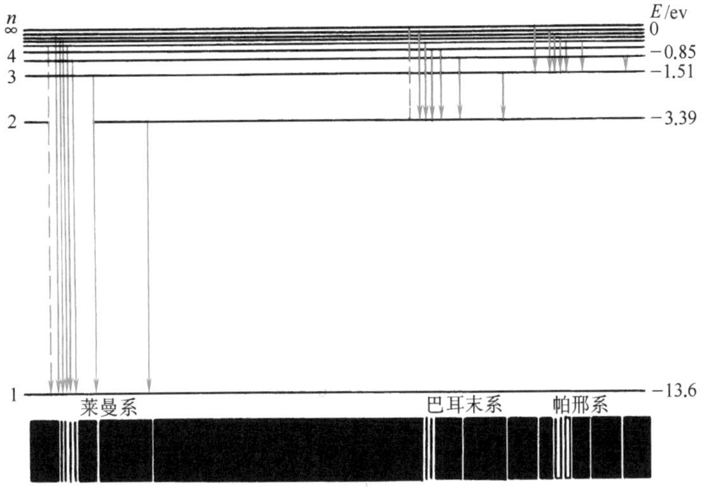

图 13-20　氢原子的能级与光谱

应用量子力学的结论对氢原子光谱分布规律性的圆满解释是一种很自然的事情。理论与实验的精确符合也证明了量子力学理论的正确性。另外应用量子力学的方法同样可以对谱线的强度做出很好的解释。

第六节　电子的自旋　原子的壳层结构

一、电子的自旋

27　电子自旋
（任延宇）

通过解定态薛定谔方程，人们知道，不但束缚态氢原子的能量是量子化的，而且核外电子绕核旋转的角动量也是量子化的。另外，角动量在空间的取向亦呈量子化分布。应用第五节计算出的氢原子的能级可以得出其谱线频率，但在解氢原子的薛定谔方程时没有把电子自旋体现出来，因而也就无法解释一些牵涉到自旋的微观现象。

历史上，电子自旋的概念是在薛定谔方程建立之前提出来的。首先介绍一个证明电子具有自旋属性的典型实验——施特恩（O. Stern）- 盖拉赫（W. Gerlach）实验。

1921 年，施特恩和盖拉赫为了观察角动量的空间取向量子化进行实验，实验装置如图 13-21a 所示。它被置于温度较低的高真空容器中，以保证发射的原子处于基态，且不受外界影响。原子射线源 K 发射出的银原子束通过狭缝 B 后变成很细的一束，然后使之通过由电磁铁所形成的非均匀磁场，最后射到照相底片上。实验结果表明，当电磁铁中无励磁电流，即无外磁场时，底片上只有一条痕迹；当电磁铁中励磁电流很强，即外磁场很强时，底片上出现了两条分裂的痕迹，如图 13-21b 所示。

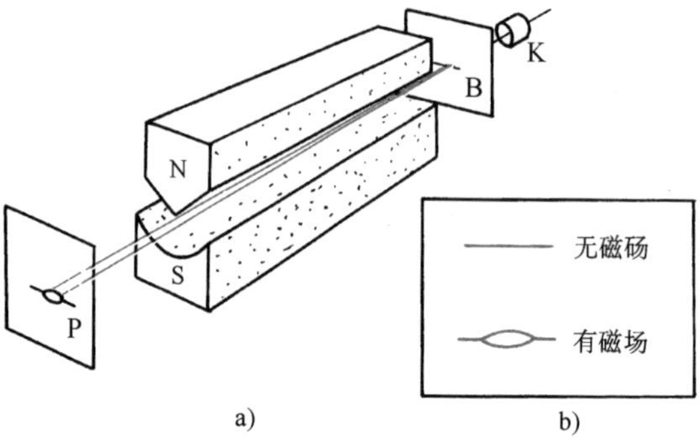

图 13-21 施特恩-盖拉赫实验装置及结果

这一实验是根据下述原理而设计的。原子由于核外电子绕核旋转而具有磁矩，当具有磁矩的原子通过非均匀磁场时要受到磁场的作用而发生不同程度的偏转。而磁矩在空间的取向取决于核外电子角动量的空间取向。如果核外电子角动量的空间取向是量子化的，则原子磁矩的空间取向也是量子化的，即在外磁场作用下，磁矩的偏转应呈量子化形式，则在底片上能看到分立的痕迹，否则只能得到一片连续分布的痕迹。

实验结果表明，底片上确实有分立的痕迹，似乎说明角动量空间取向的确是量子化的。但是，施特恩-盖拉赫实验用的银原子在正常情况下处于基态，只有一个价电子，相应的角量子数 $l=0$，因而磁量子数 m_l 只能取 0，即价电子绕核旋转的角动量和相应的磁矩均应为 0，因而，不应该发生分裂现象，而实验结果的确发生了分裂，且分裂为两条。另外，在同样的实验中改用氢原子及类氢原子(Li, Na, …) 时，也都出现了同样的现象。这又出现了一个新的问题，如何来解释上述实验现象呢？

1925 年，乌伦贝克（G. Uhlenbeck）和哥德斯密特（S. Goudsmit）提出的电子自旋假说圆满地解释了上述现象。电子自旋假说认为：

1）每个电子都具有自旋，其自旋角动量 $\boldsymbol{S}$ 在空间任何方向上的投影只能取两个数值

$$S_z = \pm\frac{\hbar}{2}$$

或

$$S_z = m_s\hbar \tag{13-56}$$

m_s 称为自旋磁量子数，$m_s = \pm\frac{1}{2}$。自旋角动量 $\boldsymbol{S}$ 的大小 $S=\sqrt{s(s+1)}\hbar$，s 称为自旋量子数，$s=\frac{1}{2}$。

2）每个电子都具有自旋磁矩 $\boldsymbol{M}_S$，它和自旋角动量 $\boldsymbol{S}$ 的关系为

$$\boldsymbol{M}_S = \frac{e}{m_e}\boldsymbol{S} \tag{13-57}$$

式中，e 为电子电荷；m_e 为电子质量。$\boldsymbol{M}_S$ 在空间任意方向上的投影只能取两个数值 $M_{Sz} = \pm\frac{e\hbar}{2m_e} = \pm M_B$，$M_B$ 称为玻尔磁子。

电子在外磁场中自旋状态的两种可能情况示于图 13-22 中。

应用电子自旋假说可以圆满地解释上述实验现象。即由于电子具有自旋，相应地有自旋角动量和自旋磁矩，当银原子的价电子处于 $l=0$ 态时，虽然其旋转角动量为0，但其自旋角动量及自旋磁矩不为零。在外磁场作用下，电子的自旋磁矩出现平行和反平行于外磁场的两个指向，因而银原子射线分裂成了两束，在照相底片上感光而出现分裂的两条痕迹。另外，应用电子自旋假说还可以圆满地解释光谱的精细结构及反常塞曼效应等现象。这也说明了电子自旋假说的正确性。在非相对论量子力学中，用上述方法引入了自旋概念；而在狄拉克的相对论量子力学中可以不加任何假设而自然出现自旋的概念。

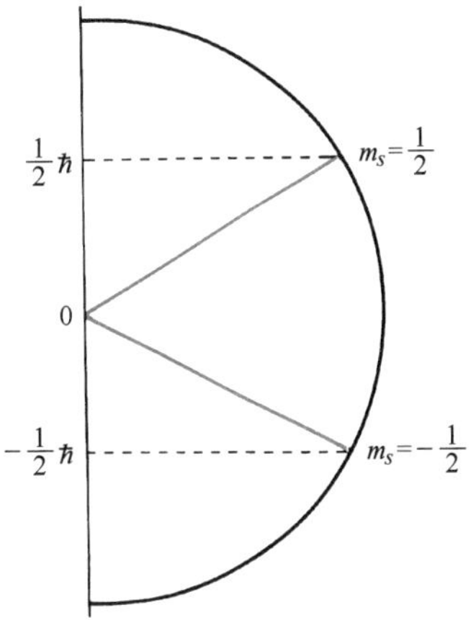

图 13-22　电子自旋的空间取向

二、原子的壳层结构

1. 电子运动状态的描述

由前面的内容知道，要描述原子中电子的运动状态需要（n，l，m_l，m_s）四个量子数。

1）主量子数 n：$n=1,2,3,4,\cdots$。原子中电子的能量主要取决于主量子数 n。n 越大，则能级越高。

2）角量子数 l：n 确定后，$l=0,1,2,3,\cdots,n-1$。l 决定电子绕核运动的角动量的大小。处于同一主量子数 n 而不同角量子数 l 状态中的电子，其能量稍有不同。（氢原子除外）

3）磁量子数 m_l：l 确定后，$m_l=0,\pm1,\pm2,\cdots,\pm l$。$m_l$ 决定绕核旋转电子的角动量在外磁场中的取向。

4）自旋磁量子数 m_s：$m_s=\pm\frac{1}{2}$。它决定电子自旋角动量在外磁场中的取向。

一般情况下，若要确定原子中电子的运动状态，需用（n，l，m_l，m_s）来描述其中每一个电子的运动状态，正是这些状态决定了电子在原子核外的分布。这一分布还遵循两条基本原则——泡利不相容原理和能量最小原理。

2. 泡利不相容原理

在原子系统内，不可能有两个或两个以上电子处于同一状态中，即不可能有两个或两个以上的电子具有完全相同的四个量子数（n，l，m_l，m_s）。

这个原理是泡利于1925年分析了大量光谱数据后总结出的一个普遍规律。根据泡利不相容原理，当 n 确定后，l 的可能取值有 n 个：$0,1,2,\cdots,n-1$；当 l 确定后，m_l 的可能取值有 $2l+1$ 个：$0,\pm1,\pm2,\cdots,\pm l$；当 n、l、m_l 都确定后，m_s 只有两个可能值：$\pm1/2$。由此，可以算出原子中具有相同主量子数 n 的电子数目最多为

$$Z_n=2\sum_{l=0}^{n-1}(2l+1)=2n^2 \tag{13-58}$$

1916年，柯塞尔（Kossel）提出了原子的壳层结构。他认为绕核运动的电子组成许多壳层，主量子数 n 相同的电子属于同一壳层。对应于 $n=1,2,3,4,5,6,7,\cdots$ 状态的壳层分别用 K,L,M,N,O,P,Q,⋯表示。n 相同，l 不同的电子又组成了许多支壳层，对应于 $l=0,1,2,3,4,5,\cdots$ 状态的支壳层分别用 s,p,d,f,g,h,⋯来表示。例如，对于 $n=2$，而 $l=0$ 时，对应 L

壳层 s 支壳层，最多可能有 2 个电子，简记为 $2s^2$；对于 $n=2$，而 $l=1$ 时，对应 L 壳层 p 支壳层，最多可能有 6 个电子，简记为 $2p^6$。故 L 壳层最多可能有 8 个电子。这是在化学上为确定元素周期表而提出的，它与由泡利原理计算的结果完全一致。

3. 能量最小原理

原子处于正常状态时，每个电子都趋于占据能量最低的能级。因为位于较高能级上的电子总有自发放出光子而跃迁到较低能级的趋势，因此，电子所占据的能级越低，其相应的状态就越稳定。多电子原子中的电子总是在不违背泡利不相容原理的前提下，从最靠近原子核的低能级向远离原子核的高能级逐个填充，这样得到的状态——基态最稳定。

根据能量最小原理，电子一般按 n 由小到大的次序填入各能级。但由于能级还与角量子数 l 有关，所以在有些情况下，n 较小的壳层尚未填满时，n 较大的壳层已开始有电子填入了，即发生能级交错现象。关于 n 和 l 都不同的状态的能级高低问题，我国科学家总结出这样的规律：对于原子的外层电子，能级的高低以 $(n+0.7l)$ 来确定，$(n+0.7l)$ 越大则能级越高。如 4s$(n=4, l=0)$ 和 3d$(n=3, l=2)$ 两个状态，前者 $(n+0.7l)=4$，而后者 $(n+0.7l)=4.4$，故 4s 状态能量低于 3d 状态，应先于 3d 填入电子。按照上述方法计算的结果，电子并不完全按着 K,L,M,N,…主壳层次序排列，而是按下列次序依次排列：1s,2s,2p,3s,3p,4s,3d,4p,5s,4d,5p,6s,4f,5d,6p,7s,6d,…。

1869 年，俄国化学家门捷列夫发现了元素的周期律，即如果将元素按原子的核电荷数的次序排列，则元素的化学和物理性质会出现有规律、周期性的重复，从而列出了元素周期表。元素的周期律是自然界的基本规律之一，它反映了原子内部结构的规律性。利用泡利不相容原理、能量最小原理等量子物理学理论可以很好地说明原子中电子在各壳层和支壳层中分布的规律性，从而说明元素周期表的规律性。

小　结

本章从黑体辐射出发，引入了普朗克量子化假说，爱因斯坦借助该假说，提出了光量子理论，成功解释了光电效应。与之类似的光与电子的相互作用，我们介绍了康普顿散射效应实验，从而可以理解光的波粒二象性。本章介绍了德布罗意物质波假设及其实验验证，早期量子论部分最后介绍了玻尔氢原子理论，成功解释了该原子光谱的实验规律。在引入波函数及其统计解释后，本章重点介绍了定态薛定谔方程及其在一维无限深势阱的应用，最后将该方程应用于氢原子，得到了描述原子中电子状态的四个量子数，以及核外电子的排布规律。

本章涉及的重要概念和原理有：

（1）普朗克量子化假说

斯特藩-玻尔兹曼公式　$E(T)=\sigma T^4$

维恩位移公式　$\lambda_m T=b$

普朗克量子化假说　辐射黑体是由许多带电的线性简谐振子所组成的，这些谐振子辐射或者吸收电磁波，并和周围的电磁场交换能量，只能处于某些特定的能量状态。这些状态的能量是某一最小能量 ε 的整数倍。最小能量与谐振子的自然振动频率成正比，即 $\varepsilon=h\nu$。

普朗克黑体辐射公式 $e(\lambda, T)=\dfrac{2\pi hc^2}{\lambda^5}\dfrac{1}{e^{\frac{hc}{kT\lambda}}-1}$

(2) 光的波粒二象性

爱因斯坦光量子假说 光在空间传播时，可以看成由微观粒子构成的粒子流，这些微观粒子称为光量子，简称光子。

爱因斯坦光电效应方程 $h\nu=\dfrac{1}{2}mv_m^2+A$

光的波粒二象性 $p=\dfrac{h}{\lambda}$，$\varepsilon=h\nu$

康普顿效应中的波长的变化公式 $\Delta\lambda=\lambda-\lambda_0=\dfrac{h}{m_e c}(1-\cos\phi)$

(3) 量子力学引论

德布罗意关系 $\varepsilon=h\nu$，$p=\dfrac{h}{\lambda}$

波函数及其统计解释 波函数在空间某一点的强度和在该点发现粒子的概率成正比。描述实物粒子的波也称为概率波。

海森伯不确定关系 $\Delta x\Delta p_x\geqslant h$，$\Delta y\Delta p_y\geqslant h$，$\Delta z\Delta p_z\geqslant h$

(4) 薛定谔方程

自由粒子的定态薛定谔方程 $\nabla^2\Psi=-\dfrac{2m}{\hbar^2}E\Psi$

定态薛定谔方程 $\nabla^2\Psi+\dfrac{2m}{\hbar^2}[E-U(r)]\Psi=0$

含时薛定谔方程 $i\hbar\dfrac{\partial\Psi}{\partial t}=-\dfrac{\hbar^2}{2m}\nabla^2\Psi+U(r)\Psi$

无限深势阱中粒子的运动

能量 $E=E_n=\dfrac{\hbar^2\pi^2n^2}{2ma^2}$，$n=1,2,3,\cdots$

一维无限深势阱中粒子运动的归一化波函数 $\Psi_n(x)=\sqrt{\dfrac{2}{a}}\sin\left(\dfrac{n\pi x}{a}\right)$

(5) 玻尔的氢原子理论

原子具有能量不连续的定态。

量子跃迁的频率条件 $\nu_{mn}=\dfrac{|E_n-E_m|}{h}$

角动量量子化条件。

(6) 氢原子的量子力学解

能量量子化 $E_n=-\dfrac{me^4}{32\pi^2\varepsilon_0^2\hbar^2}\dfrac{1}{n^2}$，$n$ 称为主量子数，$n=1$ 的能级称为基态能级，$n>1$ 的能级称为激发态能级。

角动量量子化 $L=\sqrt{l(l+1)}\hbar$，$l=0,1,2,\cdots,n-1$，l 称为角量子数或者副量子数。

角动量的空间取向量子化 $L_z=m_l\hbar$，$m_l=0,\pm1,\pm2,\cdots,\pm l$，$m_l$ 称为磁量子数。

（7）电子的自旋假说 每个电子都具有自旋，其自旋角动量 $\boldsymbol{S}$ 在空间任何方向上的投影只能取两个数值 $S_z = m_s\hbar$，$m_s = \pm\frac{1}{2}$称为自旋磁量子数。

（8）原子的壳层结构 描述原子中电子的运动状态需要（n，l，m_l，m_s）四个量子数。

主量子数 n 原子中电子的能量主要取决于主量子数，n 越大，则能级越高。

角量子数 l n 确定后，$l=0,1,2,3,\cdots,n-1$，其决定电子绕核运动的角动量大小。处于同一主量子数 n 而不同的角量子数 l 状态中的电子，其能量稍有不同。

磁量子数 m_l l 确定后，$m_l=0,\pm1,\pm2,\cdots,\pm l$，其决定绕核旋转电子的角动量在外磁场中的取向。

自旋磁量子数 m_s $m_s = \pm\frac{1}{2}$，其决定电子自旋角动量在外磁场中的取向。

习 题

13-1 太阳辐射到地球大气层外表面单位面积的辐射通量 I_0 称为太阳常量，其实验值为 $1.35\text{kW}\cdot\text{m}^{-2}$。若把太阳近似看作黑体，试由太阳常数估计太阳的表面温度。

13-2 已知某单色光照射到一金属表面产生光电效应，若此金属的逸出电势是 U_0（使电子从金属逸出需做功 eU_0），则此单色光的波长 λ 必须满足：

（A）$\lambda \leqslant hc/(eU_0)$；（B）$\lambda \geqslant hc/(eU_0)$；

（C）$\lambda \leqslant eU_0/(hc)$；（D）$\lambda \geqslant eU_0/(hc)$。

13-3 题 13-3 图中表示在一次光电效应实验中得出的曲线。（基本电荷 $e=1.60\times10^{-19}\text{C}$）

（1）求证对不同材料的金属，AB 线的斜率相同。

（2）由图上数据求出普朗克常量 h。

13-4 如题 13-4 图所示，波长为 λ 的单色光照射某金属 M 表面，发生光电效应，发射的光电子（电荷量绝对值为 e，质量为 m）经狭缝 S 后垂直进入磁感应强度为 $\boldsymbol{B}$ 的均匀磁场，今已测出电子在该磁场中做圆周运动的最大半径为 R，求：

（1）金属材料的逸出功。

（2）遏止电势差。

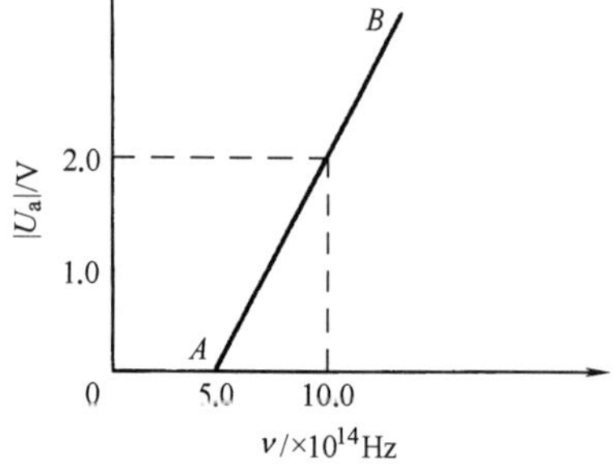

题 13-3 图

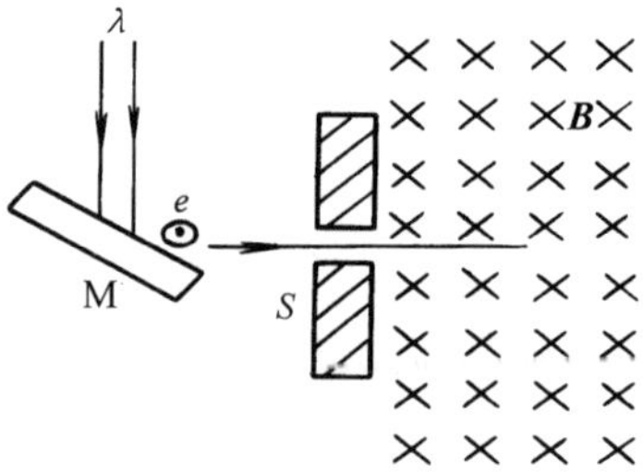

题 13-4 图

13-5 关于光电效应，下列说法中正确的是哪几个？

（A）任何波长的可见光照射到任何金属表面都能产生光电效应。

（B）对同一金属如有光电子产生，则入射光的频率不同，光电子的最大初动能也不同。

（C）对同一金属由于入射光的波长不同，单位时间内产生的光电子的数目不同。

（D）对同一金属，若入射光频率不变，而强度增加一倍，则饱和光电流也增加 1 倍。

13-6　证明在康普顿散射实验中，波长为 λ_0 的一个光子与质量为 m_0 的静止电子碰撞后，电子的反冲角 θ 与光子散射角 ϕ 之间的关系为

$$\tan\theta = \left[\left(1+\frac{h}{m_0 c\lambda_0}\right)\tan\left(\frac{\phi}{2}\right)\right]^{-1}$$

13-7　功率为 P 的点光源，发出波长为 λ 的单色光，在距光源为 d 处，每秒钟落在垂直于光线的单位面积上的光子数为多少？若 $\lambda=663\text{nm}$，则光子的能量为多少？

13-8　已知 X 射线光子的能量为 0.6MeV，若在康普顿散射中，散射光子的波长变化了 20%，试求反冲电子的动能？

13-9　光子能量为 0.5MeV 的 X 射线，入射到某种物质上发生康普顿散射。若反冲电子的能量 0.1MeV，求散射光波长的改变量 $\Delta\lambda$ 与入射光波长 λ_0 之比值。

13-10　在康普顿效应中，入射光子的波长为 0.005nm，当光子的散射角分别为 $\theta_1=30°$、$\theta_2=90°$时，求散射光波长。

13-11　根据玻尔理论计算：

（1）氢原子中电子在量子数为 n 的轨道上做圆周运动的频率。

（2）当该电子跃迁到（$n-1$）的轨道上时所发出的光子的频率。

13-12　已知氢原子中电子的最小轨道半径为 $5.3\times10^{-11}\text{m}$，求它在此轨道上绕核运动的速度是多少？

13-13　已知基态氢原子的能量为 −13.6eV，当基态氢原子被 12.09eV 的光子激发后，其电子的轨道半径将增加到玻尔半径的多少倍？（玻尔半径是氢原子核外电子的最小轨道半径，其值为 $r_1=\frac{\varepsilon_0 h^2}{\pi m e^2}=0.529\times10^{-10}\text{m}$）

13-14　如果室温下（$t=27°\text{C}$）中子的动能与同温度下理想气体分子的平均平动动能相同，则中子的动能 E_k 是多少？其德布罗意波波长 λ 是多少？

13-15　已知第一玻尔轨道半径为 a，试计算当氢原子中电子沿第 n 玻尔轨道运动时，其相应的德布罗意波长是多少？

13-16　（1）若一个电子的动能等于它的静能，试求该电子的速度和德布罗意波长。

（2）若一个光子的能量等于一个电子的静能，试求该光子的频率、波长和动量。

13-17　考虑到相对论效应，证明实物粒子的德布罗意波长由下式决定：

$$\lambda=\frac{hc}{(E_k^2+2E_k m_0 c^2)^{1/2}}$$

式中，E_k 为考虑相对论效应时粒子的动能；m_0 为粒子的静止质量。

13-18　试求室温（300K）下电子的德布罗意波长。

13-19　关于不确定关系 $\Delta x\Delta p_x\geqslant h$，下列几种理解中正确的是哪几个？

（A）粒子的动量不可能确定。

（B）粒子的坐标不可能确定。

（C）粒子的动量和坐标不可能同时确定。

（D）不确定关系不仅适用于电子和光子，也适用于其他粒子。

13-20　一维运动的粒子，设其动量的不确定量等于它的动量。试求此粒子的位置不确定量与它的德布罗意波长的关系。

13-21　设下列粒子沿 x 轴方向运动时，速率的不确定度为 $\Delta v=10^{-2}\text{m}\cdot\text{s}^{-1}$，试估计下列情况下坐标

的不确定度 Δx：

（1）电子。

（2）质量为 10^{-13}kg 的微观粒子。

（3）质量为 10^{-4}kg 的微小物体。

13-22 设一维运动的微观粒子处的波函数为

$$\begin{cases}\Psi(x)=Axe^{-\lambda x} & (x>0)\\ \Psi(x)=0 & (x\leqslant 0)\end{cases}$$

其中，$\lambda>0$。试求：

（1）归一化因子。

（2）粒子按坐标的概率分布。

（3）发现粒子的概率最大的位置。

13-23 已知粒子在无限深势阱中运动，其波函数为

$$\Psi(x)=\sqrt{\frac{2}{a}}\sin\left(\frac{\pi}{a}x\right)\quad(0\leqslant x\leqslant a)$$

求发现粒子概率最大的位置。

13-24 一粒子被限制在坐标为 $0\leqslant x\leqslant l$ 的一维无限深势阱中运动。描述粒子状态的波函数为 $\Psi(x)=cx(l-x)$，其中 c 为待定常量。求在 $0\sim\dfrac{l}{3}$ 区间内发现粒子的概率。

13-25 已知粒子在一维无限深势阱中运动，其波函数为

$$\Psi(x)=\sqrt{\frac{2}{a}}\sin\left(\frac{\pi}{a}x\right)\quad(0\leqslant x\leqslant a)$$

求 x 和 x^2 的平均值。

13-26 求氢原子处于 $n=2$ 能级时，存在多少种不同的状态？若不考虑电子的自旋，试按量子数列出各种状态的波函数。

13-27 在原子的 K 壳层中，电子可能具有的四个量子数（n，l，m_l，m_s）是以下哪一个？

（A）$\left(1,1,0,\frac{1}{2}\right)$；（B）$\left(1,0,0,\frac{1}{2}\right)$；

（C）$\left(2,1,0,-\frac{1}{2}\right)$；（D）$\left(1,0,0,-\frac{1}{2}\right)$。

13-28 根据泡利不相容原理，在主量子数 $n=2$ 的电子壳层上最多可能有多少个电子？并写出每个电子所具有的四个量子数 n、l、m_l、m_s 之值。

重点、难点视频讲解列表

序号	名称	章节	二维码
1	法向、切向加速度	1.3	
2	变力做功	2.3	
3	刚体定轴转动定律	3.2	
4	角动量守恒定律	3.4	
5	相对论时空观	4.3	
6	压强公式的建立	5.2	
7	气体分子热运动的速率分布	5.3	
8	平均碰撞频率	5.4	
9	热力学第一定律应用	6.2	
10	卡诺循环	6.3	
11	熵增加原理	6.5	
12	高斯定理及应用	7.3	
13	静电场环路定理	7.4	
14	毕奥-萨伐尔定律及应用	8.3	

（续）

序号	名称	章节	二维码	序号	名称	章节	二维码
15	安培环路定理及应用	8.4		22	光栅衍射	12.4	
16	感生电动势	9.2		23	黑体辐射	13.1	
17	两个同频率同方向简谐振动的合成	10.3		24	康普顿效应	13.2	
18	平面简谐波方程	11.2		25	波函数及其概率解释	13.3	
19	驻波	11.4		26	一维无限深方势阱	13.4	
20	杨氏双缝干涉	12.1		27	电子自旋	13.6	
21	夫琅禾费单缝衍射	12.3					

附　　录

附录 A　一些常用物理常数

物理量名称	符号	数　值	计算用值
真空中的光速	c	$299792458\,m\cdot s^{-1}$	$3.0\times10^{8}\,m\cdot s^{-1}$
真空电容率	ε_0	$8.854187817\times10^{-12}\,C^2\cdot N^{-1}\cdot m^{-2}$	$8.85\times10^{-12}\,C^2\cdot N^{-1}\cdot m^{-2}$
真空磁导率	μ_0	$1.2566370614\times10^{-6}\,N\cdot A^{-2}$	$4\pi\times10^{-7}\,N\cdot A^{-2}$
电子电荷量	e	$1.60217733\times10^{-19}\,C$	$1.602\times10^{-19}\,C$
电子静止质量	m_e	$9.1093897\times10^{-31}\,kg$	$9.11\times10^{-31}\,kg$
质子静止质量	m_p	$1.6726231\times10^{-27}\,kg$	$1.673\times10^{-27}\,kg$
中子静止质量	m_n	$1.6749286\times10^{-27}\,kg$	$1.675\times10^{-27}\,kg$
阿伏伽德罗常数	N_0	$6.0221367\times10^{23}\,mol^{-1}$	$6.02\times10^{23}\,mol^{-1}$
玻耳兹曼常数	k	$1.380658\times10^{-23}\,J\cdot K^{-1}$	$1.38\times10^{-23}\,J\cdot K^{-1}$
摩尔气体常数	R	$8.314510\,J\cdot mol^{-1}\cdot K^{-1}$	$8.31\,J\cdot mol^{-1}\cdot K^{-1}$
普朗克常量	h	$6.6260755\times10^{-34}\,J\cdot s$	$6.63\times10^{-34}\,J\cdot s$
里德伯常量	R_∞	$10973731.534\,m^{-1}$	
引力常量	G	$6.67259\times10^{-11}\,m^3\cdot s^{-2}\cdot kg^{-1}$	$6.67\times10^{-11}\,m^3\cdot s^{-2}\cdot kg^{-1}$
重力加速度（海平面处）	g	$9.80665\,m\cdot s^{-2}$（标准参考值）	$9.8\,m\cdot s^{-2}$
		$9.7804\,m\cdot s^{-2}$（赤道）	
		$9.8322\,m\cdot s^{-2}$（两极）	
地球质量		$5.98\times10^{24}\,kg$	
地球半径		$6.37\times10^{6}\,m$（平均半径）	
		$6.3782\times10^{6}\,m$（赤道半径）	
		$6.3568\times10^{6}\,m$（极半径）	
太阳质量		$1.99\times10^{30}\,kg$	
太阳半径		$6.960\times10^{8}\,m$	
地球中心到太阳中心距离		$1.496\times10^{11}\,m$（平均值）	
		$1.471\times10^{11}\,m$（在近日点）	
		$1.521\times10^{11}\,m$（在远日点）	
地球中心至月球中心距离		$3.844\times10^{8}\,m$	
月球质量		$7.35\times10^{22}\,kg$	
月球半径		$1.738\times10^{6}\,m$	

附录B 标量、矢量及其计算

1. 标量

在物理学中，只需要由大小和正负就可以完全确定的一类物理量，称为标量，如时间、质量、能量、温度等。标量是代数量，遵守代数运算的法则。

2. 矢量

在物理学中，既需要由大小又需要由方向才能够完全确定的一类物理量，称为矢量，如力、位移、速度、加速度、动量等。

在矢量的几何表述中，矢量可以用一个标有方向、单位刻度的线段表示。其长短代表了该矢量所描述物理量的大小，其方向表征了所描述物理量的方向。

在印刷品中，一般把矢量表示为用黑体表示表征物理量的字母，如“$\boldsymbol{v}$”（手写时用带箭头的字母，如“$\vec{v}$”）。用矢量的模表示矢量的大小，即“$|\boldsymbol{v}|$”，或直接利用白体“v”来表示矢量的大小。

矢量大致可分为三类：

（1）自由矢量：具有大小和方向而无特定位置的矢量，例如力偶矩。

（2）滑动矢量：沿直线作用的矢量，例如作用于刚体的力。

（3）束缚矢量：作用于一点的矢量，例如电场强度。

除特殊情况，一般讨论的矢量皆为自由矢量。自由矢量具有平移不变性，即两个矢量相等，只要求它们的大小（长度）相等和方向（指向）相同，而它们的空间位置不必相同。

3. 矢量的加法

矢量相加遵守平行四边形法则，相加得到的矢量称为矢量和或合矢量。如附图B-1所示，求两个矢量$\boldsymbol{A}$和$\boldsymbol{B}$的和。在保持$\boldsymbol{A}$和$\boldsymbol{B}$大小、方向不变的情况下，将二者平移，使其始端都位于O点处，以这两个矢量为邻边，作平行四边形，则该平行四边形的正对角线$\boldsymbol{C}$便是$\boldsymbol{A}$和$\boldsymbol{B}$的矢量和，即

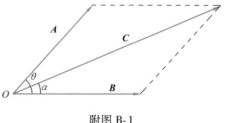

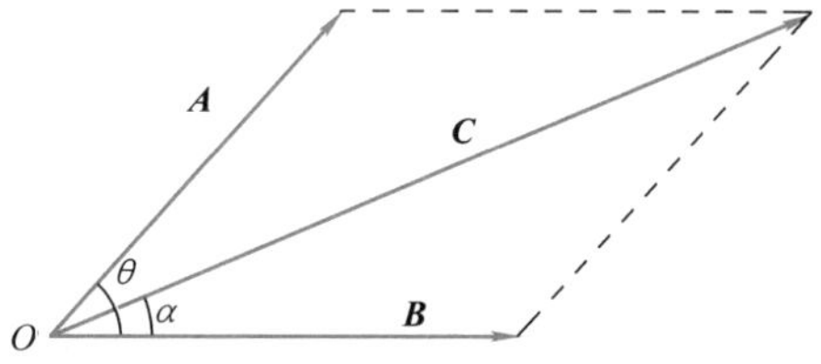

附图 B-1

$$\boldsymbol{A}+\boldsymbol{B}=\boldsymbol{C}$$

设矢量$\boldsymbol{A}$和$\boldsymbol{B}$的夹角为θ，则$\boldsymbol{C}$的大小为

$$C=|\boldsymbol{C}|=\sqrt{A^2+B^2+2AB\cos\theta}$$

而$\boldsymbol{C}$和$\boldsymbol{B}$夹角为

$$\alpha=\arctan\left(\frac{A\sin\theta}{B+A\cos\theta}\right)$$

矢量的加法用三角形法则计算更为简便，如附图B-2所示，在保持$\boldsymbol{B}$的大小、方向不变的情况下，将其平移，使其始端位于矢量$\boldsymbol{A}$的末端处，此时，由$\boldsymbol{A}$的始端指向$\boldsymbol{B}$的末端的有向线段$\boldsymbol{C}$便是$\boldsymbol{A}$和$\boldsymbol{B}$的矢量和。

对于多个矢量求和，可以按顺序两两矢量求和，直至最后得到总的矢量和，这种情况

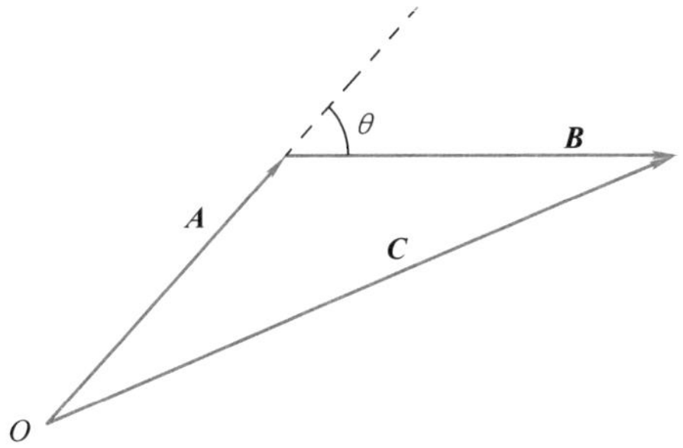

附图 B-2

下，更能体现矢量加法的三角形法则的优越性。

若有两个矢量相减，可以看成是一个矢量与另一个矢量的负值相加，即 $\boldsymbol{A}-\boldsymbol{B}=\boldsymbol{A}+(-\boldsymbol{B})$。

矢量的加法遵守交换律和结合律。

4. 矢量的乘法

矢量的乘法有标量积和矢量积两种形式。

(1) 矢量的标量积。矢量的标量积又称点乘、数量积或内积。

若两矢量 $\boldsymbol{A}$ 和 $\boldsymbol{B}$ 正方向的夹角为 θ，则矢量 $\boldsymbol{A}$ 和 $\boldsymbol{B}$ 的标量积为

$$\boldsymbol{A}\cdot\boldsymbol{B}=AB\cos\theta$$

标积有如下性质：

$$\boldsymbol{A}\cdot\boldsymbol{B}=\boldsymbol{B}\cdot\boldsymbol{A}$$

$$\boldsymbol{A}\cdot(\boldsymbol{B}+\boldsymbol{C})=\boldsymbol{A}\cdot\boldsymbol{B}+\boldsymbol{A}\cdot\boldsymbol{C}$$

$$(\lambda\boldsymbol{A})\cdot(\mu\boldsymbol{B})=\lambda\mu\boldsymbol{A}\cdot\boldsymbol{B}$$

$$\boldsymbol{A}\cdot\boldsymbol{A}=AA=A^2$$

当 $\boldsymbol{A}\neq0$，$\boldsymbol{B}\neq0$ 时，若 $\boldsymbol{A}\cdot\boldsymbol{B}=0$，则 $\boldsymbol{A}\perp\boldsymbol{B}$；反之亦然。

若以 $\boldsymbol{i}$、$\boldsymbol{j}$、$\boldsymbol{k}$ 分别表示笛卡儿坐标系 x、y、z 轴的单位方向矢量，则

$$\boldsymbol{i}\cdot\boldsymbol{i}=\boldsymbol{j}\cdot\boldsymbol{j}=\boldsymbol{k}\cdot\boldsymbol{k}=1$$

$$\boldsymbol{i}\cdot\boldsymbol{j}=\boldsymbol{j}\cdot\boldsymbol{k}=\boldsymbol{k}\cdot\boldsymbol{i}=0$$

(2) 矢量的矢量积。矢量的矢量积又称叉乘或外积。两个矢量的矢量积仍然是一个矢量。两矢量 $\boldsymbol{A}$ 和 $\boldsymbol{B}$ 正方向的夹角为 θ，则矢量 $\boldsymbol{A}$ 和 $\boldsymbol{B}$ 的矢积 $\boldsymbol{A}\times\boldsymbol{B}$ 的大小为

$$|\boldsymbol{A}\times\boldsymbol{B}|=AB\sin\theta$$

$\boldsymbol{A}\times\boldsymbol{B}$ 的方向的确定：右手四指由 $\boldsymbol{A}\times\boldsymbol{B}$ 的第一个矢量 $\boldsymbol{A}$ 向第二个矢量 $\boldsymbol{B}$ 旋转，右手拇指指出的方向即为 $\boldsymbol{A}\times\boldsymbol{B}$ 的方向，即右手螺旋前进方向。

矢量积具有如下性质：

$$\boldsymbol{A}\times\boldsymbol{B}=-\boldsymbol{B}\times\boldsymbol{A}$$

$$(\boldsymbol{A}+\boldsymbol{B})\times\boldsymbol{C}=\boldsymbol{A}\times\boldsymbol{C}+\boldsymbol{B}\times\boldsymbol{C}$$

$$\boldsymbol{A}\times(\boldsymbol{B}\times\boldsymbol{C})=\boldsymbol{B}(\boldsymbol{A}\cdot\boldsymbol{C})-\boldsymbol{C}(\boldsymbol{A}\cdot\boldsymbol{B})$$

$$(\boldsymbol{A}\times\boldsymbol{B})\times\boldsymbol{C}=(\boldsymbol{A}\cdot\boldsymbol{C})\boldsymbol{B}-(\boldsymbol{B}\cdot\boldsymbol{C})\boldsymbol{A}$$

当 $\boldsymbol{A}\neq0$,$\boldsymbol{B}\neq0$ 时,若 $\boldsymbol{A}\times\boldsymbol{B}=0$,则 $\boldsymbol{A}/\!/\boldsymbol{B}$;反之亦然。

对于笛卡儿坐标系 x、y、z 轴的单位方向矢量 $\boldsymbol{i}$、$\boldsymbol{j}$、$\boldsymbol{k}$,有

$$\boldsymbol{i}\times\boldsymbol{j}=\boldsymbol{k},\quad \boldsymbol{j}\times\boldsymbol{k}=\boldsymbol{i},\quad \boldsymbol{k}\times\boldsymbol{i}=\boldsymbol{j}$$
$$\boldsymbol{i}\times\boldsymbol{i}=\boldsymbol{j}\times\boldsymbol{j}=\boldsymbol{k}\times\boldsymbol{k}=0$$

附录C 习题参考答案

第 一 章

1-1 3s；3~6s

1-2 4s

1-3 2m

1-4 $\sqrt{6x(1+x^2)}$

1-5 （1）$-9.5\text{m}\cdot\text{s}^{-1}$ （2）$-19.5\text{m}\cdot\text{s}^{-1}$ （3）9.5m

1-6 略

1-7 （1）$\boldsymbol{v}=(3\boldsymbol{i}+20t\boldsymbol{j})\text{m}\cdot\text{s}^{-1}$ （2）$a_t=\dfrac{400t}{\sqrt{9+400t^2}}$；$a_n=\dfrac{60}{\sqrt{9+400t^2}}$

（3）$y=\dfrac{10}{9}x^2$

1-8 $x=x_0+\dfrac{At}{B}+\dfrac{A-Bv_0}{B^2}\text{e}^{-Bt}-\dfrac{A-Bv_0}{B^2}$

1-9 $st_2\Big/\sqrt{t_2^2-t_1^2}$；$\arccos\dfrac{t_1}{t_2}\left(或\ \arcsin\dfrac{\sqrt{t_2^2-t_1^2}}{t_2^2}\right)$

1-10 （1）$a=\sqrt{a_t^2+a_n^2}=\dfrac{1}{R}\sqrt{(v_0-bt)^2+b^2R^2}$

（2）$t=\dfrac{v_0}{b}$

1-11 $v=47.2\text{km}\cdot\text{h}^{-1}$，$\theta=58°$

1-12 $(-2\boldsymbol{i}+2\boldsymbol{j})\text{m}\cdot\text{s}^{-1}$

第 二 章

2-1 $l=\dfrac{h\sqrt{1+\mu^2}}{\mu}=2.92\text{m}$

2-2 $F_T(x)=(96+24.4x)\text{N}$

2-3 $F=49\text{N}$；$F_T=9.8\text{N}$

2-4 $a=2.64\text{m}\cdot\text{s}^{-2}$；$F_T=0.57\text{N}$

2-5 a) $\begin{cases}a=\dfrac{1}{m}[F(\cos\theta-\mu\sin\theta)-\mu mg]\\ F_N=mg+F\sin\theta\end{cases}$

b) $\begin{cases} a = \dfrac{1}{m}[F(\cos\theta - \mu\sin\theta) - mg(\sin\theta + \mu\cos\theta)] \\ F_N = mg\cos\theta + F\sin\theta \end{cases}$

c) $\begin{cases} a = \dfrac{1}{m}[F(\cos\theta + \mu\sin\theta) - \mu mg] \\ F_N = mg - F\sin\theta \end{cases}$

d) $\begin{cases} a = \dfrac{1}{m}[mg(\sin\theta + \mu\cos\theta) - F] \\ F_N = mg\cos\theta \end{cases}$

2-6　$a_t = g\sin\theta$; $F_N = m\left(g\cos\theta + \dfrac{v^2}{R}\right)$

2-7　略

2-8　$H = R - \dfrac{g}{\omega^2}$

2-9　$r = 4.22 \times 10^7 \text{m}$

2-10　$-F_0R$

2-11　$2F_0R^2$

2-12　207.8J

2-13　3J

2-14　$Gm_e m \dfrac{(R_1 - R_2)}{R_1R_2}$

2-15　$\sqrt{2gl - \dfrac{k(l-l_0)^2}{m}}$

2-16　−42.4J

2-17　$\left(\dfrac{2mv^2}{k}\right)^{1/4}$

2-18　(1) 0.67J; 0　(2) 0.67J; $1.6\text{m} \cdot \text{s}^{-1}$　(3) 6.18N

2-19　(1) $(1+\sqrt{2})m\sqrt{gy_0}$　(2) $\dfrac{1}{2}mv_0$

2-20　$\boldsymbol{I} = -m\omega R(\boldsymbol{i} + \boldsymbol{j})$

2-21　$1\text{m} \cdot \text{s}^{-1}$; $0.5\text{m} \cdot \text{s}^{-1}$

2-22　$v_A = \dfrac{F\Delta t_1}{m_1 + m_2}$; $v_B = \dfrac{F\Delta t_1}{m_1 + m_2} + \dfrac{F\Delta t_2}{m_2}$

2-23　$m\sqrt{6gh}$，垂直斜面指向下方

2-24　$(m_0 + 2m)v = mv' + m(v' + u) + m(v' - u)$

2-25　0.069m

2-26　略

2-27 （1）$v=\frac{2mu}{2m+m'}$ （2）$v_2=mu\left(\frac{1}{m'+2m}+\frac{1}{m'+m}\right)$

第 三 章

3-1 $\Delta t=\frac{2\omega_0}{\beta}=4\mathrm{s}$；$v=-6\mathrm{m\cdot s^{-1}}$

3-2 $\mu=\frac{mR\omega_0}{2Nt}\approx 0.2$

3-3 （1）$\beta=\frac{(m_1R-m_2r)g}{\frac{1}{2}(mr^2+m_0R^2)+m_1R^2+m_2r^2}$

（2）$F_{T1}=\frac{m_1g\left[\frac{1}{2}(mr^2+m_0R^2)+m_2r(r+R)\right]}{\frac{1}{2}(mr^2+m_0R^2)+m_1R^2+m_2r^2}$

$F_{T2}=\frac{m_2g\left[\frac{1}{2}(mr^2+m_0R^2)+m_1R(r+R)\right]}{\frac{1}{2}(mr^2+m_0R^2)+m_1R^2+m_2r^2}$

3-4 $25\mathrm{rad\cdot s^{-1}}$

3-5 （1）$7.35\mathrm{rad\cdot s^{-2}}$ （2）$5.05\mathrm{rad\cdot s^{-1}}$（$l=1\mathrm{m}$时）

3-6 $\beta=-\frac{k\omega_0^2}{4J}$

3-7 （1）$\omega=\pi\ \mathrm{rad\cdot s^{-1}}$ （2）$-2\pi\ \mathrm{N\cdot m\cdot s}$；$2\pi\ \mathrm{N\cdot m\cdot s}$

3-8 $\omega=\frac{J_0\omega_0}{J_0+mR^2}=0.52\mathrm{rad\cdot s^{-1}}$

3-9 $v_0=\sqrt{\frac{2gR}{\cos\theta_0}}$

3-10 $v_2=\frac{1}{m+m_0}\sqrt{m^2v_0^2-k(l-l_0)^2(m+m_0)}$

其方向为 $\sin\theta=\frac{l_0mv_0}{l\sqrt{m^2v_0^2-k(l-l_0)^2(m+m_0)}}$

3-11 $2m_2\frac{v_1+v_2}{\mu m_1g}$

3-12 $a_t=\frac{4M}{mR}$；$a_n=\frac{16M^2t^2}{m^2R^3}$

3-13 （1）$\omega=\omega_0+\frac{2}{21R}v$ （2）$v=-\frac{21}{2}\omega_0R$

3-14 (1) $\begin{cases} v_1' - v_1 = 1.25 \times 10^3 \text{m} \cdot \text{s}^{-1} \\ v_2 - v_2' = 0.85 \times 10^3 \text{m} \cdot \text{s}^{-1} \end{cases}$ (2) $\Delta E = 2.4 \times 10^{10}\text{J}$

第　四　章

4-1 $c\Delta t$

4-2 c

4-3 $4.33 \times 10^{-8}\text{s}$

4-4 $\sqrt{\frac{2}{3}}c$

4-5 (1) $2.25 \times 10^{-7}\text{s}$

(2) $3.5 \times 10^{-7}\text{s}$

4-6 $6.72 \times 10^8\text{m}$

4-7 $\Delta x/v$; $\frac{\Delta x}{v}\sqrt{1-\frac{v^2}{c^2}}$

4-8 略

4-9 $\frac{1}{4}m_e c^2$

4-10 $\frac{\sqrt{3}}{2}c$

4-11 $2m_0 \Big/ \sqrt{1-\frac{v^2}{c^2}}$

4-12 $1.798 \times 10^4\text{m}$

4-13 (1) $E = 5.81 \times 10^{-13}\text{J}$ (2) $\frac{E_k}{E_k'} = 0.08$

第　五　章

5-1 $1.16 \times 10^3\text{Pa}$

5-2 (C)

5-3 $\rho = \frac{3P}{(\sqrt{\overline{v^2}})^2} = 1.2\text{kg} \cdot \text{m}^{-3}$

5-4 (D)

5-5 (A)、(B)、(C)

5-6 理想气体、平衡态下；$\frac{5}{2}pV$

5-7 (1) O_2；He

(2) 速率在 $v \sim v + \Delta v$ 区间内分子数占总分子数的百分比

(3) $0 \sim \infty$ 所有速率区间分子百分数总和

5-8 （1）$\int_{v_0}^{\infty} Nf(v)\mathrm{d}v$ （2）$\int_{v_0}^{\infty} vf(v)\mathrm{d}v \Big/ \int_{v_0}^{\infty} f(v)\mathrm{d}v$ （3）$\int_{v_0}^{\infty} f(v)\mathrm{d}v$

5-9 $488\mathrm{m \cdot s^{-1}}$

5-10 （B）

5-11 （1）$a=\dfrac{2}{3v_0}$ （2）$N_1=\dfrac{2}{3}N$ （3）$\bar{v}=\dfrac{11}{9}v_0$

5-12 （1）$p=1.35\times10^5\mathrm{Pa}$ （2）$\bar{\varepsilon}_t=7.5\times10^{-21}\mathrm{J}$；$T=362\mathrm{K}$

5-13 $\dfrac{E_2}{E_1}=\dfrac{p_2}{p_1}$

第 六 章

6-1 p、V、T； $\boldsymbol{v}$、f

6-2 平衡态；准静态过程

6-3 （A）、（C）、（D）

6-4 （A）

6-5 （B）

6-6 >； >

6-7 （a）吸热 （b）放热

6-8 （1）A→B 放热 （2）A→D 吸热

6-9 （B）

6-10 $m=6.59\times10^{-26}\mathrm{kg}$

6-11 略

6-12 $Q=160\mathrm{J}$

6-13 （1）$Q_1=80\mathrm{J}$ （2）$A=Q_1-Q_2=10\mathrm{J}$

6-14 （1）$\Delta E=0$ （2）$Q=5.6\times10^2\mathrm{J}$ （3）$A=5.6\times10^2\mathrm{J}$

6-15 （1）$\eta_1=\dfrac{A}{Q_H}=\dfrac{900}{1000}=90\%>\eta_{\max}$，这是不可能的。

（2）$\eta_2=\dfrac{A}{Q_H}=\dfrac{Q_H-Q_L}{Q_H}=\dfrac{2000-300}{2000}=85\%=\eta_{\max}$，为理想可逆热机。

（3）$\eta_3=\dfrac{A}{Q_H}=\dfrac{A}{A+Q_L}=\dfrac{1500}{1500+500}=75\%<\eta_{\max}$，是不可逆热机。

6-16 $\eta=25\%$

6-17 （D）

6-18 从概率较小的状态到概率较大的状态；熵值增加（或状态的概率增大）

6-19 $\Delta S=18.3\mathrm{J\cdot K^{-1}}$

6-20 大量微观粒子热运动所引起的无序性（或热力学系统的无序性）；增加

第七章

7-1 $F=\dfrac{qQ}{\pi\varepsilon_0(4a^2-L^2)}$,方向向右

7-2 轴线上 $\boldsymbol{E}_P=\dfrac{2\boldsymbol{p}_e}{4\pi\varepsilon_0 r^3}$

中垂线上 $\boldsymbol{E}_P=-\dfrac{\boldsymbol{p}_e}{4\pi\varepsilon_0 r^3}(r\gg l)$ $(\boldsymbol{p}_e=q\boldsymbol{l})$

7-3 $\boldsymbol{E}=\dfrac{-Q}{\pi^2\varepsilon_0 R^2}\boldsymbol{j}$

7-4 $\sigma_A=-\dfrac{2}{3}\varepsilon_0 E_0$；$\sigma_B=\dfrac{4}{3}\varepsilon_0 E_0$

7-5 （1）$E=-\dfrac{2a\lambda}{\pi\varepsilon_0(a^2-4x^2)}$，方向$\begin{cases}E>0，沿 x 轴正方向\\E<0，沿 x 轴负方向\end{cases}$

（2）$\dfrac{\lambda^2}{2\pi\varepsilon_0 a}$

7-6 $E=\dfrac{Q\Delta S}{16\pi^2\varepsilon_0 R^4}$，方向:由 O 指向 ΔS

7-7 $\boldsymbol{E}_0=\dfrac{\lambda}{4\pi\varepsilon_0 R}\boldsymbol{i}+\dfrac{\lambda}{4\pi\varepsilon_0 R}\boldsymbol{j}$

7-8 $\Phi_e=\dfrac{q}{24\varepsilon_0}$

7-9 （1）q （2）$E=\dfrac{qr^2}{4\pi\varepsilon_0 R^4}$ $(r\leqslant R)$；$E=\dfrac{q}{4\pi\varepsilon_0 r^2}$ $(r>R)$

（3）$U=\dfrac{q}{12\pi\varepsilon_0 R}\left(4-\dfrac{r^3}{R^3}\right)$ $(r\leqslant R)$；$U=\dfrac{q}{4\pi\varepsilon_0 r}$ $(r>R)$

7-10 $U_O=\dfrac{\lambda}{4\pi\varepsilon_0}\ln\dfrac{3}{4}$；$U_P=0$

7-11 $E=\dfrac{\sigma x}{2\varepsilon_0\sqrt{R^2+x^2}}$；$U=\dfrac{\sigma}{\varepsilon_0}\left(R-\sqrt{R^2+x^2}\right)$

7-12 （1）$M=qEl=8\times10^{-3}\,\mathrm{N\cdot m}$ （2）$A=8\times10^{-3}\,\mathrm{J}$

7-13 $A=\dfrac{-q}{3\pi\varepsilon_0 R}$

7-14 $U_{ab}=-1600\mathrm{V}$

7-15 $\sigma_1=-\dfrac{1}{2}\sigma$；$\sigma_2=+\dfrac{1}{2}\sigma$

7-16 $\sigma_1=\sigma_4=\dfrac{Q_1+Q_2}{2S}$；$\sigma_2=-\sigma_3=\dfrac{Q_1-Q_2}{2S}$

7-17 $E=\dfrac{Q_1}{\varepsilon_0 S}$

7-18 $U_O=\dfrac{q}{4\pi\varepsilon_0}\left(\dfrac{1}{d}-\dfrac{1}{R}\right)$

7-19 $C=\dfrac{q}{U_{AB}}$

7-20 （1）$\dfrac{\sigma_1}{\sigma_2}=\dfrac{\varepsilon_{r1}}{\varepsilon_{r2}}$ （2）$D_1=\sigma_1$，$D_2=\sigma_2$；$E_1=E_2$

（3）$C=\dfrac{\varepsilon_0 S}{2d}(\varepsilon_{r1}+\varepsilon_{r2})$

7-21 （1）$E_1=0$，$r<R_1$；$E_2=\dfrac{Q_1}{4\pi\varepsilon_0\varepsilon_r r^2}$，$R_1<r<R_2$；

$E_3=0$，$R_2<r<R_3$；$E_4=\dfrac{Q_1+Q_2}{4\pi\varepsilon_0 r^2}$，$r>R_3$

（2）$W_e=\dfrac{Q_1^2}{8\pi\varepsilon_0\varepsilon_r}\left(\dfrac{1}{R_1}-\dfrac{1}{R_2}\right)$ （3）$W_e=6\times10^{-4}\text{J}$

7-22 $A=-\dfrac{Q^2}{8\pi\varepsilon_0}\left(\dfrac{1}{R_1}-\dfrac{1}{R_2}\right)$

第 八 章

8-1 $B=-\dfrac{\mu_0 I}{4R_1}-\dfrac{\mu_0 I}{4R_2}+\dfrac{\mu_0 I}{4\pi R_1}+\dfrac{\mu_0 I}{4\pi R_2}$，方向:垂直纸面向里

8-2 $B=\dfrac{\mu_0 I}{2\pi(R+l)}+\dfrac{3\mu_0 I}{8R}$，方向:垂直纸面向里

8-3 $B=\dfrac{\sqrt{3}\mu_0 I}{4\pi l}$

8-4 $B_0=\dfrac{\mu_0 Ia}{2\pi(R^2-r^2)}$

8-5 $B=\dfrac{2}{3}\omega U\varepsilon_0\mu_0$

8-6 $\Phi_m=-c\pi R^2$

8-7 （1）$\Phi_m=\dfrac{\mu_0 Il}{4\pi}$ （2）$x=\dfrac{R}{2}(\sqrt{5}-1)$时，$\Phi_m$ 最大

8-8 $B=\dfrac{\mu_0 NI}{2\pi r}$；$\Phi_m=\dfrac{\mu_0 NIh}{2\pi}\ln\dfrac{R_2}{R_1}$

8-9 $M=\dfrac{1}{5}\pi\omega KBR^5$，方向向上

8-10　$F=\dfrac{\mu_0 evI}{6\pi r}$，方向向左

8-11　$F=\dfrac{\mu_0 I_1 I_2}{2\pi}\ln\dfrac{l_0+l}{l_0}$，方向向上

8-12　$F=BIR$

8-13　(B)

8-14　$I=\dfrac{mg}{2NlB}$，从上往下看是逆时针

8-15　$\boldsymbol{B}=\dfrac{\mu_0 I}{\pi^2 R}\boldsymbol{i}$

8-16　(1) $t=\dfrac{1}{I}\sqrt{\dfrac{2\pi ml}{\mu_0\ln 5}}$　(2) $v_t=I\sqrt{\dfrac{2\mu_0 l\ln 5}{\pi m}}$

8-17　(C)

8-18

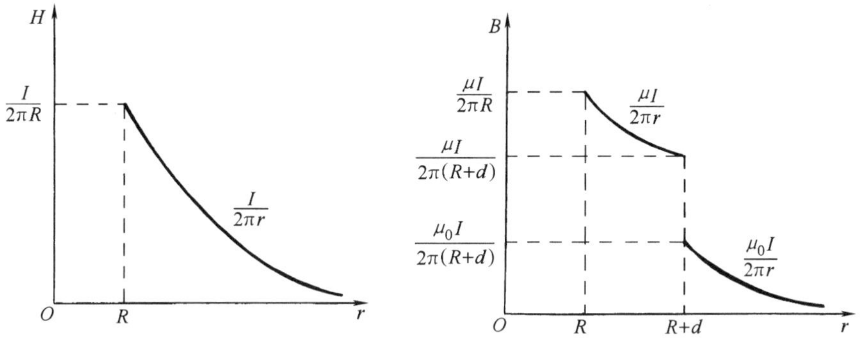

题 8-18 解图

8-19　铁磁质、顺磁质、抗磁质

8-20　$H=\dfrac{NI}{l}=500\text{A}\cdot\text{m}^{-1}$；$B=\mu_0\mu_r H=2.51\text{T}$

8-21　(1) $B=\dfrac{\mu_0\mu_r I_0}{2\pi r}$　$(R_1\leqslant r\leqslant R_2)$

(2) 内表面 $I_{s1}=(1-\mu_r)I_0$，外表面 $I_{s2}=-(1-\mu_r)I_0$

8-22　r_1 处，$B=\dfrac{\mu_0\mu_r I}{2\pi r}=4.3\times10^{-6}\text{T}$；$r_2$ 处，$H=\dfrac{I}{2\pi r}=0.64\text{A}\cdot\text{m}^{-1}$

第　九　章

9-1　$\mathscr{E}_i=\dfrac{3}{2x^4}\mu_0\pi r^2R^2Iv$，方向：与大线圈中电流同方向

9-2 $\mathscr{E}_i = -Bv^2 t\tan\theta$，方向：$M \to N$

9-3 $\mathscr{E}_i = \dfrac{\mu_0 Ibv}{2\pi a}\left[\ln\dfrac{a+d}{d} - \dfrac{a}{d+a}\right]$，方向：$A \to C \to B \to A$

9-4 $\mathscr{E}_{ab} = \dfrac{3}{10}B\omega l^2$；$b$ 点电势高

9-5 （1）$U_{OM} = \dfrac{1}{2}B\omega a^2$，方向：$M \to O$ （2）$U_{ON} = \dfrac{3}{2}B\omega a^2$，方向：$N \to O$

（3）O 点电势最高

9-6 （1）$v_m = \dfrac{\mathscr{E}_0}{Bl}$ （2）$I = 0$

9-7 （1）$\mathscr{E}_i = \dfrac{\mu_0 I_0 v}{2\pi}\ln\dfrac{l_0 + l_1}{l_0}$，$a$ 点电势高

（2）$\mathscr{E}_i = -\dfrac{\mu_0 I_0}{2\pi}\ln\left(\dfrac{l_0 + l_1}{l_0}\right)(v\cos\omega t - \omega l_2 \sin\omega t)$

9-8 （D）

9-9 （1）$E_R = 7.07 \times 10^{-3}\ \mathrm{V \cdot m^{-1}}$

（2）提示：选取任意半径为 r 的圆周为积分路径 L，由

$$\oint_L \boldsymbol{E}_R \cdot d\boldsymbol{l} = -\int_S \frac{\partial \boldsymbol{B}}{\partial t} \cdot d\boldsymbol{S}$$

有

$$E_R = \frac{r}{2}\frac{\partial B}{\partial t}$$

$$E_R\cos\theta = \frac{l}{4}\frac{\partial B}{\partial t} = \text{恒量}$$

9-10 （1）$\mathscr{E} = \dfrac{c\mu_0 I_0 l}{2\pi}\left(\ln\dfrac{b}{a}\right)e^{-ct}$，方向略 （2）$M = \dfrac{\mu_0 l}{2\pi}\ln\dfrac{b}{a}$

9-11 略

9-12 $\mathscr{E}_{21} = -\dfrac{\mu_0 I_0 \omega}{\sqrt{3}\pi}\left[(b+h)\ln\left(\dfrac{b+h}{b}\right) - h\right]\cos\omega t$

9-13 （1）$\Phi = \dfrac{\mu_0 I_1 b}{2\pi}\ln\dfrac{d+a}{d}$ （2）$M = \dfrac{\mu_0 b}{2\pi}\ln\dfrac{d+a}{d}$

9-14 $M = \dfrac{\mu_0 l}{\pi}\ln\dfrac{a+b}{a-b}$

9-15 （D）

9-16 （1）b （2）c （3）a

9-17 （1）$\int_S \dfrac{\partial \boldsymbol{D}}{\partial t} \cdot d\boldsymbol{S}$ （2）$-\int_S \dfrac{\partial \boldsymbol{B}}{\partial t} \cdot d\boldsymbol{S}$

9-18　(1) $B=\mu_0 a\sigma\beta t$　(2) $E_R=-\frac{1}{2}\mu_0\sigma a\beta r$ $(r<a)$

(3) $W_m=\frac{1}{2}\pi\mu_0\sigma^2a^4\beta^2lt^2$; $W_e=\frac{\pi\varepsilon_0\mu_0^2\sigma^2\beta^2a^6l}{16}$

第 十 章

10-1　8.94×10^{-2}m，$-63.43°$ $\left(或-\frac{7}{20}\pi\right)$

10-2　(1) 4.18s　(2) 4.5×10^{-2}m·s^{-2}　(3) $x=0.02\cos\left(\frac{3}{2}t-\frac{\pi}{2}\right)$(SI)

10-3　(1) 1.7×10^{-2}m，-4.2×10^{-4}N　(2) 1.33s

10-4　(1) $\frac{T}{12}$　(2) $\frac{T}{4}$　(3) $0.21T$

10-5　略

10-6　(1) 略　(2) $T=2\pi\sqrt{\frac{\rho l}{\rho_{水}g}}$，$A=b-a$

10-7　略

10-8　略

10-9　1.2

10-10　(1) 0.25m　(2) 0.605J，0.195J　(3) 2.5m·s^{-1}

10-11　$A=2$cm；$E=3.92\times10^{-3}$J

10-12　(1) $x=\pm4.24\times10^{-2}$m　(2) 0.75s

10-13　$A=1$cm；$\varphi=\frac{\pi}{6}$

10-14　(1) $A=5$m，$\varphi=23.1°$(或0.4rad)　(2) $\frac{\pi}{3}$，$\frac{5\pi}{6}$

第 十 一 章

11-1　(1) $\varphi_0=\frac{3}{2}\pi$，$\varphi_1=\frac{\pi}{2}$，$\varphi_2=0$　(2) 略

11-2　(1) 沿 x 轴负方向传播　(2) $\nu=4$Hz，$\lambda=\frac{2\pi}{3}$m，$u=\frac{8}{3}$m·s^{-1}

(3) $x=0$ 处质元振动的初相位

11-3　(1) 8.33×10^{-3}s，0.25m　(2) $y=4\times10^{-3}\cos\left[240\pi\left(t-\frac{x}{30}\right)\right]$ (SI)

11-4　(1) $y=6.0\times10^{-2}\sin\left(\frac{\pi}{2}t-\frac{5}{4}\pi\right)$ (m)　(2) $\Delta\varphi=-\frac{5}{4}\pi$

11-5　(1) 略 (2) $y_0=0.1\cos\left(\frac{\pi}{4}t\right)$ (m) (3) $y=0.1\cos\left[\frac{\pi}{4}\left(t+\frac{x}{0.05}\right)\right]$ (SI)

11-6 （1）$y=3\cos\left(4\pi t+\frac{\pi}{5}x\right)$（SI） （2）$y=3\cos\left(4\pi t+\frac{\pi}{5}x+\pi\right)$（SI）

11-7 $u=(4k+3)\mathrm{cm}\cdot\mathrm{s}^{-1}$， $k=0,1,2,\cdots$

$y=2\cos\left[\frac{3}{2}\pi\left(t+\frac{x}{3}\right)\right](\mathrm{cm})$

11-8 （1）$y_P=0.2\cos\left(2\pi t-\frac{\pi}{2}\right)(\mathrm{SI})$

（2）$y=0.2\cos\left[2\pi\left(t-\frac{x-0.3}{0.6}\right)-\frac{\pi}{2}\right](\mathrm{SI})$

（3）$y=0.2\cos\left(2\pi t+\frac{\pi}{2}\right)(\mathrm{SI})$

11-9 （1）$6\times10^{-5}\mathrm{J}\cdot\mathrm{m}^{-3}$，$12\times10^{-5}\mathrm{J}\cdot\mathrm{m}^{-3}$ （2）$9.24\times10^{-7}\mathrm{J}$

11-10 $A=A_1+A_2=2.0\times10^{-3}\mathrm{m}$

11-11 $x=15\pm2k$， $k=0, 1, 2, \cdots, 7$

11-12 $y=\begin{cases}2A\cos\left(\frac{2\pi}{\lambda}x\right)\cos(\omega t) & \left(-\frac{5\lambda}{4}\leqslant x\leqslant 0\right)\\ 2A\cos\left(\omega t-\frac{2\pi}{\lambda}x\right) & (x>0)\end{cases}$

11-13 $y=0.3\cos\left(\frac{\pi}{2}x\right)\cos\left(100\pi t+\frac{\pi}{2}\right)$（SI）

第十二章

12-1 $[r_2+(n_2-1)t_2]-[r_1+(n_1-1)t_1]$

12-2 $6\times10^{-4}\mathrm{cm}$

12-3 1.33

12-4 500nm

12-5 第7级；0.11m

12-6 向下；$\Delta x=\frac{D}{d}(n-1)t$

12-7 638.4nm

12-8 636.36nm；538.46nm；466.7nm

12-9 （1）552nm （2）736nm；442nm

12-10 0.0595mm

12-11 $\theta=2\times10^{-5}\mathrm{rad}$

12-12 500条

12-13 $5.03\times10^{-6}\mathrm{m}$

12-14 1.22

12-15 10.0m

12-16 (1) $r_k=\sqrt{\left(k-\frac{1}{2}\right)R\lambda}$,　$k=1,2,3,\cdots$

(2) $r_{右k}=\sqrt{\frac{kR\lambda}{n}}$, $r_{左k}=\sqrt{\left(k+\frac{1}{2}\right)\frac{R\lambda}{n}}$,　$k=0,1,2,\cdots$

形成同一级明纹半径不同的、错开的半圆形图像，且右侧接触点为明纹，而左侧接触点为暗纹。

12-17 8×10^{-3}m

12-18 7.6×10^{-3}m

12-19 $\Delta x_0=2.73$mm；　$\Delta x_k=1.36$mm

12-20 10cm

12-21 (1) 6.00×10^{-6}m　(2) 1.5×10^{-6}m　(3) 0, ±1, ±2, ±3, ±5, ±6, ±7, ±9

12-22 3.05×10^{-6}m

12-23 −5, −4, −2, −1, 0, 1, 2

12-24 (1) 3 级，$k=0$, ±1, ±3 共 5 条谱线

(2) 5 级，$k=5,3,1,0,-1$ 共 5 条谱线

12-25 0.14m

12-26 $2.25I_1$

12-27 $2I_1/3$

12-28 1.732

12-29 48.44°；　41.56°

12-30 略

第十三章

13-1 5.76×10^3K

13-2 (A)

13-3 (1) 略　(2) 6.4×10^{-34}J·s

13-4 (1) $\frac{hc}{\lambda}-\frac{R^2e^2B^2}{2m}$　(2) $\frac{R^2eB^2}{2m}$

13-5 (B)　(D)

13-6 略

13-7 $\frac{P\lambda}{4\pi d^2hc}$;　3×10^{-19}J

13-8 0.10MeV

13-9 1:4

13-10 $\lambda_1=0.0053$nm, $\lambda_2=0.0074$nm

13-11 (1) $\frac{me^4}{4\varepsilon_0^2h^3}\frac{1}{n^3}$　(2) $\frac{me^4}{8\varepsilon_0^2h^3}\frac{(2n-1)}{n^2(n-1)^2}$

13-12 2.18×10^6m·s^{-1}

13-13 9

13-14 6.21×10^{-21}J，0.146nm

13-15 $2\pi na$

13-16 （1）$v=2.60\times10^{8}\mathrm{m\cdot s^{-1}}$，$\lambda=1.4\times10^{-12}$m

（2）$\nu=1.2\times10^{20}$Hz，$\lambda=2.5\times10^{-12}$m $p=2.7\times10^{-22}\mathrm{kg\cdot m\cdot s^{-1}}$

13-17 略

13-18 6.22nm

13-19 （C）

13-20 $\Delta x\geqslant\lambda$

13-21 （1）$\Delta x\geqslant7.28\times10^{-2}$m （2）$\Delta x\geqslant6.63\times10^{-19}$m

（3）$\Delta x\geqslant6.63\times10^{-28}$m

13-22 （1）$2\lambda^{\frac{3}{2}}$ （2）$\rho(x)=\begin{cases}4\lambda^3x^2e^{-2\lambda x} & (x>0)\\ 0 & (x\leqslant0)\end{cases}$ （3）$x=\dfrac{1}{\lambda}$

13-23 $\dfrac{a}{2}$

13-24 17/81

13-25 $\dfrac{a}{2}$；$\dfrac{1}{3}a^2$

13-26 8；（2，0，0）、（2，1，1）、（2，1，0）、（2，1，-1）

13-27 （B）（D）

13-28 8；$\left(2,0,0,\frac{1}{2}\right)$、$\left(2,0,0,-\frac{1}{2}\right)$、$\left(2,1,1,\frac{1}{2}\right)$、$\left(2,1,1,-\frac{1}{2}\right)$、$\left(2,1,0,\frac{1}{2}\right)$、$\left(2,1,0,-\frac{1}{2}\right)$、$\left(2,1,-1,\frac{1}{2}\right)$、$\left(2,1,-1,-\frac{1}{2}\right)$

参考文献

[1] 程守洙，江之永. 普通物理学［M］. 6版. 北京：高等教育出版社，2006.

[2] 马文蔚，周雨青. 物理学教程［M］. 2版. 北京：高等教育出版社，2016.

[3] 严导淦. 大学物理学简明教程［M］. 北京：机械工业出版社，2016.

[4] 张三慧. 大学物理学［M］. 4版. 北京：清华大学出版社，2018.

[5] 赵凯华，陈熙谋. 电磁学［M］. 3版. 北京：高等教育出版社，2011.

[6] 吴百诗. 大学物理：新版［M］. 北京：科学出版社，2016.

[7] YOUNG H D，FREEDMAN R A. 西尔斯物理学［M］. 北京：机械工业出版社，2003.

教学支持申请表

本书配有教材样章、教学基本要求、习题解答、补充习题及解答、补充思考题及解答等教学资源，为了确保您及时有效地申请，请您**务必完整填写**如下表格，加盖学院公章后扫描或拍照发送至下方邮箱，我们将会在2~3个工作日内为您处理。

请填写所需教学资源的开课信息：

采用教材			□中文版　□英文版　□双语版
作　者		出版社	
版　次		ISBN	
课程时间	始于　年　月　日	学生专业及人数	专业：________ 人数：____
	止于　年　月　日	学生层次及学期	□专科　□本科　□研究生 第____学期

请填写您的个人信息：

学　校			
院　系			
姓　名			
职　称	□助教　□讲师　□副教授　□教授	职　务	
手　机		电　话	
邮　箱			

系/院主任：________（签字）

（系 / 院办公室章）

____年____月____日

100037　北京市百万庄大街22号　机械工业出版社高教分社　张金奎

电话：(010) 88379722

邮箱：jinkui_zhang@163.com

网址：www.cmpedu.com